ホームページ・ビルダー16
スパテク109

西 真由●著

SHOEISHA

本書内容に関するお問い合わせについて

このたびは翔泳社の書籍をお買い上げいただき、誠にありがとうございます。弊社では、読者の皆様からのお問い合わせに適切に対応させていただくため、以下のガイドラインへのご協力をお願い致しております。下記項目をお読みいただき、手順に従ってお問い合わせください。

●ご質問される前に

弊社Webサイトの「正誤表」や「出版物Q&A」をご確認ください。これまでに判明した正誤や追加情報、過去のお問い合わせへの回答（FAQ）、的確なお問い合わせ方法などが掲載されています。

正誤表　　　http://www.seshop.com/book/errata/
出版物Q&A　　http://www.seshop.com/book/qa/

●ご質問方法

弊社Webサイトの書籍専用質問フォーム（http://www.seshop.com/book/qa/）をご利用ください（お電話や電子メールによるお問い合わせについては、原則としてお受けしておりません）。

※質問専用シートのお取り寄せについて

Webサイトにアクセスする手段をお持ちでない方は、ご氏名、ご送付先（ご住所／郵便番号／電話番号またはFAX番号／電子メールアドレス）および「質問専用シート送付希望」と明記のうえ、電子メール（qaform@shoeisha.com）、FAX、郵便（80円切手をご同封いただきます）のいずれかにて"編集部読者サポート係"までお申し込みください。お申し込みの手段によって、折り返し質問シートをお送りいたします。シートに必要事項を漏れなく記入し、"編集部読者サポート係"までFAXまたは郵便にてご返送ください。

●回答について

回答は、ご質問いただいた手段によってご返事申し上げます。ご質問の内容によっては、回答に数日ないしはそれ以上の期間を要する場合があります。

●ご質問に際してのご注意

本書の対象を越えるもの、記述箇所を特定されないもの、また読者固有の環境に起因するご質問等にはお答えできませんので、予めご了承ください。

●郵便物送付先およびFAX番号

送付先住所　〒160-0006　東京都新宿区舟町5
FAX番号　　03-5362-3818
宛先　　　　（株）翔泳社 編集部読者サポート係

※本書に記載された情報は、2011年9月執筆時のものです。ホームページ・ビルダー16のリビジョン及びホームページ・ビルダー16収録の「フルCSSテンプレート」の内容は変更される可能性があることをご了承ください。
※本書に記載されたURL等は予告なく変更される場合があります。
※本書の出版にあたっては正確な記述につとめましたが、著者や出版社などのいずれも、本書の内容に対してなんらかの保証をするものではなく、内容やサンプルに基づくいかなる運用結果に関してもいっさいの責任を負いません。
※本書に掲載されているサンプルプログラムやスクリプト、および実行結果を記した画面イメージなどは、特定の設定に基づいた環境にて再現される一例です。

※本書に記載されている会社名、製品名はそれぞれ各社の商標および登録商標です。

はじめに

　ここ数年で爆発的な普及を見せるスマートフォン。常に手元に置くことができて、場所を選ばずネットから素早く情報が収集できるツールであるが故に、スマートフォン向けページを準備することは、サイトへの訪問者拡大につなげることができます。特にショップサイトの運営者にとってスマートフォン向けページは、同業他社から顧客を逃さないためにも、無視できない存在といえるでしょう。そんな中、最新バージョンの「ホームページ・ビルダー16」は、この時代のニーズに素早く対応するべく、「スマートフォン向けサイト完全対応」を目玉に、前バージョンの発売から1年を待たずしてのリリースとなりました。PC用のフルCSSサイトからスマートフォン用ページに一発変換する手軽さと、PCサイトの更新をスマートフォン用ページに即反映する利便性を兼ね備えた、とても優秀な機能となっています。

　訪問者拡大といえば、Facebook、Twitter、mixiなどのSNS（ソーシャル・ネットワーキング・サービス）を利用した口コミにも注目が集まっています。たとえばmixiなら「mixiチェック／mixiイイネ！」ボタンをサイトに設置することで、これをクリックした人のmixiのチェックページには、サイトへのリンクが追加されます。このリンクはマイミクのページにも表示されるので、次々と仲間をサイトへ誘導することができます。「ホームページ・ビルダー16」では、このSNSボタンをウェブサイトに設置する機能も強化されました。

　本書は、前バージョンのテクニックを踏襲しつつ、前述したスマートフォンページの作成テクニックと、SNSボタン（mixi）の設置テクニックを新たに追加し、計109個の新しいスパテクにパワーアップしました。「ショップサイトをきれいに作りたい」「集客の期待できるサイトにしたい」など、ホームページ・ビルダー16で一歩上行くサイト作りを目指す方には、ピッタリのテクニックが満載です。本書が皆様の納得いくサイト作りの足がかりとなり、お役に立てれば幸いです。

　最後になりましたが、ハードスケジュールな中、本書執筆ご尽力いただきましたすべてのスタッフの皆様へ深く感謝いたします。

　このたびの災害の影響を受けた皆様にお見舞い申し上げるとともに、一日も早い復興を、心よりお祈りします。

2011年吉日　著者

本書の完成作例は、以下のサイトでご確認いただけます。
http://nishi.lix.jp/

本書の見方

- 本書はホームページ・ビルダー16の使用を想定して解説しています。
- 使用OSはWindows 7ですが、Windows Vista、Windows XP　SP2／SP3の環境にも対応しています。
- Internet Explorerのバージョンは7を使用しています。

スーパーテクニック
このテクニックの要点を端的に言い表したタイトルです。

テクニック番号
スーパーテクニックの通し番号です。

解説
このテクニックで行う操作内容を説明しています。

完成作例
このテクニックで作成する完成物を紹介しています。

POINT
その他の便利な使い方や関連情報を説明しています。

参照
スーパーテクニックの参照先です。この手順を操作するために別のテクニックが必要な場合は、参照先のテクニック番号をここで紹介しています。

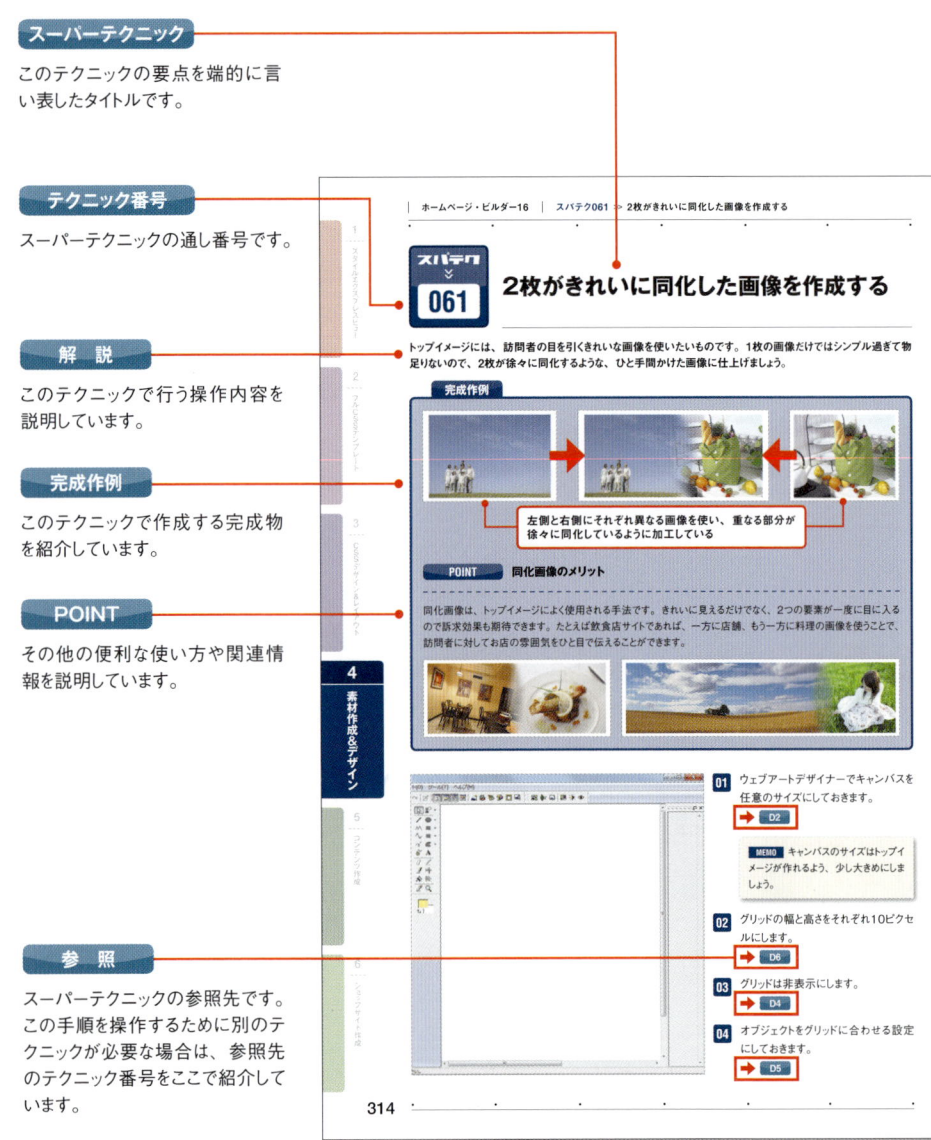

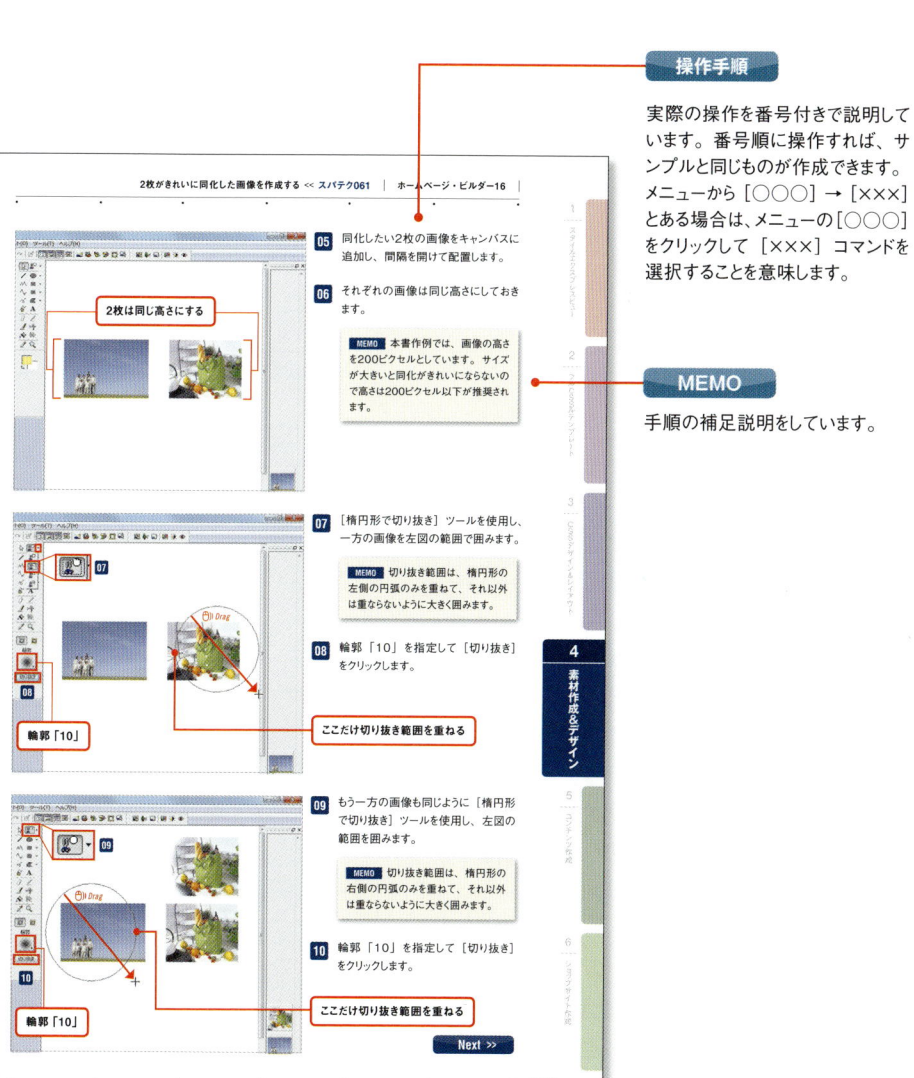

操作手順

実際の操作を番号付きで説明しています。番号順に操作すれば、サンプルと同じものが作成できます。メニューから［○○○］→［×××］とある場合は、メニューの［○○○］をクリックして［×××］コマンドを選択することを意味します。

MEMO

手順の補足説明をしています。

CONTENTS

0章 ホームページ・ビルダーの基本操作 — 1

A	ホームページ・ビルダーの基本操作	2
A1	ホームページ・ビルダーの画面構成	2
A2	編集スタイルを選択する	4
A3	編集モードを選んでページを新規作成する	4
A4	文字列を入力する	4
A5	画像を挿入する	5
A6	リンクを作成する	6
A7	ページを保存する	7
A8	HTMLソースを編集する	8
A9	ページをプレビューする	9
B	サイトの基本操作	10
B1	サイトとは?	10
B2	サイトを作成する	10
B3	サイトを閉じる	13
B4	サイトを開く・削除する	13
B5	サイトを複製する	14
B6	転送設定を新規作成する	15
B7	サイトを転送する	16
B8	ファイル転送ツールで転送する	18
C	スタイルシートの基本操作	20
C1	スタイルシートとは	20
C2	スタイルシートを記述する場所について	26
C3	スタイルエクスプレスビューについて	28
C4	ステータスバーにHTMLタグ情報を表示する	30
C5	ページ編集画面を表示優先にする	30
C6	外部スタイルシートを作成する	31
C7	外部スタイルシートへのリンクを解除する	32
C8	外部スタイルシートへリンクする	32
D	ウェブアートデザイナーの基本操作	34
D1	ウェブアートデザイナーの画面構成	34
D2	キャンバスのサイズと背景色を変更する	35
D3	キャンバスを拡大または縮小表示する	36
D4	グリッドを表示または非表示にする	36
D5	オブジェクトをグリッドに合わせる	37

D6	グリッドの間隔と書式を設定する	37
D7	キャンバスに画像を追加する	39
D8	オブジェクトを選択する	40
D9	オブジェクトを削除する	40
D10	オブジェクトをコピーする	41
D11	間違った操作を元に戻す	41
D12	オブジェクトの大きさを調整する	42
D13	オブジェクトの重なり順を変更する	42
D14	オブジェクトを塗りつぶす	43
D15	文字を入力する	44
D16	オブジェクトをグループ化する	45
D17	オブジェクトを画像として保存する	45
E	ブログの基本操作	48
E1	ブログを登録する	48
E2	ブログのデザインをサーバーから取得する	50

1章 スタイルエクスプレスビューのテクニック — 51

001	CSSレイアウトについて	52
002	レイアウトコンテナを挿入する	54
003	HTMLタグのスペースを初期化する	56
004	メインのレイアウトを作成する	58
005	ヘッダのレイアウトを作成する	60
006	コラムのレイアウトを作成する	62
007	コンテンツのレイアウトを作成する	64
008	フッタのレイアウトを作成する	66
009	ナビゲーション作成の準備をする	68
010	ナビゲーションのレイアウトを作成する	70
011	レイアウトを仕上げる〜文字の入力〜	77
012	レイアウトを仕上げる〜スタイルの設定〜	78
013	レイアウトを追加する	86
014	埋め込まれたスタイル定義を外部スタイルシートへ書き出す	90
015	スタイルシートを編集する	91
コラム	0pxの単位の削除	95
コラム	［位置属性］パネルによるボックス要素の編集	95
016	サブページを作成する	96

CONTENTS

2章 フルCSSテンプレートのテクニック ― 103
- 017 フルCSSテンプレートについて ― 104
- 018 フルCSSテンプレートからサイトを作成する ― 106
- 019 サイトのレイアウトを変更する ― 108
- 020 共通部分を変更して同期する ― 110
- 021 レイアウトコンテナをユーザー共通部分として登録する ― 114
- 022 同じレイアウトの白紙ページをサイトに追加する ― 120
- 023 「合成画像の編集」で背景画像を編集する ― 122
- 024 ウェブアートデザイナーで背景画像を編集する ― 127
- 025 トップイメージをFlashに変換する ― 131
- 026 メインメニューの項目名を変更する ― 136
- 027 メインメニューとバナーの順序を変更する ― 140
- 028 コンテンツを編集する〜画像の編集〜 ― 142
- 029 コンテンツを編集する〜リスト項目の追加・削除・移動〜 ― 146
- 030 コンテンツを編集する〜部品のコピー〜 ― 147
- 031 コンテンツを編集する〜IDセレクタを持つ部品のコピー〜 ― 150
- 032 サンプル部品を挿入する ― 154
- 033 サンプル部品のスタイルを編集する ― 157
- 034 サイドバーにサブメニューを作成する ― 160
- 035 メインコンテンツに横型のサブメニューを作成する ― 164
- 036 横型メインメニューの項目幅を調整する〜パターン1〜 ― 168
- 037 横型メインメニューの項目幅を調整する〜パターン2〜 ― 172
- 038 縦型メインメニューの項目の高さを調整する ― 177
- 039 レイアウトを左寄せにする〜パターン1〜 ― 182
- 040 レイアウトを左寄せにする〜パターン2〜 ― 185
- コラム ユーザーテンプレートとして登録する ― 189
- 041 3段組みのリキッドレイアウトにする ― 190
- 042 フルCSSテンプレートのサイトをサイトをスマートフォンページに変換する ― 197
- 043 フルCSSテンプレートのサイトをスマートフォンページと同期する ― 200
- 044 フルCSSスマートフォンテンプレートからスマホ専用サイトを作成する ― 203
- 045 折りたたみや展開をするアコーディオンを作成する ― 212

3章 CSSデザイン&レイアウトのテクニック ― 215
- 046 パンくずリストを作成する ― 216
- 047 背景が動くFlash風の縦ナビゲーションを作成する ― 223

- 048 背景が動くFlash風の横ナビゲーションを作成する ― 230
- 049 プルダウンメニューのナビゲーションを作成する ― 233
- 050 角がカーブしたコラムスペースを作成する ― 238
- 051 別窓にリンク先を表示するナビゲーションを作成する ― 247
- 052 写真を並べて表示するサムネイルを作成する ― 256
- 053 HTML+CSSの素材をパーソナル部品として登録する ― 264
- 054 Internet Explorer 6用のCSSハックを作成する ― 268
- 055 ブログテンプレートを参考にしてホームページ用CSSレイアウトを作成する ― 270
- 056 ブログをオリジナルデザインに変更する〜Amebaブログ〜 ― 274
- 057 ブログをオリジナルデザインに変更する〜FC2ブログ〜 ― 286

4章 素材作成&デザインのテクニック ― 297

- 058 画像を特定のサイズで切り抜く ― 298
- 059 ナビゲーションバー用のボタンを作成する ― 300
- 060 ナビゲーションバー用のタブ型ボタンを作成する ― 308
- 061 2枚がきれいに同化した画像を作成する ― 314
- 062 2枚がきれいに合成された画像を作成する ― 318
- 063 フレーム付き写真を作成する ― 322
- 064 Twitter用のグラデーションの壁紙を作成する ― 328
- 065 Twitter用の左側に固定した壁紙を作成する ― 334
- 066 写真の一部分にモザイクをかける ― 340

5章 コンテンツ作成のテクニック ― 341

- 067 ドロップダウンリストのリンクを作成する ― 342
- コラム サンプルスクリプトを活用しよう ― 345
- 068 マウスオーバーで別の場所の画像が入れ替わるコンテンツを作成する ― 347
- 069 JavaScriptを外部出力する ― 354
- 070 パスワード付きリンクを作成する ― 358
- 071 ポップアップウィンドウを作成する ― 361
- 072 スタイルシートの切り替えスクリプトを作成する ― 364
- 073 スクロールに合わせて上下するアフィリエイトを作成する ― 369
- 074 YouTube動画の一覧ページを作成する ― 375
- 075 Twitterのツイート一覧ページを作成する ― 380
- 076 ブラウザーにアイコンを表示する ― 386
- 077 CGIプログラムを使用して問い合わせフォームを作成する ― 388

CONTENTS

- 078 オーバーレイギャラリーを作成する — 395
- 079 動画CMを作成する — 403
- 080 動画の一部をアニメGIF化してmixiのコミュニティ画像を作成する — 416
- 081 オープニングムービー風のFlashタイトルを作成する — 419
- 082 ブログのヘッダイメージをFlashタイトルにする〜FC2ブログ〜 — 426
- 083 AmebaブログのサイドバーにFlash広告を表示する — 433

6章 ショップサイト作成のテクニック — 439

- 084 Yahoo!ロコ地図とGoogleマップについて — 440
- 085 Yahoo!ロコ地図を挿入する — 442
- 086 Yahoo!ロコ地図にアイコンを付ける — 443
- 087 Googleマップを挿入する — 447
- 088 Googleマップにマーカーを付ける — 448
- 089 Googleマップのマイマップを使用して道順を付けた地図に変える — 452
- 090 SEOとは? — 456
- 091 ページのSEOを設定する — 458
- 092 画像に代替テキストを設定する — 459
- 093 隠れ文字を設定する — 460
- 094 SEOの設定をチェックする — 463
- 095 ブログを設置してアクセス効果を上げる — 465
- 096 XMLサイトマップについて — 466
- 097 XMLサイトマップを作成する — 468
- 098 XMLサイトマップを登録する — 471
- 099 XMLサイトマップを更新する — 474
- 100 検索ロボットに情報を収集させないようにする — 476
- 101 買い物カゴを挿入する — 479
- 102 アクセス解析を利用する — 485
- 103 アクセス解析をFC2ブログで利用する — 491
- 104 携帯用ページを作成する — 495
- 105 PCサイトを携帯サイトに変換する — 500
- 106 携帯ページに地図を挿入する — 503
- 107 Googleモバイルサイトマップを作成する — 506
- 108 口コミ用のSNSボタンを挿入する〜mixiチェック〜 — 508
- 109 QRコードを挿入する — 513
- コラム ホームページ・ビルダーの歴史 — 514

ホームページ・ビルダーの基本操作

この章では、スパテクで頻繁に使うホームページ・ビルダーの基本操作を解説します。はじめに目を通してマスターしておきましょう。

A ホームページ・ビルダーの基本操作

ホームページ・ビルダーの基本操作

スパテクで頻繁に使うホームページ・ビルダーの基本操作を解説します。マスターしておきましょう。

A1 ホームページ・ビルダーの画面構成

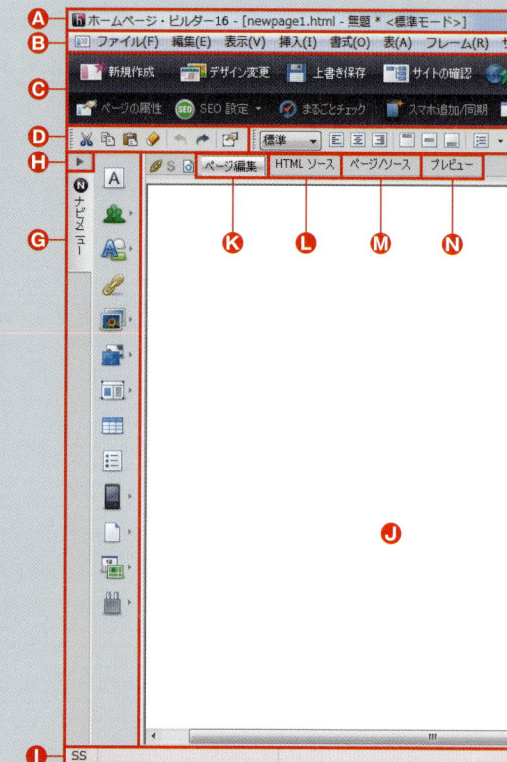

Ⓐ タイトルバー
ソフトの名称とページのファイル名が表示されます。

Ⓑ メニューバー
ホームページ・ビルダーを操作するためのさまざまな機能が収められています。クリックするとドロップダウンメニューが表示され、機能を選ぶことができます。

Ⓒ かんたんナビバー
使用頻度の高い機能が提供されます。操作状況に応じて、適切であると思われる機能を予測し、自動的に切り替わります。

Ⓓ [編集] ツールバー
コピーや貼り付けなど、編集機能を実行するボタンが収められています。

Ⓔ [書式] ツールバー
書式を変更するボタンが収められています。

Ⓕ [ズーム] ツールバー
ページ編集領域を拡大または縮小表示するボタンが収められています。

Ⓖ ナビメニュー
使用頻度の高い機能が提供されます。13のメニューで構成され、それぞれを選択することで機能を利用することができます。

Ⓗ 開閉ボタン
ここをクリックすると左右のビューを開閉できます。

Ⓘ ステータスバー
メニューの説明や、編集中のさまざまな情報が表示されます。

Ⓙ ページ編集領域
ホームページを作成・編集するための領域です。

Ⓚ [ページ編集] タブ
ページ編集領域を表示します。

Ⓛ [HTMLソース] タブ
ページの HTML ソースを表示します。

Ⓜ [ページ/ソース] タブ
画面の上側にページ編集領域、下側に HTML ソースを表示します。

Ⓝ [プレビュー] タブ
編集中のページがブラウザーでどのように見えるかをプレビュー表示します。

ホームページ・ビルダーの基本操作　｜　ホームページ・ビルダー16

あ [ヘルプビュー]
ホームページ・ビルダーのヘルプが確認できます。

い [アクセス解析ビュー]
→ スパチャク 102

う [素材ビュー]
アイコン、イラスト、写真などの素材が分類されています。ページ編集領域にドラッグ&ドロップして挿入できます。

え [ページ一覧ビュー]
編集中のページが一覧表示されます。アイコンをクリックすると、該当するページが前面に表示されます。

お [サイトビュー]
サイトを開いている場合、サイトの構造やリンクの階層などが確認できます。

か [フォルダビュー]
ハードディスクの中身を参照できます。フォルダ内の素材ファイルをページ編集領域にドラッグして挿入できます。

き [スタイルエクスプレスビュー] → C3
く [タグ一覧ビュー]
ページ編集領域で選択中またはカーソルが置かれた要素のHTMLタグの構成、属性とその値が表示されます。属性は変更することができます。

け [属性ビュー]
ページ編集領域で選択中またはカーソルが置かれた要素の属性が表示されます。属性は変更することができます。

編集スタイルが「スタンダード」スタイルの場合の、画面の各部の名称と機能を紹介します。

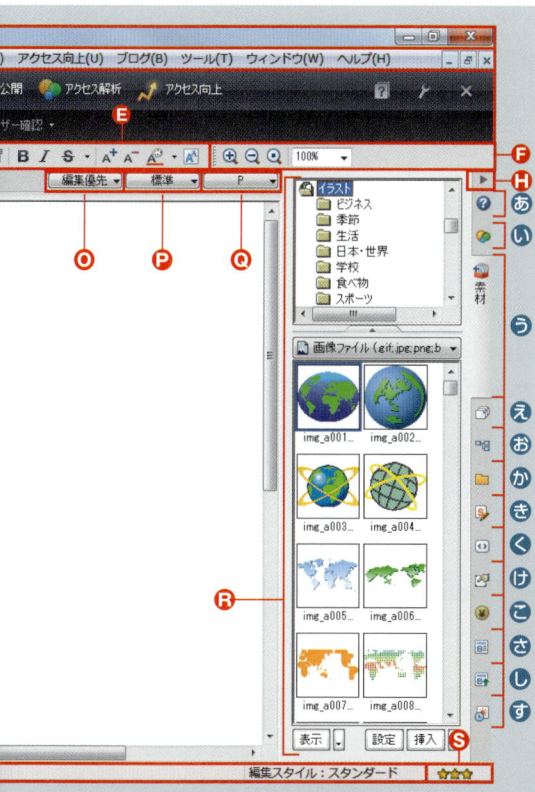

こ [アフィリエイトビュー]
楽天アフィリエイトとYahoo!ショッピングアフィリエイトから、条件にあった商品イメージを検索し、アフィリエイト・リンクをページに表示できます。

さ [ブログビュー]
ブログの管理をします。上側には登録しているブログ、下側には投稿・未投稿の記事が表示されます。

し [ブログ記事投稿ビュー]
これから投稿する記事の設定を決めることができます。

す [ブログパーツビュー]
ブログパーツを管理します。ここにインターネットから入手したブログパーツを登録することができます。

P [ターゲットブラウザーの切り替え]
ページ編集領域を、ターゲットとなるブラウザーのサイズに変更します。

Q [属性の変更]
ページ編集領域に挿入されたコンテンツの属性を変更します。ボタンには、現在選択中のタグ名が表示されます。

R ビュー
素材を追加したりサイトを操作したりなど、編集作業を行うために必要な機能がタブに分類されています。

S アクセシビリティメータ
現在編集中のページがバリアフリー対応かどうかを☆マークの3段階でリアルタイムに通知します（達成度が高いほど黄色い☆が増える）。ここをダブルクリックするとアクセシビリティに関する内容を編集できます。

O「編集優先・表示優先・アウトラインモード」
「編集優先」は、ホームページを編集する際の標準画面です。「表示優先」は、編集画面上の補助記号等を非表示にし、ブラウザーのプレビューと同様のより正確なレイアウト表示に切り替えます。「アウトライン」は、CSSスタイルを無効にし、HTMLの構造を把握しやすくした編集画面です。

A2 編集スタイルを選択する

ホームページ・ビルダーは、使用者の好みやレベルに合わせて3つの編集スタイルを用意しています。本書は「スタンダード」スタイルで操作を進めます。このスタイルでない場合は変更しておきましょう。

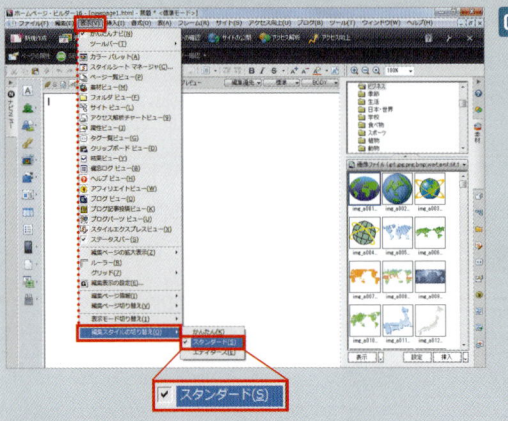

01 メニューの［表示］→［編集スタイルの切り替え］から［スタンダード］を選択します。

A3 編集モードを選んでページを新規作成する

ページを新規作成する際の編集モードには、「標準モード」と「どこでも配置モード」があります。本書で扱うテクニックはすべて「標準モード」を使用します。

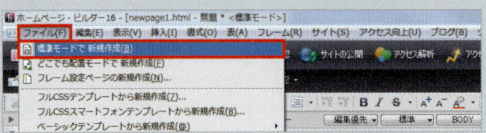

01 メニューの［ファイル］→［標準モードで新規作成］を選択すると新規ページが開きます。

A4 文字列を入力する

「標準モード」ではカーソルが点滅する位置に文字列が入力できます。改行や段落を変えながら文章を組み立てます。

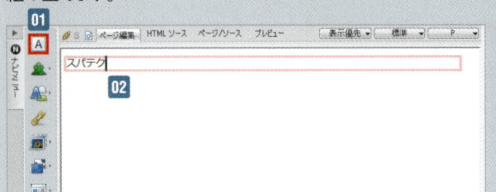

01 ナビメニューの［文字の挿入］をクリックします。

02 カーソルが表示されるので文字列を入力して Enter キーを押します。

03 カーソルが次の行へ移動し、改行されるので Shift + Enter キーを押すと、段落が変わり、カーソルが移動します。

> **MEMO** 手順01と03を操作した場所には、HTMLソース上では<p></p>の段落が挿入されます。手順02を操作した場所には
の改行タグが挿入されます。

A5 画像を挿入する

ハードディスクにある画像やイラストの挿入方法を紹介します。

■ ビューから挿入する場合

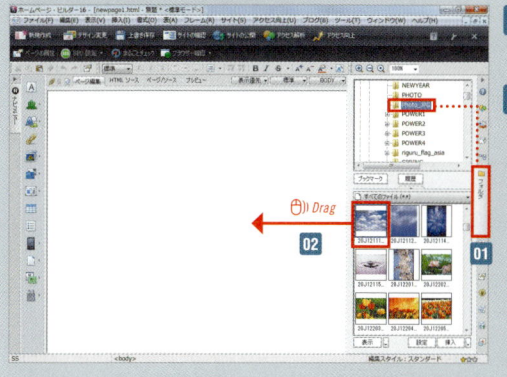

01 ［フォルダビュー］で素材が保存されているフォルダーをクリックします。

02 一覧にフォルダー内のファイルが表示されます。挿入したい画像ファイルをページ編集領域にドラッグ＆ドロップします。

> **MEMO** 写真挿入ウィザードを使用して画像を挿入することもできます。
> → スパテク 028

■ パーソナルフォルダから挿入する場合

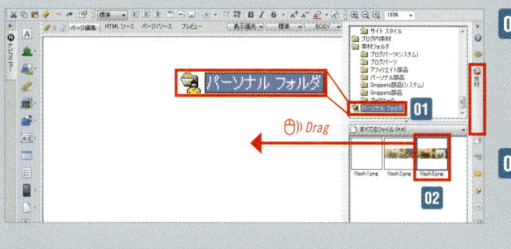

01 ［素材ビュー］の［パーソナルフォルダ］をクリックします。パーソナルフォルダについては D17 のPOINTを参照してください。

02 挿入する画像をドラッグ＆ドロップします。

POINT フォルダーにブックマークを付ける

［フォルダビュー］から画像を挿入する場合、頻繁に使用するフォルダーはブックマークを付けておくと便利です。フォルダーを指定したら［ブックマーク］をクリックして［ブックマークに追加］を選択します。次回から［履歴］にある一覧から登録したブックマークを選択すると素早くアクセスできます。

A6 リンクを作成する

他のページへ移動するためのリンクを作成しましょう。

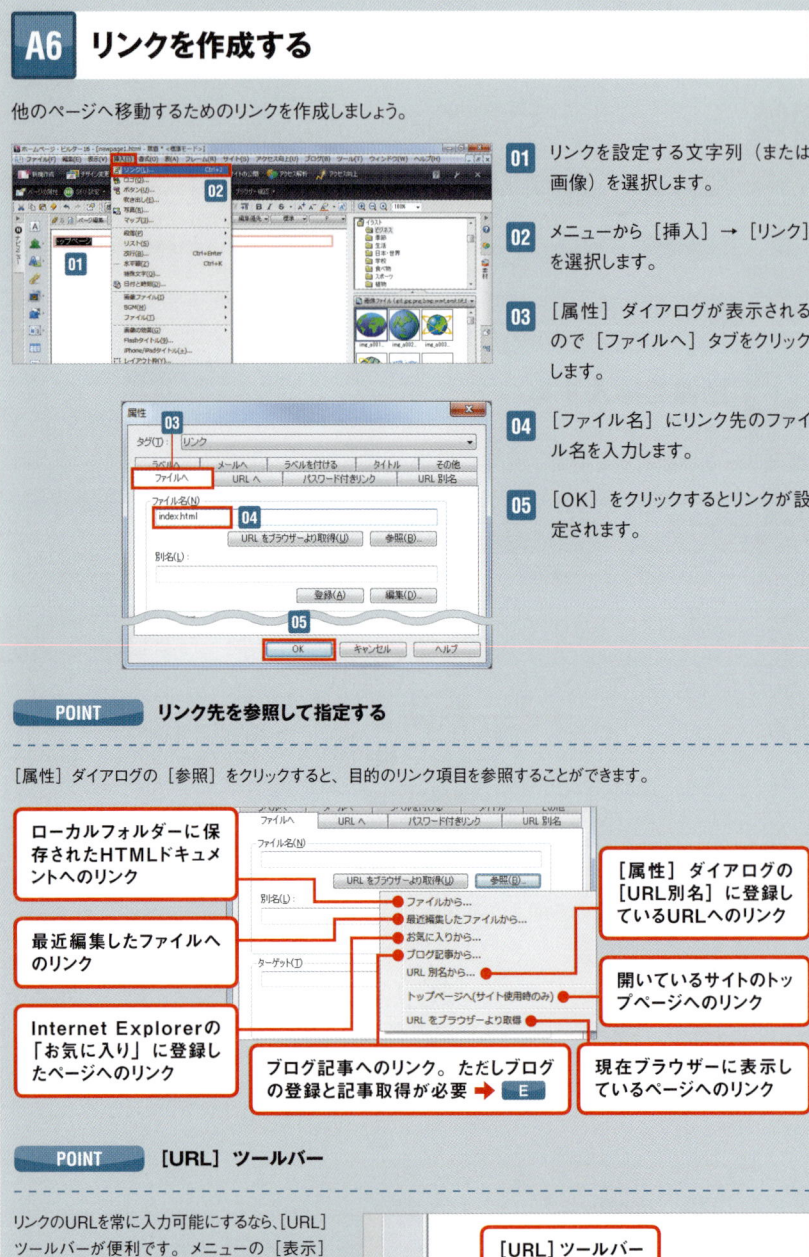

01 リンクを設定する文字列(または画像)を選択します。

02 メニューから[挿入]→[リンク]を選択します。

03 [属性]ダイアログが表示されるので[ファイルへ]タブをクリックします。

04 [ファイル名]にリンク先のファイル名を入力します。

05 [OK]をクリックするとリンクが設定されます。

POINT リンク先を参照して指定する

[属性]ダイアログの[参照]をクリックすると、目的のリンク項目を参照することができます。

- ローカルフォルダーに保存されたHTMLドキュメントへのリンク
- 最近編集したファイルへのリンク
- Internet Explorerの「お気に入り」に登録したページへのリンク
- ブログ記事へのリンク。ただしブログの登録と記事取得が必要 ➡ E
- [属性]ダイアログの[URL別名]に登録しているURLへのリンク
- 開いているサイトのトップページへのリンク
- 現在ブラウザーに表示しているページへのリンク

POINT [URL]ツールバー

リンクのURLを常に入力可能にするなら、[URL]ツールバーが便利です。メニューの[表示]→[ツールバー]→[URL]で表示されます。

ホームページ・ビルダーの基本操作 | ホームページ・ビルダー16

A7 ページを保存する

ホームページが完成したら保存しましょう。ページに貼り付けられた素材ファイルが同一フォルダーにない場合は、保存時にコピーできます。

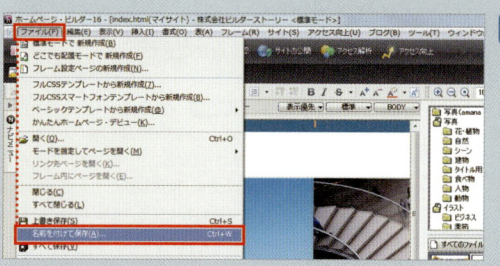

01 メニューの［ファイル］→［名前を付けて保存］を選択すると、［名前を付けて保存］ダイアログが表示されます。

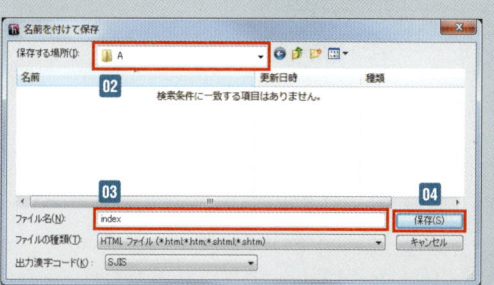

02 ［保存する場所］から保存先を指定します。

03 ［ファイル名］に半角英数字でファイル名を入力します。

04 ［保存］をクリックします。

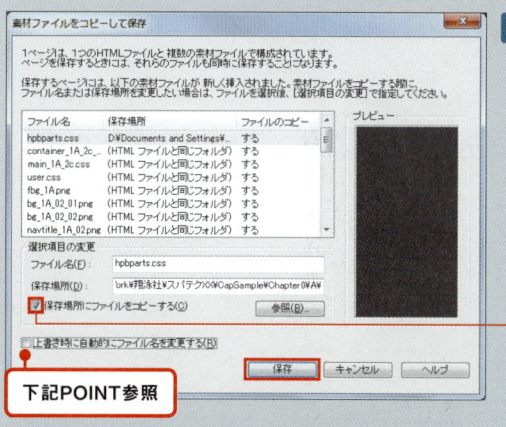

05 ［素材ファイルをコピーして保存］ダイアログが表示されるので［保存］をクリックします。

MEMO このダイアログの［保存場所にファイルをコピーする］をオンにすると、ページ内に貼り付けたオブジェクト（画像など）がHTMLファイルと同じフォルダーにコピーされます。コピー場所を変更する場合は一覧からファイルを選んで［参照］をクリックし、フォルダーを指定します。コピーしない場合はオフにしてください。

下記POINT参照

POINT 重複ファイルの上書き設定

［素材ファイルをコピーして保存］ダイアログの［上書き時に自動的にファイル名を変更する］をオンにすると、素材ファイルが保存先のファイル名と重複する場合に、ファイル名を変えて保存します。ファイル名を変えないで上書き保存する場合はオフにしてください。またユーザー自身でファイル名を変更したい場合も、同じくオフにし、一覧から変更したいファイル名を選択して［ファイル名］にファイル名を入力します。

A8 HTMLソースを編集する

HTMLタグを直接書き換えてページを編集したい場合は、ソースを表示しましょう。

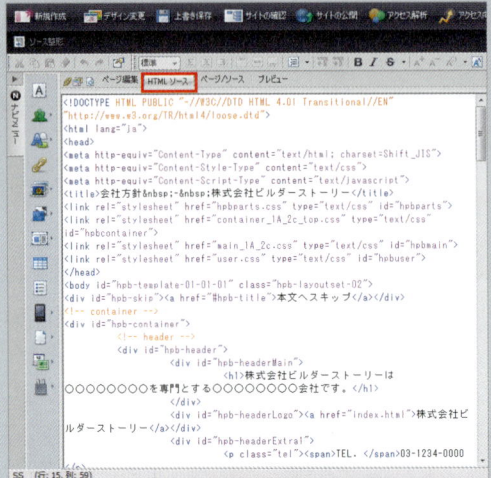

01 ［HTMLソース］タブをクリックするとページのHTMLソースが表示されて編集できます。

> **MEMO** タグを修正していくうちに、インデントが崩れてソースが見づらくなることがあります。そんなときは、整形して見やすくしましょう。HTMLソースを表示している状態で右クリック→［ソースの整形］を選択してください。

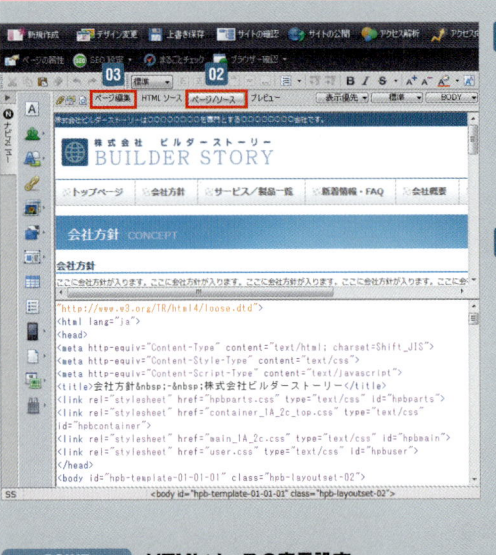

02 ［ページ/ソース］タブをクリックすると上側に編集画面、下側にHTMLソースが表示されます。

> **MEMO** 実際の表示と見比べながらHTMLの編集ができます。

03 元の編集画面に戻すには［ページ編集］タブをクリックします。

POINT　HTMLソースの表示設定

HTMLソースのインデント、フォント、自動改行といった表示設定を変更するには、メニューの［ツール］→［オプション］を選択して［オプション］ダイアログの［ソース編集］タブで行います。

A9 ページをプレビューする

ブラウザーでの見え方をプレビュー画面で随時確認することができます。

■ ホームページ・ビルダーでプレビューする

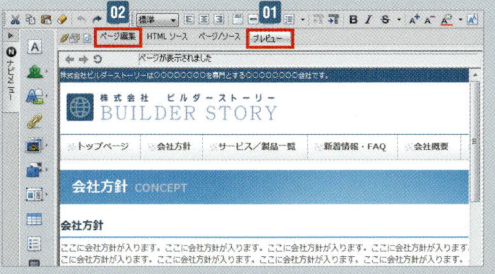

01 ［プレビュー］タブをクリックするとページがプレビューされます。

02 ［ページ編集］タブをクリックすると、元の編集できる状態に戻ります。

■ ブラウザーでプレビューする

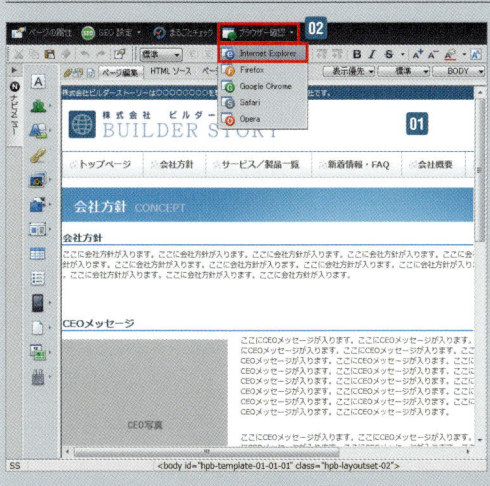

01 プレビューの前にページを上書き保存したら、ページ内の任意の場所をクリックします。

02 かんたんナビバーの［ブラウザー確認］をクリックしてプレビューするブラウザーを選択します。ブラウザーが起動してプレビューできます。

> **MEMO** ［ブラウザー確認］には、パソコンにインストールされているブラウザーが表示されます。

POINT セキュリティ保護のメッセージ

JavaScriptやFlashコンテンツを含むページをInternet Explorerでプレビューしたときに、セキュリティ保護のメッセージが表示されます。これを回避してプレビューを続けるには、メッセージをクリック→［ブロックされているコンテンツを許可］を選択します。なお、このメッセージはパソコンで作業している場合にのみ表示されます。サイトをサーバーへ転送してインターネット上で閲覧した場合は表示されません。

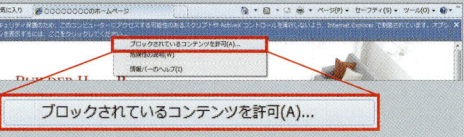

B サイトの基本操作

ハードディスクに仮想の「サイト」を作成しましょう。そうすれば、ホームページを効率的に管理することができます。

B1 サイトとは？

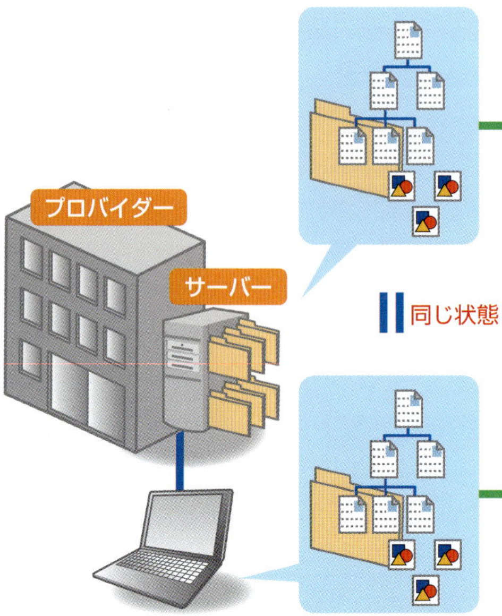

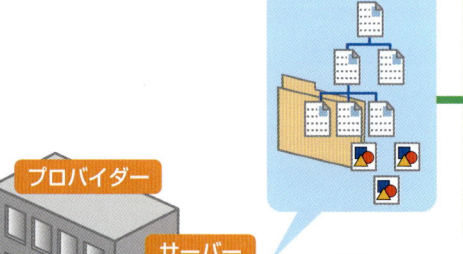

サーバーのサイト

プロバイダーと契約すると、サーバーの一部にホームページを設置するためのフォルダーが確保されます。ここに、HTMLや画像ファイルを転送するとインターネットに公開されます。このホームページに関連するファイルのひとまとまりを「サイト」と言います。いわば一冊の本のようなものです。

ローカルのサイト

ホームページ・ビルダーでは、サーバーと同じ状態をローカル（パソコン）に作れます。いわゆる仮想のサイトです。ローカルサイトがあれば、ホームページのデータを自動認識し、必要なデータを一括転送してくれます。またホームページを編集すると、更新データのみを自動的に判断して転送してくれます。

B2 サイトを作成する

本書で紹介するテクニックのいくつかは、サイトを作成していないと使えないものがあります。サイトはトップページを指定するだけで簡単に作れるので作成しておきましょう。

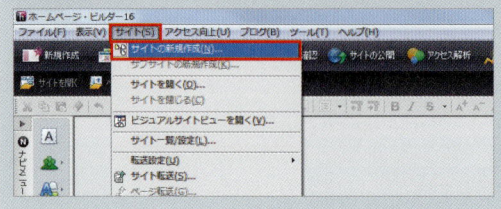

01 メニューの［サイト］→［サイトの新規作成］を選択します。

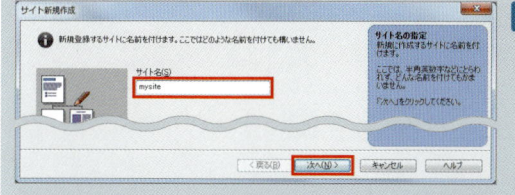

02 ［サイト新規作成］ウィザードが起動するので、［サイト名］に任意のサイト名を入力して［次へ］をクリックします。

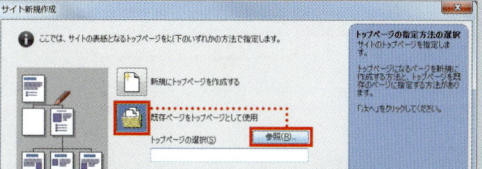

03 ［既存ページをトップページとして使用］を選択して［参照］をクリックします。

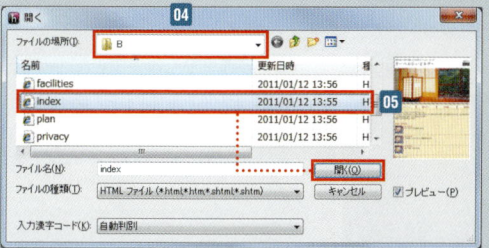

04 ［開く］ダイアログが表示されるので、ホームページのデータがあるフォルダーを指定します。

05 トップページのファイルを選択して［開く］をクリックします。

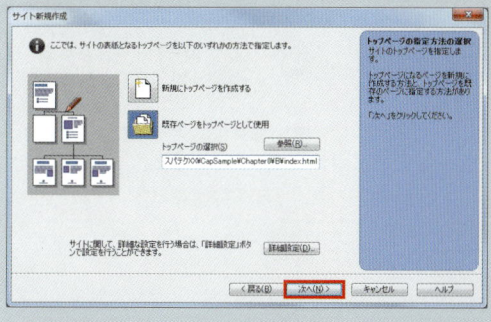

06 元の画面に戻るので［次へ］をクリックします。

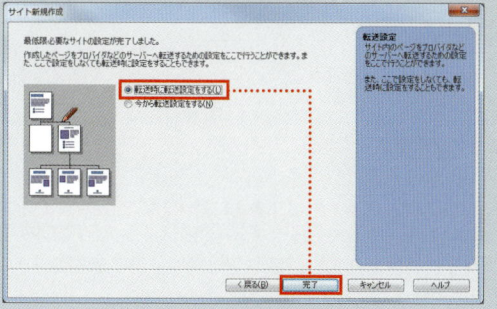

07 ［転送時に転送設定をする］を選択して［完了］をクリックします。

Next >>

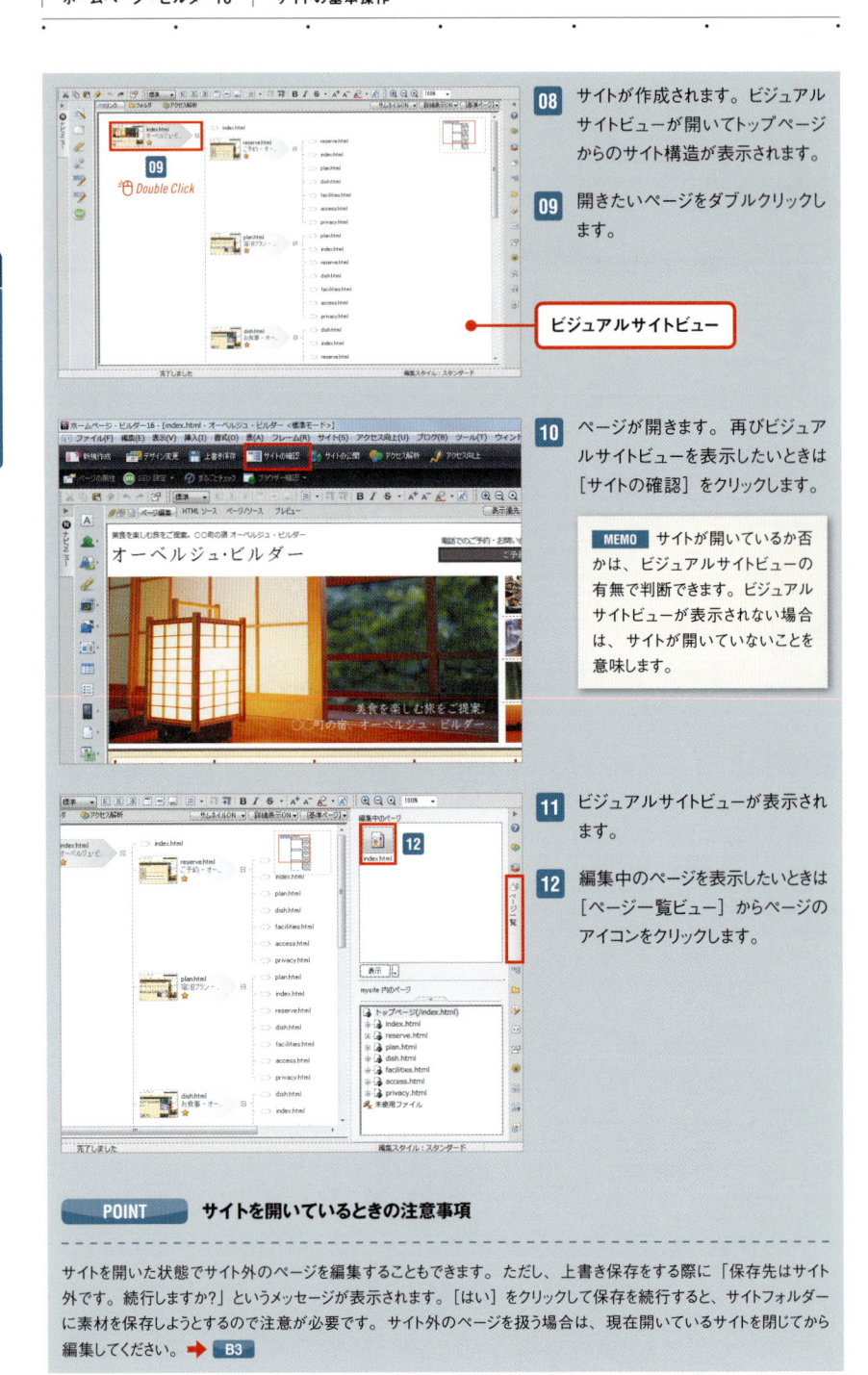

ホームページ・ビルダー16 / サイトの基本操作

08 サイトが作成されます。ビジュアルサイトビューが開いてトップページからのサイト構造が表示されます。

09 開きたいページをダブルクリックします。

ビジュアルサイトビュー

10 ページが開きます。再びビジュアルサイトビューを表示したいときは［サイトの確認］をクリックします。

MEMO サイトが開いているか否かは、ビジュアルサイトビューの有無で判断できます。ビジュアルサイトビューが表示されない場合は、サイトが開いていないことを意味します。

11 ビジュアルサイトビューが表示されます。

12 編集中のページを表示したいときは［ページ一覧ビュー］からページのアイコンをクリックします。

POINT　サイトを開いているときの注意事項

サイトを開いた状態でサイト外のページを編集することもできます。ただし、上書き保存をする際に「保存先はサイト外です。続行しますか？」というメッセージが表示されます。［はい］をクリックして保存を続行すると、サイトフォルダーに素材を保存しようとするので注意が必要です。サイト外のページを扱う場合は、現在開いているサイトを閉じてから編集してください。➡ B3

B3 サイトを閉じる

サイトはいつでも開いたり閉じたりできます。ここでは、現在開いているサイトを閉じます。

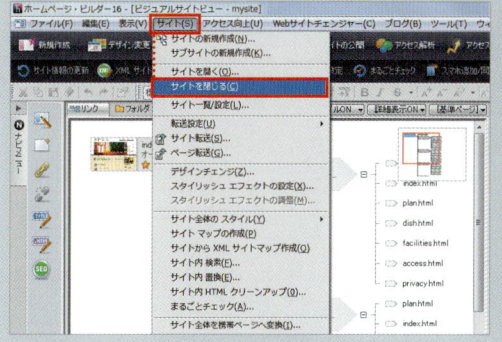

01 メニューの［サイト］→［サイトを閉じる］を選択すると、現在開かれているサイトが閉じられます。

> **MEMO** サイトとページの両方を開いている状態でサイトを閉じると、「現在開いているページをすべて閉じますか?」とメッセージが表示されます。［はい］をクリックすると、両方が閉じられます。［いいえ］をクリックすると、サイトのみが閉じられます。

B4 サイトを開く・削除する

編集したいサイトが閉じられている場合は、開きましょう。また、必要のないサイトは削除しましょう。

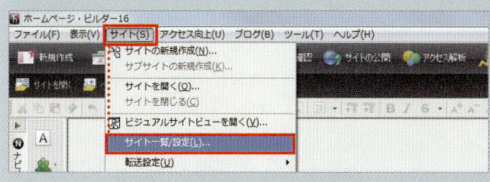

01 メニューの［サイト］→［サイト一覧/設定］を選択します。

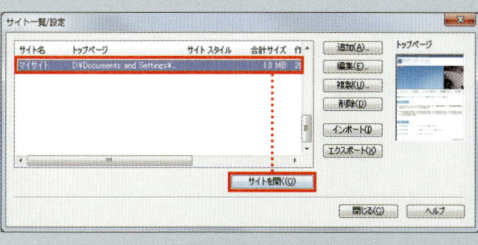

02 ［サイト一覧/設定］ダイアログが表示されるので、開きたいサイトを選択して［サイトを開く］をクリックします。削除する場合はサイトを選択して［削除］をクリックします。

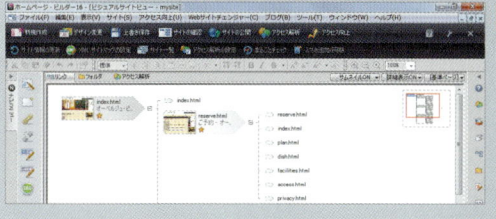

03 サイトを開いた場合はビジュアルサイトビューが表示されます。

> **MEMO** 最近開いたサイトを素早く開くには、［サイト］メニューをクリックすると一番下にサイト名が表示されるのでこれを選択します。

B5 サイトを複製する

サイトは定期的に複製しましょう。編集に失敗しても、元のサイトでやり直せます。

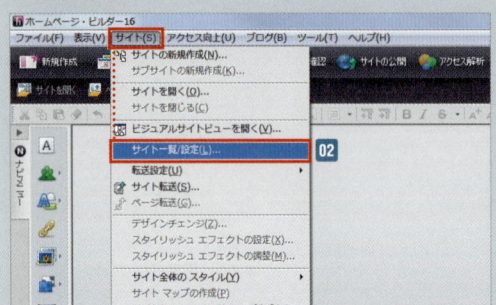

01 サイトは閉じておきます。

02 メニューの［サイト］→［サイト一覧/設定］を選択します。

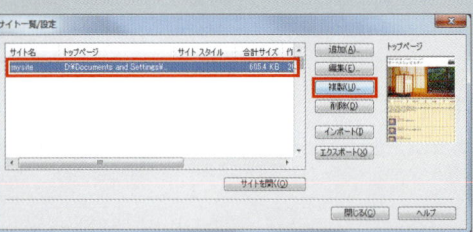

03 ［サイト一覧/設定］ダイアログで複製するサイトを選択したら［複製］をクリックします。

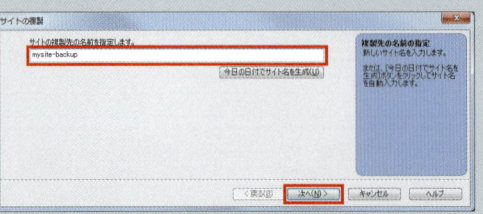

04 複製先の任意の名称を入力して［次へ］をクリックします。

> **MEMO** ［今日の日付でサイト名を生成］をクリックすると日付が複製名となります。

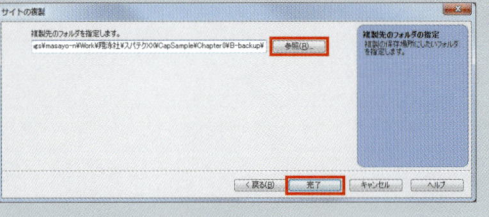

05 ［参照］をクリックして複製先のフォルダーを指定したら［完了］をクリックします。

> **MEMO** 指定したフォルダーにデータがコピーされます。複製したサイトは、通常のサイトと同じように開くことができます。→ B4

POINT サイトを削除する

サイトを削除するには、削除するサイトを閉じた状態でメニューの［サイト］→［サイト一覧/設定］を選択します。［サイト一覧/設定］ダイアログで削除するサイトを指定したら［削除］をクリックします。

B6 転送設定を新規作成する

サイトをインターネットのサーバーへ転送するには、転送のための設定を行う必要があります。

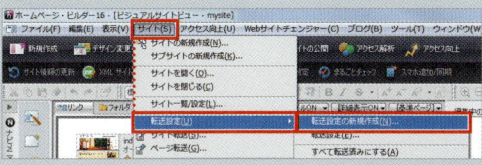

01 メニューの[サイト]→[転送設定]→[転送設定の新規作成]を選択します。

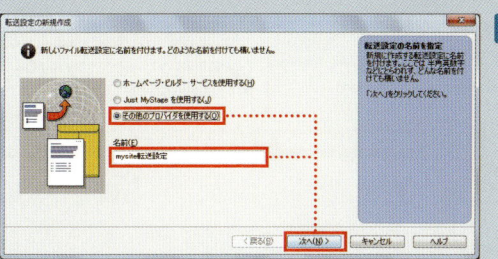

02 [転送設定の新規作成]画面が表示されるので、[その他のプロバイダを使用する]を選択し、[名前]に任意の名前を入力して[次へ]をクリックします。

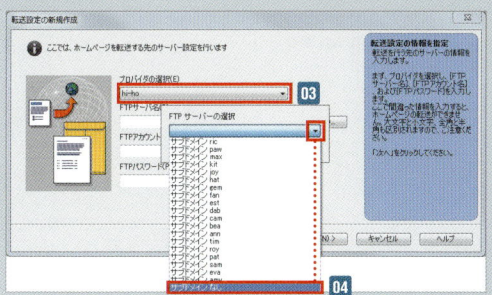

03 [プロバイダの選択]で転送先のプロバイダを指定します。

> **MEMO** 転送プロバイダが存在しない場合は、ここで「その他」を選択します。さらに下の[接続先ホスト]にサーバー名を入力してください。

04 ポップアップウィンドウが表示される場合は、転送先のFTPサーバーを指定します。

> **MEMO** プロバイダによっては、自動的にFTPサーバー名が入力されます。

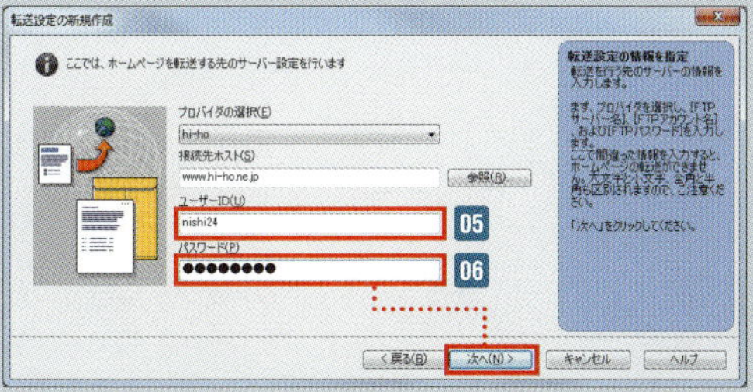

05 FTPアカウントを入力します。

06 FTPパスワードを入力したら、[次へ]をクリックします。

POINT 転送設定に必要な情報

手順04～06の転送設定に必要なFTPサーバー名、FTPアカウント、FTPパスワードの情報は、プロバイダとの契約時に提供される「登録情報」を参考にしてください。

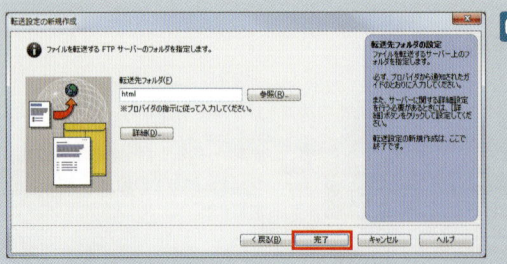

07 転送先フォルダを指定する必要がない場合は［完了］をクリックします。これで転送設定は完了です。

> **MEMO** サーバーとの接続方法をFTPSやFTPESにする場合は、［詳細］をクリックし、［転送設定］ダイアログの［詳細設定］タブで［接続方法］から選択してください。

POINT 転送先フォルダ

手順 07 で転送先フォルダが必要な場合は［参照］をクリックします。サーバーにアクセスするので、フォルダーを選択してください。サーバーにアクセスできない場合は、［戻る］をクリックして前のダイアログに戻り、手順 03～06 の転送設定を確認して再度アクセスしましょう。転送先フォルダが必要かどうかはプロバイダから提供される情報で確認しましょう。

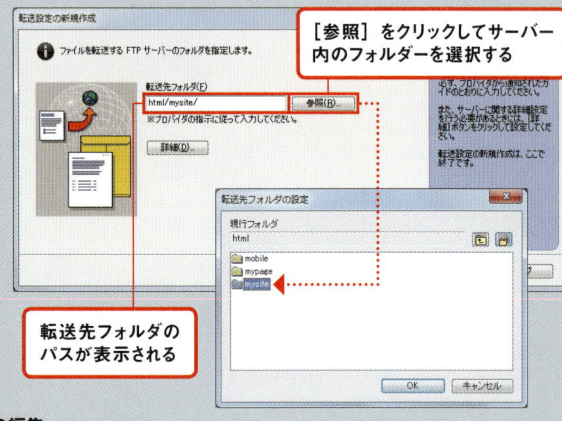

［参照］をクリックしてサーバー内のフォルダーを選択する

転送先フォルダのパスが表示される

POINT 転送設定の編集

転送設定を編集するには、メニューの［サイト］→［転送設定］→［転送設定］を選択します。［転送設定］ダイアログで編集したい設定を選択して［編集］をクリックします。［転送設定］ダイアログの［基本設定］タブで設定を変更したら［OK］をクリックします。

B7 サイトを転送する

転送設定が完了したら、サイトのデータを一括転送することができます。

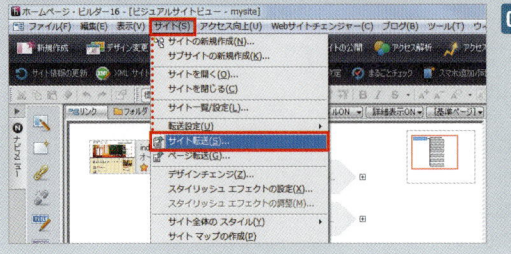

01 サイトを開いた状態でメニューの［サイト］→［サイト転送］を選択します。

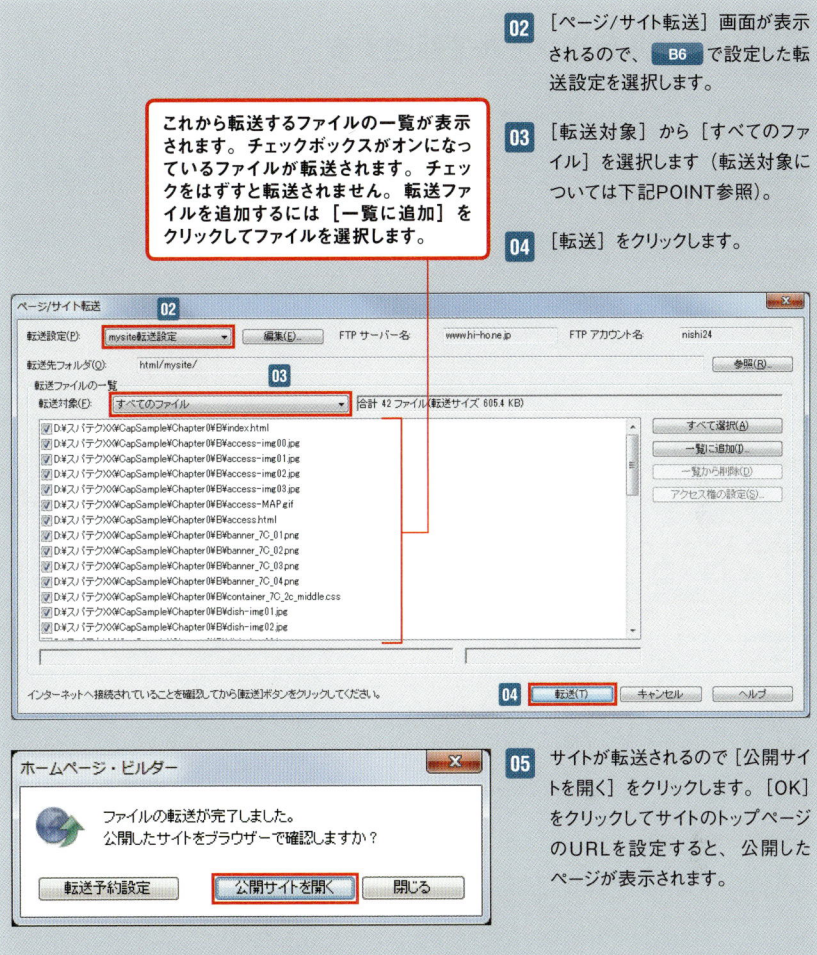

02 ［ページ/サイト転送］画面が表示されるので、 B6 で設定した転送設定を選択します。

03 ［転送対象］から［すべてのファイル］を選択します（転送対象については下記POINT参照）。

04 ［転送］をクリックします。

これから転送するファイルの一覧が表示されます。チェックボックスがオンになっているファイルが転送されます。チェックをはずすと転送されません。転送ファイルを追加するには［一覧に追加］をクリックしてファイルを選択します。

05 サイトが転送されるので［公開サイトを開く］をクリックします。［OK］をクリックしてサイトのトップページのURLを設定すると、公開したページが表示されます。

POINT **転送対象**

手順03のオプションを操作して転送対象を変えることができます。

［前回の転送以降に更新されたファイル］

これを選ぶと、前回の転送以降に修正や追加されたファイルが転送対象となります。

［今日更新されたファイル］

これを選ぶと、今日1日に修正したり追加されたファイルを転送対象とします。

［指定日以降に更新されたファイル］

これを選ぶと、下側に表示されるドロップダウンリストで指定する日付以降の更新ファイルを転送対象とします。

［すべてのファイル］

これを選ぶと、すべてのファイルを転送対象とします。

B8 ファイル転送ツールで転送する

ファイル転送ツールを使うと、個別にファイルを転送できます。

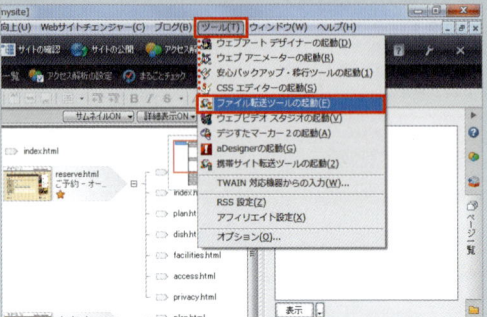

01 メニューの［ツール］→［ファイル転送ツールの起動］を選択します。

MEMO ファイル転送ツールをフォルダツリーにすると、ファイルやフォルダーが階層表示になり見やすくなります。ファイル転送ツールを起動後にメニューの［表示］→［フォルダツリー］を選択してください。

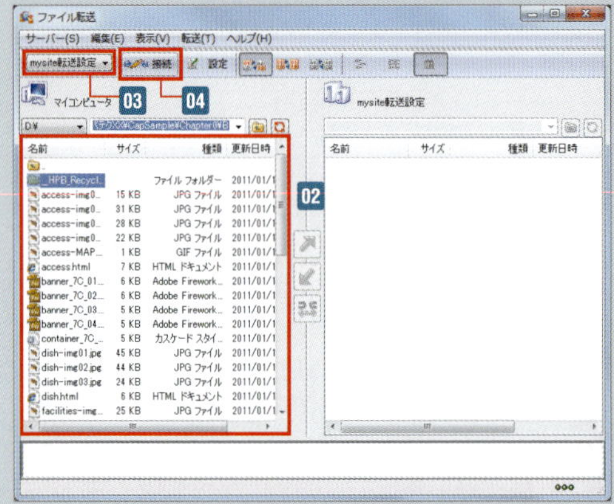

02 ファイル転送ツールが起動します。左側にはパソコンの中身が表示されます。

MEMO サイトを開いている場合は、サイトフォルダーへ自動的にアクセスしてフォルダーの中身が表示されます。

03 転送先サーバーの転送設定を選択します。

04 ［接続］をクリックします。

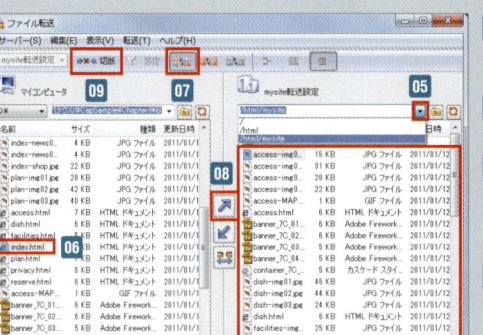

05 サーバーに接続するので転送先のフォルダーに移動しておきます。

06 転送したいファイルを選択します。

07 ［転送するファイルの種類により自動的に転送モードを切り替えます］を選択します。

08 ［PC上のファイルをサーバー上へ転送します。］をクリックすると転送されます。

09 ［切断］をクリックするとサーバーへの接続が切断されます。

POINT　ファイルの並べ替え

フォルダー内のファイルを見やすくするには、並べ替えの各ボタンをクリックしましょう。[種類]をクリックすると種類ごとに並べ替えられます。

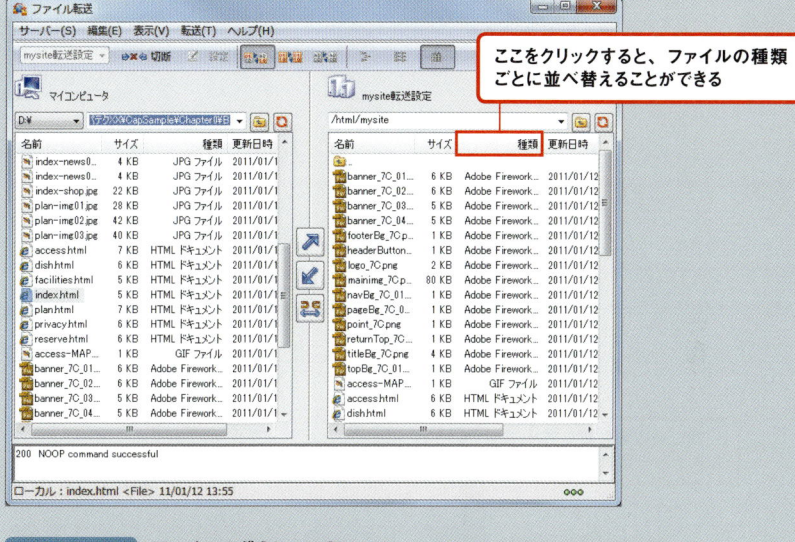

POINT　ファイルのダウンロード

サーバーのファイルをダウンロードするには、まず左側でダウンロード先を指定します。続いて右側に表示されるサーバーのディレクトリからダウンロードしたいファイルを選択して[サーバー上のファイルをPCへ転送します。]をクリックします。

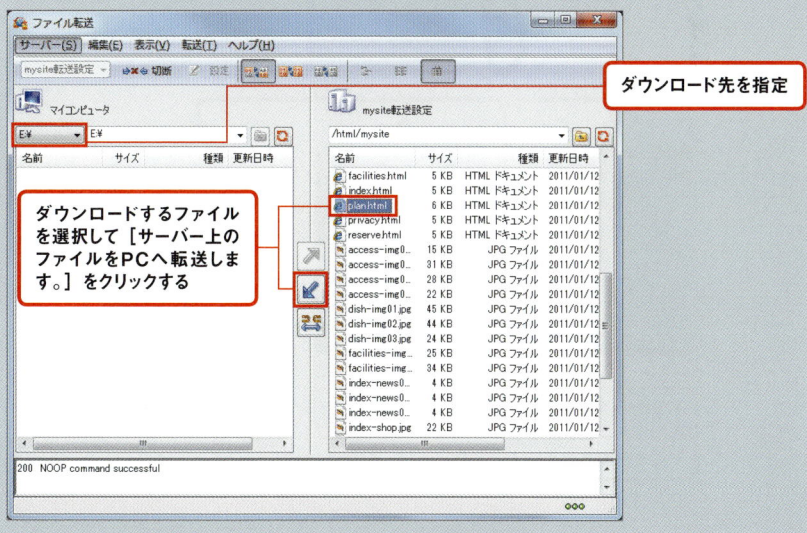

スタイルシートの基本操作

スタイルシートを使えば、ウェブページのレイアウトとデザインを効率的に管理できます。ここでは、スタイルシートの基礎知識と操作方法を解説します。

C1 スタイルシートとは

■ HTMLとスタイルシートの関係

HTMLはホームページを組み立てるための単純な命令です。たとえば「ここへ見出しを挿入する」「ここへ画像を挿入する」「ここへリンクを張る」といった基本命令がHTMLタグにより記述されます。一方スタイルシートはこの命令に対し、「見出しのサイズはXXポイントにする」「画像に回り込みを設定する」「リンクの下線を取る」「背景は青色」という具合に、デザインやレイアウトに関する定義をHTMLとは切り離して記述します。スタイルシートを別の場所で管理するため、その他のホームページに使いまわしてデザインやレイアウトを統一することができます。またホームページの外観を変更するときは、HTMLに手を加えることなく、スタイルシートの定義を編集するだけで済みます。

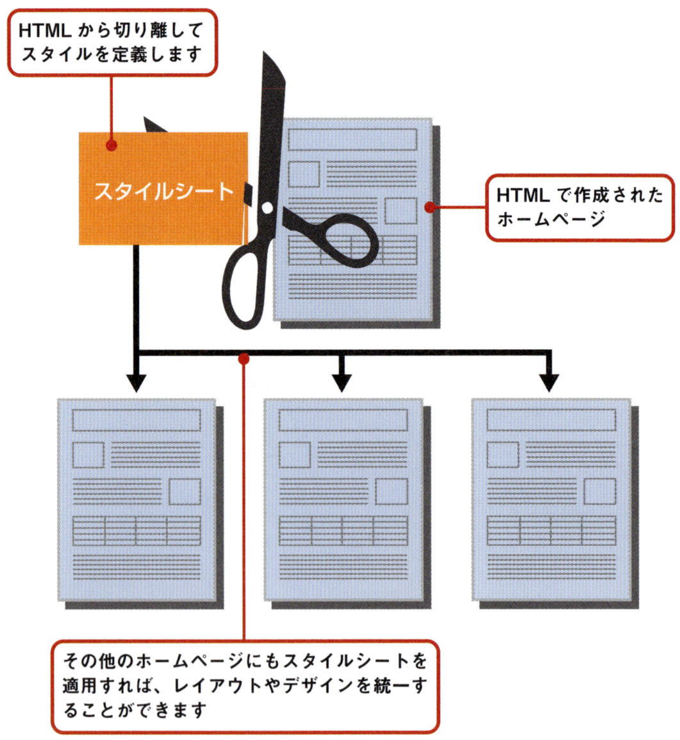

HTML から切り離してスタイルを定義します

スタイルシート

HTML で作成されたホームページ

その他のホームページにもスタイルシートを適用すれば、レイアウトやデザインを統一することができます

■ スタイルシートの記述方法

デザインやレイアウトの情報を記述するスタイルシートは、以下のように決められた書式があります。「プロパティ」と「値」をワンセットとしてスタイルを定義し、設定対象を「セレクタ」で指し示します。

「セレクタ」はスタイルを設定する要素です。タグを要素としたり、任意の名前を付けて特定のタグに関連づけたりできます。「プロパティ」と「値」で定義したスタイルが「セレクタ」に対して適用されます

セレクタ{ プロパティ : 値 ; }

「値」はプロパティに対する設定値です

「プロパティ」は「フォントサイズ」「色」「幅」といった書式を表します。プロパティ名は「font-size」「color」「width」という具合に日本語ではなく英字で記述します

以下のように、1つのセレクタで複数のスタイルを定義することができます。その際は;（セミコロン）で区切ります。

書式

セレクタ{ プロパティ1：値1；プロパティ2：値2；}

たとえば以下のように定義した場合、<p>タグに対してフォントサイズで14ピクセル、フォントの色で赤を適用することができます。

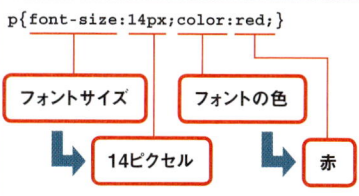

定義内容を見やすくするため、以下のように複数行に分けたり、プロパティの前にスペースを入れて位置を揃えるような記述をしても構いません。

例1

```
p{font-size:14px;
  color:red;}
```

例2

```
p{
  font-size:14px;
  color:red;
}
```

■ セレクタの種類

スタイルシートを定義するときに使うセレクタは何種類かあります。本書では主に、以下の4つのセレクタを扱います。

●基本セレクタ（タグスタイル）

タグに対してスタイルを定義します。ホームページで使用されているすべてのタグにスタイルが適用されます。このセレクタにより作成される定義を、本書は「タグスタイル」と言います。

書式

```
タグ名{ プロパティ：値;}
```

例

```html
<html>
<head>
<title> 基本セレクタ</title>
<style type="text/css">
<!--
a{
  font-size:14px;
  color:red;
}
-->
</style>
</head>

<body>
<p>
<a href="#">ホームページ・ビルダー</a><br>
<a href="#">ウェブアートデザイナー</a><br>
<a href="#">ウェブビデオスタジオ</a><br>
</p>
</body>
</html>
```

基本セレクタで`<a>`タグにスタイルを定義している

すべての`<a>`タグに同じスタイル（14ピクセルで赤色）が適用される

結果

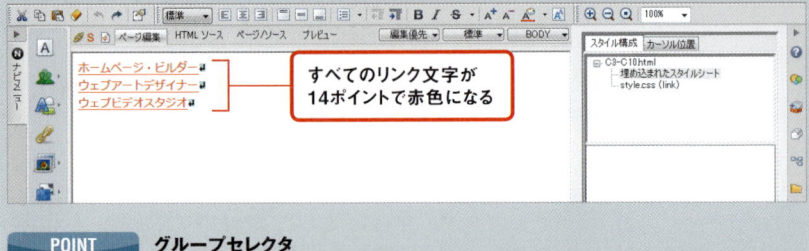

すべてのリンク文字が14ポイントで赤色になる

POINT グループセレクタ

「p,h1,table」という具合に、複数のセレクタをカンマ（,）で区切り、同じスタイルを定義することができます。これを「グループセレクタ」と言います。

グループセレクタの例　`p,h1,table{font-size:14px;}`

`<p><h1><table>`タグに、14ピクセルのフォントサイズを適用

●クラスセレクタ（スタイルクラス）

クラスセレクタは、任意のクラス名にスタイルを定義します。これをホームページ内にある共通化したい複数のタグに関連付けます。関連付けられたタグには、スタイルが適用されます。クラス名の先頭にはピリオド（.）を付ける必要があります。このセレクタにより作成される定義を、本書は「スタイルクラス」と言います。

書式

```
.クラス名{ プロパティ : 値 ;}
```

例

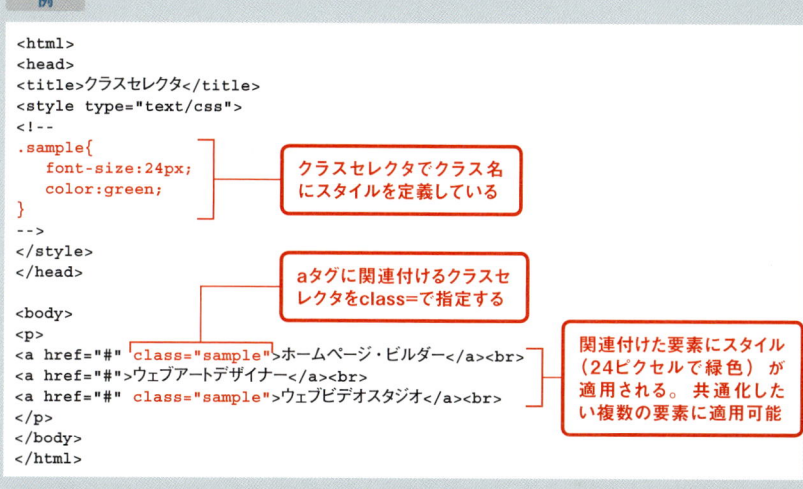

結果

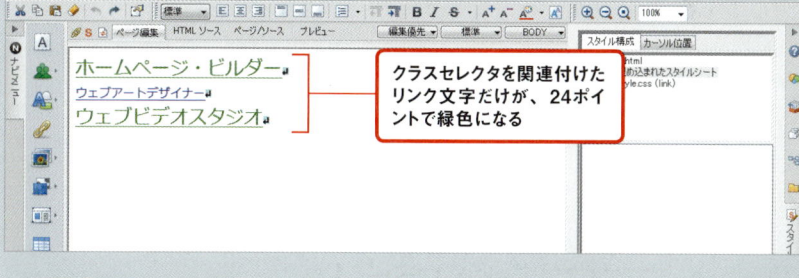

POINT　子孫セレクタ

「.sample p」という具合に、複数のセレクタを半角スペースで区切り、親要素に含まれる子要素にのみスタイルを定義することができます。これを「子孫セレクタ」と言います。

子孫セレクタの例　　`.sample p{font-size:14px;}`　● .sampleクラスセレクタを関連付けた要素内の<p>タグに、14ピクセルのフォントサイズを適用

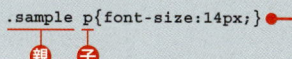

●IDセレクタ（IDスタイル）

IDセレクタは、任意のID名にスタイルを定義します。これをホームページ内の固有の要素に関連付けます。関連付けられた要素には、スタイルが適用されます。ID名の先頭にはシャープ記号（#）を付ける必要があります。このセレクタにより作成される定義を、本書は「IDスタイル」と言います。

書式

```
#ID名{ プロパティ : 値 ;}
```

例

```
<html>
<head>
<title>IDセレクタ</title>
<style type="text/css">
<!--
#sample2{
    width:320px;
    height:120px;
    background-color:aqua;
}
-->
</style>
</head>
<body>
<div id="sample2"> ホームページ</div>
</body>
</html>
```

- IDセレクタでID名にスタイルを定義している
- divタグに関連付けるIDセレクタをid=で指定する
- 関連付けた固有の要素にスタイル（幅320ピクセル、高さ120ピクセル、水色の背景色）が適用される

結果

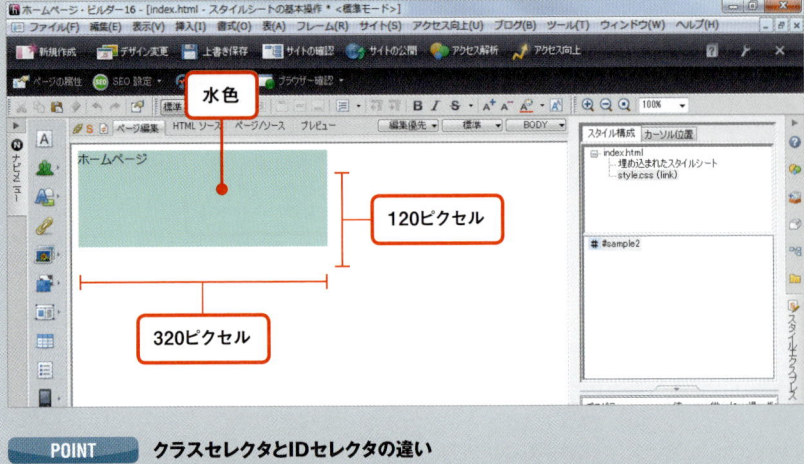

水色 / 120ピクセル / 320ピクセル

POINT クラスセレクタとIDセレクタの違い

クラスセレクタは、タグに対してスタイルを補うものとして存在します。共通化したいような「複数の要素」に適用可能です（ページ内で複数の要素に使用可）。一方、IDセレクタは「固有の要素」に対して適用可能です（ページ内で一意の要素に使用可）。たとえばdivタグのようなレイアウト要素に使用されます。

●擬似クラス

擬似クラスは要素がある状態のときにスタイルを適用します。主な機能として、未読／既読のリンクや、マウスポインタを乗せたとき／押したときにダイナミックに変化させる<a>タグに対する擬似クラスがあります。要素と擬似クラス名の間には、コロン（:）を付けて記述します。このセレクタにより作成される定義を、本書は「擬似クラス」と言います。

書式

要素 : 擬似クラス名{ プロパティ : 値 ;}

例

```html
<html>
<head>
<title>擬似クラス</title>
<style type="text/css">
<!--
a:link {color: red;
}
a:visited {color: blue;
}
a:hover {color: green;
}
a:active {color: yellow;
}
-->
</style>
</head>

<body>
<a href="#">ホームページ</a>
</body>
</html>
```

4つの擬似クラス

- a:linkは、リンクのアンカー文字の色を定義している
- a:visitedは、リンク先移動後のアンカー文字の色を定義している
- a:hoverは、リンクのアンカー文字にマウスポインタを合わせたときの色を定義している
- a:activeは、リンクのアンカー文字をクリックしたときの色を定義している

リンクの状態に応じて適用されるスタイルが変わる

結果

a:link（赤）

a:visited（青）

a:hover（緑）

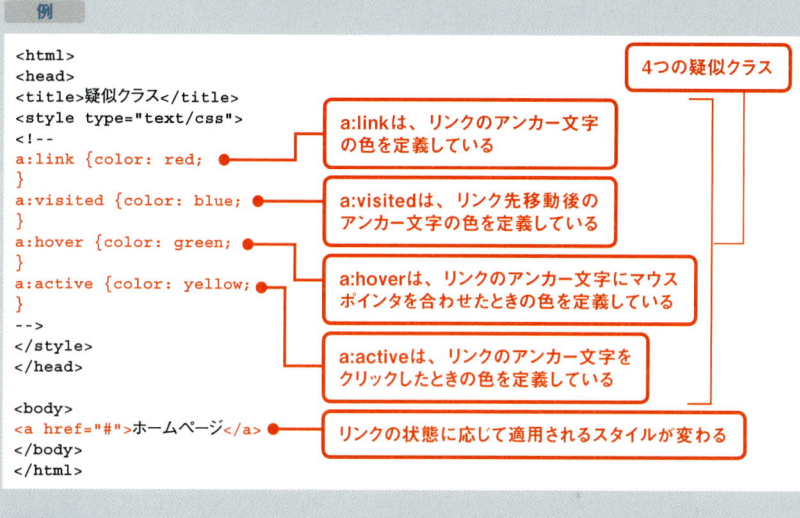

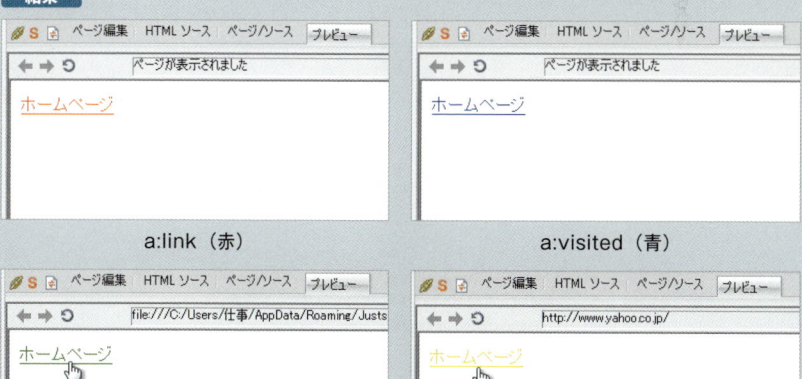

a:active（黄）

C2 スタイルシートを記述する場所について

スタイルシートの定義を記述する場所は、以下の3通りがあります。

❶ タグにインラインで直接記述する
❷ ホームページの内部に記述する
❸ 「外部スタイルシート」に記述する

❶と❷の場合は、スタイルシートが定義されたホームページ内にのみスタイルが適用できます。定義が多いとソースが増えるため、ホームページの容量が増えてしまいます。また、他のページに同じスタイルを適用したい場合は、ページごとにスタイルを再定義する必要があります。
❸の場合、外部で管理するので、このファイルを別のホームページから参照すれば、スタイルを共有することができます。本書は、❸の方法を使用してスタイルシートを定義します。

❶ タグにインラインで直接記述する

タグの内部にstyle=""という属性を記述し、""の内部にインラインで直接スタイルを定義します。

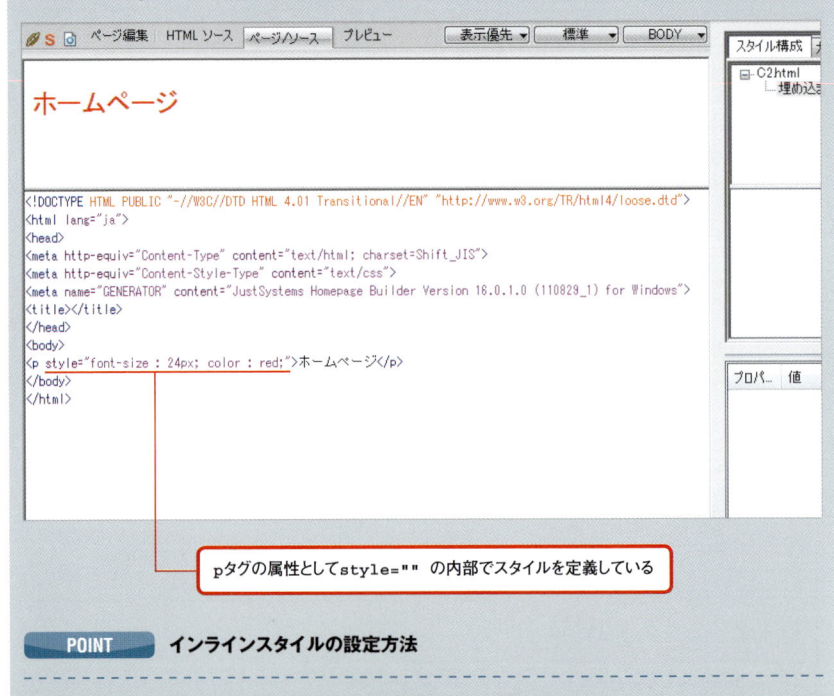

```
<!DOCTYPE HTML PUBLIC "-//W3C//DTD HTML 4.01 Transitional//EN" "http://www.w3.org/TR/html4/loose.dtd">
<html lang="ja">
<head>
<meta http-equiv="Content-Type" content="text/html; charset=Shift_JIS">
<meta http-equiv="Content-Style-Type" content="text/css">
<meta name="GENERATOR" content="JustSystems Homepage Builder Version 16.0.1.0 (110829_1) for Windows">
<title></title>
</head>
<body>
<p style="font-size : 24px; color : red;">ホームページ</p>
</body>
</html>
```

pタグの属性としてstyle=""の内部でスタイルを定義している

POINT　インラインスタイルの設定方法

インラインのスタイルを設定するには、ページ編集画面で設定したい要素を右クリックして［スタイルの設定］を選択します。［スタイルの設定］ダイアログが開くので、任意のタブで設定します。設定後にHTMLでソースを表示すると、インラインで記述されていることが確認できます。

❷ ホームページの内部に記述する

ホームページのヘッダ部分にスタイルの定義を記述します。スタイルシートであることを宣言するために、定義全体を<style type="text/css">～</style> で囲みます。定義内容はHTMLタグではないため、開始を<!--、終了を--> で囲みコメント化します。

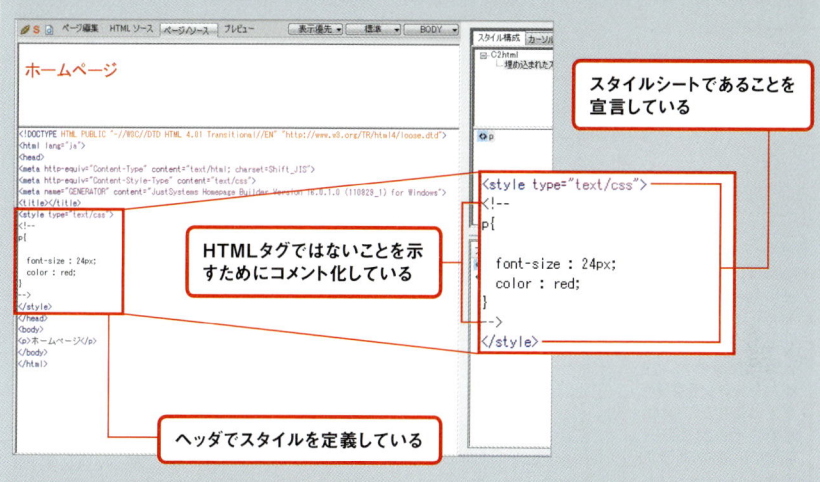

- スタイルシートであることを宣言している
- HTMLタグではないことを示すためにコメント化している
- ヘッダでスタイルを定義している

❸「外部スタイルシート」に記述する

拡張子が*.css である外部ファイルを作成し、この中にスタイルの定義を記述します。ホームページからこの外部スタイルシートへリンクして使います。

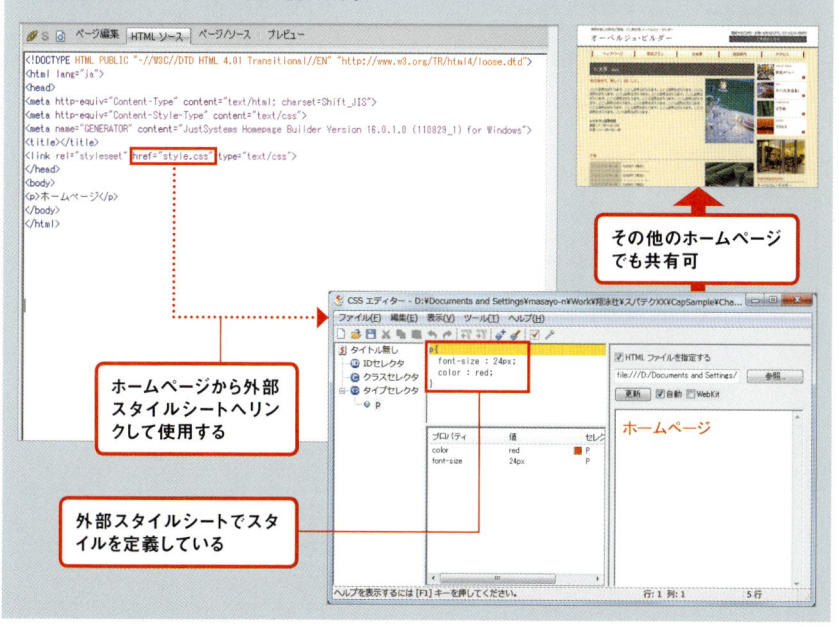

- その他のホームページでも共有可
- ホームページから外部スタイルシートへリンクして使用する
- 外部スタイルシートでスタイルを定義している

C3 スタイルエクスプレスビューについて

スタイルシートの編集には「スタイルエクスプレスビュー」を使用します。スタイルシートの構成や、タグにかかる定義内容を確認しながら編集することができます。具体的な操作方法は、第1章以降の各スパテクで解説します。

● [スタイル構成] パネル

ホームページ内のスタイル要素の確認と編集ができます。

開いているホームページのファイル名です。外部スタイルシートの作成と外部スタイルシートへのリンクは、このファイル名を右クリック→ [追加] を選択します。

ホームページ内にスタイルシートを記述している場合は、「埋め込まれたスタイルシート」をクリックすることで、定義されたセレクタの一覧が下側に表示されます。

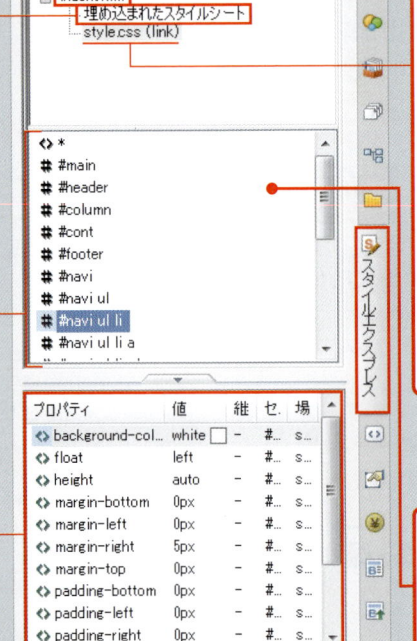

スタイルシートを外部ファイルに定義している場合は、ここに外部スタイルシートのファイル名が表示されます。これをクリックすると、下側に定義されたセレクタの一覧がツリー状に表示されます。外部スタイルシートのCSSエディターによる編集は、ファイル名を右クリック→ [外部エディターで編集] を選択します。リンクの解除は、右クリック→ [削除] を選択します。

スタイルの編集は、セレクタをダブルクリックしても操作可能です。

上側で選択したセレクタの定義内容が一覧で表示されます。ダブルクリックすると編集することができます。

タグスタイル、スタイルクラス、IDスタイルの追加は、ここを右クリック→ [追加] を選択しても操作可能です。

POINT　セレクタのマーク

スタイルエクスプレスビューでセレクタやプロパティの手前に表示されるマークは、それぞれ右の意味をもちます。

マーク	意味
◇	タグスタイルを表すマークです
#	IDスタイルを表すマークです
🗂	スタイルクラスを表すマークです

● [カーソル位置] パネル

カーソルを置いた箇所のタグに、どのようにスタイル要素がかかっているかを確認することができます。

カーソルを置いた要素に関連するタグの一覧が表示されます。

タグに影響を与えているスタイルは、セレクタ名が入れ子で表示されます。「タグ:」はタグスタイル「クラス:」はスタイルクラス、「ID:」はIDスタイルを指します。

スタイルクラス（またはIDスタイル）のタグへの適用は、タグを右クリック→［クラス設定］（IDスタイルの場合は［ID設定］）を選択し、クラスセレクタ（またはIDセレクタ）を選択しても操作可能です。

上側で選択されたタグまたはセレクタ名に対するスタイルシートの定義が確認できます。上側でタグを選択した場合は、間接的に影響のあるものも含めたすべての定義内容が一覧表示されます。

C4 ステータスバーにHTMLタグ情報を表示する

タグにどのようなスタイル属性が関連付けられているかを素早く確認するには、ステータスバーにHTMLタグ情報を表示しておくと便利です。

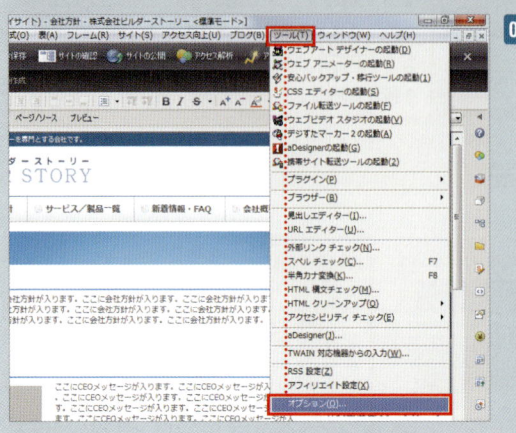

01 メニューの［ツール］→［オプション］を選択します。

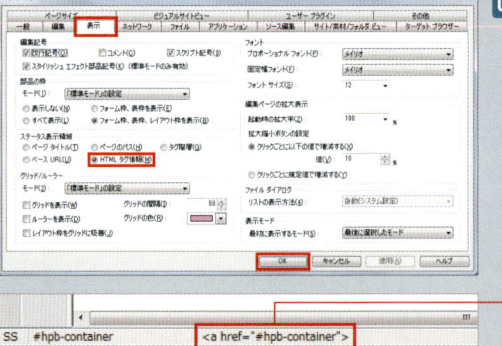

02 ［オプション］ダイアログの［表示］タブで［ステータス表示領域］の「HTMLタグ情報」を選択したら［OK］をクリックします。これで、ページ編集領域でクリックした箇所のタグ属性がステータスバーに表示されます。

ステータスバーにタグ属性が表示される

C5 ページ編集画面を表示優先にする

ページ編集画面でCSSレイアウトをきれいに表示するには、［表示優先］を選択しましょう。

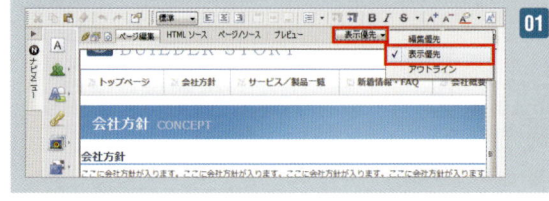

01 ページ編集画面上にある［編集優先］をクリックし、［表示優先］を選択します。

C6 外部スタイルシートを作成する

ここでは、スタイルシートを定義する場所となる外部スタイルシートの作成方法を解説します。

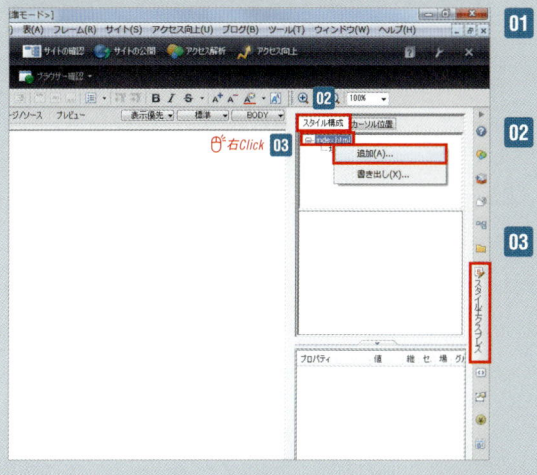

01 外部スタイルシートを作成したいページを開き、任意のフォルダーへページを保存しておきます。

02 [スタイルエクスプレスビュー] の [スタイル構成] パネルをクリックします。

03 ページのファイル名を右クリック→[追加] を選択します。

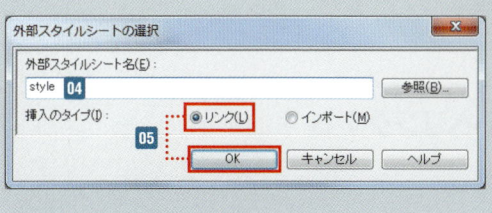

04 [外部スタイルシートの選択] ダイアログが表示されるので [外部スタイルシート名] に半角英数字で任意の名前を入力します。

05 [挿入のタイプ] で [リンク] オプションを選択し、[OK] をクリックします。

06 [上書き保存] ボタンをクリックします。

07 [スタイルエクスプレスビュー] には外部スタイルシートのファイル名が表示されます。外部スタイルシートへのリンクが完了します。

> **MEMO** 外部スタイルシートは、ページと同一フォルダーに保存されます。

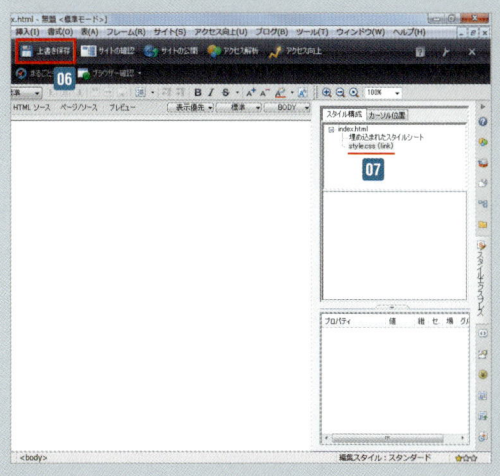

C7 外部スタイルシートへのリンクを解除する

ホームページからリンクされた外部スタイルシートを解除しましょう。

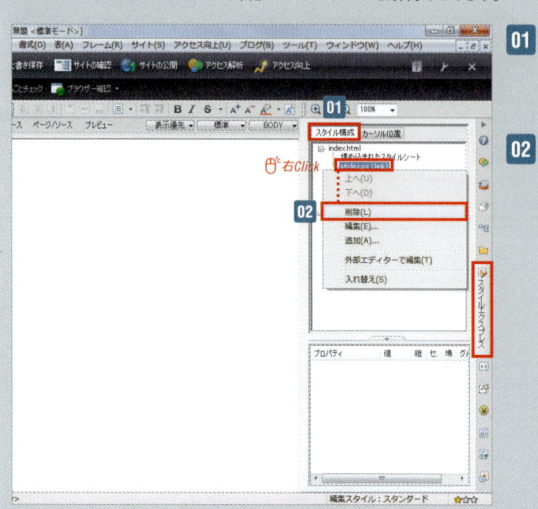

01 ［スタイルエクスプレスビュー］の［スタイル構成］パネルをクリックします。

02 外部スタイルシートを右クリック→［削除］を選択します。メッセージが表示されるので［はい］をクリックすると解除されます。

> **MEMO** 外部スタイルシートへのリンクが解除され、ページ内に適用されたスタイルも解除されます。外部スタイルシート自体は削除されることなくフォルダー内に残ります。

C8 外部スタイルシートへリンクする

ページから外部スタイルシートへリンクを設定しましょう。

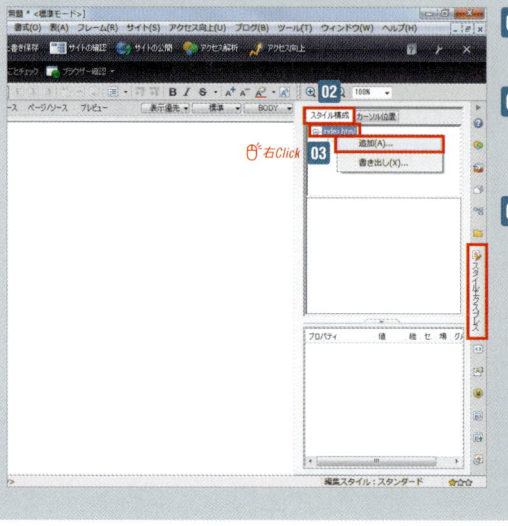

01 外部スタイルシートへリンクしたいページを開いておきます。

02 ［スタイルエクスプレスビュー］の［スタイル構成］パネルをクリックします。

03 ページのファイル名を右クリック→［追加］を選択します。

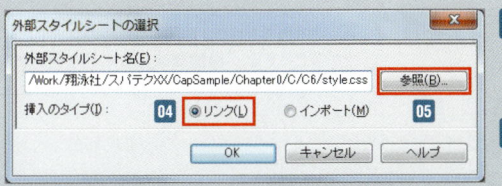

04 ［外部スタイルシートの選択］ダイアログの［挿入のタイプ］で［リンク］オプションをクリックします。

05 ［参照］をクリックして外部スタイルシートを指定したら［開く］→［OK］をクリックしてダイアログを閉じるとリンクが完了します。

POINT ヘッダに記述される外部スタイルシートへのリンクタグ

外部スタイルシートへのリンクを示すタグはヘッダ内（<head>～</head>）に記述されます。

```
<head>
<meta http-equiv="Content-Type" content="text/html; charset=Shift_JIS">
<meta http-equiv="Content-Style-Type" content="text/css">
<title></title>
<link rel="stylesheet" href="style.css" type="text/css">
</head>
```

"style.css" は外部スタイルシートのファイル名を表す

POINT 1ページに複数の外部スタイルシートを設定可能

外部スタイルシートは、ファイル名さえ変更すれば複数作成できます。そして、1つのページからそれぞれの外部スタイルシートへリンクすることができます。たとえば「style.css」には文字列に関するスタイルを定義し、「style2.css」には色に関するスタイルを定義するというように、別々に管理できます。それぞれの外部スタイルシートに同じスタイル定義が存在する場合、あとの定義が優先されます。

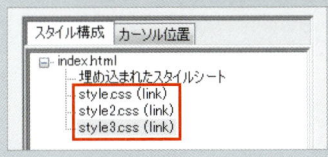

POINT 単位について

スタイルシートで扱う単位はパソコンやブラウザーの設定によりサイズが変動する「相対単位」と、設定に影響されない「絶対単位」に分けることができます。

	種類	読み方	説明
相対単位	em	エム	1em＝現在使用中の大文字「M」の高さ。 たとえば現在の「M」が10ptの場合、2emは20ptとなる
	ex	エックスハイト	1ex＝現在使用中の小文字「x」の高さ
	px	ピクセル	画面の1個の点の大きさを1ピクセルとする。解像度によって大きさが変わる
	%	パーセント	親要素の幅やフォントサイズに対する相対的な割合
絶対単位	cm	センチメートル	1cm＝10mm
	mm	ミリメートル	1mm＝0.1cm
	in	インチ	1in＝25.4mm
	pc	パイカ	1pc＝12pt＝4.22mm
	pt	ポイント	1pt＝1/72in＝0.35mm

注意：使用するスタイルによって使える単位と使えない単位があります。行の高さには「倍」という単位もありますが、これは現在のフォントサイズを1とした場合のサイズを指定します。

D ウェブアートデザイナーの基本操作

ウェブアートデザイナーはホームページで使う素材を作成・加工するためのツールです。ここでは、画面構成と基本的な使い方を説明します。

D1 ウェブアートデザイナーの画面構成

ウェブアートデザイナーの画面各部の名称と機能を紹介します。ウェブアートデザイナーを起動するには、ホームページ・ビルダーでメニューの［ツール］→［ウェブアートデザイナーの起動］を選択します。

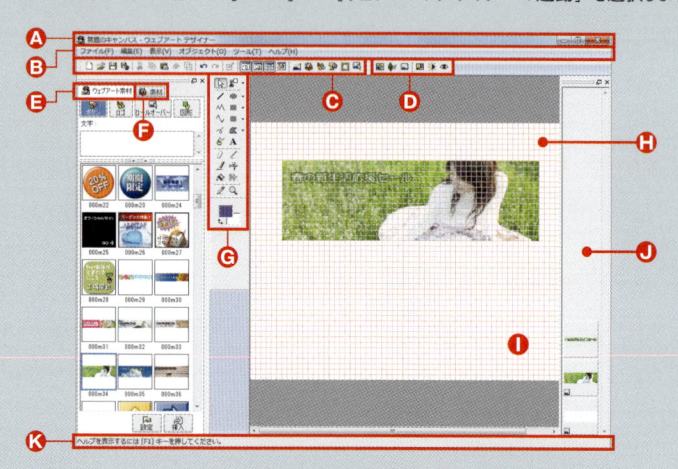

A タイトルバー
キャンバスのファイル名が表示されます。

B メニューバー
ウェブアートデザイナーを操作するためのさまざまな機能が収められています。クリックするとドロップダウンメニューが表示されて機能を選ぶことができます。

C ［標準］ツールバー
ページの新規作成や保存といった最もよく使う機能と、画面要素の表示と非表示を切り替えるボタンが収められています。

D ［イメージ］ツールバー
オブジェクトにさまざまな効果を与える機能のボタンが収められています。

E ［ウェブアート素材］タブ
ボタン、ロゴ、ロールオーバー、および図形用オブジェクトの素材が表示されます。

F ［素材］タブ
画像やクリップアートなどの素材が表示されます。

G ［操作］ツールバー
オブジェクトを加工するためのツールが収められています。

H キャンバス
オブジェクトを置いて編集や加工を行うための作業領域です。

I グリッド
オブジェクトの配置やサイズ調整の目安にするためのマス目です。グリッドの色、間隔、形状は自由にカスタマイズできます。

J オブジェクトスタック
キャンバスに置かれたオブジェクトのサムネイルが表示されます。キャンバスで最も背面にあるオブジェクトが一番下に、最も前面のものが一番上に表示されます。サムネイルを上下にドラッグ＆ドロップすることで上下関係を入れ替えることができます。

K ステータスバー
メニューの説明や、編集中のさまざまな情報が表示されます。

D2 キャンバスのサイズと背景色を変更する

キャンバスのサイズは、扱うオブジェクトの大きさに応じて変更しましょう。また、キャンバスに背景色を設定すると、オブジェクトを背景色も含めて保存することができます。

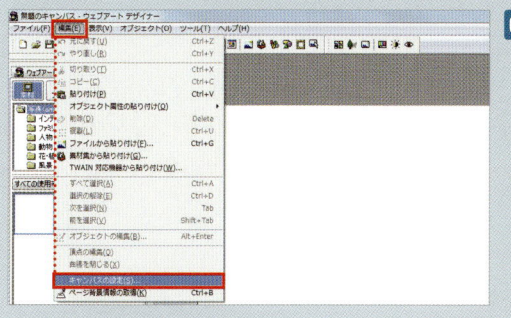

01 メニューの[編集]→[キャンバスの設定]を選択します。

> **MEMO** ホームページ・ビルダーで使用している背景色と同じ色をウェブアートデザイナーに使いたい場合は、メニューの[編集]→[ページ背景情報の取得]を選択します。

02 [キャンバスの設定]ダイアログが表示されるので、[情報]タブをクリックします。

03 幅と高さを指定します。

04 [色]タブをクリックします。

05 [一覧]から背景に使いたい色を選択します。

06 [OK]をクリックすると、キャンバスのサイズと背景色が変更されます。

POINT 新規作成時のキャンバスのサイズを設定する

新規キャンバスを開いたときのキャンバスの大きさを設定するには、メニューの[ファイル]→[環境設定]で[環境設定]ダイアログを表示します。[初期設定]タブの[新規作成時のキャンバスのサイズ]でサイズを指定しましょう。

D3 キャンバスを拡大または縮小表示する

キャンバスの表示サイズを自由に拡大したり縮小できます。細かい作業を行う場合は拡大し、オブジェクトの全体を見渡したい場合は縮小しましょう。

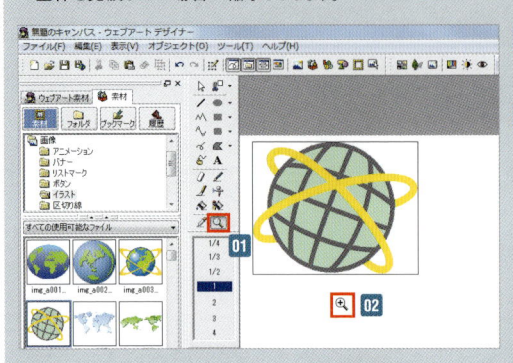

01 ［操作］ツールバーの［拡大/縮小］ツールをクリックします。

02 キャンバス上でクリックすると拡大表示されます。右クリックすると縮小表示されます。

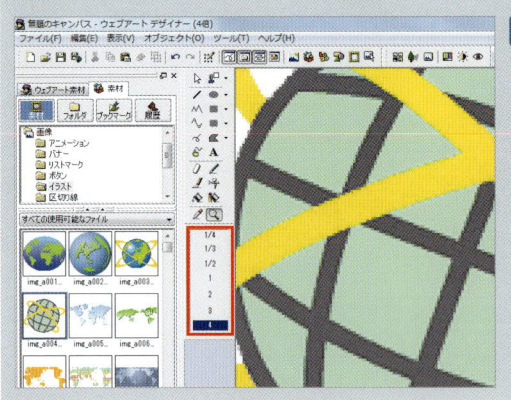

03 ［操作］ツールバーの表示倍率を指定しても、拡大・縮小表示されます。

> **MEMO** 「2」「3」「4」を選ぶと拡大表示されます。「1/2」「1/3」「1/4」を選ぶと縮小表示されます。

D4 グリッドを表示または非表示にする

キャンバスに表示される補助線を「グリッド」と言います。これを目安にすると、オブジェクトのサイズや位置を正確に調整することができます。ここでは、グリッドの表示と非表示を切り替えます。

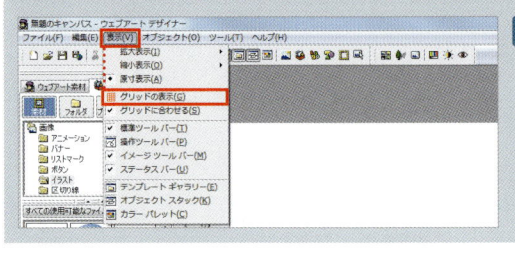

01 メニューの［表示］→［グリッドの表示］を選択すると、グリッドが表示されます。

> **MEMO** グリッドを非表示にするには再度、手順01を実行します。

D5 オブジェクトをグリッドに合わせる

オブジェクトをグリッドに吸着させながら扱うことができます。範囲を定めながらサイズ調整と配置調整を行う場合に有効です。

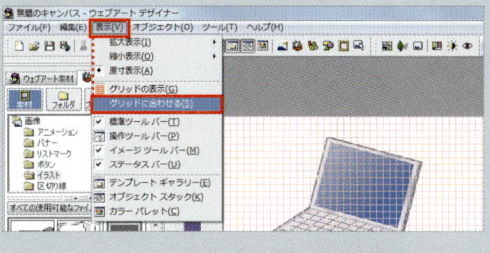

01 メニューの［表示］→［グリッドに合わせる］を選択します。

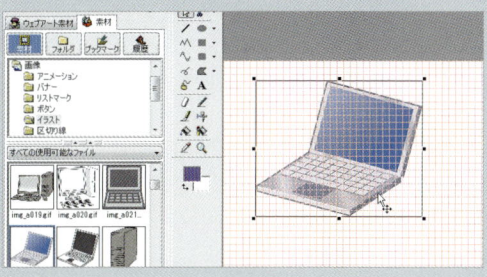

02 グリッドの吸着がオンになります。オブジェクトをドラッグすると、グリッドに吸着されながら移動します。サイズ変更の場合も同じです。

> **MEMO** 吸着を解除するには再度、手順01を実行します。

D6 グリッドの間隔と書式を設定する

グリッドの形状が実線であったり濃い色であったりすると、オブジェクトが見えにくくなる恐れがあるため、必要に応じて書式を変更しましょう。

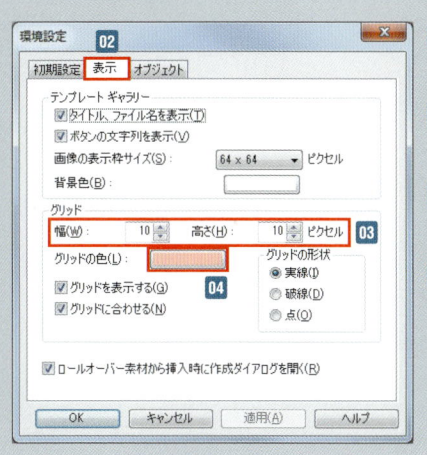

01 メニューの［ファイル］→［環境設定］を選択します。

02 ［環境設定］ダイアログの［表示］タブをクリックします。

03 ［幅］と［高さ］項目に間隔を指定します。

04 ［グリッドの色］の横にあるボタンをクリックします。

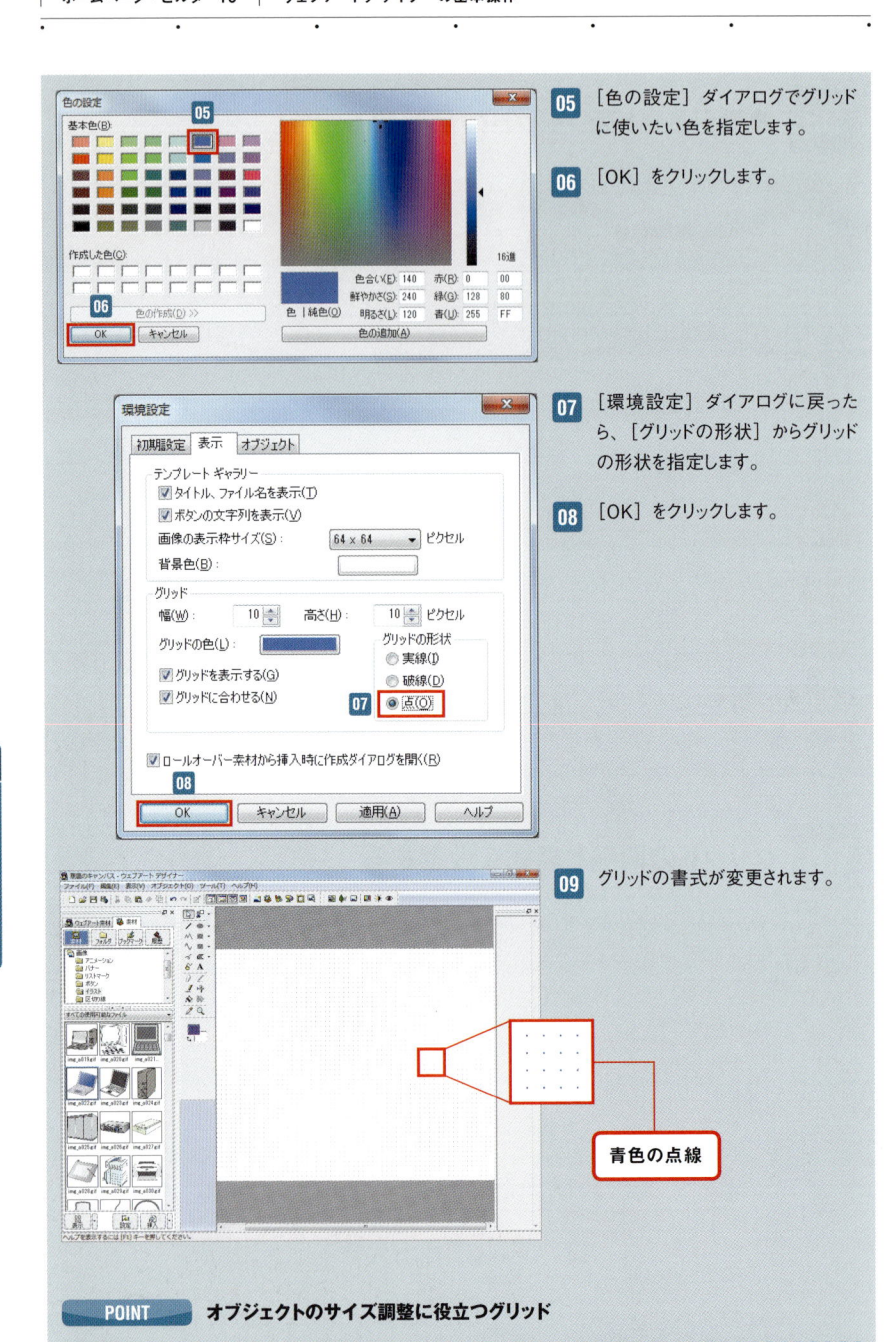

05 [色の設定] ダイアログでグリッドに使いたい色を指定します。

06 [OK] をクリックします。

07 [環境設定] ダイアログに戻ったら、[グリッドの形状] からグリッドの形状を指定します。

08 [OK] をクリックします。

09 グリッドの書式が変更されます。

青色の点線

POINT　オブジェクトのサイズ調整に役立つグリッド

ここではグリッドを10ピクセル間隔に設定しました。この状態でグリッド10マス分の正方形を描いた場合、正方形の幅と高さは100ピクセルであることが素早く判断できます。このようにサイズ調整の目安にグリッドを活用しましょう。

D7 キャンバスに画像を追加する

ハードディスクや素材集に保存されている画像をキャンバスに追加しましょう。

■ ハードディスクの画像をキャンバスに追加する

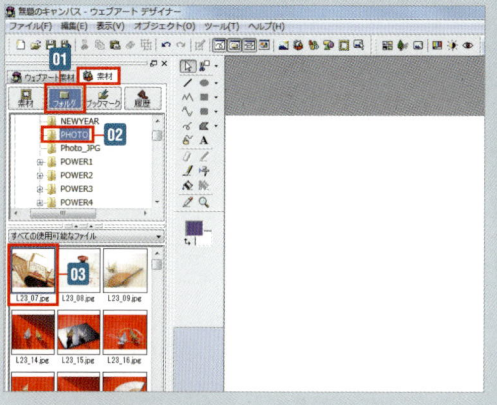

01 ［素材］タブの［フォルダ］ボタンをクリックします。

02 画像が保存されているフォルダーをクリックします。

03 一覧にフォルダー内のファイルが表示されます。画像ファイルをダブルクリックするとキャンバスにオブジェクトが追加されます。

> **MEMO** キャンバスで扱う画像や素材を「オブジェクト」と言います。

■ 素材集の画像をキャンバスに追加する

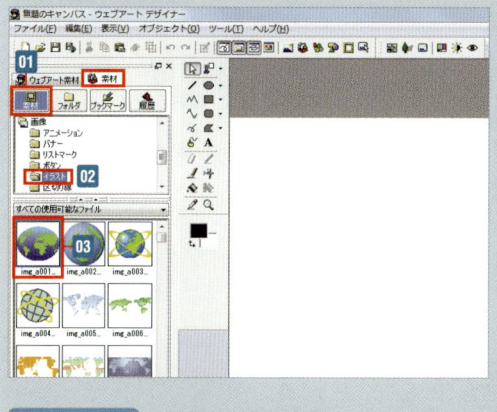

01 ［素材］タブの［素材］ボタンをクリックします。

02 フォルダーをクリックしてキャンバスに追加する素材を選びます。

03 素材をダブルクリックするとキャンバスにオブジェクトが追加されます。

> **MEMO** パーソナルフォルダに保存した素材は［パーソナルフォルダ］をクリックすると表示されます。
> ➡ D17　POINT ➡ A5

POINT　**2種類のオブジェクト**

周辺に白い□マークがあるオブジェクトは、枠線、色、文字などの属性を変えることができます。ウェブアート素材で作成した「ロゴ」、「ボタン」、「フォトフレーム」がこれにあたります。これらのオブジェクトに［イメージ］ツールバーの機能を設定するには、メニューの［オブジェクト］→［イメージに変換］を選択して画像に変換する必要があります。一方、黒い■マークがあるオブジェクトは単なる「画像」で、枠線、色、文字などの属性を変えることはできません。しかし、切り抜いたり［イメージ］ツールバーの機能を使ってさまざまな効果が設定できます。

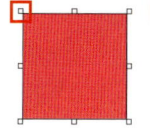

D8 オブジェクトを選択する

素材作成や画像編集の作業には、まずオブジェクトを選択する必要があります。ここでは、1つまたは複数のオブジェクトを選択する方法を紹介します。

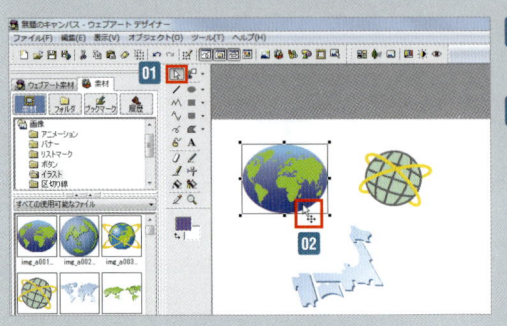

01 [操作] ツールバーの [オブジェクト選択] ツールをクリックします。

02 1つのオブジェクトを選択するには、オブジェクトをクリックします。

> **MEMO** オブジェクト以外の場所をクリックすると選択が解除されます。

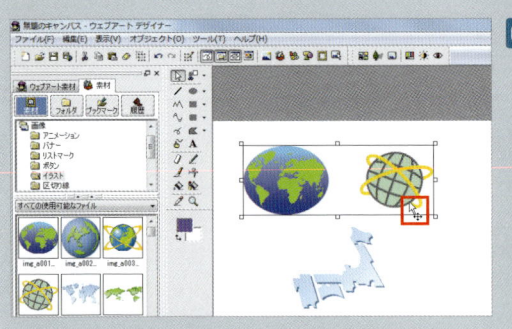

03 複数のオブジェクトを選択するには、Shift キーを押しながらオブジェクトをクリックしていきます。

> **MEMO** オブジェクトを囲むようにドラッグしても複数選択できます。

POINT オブジェクトが選択できない

重なったオブジェクトがうまく選択できない場合は、オブジェクトスタックを表示してサムネイルをクリックすると選択できます。オブジェクトスタックについては D13 を参照してください。

D9 オブジェクトを削除する

不要になったオブジェクトは削除しましょう。

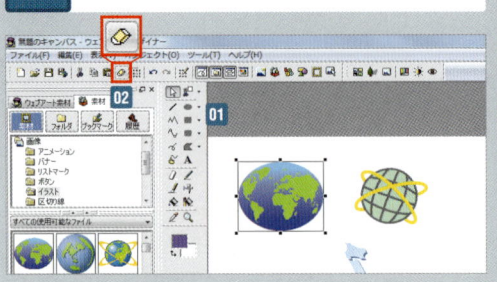

01 削除するオブジェクトを選択します。

02 [標準] ツールバーの [削除] ボタンをクリックします。

> **MEMO** Delete キーを押しても削除できます。

D10 オブジェクトをコピーする

同じオブジェクトを作成したい場合は、コピーしましょう。

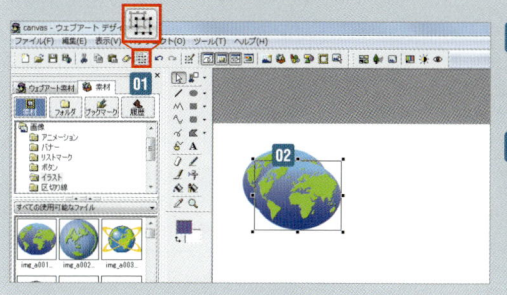

01 オブジェクトを選択して[標準]ツールバーの[複製]ボタンをクリックします。

02 オブジェクトがコピーされます。

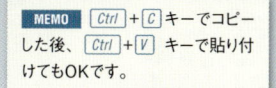

> **MEMO** [Ctrl]+[C]キーでコピーした後、[Ctrl]+[V]キーで貼り付けてもOKです。

D11 間違った操作を元に戻す

編集中に操作を間違った場合、操作前の状態に戻すことができます。また、元に戻した状態をやり直すこともできます。

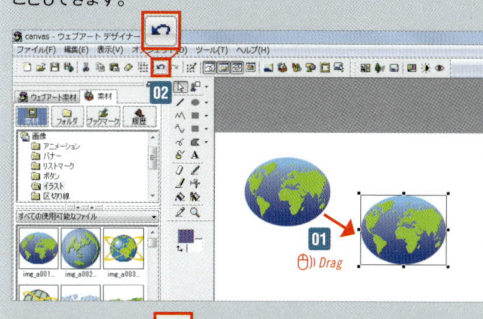

01 図形を選択したら、ドラッグして移動します。

02 [元に戻す]ボタンをクリックします。

> **MEMO** [Ctrl]+[Z]キーを押しても元に戻すことができます。

03 操作前の状態に戻り、元の場所に配置されます。

04 [やり直し]ボタンをクリックします。[Ctrl]+[Y]キーを押してもやり直すことができます。

05 手順03がやり直されて、再び移動します。

POINT　操作履歴の設定

元に戻せる回数は標準で8回です。これを変更するにはメニューの[ファイル]→[環境設定]で[環境設定]ダイアログの[初期設定]タブをクリックして[操作履歴]に回数を指定します。

D12 オブジェクトの大きさを調整する

オブジェクトは必要に応じて拡大または縮小しましょう。

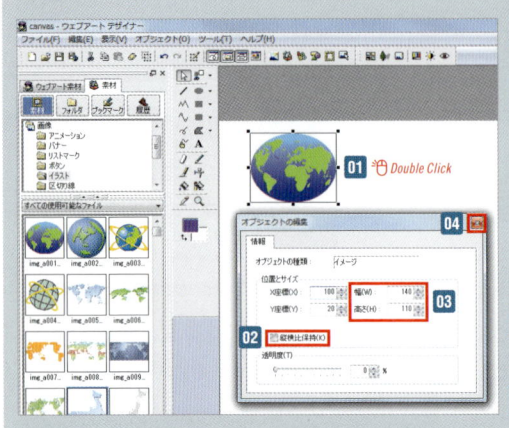

01 オブジェクトをダブルクリックします。

02 ［オブジェクトの編集］ダイアログで［縦横比保持］をオフにします。

> **MEMO** ［縦横比保持］がオンの場合は、画像の縦横比を保持するため、一方の大きさを変更するともう一方が自動変更されます。

03 ［幅］と［高さ］でサイズを指定します。

04 ［閉じる］をクリックしてダイアログを閉じます。

POINT オブジェクトのサイズを手動で変更

オブジェクトのサイズを手動で変更するには、周囲にあるハンドル（■または□）をドラッグしてください。Shift キーを押しながらハンドルをドラッグすると、縦横比を変えないで変更できます。

D13 オブジェクトの重なり順を変更する

キャンバス上のオブジェクトは、追加した順に上に重なります。必要に応じて、重なり順序を変更しましょう。

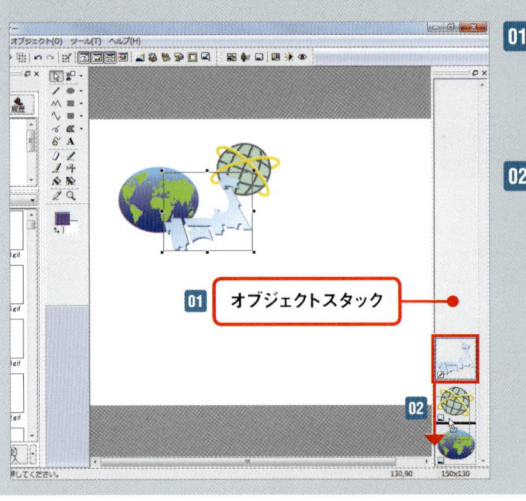

01 オブジェクトスタックが非表示の場合はメニューの［表示］→［オブジェクトスタック］を選択して表示します。

02 オブジェクトスタックのサムネイルを上下いずれかにドラッグ＆ドロップします。

> **MEMO** 上にドラッグ＆ドロップするとオブジェクトが前面に移動します。下にドラッグ＆ドロップすると背面に移動します。メニューから重なり順を変更するには、［オブジェクト］→［重なり］をクリックして移動先を選択します。

D14 オブジェクトを塗りつぶす

塗り潰しツールを使用して、オブジェクトを塗り潰すことができます。

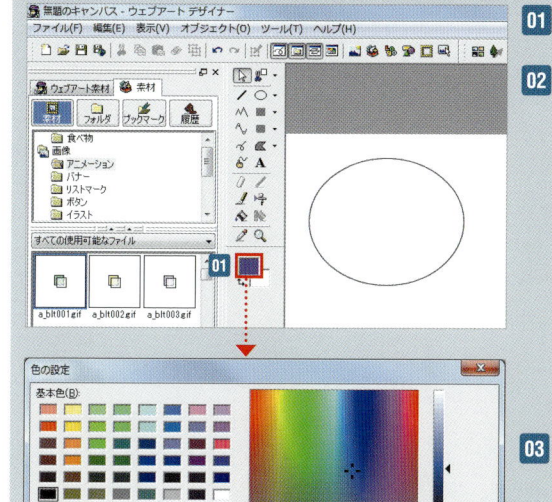

01 [前景色] をクリックします。

02 [色の設定] ダイアログで [16進] のところに塗り潰したい色のカラーコードを最初から2桁ずつ入力します。

> **MEMO** ここでは、#4165a8で塗り潰すので「41」「65」「a8」と2桁ずつ入力しています。[色の追加] をクリックすると [作成した色に追加] されます。次回からこのパレットをクリックするだけで色が指定できます。

03 [OK] をクリックします。

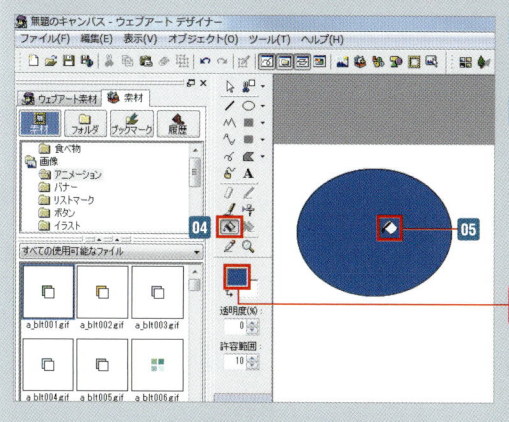

04 前景色の色が変更されるので [塗り潰し] ツールをクリックします。

05 図形の上でクリックすると塗り潰されます。

前景色が変わる

POINT ダブルクリックによる塗り潰し

描画ツールを使用して描いた楕円、四角形、角丸四角形、多角形のオブジェクトは、ダブルクリックして表示される [図の編集] ダイアログで線の色や塗り潰しの色を変更することができます。

D15 文字を入力する

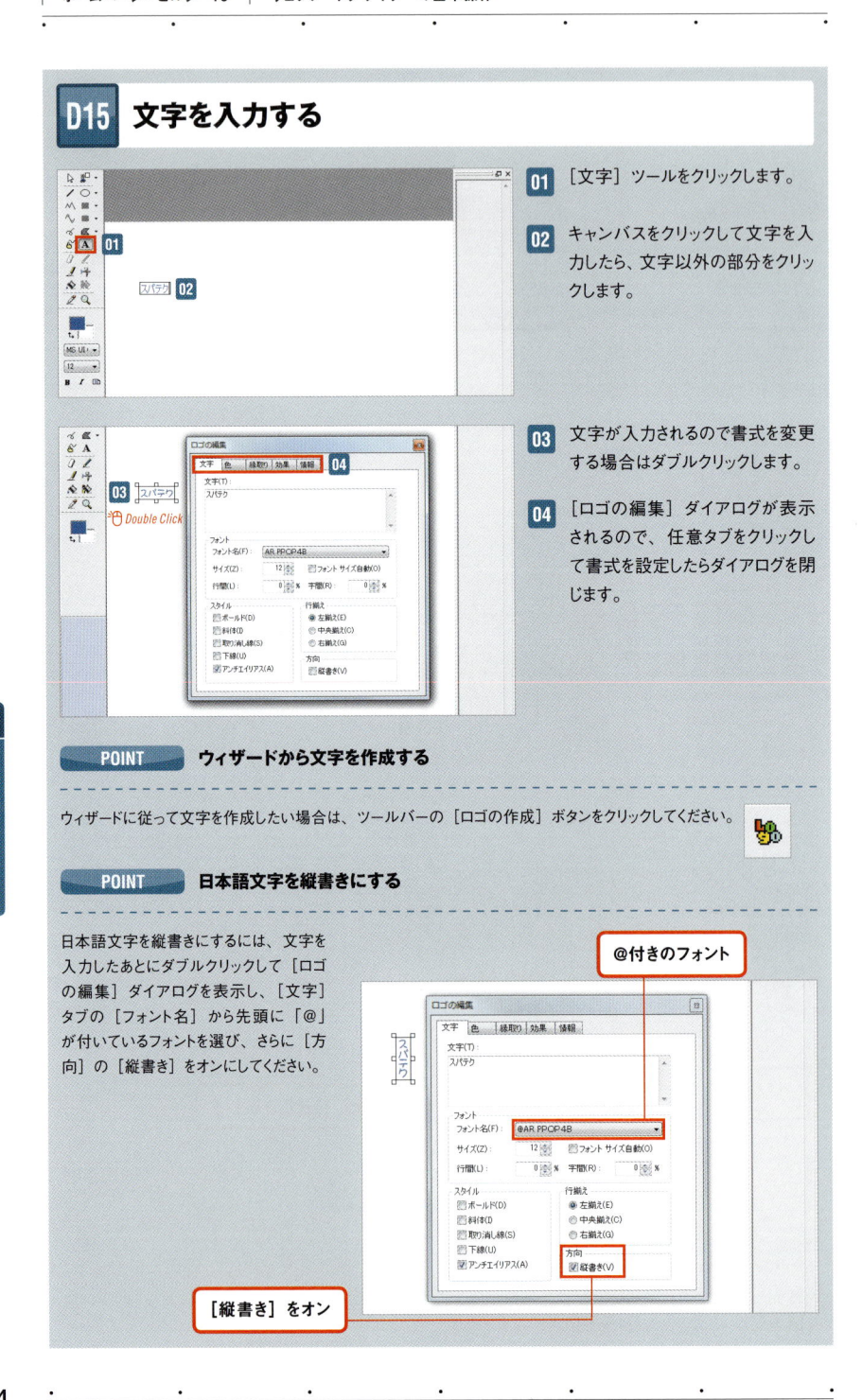

01 ［文字］ツールをクリックします。

02 キャンバスをクリックして文字を入力したら、文字以外の部分をクリックします。

03 文字が入力されるので書式を変更する場合はダブルクリックします。

04 ［ロゴの編集］ダイアログが表示されるので、任意タブをクリックして書式を設定したらダイアログを閉じます。

POINT ウィザードから文字を作成する

ウィザードに従って文字を作成したい場合は、ツールバーの［ロゴの作成］ボタンをクリックしてください。

POINT 日本語文字を縦書きにする

日本語文字を縦書きにするには、文字を入力したあとにダブルクリックして［ロゴの編集］ダイアログを表示し、［文字］タブの［フォント名］から先頭に「＠」が付いているフォントを選び、さらに［方向］の［縦書き］をオンにしてください。

＠付きのフォント

［縦書き］をオン

D16 オブジェクトをグループ化する

複数のオブジェクトを1つにまとめて扱うことができます。これを「グループ化」と言います。

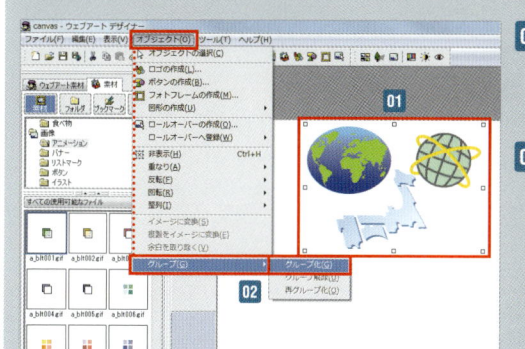

01 グループ化したい複数のオブジェクトを選択します。
→ D8

02 メニューの［オブジェクト］→［グループ］→［グループ化］を選択します。

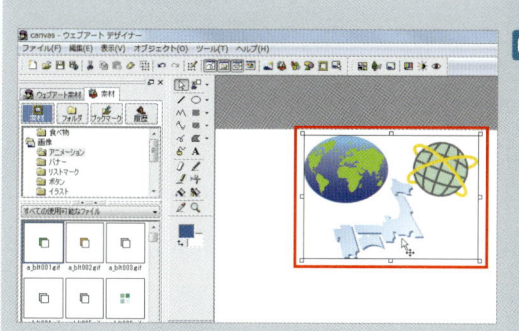

03 オブジェクトがグループ化されます。1つのオブジェクトとして移動したり大きさが変更できます。

MEMO グループ化を解除するには、オブジェクトを選択してメニューの［オブジェクト］→［グループ］→［グループ解除］を選択します。

D17 オブジェクトを画像として保存する

ウェブアートデザイナーで作成したオブジェクトをホームページで使うには、Web用保存ウィザードを使用し、画像形式に変換して保存しましょう。ここではPNG形式で保存します。

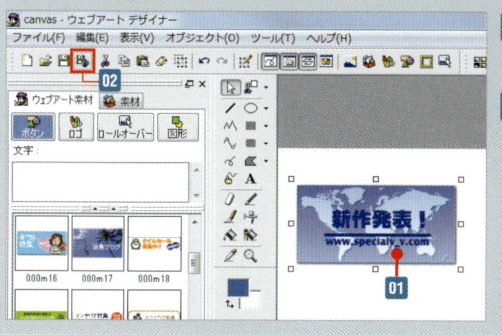

01 ウェブ用画像として保存したいオブジェクトを選択しておきます。

02 ［標準］ツールバーの［Web用保存ウィザード］ボタンをクリックします。

Next >>

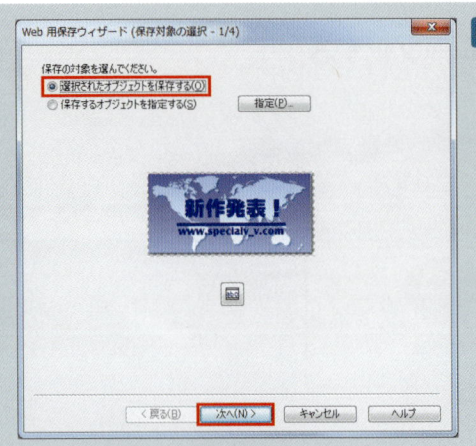

03 ［Web用保存ウィザード（保存対象の選択-1/4）］画面が表示されるので、［選択されたオブジェクトを保存する］を指定し、［次へ］をクリックします。

04 ［Web用保存ウィザード（保存形式の選択-2/4）］画面が表示されるので、任意のファイル形式を指定して［次へ］をクリックします。ここではPNG形式を指定しました。

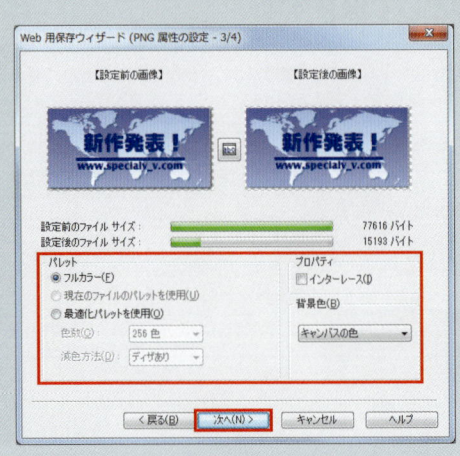

05 ［Web用保存ウィザード（PNG属性の設定-3/4）］画面が表示されるので、任意のオプションを指定して［次へ］をクリックします。

MEMO キャンバスの背景色も含めて保存したい場合は［背景色］で［キャンバスの色］を指定して保存しましょう。ホームページ・ビルダーで編集中のページの背景色を指定する場合は、［ページ背景色］を指定して保存しましょう。ただし、ホームページ・ビルダーが起動していない場合、この項目は表示されません。

ウェブアートデザイナーの基本操作 | ホームページ・ビルダー16

ホームページ・ビルダーのページ編集領域に直接貼り付ける

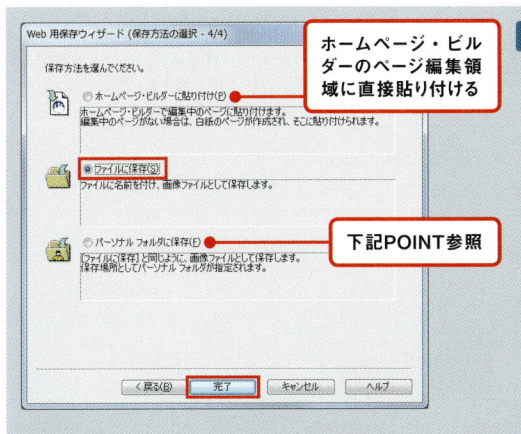

下記POINT参照

06 [Web用保存ウィザード（保存方法の選択-4/4）] 画面が表示されるので、フォルダーに保存する場合は [ファイルに保存] を指定して [完了] をクリックします。

07 [名前を付けて保存] ダイアログが表示されるので、保存先フォルダーを指定します。

08 保存するファイル名を半角英数字で入力します。

09 [保存] をクリックすると保存されます。

POINT　パーソナルフォルダ

手順06の画面で [パーソナルフォルダに保存] を選択すると、素材ビューのパーソナルフォルダに保存されます。パーソナルフォルダは、ホームページ・ビルダーの関連ツールから共通してアクセスできる場所であるため、保存先を見失うこともなく大変便利です。なお、ハードディスク上での保存場所は、ホームページ・ビルダーがインストールされたドライブの「Personal Data」フォルダーとなります。Windowsのエクスプローラーからこのフォルダー名で検索すると素早く探し出せます。

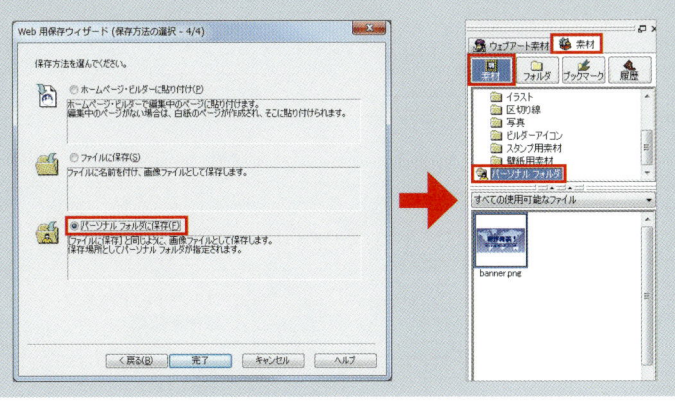

47

E ブログの基本操作

ホームページ・ビルダーでブログのデザインをカスタマイズするには、ブログの登録とデザインの取得が必要となります。

E1 ブログを登録する

ホームページ・ビルダーにブログを登録すると、ブログサーバーへ簡単にアクセスできるようになります。ここではFC2ブログの登録方法を解説します。

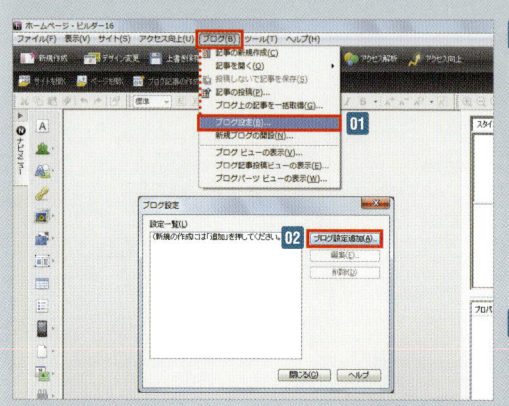

01 メニューの［ブログ］→［ブログ設定］を選択します。

> **MEMO** ホームページ・ビルダーにブログを登録するには、ブログを開設している必要があります。未開設の場合は、メニューの［ブログ］→［新規ブログの開設］を選択して開設してください。

02 ［ブログ設定］ダイアログで［ブログ設定追加］をクリックします。

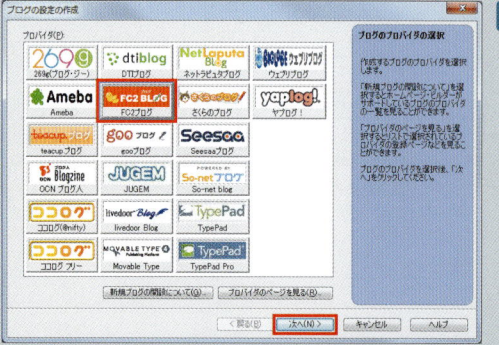

03 設定を追加したいブログのプロバイダを選択したら［次へ］をクリックします。

> **MEMO** この一覧に表示されるブログサービスをホームページ・ビルダーに登録できます。

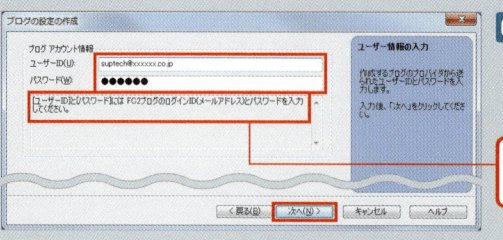

04 説明を確認し、ブログへアクセスするためのユーザーIDとパスワードを入力したら［次へ］をクリックします。

ユーザーIDとパスワードの説明を確認

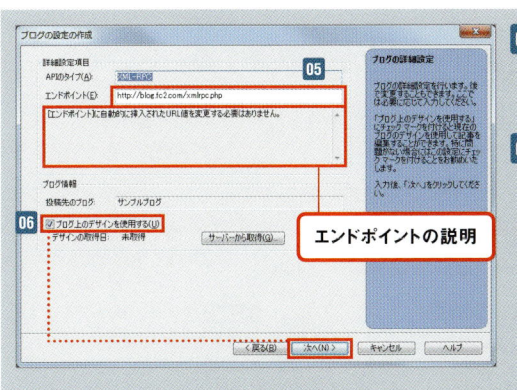

05 ［エンドポイント］を書き換える必要がある場合は、説明を見てテキストボックスのURLを書き変えます。

06 ブログ上のデザインを使用する場合は［ブログ上のデザインを使用する］をオンにして［次へ］をクリックします。

07 ブログにアクセスし、ブログのデザインがサーバーから取得されます。完了したらデザインがプレビュー表示されるので［OK］をクリックします。

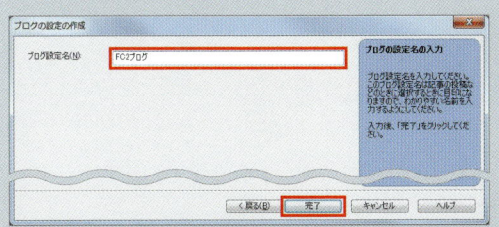

08 任意の設定名を入力したら［完了］→［閉じる］をクリックします。

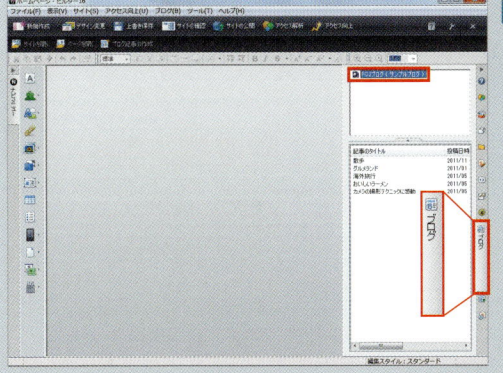

09 ブログビューをクリックすると登録が確認できます。

> **MEMO** ブログビューが表示されていない場合はメニューの［表示］→［ブログビュー］を選択してください。ブログに記事がある場合は、記事が取得されてブログビューの下側に一覧表示されます。

E2 ブログのデザインをサーバーから取得する

現在のブログデザインをホームページ・ビルダーの編集画面に反映するには、デザインを取得する必要があります。

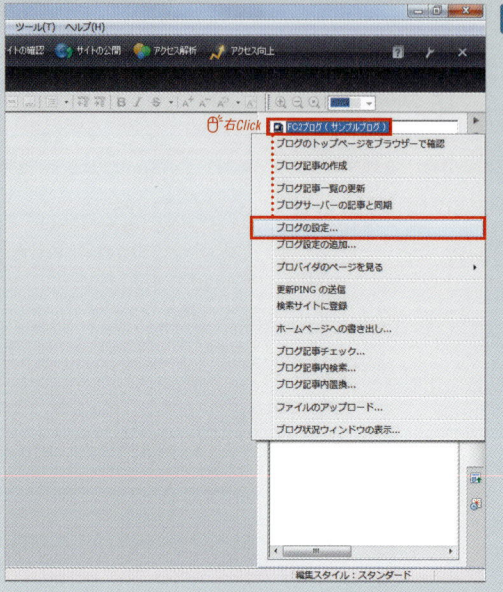

01 ブログビューの上側でデザインを取得したいブログを右クリック→[ブログの設定]を選択します。

> **MEMO** インターネットのブログ管理画面からブログのテンプレートを変更した場合は、サーバーからデザインを取得しましょう。そうしなければ、ホームページ・ビルダーにデザインが反映されません。

02 [ブログの設定]ダイアログで[ブログ上のデザインを使用する]をオンにして[サーバーから取得]をクリックします。

03 サーバーからデザインが取得されるので[OK]をクリックします。

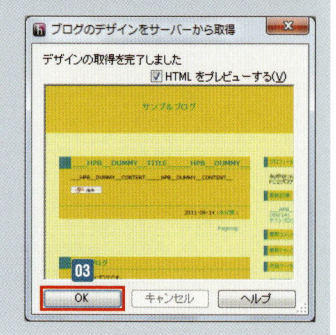

1章

スタイルエクスプレスビューのテクニック

CSSレイアウトについて●レイアウトコンテナの挿入●スペースの初期化●メインのレイアウト作成●ヘッダのレイアウト作成●コラムのレイアウト作成●コンテンツのレイアウト作成●フッタのレイアウト作成●ナビゲーション作成の準備●ナビゲーションのレイアウト作成●レイアウトの仕上げ〜文字の入力〜●レイアウトの仕上げ〜スタイルの設定〜●レイアウトの追加●スタイルシートの書き出し●スタイルシートの編集●サブページの作成

CSSレイアウトについて

第1章は、Web標準に提唱されているスタイルシートレイアウト（以下、CSSレイアウト）の作成方法を解説します。ここではまず、CSSレイアウトの基礎知識について学習します。

■ テーブルレイアウトからCSSレイアウトへ

　昔のホームページは、テーブル（表）を使ったレイアウトが既定のフォーマットとして採用されていました。テーブルはセルの増減やサイズ変更を直感的に操作しながら見たままにレイアウトできるという利点があり、特にホームページ作成の初級者には非常に扱いやすいレイアウト手段といえるでしょう。しかし、ここ数年のホームページ作成の流れは、ウェブの標準化団体によって提唱されたこともあり、HTMLとCSS（スタイルシート）を組み合わせた「CSSレイアウト」が主流となっています。

　テーブルのレイアウトは操作上都合の良い側面もありますが、入り組んだレイアウトの場合はタグの構造が複雑で分かりづらく膨大になるというデメリットがあります。一方のCSSレイアウトは、ホームページの内容と構造はHTMLで記述し、レイアウトや装飾などのデザイン要素はスタイルシートに記述する、という具合に分離します。そうすることで、以下のようなメリットがあります。

- コードが少ないので表示速度が速い
- 異なるOSやブラウザーでもほぼ同様の見た目にできる
- レイアウトの大幅な修正もスタイルシートを操作すれば良いので手間がかからない
- タグの構造がシンプルなので、検索エンジンに把握されやすくSEOに効果的

■ ホームページ・ビルダーとCSSレイアウト

　Web標準化が進む中でもホームページ・ビルダーは、テーブルレイアウトを既定フォーマットとして採用し続けていましたが、ここ数年で遂にCSSレイアウトへの対応を強化しました。まずCSSレイアウトの再現性を大幅にアップする「表示優先モード」（C5 参照）により、マルチカラム（段組み）の表示崩れが解消され、より精密なCSSレイアウトが実現可能となりました。また、スタイルシートの状態がひと目で分かる「スタイルエクスプレスビュー」の搭載で、カーソル位置に関連付けられたスタイルの編集などをスムーズに行うことができます。さらに「フルCSSテンプレート」（第2章参照）の搭載により、好きなテーマを選ぶだけで、誰もが簡単にフルCSSのサイトが作れるようになりました。

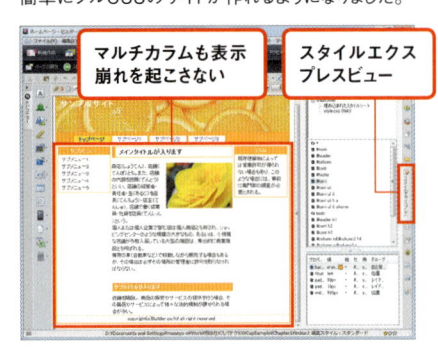

■ CSSレイアウトの考え方

　複数のブロック（領域）に区切るレイアウトを作成する場合、テーブルはブロックごとにセルを用意してそこへバナーを貼り付けたり文章を入れたりします。これがCSSレイアウトになると、まず各ブロックを「レイアウトコンテナ」というdivタグで構造化します。そしてスタイルシート側ではdivタグごとにIDスタイルを定義して大きさ、配置方法、装飾効果などを設定し、これを該当するdivタグに関連付けることでレイアウトがきれいに組みあがります。頭の中でレイアウトを描きながら作業をするよりも、右図（または下図）のように事前に設計図を描いておけばレイアウトが組み立てやすくなります。

　CSSレイアウトはテーブルほど直感的な編集はできませんが、ホームページ・ビルダーを使えば、レイアウトをリアルタイムに確認しながら編集できるので、慣れてしまえば簡単です。

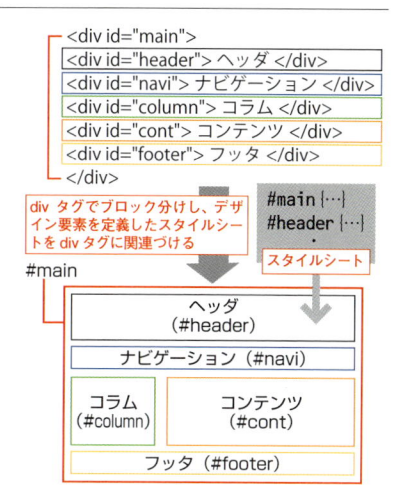

```
<div id="main">
  <div id="header"> ヘッダ </div>
  <div id="navi"> ナビゲーション </div>
  <div id="column"> コラム </div>
  <div id="cont"> コンテンツ </div>
  <div id="footer"> フッタ </div>
</div>
```

div タグでブロック分けし、デザイン要素を定義したスタイルシートを div タグに関連づける

スタイルシート
```
#main {…}
#header {…}
```

#main
- ヘッダ（#header）
- ナビゲーション（#navi）
- コラム（#column） ／ コンテンツ（#cont）
- フッタ（#footer）

■ 第1章で扱うCSSレイアウトの構造

　第1章は、CSSレイアウトの作成とスタイルシート機能に慣れるための第一歩として、［スタイルエクスプレスビュー］を使いながら、基本的なCSSレイアウトを実際に作成していきます。第1章で作成するCSSレイアウトの設計図は下図の通りです。6つのレイアウトコンテナで構成し、そのうちの5つはブロックに分け、残りの1つは各ブロックをまとめます。ヘッダは、背景にバナーの画像を表示します。ナビゲーションは、リストマークをタブ見出しのような外観にします。コラムとコンテンツは、回り込み（float属性）を設定して左右に配置してマルチカラム（段組みレイアウト）にします。フッタは回り込みを解除して、一番下側にレイアウトします。

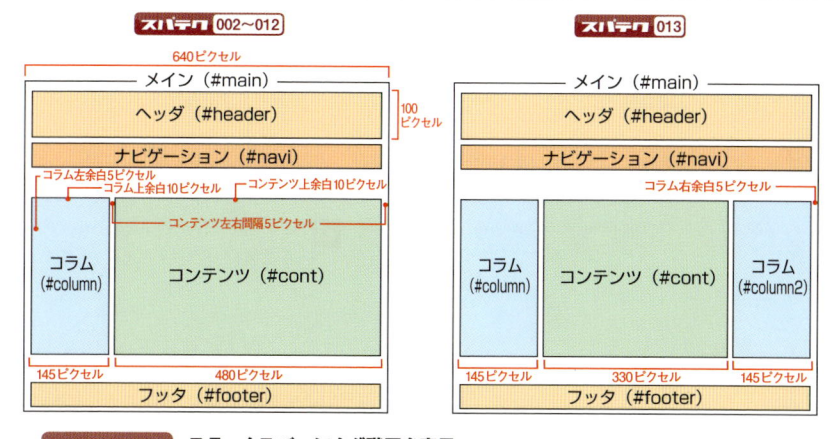

スパテク 002〜012

- 640ピクセル
- メイン（#main）
- ヘッダ（#header） — 100ピクセル
- ナビゲーション（#navi）
- コラム左余白5ピクセル
- コラム上余白10ピクセル／コンテンツ上余白10ピクセル
- コンテンツ左右間隔5ピクセル
- コラム（#column） 145ピクセル
- コンテンツ（#cont） 480ピクセル
- フッタ（#footer）

スパテク 013

- メイン（#main）
- ヘッダ（#header）
- ナビゲーション（#navi）
- コラム右余白5ピクセル
- コラム（#column） 145ピクセル
- コンテンツ（#cont） 330ピクセル
- コラム（#column2） 145ピクセル
- フッタ（#footer）

POINT　ステータスバーにタグ階層を表示

ステータスバーにタグ階層を表示すると、カーソルを置いた場所のタグ構造が把握しやすくなります。メニューの［ツール］→［オプション］の［表示］タブで［タグ階層］をオンにすると表示されます。

スパテク 002 レイアウトコンテナを挿入する

HTML＋スタイルシートのレイアウトを作成するには、まず新規HTMLドキュメントを「レイアウトコンテナ」でブロック分けします。HTMLソース上で各ブロックは、divタグにより分類されます。

完成作例

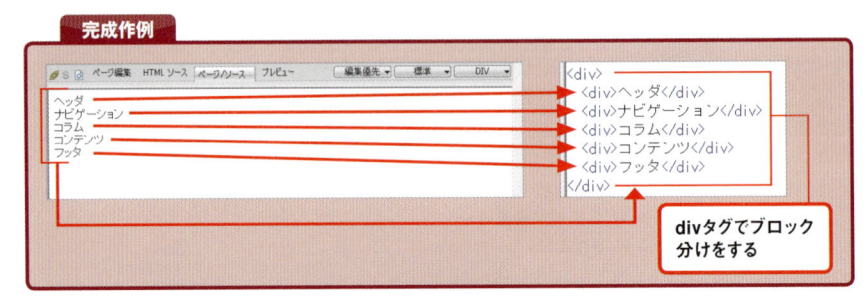

```
<div>
  <div>ヘッダ</div>
  <div>ナビゲーション</div>
  <div>コラム</div>
  <div>コンテンツ</div>
  <div>フッタ</div>
</div>
```

divタグでブロック分けをする

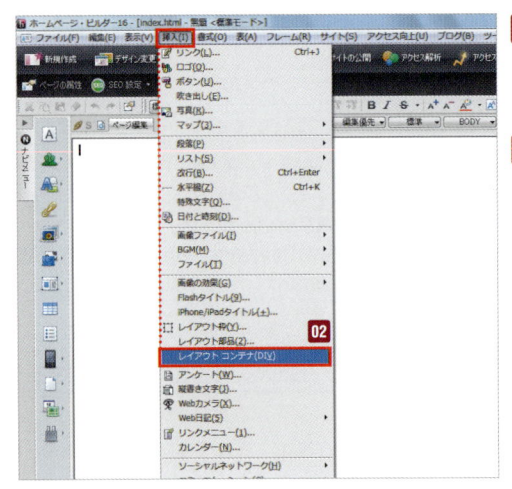

01 標準モードで新規ページを開いたら、index.htmlというファイル名で保存します。 ➡ A3 ➡ A7

02 メニューの［挿入］→［レイアウトコンテナ］を選択します。

> **MEMO** 手順 02 ～ 07 を操作しないでソースを表示し、<body></body>の間に上記完成作例のソースを直接入力してもかまいません。

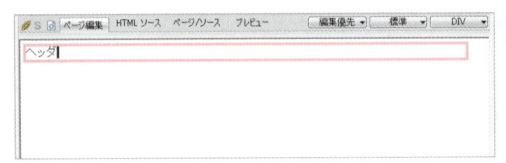

03 ピンク色の枠が挿入されるのでカーソル位置に「ヘッダ」と入力します。

04 ↓キーを押して次の行へ移動します。

> **MEMO** 次行へ移動する際に Enter キーは使用しないでください。

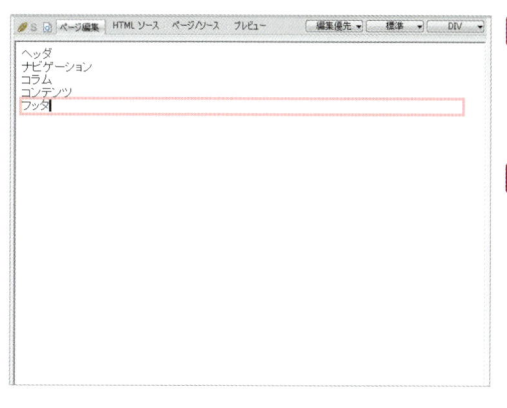

05 手順 02 〜 04 を繰り返します。手順 03 で入力する文字はそれぞれ「ナビゲーション」「コラム」「コンテンツ」「フッタ」とします。

06 続いて、すべてのレイアウトコンテナをさらにレイアウトコンテナでまとめます。[Ctrl] + [A] キーを押してすべて選択します。

> **MEMO** メニューから操作するには［編集］→［すべて選択］を選択します。

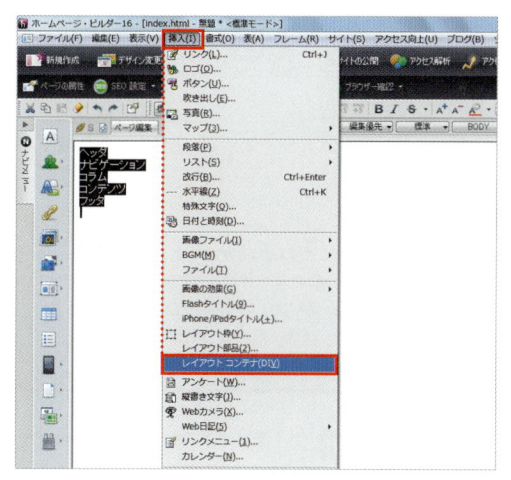

07 メニューの［挿入］→［レイアウトコンテナ］を選択します。これでブロック分けは完了です。

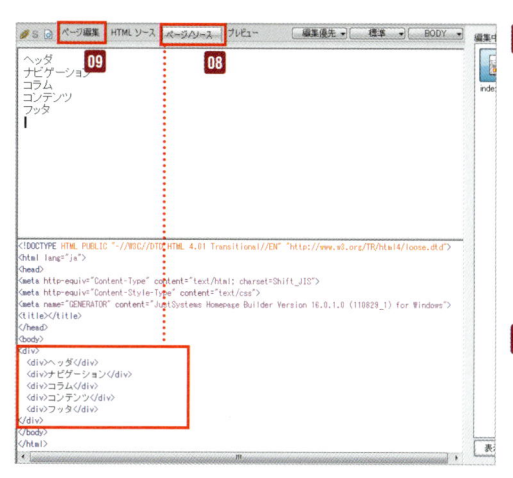

08 ［ページ/ソース］タブをクリックしてソースを確認します。最初の完成作例のソースと同じであることを確認したら、レイアウト作成の準備は完了です。ページを上書き保存しましょう。

> **MEMO** 入力されたソースが左図とは異なる場合、タグを直接打ち直して修正してください。

09 ［ページ編集］タブをクリックして元の画面に戻ります。

HTMLタグのスペースを初期化する

レイアウトのスタイルシートを作成する前に、まずはHTMLタグを初期化してスペースを削除します。「ユニバーサルセレクタ」を使用すれば、全要素のスペースを初期化することができます。

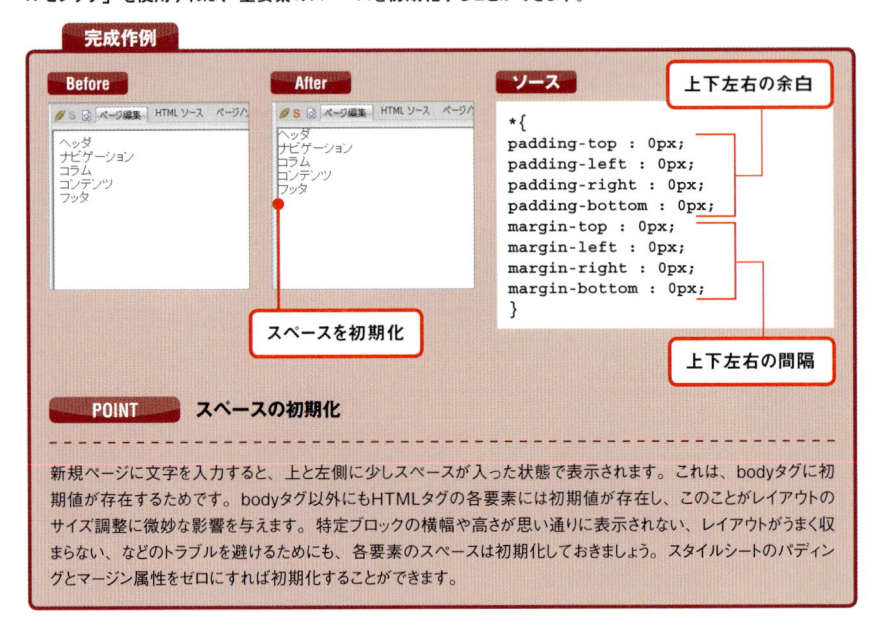

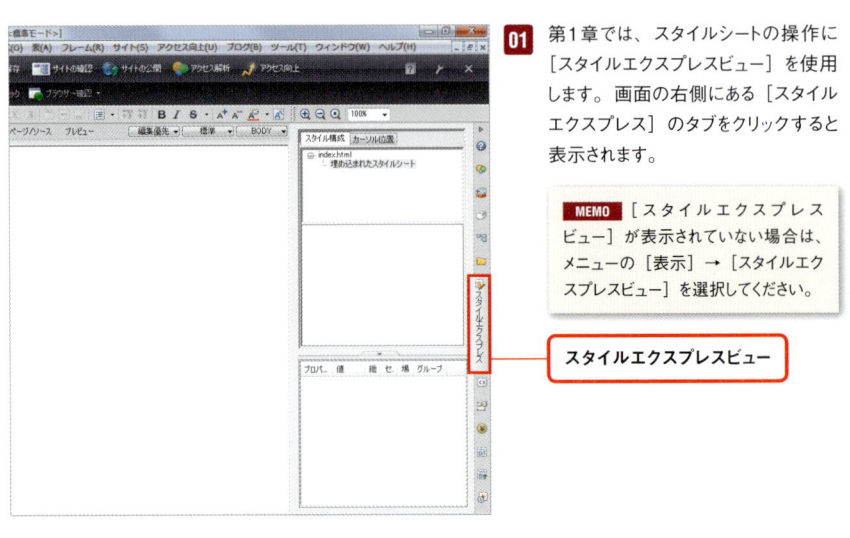

完成作例

Before
- ヘッダ
- ナビゲーション
- コラム
- コンテンツ
- フッタ

After
- ヘッダ
- ナビゲーション
- コラム
- コンテンツ
- フッタ

スペースを初期化

ソース
```
*{
  padding-top : 0px;
  padding-left : 0px;
  padding-right : 0px;
  padding-bottom : 0px;
  margin-top : 0px;
  margin-left : 0px;
  margin-right : 0px;
  margin-bottom : 0px;
}
```

上下左右の余白
上下左右の間隔

POINT スペースの初期化

新規ページに文字を入力すると、上と左側に少しスペースが入った状態で表示されます。これは、bodyタグに初期値が存在するためです。bodyタグ以外にもHTMLタグの各要素には初期値が存在し、このことがレイアウトのサイズ調整に微妙な影響を与えます。特定ブロックの横幅や高さが思い通りに表示されない、レイアウトがうまく収まらない、などのトラブルを避けるためにも、各要素のスペースは初期化しておきましょう。スタイルシートのパディングとマージン属性をゼロにすれば初期化することができます。

01 第1章では、スタイルシートの操作に［スタイルエクスプレスビュー］を使用します。画面の右側にある［スタイルエクスプレス］のタブをクリックすると表示されます。

MEMO　［スタイルエクスプレスビュー］が表示されていない場合は、メニューの［表示］→［スタイルエクスプレスビュー］を選択してください。

スタイルエクスプレスビュー

HTMLタグのスペースを初期化する << スパテク003 | ホームページ・ビルダー16

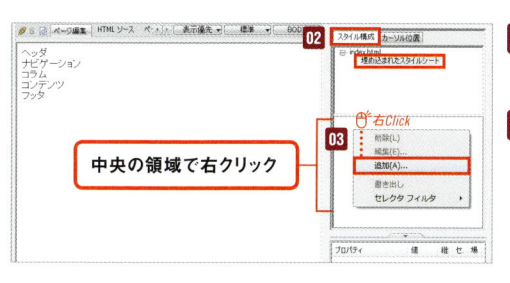

02 [スタイルエクスプレスビュー]の[スタイル構成]パネルを選択します。

03 [埋め込まれたスタイルシート]をクリックしたら中央の領域で右クリック→[追加]を選択します。

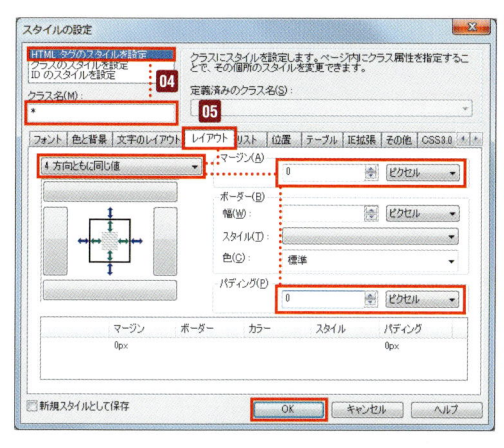

中央の領域で右クリック

04 [スタイルの設定]ダイアログで「HTMLタグのスタイルを設定」を選択し、[HTMLタグ名]に半角で「*」と入力します(下記POINT参照)。

05 [レイアウト]タブのドロップダウンリストから「4方向ともに同じ値」を選択し、[マージン]と[パディング]でいずれも「0ピクセル」を指定したら、[OK]をクリックします。

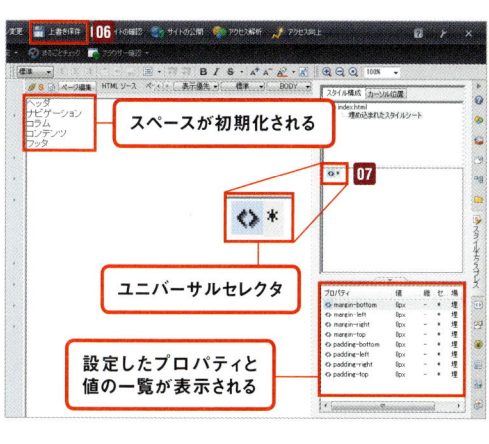

06 ユニバーサルセレクタが作成されました。ページ内すべての要素のスペースが初期化されます。ページを上書き保存しましょう。

スペースが初期化される

ユニバーサルセレクタ

設定したプロパティと値の一覧が表示される

07 [スタイルエクスプレスビュー]の[スタイル構成]パネルには、作成したセレクタの一覧が表示されます。セレクタをダブルクリックすると、ダイアログが開いてスタイルを編集することができます。

MEMO CSSの定義はHTMLドキュメントのヘッダ部分に記述されます。HTMLソースを表示して書き換えることもできます。

POINT　ユニバーサルセレクタ

タグ要素を初期化する際、セレクタに「*」を指定すれば、全要素に対して初期化することができます。このセレクタを「ユニバーサルセレクタ」と言います。一方、全要素ではなく、初期化する要素を指定する場合は「グループセレクタ」を使用しましょう。たとえば手順04で「body,p,h1,h2」と指定した場合は、ページ、段落、見出し1、見出し2が初期化の対象となります。グループセレクタについては C1 にあるPOINTを参照してください。

スパテク004 メインのレイアウトを作成する

レイアウトコンテナの各ブロックをひとまとめにするメインブロックのIDスタイルを作成し、これをdivタグに関連付けます。メインブロックの幅は640ピクセルとし、外枠には罫線を付けます。

完成作例

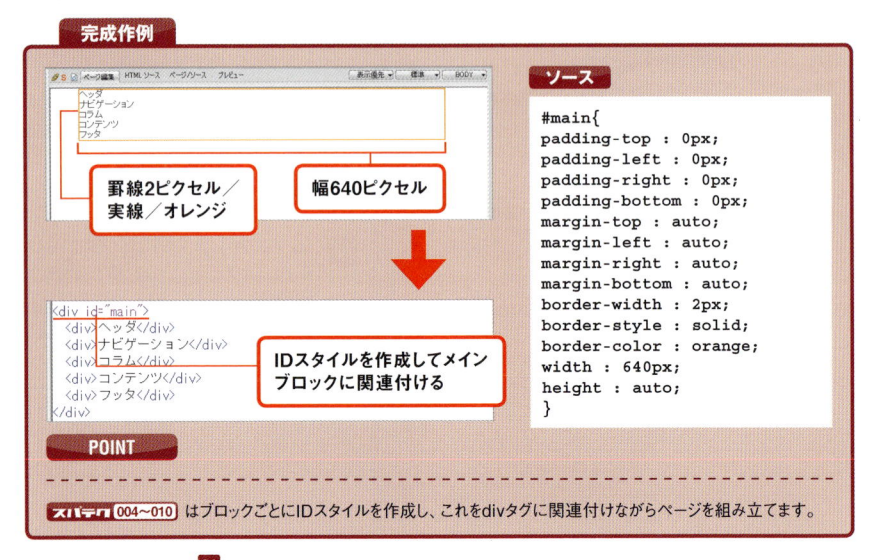

罫線2ピクセル／実線／オレンジ
幅640ピクセル

IDスタイルを作成してメインブロックに関連付ける

```
<div id="main">
  <div>ヘッダ</div>
  <div>ナビゲーション</div>
  <div>コラム</div>
  <div>コンテンツ</div>
  <div>フッタ</div>
</div>
```

ソース

```css
#main{
padding-top : 0px;
padding-left : 0px;
padding-right : 0px;
padding-bottom : 0px;
margin-top : auto;
margin-left : auto;
margin-right : auto;
margin-bottom : auto;
border-width : 2px;
border-style : solid;
border-color : orange;
width : 640px;
height : auto;
}
```

POINT

スパテク004〜010はブロックごとにIDスタイルを作成し、これをdivタグに関連付けながらページを組み立てます。

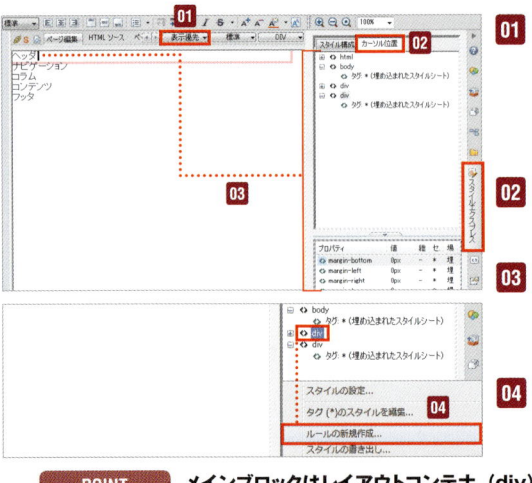

01 ここからは表示優先モードで進めます。

> MEMO 表示優先モードについては、C5を参照してください。

02 ［スタイルエクスプレスビュー］の［カーソル位置］パネルを選択します。

03 ページ内をクリックしてカーソルを表示すると、カーソル位置にかかるタグやスタイル属性がパネルに表示されます。

04 2つある「div」のうち、上位の「div」を右クリック→［ルールの新規作成］を選択します（下記POINT参照）。

POINT　メインブロックはレイアウトコンテナ（div）が最上位

手順02の［カーソル位置］パネルには、カーソルが置かれた要素にかかるHTMLタグの一覧が、入れ子構造の上位から順に表示されます。メインブロックはすべてのdiv内の最上位に位置するので、手順04は2つあるdivのうち上側を選んでIDスタイルを設定します。

メインのレイアウトを作成する << **スパテク004** | ホームページ・ビルダー16

1 スタイルエクスプレスビュー

05 ［ルールの追加］ダイアログで「ID」を選択して「main」と入力します（#は自動挿入してくれるので、入力しなくても可）。

06 ［属性も設定する］をオンにしたら［OK］をクリックします。

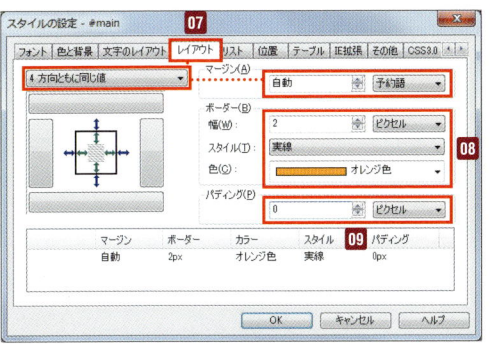

07 ［スタイルの設定］ダイアログで［レイアウト］タブのドロップダウンリストから「4方向ともに同じ値」を選択し、［マージン］で「予約語」と「自動」を指定します。

08 ［ボーダー］の［幅］で「2ピクセル」、［スタイル］で「実線」、［色］で「オレンジ色」を指定します。

09 ［パディング］で「0ピクセル」を指定します。

10 ［位置］タブの［幅］で「640ピクセル」、［高さ］で「予約語」と「自動」を指定したら［OK］をクリックします。

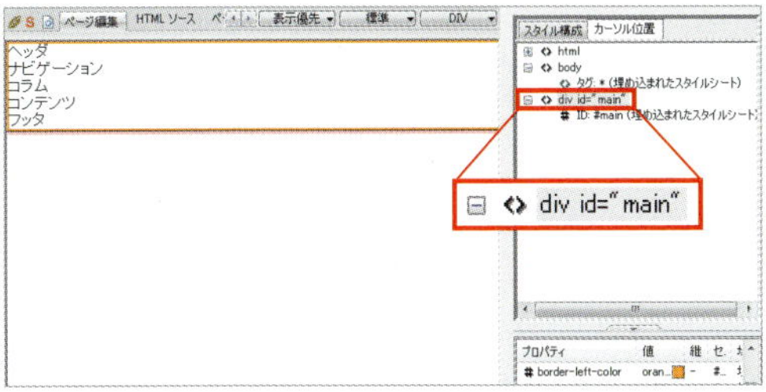

11 IDスタイルが作成され、メインブロックのdivタグに関連付けられます。メインブロックにはスタイルが設定されます。

> **MEMO** ソースを表示すると、divタグには#mainのIDセレクタが関連付けられていることを確認できます。
> `<div id="main"></div>`

POINT **IDスタイルの関連付けを解除する**

IDスタイルの関連付けを解除するには、［カーソル位置］パネルでIDスタイルが関連付けられたタグを右クリック→［ID設定］→［なし］を選択します。

59

スパテク005 ヘッダのレイアウトを作成する

タイトルを表示するヘッダブロックのIDスタイルを作成し、これをdivタグに関連付けます。ヘッダの背景にはバナーとして640×100ピクセルの画像を表示します。

完成作例

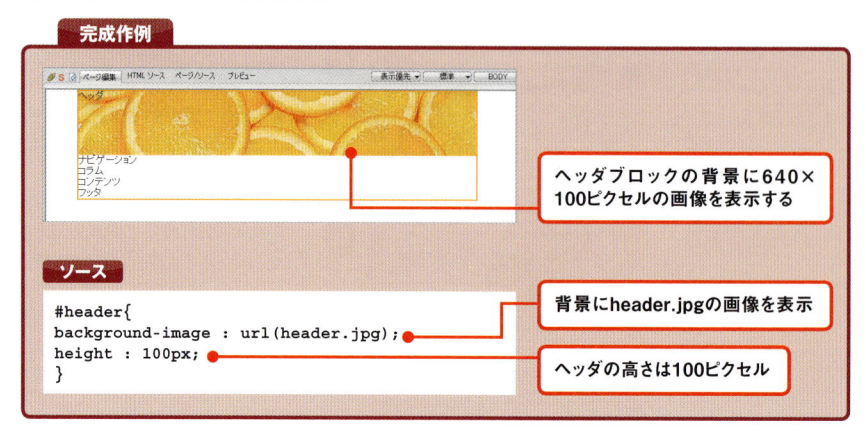

ヘッダブロックの背景に640×100ピクセルの画像を表示する

ソース

```css
#header{
background-image : url(header.jpg);
height : 100px;
}
```

背景にheader.jpgの画像を表示

ヘッダの高さは100ピクセル

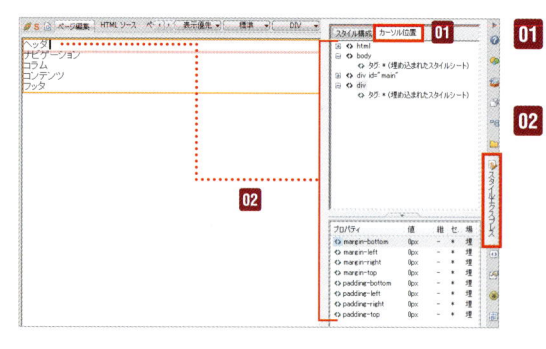

01 ［スタイルエクスプレスビュー］の［カーソル位置］パネルを選択します。

02 ヘッダブロックをクリックしてカーソルを表示すると、カーソル位置にかかるタグやスタイル属性がパネルに表示されます。

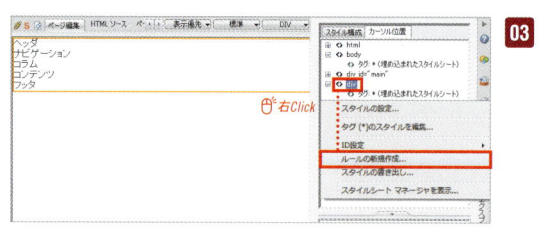

03 2つある「div」のうち、下位の「div」を右クリック→［ルールの新規作成］を選択します（下記POINT参照）。

POINT　ヘッダブロックはレイアウトコンテナ（div）がメインブロックよりも下位

ヘッダブロックはメインブロックよりも下位に位置するので、手順03は「div id="main"」の下位にあるdivを選んでIDスタイルを作成します。

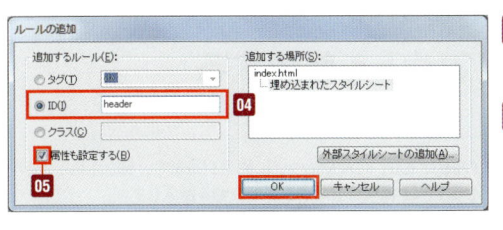

04 [ルールの追加] ダイアログで [ID] を選択して「header」と入力します。

05 [属性も設定する] をオンにしたら [OK] をクリックします。

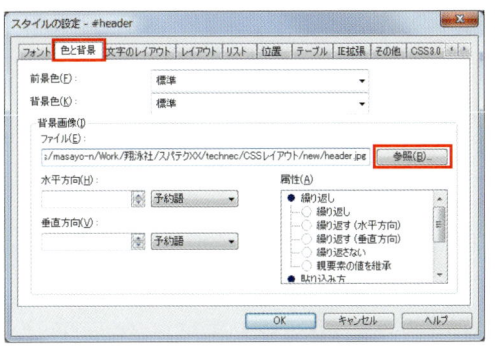

06 [色と背景] タブの [参照] → [ファイルから] をクリックし、ヘッダに使用する背景画像を指定します。

> **MEMO** 幅640、高さ100ピクセルの画像 (header.jpg) を使用しています。この画像はサンプルページから入手可能です (巻頭の「はじめに」参照)。

07 [位置] タブの [高さ] で「100ピクセル」を指定したら [OK] をクリックします。

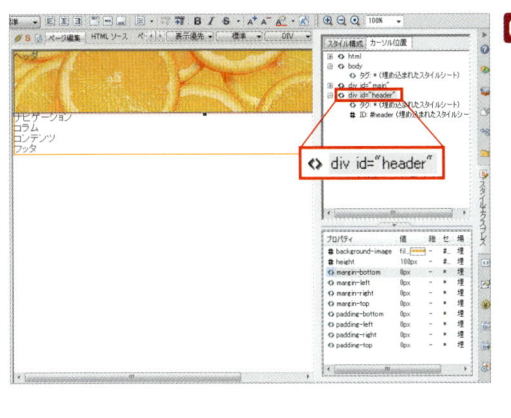

08 IDスタイルが作成され、ヘッダブロックのdivタグに関連付けられます。ヘッダブロックにはスタイルが設定されます。

スパテク006 コラムのレイアウトを作成する

補足情報などを表示するコラムブロックのIDスタイルを作成し、これをdivタグに関連付けます。幅は145ピクセルにしてページの左側に配置します。左側には5ピクセル、上側には10ピクセルの余白を挿入します。

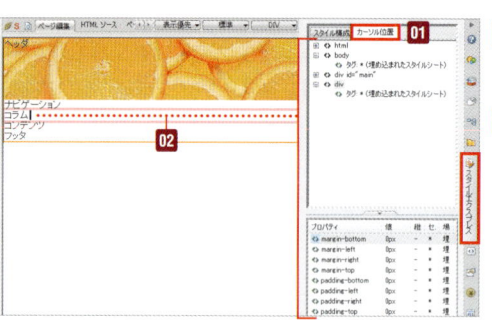

完成作例

ソース
```
#column{
  padding-top : 10px;
  padding-left : 5px;
  width : 145px;
  float : left;
}
```
- 上余白
- 左余白
- 左側に回り込み
- 幅

01 ［スタイルエクスプレスビュー］の［カーソル位置］パネルを選択します。

02 コラムブロックをクリックしてカーソルを表示すると、カーソル位置にかかるタグやスタイル属性がパネルに表示されます。

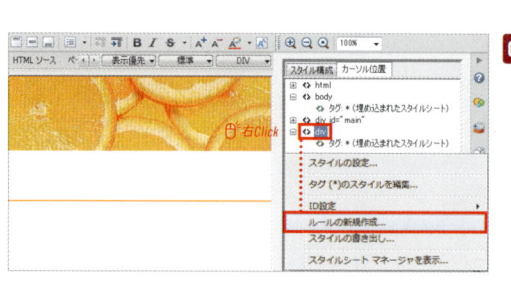

03 2つある「div」のうち、下位の「div」を右クリック→［ルールの新規作成］を選択します。

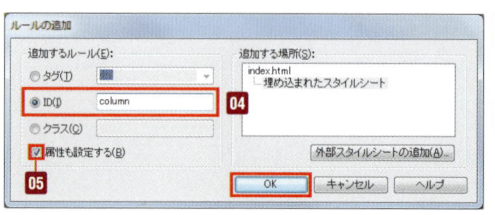

04 ［ルールの追加］ダイアログで「ID」を選択して「column」と入力します。

05 ［属性も設定する］をオンにしたら［OK］をクリックします。

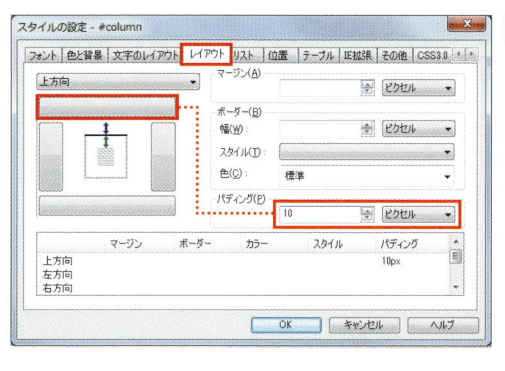

コラムのレイアウトを作成する << スパテク006 | ホームページ・ビルダー16

06 ［レイアウト］タブの「上方向」をクリックし、［パディング］で「10ピクセル」を設定します。

07 引き続き、「左方向」をクリック、［パディング］で「5ピクセル」を設定します。

08 ［位置］タブの［幅］で「145ピクセル」を指定します。

> **MEMO** コラムブロックは幅145ピクセルです。コラムブロックは左側に回り込ませます。

09 ［属性］で［回り込み］の「左」を指定したら［OK］をクリックします。

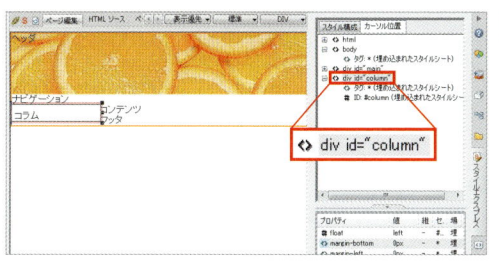

10 IDスタイルが作成され、コラムブロックのdivタグに関連付けられます。コラムブロックにはスタイルが設定されます。

スパテク007 コンテンツのレイアウトを作成する

メイン情報を表示するコンテンツブロックのIDスタイルを作成し、これをdivタグに関連付けます。幅は480ピクセルにしてページの右側に配置します。左右には5ピクセルの間隔をとります。

完成作例

ソース

```
#cont{
  padding-top : 10px;    ← 上余白
  margin-left : 5px;     ← 左右間隔
  margin-right : 5px;
  width : 480px;         ← 幅
  text-align : left;     ← 文字は左揃え
  float : right;         ← 右側に回り込み
}
```

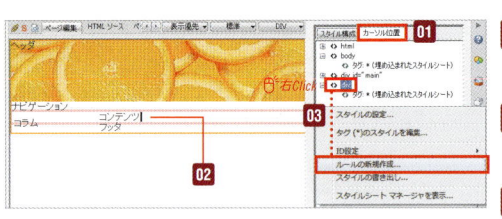

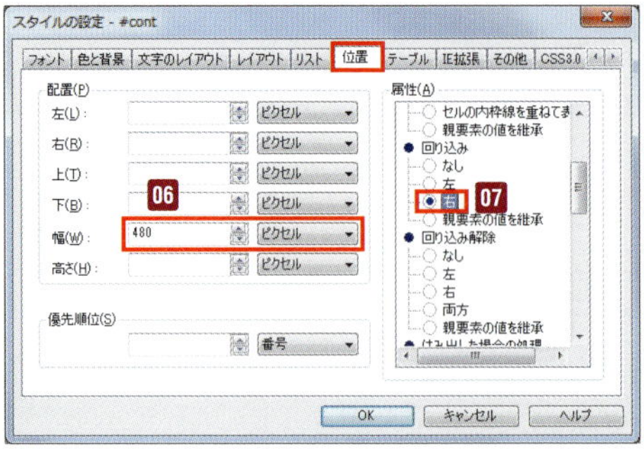

01 ［スタイルエクスプレスビュー］の［カーソル位置］パネルを選択します。

02 コンテンツブロックをクリックしてカーソルを表示します。

03 2つある「div」のうち、下位の「div」を右クリック→［ルールの新規作成］を選択します。

04 ［ルールの追加］ダイアログで「ID」を選択して「cont」と入力します。

05 ［属性も設定する］をオンにしたら［OK］をクリックします。

06 ［位置］タブの［幅］で「480ピクセル」を指定します。

> **MEMO** コンテンツブロックは幅480ピクセルです。

07 ［属性］で［回り込み］の「右」を指定します。

> **MEMO** コンテンツブロックは右側に回り込ませます。

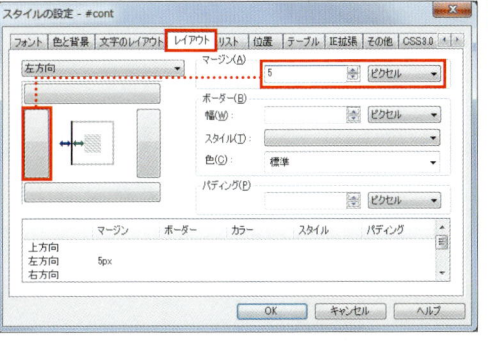

コンテンツのレイアウトを作成する << **スパテク007** | ホームページ・ビルダー16

08 ［レイアウト］タブの「左方向」をクリックし、［マージン］で「5ピクセル」を設定します。

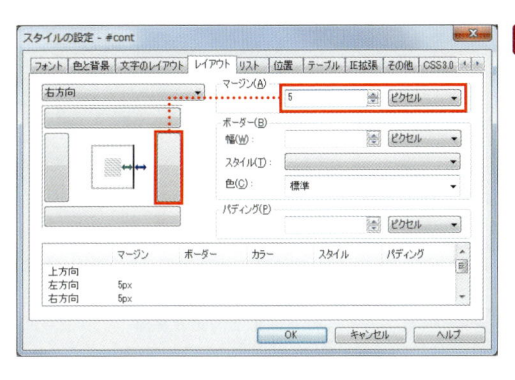

09 引き続き「右方向」をクリックし、［マージン］で「5ピクセル」を設定します。

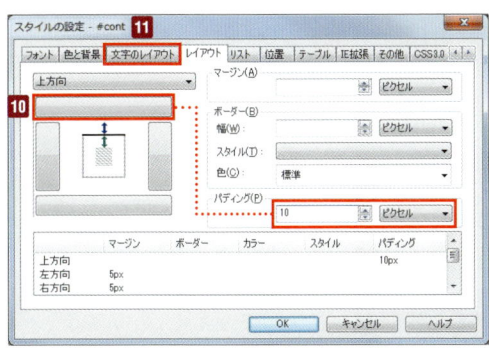

10 引き続き「上方向」をクリックし、［パディング］で「10ピクセル」を設定します。

11 最後に［文字のレイアウト］タブの［水平方向の配置］で「左揃え」を指定したら［OK］をクリックします。

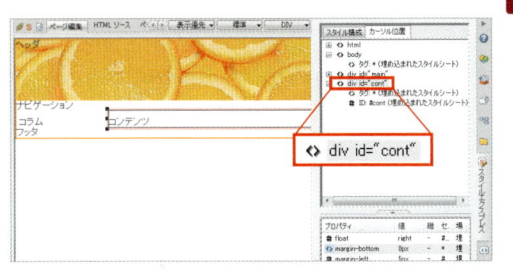

12 IDスタイルが作成され、コンテンツブロックのdivタグに関連付けられます。コンテンツブロックにはスタイルが設定されます。

65

スパテク 008 フッタのレイアウトを作成する

商標などを表示するフッタブロックのIDスタイルを作成し、これをdivタグに関連付けます。コラムとコンテンツの回り込みを解除して下側に配置します。

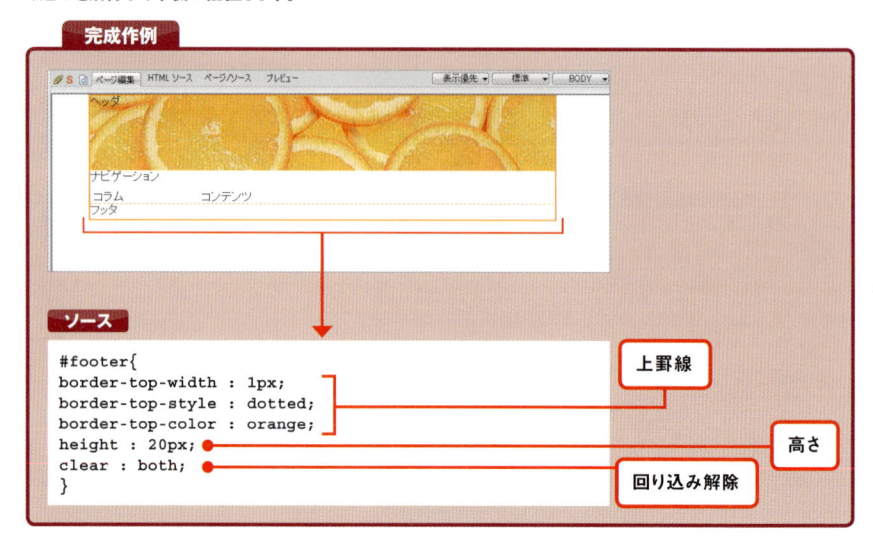

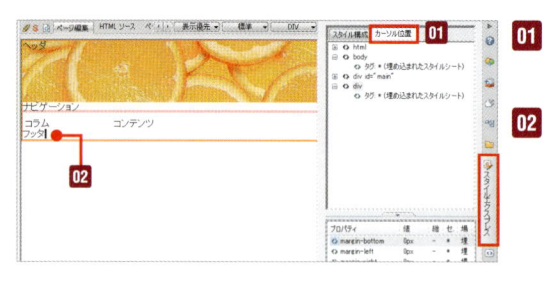

完成作例

```
#footer{
border-top-width : 1px;
border-top-style : dotted;
border-top-color : orange;
height : 20px;
clear : both;
}
```

上罫線
高さ
回り込み解除

01 ［スタイルエクスプレスビュー］の［カーソル位置］パネルを選択します。

02 フッタブロックをクリックしてカーソルを表示すると、カーソル位置にかかるタグやスタイル属性がパネルに表示されます。

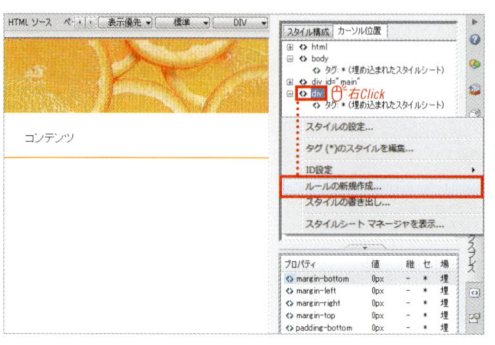

03 2つある「div」のうち、下位の「div」を右クリック→［ルールの新規作成］を選択します。

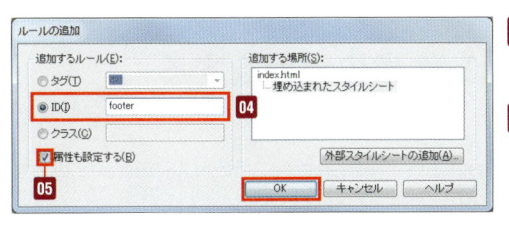

フッタのレイアウトを作成する << スパテク008 | ホームページ・ビルダー16

04 ［ルールの追加］ダイアログで「ID」を選択して「footer」と入力します。

05 ［属性も設定する］をオンにしたら［OK］をクリックします。

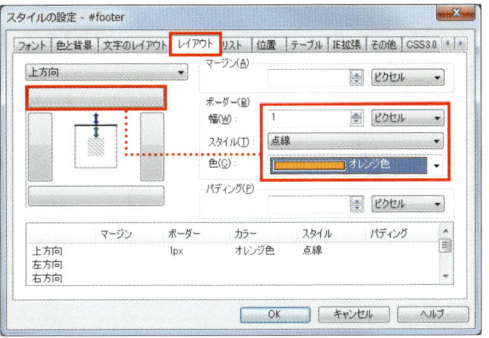

06 ［レイアウト］タブの「上方向」をクリックし、［ボーダー］の［幅］で「1ピクセル」、［スタイル］で「点線」、［色］で「オレンジ色」を指定します。

> **MEMO** ヘッダブロックの上側にはオレンジ色の点線を表示します。

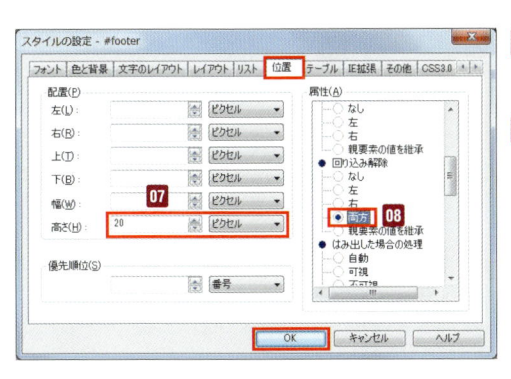

07 ［位置］タブの［高さ］で「20ピクセル」を指定します。

08 ［属性］で［回り込み解除］の「両方」を指定したら［OK］をクリックします。

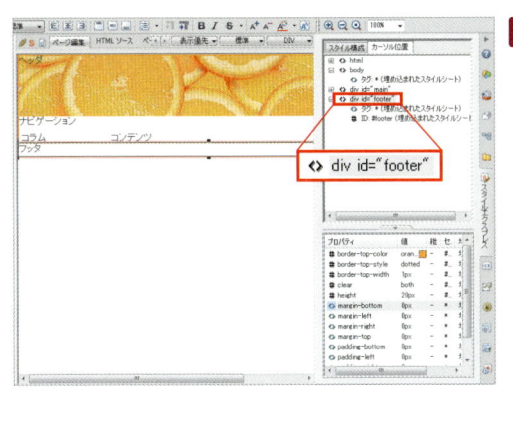

09 IDスタイルが作成され、フッタブロックのdivタグに関連付けられます。フッタブロックにはスタイルが設定されます。

スパテク009 ナビゲーション作成の準備をする

ナビゲーションはリスト（箇条書き）を利用して作成します。"項目を列挙する"というリストの目的と、"リンク先を列挙する"というナビゲーションの使い方が文法的に共通しているからです。

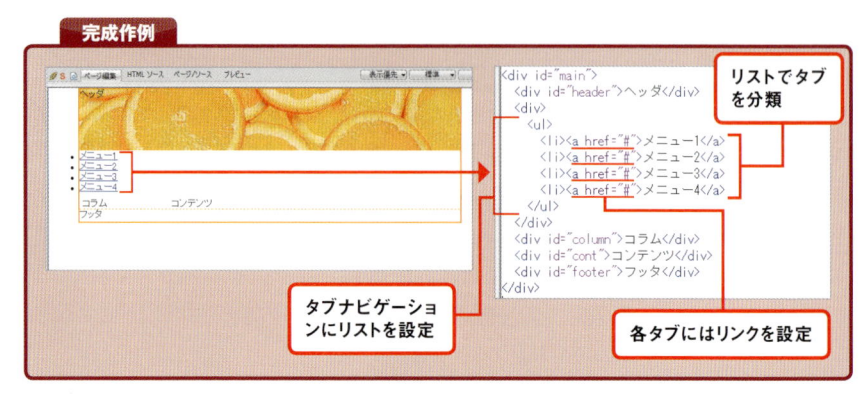

完成作例

```
<div id="main">
  <div id="header">ヘッダ</div>
  <div>
    <ul>
      <li><a href="#">メニュー1</a>
      <li><a href="#">メニュー2</a>
      <li><a href="#">メニュー3</a>
      <li><a href="#">メニュー4</a>
    </ul>
  </div>
  <div id="column">コラム</div>
  <div id="cont">コンテンツ</div>
  <div id="footer">フッタ</div>
</div>
```

- リストでタブを分類
- タブナビゲーションにリストを設定
- 各タブにはリンクを設定

01 「ナビゲーション」と書かれた文字をダブルクリックして選択します。

> **MEMO** ここを操作しないでソースを表示し、上記完成作例の<ul>～</ul>を直接入力してもかまいません。

02 そのまま「メニュー1」と入力します。

03 キーボードの Enter キーを押して改行し、続いて「メニュー2」と入力します。

04 手順03をあと2回繰り返して残り2行を入力します。それぞれの文字は「メニュー3」「メニュー4」とします。

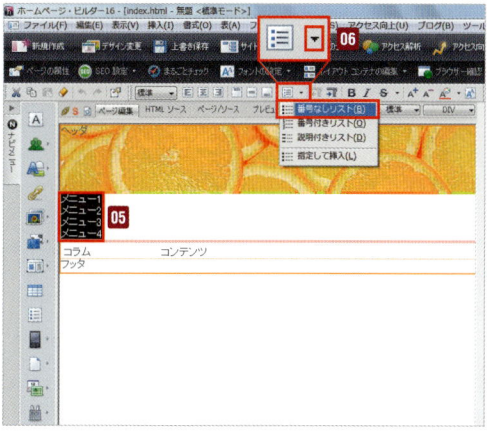

05 文字を入力し終えたら、ダブルクリックして入力した文字を選択します。

06 ツールバーの［リストの挿入］にある▼をクリックして［番号なしリスト］を選択します。

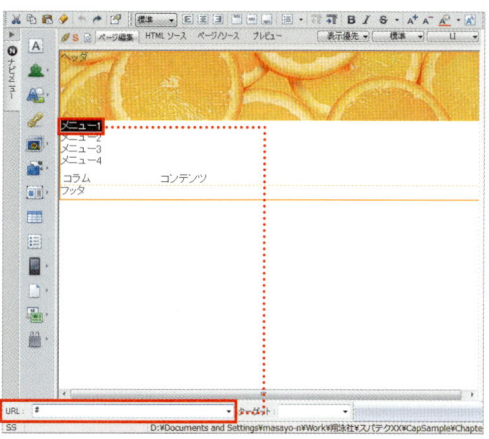

07 メニューの［表示］→［ツールバー］→［URL］を選択して［URL］ツールバーを表示し、1番目の文字を選択します。テキストボックスに半角で「#」と入力してキーボードの Enter キーを押します。

> **MEMO** ここではリンク先にヌルリンク「#」を設定しました。クリックしても何も起こりません。ページ完成後に正しいURLを指定してください。

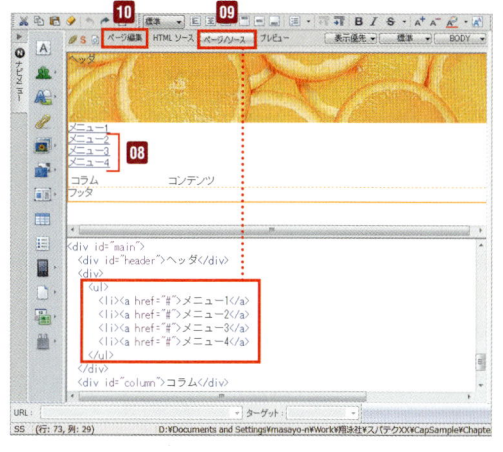

08 手順**07**を繰り返して、「メニュー2」～「メニュー4」にもリンクを設定します。

09 ［ページ/ソース］タブをクリックしてソースを確認します（最初の完成作例にあるソースと同じであるかを確認）。タグに誤りがある場合は直接修正しましょう。

10 ［ページ編集］タブをクリックして元の画面に戻ります。

スパテク010 ナビゲーションのレイアウトを作成する

ナビゲーションのスタイルは、ナビゲーション全体、ナビゲーションのタブ全体、ナビゲーションのタブ単体、リンク、リンクにマウスポインタを乗せたとき、の計5つを作成します。

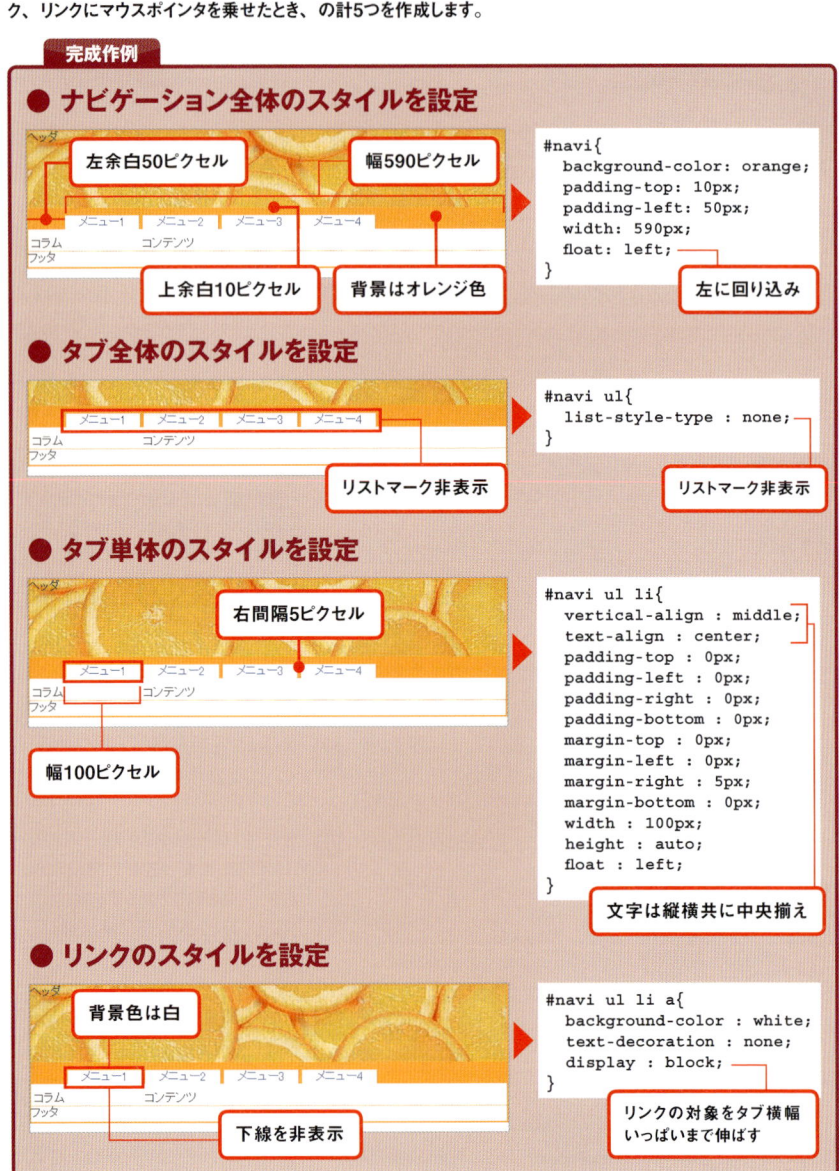

完成作例

● ナビゲーション全体のスタイルを設定

- 左余白50ピクセル
- 幅590ピクセル
- 上余白10ピクセル
- 背景はオレンジ色
- 左に回り込み

```css
#navi{
    background-color: orange;
    padding-top: 10px;
    padding-left: 50px;
    width: 590px;
    float: left;
}
```

● タブ全体のスタイルを設定

- リストマーク非表示

```css
#navi ul{
    list-style-type : none;
}
```

● タブ単体のスタイルを設定

- 右間隔5ピクセル
- 幅100ピクセル
- 文字は縦横共に中央揃え

```css
#navi ul li{
    vertical-align : middle;
    text-align : center;
    padding-top : 0px;
    padding-left : 0px;
    padding-right : 0px;
    padding-bottom : 0px;
    margin-top : 0px;
    margin-left : 0px;
    margin-right : 5px;
    margin-bottom : 0px;
    width : 100px;
    height : auto;
    float : left;
}
```

● リンクのスタイルを設定

- 背景色は白
- 下線を非表示
- リンクの対象をタブ横幅いっぱいまで伸ばす

```css
#navi ul li a{
    background-color : white;
    text-decoration : none;
    display : block;
}
```

● マウスポインタを乗せたときのスタイルを設定

```
#navi ul li a:hover{
  color : orange;
  background-color : yellow;
}
```

背景色は黄色、文字色はオレンジ

ナビゲーションを作成する

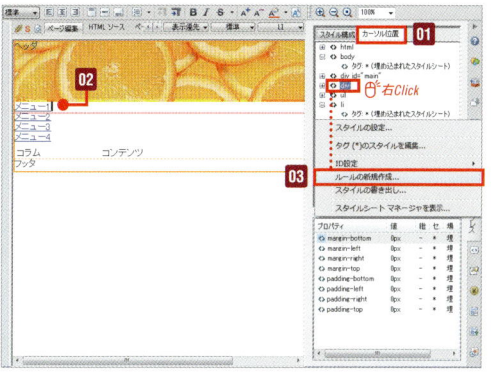

01 [スタイルエクスプレスビュー] の [カーソル位置] パネルを選択します。

02 ナビゲーションブロックをクリックしてカーソルを表示します。

> **MEMO** ナビゲーションブロック内であれば、メニュー1〜4のどこにカーソルを置いても構いません。

03 2つある「div」のうち、下位の「div」を右クリック→[ルールの新規作成]を選択します。

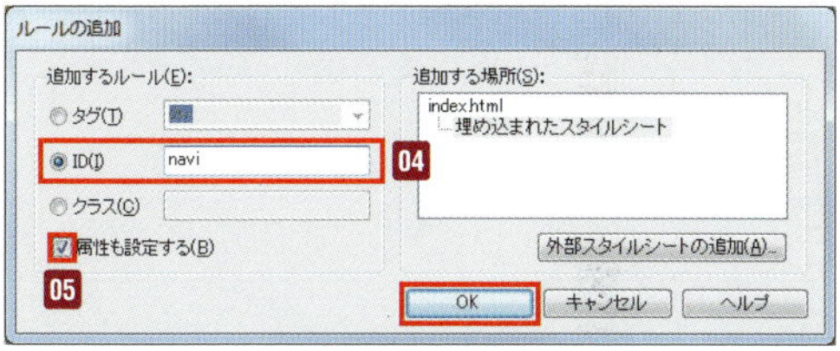

04 [ルールの追加] ダイアログで「ID」を選択して「navi」と入力します。

05 [属性も設定する] をオンにしたら [OK] をクリックします。

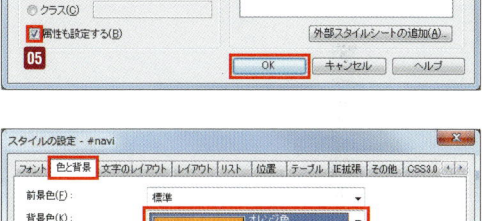

06 [色と背景] タブで [背景色] で「オレンジ色」を指定します。

Next >>

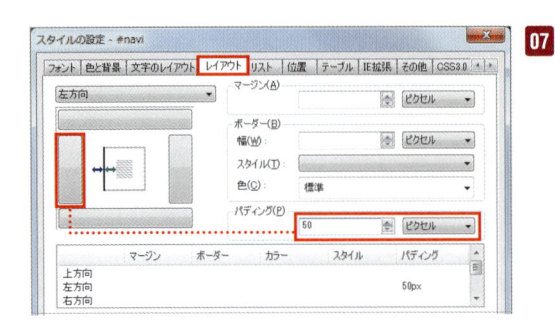

07 ［レイアウト］タブの「左方向」をクリックし、［パディング］で「50ピクセル」を指定します。

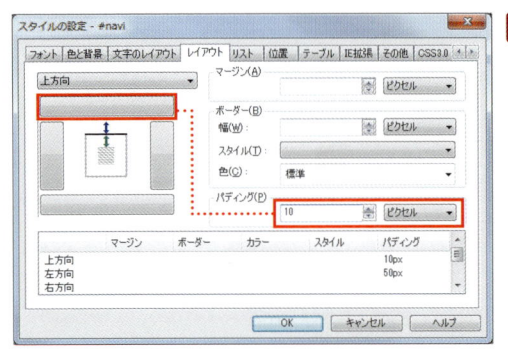

08 引き続き「上方向」をクリックし、［パディング］で「10ピクセル」を指定します。

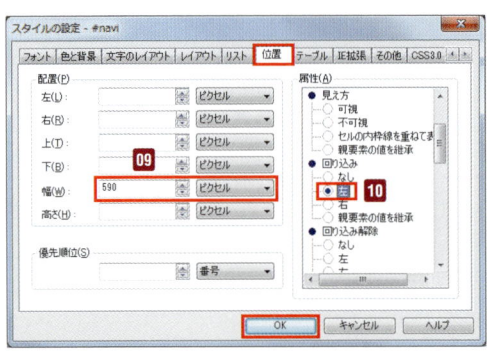

09 ［位置］タブの［幅］で「590ピクセル」を指定します。

10 ［属性］で［回り込み］の「左」を指定したら［OK］をクリックします。

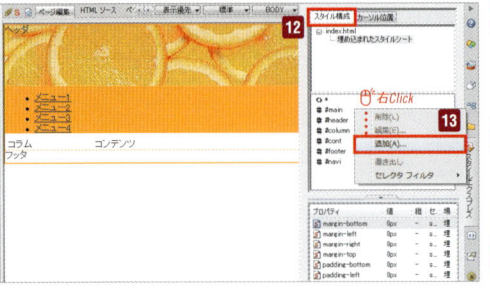

11 IDスタイルが作成され、ナビブロックのdivタグに関連付けられます。ナビブロックにはスタイルが設定されます。

12 続いて、ナビブロックのタブ全体のスタイルを設定します。［スタイル構成］パネルを選択します。

13 中央の領域で右クリック→［追加］を選択します。

ナビゲーションのレイアウトを作成する << スパテク010 | ホームページ・ビルダー16

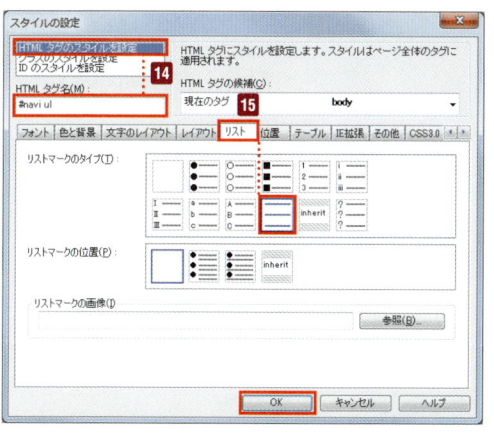

14 ［スタイルの設定］ダイアログで「HTMLタグのスタイルを設定」を選択し、［HTMLタグ名］に「#navi ul」と入力します（下記POINT参照）。

15 ［リスト］タブで「なし」を指定したら［OK］をクリックします。

> **MEMO** ナビゲーションはリストタグの<ul>または<ol>でマークアップし、各項目を<li>で列挙する方法が一般的です。

16 スタイルが設定されてリストマークが非表示となります。続いてナビの個別タブのスタイルを設定します。中央の領域で右クリック→［追加］を選択します。

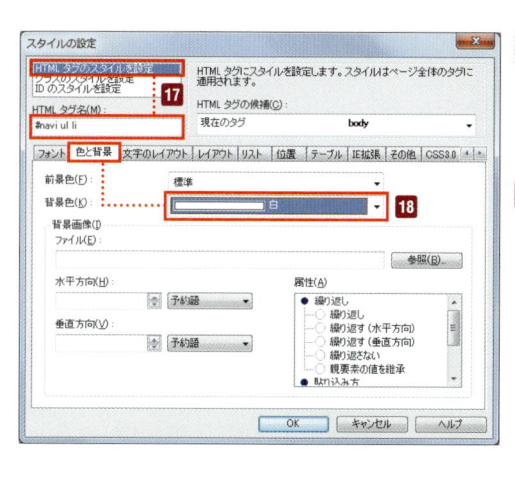

17 ［スタイルの設定］ダイアログで「HTMLタグのスタイルを設定」を選択し、［HTMLタグ名］に「#navi ul li」と入力します。

18 ［色と背景］タブの［背景色］で「白」を指定します。

Next >>

POINT　ナビブロックと子孫セレクタ

手順**14**では、スタイルの設定要素を絞り込むため、#naviとulの間に半角スペースを入れて子孫セレクタにしました。「#navi ul」とすれば、ナビブロック内のulタグにのみにスタイルが適用されます。子孫セレクタについては**C1**のPOINTを参照してください。

19 ［文字のレイアウト］タブの［垂直方向の配置］と［水平方向の配置］でいずれも「中央」を指定します。

20 ［レイアウト］タブのドロップダウンリストから「4方向ともに同じ値」を選択し、［マージン］と［パディング］でいずれも「0ピクセル」を指定します。

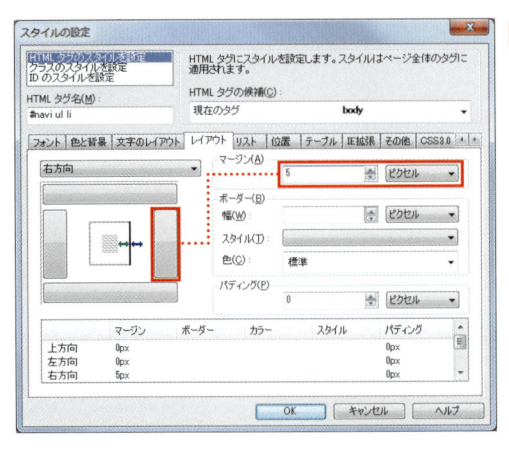

21 引き続き「右方向」をクリックし、［マージン］を「5ピクセル」に変更します。

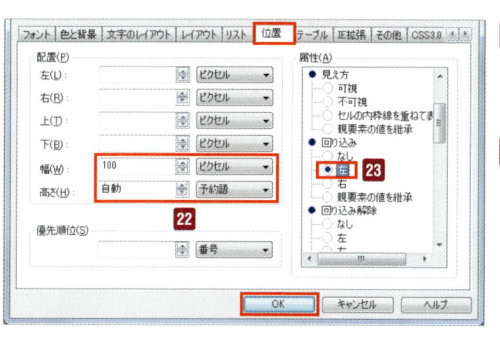

ナビゲーションのレイアウトを作成する << **スパテク010** | ホームページ・ビルダー16

22 ［位置］タブの［幅］で「100ピクセル」、［高さ］で「予約語」「自動」を指定します。

23 ［属性］で［回り込み］の「左」を指定したら［OK］をクリックします。

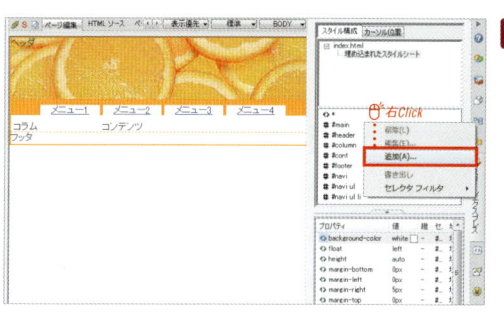

24 スタイルが設定されます。続いてナビブロックのリンクのスタイルを設定します。中央の領域で右クリック→［追加］を選択します。

25 ［スタイルの設定］ダイアログで「HTMLタグのスタイルを設定」を選択し、［HTMLタグ名］に「#navi ul li a」と入力します。

26 ［フォント］タブの［文字飾り］で「なし」をチェックします。

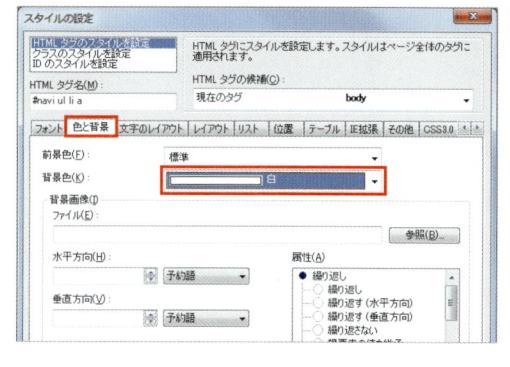

27 ［色と背景］タブの［背景色］で「白」を指定します。

Next >>

28 ［位置］タブの［属性］で［表示］の「BLOCK」を指定したら［OK］をクリックします。

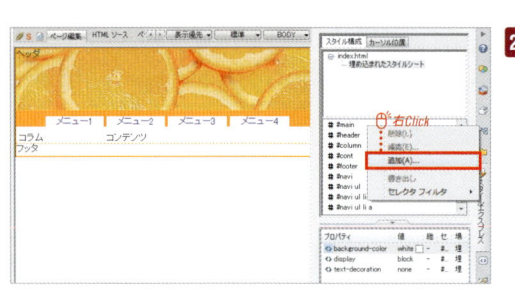

29 スタイルが設定されます。最後にナビブロックのリンクにマウスポインタが乗ったときのスタイルを設定します。中央の領域で右クリック→［追加］を選択します。

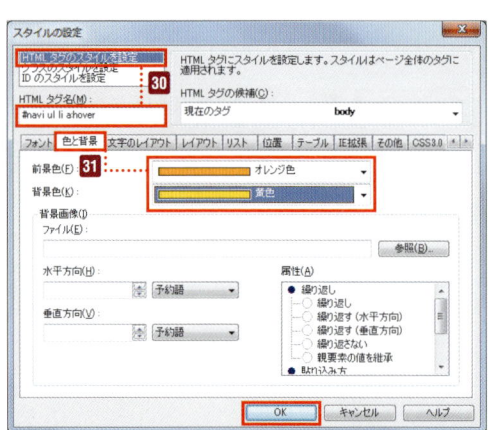

30 ［スタイルの設定］ダイアログで「HTMLタグのスタイルを設定」を選択し、［HTMLタグ名］に「#navi ul li a:hover」と入力します。

31 ［色と背景］タブの［前景色］で「オレンジ色」、［背景色］で「黄色」を指定したら［OK］をクリックします。

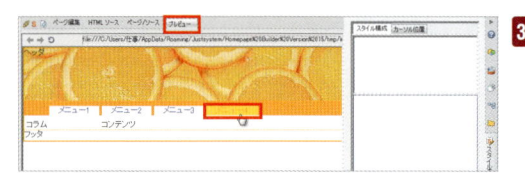

32 これで、すべてのナビゲーションのスタイルが設定されました。［プレビュー］タブをクリックするとイメージが確認できます。

レイアウトを仕上げる～文字の入力～ << スパテク011 | ホームページ・ビルダー16

スパテク 011 レイアウトを仕上げる ～文字の入力～

現在ホームページには仮の文字を入力していますが、実際に見出しや本文を入力して仕上げます。見出しにはh1～h4タグを設定します。

■ 下図のように文字を編集

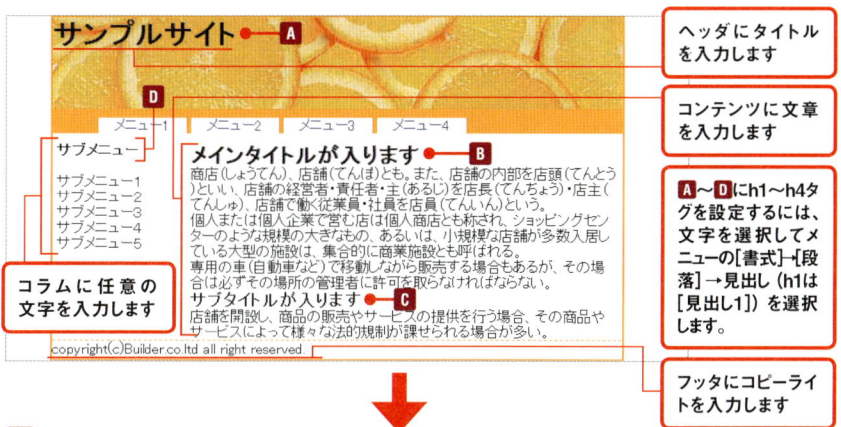

- ヘッダにタイトルを入力します（A：サンプルサイト）
- コンテンツに文章を入力します（B：メインタイトルが入ります）
- A～Dにh1～h4タグを設定するには、文字を選択してメニューの[書式]→[段落]→見出し（h1は[見出し1]）を選択します。
- コラムに任意の文字を入力します
- フッタにコピーライトを入力します

■ HTMLソース

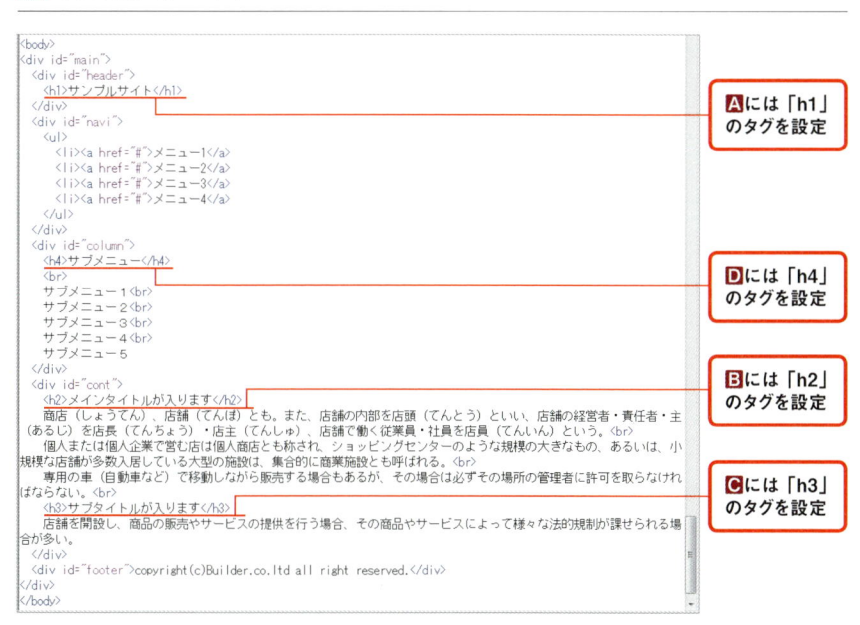

```html
<body>
<div id="main">
  <div id="header">
    <h1>サンプルサイト</h1>
  </div>
  <div id="navi">
    <ul>
      <li><a href="#">メニュー1</a>
      <li><a href="#">メニュー2</a>
      <li><a href="#">メニュー3</a>
      <li><a href="#">メニュー4</a>
    </ul>
  </div>
  <div id="column">
    <h4>サブメニュー</h4>
    <br>
    サブメニュー1<br>
    サブメニュー2<br>
    サブメニュー3<br>
    サブメニュー4<br>
    サブメニュー5
  </div>
  <div id="cont">
    <h2>メインタイトルが入ります</h2>
    商店（しょうてん）、店舗（てんぽ）とも。また、店舗の内部を店頭（てんとう）といい、店舗の経営者・責任者・主（あるじ）を店長（てんちょう）・店主（てんしゅ）、店舗で働く従業員・社員を店員（てんいん）という。<br>
    個人または個人企業で営む店は個人商店とも称され、ショッピングセンターのような規模の大きなもの、あるいは、小規模な店舗が多数入居している大型の施設は、集合的に商業施設とも呼ばれる。<br>
    専用の車（自動車など）で移動しながら販売する場合もあるが、その場合は必ずその場所の管理者に許可を取らなければならない。<br>
    <h3>サブタイトルが入ります</h3>
    店舗を開設し、商品の販売やサービスの提供を行う場合、その商品やサービスによって様々な法的規制が課せられる場合が多い。
  </div>
  <div id="footer">copyright(c)Builder.co.ltd all right reserved.</div>
</div>
</body>
```

- Aには「h1」のタグを設定
- Dには「h4」のタグを設定
- Bには「h2」のタグを設定
- Cには「h3」のタグを設定

スパテク012 レイアウトを仕上げる ～スタイルの設定～

h1～h4が見出しらしくなるようにスタイルを作成します。このほか、コラムのスタイル、画像に回り込みを設定するスタイルを作成し、レイアウトを仕上げます。

■ ページ全体のスタイルを設定する

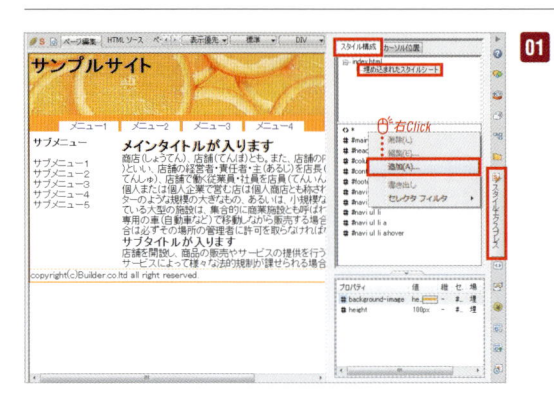

01 ［スタイルエクスプレスビュー］→［スタイル構成］パネル→［埋め込まれたスタイルシート］→中央の領域で右クリック→［追加］を選択します。

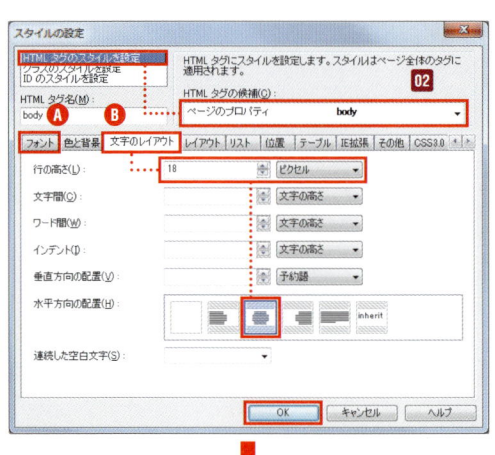

02 「HTMLタグのスタイルを設定」を選択し、［HTMLタグの候補］で「body」を選択します。

03 以下のように属性値を設定したら［OK］をクリックします。スタイルが作成され、ページに適用されます。

Ⓐ[フォント]タブ
　［サイズ］:「やや小さい」
Ⓑ[文字のレイアウト]タブ
　［行の高さ］:「18ピクセル」*
　［水平方向の配置］:［中央揃え］

ソース

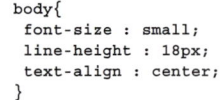

```
body{
 font-size : small;
 line-height : 18px;
 text-align : center;
}
```

設定結果

■ ヘッダの見出し1スタイルを設定する

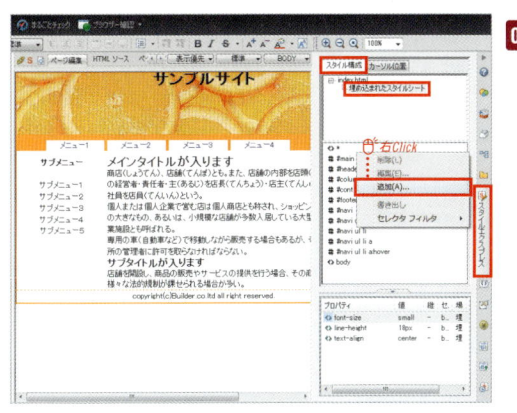

01 ［スタイルエクスプレスビュー］→［スタイル構成］パネル→［埋め込まれたスタイルシート］→中央の領域で右クリック→［追加］を選択します。

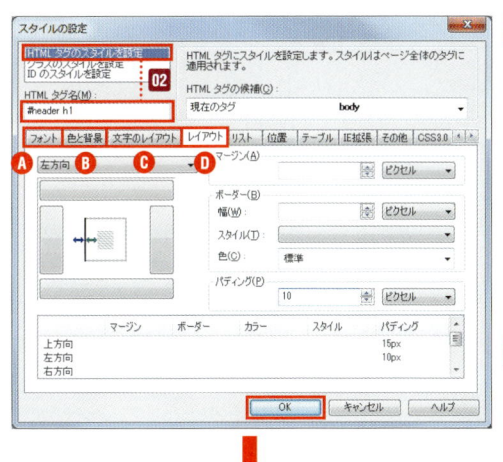

02 ［スタイルの設定］ダイアログで「HTMLタグのスタイルを設定」を選択し、［HTMLタグ名］に「#header h1」と入力します。

> **MEMO** ヘッダ内にあるh1タグのスタイルを作成するため、「#header h1」と入力して子孫セレクタにします。親のセレクタ名は、ヘッダに使用したID名と同じ名称を必ず使用してください。

03 以下のように属性値を設定したら［OK］をクリックします。スタイルが作成され、ヘッダの見出し1に適用されます。

- Ⓐ **［フォント］タブ**
  ［サイズ］:「大きい」
- Ⓑ **[色と背景]タブ**
  ［前景色］:「白」
- Ⓒ **[文字のレイアウト]タブ**
  ［水平方向の配置］:「左揃え」
- Ⓓ **[レイアウト]タブ**
  ［上方向］:［パディング］「15ピクセル」
  ［左方向］:［パディング］「10ピクセル」

ソース

```
#header h1{
 font-size : x-large;
 color : white;
 text-align : left;
 padding-top : 15px;
 padding-left : 10px;
}
```

設定結果

■ コンテンツの見出し2スタイルを設定する

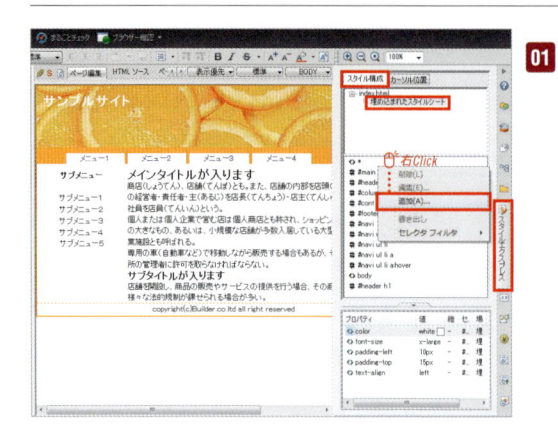

01 ［スタイルエクスプレスビュー］→［スタイル構成］パネル→［埋め込まれたスタイルシート］→中央の領域で右クリック→［追加］を選択します。

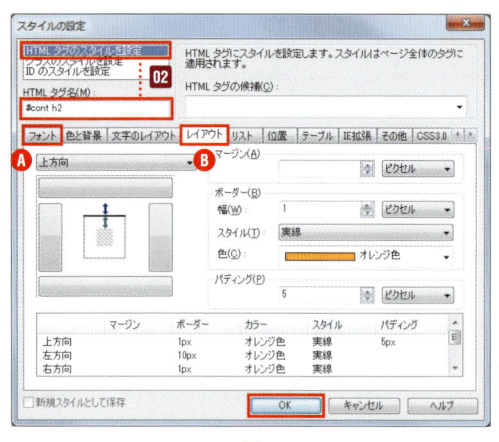

02 ［スタイルの設定］ダイアログで「HTMLタグのスタイルを設定」を選択し、［HTMLタグ名］に「#cont h2」と入力します。

> **MEMO** コンテンツ内にあるh2タグのスタイルを作成するため、「#cont h2」と入力して子孫セレクタにします。親のセレクタ名は、コンテンツに使用したID名と同じ名称を必ず使用してください。

03 以下のように属性値を設定したら［OK］をクリックします。スタイルが作成され、コンテンツの見出し2に適用されます。

Ⓐ［フォント］タブ
　［サイズ］:「16ピクセル」
Ⓑ［レイアウト］タブ
　［上方向］:［ボーダー］「1ピクセル」
　　　　　　「実線」「オレンジ色」
　　　　　　［パディング］「5ピクセル」
　［左方向］:［ボーダー］「10ピクセル」
　　　　　　「実線」「オレンジ色」
　　　　　　［パディング］「10ピクセル」
　［右方向］:［ボーダー］「1ピクセル」
　　　　　　「実線」「オレンジ色」
　［下方向］:［マージン］「15ピクセル」
　　　　　　［ボーダー］「1ピクセル」
　　　　　　「実線」「オレンジ色」
　　　　　　［パディング「5ピクセル」

ソース

```
#cont h2{
 font-size : 16px;
 padding-top : 5px;
 padding-left : 10px;
 padding-bottom : 5px;
 margin-bottom : 15px;
 border-width : 1px 1px 1px 10px;
 border-style : solid;
 border-color : orange;
}
```

設定結果

メインタイトルが入ります

■ コンテンツの見出し3スタイルを設定する

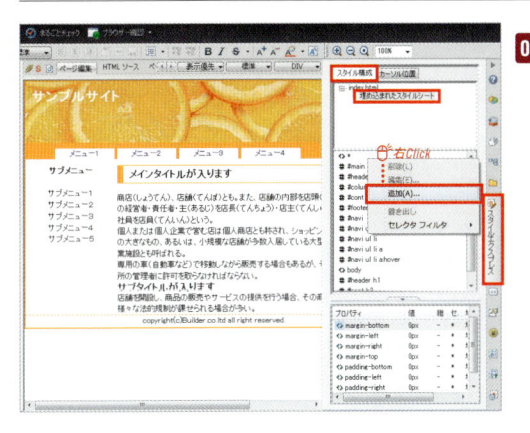

01 ［スタイルエクスプレスビュー］→［スタイル構成］パネル→［埋め込まれたスタイルシート］→中央の領域で右クリック→［追加］を選択します。

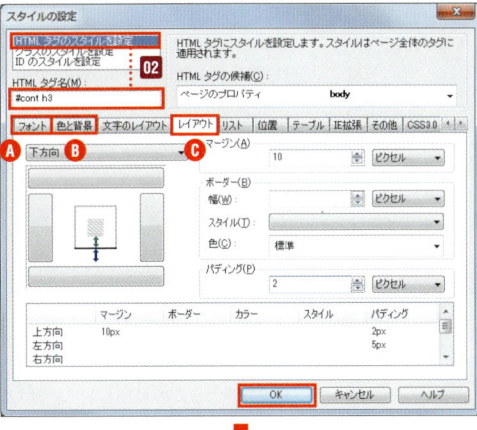

02 ［スタイルの設定］ダイアログで「HTMLタグのスタイルを設定」を選択し、［HTMLタグ名］に「#cont h3」と入力します。

> **MEMO** コンテンツ内にあるh3タグのスタイルを作成するため、「#cont h3」と入力して子孫セレクタにします。親のセレクタ名は、コンテンツに使用したID名と同じ名称を必ず使用してください。

03 以下のように属性値を設定したら［OK］をクリックします。スタイルが作成され、コンテンツの見出し3に適用されます。

Ⓐ **[フォント]タブ**
  ［サイズ］：「12 ピクセル」
Ⓑ **[色と背景]タブ**
  ［前景色］：「白」
  ［背景色］：「オレンジ色」
Ⓒ **[レイアウト]タブ**
  ［上方向］：［マージン］「10ピクセル」
           ［パディング］「2ピクセル」
  ［左方向］：［パディング］「5ピクセル」
  ［下方向］：［マージン］「10ピクセル」
           ［パディング］「2ピクセル」

ソース

```
#cont h3{
 font-size : 12px;
 color : white;
 background-color : orange;
 padding-top : 2px;
 padding-left : 5px;
 padding-bottom : 2px;
 margin-top : 10px;
 margin-bottom : 10px;
}
```

設定結果

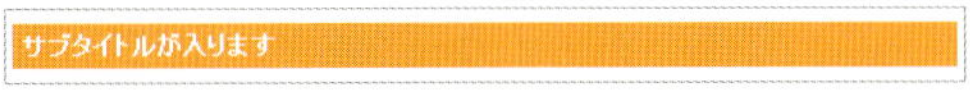

サブタイトルが入ります

■ コラムの見出し4スタイルを設定する

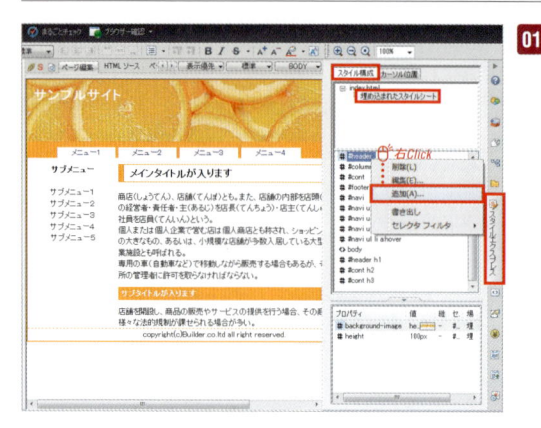

01 ［スタイルエクスプレスビュー］→［スタイル構成］パネル→［埋め込まれたスタイルシート］→中央の領域で右クリック→［追加］を選択します。

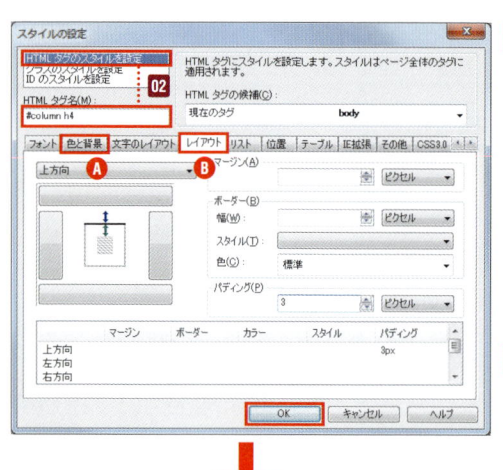

02 ［スタイルの設定］ダイアログで「HTMLタグのスタイルを設定」を選択し、［HTMLタグ名］に「#column h4」と入力します。

> **MEMO** コラム内にあるh4タグのスタイルを作成するため、「#column h4」と入力して子孫セレクタにします。親のセレクタ名は、コラムに使用したID名と同じ名称を必ず使用してください。

03 以下のように属性値を設定したら［OK］をクリックします。スタイルが作成され、コラムの見出し4に適用されます。

- Ⓐ **[色と背景]タブ**
  - ［前景色］:「白」
  - ［背景色］:「オレンジ色」
- Ⓑ **[レイアウト]タブ**
  - ［上方向］:［パディング］「3ピクセル」

> **MEMO** 左図の設定結果で、見出しの「サブメニュー」と次の「サブメニュー1」の間に1行分の空き（brタグ）がある場合は、削除してください。

ソース

```
#column h4{
 color : white;
 background-color : orange;
 padding-top : 3px;
}
```

設定結果

サブメニュー
サブメニュー1
サブメニュー2
サブメニュー3
サブメニュー4
サブメニュー5

■ コラムの段落スタイルを設定する

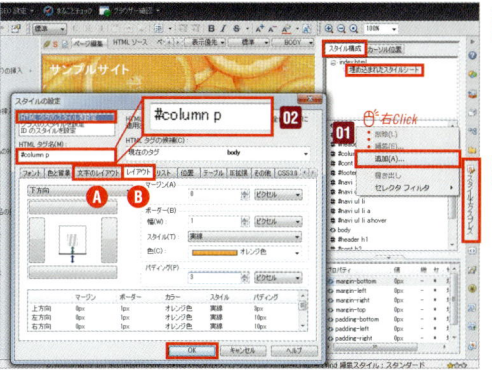

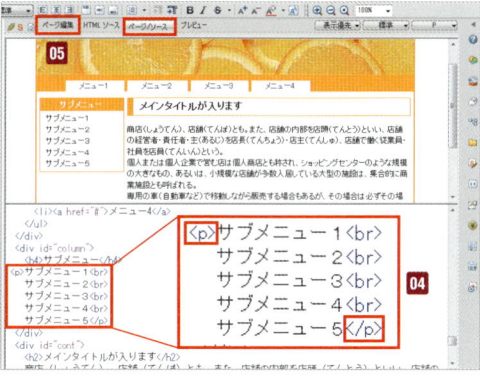

01 ［スタイルエクスプレスビュー］→［スタイル構成］パネル→［埋め込まれたスタイルシート］→中央の領域で右クリック→［追加］を選択します。

02 ［スタイルの設定］ダイアログで「HTMLタグのスタイルを設定」を選択し、［HTMLタグ名］に「#column p」と入力します。

> **MEMO** コラム内にあるpタグのスタイルを作成するため、「#column p」と入力して子孫セレクタにします。親のセレクタ名は、コラムに使用したID名と同じ名称を必ず使用してください。

03 以下のように属性値を設定したら［OK］をクリックします。スタイルが作成されます。

Ⓐ ［文字のレイアウト］タブ
　［水平方向の配置］：「左揃え」
Ⓑ ［レイアウト］タブ
　［上方向］：［マージン］「0ピクセル」
　　　　　　　［ボーダー］「1ピクセル」
　　　　　　　［実線］「オレンジ色」
　　　　　　　［パディング］「3ピクセル」
　［左方向］：［マージン］「0ピクセル」
　　　　　　　［ボーダー］「1ピクセル」
　　　　　　　［実線］「オレンジ色」
　　　　　　　［パディング］「10ピクセル」
　［右方向］：［マージン］「0ピクセル」
　　　　　　　［ボーダー］「1ピクセル」
　　　　　　　［実線］「オレンジ色」
　　　　　　　［パディング］「10ピクセル」
　［下方向］：［マージン］「0ピクセル」
　　　　　　　［ボーダー］「1ピクセル」
　　　　　　　［実線］「オレンジ色」
　　　　　　　［パディング］「3ピクセル」

04 ［ページ/ソース］タブをクリックしてソースを表示し、コラムの本文にあたる部分を<p>と</p>で括ります。

05 ［ページ編集］画面に戻るとコラムの段落にスタイルが適用されます。

ソース

```
#column p{
 text-align : left;
 padding-top : 3px;
 padding-left : 10px;
 padding-right : 10px;
 padding-bottom : 3px;
 margin-top : 0px;
 margin-left : 0px;
 margin-right : 0px;
 margin-bottom : 0px;
 border-width : 1px;
 border-style : solid;
 border-color : orange;
}
```

■ 回り込み画像のスタイルを設定する

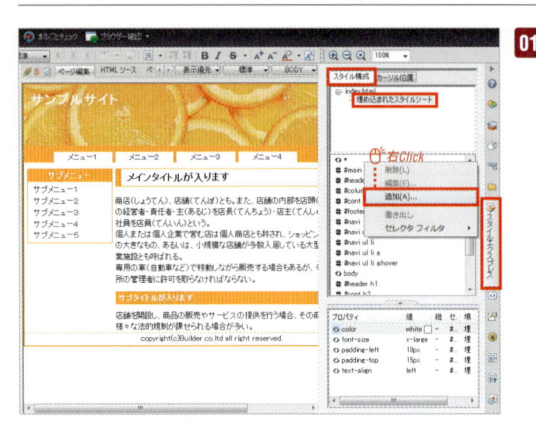

01 コンテンツブロックに挿入する画像に回り込みを設定します。［スタイルエクスプレスビュー］→［スタイル構成］パネル→［埋め込まれたスタイルシート］→中央の領域で右クリック→［追加］を選択します。

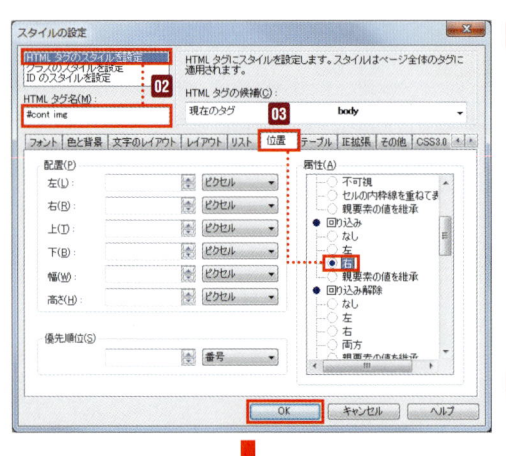

02 ［スタイルの設定］ダイアログで「HTMLタグのスタイルを設定」を選択し、［HTMLタグ名］に「#cont img」と入力します。

> **MEMO** コンテンツ内のimgタグのスタイルを作成するため、「#cont img」と入力して子孫セレクタにします。親のセレクタ名は、コンテンツに使用したID名と同じ名称を必ず使用してください。

03 ［位置］タブの［属性］で［回り込み］の「右」を指定したら［OK］をクリックします。スタイルが作成されます。

04 コンテンツに画像を挿入すると回り込みが設定されます（下図「設定結果」参照）。

> **MEMO** 画像の挿入方法は **A5** を参照してください。

ソース

```
#cont img{
    float : right;
}
```

設定結果

■ 回り込みを解除するスタイルを設定する

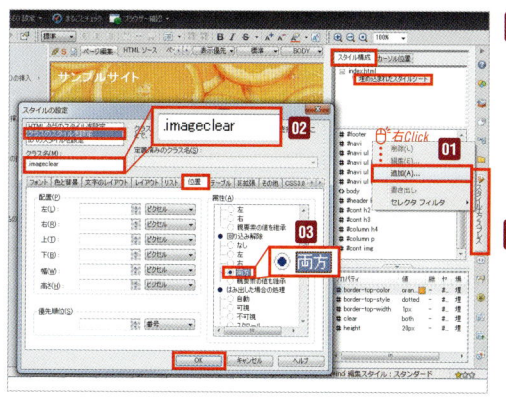

01 段落に回り込みを解除するスタイルを設定します。［スタイルエクスプレスビュー］→［スタイル構成］パネル→［埋め込まれたスタイルシート］→中央の領域で右クリック→［追加］を選択します。

02 ［スタイルの設定］ダイアログで「クラスのスタイルを設定」を選択し、［クラス名］に「.imageclear」と入力します。

> **MEMO** クラス名は任意の名称で構いません。

03 ［位置］タブの［属性］で［回り込み解除］の「両方」を指定したら［OK］をクリックします。スタイルが作成されます。

04 回り込みを解除する範囲を選択して［書式］ツールバーの［段落の挿入/変更］→［標準］を選択します。

> **MEMO** 選択範囲が<p>〜</p>タグで囲まれて段落となります。

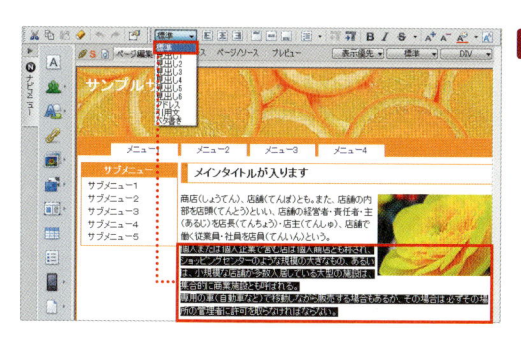

05 段落にカーソルを置いたら［カーソル位置］タブのpを右クリック→［クラス設定］→「imageclear」を選択すると、段落以降の回り込みが解除されます。

ソース（CSS）

```
.imageclear{
    clear : both;
}
```

ソース（HTML）

```
<p class="imageclear">本文</p>
```

スパテク 013 レイアウトを追加する

現在のレイアウトの左側にあるコラムブロックと同じものを右側に追加します。タグとスタイルをコピーして再利用すれば効率的に作成できます。

完成作例

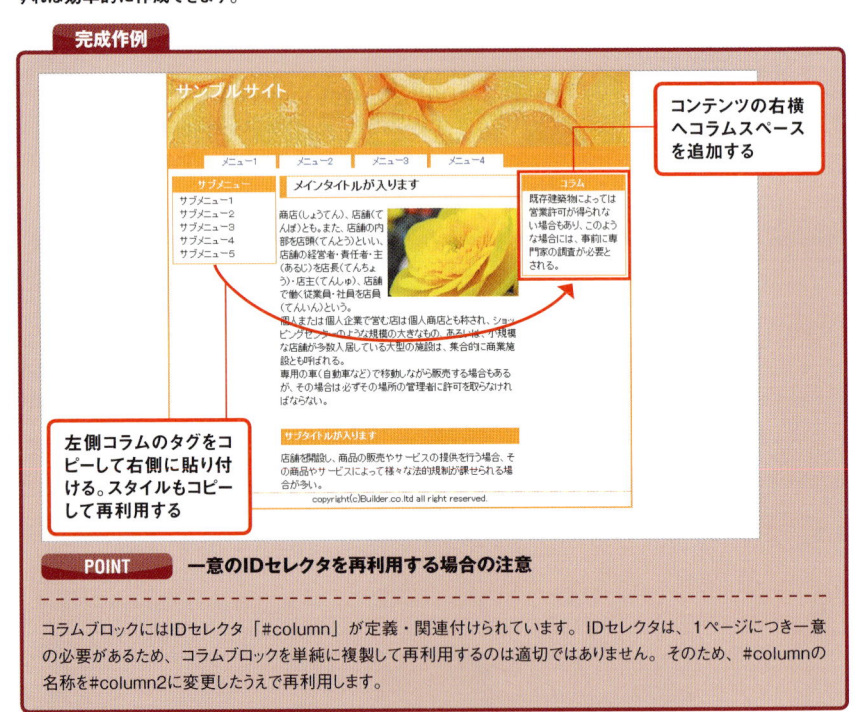

コンテンツの右横へコラムスペースを追加する

左側コラムのタグをコピーして右側に貼り付ける。スタイルもコピーして再利用する

POINT 一意のIDセレクタを再利用する場合の注意

コラムブロックにはIDセレクタ「#column」が定義・関連付けられています。IDセレクタは、1ページにつき一意の必要があるため、コラムブロックを単純に複製して再利用するのは適切ではありません。そのため、#columnの名称を#column2に変更したうえで再利用します。

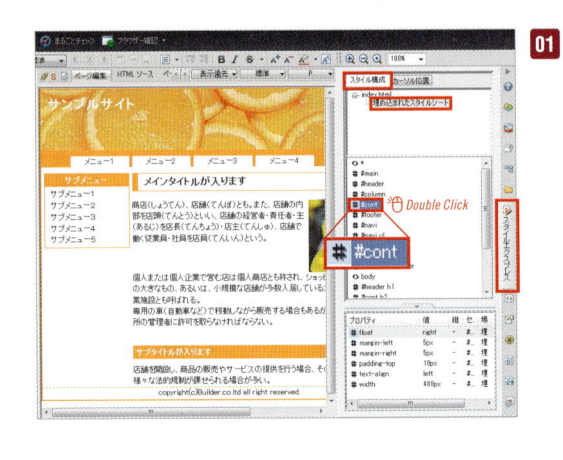

01 まずはコンテンツ幅を狭くしてコラムを置くためのスペースを確保します。［スタイルエクスプレスビュー］→［スタイル構成］パネル→［埋め込まれたスタイルシート］の順に選択してIDスタイルの「#cont」をダブルクリックします。

レイアウトを追加する << スパテク013 | ホームページ・ビルダー16

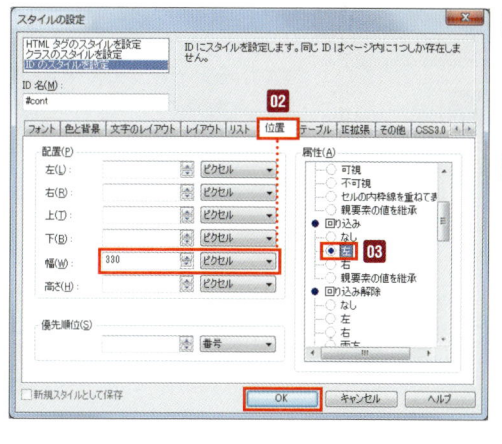

02 [スタイルの設定] ダイアログが表示されるので [位置] タブの [幅] を「480」→「330」ピクセルに修正します。

03 [回り込み] を「左」に変更したら [OK] をクリックします。コンテンツの右側にスペースが確保できます。

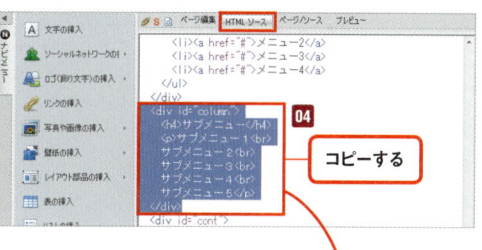

04 続いて、コラムブロックのタグをコピーします。[HTMLソース] タブをクリックしてソースを表示したら、コラムブロックのソース<div id="column">〜</div>を選択してコピーします。

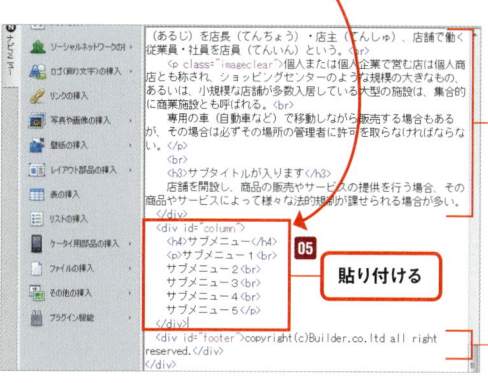

05 コンテンツの直後、フッタの手前に貼り付けておきます。

06 貼り付け先のID名を「column」→「column2」に書き換えておきます。

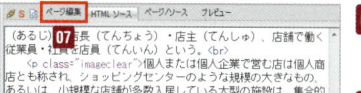

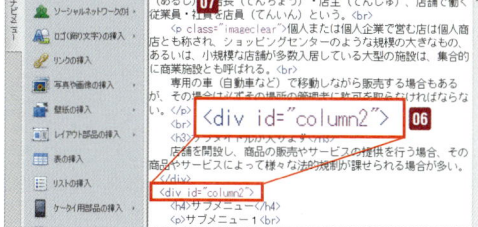

07 [ページ編集] タブをクリックします。

Next >>

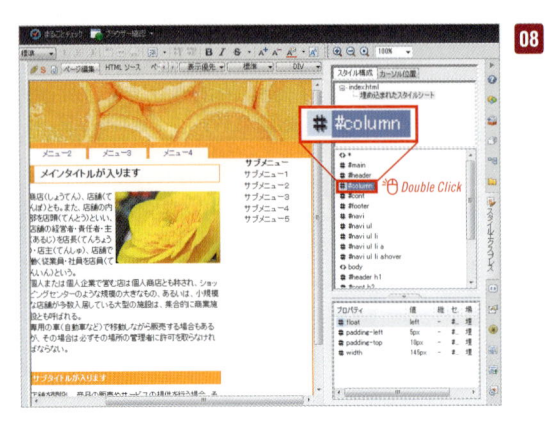

08 続いて、追加したコラムスペースのIDスタイルを作成します。作成方法は既存の「#column」のIDスタイルを複製して書き換えます。「#column」をダブルクリックします。

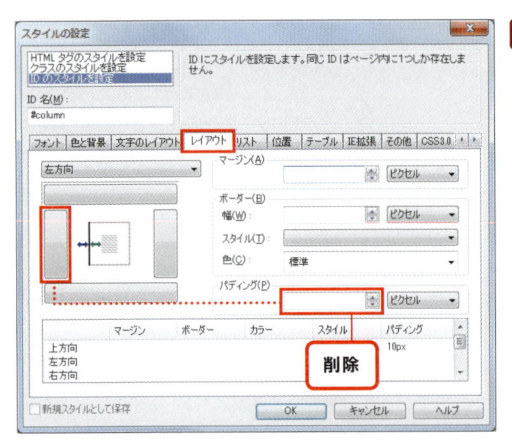

09 ［レイアウト］タブの［左方向］をクリックし、［パディング］の値を削除します。

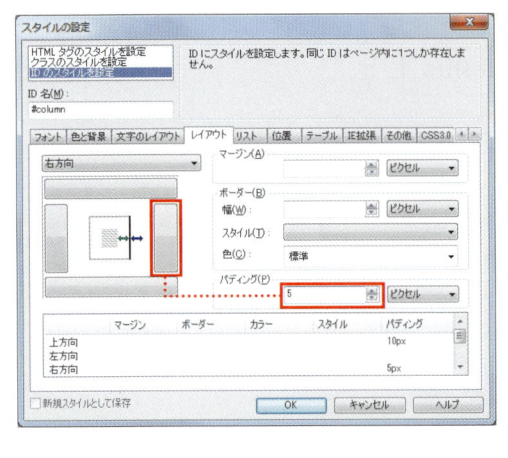

10 続いて［右方向］をクリックし、［パディング］の値で「5ピクセル」を指定します。

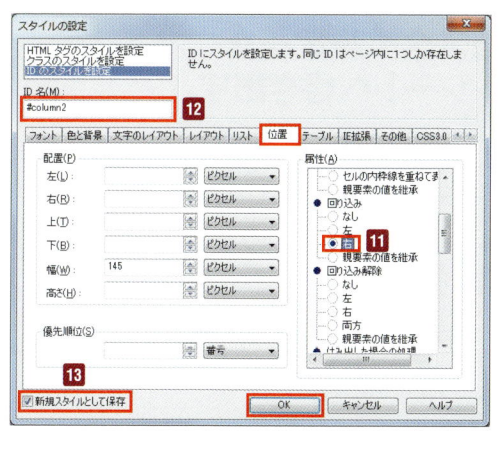

レイアウトを追加する << スパテク013 | ホームページ・ビルダー16

11 ［位置］タブで［属性］の［回り込み］の「右」をオンにします。

12 手順06と同様に［ID名］に「2」を追記して「#column2」に書き換えます。

13 ［新規スタイルとして保存］をオンにしたら［OK］をクリックします。

> **MEMO** 手順12でID名を変更し、13で「新規スタイルとして保存」をオンにすると、編集中のスタイルを複製して保存することができます。

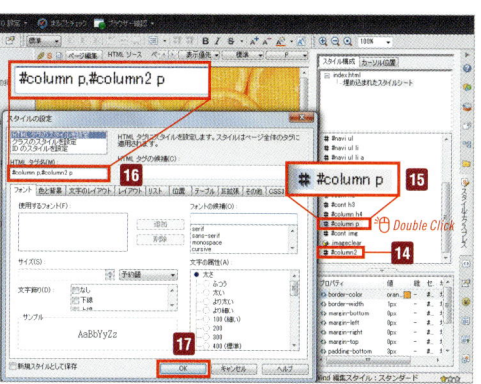

14 「#column2」のIDスタイルが作成されます。

15 「#column p」をダブルクリックします。

16 「#column p,#column2 p」に書き換えてグループセレクタにします。

> **MEMO** 右側コラムの段落スタイルは左側と同じなので、グループセレクタにします。

17 ［OK］をクリックします。

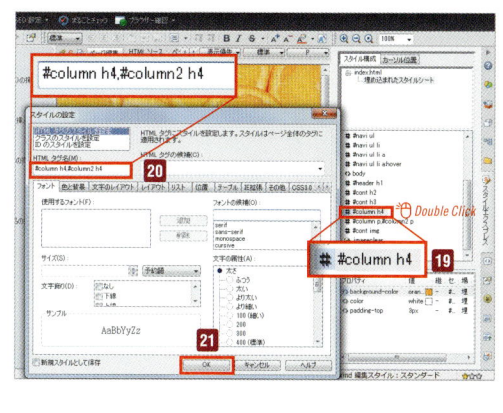

18 グループセレクタに変更されて、右側コラムの段落にスタイルが適用されます。

19 最後に「#column h4」をダブルクリックします。

20 「#column h4,#column2 h4」に書き換えてグループセレクタにします。

> **MEMO** 右側コラムの見出しスタイルも左側と同じなので、グループセレクタにします。

21 ［OK］をクリックするとグループセレクタに変更されて、右側コラムの見出しにスタイルが適用されます。これでレイアウトの追加が完了します。

スパテク014 埋め込まれたスタイル定義を外部スタイルシートへ書き出す

ここまで、スタイルシートの定義をホームページのヘッダ部分に記述してきました。外部スタイルシートに出力すれば、ページの容量が軽減できるだけでなく、他のページからも共有することができます。

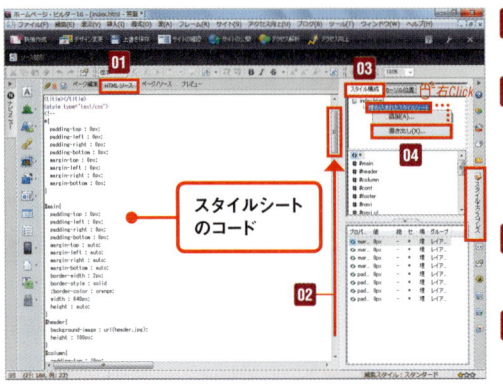

01 ［HTMLソース］タブをクリックします。

02 スクロールバーをドラッグすると、ヘッダにスタイルシートの定義が確認できます。これから、このソースを外部スタイルシートへ書き出します。

03 ［スタイルエクスプレスビュー］→［スタイル構成］パネルを表示します。

04 ［埋め込まれたスタイルシート］を右クリック→［書き出し］を選択します。

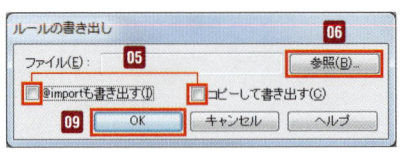

05 2つのチェックボックスを両方オフにします。

06 ［参照］をクリックします。

07 ［名前を付けて保存］ダイアログで書き出し先のフォルダーを指定します。

> **MEMO** 現在開いているHTMLドキュメントの保存先と同じフォルダーを指定します。

08 任意のファイル名を入力して［保存］をクリックします。

09 ［OK］をクリックすると書き出されます。

10 ページを上書き保存すると、［スタイルエクスプレスビュー］の［スタイル構成］パネルでは書き出した外部スタイルシートへのリンクが確認できます。

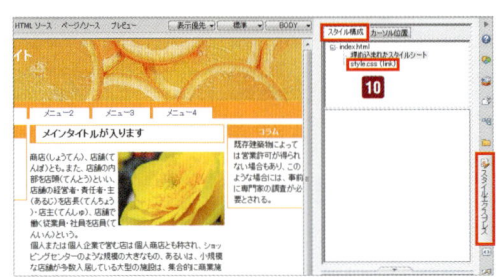

スパテク 015 スタイルシートを編集する

スパテク014 で外部スタイルシートへ書き出したスタイル定義は、CSSエディターによる編集ができるようになります。ここではCSSエディターを使用したスタイル編集のテクニックを解説します。

■ CSSエディターを起動してスタイル定義を編集する

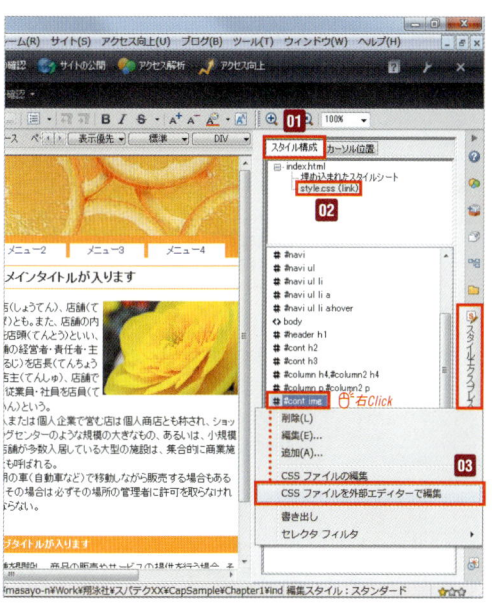

01 ［スタイルエクスプレスビュー］の［スタイル構成］パネルをクリックします。

02 外部スタイルシートをクリックします。

03 編集したい定義のセレクタを右クリック→［CSSファイルを外部エディターで編集］を選択します。

> **MEMO** ここでは#cont imgのセレクタを指定しました。

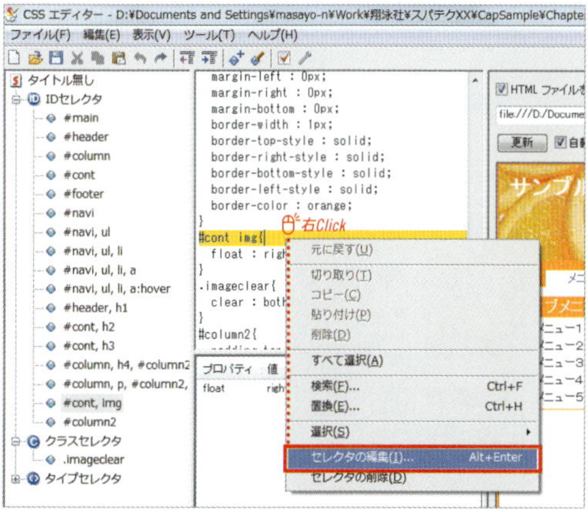

04 CSSエディターが起動し、指定したセレクタが黄色く反転するので、このセレクタ上で右クリック→［セレクタの編集］を選択します。

Next >>

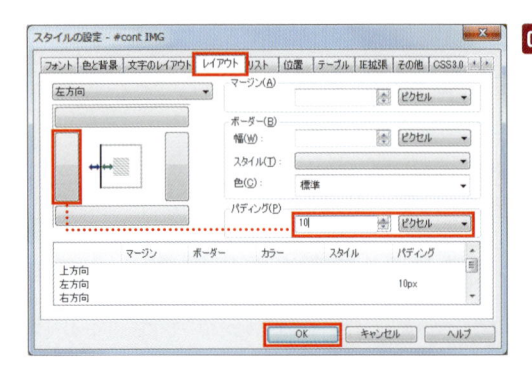

05 ［スタイルの設定］ダイアログが表示されるので［レイアウト］タブの「左方向」をクリックし、［パディング］で「10ピクセル」を指定したら［OK］をクリックします。

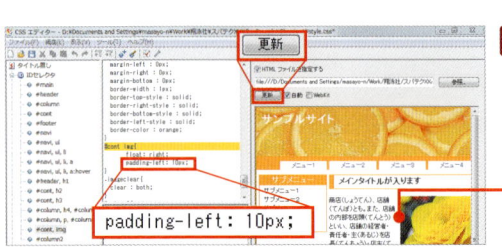

06 セレクタにパディング属性が追加されます。［更新］をクリックすると、設定イメージをプレビューで確認できます。

画像の左側には10ピクセルの余白が追加される

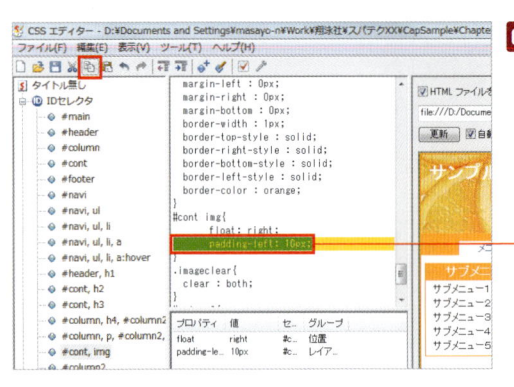

07 今度は属性値を直接修正してみます。先ほど追加したパディング属性をドラッグして選択したら［コピー］ボタンをクリックします。

選択する

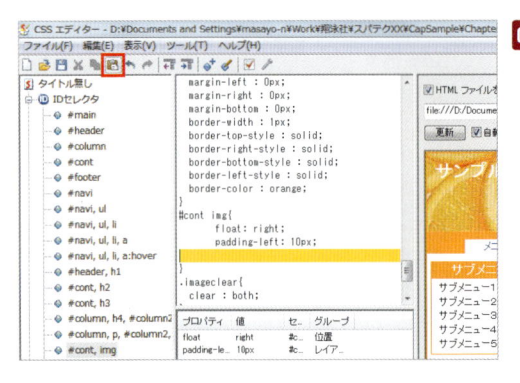

08 コピーした属性値の最後にカーソルを置いて改行したら、［貼り付け］ボタンをクリックします。

スタイルシートを編集する << スパテク015 | ホームページ・ビルダー16

09 コピーした属性値が貼り付けられるので、「left」を「bottom」に書き換えます。

10 ［更新］をクリックすると、設定イメージをプレビューで確認できます。

MEMO 以上のように、CSSエディターを使用すれば既存の属性値をコピーして再利用するような修正が可能です。

画像の下側にも10ピクセルの余白が追加される

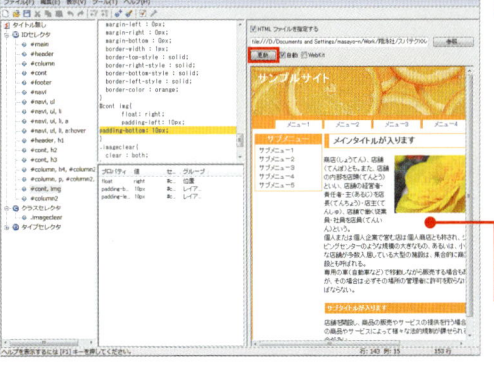

11 ソースを整えたいときはメニューの［ツール］→［ソースの整形］を選択します。

12 ソースの編集が完了したら［上書き保存］をクリックして保存します。

MEMO ソースの文法に誤りがないかを調べるには、メニューの［ツール］→［CSS文法チェック］を選択してください。

インデントが挿入されてソースが整えられる

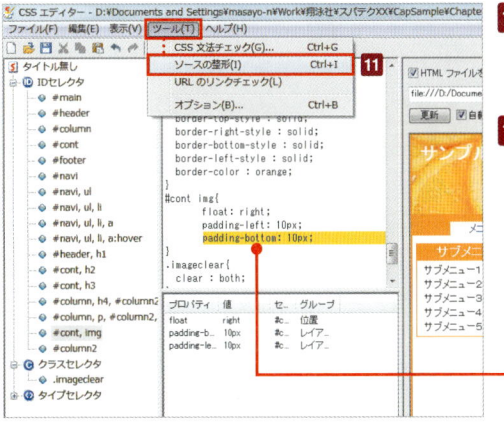

定義をコメント化して一時的に無効にする

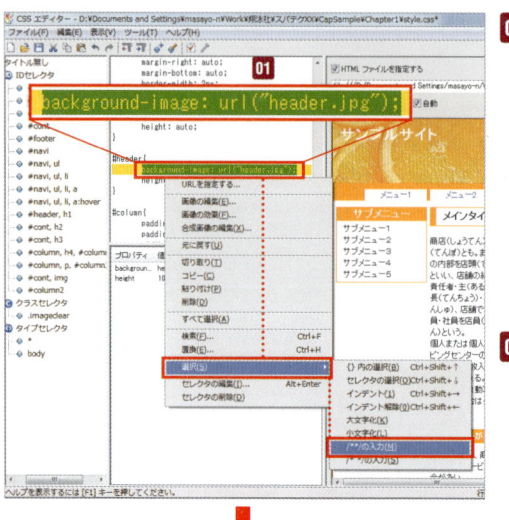

01 コメント化する属性値を選択します。複数の属性値をコメント化する場合は、段落分だけ範囲を選択してください。

> **MEMO** スタイルシートの属性値を一時的に無効化して表示結果を見てみたい場合は、コメント化しましょう。削除してしまうと、あとで復活するときに最初から記述する必要があるため面倒です。

02 右クリック→［選択］→「「/**/の入力」を選択すると属性値の前後が/*と*/で括られてコメント化されます。

> **MEMO** /*と*/で括った要素をコメント文と判断します。コメント記号を属性値の前後に直接入力してコメント化しても構いません。

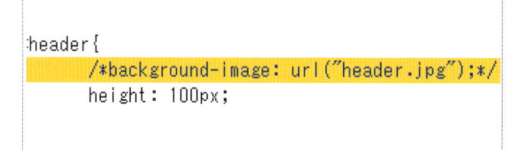

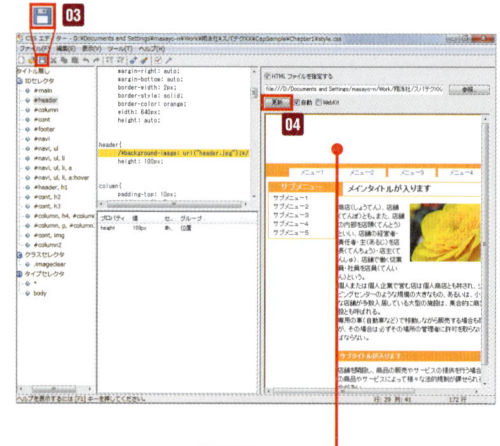

```
header{
    /*background-image: url("header.jpg");*/
    height: 100px;
```

03 ［上書き保存］をクリックしていったん保存します。

04 ［更新］をクリックすると、無効化した状態でプレビューを確認できます。

> **MEMO** コメント化した属性値を再度復帰するには、コメント記号（/*と*/）を削除してください。

ヘッダ画像の指定が無効となり、非表示となる

COLUMN　0pxの単位の削除

スタイルシートの属性値として使う「0」（ゼロ）は、そのあとの単位を省略することができます。たとえば「padding:0px;」の場合、「padding:0;」としても同じことです。
もしこの0pxのpxを削除したいなら、CSSエディターで置換すると良いでしょう。多少ですがファイル容量を減らすことができます（ただ、単位があっても誤りではありません）。なお、ソースを一括置換する前は、誤った操作をしても元に戻せるようにするため、外部スタイルシートのバックアップを必ずとっておきましょう。

01 外部スタイルシートをバックアップするには、まずメニューの［ツール］→［オプション］の［オプション］ダイアログで［編集］タブの［スタイルエクスプレスビューの編集機能を拡張する］をオンにします。

02 ［スタイルエクスプレスビュー］の［スタイル構成］パネルで外部スタイルシートを右クリック→［複製］を選択し、任意の名前で保存します。これでバックアップは完了です。

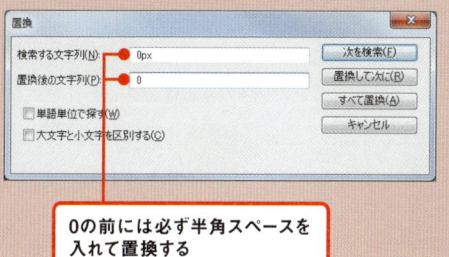

03 外部スタイルシートをCSSエディターで開いたら、メニューの［編集］→［置換］を選択し、［検索する文字列］に「 0px」、［置換する文字列］は「 0」を入力して置換しましょう。なお、検索または置換文字列ともに、0の前には必ず半角スペースを入れてから置換をしてください。

0の前には必ず半角スペースを入れて置換する

COLUMN　［位置属性］パネルによるボックス要素の編集

ページにあるボックス要素を表示する［位置属性］パネルでは、指定するコンテンツのパディング、ボーダー、マージンの値が確認できます。値をダブルクリックすると［スタイルの設定］ダイアログが表示されて編集できますが、ダイアログの上側にセレクタ名が表示されない場合は、タグ内にインラインでスタイルが記述されてしまうので注意が必要です（ **C2** 参照）。

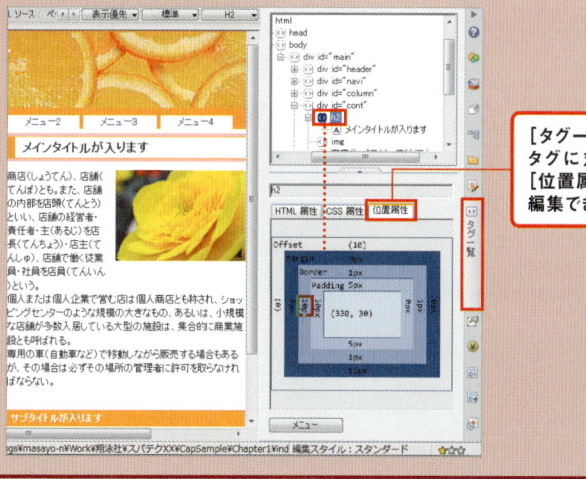

［タグ一覧ビュー］で選択したタグに対するボックス要素を［位置属性］パネルから確認・編集できる

ホームページ・ビルダー16 | スパテク016 >> サブページを作成する

スパテク 016 サブページを作成する

これまでに作成したトップページを利用して、その他のサブページを作成します。各ページが表示中のときは、ナビゲーションのタブをハイライトにして現在の居場所を判別しやすくします。

完成作例

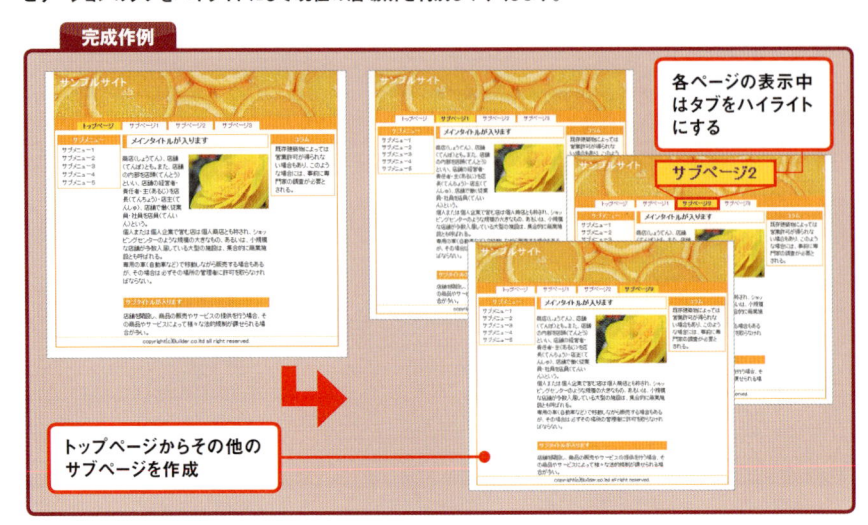

各ページの表示中はタブをハイライトにする

トップページからその他のサブページを作成

■ ハイライトのスタイルを作成する

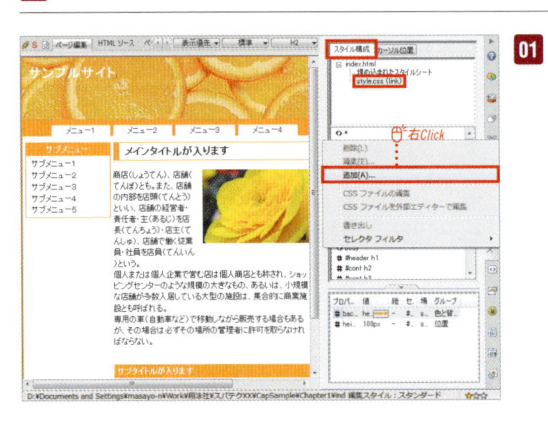

01 トップページを開いたら、［スタイルエクスプレスビュー］の［スタイル構成］パネルで外部スタイルシートをクリックし、中央の領域で右クリック→［追加］を選択します。

MEMO まずは各ページのタブに付けるハイライトのスタイルを作成します。

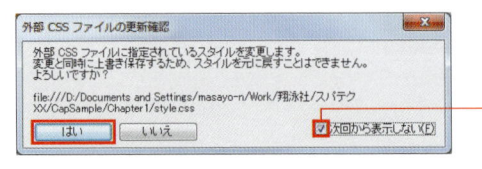

02 ［外部CSSファイルの更新確認］ダイアログで［はい］をクリックします。

次回からこれを表示しない場合はオンにする

96

03 ［スタイルの設定］ダイアログで「クラスのスタイルを設定」を選択し、［クラス名］に「.hilight」と入力します。

> **MEMO** クラス名は任意の名称で構いません。

04 以下のように属性値を設定したら［OK］をクリックします。スタイルが作成されます。

Ⓐ**[フォント]タブ**
　［文字の属性］:「太い」
Ⓑ**[色と背景]タブ**
　［背景色］:「黄色」
Ⓒ**[位置]タブ**
　［属性］［表示］:「BLOCK」

ソース

```
.hilight{
   font-weight : bold;
   background-color : yellow;
   display : block;
}
```

■ サブページを作成する

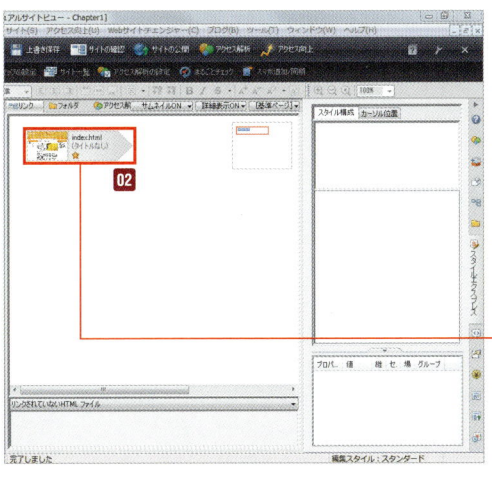

01 開いているページを閉じて、トップページをサイトに登録し、サイトを開いておきます。

→ B2 → B4

02 ビジュアルサイトビューでトップページをダブルクリックします。

01 サイトを作成してトップページを登録しておく

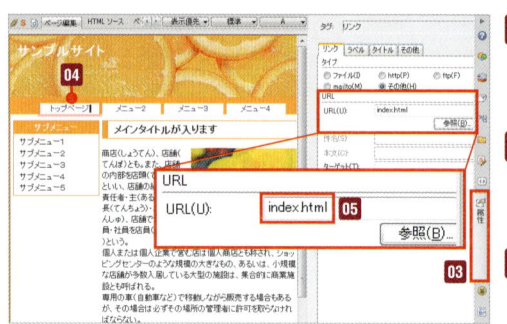

03 ページが開きます。まずはタブにリンクを設定するため、[属性ビュー]を表示しておきます。

04 ナビゲーションの「メニュー1」のアンカーテキストを「トップページ」に書き換えたらカーソルを置きます。

05 [属性ビュー]の[URL]に「index.html」と入力して確定します。

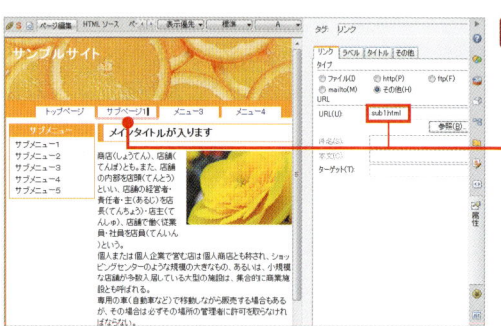

06 手順**04**〜**05**を操作し、「サブページ1」に書き換えて「sub1.html」をリンク先に設定します。

sub1.htmlをリンク先に設定

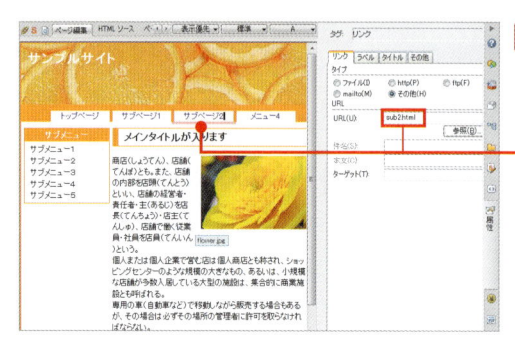

07 手順**04**〜**05**を操作し、「サブページ2」に書き換えて「sub2.html」をリンク先に設定します。

sub2.htmlをリンク先に設定

08 手順**04**〜**05**を操作し、「サブページ3」に書き換えて「sub3.html」をリンク先に設定します。

09 すべてのリンク先を設定したら、[上書き保存]をクリックしてトップページを一度保存します。

sub3.htmlをリンク先に設定

サブページを作成する << スパテク016 | ホームページ・ビルダー16

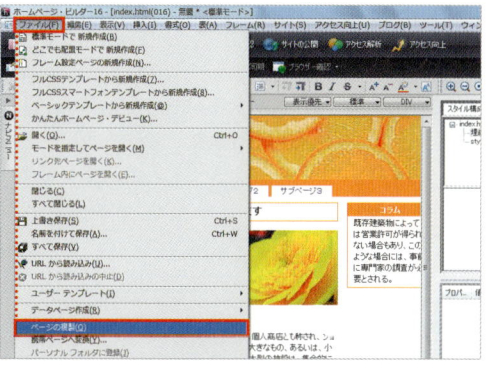

10 メニューの[ファイル]→[ページの複製]を選択します。

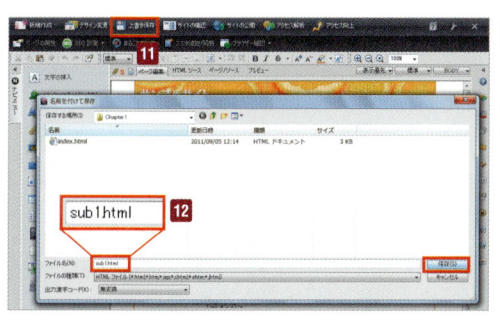

11 ページが複製されて開くので、[上書き保存]をクリックします。

12 [名前を付けて保存]ダイアログでサイトフォルダー内に「sub1.html」と入力して保存します。

> **MEMO** 保存するファイル名は手順06のリンク先と同じ名称にします。

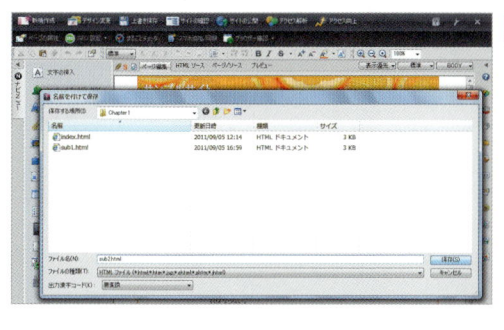

13 手順10～12を繰り返し、複製したファイルを「sub2.html」で保存します。

> **MEMO** 保存するファイル名は手順07のリンク先と同じ名称にします。

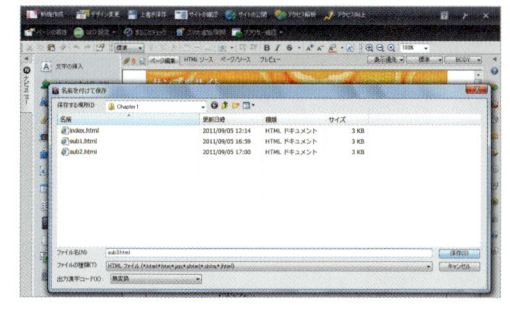

14 手順10～12を繰り返し、複製したファイルを「sub3.html」で保存します。トップページからサブページ1～3までが作成されました。

> **MEMO** 保存するファイル名は手順08のリンク先と同じ名称にします。

■ 各ページのタブにハイライトのスタイルを設定する

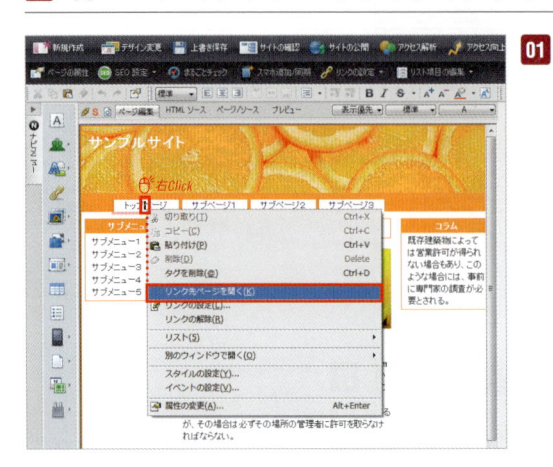

01 [「トップページ」のアンカーテキストを右クリック→［リンク先ページを開く］を選択します。

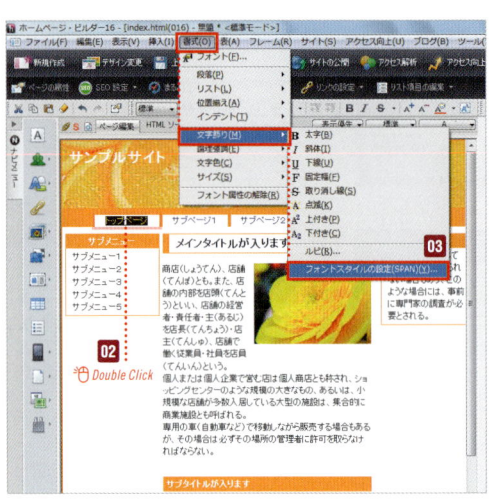

02 トップページが開くのでアンカーテキストをダブルクリックして反転表示します。

03 メニューの［書式］→［文字飾り］→［フォントスタイルの設定（SPAN）］を選択します。

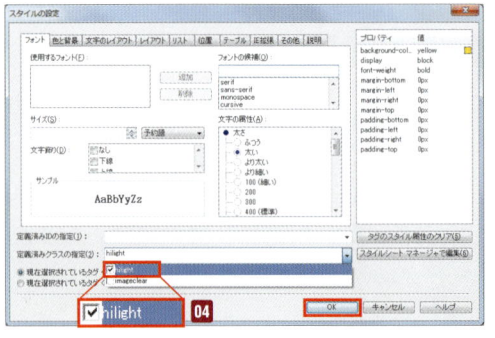

04 ［スタイルの設定］ダイアログで［定義済みクラスの指定］のドロップダウンリストから「hilight」のチェックボックスをオンにして［OK］をクリックします。

MEMO ここは先ほど作成したハイライト用のクラスセレクタを選択します。

05 トップページのタブにハイライトが設定されます。

06 「サブページ1」のアンカーテキストを右クリック→［リンク先ページを開く］を選択します。

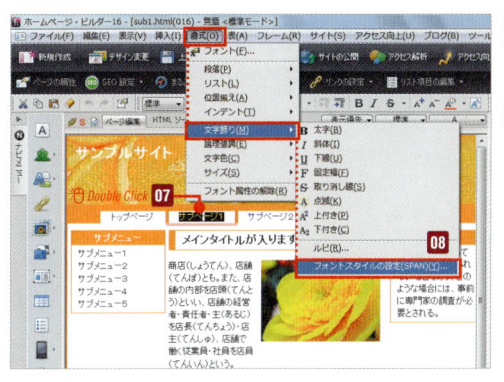

07 サブページ1が開くのでアンカーテキストをダブルクリックして反転表示します。

08 メニューの［書式］→［文字飾り］→［フォントスタイルの設定（SPAN）］を選択します。

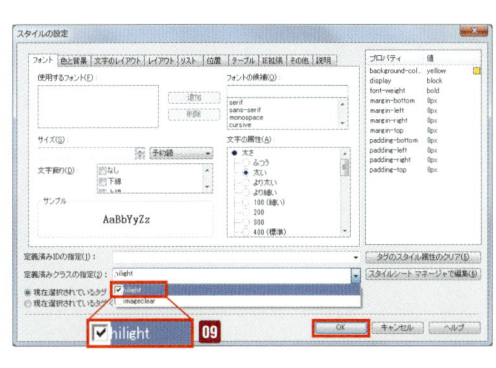

09 ［スタイルの設定］ダイアログで［定義済みクラスの指定］のドロップダウンリストから「hilight」のチェックボックスをオンにして［OK］をクリックします。

10 サブページ1のタブにハイライトが設定されます。

Next >>

| ホームページ・ビルダー16 | スパテク016 >> サブページを作成する

11 手順 06 ～ 09 を繰り返し、残りの「sub2.html」の「サブページ2」と「sub3.html」のサブページ3にも同様にハイライトを設定します。

12 すべて設定したら、メニューの［ファイル］→［すべて保存］を選択して全ページを保存します。プレビューすると確認できます。各ページのリンクのソースは下図のようになります。

ソース（トップページ）

```
<ul>
  <li><a href="index.html"><span class="hilight">トップページ</span></a>
  <li><a href="sub1.html">サブページ1</a>
  <li><a href="sub2.html">サブページ2</a>
  <li><a href="sub3.html">サブページ3</a>
</ul>
```

ソース（サブページ1）

```
<ul>
  <li><a href="index.html">トップページ</a>
  <li><a href="sub1.html"><span class="hilight">サブページ1</span></a>
  <li><a href="sub2.html">サブページ2</a>
  <li><a href="sub3.html">サブページ3</a>
</ul>
```

ソース（サブページ2）

```
<ul>
  <li><a href="index.html">トップページ</a>
  <li><a href="sub1.html">サブページ1</a>
  <li><a href="sub2.html"><span class="hilight">サブページ2</span></a>
  <li><a href="sub3.html">サブページ3</a>
</ul>
```

ソース（サブページ3）

```
<ul>
  <li><a href="index.html">トップページ</a>
  <li><a href="sub1.html">サブページ1</a>
  <li><a href="sub2.html">サブページ2</a>
  <li><a href="sub3.html"><span class="hilight">サブページ3</span></a>
</ul>
```

2章

フルCSSテンプレートの
テクニック

●フルCSSテンプレートについて●テンプレートからサイトを作成●サイトのレイアウト変更●共通部品の変更と同期●レイアウトコンテナを共通部分として登録●同じレイアウトの白紙ページを追加●「合成画像の編集」で背景画像を編集●ウェブアートデザイナーで背景画像を編集●トップイメージをFlashに変換●メインメニューの項目名を変更●メインメニューとバナーの項目順序を変更●画像の編集●リスト項目の追加・削除・移動●部品のコピー●IDセレクタを持つ部品のコピー●サンプル部品の挿入●サンプル部品のスタイル編集●サイドバーにサブメニューを作成●メインコンテンツに横型のサブメニューを作成●横型メインメニューの項目幅を調整〜パターン1〜●横型メインメニューの項目幅を調整〜パターン2〜●縦型メインメニューの項目の高さを調整●レイアウトを左寄せにする〜パターン1〜●レイアウトを左寄せにする〜パターン2〜●3段組みのリキッドレイアウト●サイトをスマートフォンページに変換●サイトをスマートフォンページと同期●テンプレートからスマホ専用サイトを作成する●折りたたみや展開をするアコーディオンを作成

スパテク017 フルCSSテンプレートについて

Web標準のCSSレイアウトが作れる「フルCSSテンプレート」を利用すれば、プロが制作するような高品質のサイトが作成できます。

■ フルCSSテンプレートで簡単CSSレイアウト

「フルCSSテンプレート」は、ウェブの標準的なルール（HTML＋CSS）に則ってデザインされたウェブサイトのひな形です。はじめてのサイト制作で最も悩むのは、ページの構成ですが「フルCSSテンプレート」なら、ジャンルごとに必要なページがあらかじめセットされており、「企業」「店舗」「クリニック」「飲食店」など11種類の中から業種を選ぶだけで、適切なサイト構成で自動作成されます。仕上げに各ページの内容を、自分の状況に合わせて書き換えれば完成します。必要なページが無いときは、任意の1ページを追加し、内容を書き換えることで作成できます。

MEMO フルCSSテンプレートの「企業」「店舗」「飲食店」のテーマには、ダウンロードデータとして提供されるテンプレートがあります。これらは、ホームページ・ビルダー16をアップデートすると追加されます。アップデート方法は、メニューの［ヘルプ］→［最新版へのアップデート］を選択して行います。

▲豊富なテンプレートから、簡単に1ページまたは複数ページのフルCSSレイアウトが作れる

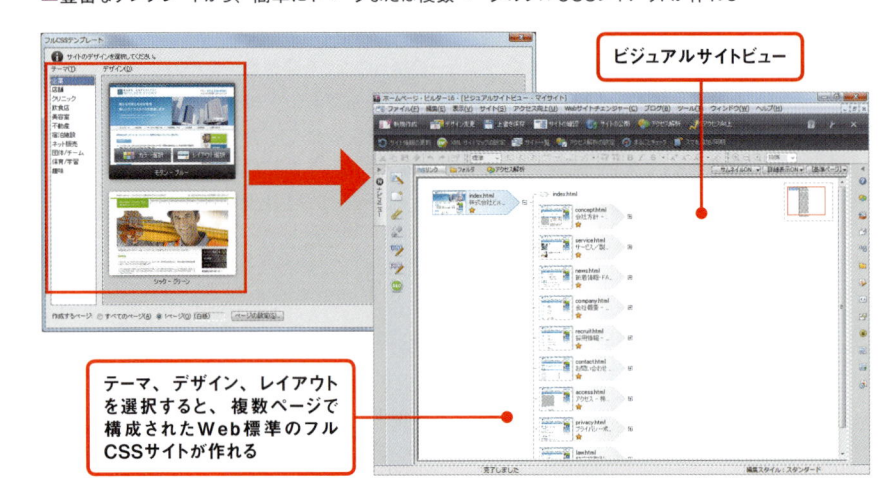

ビジュアルサイトビュー

テーマ、デザイン、レイアウトを選択すると、複数ページで構成されたWeb標準のフルCSSサイトが作れる

■ フルCSSテンプレートの画面構成

「フルCSSテンプレート」から作成できるページの画面構成は以下の通りです。以降のテクニックで編集場所が分からなくなった場合は、こちらで確認しましょう。

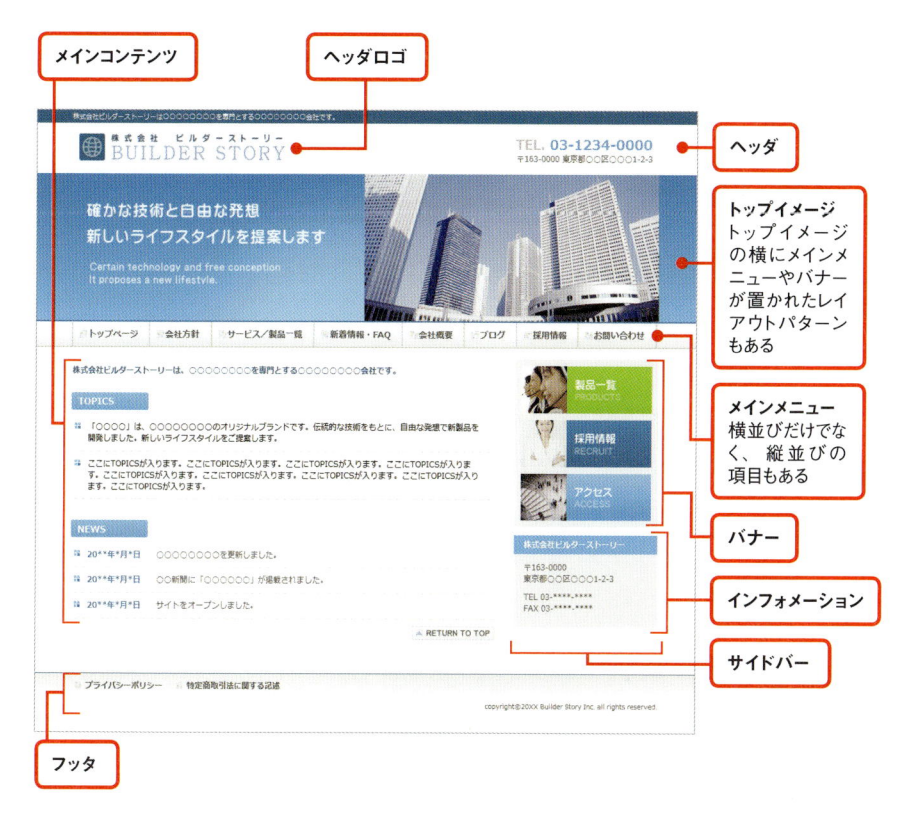

- メインコンテンツ
- ヘッダロゴ
- ヘッダ
- トップイメージ
  トップイメージの横にメインメニューやバナーが置かれたレイアウトパターンもある
- メインメニュー
  横並びだけでなく、縦並びの項目もある
- バナー
- インフォメーション
- サイドバー
- フッタ

■ フルCSSテンプレートの特徴

特徴1 デザインチェンジ
レイアウトとデザインをHTMLを書き換えることなく変更することができます。 ➡ スパテク 019

特徴2 共通部分の同期
ヘッダ、フッタ、ナビゲーションなどの共通要素を編集したあとに同期して、その他のページに編集内容を反映できます。 ➡ スパテク 020

特徴3 背景画像の編集
背景として挿入されたボタンやバナーなどの画像をその場で編集できます。
➡ スパテク 023〜024

スパテク 018　フルCSSテンプレートからサイトを作成する

複数ページで構成されたWeb標準のCSSレイアウトを作成するには、「フルCSSテンプレート」を使用します。テーマ、デザイン、レイアウトを選ぶだけで簡単に作れます。

01 かんたんナビバーの［新規作成］をクリックします。

02 ［新規作成］ダイアログで［フルCSSテンプレート］をクリックします。

03 好みのテーマを選択します。

04 色を指定する場合は［カラー選択］をクリックします。

05 色のサムネイルが表示されるので、好みのカラーを選択します。ここでは「モダン－ブルー」のカラーを選択します。

06 ［レイアウト選択］をクリックして好みのレイアウトを選択します。ここでは「1」のレイアウトを選択します。

07 サイトの構成を複数ページにするには、［すべてのページ］を指定して［OK］をクリックします。

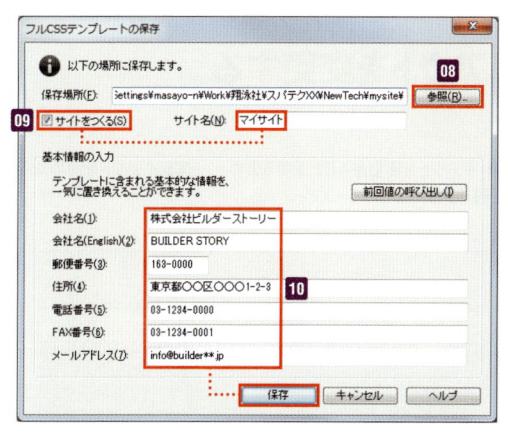

フルCSSテンプレートからサイトを作成する << スパテク018 | ホームページ・ビルダー16

08 ［参照］をクリックしてサイトの保存先を指定します。

09 ［サイトをつくる］をチェックし、［サイト名］に任意サイト名を入力します。

10 テンプレートに表示されている情報を変更して［保存］をクリックします。

> **MEMO** 表示されている情報を書き換えない場合は現在の情報が表示されます。

11 サイトが作成されてトップページが開きます。

12 ［閉じる］をクリックすると、ビジュアルサイトビューが表示されます。 スパテク017 の最初のサンプルのようにサイトの構造が確認できます。

> **MEMO** サイトを作成すると、自動的にサイトが開いた状態になります。サイトの基礎知識や操作方法については B を参照してください。

POINT　フルCSSテンプレートの外部スタイルシート

フルCSSテンプレートは、4個の外部スタイルシートにリンクしています。［スタイルエクスプレスビュー］の［スタイル構成］パネルで常時確認することができます。

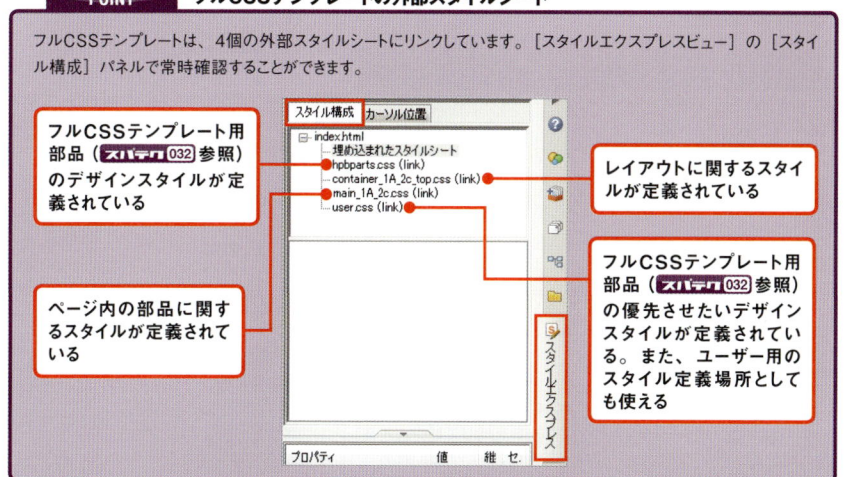

- フルCSSテンプレート用部品（スパテク032参照）のデザインスタイルが定義されている → hpbparts.css (link)
- レイアウトに関するスタイルが定義されている → container_1A_2c_top.css (link)
- ページ内の部品に関するスタイルが定義されている → main_1A_2c.css (link)
- フルCSSテンプレート用部品（スパテク032参照）の優先させたいデザインスタイルが定義されている。また、ユーザー用のスタイル定義場所としても使える → user.css (link)

ホームページ・ビルダー16 | スパテク019 >> サイトのレイアウトを変更する

サイトのレイアウトを変更する

スパテク019

「デザインチェンジ」を使用して、サイト全体のレイアウトを変更することができます。一度レイアウトを決めたものの、別のレイアウトも試したいという場合に便利です。

完成作例

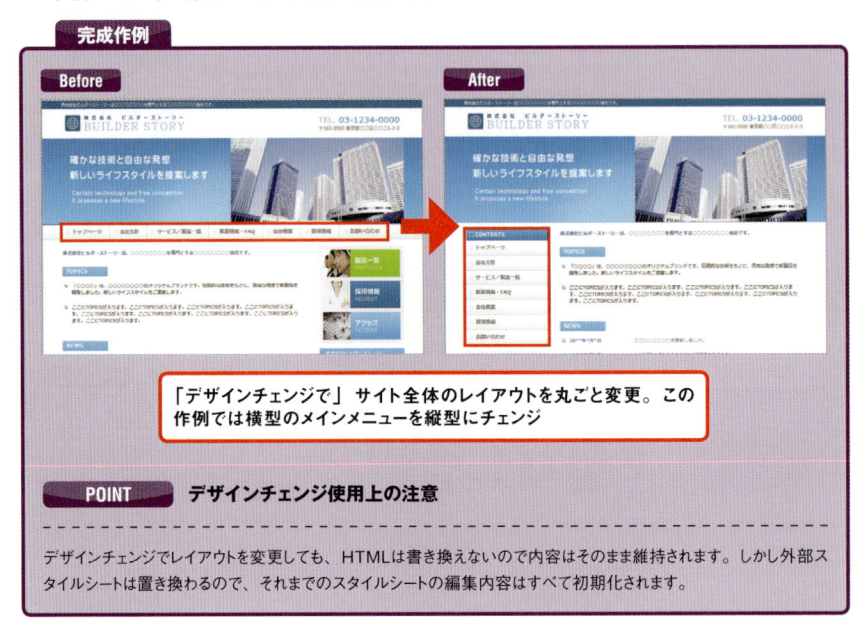

Before → **After**

「デザインチェンジで」サイト全体のレイアウトを丸ごと変更。この作例では横型のメインメニューを縦型にチェンジ

POINT デザインチェンジ使用上の注意

デザインチェンジでレイアウトを変更しても、HTMLは書き換えないので内容はそのまま維持されます。しかし外部スタイルシートは置き換わるので、それまでのスタイルシートの編集内容はすべて初期化されます。

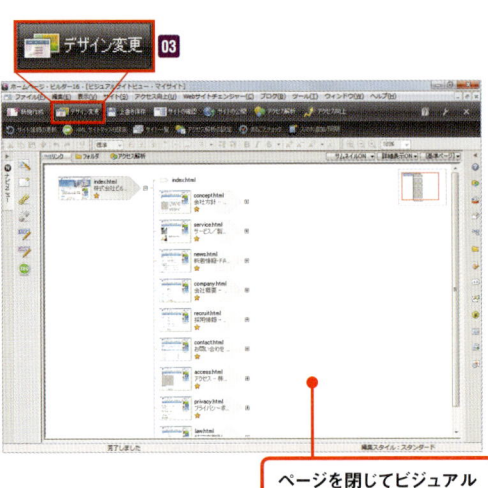

01 フルCSSテンプレートから複数ページのサイトを作成しておきます。
→ スパテク018

02 ページが開いている場合はすべて閉じて、ビジュアルサイトビューを表示しておきます。

03 かんたんナビバーの［デザイン変更］をクリックします。

MEMO ページを開いてデザインチェンジを実行すると、そのページのみレイアウトが変更されます。

ページを閉じてビジュアルサイトビューのみを表示

サイトのレイアウトを変更する << スパテク019 | ホームページ・ビルダー16

04 ［デザインチェンジ（サイト）］ダイアログで［カラー選択］から変更する色を、［レイアウト選択］から変更するレイアウトを指定します。

> **MEMO** ［レイアウト選択］をクリックしたサムネイルに「［サイト］」と表示されているレイアウトが、現在適用されているレイアウトを表します。

05 ［ページの設定］をクリックします。

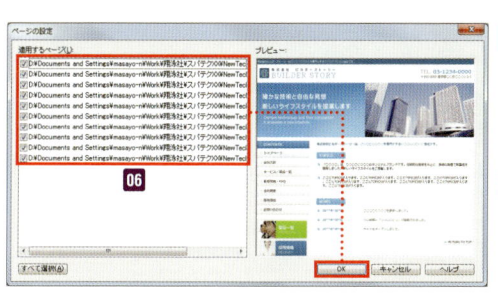

06 レイアウトの変更に適用するページすべてのチェックボックスがオンであることを確認したら［OK］→［OK］の順にクリックします。

07 警告メッセージが表示されるので［はい］をクリックするとすべてのファイルが上書き保存されてレイアウトが変更されます。

POINT　レイアウトが異なれば外部スタイルシートも異なる

手順06でチェックボックスをオフにしたページは、レイアウトの変更が適用されません。つまりサイト内でページによってレイアウトパターンを変更することが可能です。たとえばトップページは横型ナビゲーションで、それ以外は縦型にすることができます。

ただし複数のレイアウトパターンが存在する場合、「container_」をファイル名に持つ外部スタイルシートがレイアウトごとに作成されるので、編集時には注意が必要です。

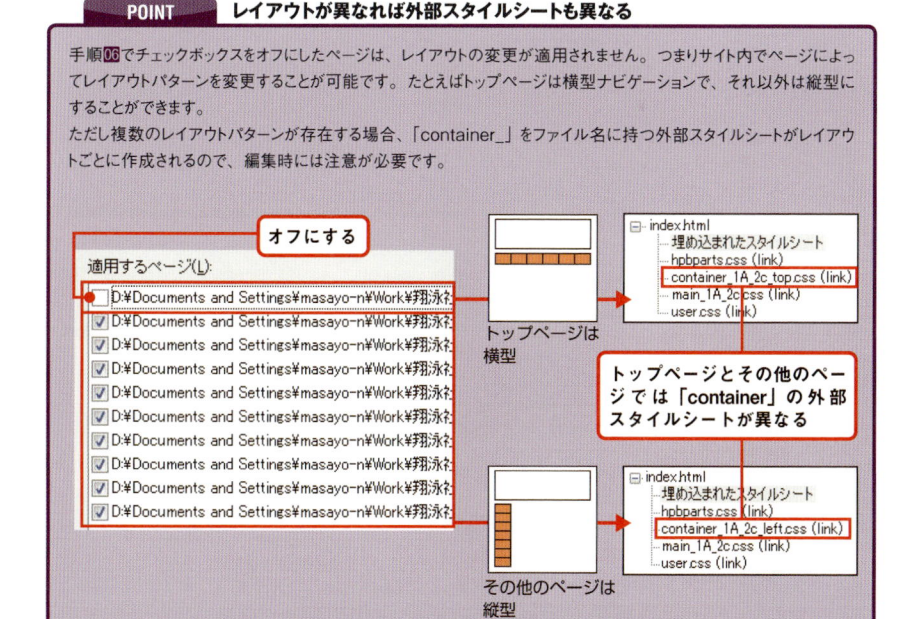

オフにする

トップページは横型

その他のページは縦型

トップページとその他のページでは「container」の外部スタイルシートが異なる

スパテク 020 共通部分を変更して同期する

サイトの共通部分を変更したら、「共通部分の同期」を使用して修正内容を全ページに即反映できます。1ページずつ開いて修正する必要はありません。

完成作例

Before → **After**

共通部分を変更したら、その他のページに修正内容を反映

POINT 「共通部分の同期」とは

「共通部分の同期」は、ページ内で共通のIDセレクタが関連付けられている一部の要素に対し、同期して内容を一致することができる機能です。
既定では右図のヘッダ、メインメニュー、サイドバー（バナーとインフォメーション）、フッタが共通部分ですが、ユーザーが独自に共通部分を作成することもできます。 ▶ スパテク 021

▼ 同期の対象となるIDセレクタ

- ヘッダ（#hpb-header）
- メインメニュー（#hpb-nav）
- サイドバー（#hbp-aside）*
- フッタ（#hpb-footer）

*サイドバーに共通部分の同期を実行した場合、バナーとインフォメーションの両方が更新されます。

共通部分を変更して同期する << スパテク020 | ホームページ・ビルダー16

01 トップページを開いたら、まずはヘッダのサイト説明文を書き換えます。

02 ヘッダの会社情報も書き換えます。

> **MEMO** ページ編集画面で文字が上手く修正できない場合は、HTMLソースを表示して書き換えましょう。
> → A8

03 続いてインフォメーションの住所、電話番号、FAX番号を書き換えます。

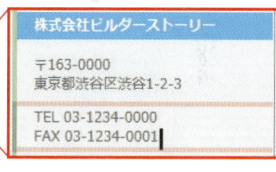

株式会社ビルダーストーリー
〒163-0000
東京都渋谷区渋谷1-2-3
TEL 03-1234-0000
FAX 03-1234-0001

04 フッタの文字を書き換えます。

copyright©20XX ビルダーストーリー all rights reserved

Next >>

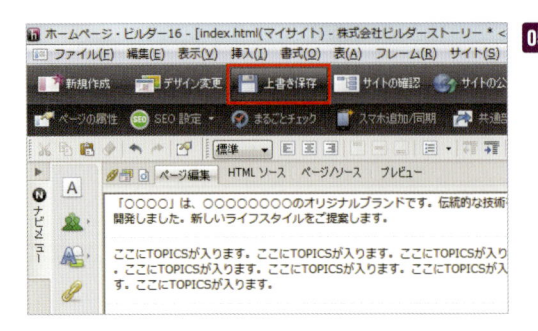

05 共通部分の編集が完了したら［上書き保存］ボタンをクリックして保存しておきます。

06 編集した共通部分をクリックしてカーソルを置きます。ここではヘッダに置いています。

07 かんたんナビバーの［共通部分の同期］をクリックします。

08 ［共通部分の同期］ダイアログで適用するファイル一覧すべてがオンであることを確認します。

> **MEMO** 共通部分を同期したくないページがある場合は、対象ファイルのチェックボックスをオフにします。

09 ［完了］をクリックします。

10 メッセージが表示されるので確認したら［はい］をクリックすると同期が実行されます。

共通部分を変更して同期する << スパテク020 | ホームページ・ビルダー16

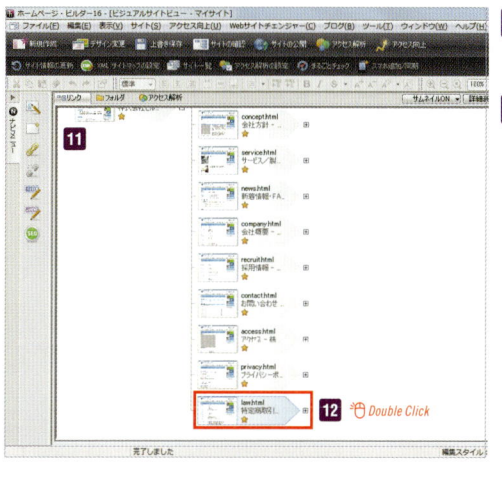

11 一度ページを閉じてビジュアルサイトビューを表示します。

12 その他の任意ページをダブルクリックします。

13 その他のページもヘッダが変更されていることが確認できます。

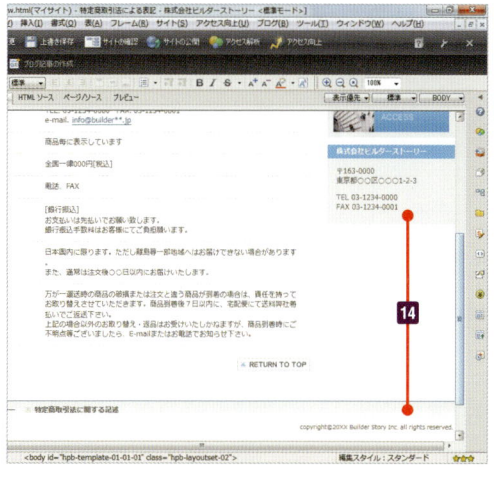

14 サイドバーやフッタは更新されていません。

15 このページを閉じて再びトップページを開き、その他の要素に対しても「共通部分の同期」を実行し、更新しましょう。

> **MEMO** 「共通部分の同期」で更新対象となるのは、カーソルが置かれている要素に対してです。サイドバー、フッタを更新する場合は、それぞれにカーソルを置いてから同期を実行しましょう。

スパテク021 レイアウトコンテナをユーザー共通部分として登録する

複数ページにわたって作成した同じ内容の要素を「ユーザー共通部分」として登録できます。登録した要素は、編集後に スパテク020 の「共通部分の同期」で一括更新することができます。

完成作例

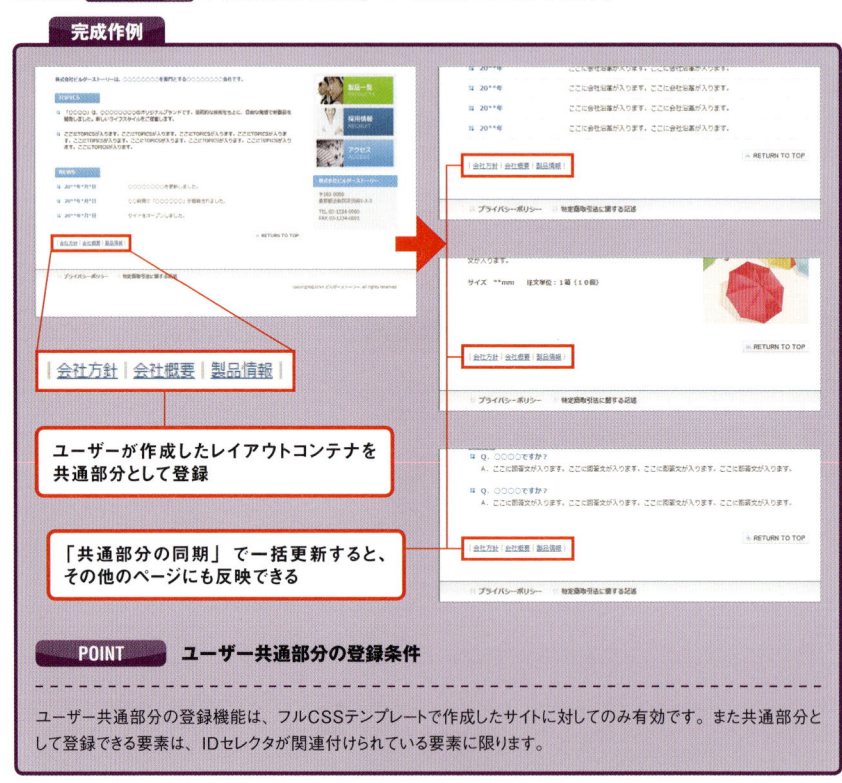

ユーザーが作成したレイアウトコンテナを共通部分として登録

「共通部分の同期」で一括更新すると、その他のページにも反映できる

POINT ユーザー共通部分の登録条件

ユーザー共通部分の登録機能は、フルCSSテンプレートで作成したサイトに対してのみ有効です。また共通部分として登録できる要素は、IDセレクタが関連付けられている要素に限ります。

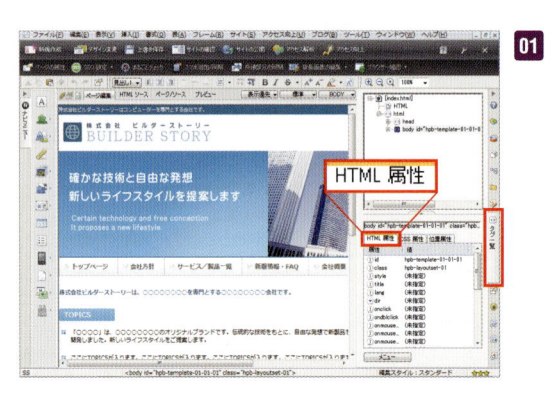

01 ページを開いたら、[タグ一覧ビュー]の[HTML属性]タブを表示しておきます。

> **MEMO** ここではトップページを開いています。

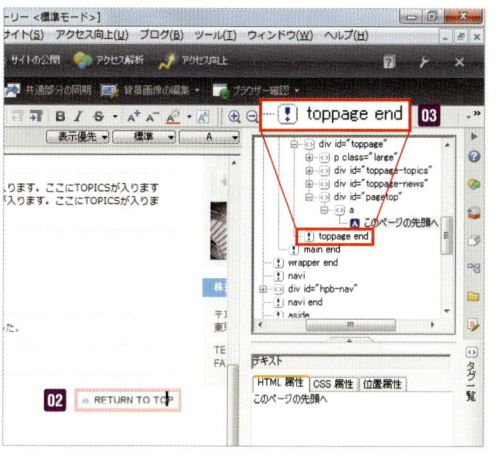

レイアウトコンテナをユーザー共通部分として登録する << スパテク021 | ホームページ・ビルダー16

02 メインコンテンツの下の方にある「RETURN TO TOP」をクリックします。

03 ［タグ一覧ビュー］のツリーにある「toppage end」の属性をクリックします。

> **MEMO** 「toppage end」の属性をクリックすると、メインコンテンツの最後にカーソルが置かれます。

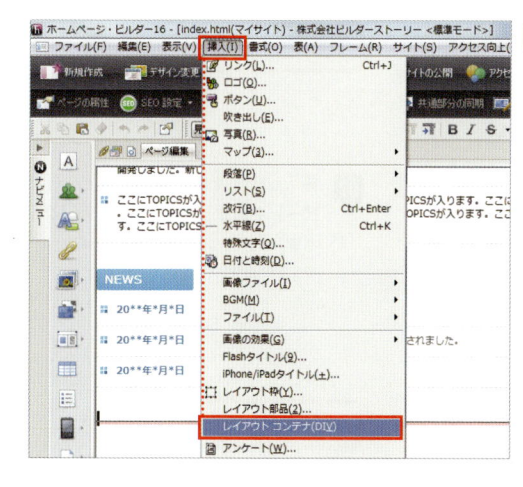

04 ユーザー共通部分を作成する場所にカーソルが置かれるのでメニューの［挿入］→［レイアウトコンテナ］を選択してレイアウトコンテナを挿入します。

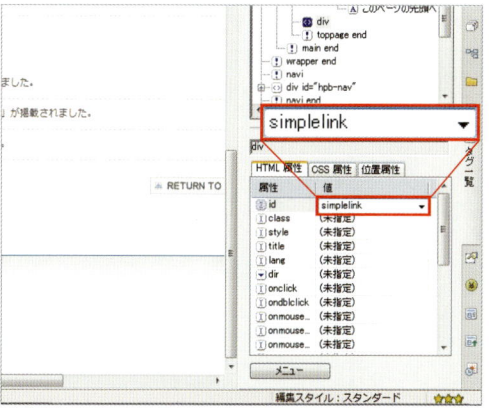

05 ［タグ一覧ビュー］の［id］の「未指定」と書かれている場所をダブルクリックし、任意のID名を入力して確定します。

> **MEMO** ここではID名に「simplelink」と入力しました。

Next >>

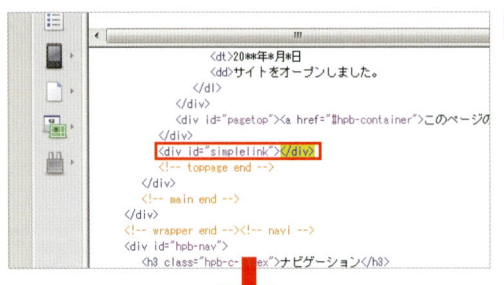

06 HTMLソースを表示すると<div id="simplelink"></div>と挿入されているので、divタグ内に任意の文字を入力しておきます。

➡ **A8**

> **MEMO** ここでは「ユーザー共通部分」と入力しました。

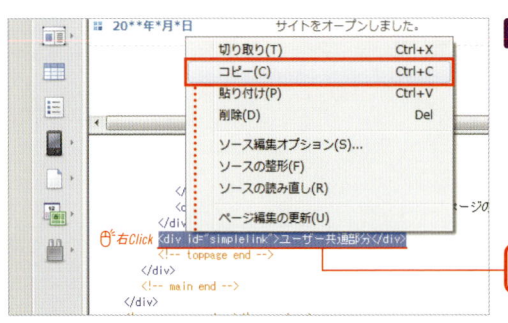

任意の文字を入力

07 挿入したタグを選択し、右クリック→[コピー]を選択したら、[上書き保存]ボタンをクリックして保存し、トップページを閉じます。

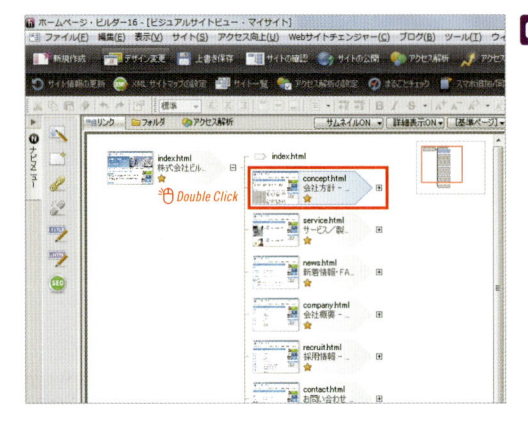

タグを選択してコピー

08 ビジュアルサイトビューが表示されるので、その他のサブページをダブルクリックして開きます。

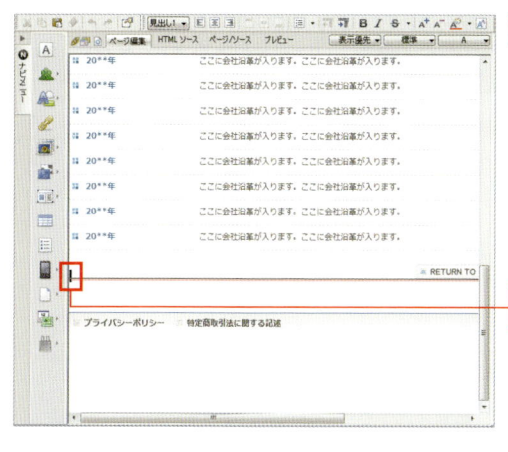

09 先ほどトップページに挿入したレイアウトコンテナと同じ場所にカーソルを置きます。

> **MEMO** カーソルの置き方は、手順03と同様にタグ一覧ビューで「～end」の属性名をクリックしてください。名称はページごとに異なります。

カーソルを置く

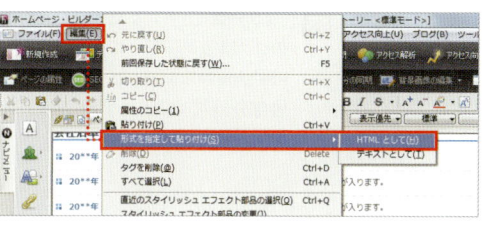

10 メニューの［編集］→［形式を指定して貼り付け］→［HTMLとして］を選択します。

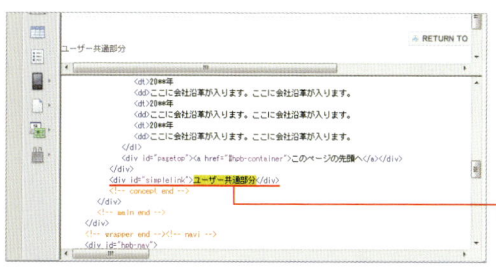

11 HTMLソースを表示し、貼り付けられていることを確認したらページを上書き保存して閉じます。

確認する

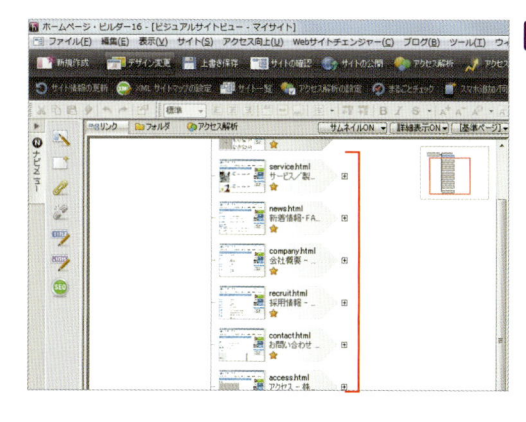

12 手順08～11を繰り返し、その他のページにも同じようにレイアウトコンテナを貼り付けます。

Next >>

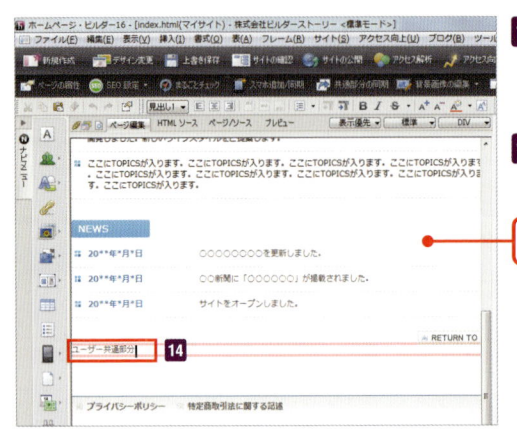

13 全ページへのレイアウトコンテナの貼り付けが完了したら、再度トップページを開いておきます。

14 先ほど挿入したレイアウトコンテナをクリックします。

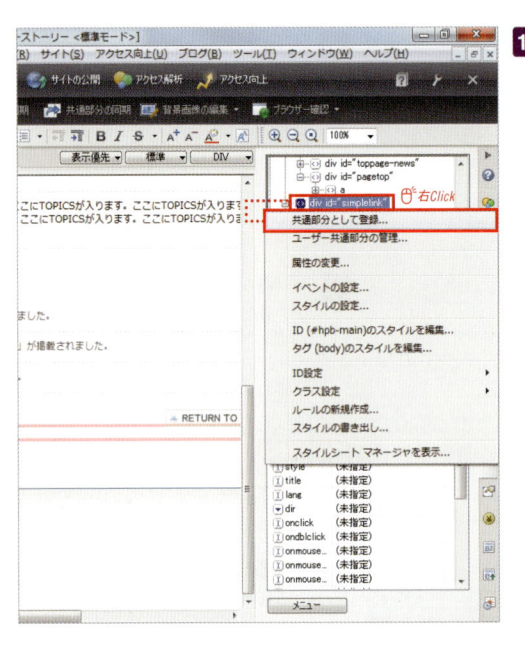

トップページを開く

15 ［タグ一覧ビュー］には選択した箇所のタグ構造が表示されるので、「div id="simplelink"」を右クリック→［共通部分として登録］を選択します。

16 ［共通部分の登録］ダイアログで［共通部分名］に任意の名称を、［説明］にこの部分の説明を入力したら［OK］をクリックします。ユーザー共通部分が登録されます。

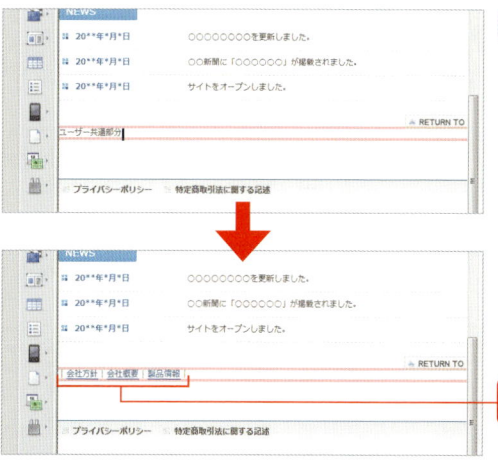

17 作成した共通部分を任意の内容に書き換えます。ここでは、特定の3ページへの簡易リンクを挿入しました。書き換えた部分のソースは以下の通りです。

ソース

```
<div id="simplelink"> | <a
href="concept.html">会社方針</
a> | <a href="company.html">会
社概要</a> | <a href="recruit.
html">製品情報</a> | </div>
```

任意の内容に書き換える

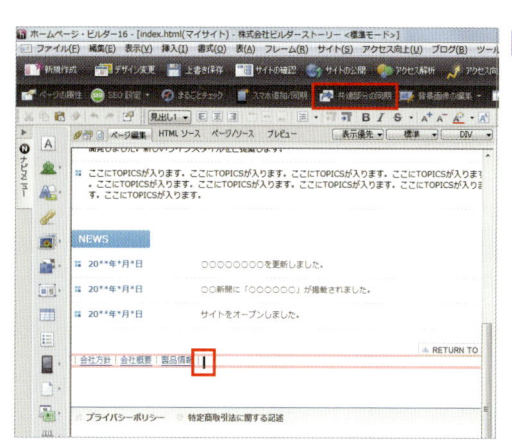

18 ページを上書き保存したら、書き換えた場所をクリックし、共通部分の同期を実行します。

➡ スパテク 020　06〜10

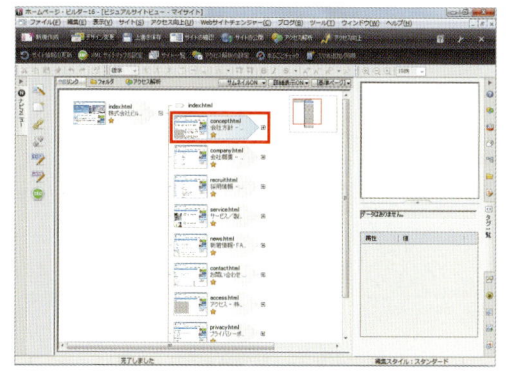

19 共通部分の同期が完了したら、トップページを閉じて、その他のページを開きましょう。変更が反映されています。

同じレイアウトの白紙ページを
サイトに追加する

スパテク022

フルCSSテンプレートは、複数ページだけでなく1つのページを作成することもできます。現在のサイトに同じレイアウトの新しいページを追加したい場合に便利です。

完成作例

現サイトと同じレイアウトの白紙ページを追加する

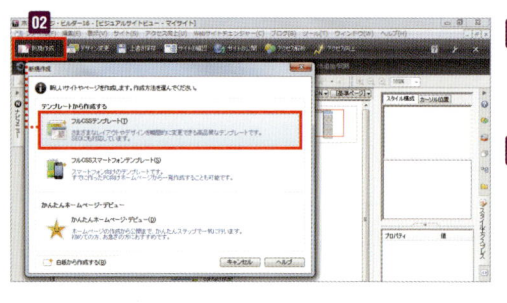

01 ページが開いている場合は閉じて、ビジュアルサイトビューのみを開いておきます。

02 かんたんナビバーの［新規作成］をクリックし、［新規作成］ダイアログで［フルCSSテンプレート］をクリックします。

03 ［フルCSSテンプレート］ダイアログが開くので［1ページ］をクリックします。

04 ［テーマ］から現在開いているサイトと同じテーマをクリックします。

05 ［カラー選択］から現在開いているサイトと同じカラーをクリックします。

06 ［レイアウト選択］で「［サイト］」と表示されているレイアウトを選択します。「［サイト］」と表示されているレイアウトは、現在適用されているレイアウトです。

07 ［ページの設定］をクリックします。

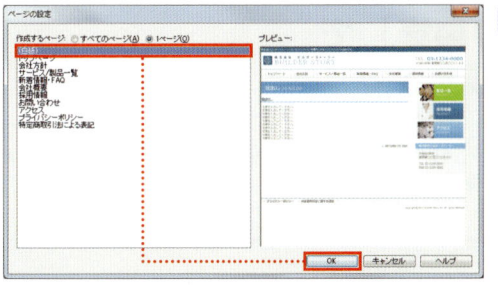

08 ［ページ内容］の［（白紙）］を選択して［OK］→［OK］の順にクリックします。

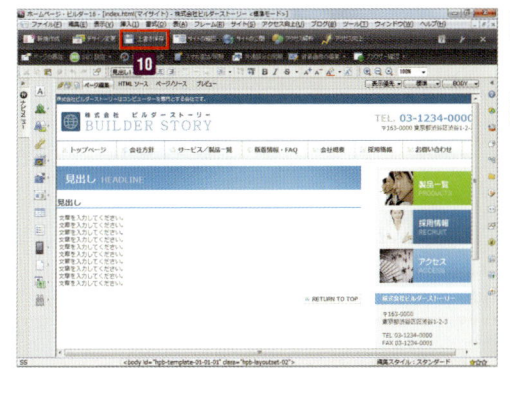

09 現在のサイトと同じレイアウトの白紙ページが開きます。

10 ［上書き保存］をクリックします。

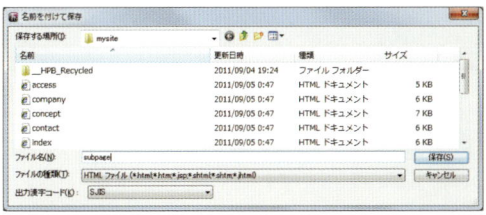

11 ［名前を付けて保存］ダイアログで［ファイル名］に任意のファイル名を入力してサイトフォルダー内に保存します。

MEMO 作成したサイト内のページを開くには、メニューの［ファイル］→［開く］を選択して［開く］ダイアログからページを指定します。

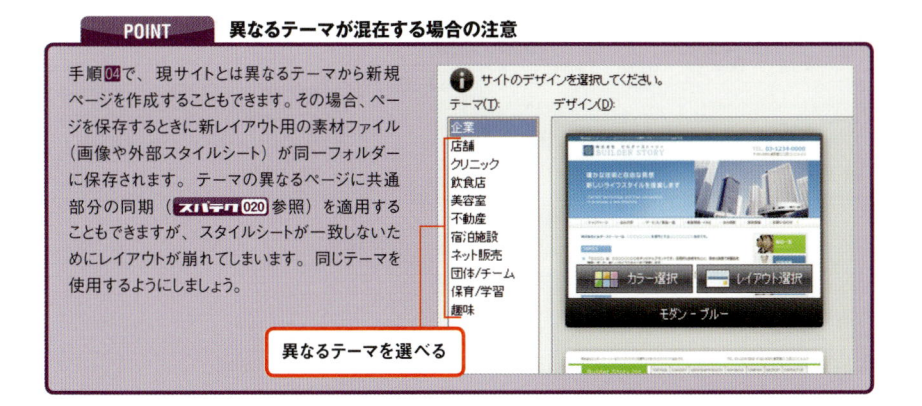

POINT　異なるテーマが混在する場合の注意

手順04で、現サイトとは異なるテーマから新規ページを作成することもできます。その場合、ページを保存するときに新レイアウト用の素材ファイル（画像や外部スタイルシート）が同一フォルダーに保存されます。テーマの異なるページに共通部分の同期（スパテク020参照）を適用することもできますが、スタイルシートが一致しないためにレイアウトが崩れてしまいます。同じテーマを使用するようにしましょう。

異なるテーマを選べる

スパテク 023 「合成画像の編集」で背景画像を編集する

背景として挿入されたヘッダロゴ、トップイメージ、バナーは、「合成画像の編集」を使用してカスタマイズできます。手間をかけずに編集したい場合はこの方法がおすすめです。

完成作例

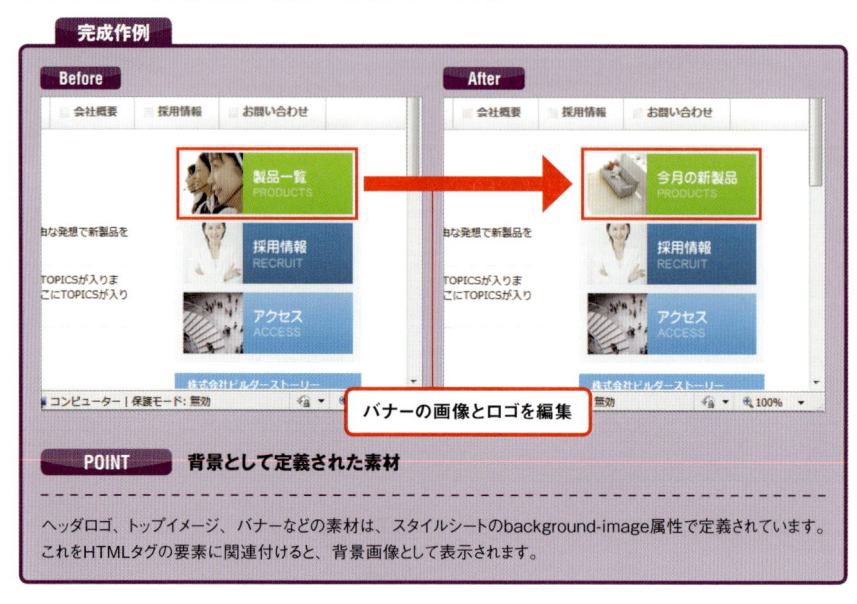

Before → After

バナーの画像とロゴを編集

POINT 背景として定義された素材

ヘッダロゴ、トップイメージ、バナーなどの素材は、スタイルシートのbackground-image属性で定義されています。これをHTMLタグの要素に関連付けると、背景画像として表示されます。

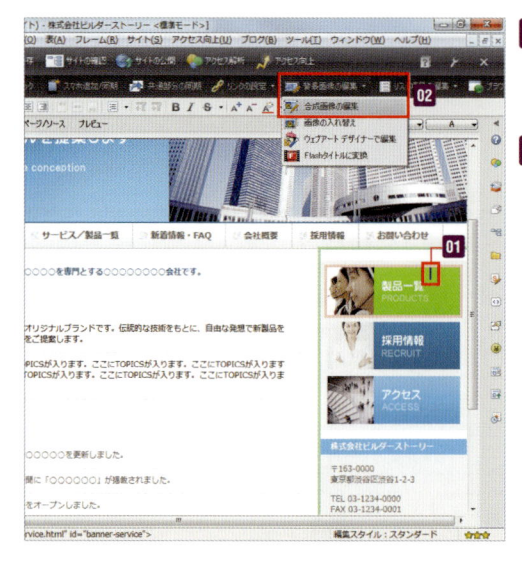

01 ここではバナーを編集します。トップページを開いたら、バナーをクリックします。

02 かんたんナビバーの［背景画像の編集］→［合成画像の編集］をクリックします。

MEMO 背景画像にカーソルが置けない場合は、HTMLソースで該当部分にカーソルを置いてページ編集画面に戻してください。

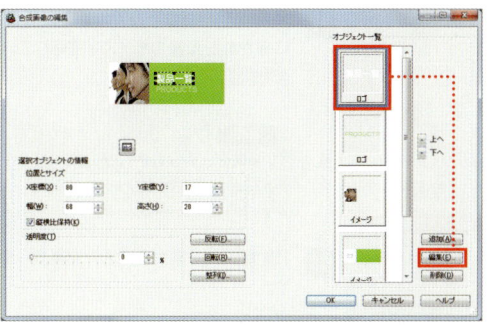

「合成画像の編集」で背景画像を編集する << スパテク023 | ホームページ・ビルダー16

03 ［合成画像の編集］ダイアログで［オブジェクト一覧］の「ロゴ」をクリックして［編集］をクリックします。

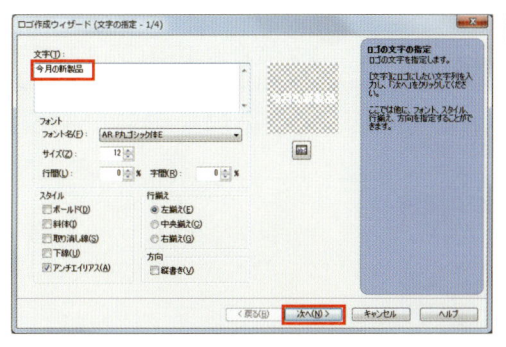

04 ロゴ作成ウィザードが起動するので［文字］を書き換えたら［次へ］をクリックします。その後ウィザードに従い、必要に応じて色、縁取り、文字効果を設定したら［完了］をクリックします。

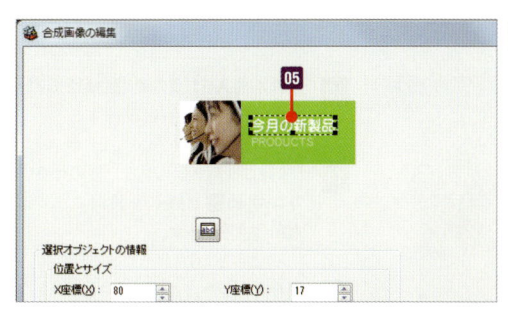

05 ロゴが書き換わります。ロゴの内部をドラッグして位置を調整します。

> **MEMO** ロゴの周囲の■をドラッグするとサイズを調整できます。

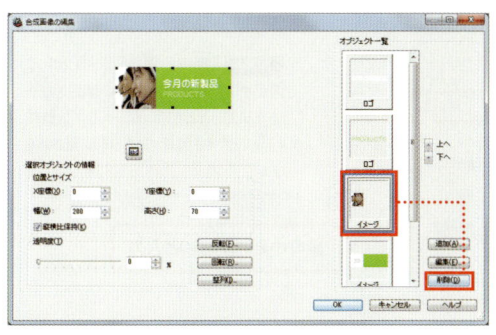

06 続いて画像を差し替えます。［オブジェクト一覧］の「イメージ」をクリックして［削除］をクリックします。

Next >>

123

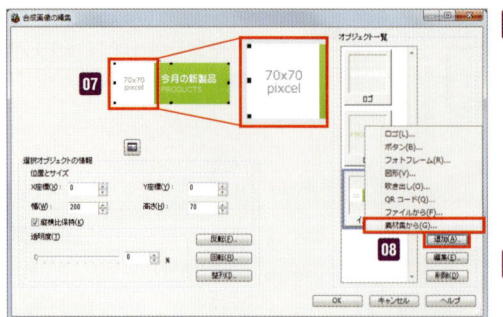

07 画像が削除されるので削除した場所に書かれた画像のサイズを確認しておきます。

> **MEMO** 「70×70pixcel」と書かれている場合、画像のサイズが縦横いずれも70ピクセルであることを示しています。

08 ［追加］→［素材集から］を選択します。

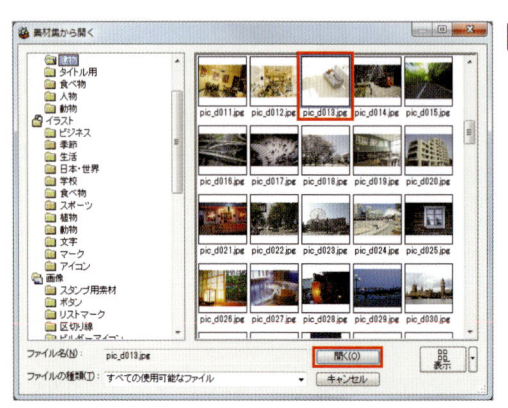

09 ［素材集から開く］ダイアログで［写真］フォルダーの［写真］フォルダーの中から任意の写真を選んだら［開く］をクリックします。

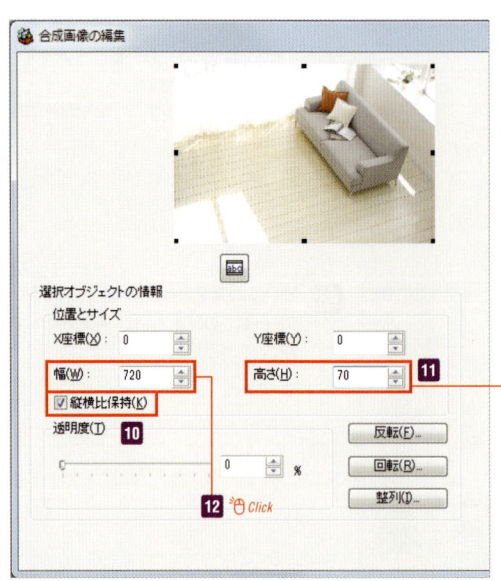

10 写真が挿入されるので［縦横比保持］がオンであることを確認します。

11 ［幅］と［高さ］のうち、値の小さい方に手順**07**で調べた値（ここでは70）を入力します。

12 値を入力した方とは逆のボックスをクリックします。

> **MEMO** ［縦横比保持］チェックボックスがオンの場合、幅あるいは高さの一方を変更したときに、もう一方が自動的に元の大きさの比に従って変更されます。

値の小さい方に70と入力

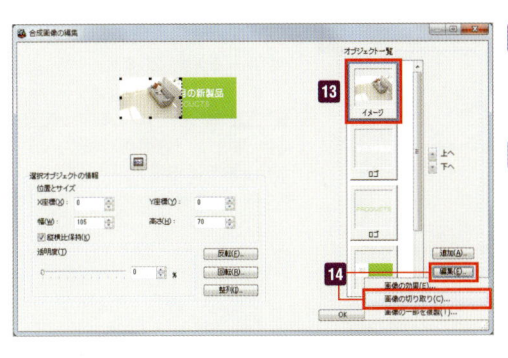

13 サイズが変更されるので、今度は画像が縦横いずれも70ピクセルになるように切り取ります。画像をクリックします。

14 ［編集］→［画像の切り取り］を選択します。

15 ［画像の切り取り］ダイアログの［X座標］と［Y座標］でいずれも「0」を指定します。

16 ［幅］と［高さ］でいずれも［70］を指定します。

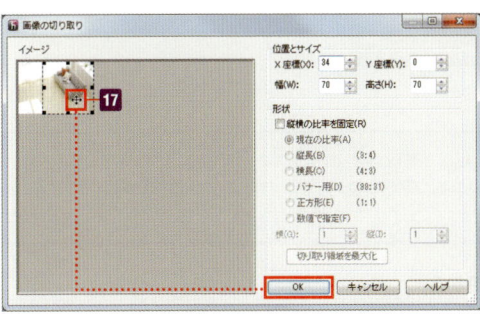

17 ［イメージ］に切り取り範囲が表示されるので、枠内をドラッグして切り取り範囲を決めたら［OK］をクリックします。

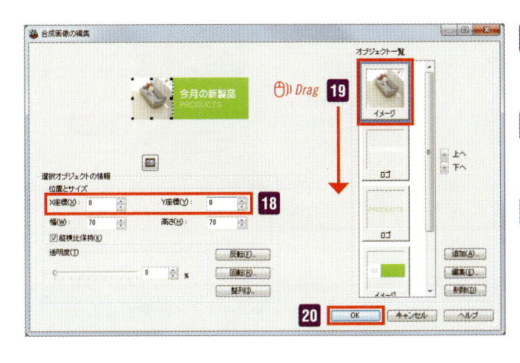

18 ［X座標］と［Y座標］のいずれも「0」にして位置を整えます。

19 画像の重なり順を変更する場合はドラッグします。

20 ［OK］をクリックします。

Next >>

21 ［スタイルシートに反映する］を選択して［OK］をクリックします。

> **MEMO** このダイアログを次回から表示しない場合は、［次回から表示しない］をチェックしてください。

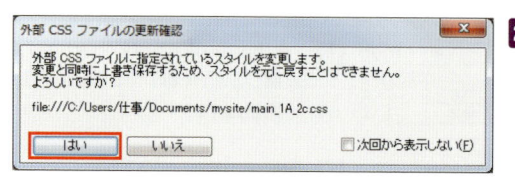

22 外部スタイルシートのバナーの参照先も書き換えるため、［はい］をクリックします。

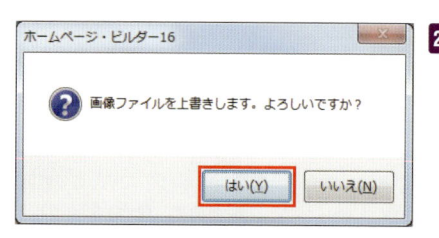

23 ［はい］をクリックして上書き保存するとバナー画像が差し替わりますページを上書き保存し、差し替えたバナー画像も上書き保存しましょう。

POINT　再編集用データ

サイト内には「__HPB_Recycled」というフォルダーがあります。ここには、トップイメージやバナーといった素材の再編集用データ（mifファイル）が保存されています。このデータが存在することで、1枚のバナーも「ロゴ」「画像」「背景」といったパーツ単位で編集できます。

POINT　バナーの背景色を変更する

バナーの背景色を編集するには、［合成画像の編集］ダイアログを表示しているときに［オブジェクト一覧］から背景の「イメージ」をクリックして［編集］→［画像の効果］を選択し、色を指定してください。

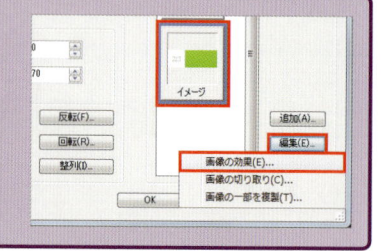

POINT　背景画像の入れ替え

背景画像を別の画像と入れ替えるには、トップイメージを選択した状態でかんたんナビバーの［背景画像の編集］→［画像の入れ替え］を選択し、入れ替えるファイルを指定します。

スパテク 024 ウェブアートデザイナーで背景画像を編集する

スパテク023に続いて、ここではウェブアートデザイナーによる背景画像の編集方法を解説します。手の込んだ編集をしたい方はこちらの方法がおすすめです。

完成作例

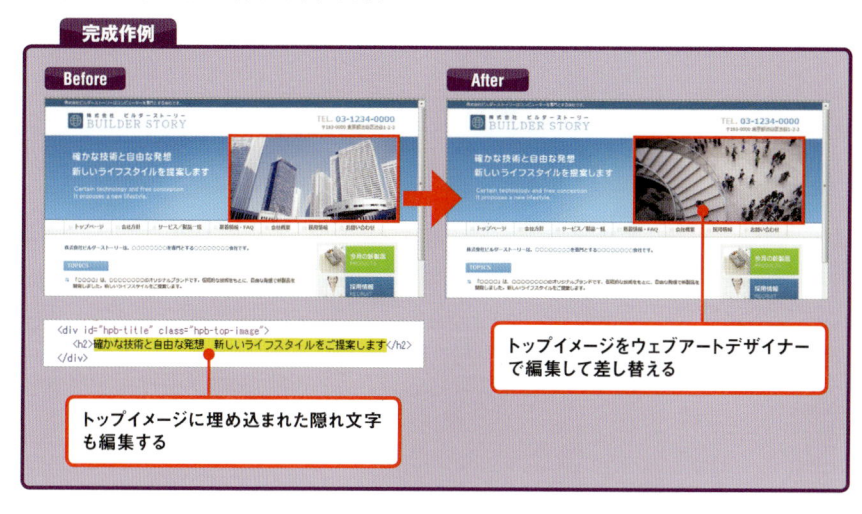

Before

After

トップイメージをウェブアートデザイナーで編集して差し替える

```
<div id="hpb-title" class="hpb-top-image">
    <h2>確かな技術と自由な発想　新しいライフスタイルをご提案します</h2>
</div>
```

トップイメージに埋め込まれた隠れ文字も編集する

■ 背景画像をウェブアートデザイナーで開いて編集する

01 トップページを開いたら、トップイメージをクリックして［属性の変更］が「H2」であることを確認します。

トップイメージをクリック

02 かんたんナビバーの［背景画像の編集］→［ウェブアートデザイナーで編集］をクリックします。

MEMO ここで解説する背景画像の編集方法は、ヘッダロゴ、バナー、ボタンなどの画像にも有効です。

Next >>

スパテク024 >> ウェブアートデザイナーで背景画像を編集する

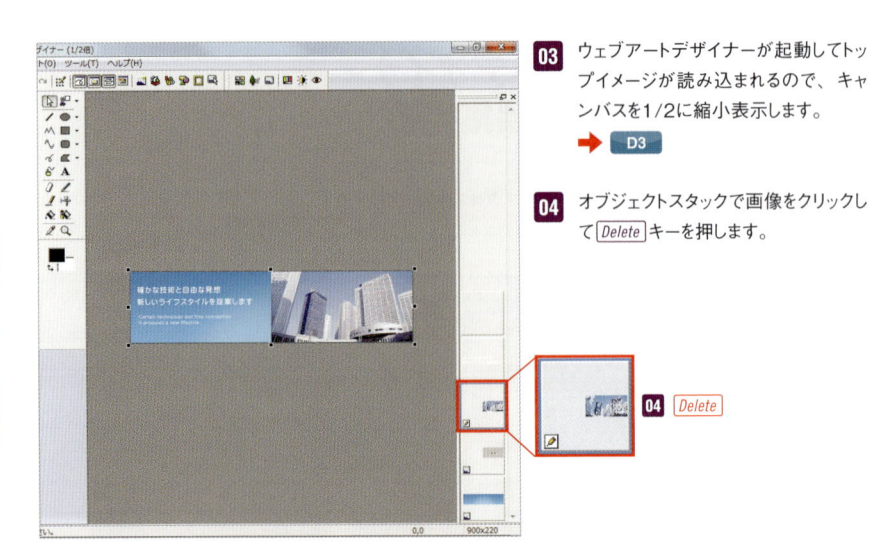

03 ウェブアートデザイナーが起動してトップイメージが読み込まれるので、キャンバスを1/2に縮小表示します。
→ D3

04 オブジェクトスタックで画像をクリックして Delete キーを押します。

05 画像が削除されるので素材集または任意の画像をキャンバスに追加します。
→ D7

06 必要に応じて画像のサイズや重なり順を変更します。
→ D12 → D13

キャンバスからはみ出していてもOK

POINT　画像のサイズ調整について

手順05で追加する画像は、キャンバスからはみ出していても構いません。キャンバスに表示される範囲がトップイメージに反映されるためです。ただし、このあとに スパテク023 の「合成画像の編集」機能で編集すると、画像は元のサイズのまま読み込まれるので、そちらの機能ではサイズを調整する必要があります。

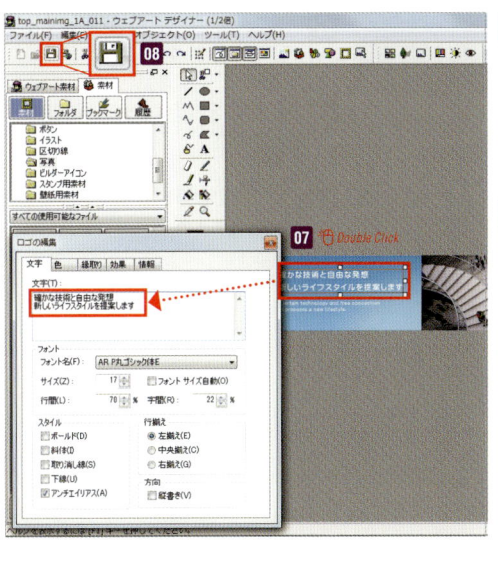

07 ロゴを編集する場合はダブルクリックして文字を書き換えます。

> **MEMO** 新しくロゴを追加する方法は **D15** を参照してください。

08 編集が完了したら［キャンバスの保存］ボタンをクリックし、ウェブアートデザイナーを閉じます。

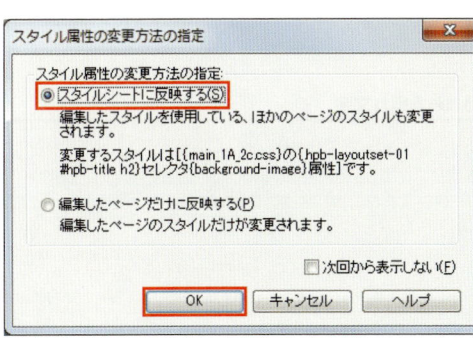

09 あとは **スパテク 023** の手順 **21** ～と同じように［スタイルシートに反映する］を選択して［OK］→［はい］→［はい］の順にクリックするとトップイメージ差し替わります。仕上げにページを上書き保存しましょう

■ トップイメージに埋め込まれた隠れ文字を編集する

01 トップイメージをクリックします。

> **MEMO** 隠れ文字はHTMLソース上で直接修正しても構いません。

129

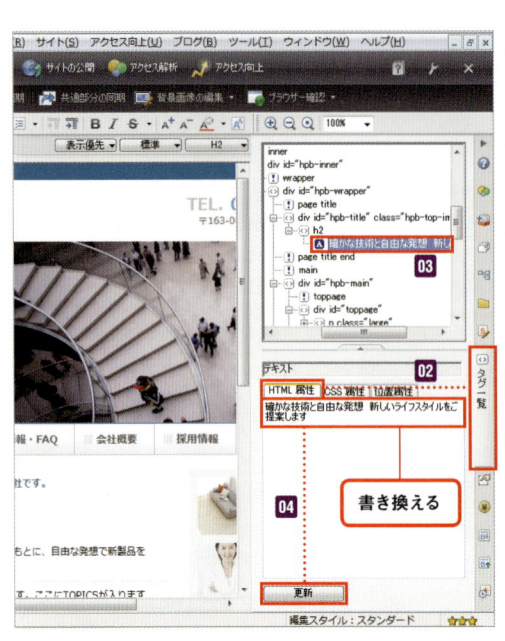

02 ［タグ一覧ビュー］の［HTML属性］タブをクリックします。

03 h2タグの入れ子になっている文字をクリックします。

04 埋め込まれた隠れ文字（下記POINT参照）を書き換えたら［更新］をクリックします。

書き換える

> **POINT** トップイメージに埋め込まれた隠れ文字

「隠れ文字」とは、「ページ上には表示したくないが、検索エンジンには収集してもらいたい」というようなSEOの目的で挿入されている要素です（スパテク093参照）。フルCSSテンプレートには、この隠れ文字がいくつか埋め込まれています。ソースを確認すると、トップイメージには以下のようなh2タグの見出しが埋め込まれています。

トップイメージのHTMLタグ

```
<div id="hpb-title" class="hpb-top-image">
  <h2>隠れ文字</h2>
</div>
```

h2タグの文字には「text-indent:-9999px;」の属性値がスタイルシートで定義されているため、ブラウザー上では表示されません。-9999pxが、ブラウザーから飛び出した場所にインデントする値だからです。つまりトップイメージのh2タグで指定された文字は、画面上には表示されない「隠れ文字」になります。

h2のスタイル定義

```
.hpb-layoutset-01 #hpb-title h2 {
    margin: 0;
    overflow: hidden;
    text-indent: -9999px;
    height: 235px;
    background-image : url(top_mainimg_1A_01.png);
    background-position: top center;
    background-repeat: no-repeat;
}
```

h2タグで指定した文字は-9999pxの位置にインデントするため、画面上には表示されない

スパテク 025 トップイメージをFlashに変換する

トップイメージに動きを取り入れたいなら、Flashに変換すると効果的です。Flashタイトル変換機能を使用してトップイメージをFlashに差し替えましょう。

完成作例

トップイメージをFlashタイトルにする

01 サイトのトップページを開いたら、ウェブアートデザイナーにトップイメージを読み込んでおきます。

→ スパテク 024 ■背景画像をウェブアートデザイナーに呼び出して編集する 01〜03

ウェブアートデザイナーにトップイメージを読み込む

02 トップイメージ内にあるロゴを選択し、削除しておきます。

→ D8 → D9

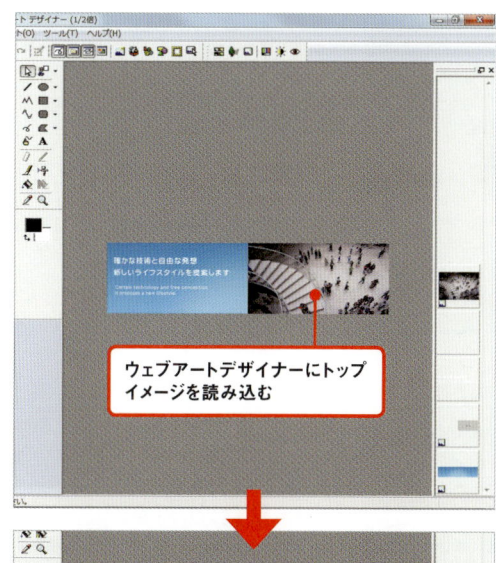

ロゴを削除

Next >>

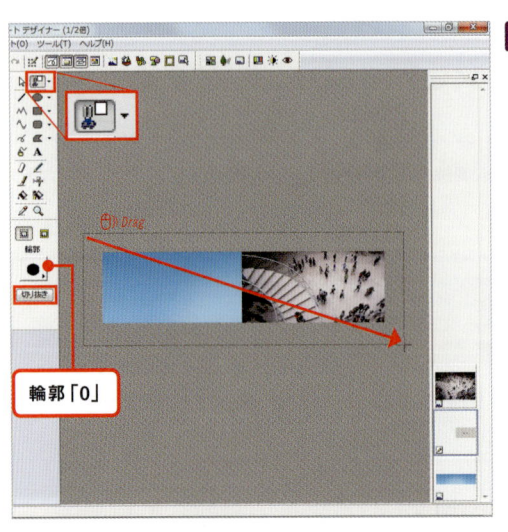

03 ［四角形で切り抜き］ツールを使い、キャンバスのサイズでオブジェクトを切り抜きます。
→ スパテク 058

輪郭「0」

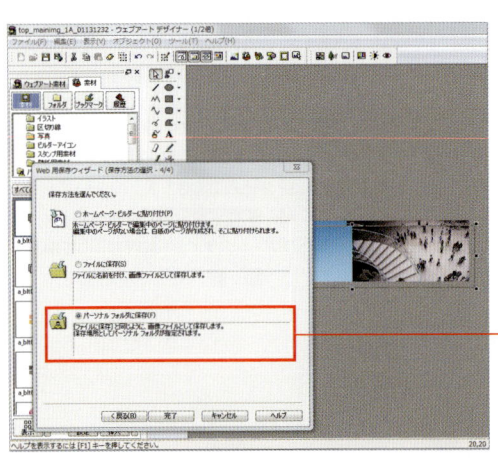

04 切り抜いた画像を選択し、Web用保存ウィザードを使用してPNG形式でパーソナルフォルダに保存します。
→ D17

パーソナルフォルダに保存する

05 ウェブアートデザイナーに画面が戻るので、切り抜いて保存した画像を削除したら、右側の画像のみを任意の画像に差し替えておきます。
→ スパテク 024 ■背景画像をウェブアートデザイナーに呼び出して編集する 05～06

右側の画像のみを差し替える

トップイメージをFlashに変換する << スパテク025　　ホームページ・ビルダー16

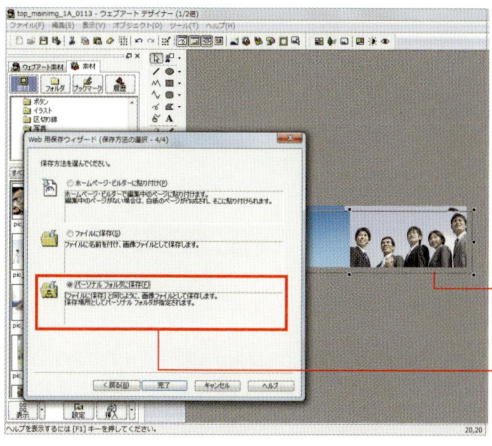

06 手順03〜04と同様に、[四角形で切り抜き]ツールで切り抜き、Web用保存ウィザードを使用してPNG形式でパーソナルフォルダに保存しましょう。

> **MEMO** 手順04とは異なるファイル名で保存してください。

キャンバスのサイズで切り抜く

パーソナルフォルダに保存する

07 [閉じる] → [いいえ] の順にクリックし、編集を保存しないでウェブアートデザイナーを終了します。

08 トップイメージをクリックしてカーソルを置いたら、かんたんナビバーの[背景画像の編集]→[Flashタイトルに変換]を選択します。

Next >>

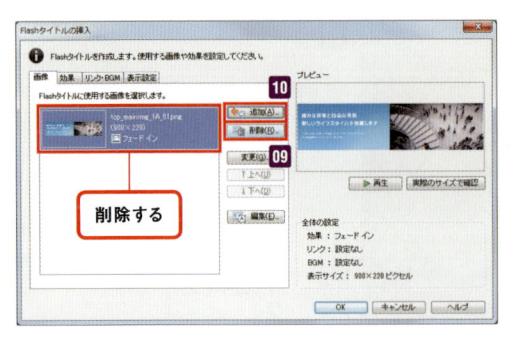

| ホームページ・ビルダー16 | スパテク025 >> トップイメージをFlashに変換する

09 ［Flashタイトルの挿入］ダイアログに既存のトップイメージが読み込まれるので［削除］をクリックして削除します。

10 ［追加］→［素材集から］を選択します。

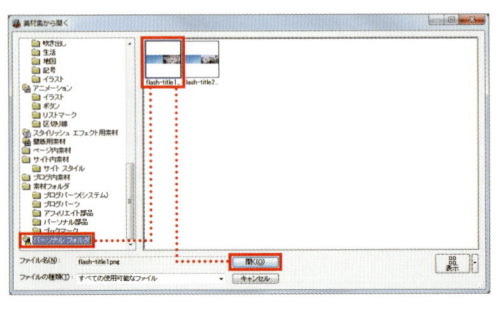

11 ［素材集から開く］ダイアログの［パーソナルフォルダ］から先ほど保存したトップイメージのうちの1つを選択して［開く］をクリックします。

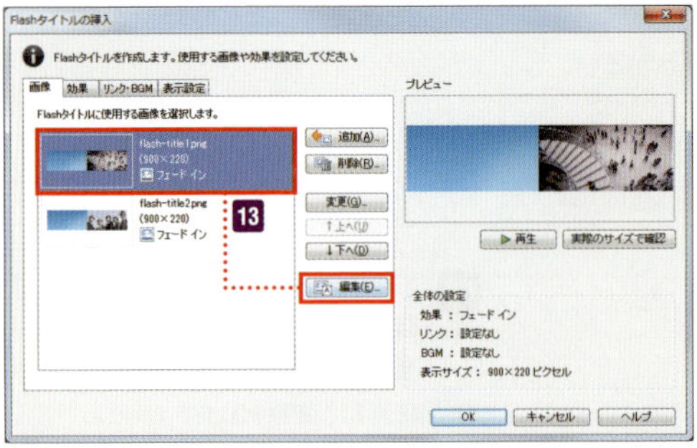

12 画像が読み込まれます。手順**10**～**11**を繰り返してもう1つの画像も読み込んでおきます。

13 1つ目の画像を選択した状態で［編集］をクリックします。

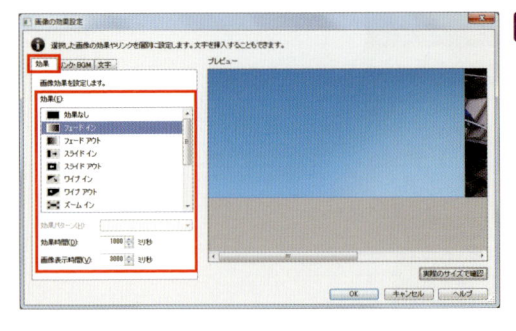

14 ［効果］タブでこの画像に効果、時間を設定します。

15 ［文字］タブで［文字枠の追加］をクリックし、［文字枠］に任意の文字を入力します。

16 ［スタイル］をクリックして任意のスタイルを設定し、必要に応じて効果と時間を設定します。

17 文字をドラッグして位置を調整します。

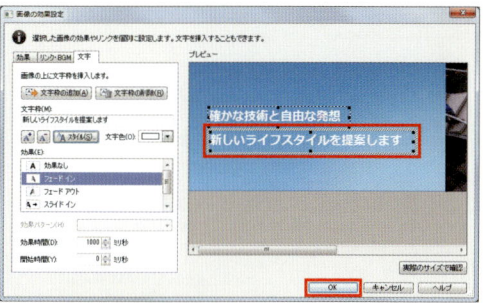

18 さらに文字を追加する場合は手順**15**～**17**を繰り返します。追加が終了したら［OK］をクリックします。

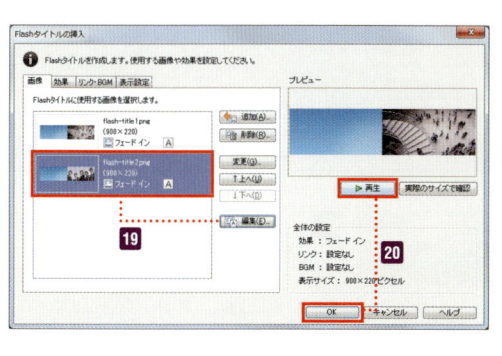

19 もう1つの画像にも効果、時間、文字を設定する場合は、手順**13**～**18**を繰り返してください。

20 ［再生］をクリックして動作を確認したら［OK］をクリックします。

> **MEMO** Flashタイトルの詳細な作成方法については スパテク 081 を参照してください。

21 Flashタイトルが挿入されます。［プレビュー］タブをクリックするとページ上での動作が確認できます。あとはページを上書き保存し、Flashタイトルの関連ファイルも保存すれば完了です。

POINT　Flashタイトルのサイズ

Flashタイトルの幅と高さは、トップイメージと同じサイズにする必要があります。Flashタイトル用の画像を準備する際は、サイズに十分注意してください。トップイメージのサイズを知るには、まず スパテク 024 ■背景画像をウェブアートデザイナーで開いて編集するの手順**01**～**02**を操作し、ウェブアートデザイナーにトップイメージを読み込みます。そしてメニューの［編集］→［キャンバスの設定］で調べます。

スパテク 026 メインメニューの項目名を変更する

メインメニューの項目名を目的に応じて書き換えましょう。これに伴い、項目のリンク先であるファイル名も、項目名に沿った名称に変更しましょう。

完成作例

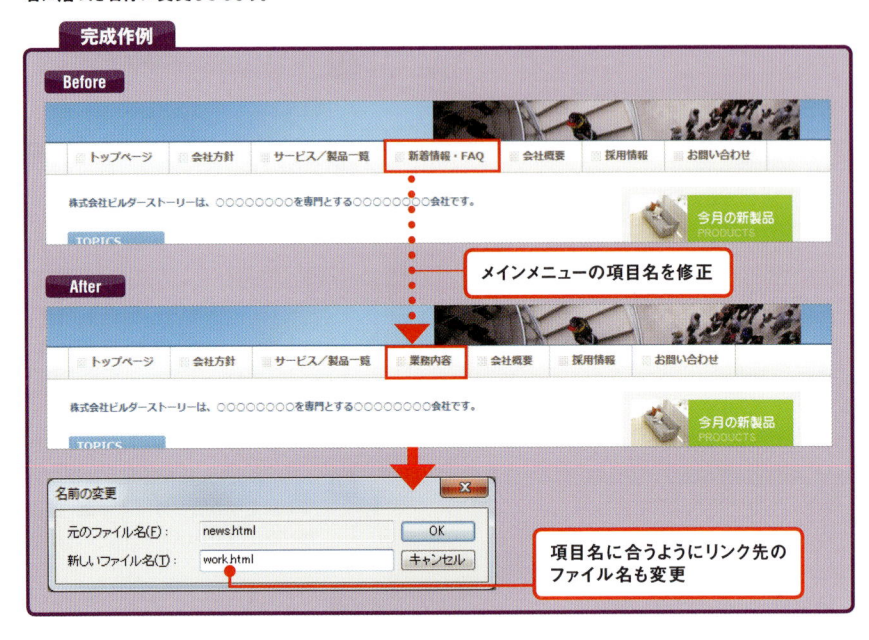

Before

After

メインメニューの項目名を修正

項目名に合うようにリンク先のファイル名も変更

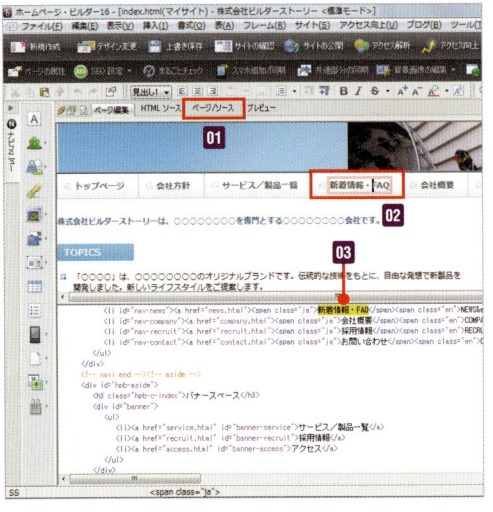

01 ページを開いたら下半分にソースを表示します。

> **MEMO** ここではトップページを開いています。

02 メインメニューで変更する項目名をクリックします。

03 ソースの項目名の部分が黄色く反転します。

メインメニューの項目名を変更する << スパテク026

```
<li id="nav-news"><a href="news.html"><span class="ja">新着情報・FAQ</span><span class="en">NEWS&amp;FAQ</span></a>
<li id="nav-company"><a href="company.html"><span class="ja">会社概要</span><span class="en">COMPANY</span></a>
<li id="nav-recruit"><a href="recruit.html"><span class="ja">採用情報</span><span class="en">RECRUIT</span></a>
<li id="nav-contact"><a href="contact.html"><span class="ja">お問い合わせ</span><span class="en">CONTACT US</span>
</ul>
```

↓

```
<li id="nav-news"><a href="news.html"><span class="ja">業務内容</span><span class="en">NEWS&amp;FAQ</span></a>
<li id="nav-company"><a href="company.html"><span class="ja">会社概要</span><span class="en">COMPANY</span></a>
<li id="nav-recruit"><a href="recruit.html"><span class="ja">採用情報</span><span class="en">RECRUIT</span></a>
<li id="nav-contact"><a href="contact.html"><span class="ja">お問い合わせ</span><span class="en">CONTACT US</span>
</ul>
```

04 新しい項目名に書き換えます。

> **MEMO** この例では「新着情報・FAQ」を「業務内容」に書き換えました。「class="ja"」属性は日本語項目名です。

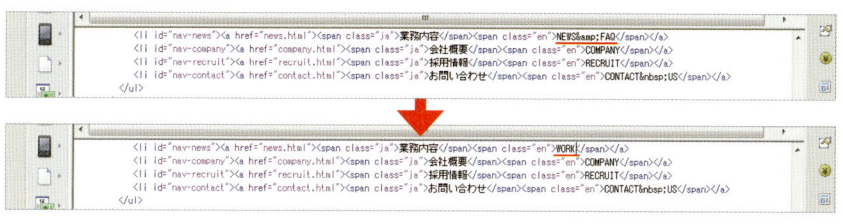

```
<li id="nav-news"><a href="news.html"><span class="ja">業務内容</span><span class="en">NEWS&amp;FAQ</span></a>
<li id="nav-company"><a href="company.html"><span class="ja">会社概要</span><span class="en">COMPANY</span></a>
<li id="nav-recruit"><a href="recruit.html"><span class="ja">採用情報</span><span class="en">RECRUIT</span></a>
<li id="nav-contact"><a href="contact.html"><span class="ja">お問い合わせ</span><span class="en">CONTACT US</span>
</ul>
```

↓

```
<li id="nav-news"><a href="news.html"><span class="ja">業務内容</span><span class="en">WORK</span></a>
<li id="nav-company"><a href="company.html"><span class="ja">会社概要</span><span class="en">COMPANY</span></a>
<li id="nav-recruit"><a href="recruit.html"><span class="ja">採用情報</span><span class="en">RECRUIT</span></a>
<li id="nav-contact"><a href="contact.html"><span class="ja">お問い合わせ</span><span class="en">CONTACT US</span>
</ul>
```

05 同列にあるもう一方のspanタグで囲まれた英語項目名も書き換えます。

> **MEMO** この例では「NEWS&FAQ」を「WORK」に書き換えました。「class="en"」属性は、英語項目名です。スタイルシートで「display:none;」（隠れ文字）が定義されているため画面には表示されません。
> ➡ スパテク 093

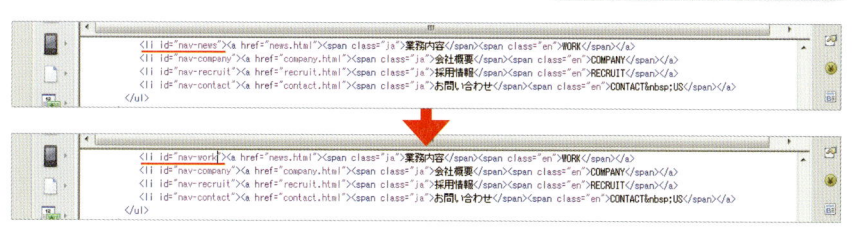

```
<li id="nav-news"><a href="news.html"><span class="ja">業務内容</span><span class="en">WORK</span></a>
<li id="nav-company"><a href="company.html"><span class="ja">会社概要</span><span class="en">COMPANY</span></a>
<li id="nav-recruit"><a href="recruit.html"><span class="ja">採用情報</span><span class="en">RECRUIT</span></a>
<li id="nav-contact"><a href="contact.html"><span class="ja">お問い合わせ</span><span class="en">CONTACT US</span>
</ul>
```

↓

```
<li id="nav-work"><a href="news.html"><span class="ja">業務内容</span><span class="en">WORK</span></a>
<li id="nav-company"><a href="company.html"><span class="ja">会社概要</span><span class="en">COMPANY</span></a>
<li id="nav-recruit"><a href="recruit.html"><span class="ja">採用情報</span><span class="en">RECRUIT</span></a>
<li id="nav-contact"><a href="contact.html"><span class="ja">お問い合わせ</span><span class="en">CONTACT US</span>
</ul>
```

06 必要に応じてソース上でid属性も項目名に関連する名称に書き換えます。

> **MEMO** ここの例では「nav-news」を「nav-work」に書き換えました。

Next >>

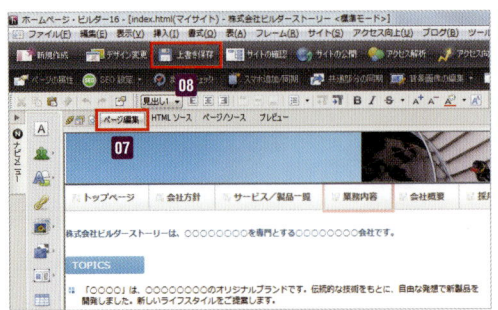

07 ［ページ編集］タブをクリックすると項目名が変更されます。

08 ［上書き保存］をクリックして保存します。

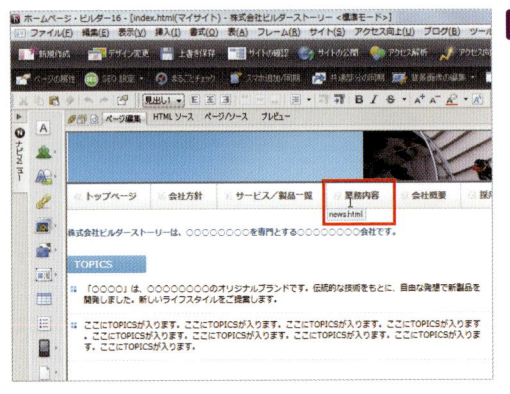

09 今度は項目のリンク先ファイル名を変更するため、項目名にマウスポインタを合わせます。ポップアップメニューでリンク先のファイル名が表示されます。

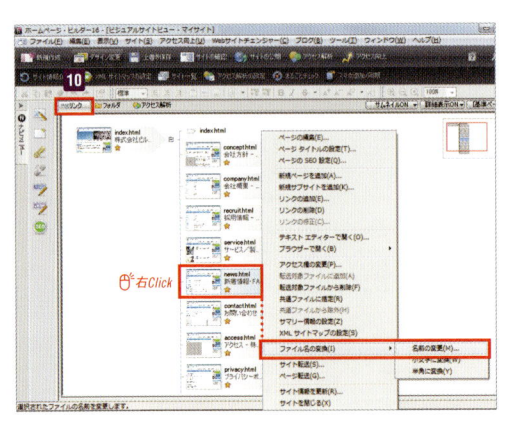

10 ページを閉じてビジュアルサイトビューの［リンク］タブをクリックします。

11 手順 **09** で確認したファイルを右クリック→［ファイル名の変更］→［名前の変更］をクリックします。

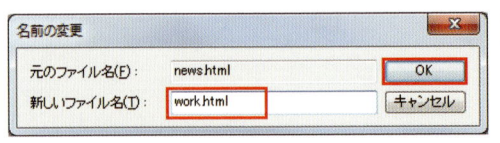

12 ［名前の変更］ダイアログで新しいファイル名を入力したら［OK］をクリックします。

> **MEMO** この例では「news.html」から「work.html」に変更しました。

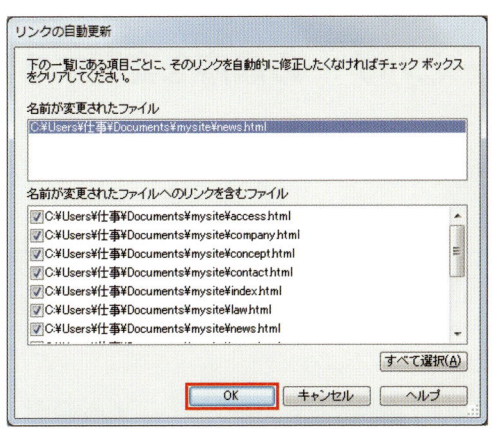

13 [リンクの自動更新] ダイアログで [OK] をクリックするとリンクが更新されます。

14 再びトップページを開き、変更した項目名にマウスポインタを合わせると、リンク先のファイル名が変更されていることが確認できます。

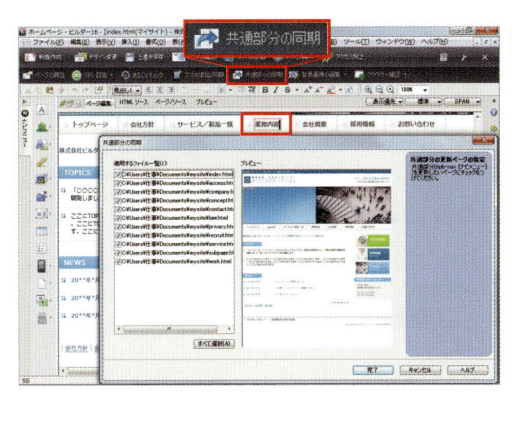

15 メインメニューにカーソルを置いて、共通部分の同期を行い、その他のページにも変更内容を反映すれば完了です。

➡ スパテク 020　06～10

MEMO バナーのリンク先を変更する場合も、このテクニックと同じ方法で実現できます。

POINT　ページタイトルの変更

ページタイトルを変更するには手順11でファイルを右クリック→ [ページタイトルの設定] を選択してください。
[新しいタイトル] に新しいタイトルを入力します。

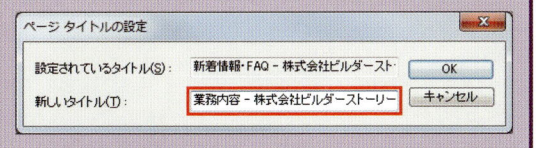

スパテク027 メインメニューとバナーの順序を変更する

メインメニューとバナーの順序は、簡単に入れ替えることができます。順序を入れ替えた後は共通部分の同期を必ず実行してください。

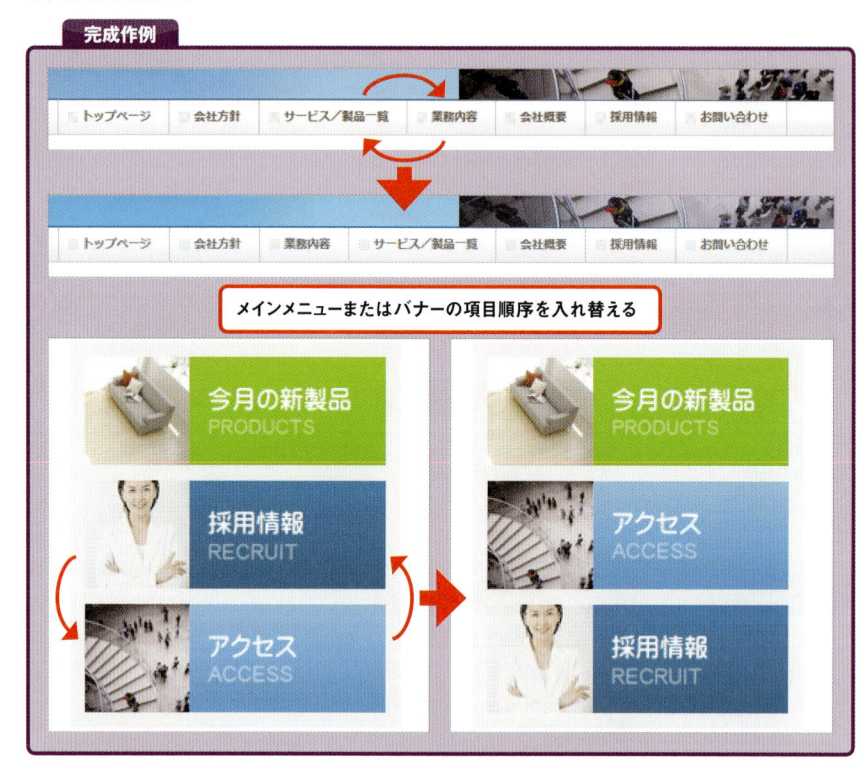

完成作例

メインメニューまたはバナーの項目順序を入れ替える

▼メインメニューの場合

▼バナーの場合

01 トップページを開いたら、順序を変更するメインメニューの項目あるいはバナーをクリックします。

02 かんたんナビバーの［リスト項目の編集］をクリックします。

03 前へ移動する場合は［リスト項目を前へ移動］をクリックします。後へ移動する場合は［リスト項目を後へ移動］をクリックします。

▼メインメニューの場合

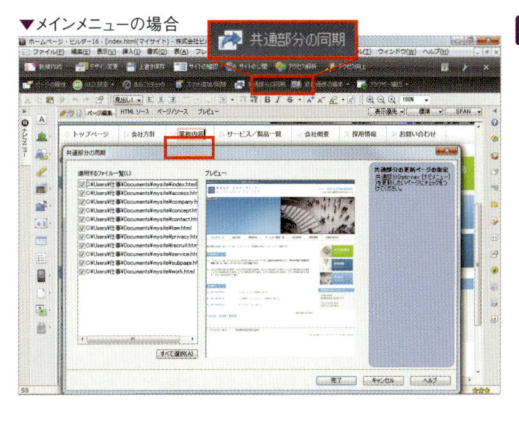

04 共通部分の同期を行い、その他のページにも変更内容を反映すれば完了です。

→ スパテク 020　06〜10

▼バナーの場合

POINT　項目の追加と削除

項目の追加と削除については スパテク 029 を参照してください。なおテンプレートによっては追加した項目が表示されない場合があります。たとえばこのテクニックで使用中の横型メインメニューは、レイアウトの横幅が固定されているため、複製した項目は収まりきれずに表示されません。そんなときは、レイアウトを変更する（スパテク 019 参照）か、項目幅を調整するなどして対応しましょう（スパテク 036、スパテク 037 参照）。おすすめな方法は、現在の項目数のまま、サブメニューで項目を分岐する方法です（スパテク 034、スパテク 035 参照）。

スパテク028 コンテンツを編集する ～画像の編集～

メインコンテンツにサンプル画像が挿入されている場合は、内容に応じて画像の差し替えや回り込みを変更しましょう。また画像にはSEOのための代替テキストとタイトルを設定しましょう。

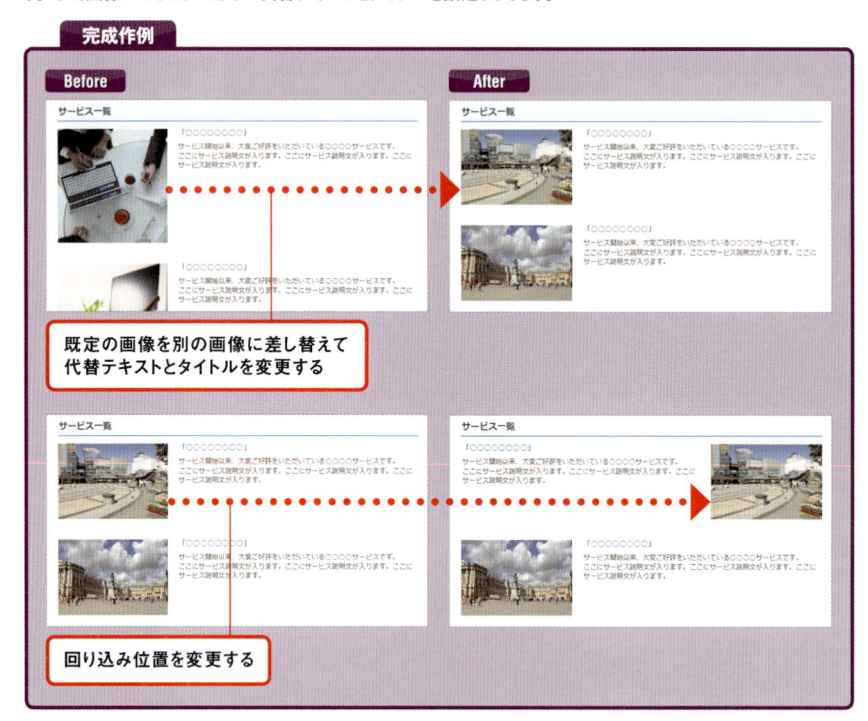

完成作例

Before → **After**

既定の画像を別の画像に差し替えて代替テキストとタイトルを変更する

回り込み位置を変更する

■ 画像を差し替える

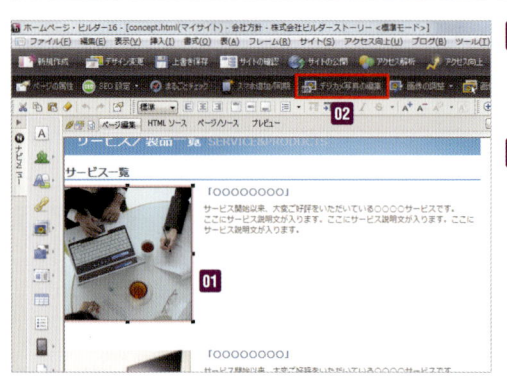

01 メインコンテンツに画像が含まれるページを開いたら、画像をクリックします。

02 かんたんナビバーの［デジカメ写真の編集］をクリックします。

> **MEMO** 差し替える画像が写真ボックスの場合は、手順02で［デジカメ写真の挿入］をクリックします。

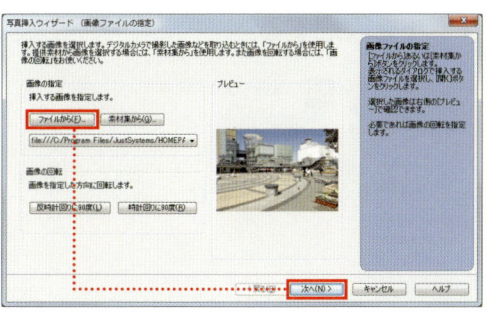

03 写真挿入ウィザードが起動します。［ファイルから］をクリックし、差し替える画像ファイルを指定して［次へ］をクリックします。

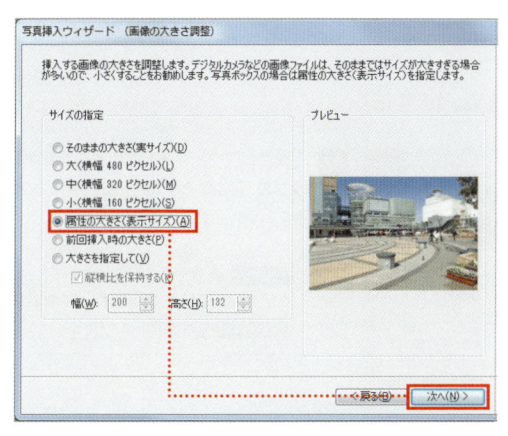

04 ［属性の大きさ（表示サイズ）］を選択して［次へ］をクリックします。

> **MEMO** ［属性の大きさ（表示サイズ）］を指定すると、現在のサイズに合わせて画像を挿入することができます。

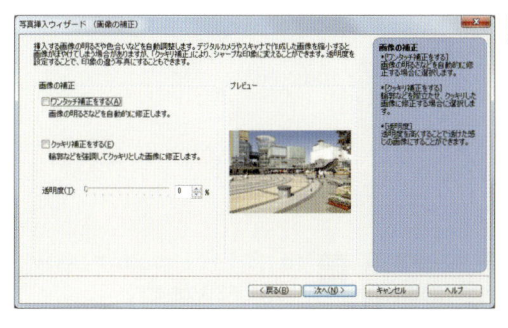

05 ［次へ］をクリックし、次の画面で［完了］をクリックすると画像が差し替わります。ページを上書き保存し、差し替えた画像も保存しましょう。

> **MEMO** 写真挿入ウィザードの途中で、画像の補正や特殊効果を設定できます。プレビューを確認しながら必要に応じて設定しましょう。

POINT　サイズを調節して挿入するには

特定のサイズで画像を挿入したい場合は、ウェブアートデザイナーのキャンバスサイズで画像を切り抜いたあとパーソナルフォルダに保存します（スパテク058、D17を参照）。その後、このテクニックを操作して手順03のところで［素材集から］をクリックしてパーソナルフォルダから画像を選んだら、手順04のところで「そのままの大きさ（実サイズ）」を指定します。

■ 画像に代替テキストとタイトルを設定する

01 画像をクリックします。

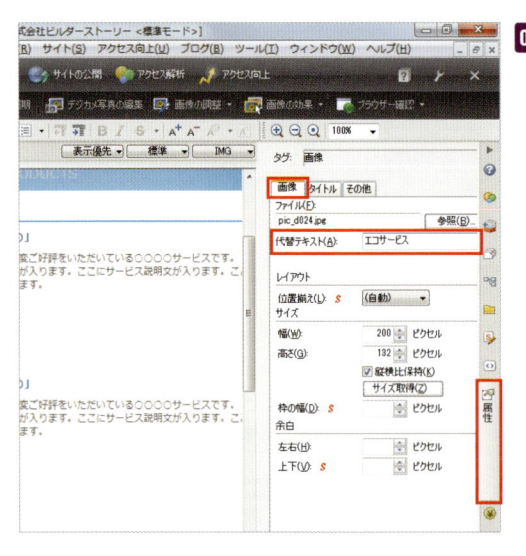

02 ［属性ビュー］を選択したら、［画像］タブの［代替テキスト］に代替テキストを入力します。

> **MEMO** 代替テキストを設定すると、SEOの効果がアップします。詳細はスパテク092を参照してください。

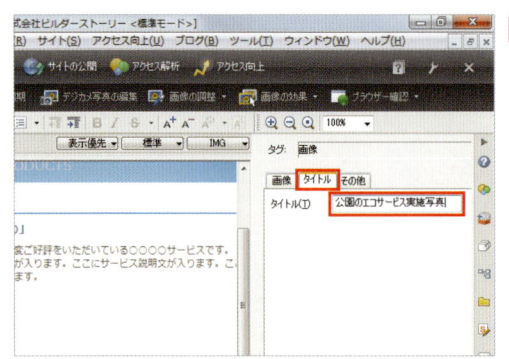

03 ［タイトル］タブをクリックして［タイトル］にタイトルを入力します。

> **MEMO** タイトルを設定すると、画像にマウスカーソルを合わせたときのツールチップとして表示されます。

■ 画像の回り込み位置を変更する

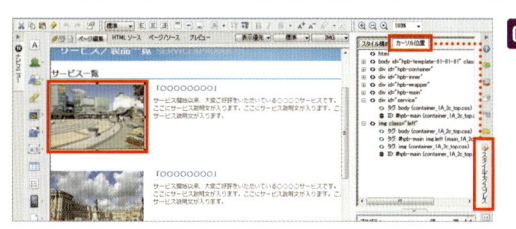

01 画像をクリックして［スタイルエクスプレスビュー］の［カーソル位置］パネルをクリックします。

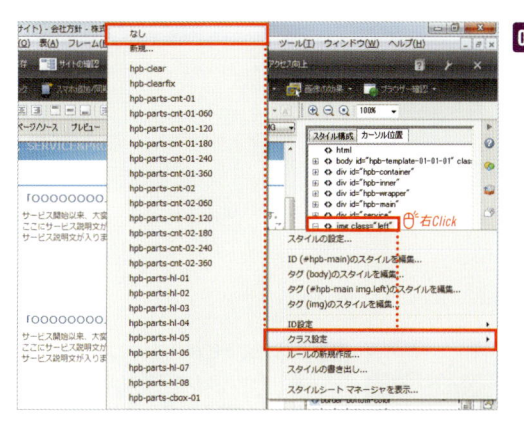

02 img class="xxx"が自動選択されるので右クリックから［クラス設定］→「なし」を選択します。

> **MEMO** すでに回り込みの属性（rightまたはleft）が設定されている場合は、解除してから設定しましょう。

> **MEMO** スタイルクラスは、［スタイルクラス］ツールバーから設定または解除することもできます。表示するには、メニューの［表示］→［ツールバー］→［スタイル］を選択します。

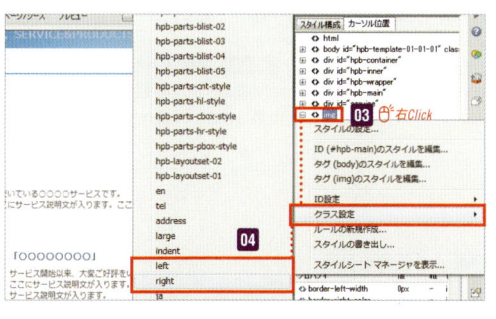

03 もう一度画像をクリックしたら、imgを右クリック→［クラス設定］をポイントします。

04 右への回り込みは「right」、左への回り込みは「left」のスタイルクラスをクリックします。回り込み位置が変更されます。

POINT　スタイルクラスの効率的な選択方法

手順04でスタイルクラスの数が多くて選択しづらい場合は、一覧を表示したところでセレクタ名の頭文字のアルファベットキーを押すと素早く移動できます。「right」の場合は R キーを押します。

POINT　回り込みスタイルをソース上で書き換える

回り込みを設定した画像のソースを表示すると、画像に関連付けたスタイルクラスが確認できます。左の回り込みは「class="left"」、右の回り込みは「class="right"」です。回り込みを変更したいときに、ソースを表示してスタイルクラスを直接書き換えても構いません。

スパテク 029
コンテンツを編集する
～リスト項目の追加・削除・移動～

リスト<ul><li>、番号リスト<ol><li>、説明付きリスト<dl><dt><dd>で作成された一覧表などのコンテンツは、項目を簡単に追加・削除・移動できます。

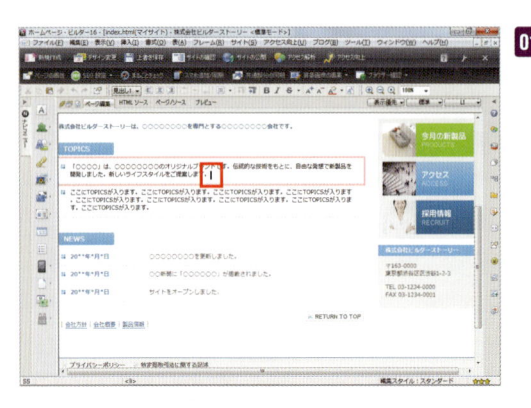

01 リスト項目があるページを開いたら、追加したい場所の項目をクリックします。

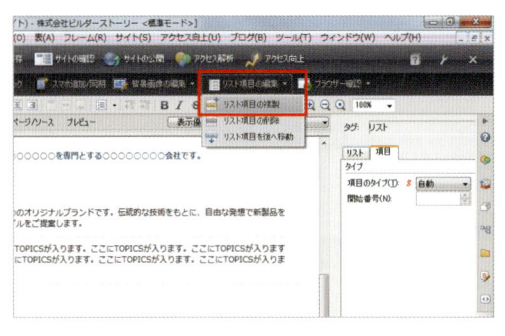

02 かんたんナビバーの［リスト項目の編集］をクリックして［リスト項目の複製］をクリックするとコピーされるので内容を書き換えます。

> **MEMO** 削除する場合は［リスト項目の削除］を、移動する場合は［リスト項目を前へ（後へ）移動］を選択してください。

POINT　ステータスバーにHTMLタグ情報を表示

リスト項目がどうかを判断するには、ステータスバーにタグ属性を表示すると便利です。メニューの［ツール］→［オプション］を選択して［オプション］ダイアログの［表示］タブで［ステータス表示領域］の「HTMLタグ情報」を選択します。これで、ページ上でクリックした箇所のタグ属性がステータスバーに表示されます。

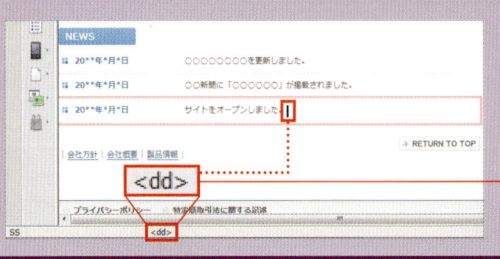

ステータスバーにタグ属性を表示。カーソル位置の要素は<dd>なので、説明付きリストであると判断できる

コンテンツを編集する
～部品のコピー～

スパテク 030

ページの部品をコピーしたい場合、ページ編集画面で操作すると選択範囲を誤ることがあります。タグ上で正確な範囲をコピーしてから貼り付けましょう。

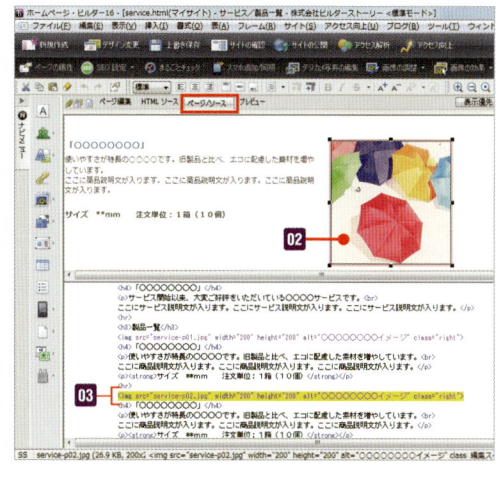

完成作例

ページ内にある部品と同じものをコピーして別の場所に貼り付ける。操作はソース上で行う

01 部品が含まれるページを開いて下半分にソースを表示しておきます。

MEMO ここでは「サービス／製品一覧」のページを開いています。

02 コピーする部品のいずれかをクリックしてカーソルを置きます。

03 クリックした要素が黄色く反転します。

MEMO ソースのコピー＆ペーストを誤るとHTML構文エラーとなるので、ページを上書き保存してから操作してください。操作を誤った場合は、F5 キーを押せば直前の保存状態に戻すことができます。

Next >>

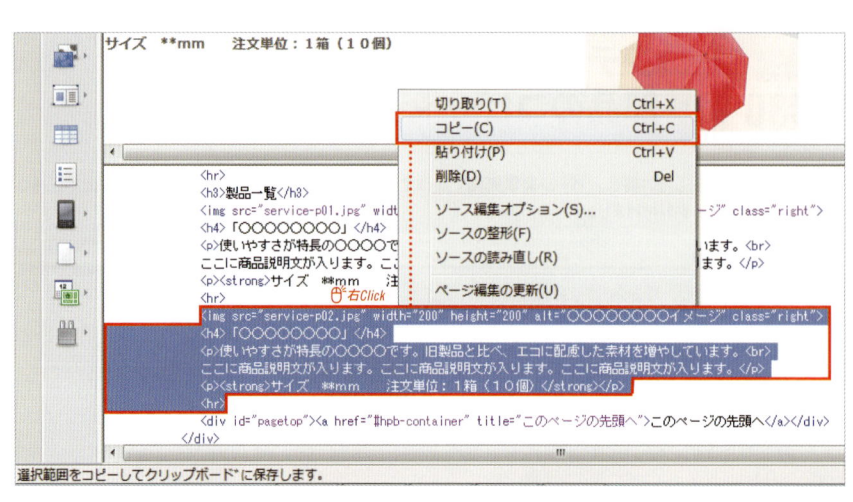

スパテク030 >> コンテンツを編集する～部品のコピー～

04 コピーするソースの範囲をドラッグして選択したら右クリック→コピーを選択します。

> **MEMO** ここでは写真ボックスの画像、文章、罫線をコピーするため`<img>`の手前から`<hr>`の後ろの範囲をコピーしています。選択範囲を誤らないように注意深くコピーしましょう。

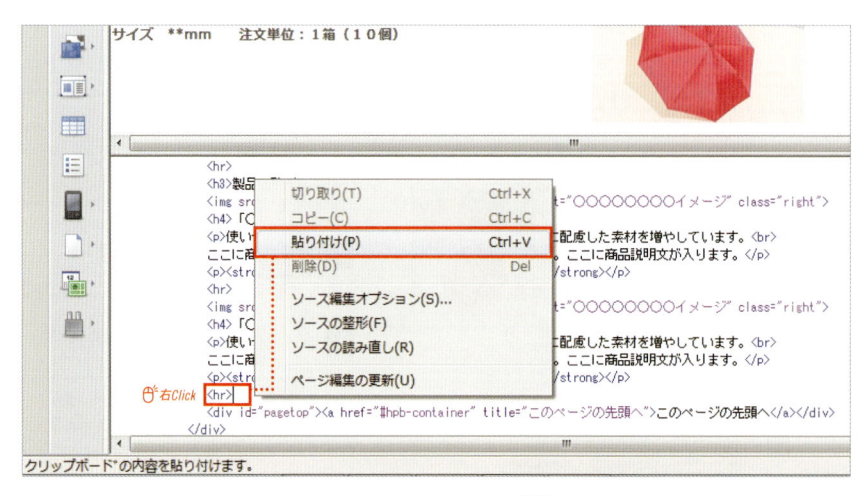

05 選択範囲の`<hr>`の直後をクリックしてカーソルを置いたら、右クリック→［貼り付け］を選択してソースを貼り付けます。

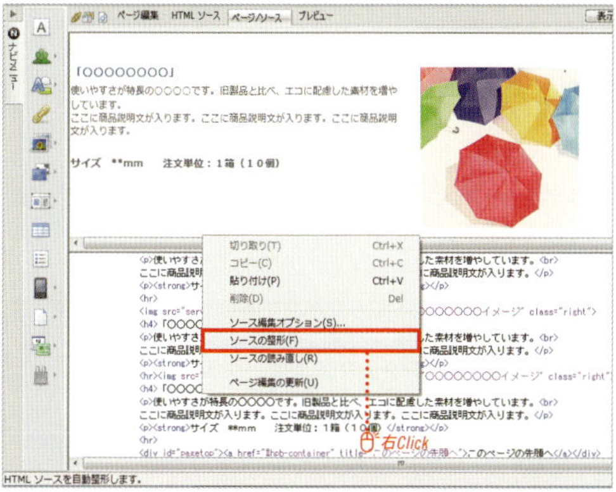

コンテンツを編集する～部品のコピー～ << スパテク030 | ホームページ・ビルダー16

06 ソース上で右クリック→［ソースの整形］を選択すると、ソースがきれいに整形されます。

07 ［ページ編集］タブをクリックすると部品の貼り付けが確認できます。

MEMO 写真ボックスの画像を別の画像に差し替えて仕上げましょう。
→ スパテク 028

上と同じ部品が貼り付けられた

POINT　HTMLソースを見やすくする

HTMLソースのインデントを深くすると、入れ子構造がより見やすくなり編集しやすくなります。ソース上で右クリック→［ソースの編集オプション］を選択し、［文字下げ］の［インデント］で現在よりも大きい値を入力してください。その後はソースを表示し、手順06のソースの整形を実行するとインデントが変わります。

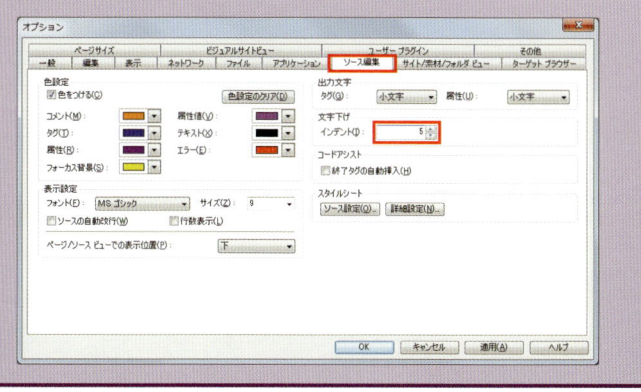

149

コンテンツを編集する
～IDセレクタを持つ部品のコピー～

IDセレクタを持つ部品をコピーする場合は、セレクタ名をクラスセレクタに変える必要があります。IDセレクタは、1ページにつき一意である必要があるからです（ C1 を参照）。

完成作例

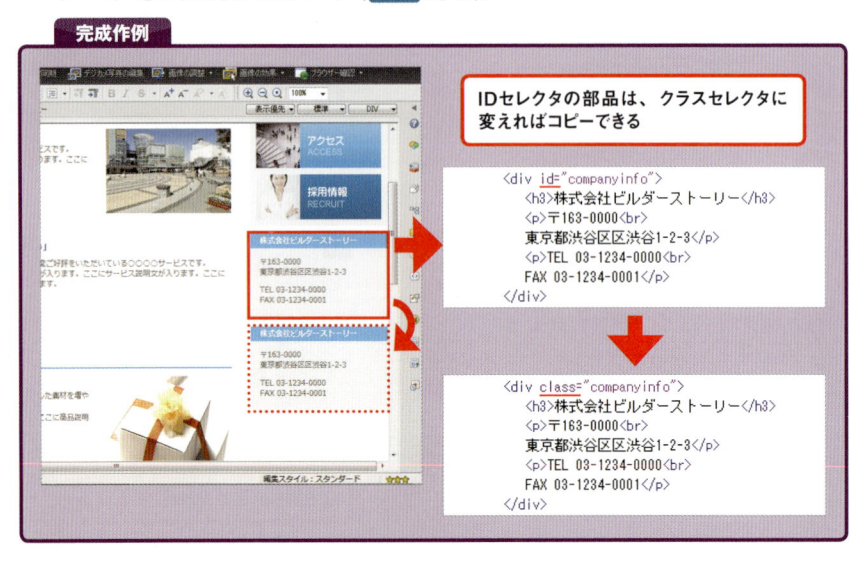

IDセレクタの部品は、クラスセレクタに変えればコピーできる

```
<div id="companyinfo">
  <h3>株式会社ビルダーストーリー</h3>
  <p>〒163-0000<br>
  東京都渋谷区渋谷1-2-3</p>
  <p>TEL 03-1234-0000<br>
  FAX 03-1234-0001</p>
</div>
```

```
<div class="companyinfo">
  <h3>株式会社ビルダーストーリー</h3>
  <p>〒163-0000<br>
  東京都渋谷区渋谷1-2-3</p>
  <p>TEL 03-1234-0000<br>
  FAX 03-1234-0001</p>
</div>
```

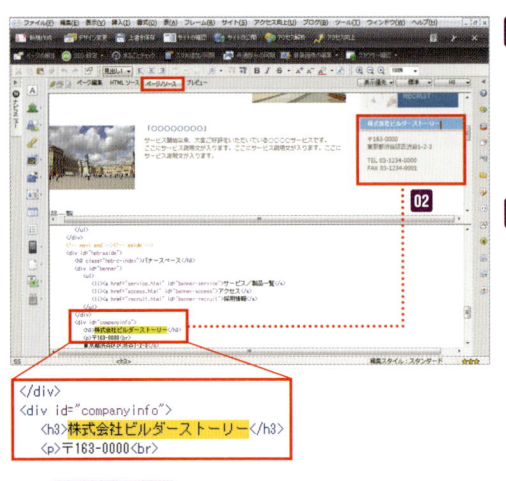

01 ここでは、サイドバーにある企業情報をコピー可能にします。ページを開いて下半分にソースを表示し、整形しておきます。
→ A8

02 サイドバーの企業情報があるレイアウトコンテナをクリックすると該当するソースが黄色く反転します。

MEMO このレイアウトコンテナには「companyinfo」というIDセレクタが割り当てられていることを確認できます。

```
<div id="companyinfo">
  <h3>株式会社ビルダーストーリー</h3>
  <p>〒163-0000<br>
```

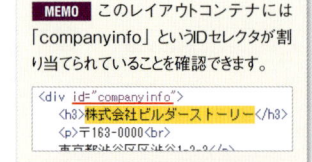

POINT　サイトのバックアップ

ここでは、サイト全体のソースを一括置換します。操作を誤っても元に戻せるようにするため、事前にサイトのバックアップをとっておくことをおすすめします。 → B5

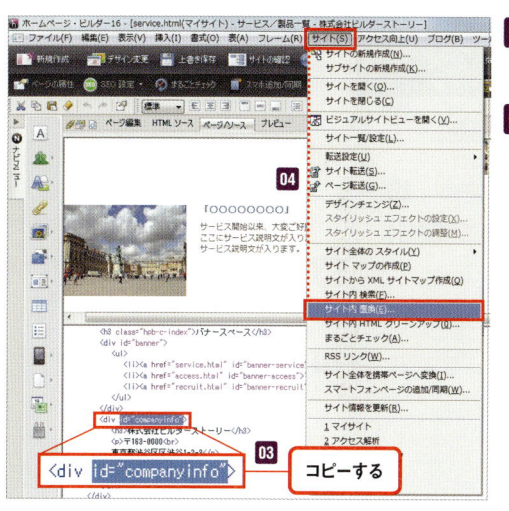

コンテンツを編集する〜IDセレクタを持つ部品のコピー〜 << スパテク031 | ホームページ・ビルダー16

03 「id="companyinfo"」を選択したら Ctrl + C キーを押してコピーします。

04 メニューの［サイト］→［サイト内置換］を選択します。

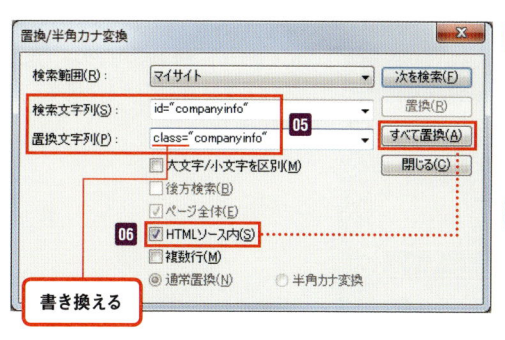

05 ［置換/半角カナ置換］ダイアログで［検索文字列］と［置換文字列］に手順03でコピーしたセレクタを貼り付けたら、［置換文字列］の「id」を「class」に書き換えます。

06 ［HTMLソース内］をオンにしたら［すべて置換］をクリックします。

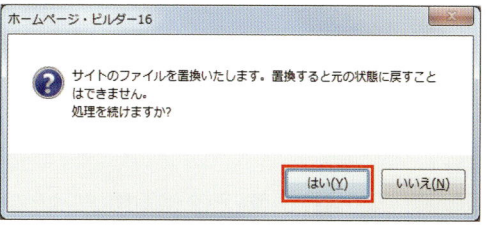

07 ［はい］をクリックします。

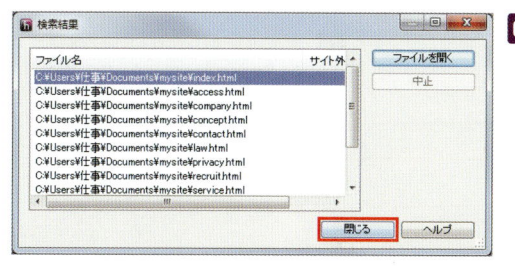

08 ［検索結果］ダイアログで置換されたファイルの一覧が表示されるので［閉じる］をクリックします。

Next >>

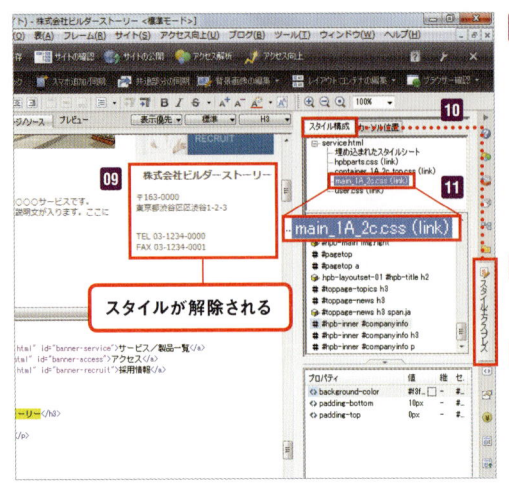

スパテク031 ≫ コンテンツを編集する～IDセレクタを持つ部品のコピー～

09 IDの指定をclassに変えたので、ページ編集画面のインフォメーションのスタイルが解除されます。

> **MEMO** 続いて、外部スタイルシートで定義されたIDセレクタをクラスセレクタに変えます。

10 ［スタイルエクスプレスビュー］の［スタイル構成］パネルをクリックします。

11 先頭がmain_ではじまる外部スタイルシートをクリックします。

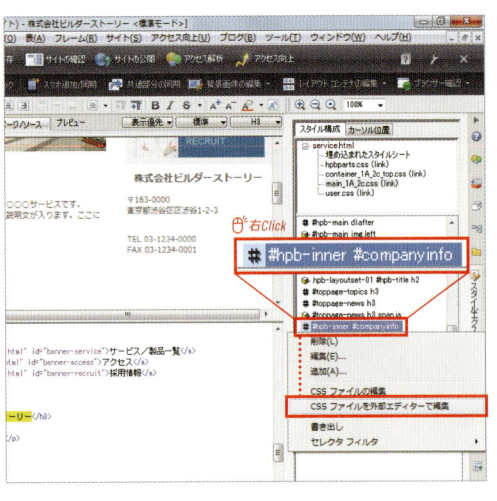

12 一覧の中から「#companyinfo」のIDを含むセレクタを右クリック→［CSSファイルを外部エディターで編集］を選択します。

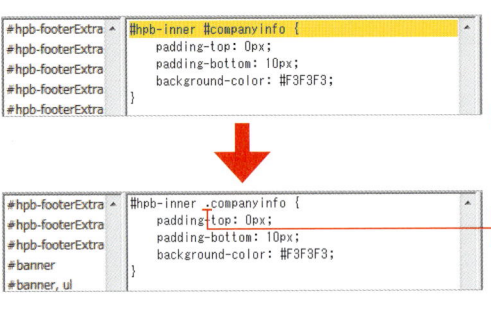

13 外部エディターが起動してIDセレクタの定義が表示されます。

14 黄色く反転したIDセレクタにある#companyinfoの#を．（ピリオド）に書き換えます。

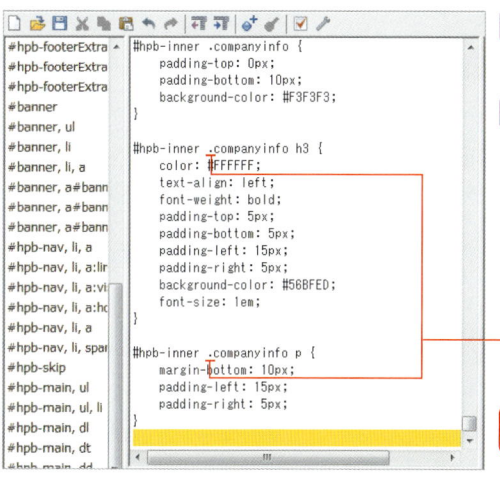

15 残り2つの#companyinfoの#も.（ピリオド）に書き換えます。

16 ［上書き保存］ボタンをクリックして上書き保存したら、CSSエディターを閉じます。

> **MEMO** CSSエディターのメニューから［編集］→［置換］を選択し、［検索する文字列］に［#companyinfo］、［置換する文字列］に［.companyinfo］と入力して一括置換をしても構いません。

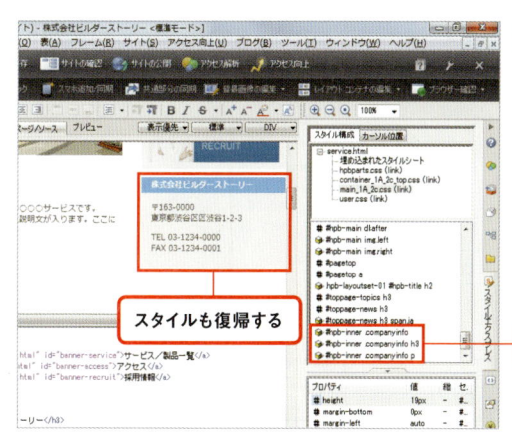

.に書き換え

17 定義内容をクラスセレクタに変更したため、スタイルの設定が復帰します。これでレイアウトコンテナのコピーが可能となります。

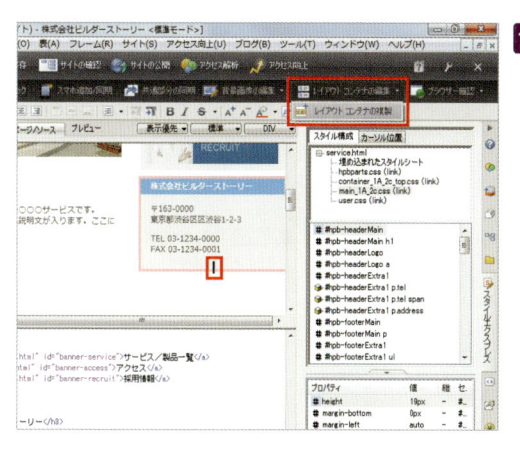

スタイルも復帰する

セレクタの変更を確認できる

18 レイアウトコンテナにカーソルを置いたら、かんたんナビバーの［レイアウトコンテナの編集］をクリックして［レイアウトコンテナの複製］を選択すると複製できます。

スパテク 032 サンプル部品を挿入する

サンプル部品を使えば、ページ内のコンテンツを簡単に作成できます。部品のデザインスタイルは、すでに準備されており、テンプレートの色彩にあわせて自動調整されます。挿入場所は回り込みを解除する必要があります。

完成作例

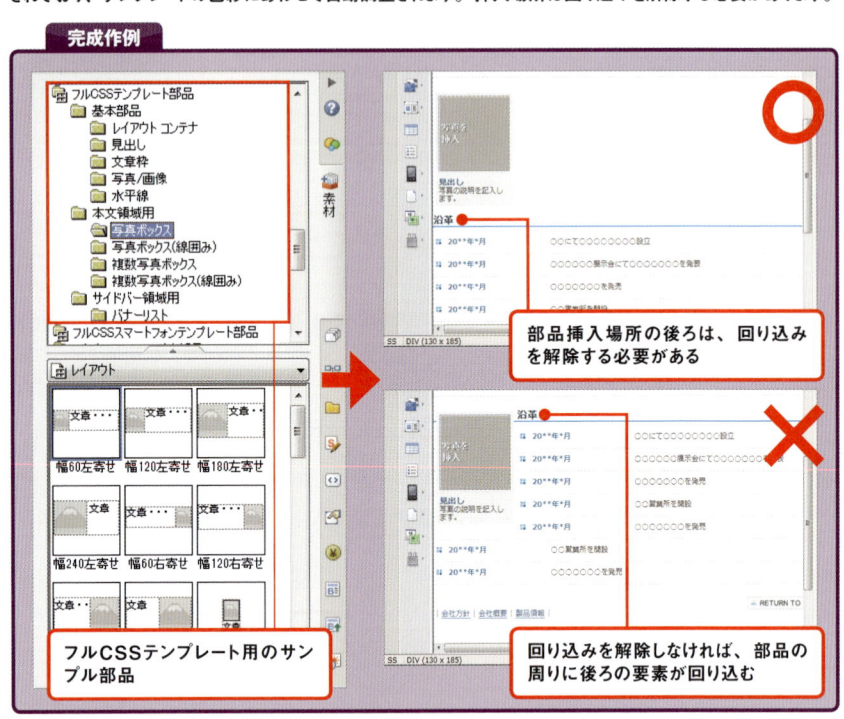

フルCSSテンプレート用のサンプル部品

部品挿入場所の後ろは、回り込みを解除する必要がある

回り込みを解除しなければ、部品の周りに後ろの要素が回り込む

■ サンプル部品を挿入する

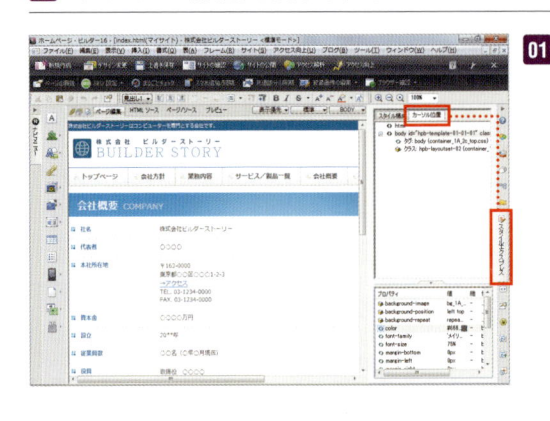

01 サンプル部品を挿入するページを開いたら、[スタイルエクスプレスビュー]を表示して[カーソル位置]パネルをクリックします。

> **MEMO** ここでは「会社概要」のページを開いています。

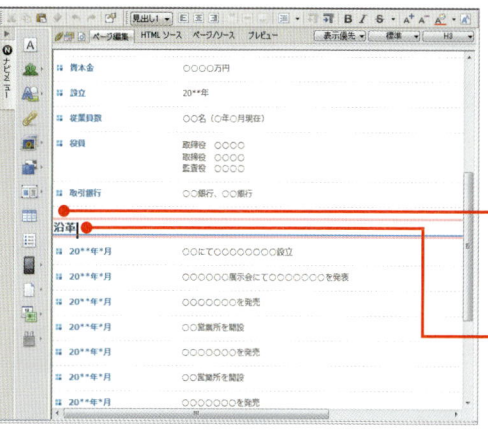

02 部品を挿入する場所の後ろの要素にカーソルを置きます。

> **MEMO** ここでは見出し3にカーソルを置きました。

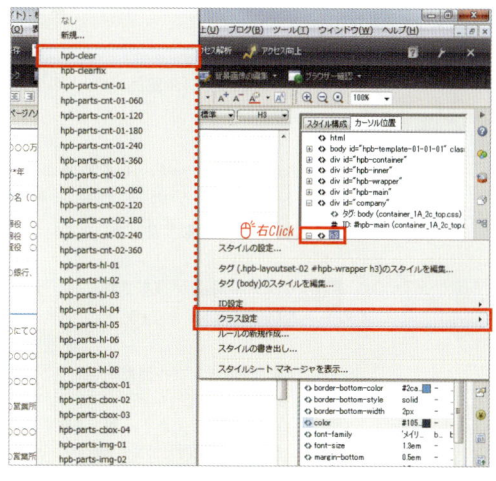

部品を挿入する場所

02 部品を挿入する後ろの要素（見出し3）にカーソルを置く

03 カーソルを置いた場所の要素のタグを右クリックして［クラス設定］→「hpb-clear」を選択します。

> **MEMO** カーソル位置の要素は見出し3なので、<h3>に回り込み解除のスタイルクラスを関連付けます。.hpb-clearには、回り込みを解除する属性値（clear:both;）が定義されています。

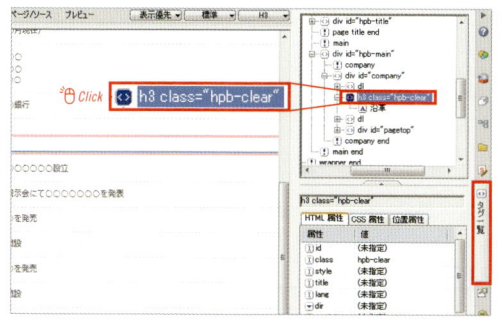

04 <h3>には回り込みを解除するスタイルクラスが関連付けられるので、［タグ一覧ビュー］でスタイルクラスを関連付けた<h3 class="hpb-clear">をクリックして部品を挿入する場所へカーソルを移動します。

> **MEMO** 回り込みを解除した見出しの手前にカーソルが置かれます。一度ソースを表示して<h3>タグの手前にカーソルを置き、ページ編集画面に戻しても構いません。

Next >>

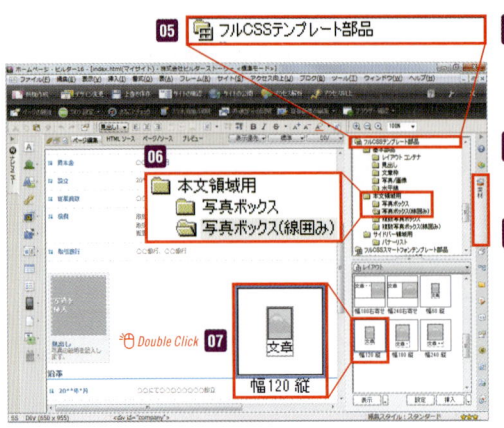

05 ［素材ビュー］の［フルCSSテンプレート部品］をクリックします。

06 ［本文領域用］→［写真ボックス（線囲み）］をクリックします。

07 挿入する部品をダブルクリックすると挿入されます。ここでは「幅120縦」の写真ボックスを挿入しました。

MEMO 写真ボックスに画像を挿入する方法については スパテク028 を参照してください。

■ サンプル部品を複製・削除・移動する

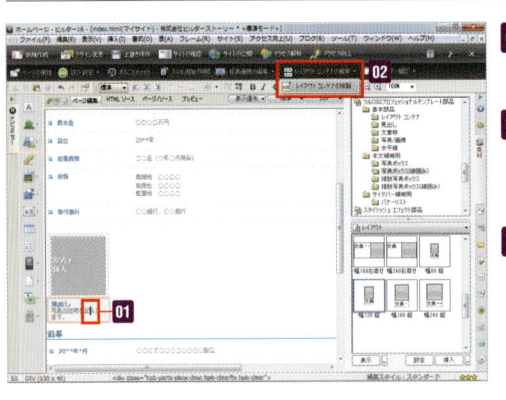

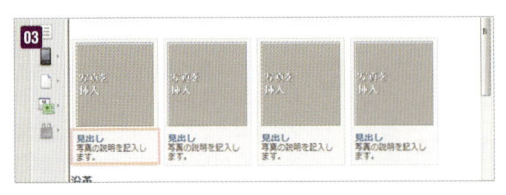

01 挿入したサンプル部品にカーソルを置きます。

02 かんたんナビバーの［レイアウトコンテナの編集］をクリックして［レイアウトコンテナの複製］を選択します。

03 サンプル部品が複製されます。必要な数だけ複製しましょう。

MEMO サンプル部品を削除するには、手順02で［レイアウトコンテナの削除］を選択します。順序を変更するには［レイアウトコンテナを前へ（後へ）移動］を選択します。

POINT コピー可能なレイアウトコンテナ

コピーができるレイアウトコンテナは、クラスセレクタが関連付けられている部品です。IDセレクタはコピーできませんが、クラスセレクタに変えることで可能となります。
→ スパテク031

スパテク 033 サンプル部品のスタイルを編集する

サンプル部品を独自のデザインにカスタマイズするには、スタイルの属性値を編集します。ここでは写真ボックスの部品サイズを拡大する方法を解説します。

完成作例

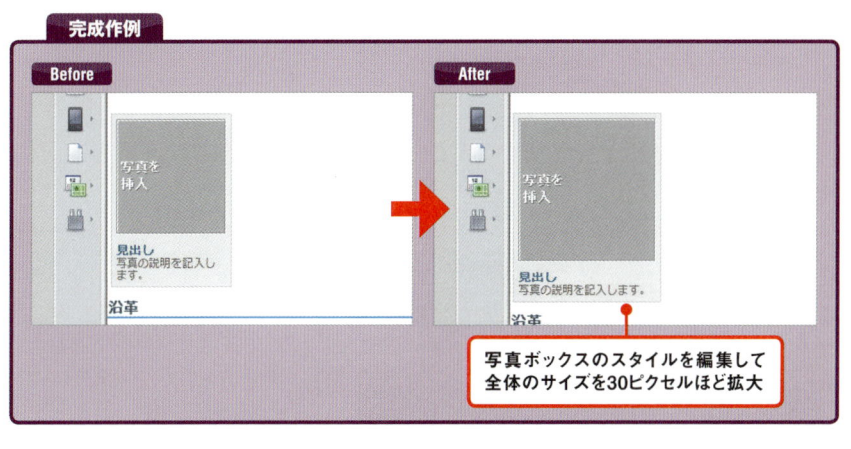

Before → **After**

写真ボックスのスタイルを編集して全体のサイズを30ピクセルほど拡大

01 スパテク 032 の方法で写真ボックスのサンプル部品を挿入しておきます。

> **MEMO** ここでは、スパテク 032 と同じ「幅120縦」の写真ボックスを挿入しています。

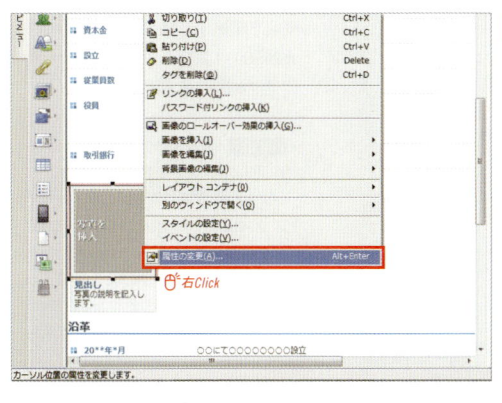

02 「写真を挿入」と書かれたグレーのボックスを右クリック→［属性の変更］を選択します。

Next >>

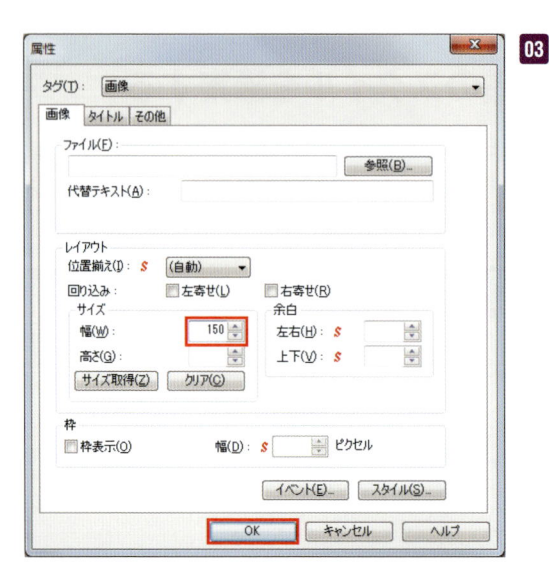

| ホームページ・ビルダー16 | スパテク033 >> サンプル部品のスタイルを編集する

03 ［属性］ダイアログで［サイズ］の［幅］に新しい写真ボックスのサイズを入力したら［OK］をクリックします。

> **MEMO** ここではサイズを30ピクセルほど拡大して150ピクセルにしました。

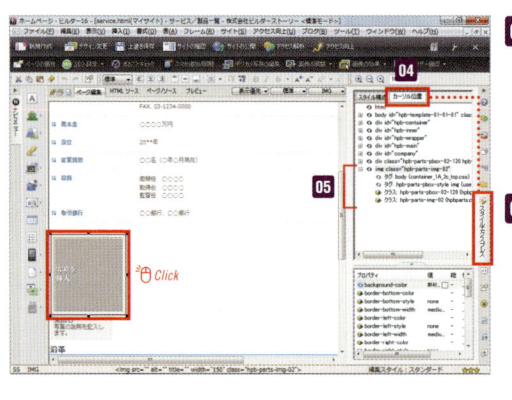

04 写真ボックスのサイズが変更されます。引き続き周囲の線囲みのサイズも変更するため、［スタイルエクスプレスビュー］の［カーソル位置］パネルをクリックします。

05 写真ボックスをクリックするとカーソル位置の要素にかかるID、タグ、クラスセレクタが表示されます。

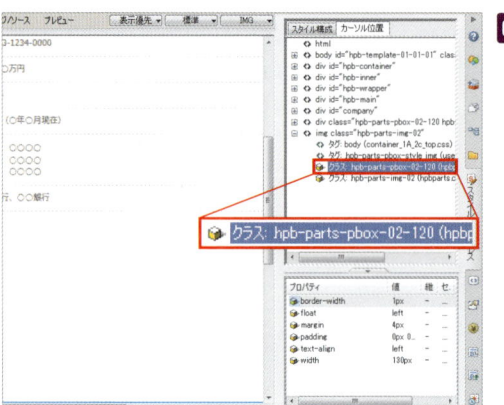

06 写真ボックスの周囲にある線囲みの横幅を変更する場合は「hpb-parts-pbox-01-120」をダブルクリックします（下記MEMO参照）。

> **MEMO** 写真ボックスの周囲にある線囲みの横幅を変更する場合は、セレクタ名の最後に写真ボックスのサイズ（「060」「120」「180」など）が付いたpboxあるいはmboxのセレクタを選択しましょう。挿入した写真ボックスのサイズに応じて値は異なります。

サンプル部品のスタイルを編集する << スパテク033 | ホームページ・ビルダー16

07 ［外部CSSファイルの更新確認］が表示されるので［はい］をクリックします。

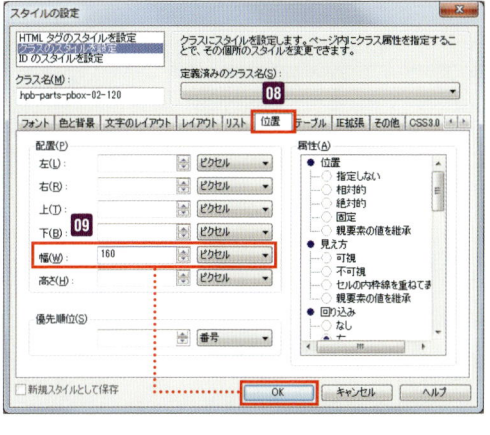

08 ［位置］タブをクリックします。

09 ［幅］に「160ピクセル」を指定したら［OK］をクリックします。

> **MEMO** ここは、手順**03**での拡大値（30ピクセル）を現在の130ピクセルに足した値（160）を指定します。

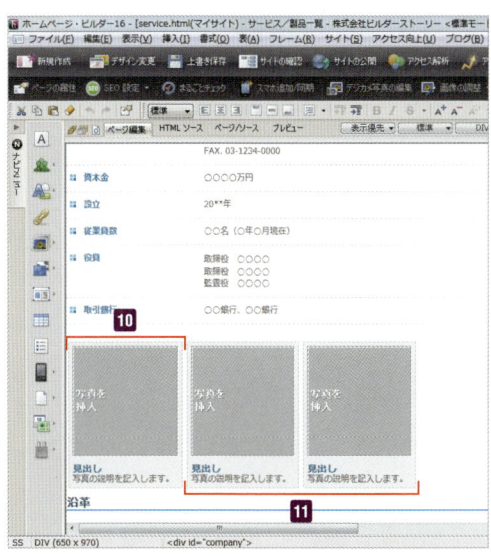

10 部品のサイズが調整されました。

11 必要に応じて、**スパテク032**の方法でサンプル部品を複製しましょう。

スパテク034 サイドバーにサブメニューを作成する

メインメニューの項目が足りないときは、分岐してサブメニューで対応しましょう。ここではサイドバーにサブメニューを作成する方法を解説します。

完成作例

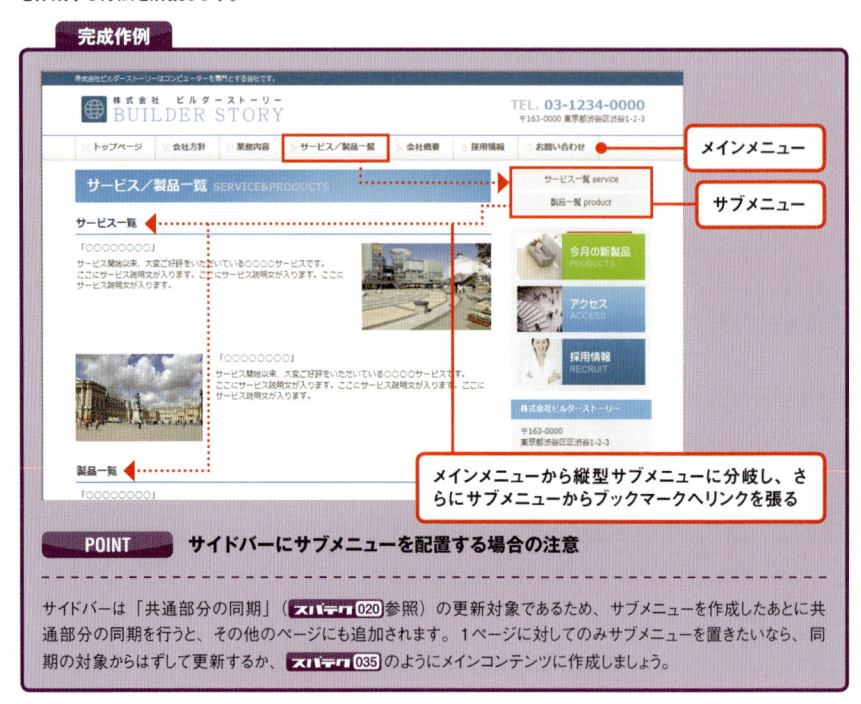

メインメニューから縦型サブメニューに分岐し、さらにサブメニューからブックマークへリンクを張る

POINT サイドバーにサブメニューを配置する場合の注意

サイドバーは「共通部分の同期」（スパテク020参照）の更新対象であるため、サブメニューを作成したあとに共通部分の同期を行うと、その他のページにも追加されます。1ページに対してのみサブメニューを置きたいなら、同期の対象からはずして更新するか、スパテク035のようにメインコンテンツに作成しましょう。

■ リンク先へラベルを付ける

01 サブメニューを作成するページを開いておきます。

> **MEMO** ここでは「サービス／製品一覧」のページを開いています。

02 ページ編集領域を［編集優先］にしておきます。

サイドバーにサブメニューを作成する << スパテク034 | ホームページ・ビルダー16

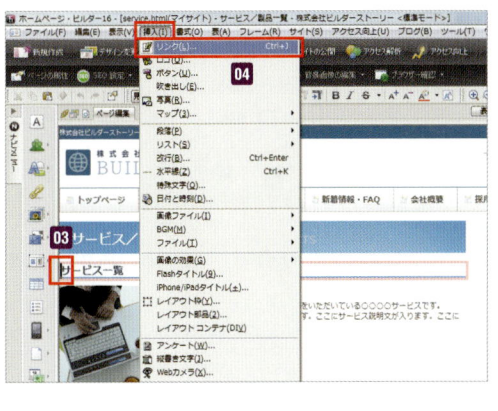

03 サブメニューの1つ目のリンク先にカーソルを置きます。

04 メニューの［挿入］→［リンク］を選択します。

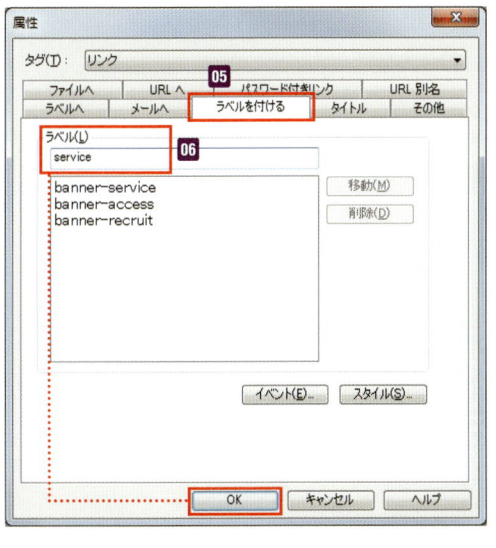

05 ［属性］ダイアログの［ラベルを付ける］タブをクリックします。

06 半角英数字で任意のラベル名を入力して［OK］をクリックします。

> **MEMO** ここにはserviceというラベルを付けました。

07 ラベルが付きます。

08 その他の場所にもラベルを付ける場合は、手順03～06を繰り返します。ただし手順06のラベルは、リンクごとに異なる名称を付けましょう。

ここにはproductというラベルを付けた

■ サブメニューを作成する

01 ページ編集領域を［表示優先］に戻しておきます。

02 ［タグ一覧ビュー］の［HTML属性］タブを表示しておきます。

03 サイドバーの上側あたりをクリックします。

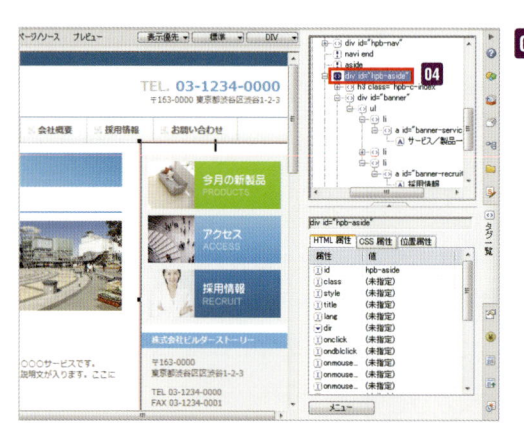

04 タグ一覧が切り替わるので、少し上の方にある「div id="hpb-aside"」をクリックします。

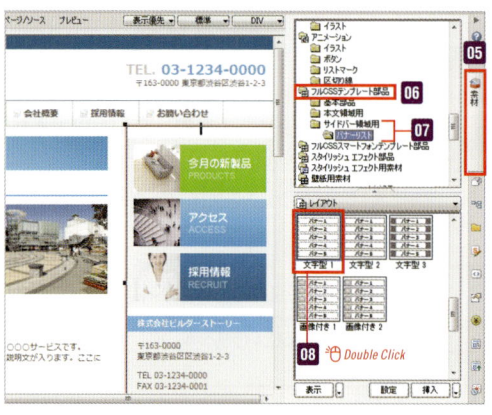

05 ［素材ビュー］をクリックします。

06 ［フルCSSテンプレート部品］をクリックします。

07 ［サイドバー領域用］の［バナーリスト］をクリックします。

08 挿入したいサブメニューの部品をダブルクリックします。

> **MEMO** ここでは「文字型1」の部品を挿入しました。

サイドバーにサブメニューを作成する << スパテク034　|　ホームページ・ビルダー16

09 サブメニューが挿入されるので、カーソルを置いた状態で下半分にソースを表示しておきます。

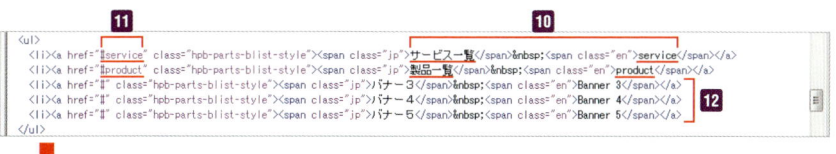

10 メインメニューの項目名を編集したときと同様に、ソースを表示してサブメニューの項目名を編集します。
→ スパテク 026

11 リンク先にはラベル名を設定します（#に続けてラベル名を入力）。

MEMO 他ページへリンクする場合は、URLかリンク先パスを入力してください。

12 必要のない項目は選択して削除します。

13 ［ページ編集］タブをクリックして元の画面に戻ると、サブメニューが完成します。

POINT　英語項目を非表示にする

サブメニューの項目は日本語名と英語名が表示されます。英語名を非表示にするには、外部スタイルシートに以下のセレクタと属性値を定義してください。逆に日本語名を非表示にするにはセレクタ名のenをjpに変更してください。

```
#hpb-aside li span.en { display: none; }
```

POINT　サブメニューの上余白を調整する

サブメニューの上側の余白サイズを広くするには、外部スタイルシート「hpbparts.css」の「.hpb-parts-blist-01 ul」定義で、paddingの上方向の値を調整してください。

163

スパテク035 メインコンテンツに横型のサブメニューを作成する

スパテク034では、サイドバーにサブメニューを作成しましたが、ここではメインコンテンツに作成する方法を解説します。

完成例

メインメニューから横型サブメニューに分岐し、さらにサブメニューからブックマークへリンクを張る

01 サブメニューを作成するページを開いておきます。

> **MEMO** ここでは「サービス／製品一覧」のページを開いています。

02 リンク先へ事前にラベルを付けておきます。

→ **スパテク034** ■リンク先へラベルを付ける

03 サブメニューを挿入する場所の直後が見出しの場合は、回り込みを解除するスタイルクラスを関連付けておきます。

→ **スパテク032** ■サンプル部品を挿入する　01〜03

メインコンテンツに横型のサブメニューを作成する << スパテク035 | ホームページ・ビルダー16

04 ［タグ一覧ビュー］の［HTML属性］タブを表示しておきます。

05 サブメニューを挿入するあたりをクリックします。

> **MEMO** 手順03で回り込みを解除した見出しの近辺をクリックします。

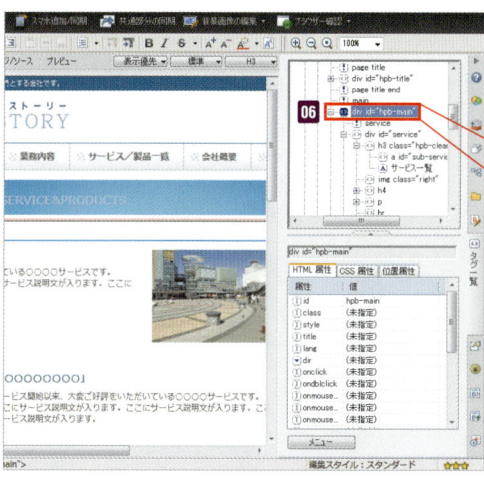

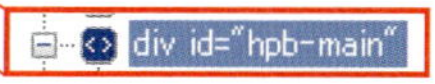

06 タグ一覧が切り替わるので、少し上の方にある「div id="hpb-main"」をクリックします。

07 ［素材ビュー］をクリックします。

08 ［フルCSSテンプレート部品］をクリックします。

09 ［サイドバー領域用］の［バナーリスト］をクリックします。

10 挿入したいサブメニューの部品をダブルクリックします。

> **MEMO** ここでは「文字型2」の部品を挿入しました。

Next >>

165

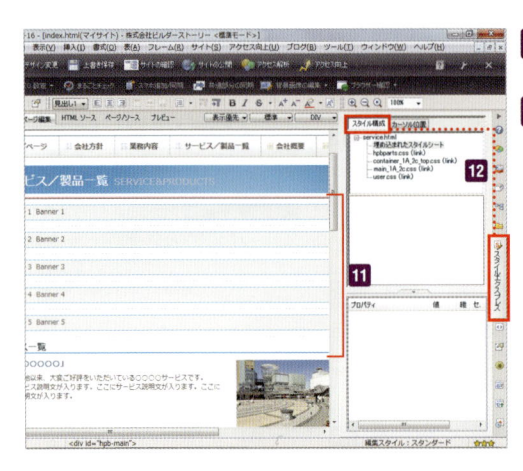

| 11 | サブメニューが挿入されます。

| 12 | ［スタイルエクスプレスビュー］の［スタイル構成］パネルをクリックします。

| 13 | 「hpbparts.css」をクリックします。

| 14 | 「.hpb-parts-blist-02 li」を右クリックして［CSSファイルを外部エディターで編集］を選択します。

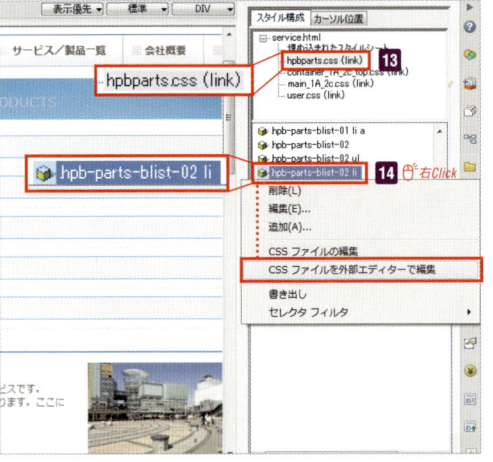

MEMO ここで指定するクラスセレクタは、部品の種類に応じて異なります（次ページPOINT参照）。

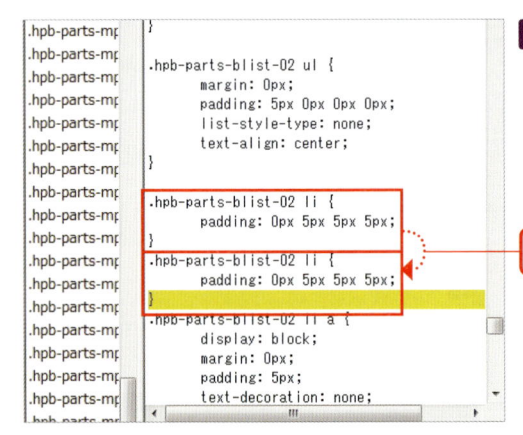

| 15 | CSSエディターが起動し、指定したクラスセレクタが黄色く反転するので、定義内容とともに選択してコピーしたら、すぐ下へ貼り付けておきます。

コピーして貼り付ける

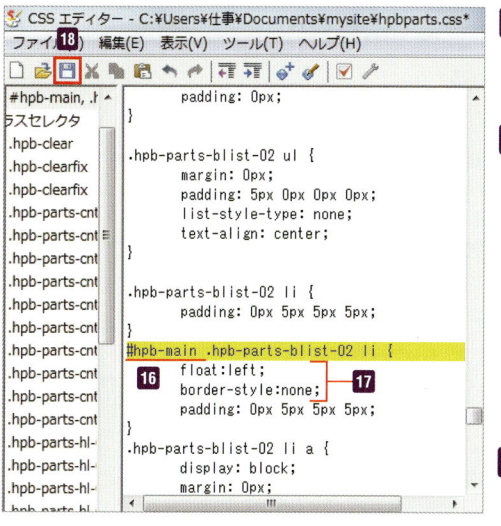

16 貼り付けたクラスセレクタの前に「#hpb-main 」を入力して子孫セレクタにしておきます。

17 定義内容に以下を追加します。

float : left;
border-style:none;

> **MEMO** ここでは、メインコンテンツに挿入した文字型2のバナーリストに対し、各項目の回り込みを左へ、リストの下線を非表示にする定義を追加しました。

18 ［上書き保存］をクリックして保存したら、CSSエディターを閉じます。

19 サブメニューが挿入されるので、ソースを表示し、項目名とリンク先を設定すれば完成です。

→ スパテク 026

POINT　部品によって異なるクラスセレクタ

手順14で指定するクラスセレクタは、手順10で挿入した部品の種類に応じて異なるので注意してください。右図は、部品とクラスセレクタの対応表です。

部品	クラスセレクタ
文字型1	.hpb-parts-blist-01 li
文字型2	.hpb-parts-blist-02 li
文字型3	.hpb-parts-blist-03 li
画像付き1	.hpb-parts-blist-04 li
画像付き2	.hpb-parts-blist-05 li

POINT　英語項目を非表示にする

サブメニューの項目は日本語名と英語名が表示されます。英語名を非表示にするには、外部スタイルシートに以下のセレクタと属性値を定義してください。逆に日本語名を非表示にするにはセレクタ名のenをjpに変更してください。

```
#hpb-main li span.en { display: none; }
```

スパテク 036 横型メインメニューの項目幅を調整する ～パターン1～

横型メインメニューがページの横幅に収まらない場合の調整方法は、テンプレートによって異なります。ここでは2通りある調整方法のうちのパターン1を解説します。

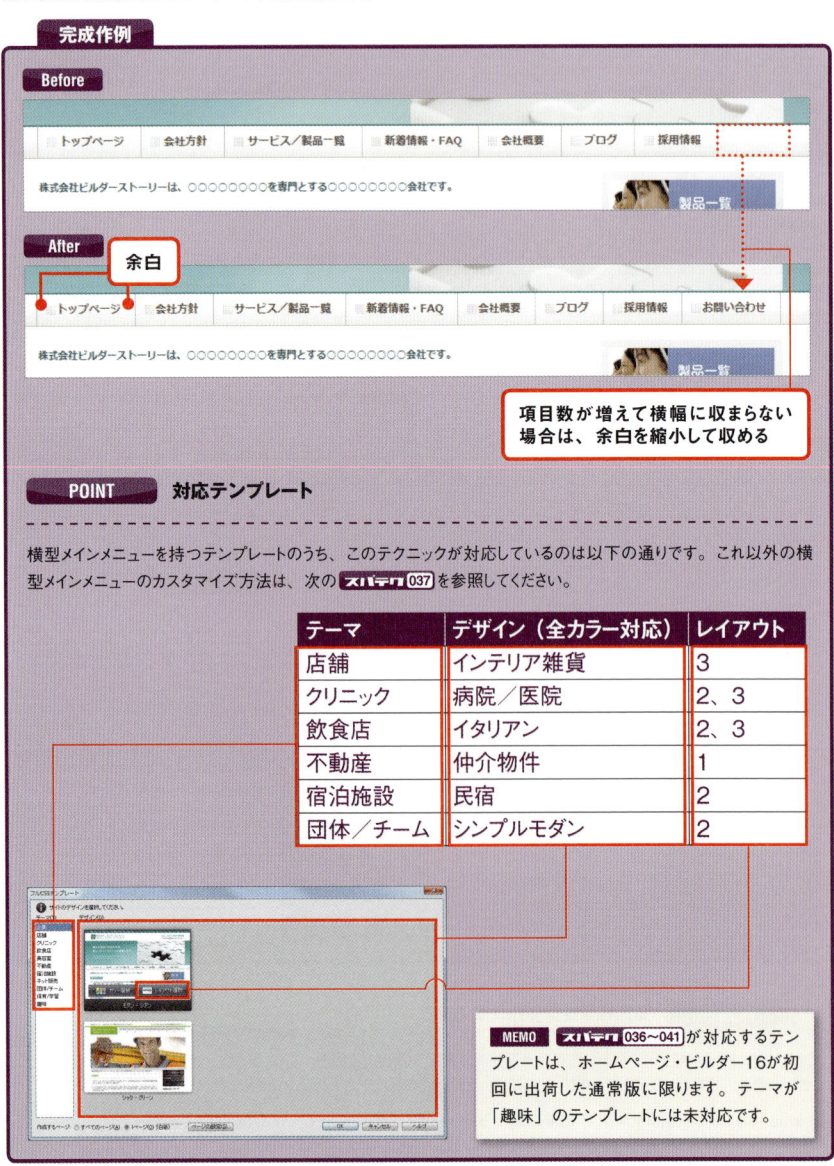

完成作例

Before

After
余白

項目数が増えて横幅に収まらない場合は、余白を縮小して収める

POINT 対応テンプレート

横型メインメニューを持つテンプレートのうち、このテクニックが対応しているのは以下の通りです。これ以外の横型メインメニューのカスタマイズ方法は、次の スパテク 037 を参照してください。

テーマ	デザイン（全カラー対応）	レイアウト
店舗	インテリア雑貨	3
クリニック	病院／医院	2、3
飲食店	イタリアン	2、3
不動産	仲介物件	1
宿泊施設	民宿	2
団体／チーム	シンプルモダン	2

MEMO スパテク 036～041 が対応するテンプレートは、ホームページ・ビルダー16が初回に出荷した通常版に限ります。テーマが「趣味」のテンプレートには未対応です。

横型メインメニューの項目幅を調整する〜パターン1〜 << スパテク036 | ホームページ・ビルダー16

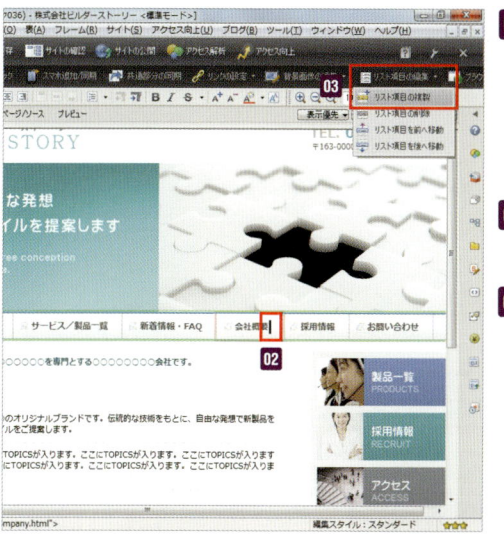

01 サイトのトップページを開いておきます。

> **MEMO** ここでは「企業ーモダンーシアン-1」のテンプレートを使用しています。

02 メインメニューの項目を追加する場所にカーソルを置きます。

03 かんたんナビバーの[リスト項目の編集]をクリックして[リスト項目の複製]を選択します。

> **MEMO** 項目数を減らす場合は[リスト項目の削除]を選択します。

04 [IDの設定方法]ダイアログで「IDを新しく設定する」を選択し、[ID]に任意のID名を入力して[OK]をクリックします。

> **MEMO** ここは項目に関連付ける任意のID名を入力します。

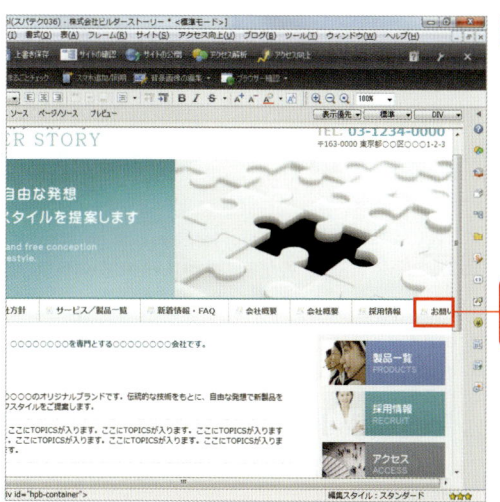

05 項目が複製されます。横幅に収まらないので最後の項目が一部しか表示されません。

> **MEMO** メインメニューの各項目の文字数に応じて、最後の項目の表示状態は変わります。

横幅が固定されているので最後の項目が入りきらない

Next >>

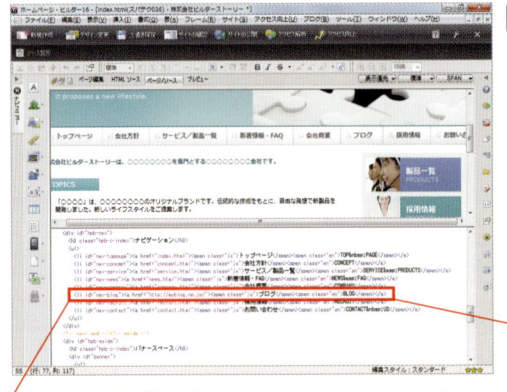

06 複製した項目に対し、ソース上で項目名やリンク先を編集しておきます。

→ スパテク 026

```
<li id="nav-blog"><a href="http://myblog.ne.jp/"><span class="ja">ブログ</span><span class="en">BLOG</span></a>
```

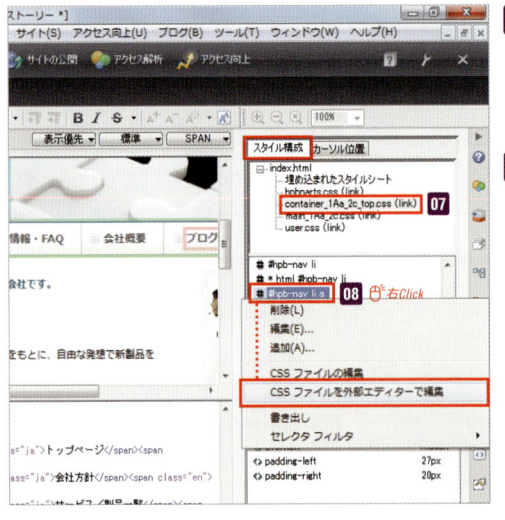

07 ［スタイルエクスプレスビュー］の［スタイル構成］パネルで、ファイル名が「container_」から始まる外部スタイルシートをクリックします。

08 子孫セレクタの「#hpb-nav li a」を右クリック→［CSSファイルを外部エディターで編集］をクリックします。

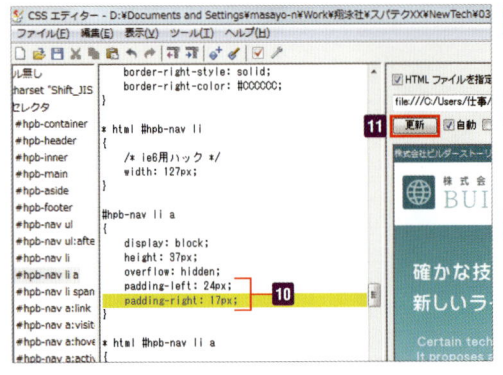

09 CSSエディターが起動し、定義へジャンプします。

10 padding-left:とpadding-right:の属性値を現在よりも小さい値に設定します。

11 ［更新］をクリックします。

> **MEMO** 手順 03 で項目数を減らしたために、逆に項目の余白を広げる場合は、現在よりも大きな値を設定します。

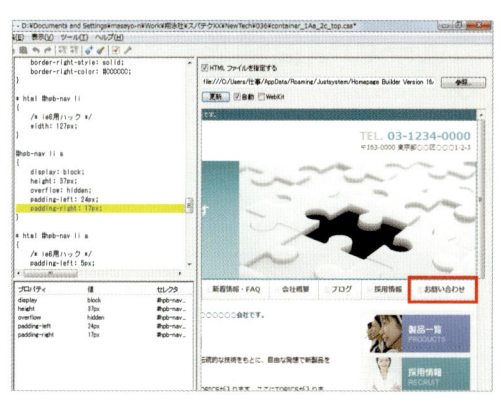

12 プレビュー画面で横幅が最適であるかを確認します。

> **MEMO** まだ最後の項目が収まらない場合は、手順**10**〜**11**を繰り返し、ちょうど良い横幅になるまで値を調整します。

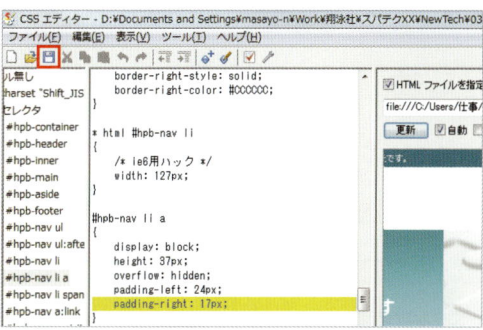

13 問題がなければ［上書き保存］ボタンをクリックし、CSSエディターを閉じます。

14 ホームページ・ビルダーに画面が戻るので［プレビュー］をクリックして問題がなければ完成です。

15 ページを上書き保存したら、共通部分の同期を行い、その他のページにも変更内容を反映すれば完了です。
→ スパテク 020

POINT　項目幅の調整について

項目左右の余白を狭く調整し過ぎると、項目間が詰まりすぎて見づらくなるので注意が必要です。項目数が限界まできたら、スパテク034 と スパテク035 の方法でサブメニューに分岐して対応しましょう。項目名の文字数を短くしても収まることがあるので、まずは文字数を確定してから、その後余白を調整すると良いでしょう（たとえば「トップページ」を「トップ」にするなど）。

スパテク 037　横型メインメニューの項目幅を調整する〜パターン2〜

スパテク036 に続き、ここではもう1つの調整方法（パターン2）を解説します。パターン1が余白を調整したのに対して、パターン2は項目の幅を調整します。

完成作例

Before

After

項目数が増えて横幅に収まらない場合は、項目自体の幅を狭くして収める

POINT　対応テンプレート

横型メインメニューを持つテンプレートのうち、このテクニックが対応しているのは以下の通りです。これ以外の横型メインメニューのカスタマイズ方法は、前の スパテク036 を参照してください。

テーマ	デザイン（全カラー対応）	レイアウト
店舗	インテリア雑貨	1、2
店舗	生鮮食品	1〜3
クリニック	病院／医院	1
クリニック	診療所	1〜2
飲食店	イタリアン	1
美容室	スポーティ	1
美容室	ビューティー	1
宿泊施設	民宿	1、3
保育／学習	保育園	1〜3
保育／学習	キッズスクール	1〜2

MEMO　ダウンロードデータとして提供される「企業－アーバン－2」「店舗－アンティーク－1〜2」「飲食店－和モダン－1〜2」の項目幅も、こちらの方法で調整できます。ダウンロードデータについては、スパテク017 のMEMOを参照してください。

01 サイトのトップページを開いておきます。

> **MEMO** ここでは「店舗－インテリア雑貨－ベージュ１」のテンプレートを使用しています。

02 メインメニューの項目を追加する場所にカーソルを置きます。

03 かんたんナビバーの［リスト項目の編集］をクリックして［リスト項目の複製］を選択します。

> **MEMO** 項目数を減らす場合は［リスト項目の削除］を選択します。

04 ［IDの設定方法］ダイアログで「IDを新しく設定する」を選択し、［ID］に任意のID名を入力して［OK］をクリックします。

> **MEMO** ここは項目に関連付ける任意のID名を入力します。

05 項目が追加されます。横幅に収まらないので最後の項目が表示されません。

> **MEMO** メインメニューの各項目の文字数に応じて、最後の項目の表示状態は変わります。

横幅が固定されているので
最後の項目が入りきらない

Next >>

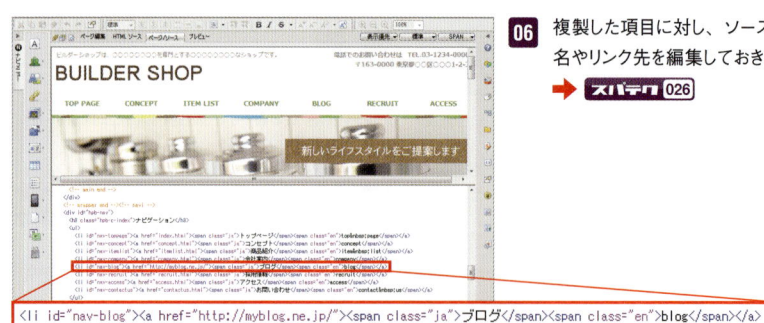

06 複製した項目に対し、ソース上で項目名やリンク先を編集しておきます。

➡ スパテク 026

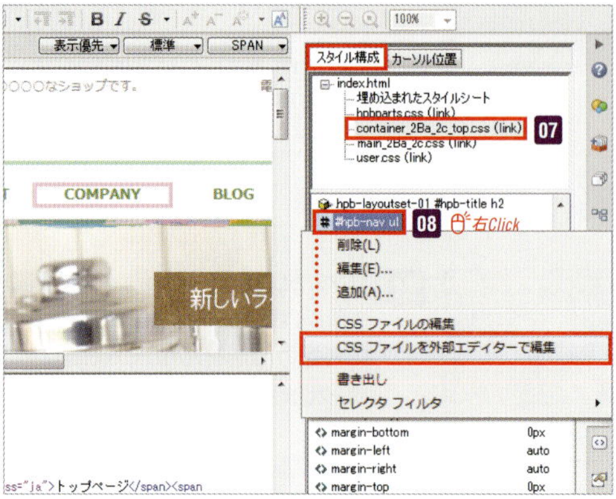

```
<li id="nav-blog"><a href="http://myblog.ne.jp/"><span class="ja">ブログ</span><span class="en">blog</span></a>
```

07 ［スタイルエクスプレスビュー］の［スタイル構成］パネルで、ファイル名が「container_」から始まる外部スタイルシートをクリックします。

08 子孫セレクタの「#hpb-nav li」を右クリック→［CSSファイルを外部エディターで編集］をクリックします。

09 CSSエディターが起動し、定義へジャンプします。

10 #hpb-nav li のwidth属性値を現在よりも小さい値に設定します。

11 #hpb-nav li a のwidth属性値にも手順**10**と同じ値を設定します。

12 ［更新］をクリックします。

> **MEMO** 手順**10**と**11**のどちらかにwidth属性値がない場合は、片方の値のみを設定してください。

> **MEMO** 手順**03**で項目数を減らしたために、逆に項目の幅を広げる場合は、現在よりも大きな値を設定します。

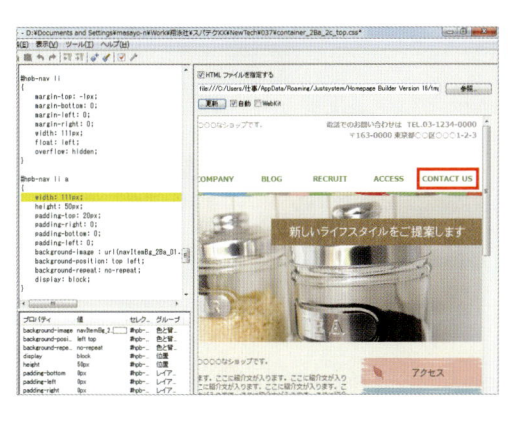

13 プレビュー画面で横幅が最適であるかを確認します。

> **MEMO** まだ最後の項目が収まらない場合は、手順**10**〜**12**を繰り返し、ちょうど良い横幅になるまで値を調整します。

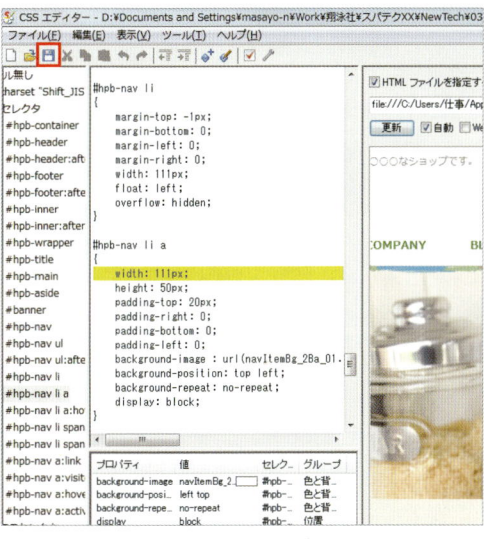

14 問題がなければ［上書保存］ボタンをクリックし、CSSエディターを閉じます。

15 ホームページ・ビルダーに画面が戻るので［プレビュー］をクリックして問題がなければ完成です。

16 ページを上書き保存したら、共通部分の同期を行い、その他のページにも変更内容を反映すれば完了です。
→ スパテク**020**

> **MEMO** 「店舗─生鮮食品」と「保育教育─学習」のテンプレートでは、項目の背景画像も調整しましょう（次ページPOINT参照）。

POINT 背景画像の調整

「店舗－生鮮食品」と「保育／学習－保育園（キッズスクール）」のメインメニューには、項目に背景画像が挿入されているので、項目の横幅を変更したあとは背景画像の幅も調整する必要があります。

「店舗－生鮮食品」の場合

項目の右側のラインが消える

↓

背景の幅を調整してラインを再表示

「保育／学習－保育園（キッズスクール）」の場合

タブがつながって表示される

↓

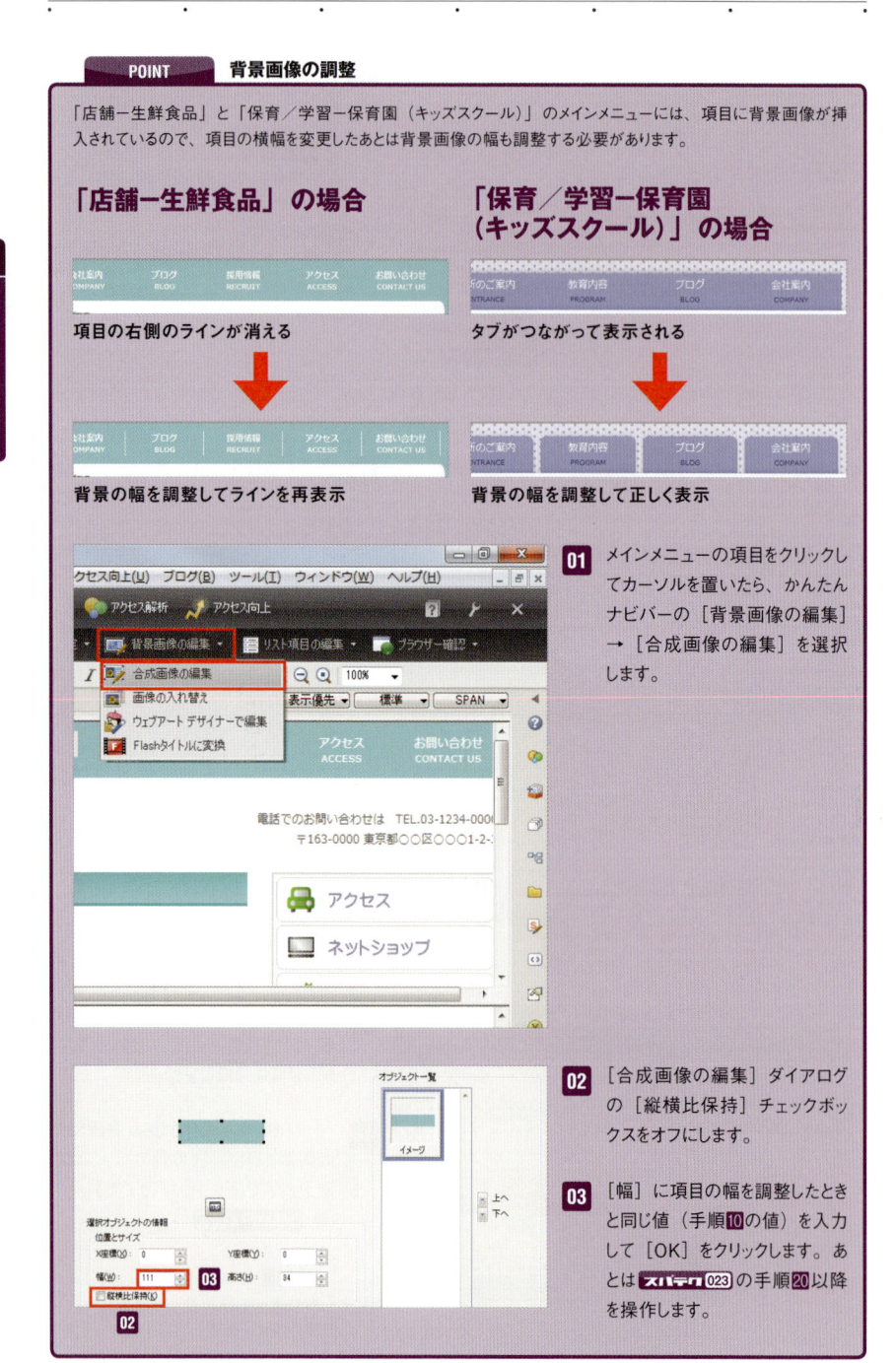

背景の幅を調整して正しく表示

01 メインメニューの項目をクリックしてカーソルを置いたら、かんたんナビバーの［背景画像の編集］→［合成画像の編集］を選択します。

02 ［合成画像の編集］ダイアログの［縦横比保持］チェックボックスをオフにします。

03 ［幅］に項目の幅を調整したときと同じ値（手順10の値）を入力して［OK］をクリックします。あとは スパテク023 の手順20以降を操作します。

＊ダウンロードデータとして提供されるテンプレートの「飲食店－和モダン」も、背景画像の調整が必要です。

スパテク 038 縦型メインメニューの項目の高さを調整する

トップイメージの横にあるメインメニューは、項目数が1つ増えると収まりません。項目の高さを調整してすべてが表示されるようにしましょう。

完成作例

Before

After

> トップイメージ横にあるメインメニューの項目数が増えて収まらない場合は、高さを縮小して収める

POINT 対応テンプレート

このテクニックは、トップイメージの横にメインメニューがある以下のテンプレートに対応しています。

テーマ	デザイン（全カラー対応）	レイアウト
店舗	インテリア雑貨	3
クリニック	病院／医院	2、3
飲食店	イタリアン	2、3
団体／チーム	シンプルモダン	2

| ホームページ・ビルダー16 | スパテク038 >> 縦型メインメニューの項目の高さを調整する

01 トップページを開いておきます。

> **MEMO** ここでは「飲食店―イタリアン―レッド―2」のテンプレートを使用しています。

02 メインメニューの項目を追加する場所にカーソルを置きます。

03 かんたんナビバーの［リスト項目の編集］をクリックして［リスト項目の複製］を選択します。

> **MEMO** 項目数を減らす場合は［リスト項目の削除］を選択します。

04 ［IDの設定方法］ダイアログで「IDを新しく設定する」を選択し、［ID］に任意のID名を入力して［OK］をクリックします。

> **MEMO** ここは項目に関連付ける任意のID名を入力します。

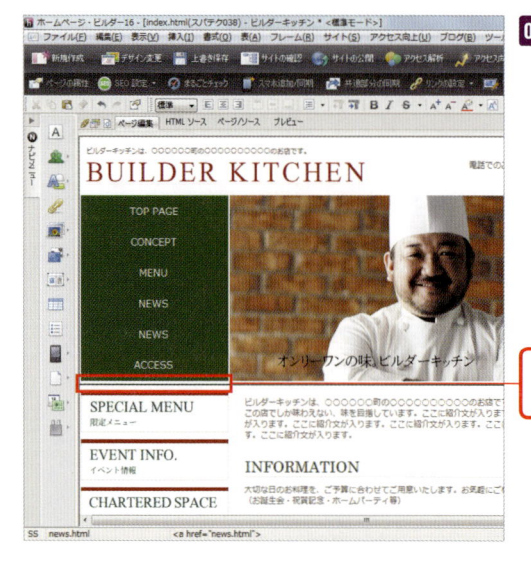

05 項目が追加されます。縦に収まらないので最後の項目が表示されません。

高さが固定されているので最後の項目が入りきらない

178

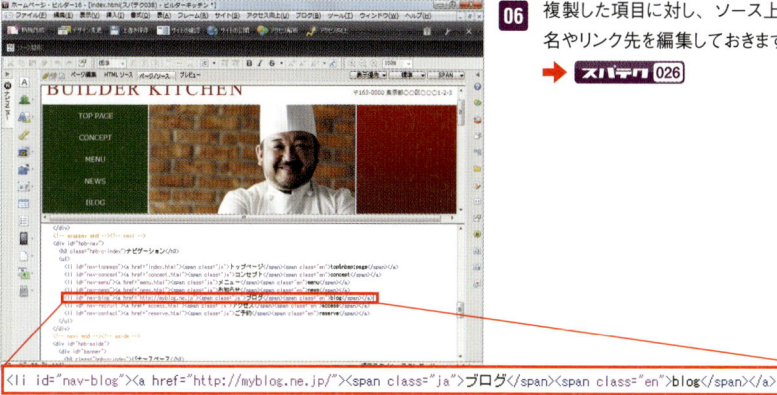

縦型メインメニューの項目の高さを調整する << スパテク038 | ホームページ・ビルダー16

06 複製した項目に対し、ソース上で項目名やリンク先を編集しておきます。
→ スパテク 026

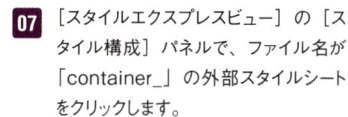

```
<li id="nav-blog"><a href="http://myblog.ne.jp/"><span class="ja">ブログ</span><span class="en">blog</span></a>
```

07 ［スタイルエクスプレスビュー］の［スタイル構成］パネルで、ファイル名が「container_」の外部スタイルシートをクリックします。

08 子孫セレクタの「#hpb-nav li a」を右クリック→［CSSファイルを外部エディターで編集］をクリックします。

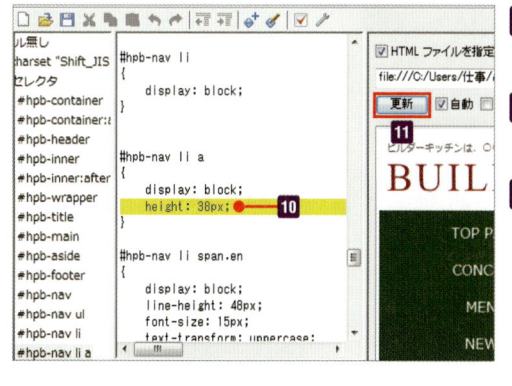

09 CSSエディターが起動し、定義へジャンプします。

10 #hpb-nav li aのheight属性値を現在よりも小さい値に設定します。

11 ［更新］をクリックします。

> **MEMO** 手順03で項目数を減らしたために、逆に項目の高さを広げる場合は、現在よりも大きな値を設定します。

Next >>

179

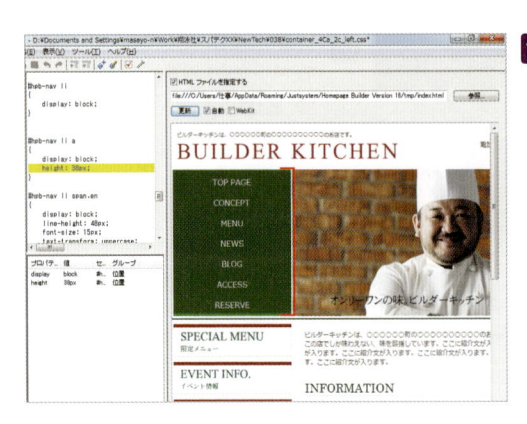

12 プレビュー画面で高さが最適であるかを確認します。

> **MEMO** まだ最後の項目が収まらない場合は、手順⑩〜⑪を繰り返し、ちょうど良い高さになるまで値を調整します。

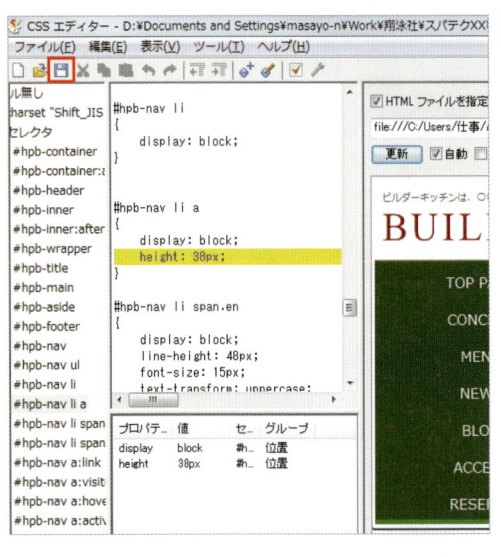

13 問題がなければ［上書き保存］ボタンをクリックし、CSSエディターを閉じます。

> **MEMO** 項目の行間も調整する場合は、子孫セレクタ「#hpb-nav li span.en」の「line-height」属性に手順⑩と同じ値を設定します。

14 ホームページ・ビルダーに画面が戻るので［プレビュー］をクリックして問題がなければ完成です。

15 ページを上書き保存したら、共通部分の同期を行い、その他のページにも変更内容を反映すれば完了です。
→ スパテク 020

> **MEMO** 「クリニックー病院／医院」「宿泊施設ー民宿」「不動産ー仲介物件」は、項目の背景画像も調整しましょう（次ページPOINT参照）。

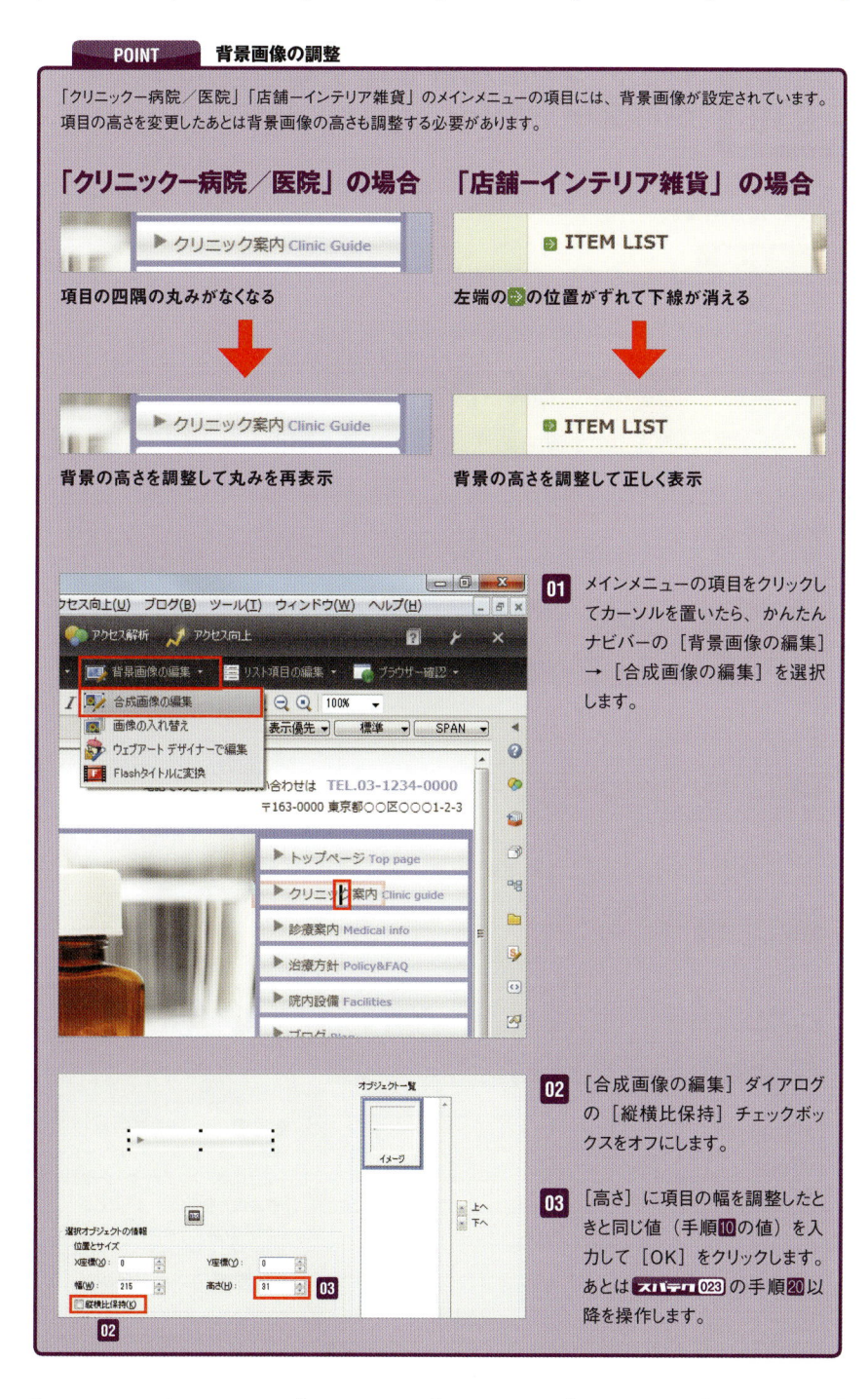

POINT　**背景画像の調整**

「クリニック―病院／医院」「店舗―インテリア雑貨」のメインメニューの項目には、背景画像が設定されています。項目の高さを変更したあとは背景画像の高さも調整する必要があります。

「クリニック―病院／医院」の場合　　「店舗―インテリア雑貨」の場合

項目の四隅の丸みがなくなる　　　　　　　左端の→の位置がずれて下線が消える

↓　　　　　　　　　　　　　　　　　　　↓

背景の高さを調整して丸みを再表示　　　　背景の高さを調整して正しく表示

01 メインメニューの項目をクリックしてカーソルを置いたら、かんたんナビバーの［背景画像の編集］→［合成画像の編集］を選択します。

02 ［合成画像の編集］ダイアログの［縦横比保持］チェックボックスをオフにします。

03 ［高さ］に項目の幅を調整したときと同じ値（手順⑩の値）を入力して［OK］をクリックします。あとは スパテク 023 の手順⑳以降を操作します。

スパテク 039
レイアウトを左寄せにする
～パターン1～

レイアウトを左側に寄せて固定する方法は、テンプレートによって異なります。ここでは2通りある調整方法のうちのパターン1を解説します。

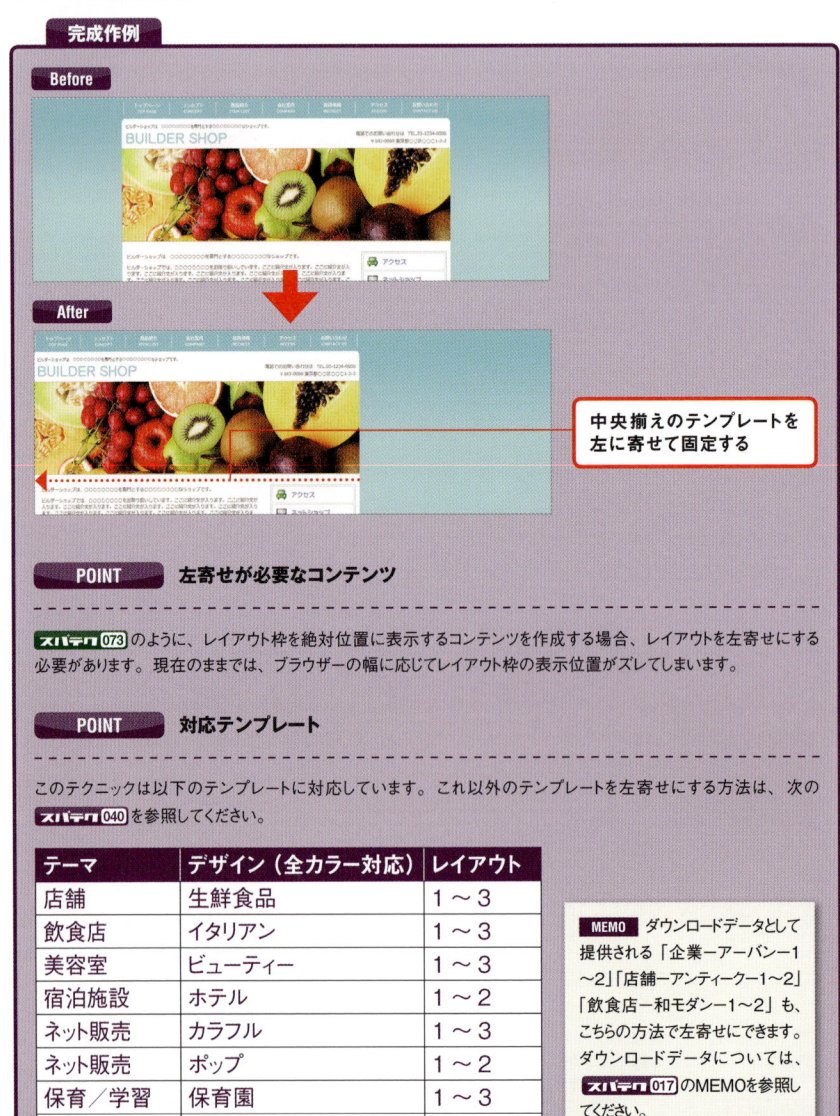

完成作例

Before

After

中央揃えのテンプレートを左に寄せて固定する

POINT　左寄せが必要なコンテンツ

スパテク073 のように、レイアウト枠を絶対位置に表示するコンテンツを作成する場合、レイアウトを左寄せにする必要があります。現在のままでは、ブラウザーの幅に応じてレイアウト枠の表示位置がズレてしまいます。

POINT　対応テンプレート

このテクニックは以下のテンプレートに対応しています。これ以外のテンプレートを左寄せにする方法は、次のスパテク040 を参照してください。

テーマ	デザイン（全カラー対応）	レイアウト
店舗	生鮮食品	1～3
飲食店	イタリアン	1～3
美容室	ビューティー	1～3
宿泊施設	ホテル	1～2
ネット販売	カラフル	1～3
ネット販売	ポップ	1～2
保育／学習	保育園	1～3
保育／学習	キッズスクール	1～2

MEMO　ダウンロードデータとして提供される「企業―アーバン―1～2」「店舗―アンティーク―1～2」「飲食店―和モダン―1～2」も、こちらの方法で左寄せにできます。ダウンロードデータについては、スパテク017 のMEMOを参照してください。

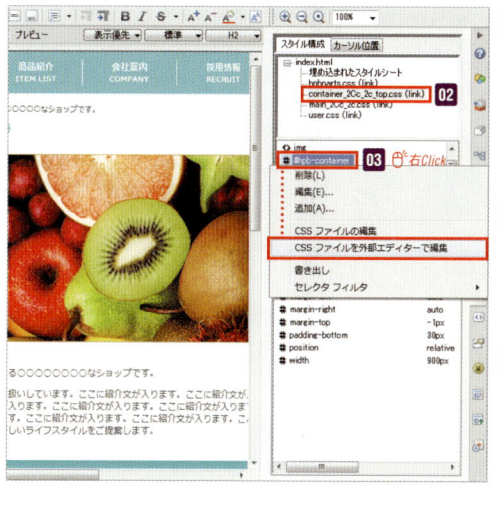

01 サイトのトップページを開いておきます。

> **MEMO** ここでは「店舗ー生鮮食品ーブルー2」のテンプレートを使用しています。

02 ［スタイルエクスプレスビュー］の［スタイル構成］パネルで、ファイル名が「container_」から始まる外部スタイルシートをクリックします。

03 子孫セレクタの「#hpb-container」を右クリック→［CSSファイルを外部エディターで編集］をクリックします。

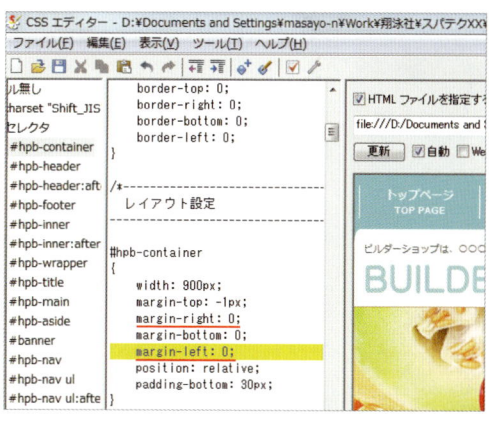

04 CSSエディターが起動し、定義へジャンプするので、#hpb-containerのmargin-rightとmargin-leftの値をautoから0に書き換えます。

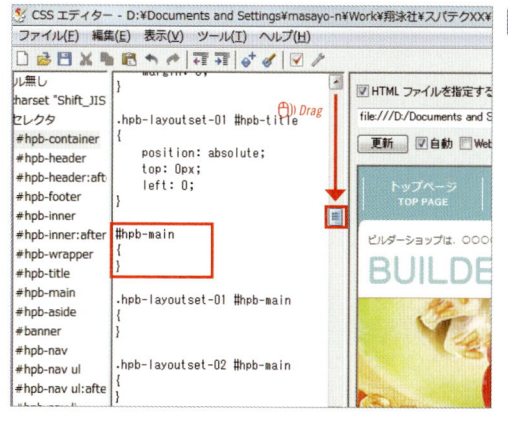

05 スクロールバーをドラッグして#hpb-mainのIDセレクタを探します。

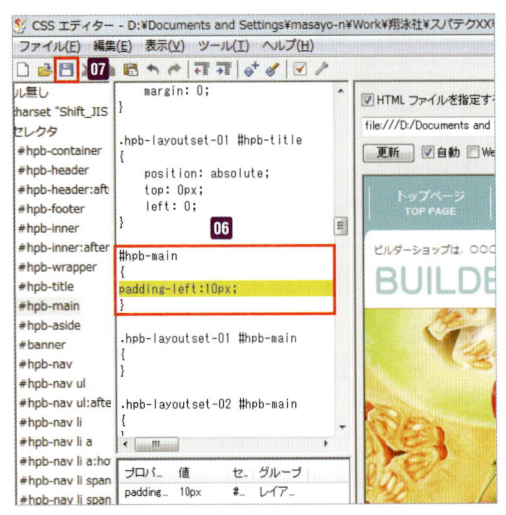

06 ページの左側から本文の間に余白を入れたい場合は、#hpb-main { }の定義内にpadding-left:10px;を追加します。

> **MEMO** 手順06は、ページの左側から本文の間に余白が必要な場合のみ追加してください。

07 ［上書き保存］ボタンをクリックし、CSSエディターを閉じます。

08 ホームページ・ビルダーに画面が戻るのでプレビューして左寄せになっていれば完成です。ページを上書き保存しましょう。

POINT　背景画像の調整

「ネット販売-カラフル」のテンプレートには背景画像が挿入されているので、レイアウトとともに背景画像も左寄せにする必要があります。ファイル名が「container_」から始まる外部スタイルシートをCSSエディターで開き、「body」タグスタイルの属性値「background-position: top center;」の「center」を「left」に変更します。

```
body
{
    margin: 0;
    padding: 0;
    text-align: center;
    font-size: 75%;
    font-family: 'メイリオ',Meiryo,'ヒラギノ角ゴ Pro
    color: #000000; /* 標準文字色 */
    background-color: #F0F0F0;
    background-image : url(bg_8Ab.png);
    background-position: top left;
    background-repeat: repeat-y;
}
```

スパテク 040 レイアウトを左寄せにする ～パターン2～

スパテク039に続き、ここではもう1つの左寄せ方法（パターン2）を解説します。パターン2ではヘッダ、内容、フッタを個別に左寄せにします。

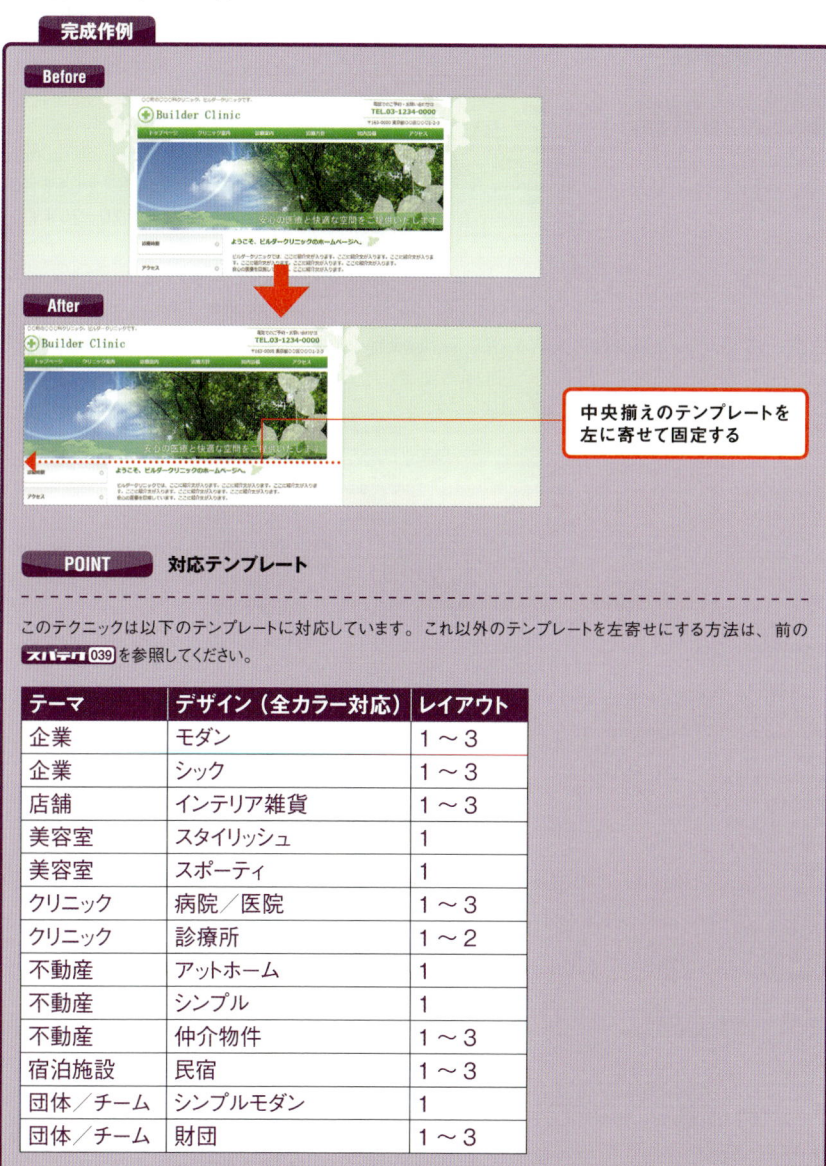

完成作例

Before

After

中央揃えのテンプレートを左に寄せて固定する

POINT 対応テンプレート

このテクニックは以下のテンプレートに対応しています。これ以外のテンプレートを左寄せにする方法は、前のスパテク039を参照してください。

テーマ	デザイン（全カラー対応）	レイアウト
企業	モダン	1～3
企業	シック	1～3
店舗	インテリア雑貨	1～3
美容室	スタイリッシュ	1
美容室	スポーティ	1
クリニック	病院／医院	1～3
クリニック	診療所	1～2
不動産	アットホーム	1
不動産	シンプル	1
不動産	仲介物件	1～3
宿泊施設	民宿	1～3
団体／チーム	シンプルモダン	1
団体／チーム	財団	1～3

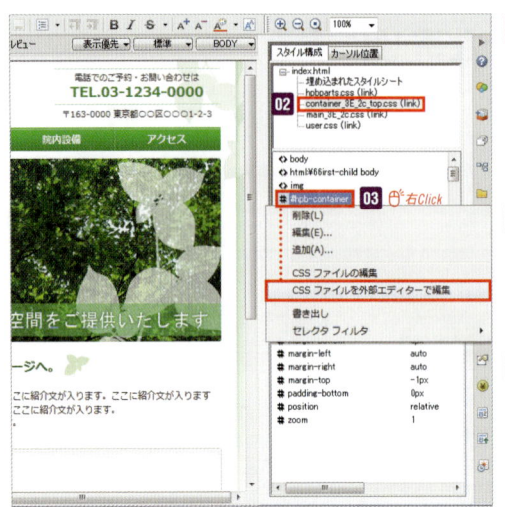

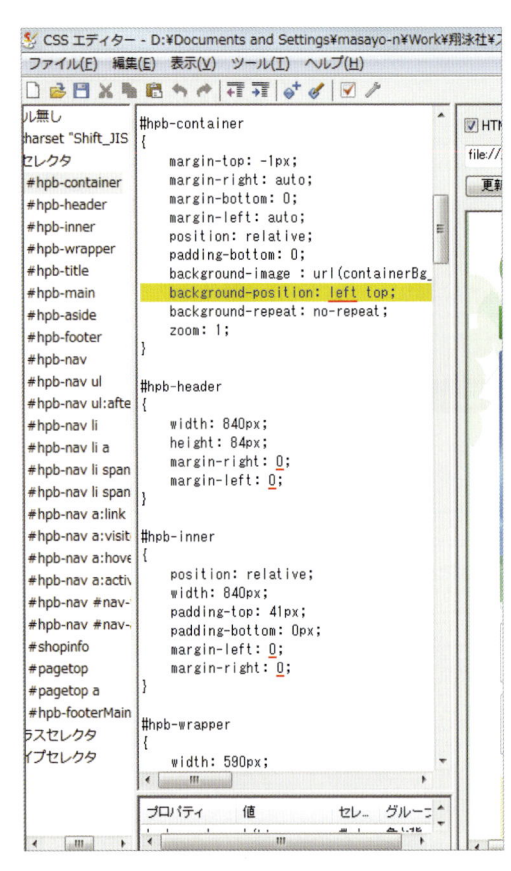

01 サイトのトップページを開いておきます。

MEMO ここでは「クリニックー診療所ーグリーンー1」のテンプレートを使用しています。

02 ［スタイルエクスプレスビュー］の［スタイル構成］パネルで、ファイル名が「container_」から始まる外部スタイルシートをクリックします。

03 子孫セレクタの「#hpb-container」を右クリック→［CSSファイルを外部エディターで編集］をクリックします。

04 CSSエディターが起動し、定義へジャンプします。#hpb-containerのbackground-positionの属性値であるcenterをleftに書き換えます。

05 #hpb-headerのmargin-rightとmargin-leftの値をautoから0に書き換えます。

06 同様に#hpb-innerのmargin-rightとmargin-leftの値もautoから0に書き換えます。

レイアウトを左寄せにする～パターン2～ << スパテク040 | ホームページ・ビルダー16

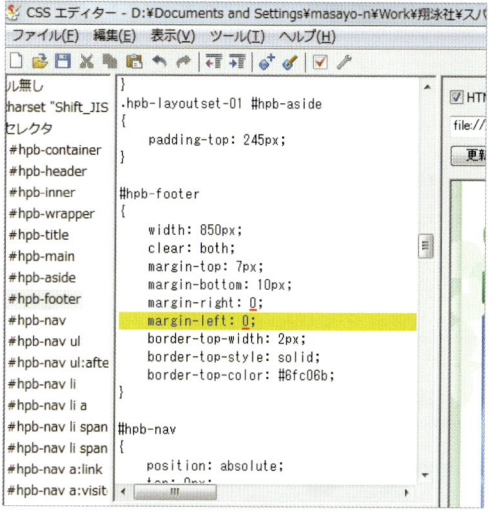

07 同様に#hpb-footerのmargin-rightとmargin-leftの値もautoから0に書き換えたら、[上書き保存]ボタンをクリックし、CSSエディターを閉じます。

> **MEMO** ページの左側から本文の間に余白を入れたい場合は、スパテク039の手順06と同様に、#hpb-mainセレクタでpadding-left属性値を設定してください。

08 ヘッダ部分にカーソルを置き、かんたんナビバーの[背景画像の編集]→[ウェブアートデザイナーで編集]を選択します。

> **MEMO** 背景画像が設定されているテンプレートの場合、背景画像のデザインも左寄せに変更する必要があります。背景画像がないテンプレートの場合は、以降の操作は必要ありません。

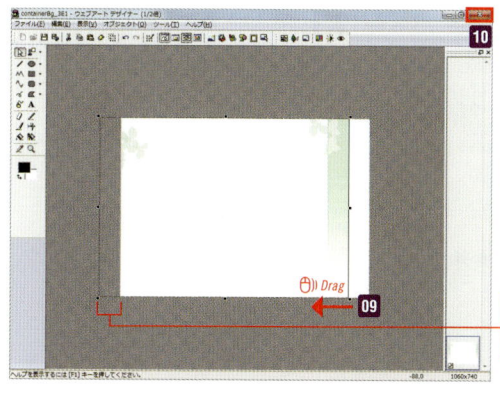

09 ウェブアートデザイナーに背景画像が読み込まれます。左方向へドラッグして左側の緑色の領域が隠れるように位置を調整します。

10 [閉じる]ボタンをクリックします。

緑色の領域が隠れるように左方向へ移動

Next >>

187

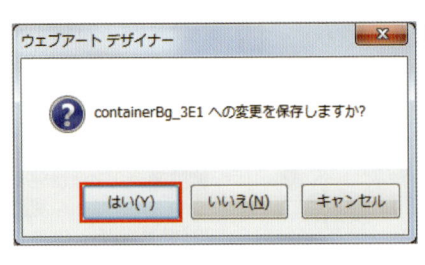

11 メッセージが表示されるので［はい］をクリックします。

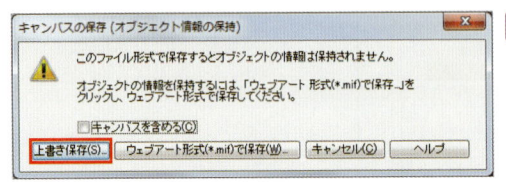

12 ［キャンバスの保存］ダイアログで［上書き保存］ボタンをクリックします。

13 ［PNG属性の設定］ダイアログで［OK］をクリックします。

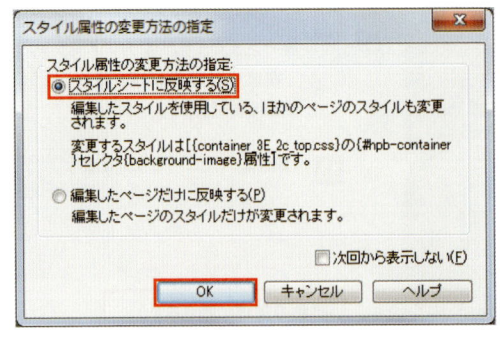

14 ［スタイル属性の変更方法の指定］ダイアログで［スタイルシートに反映する］を選択し、［OK］をクリックします。

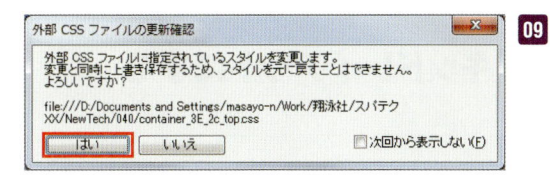

09 ［外部CSSファイルの更新確認］ダイアログで［はい］→［はい］の順にクリックします。ブラウザーでプレビューしてページと背景がともに左寄せになっていれば完成です。ページを上書き保存しましょう。

POINT　フッターの調整

「美容室ースポーティー1」のテンプレートでフッターを左寄せにするには、「main_」から始まる外部スタイルシートの#hpb-footerMainと#hpb-footerExtra1で、margin-rightとmargin-left属性の値をいずれも0にする必要があります。「団体／チームーシンプルモダンー1」では、#hpb-footerMainの margin-rightとmargin-left属性の値をいずれも0にする必要があります。

COLUMN　ユーザーテンプレートとして登録する

編集したページのレイアウト、またはページの内容を、ユーザー用として登録することができます。

ページのレイアウトを登録する場合

01 登録するページを表示して、メニューの［ファイル］→［ユーザーテンプレート］→［ユーザーフルCSSテンプレート用レイアウトに登録］を選択します。

02 任意のレイアウト名と説明を入力して［OK］をクリックします。

03 登録したテンプレートは、スパテク018 で解説した［フルCSSテンプレート］ダイアログで登録元テーマを選択すると、［レイアウト選択］から選べます。

ページの内容を登録する場合

01 登録するページを表示して、メニューの［ファイル］→［ユーザーテンプレート］→［ユーザーフルCSSテンプレートに登録］を選択します。

02 任意のページ名と説明を入力して［OK］をクリックします。

03 登録したテンプレートは、スパテク018 で解説した［フルCSSテンプレート］ダイアログで登録元テンプレートを選択し、［1ページ］オプション→［ページの設定］をクリックして表示される［ページの設定］ダイアログから選べます。

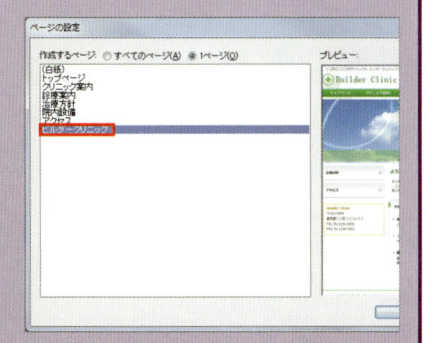

スパテク041 3段組みのリキッドレイアウトにする

メインメニュー、バナー、インフォメーションがサイドバーにあるテンプレートは、バナーとインフォメーションを反対側に移動して3段組みにできます。さらにリキッドレイアウトにもできます。

完成作例

◆企業ーホワイトー2

バナーとインフォメーションを右側に移動し、さらにリキッドレイアウトにする

◆団体チーム―財団―2

POINT 対応テンプレート

このテクニックは「企業ーシックー2」と「団体チーム―財団―2」のテンプレートにのみ対応しています。「企業ーモダン―5」テンプレートは、元から3段組みのリキッドレイアウトになっています。

POINT リキッドレイアウトとは

ブラウザーの幅に応じてページの表示幅が変わる、可変型のレイアウトです。幅が固定されていないので、たとえばワイドモニターでブラウザーを横幅いっぱいに広げても、コンテンツの幅も広がり、一度に多くの情報が見られるメリットがあります。

01 サイトのトップページを開いておきます。

> **MEMO** ここでは「団体チーム—財団—グリーン—2」のテンプレートを使用しています。

02 ［スタイルエクスプレスビュー］の［スタイル構成］パネルで、ファイル名が「container_」から始まる外部スタイルシートを右クリック→［外部エディターで編集］を選択します。

03 外部エディターが起動するので、次のページの赤字部分のソースを編集します。

ソースの編集場所は次ページを参照

Next >>

■「団体チーム－財団－2」の場合

```
/*-------------------------------------
   レイアウト設定
-------------------------------------*/
#hpb-container {
    background-image : url(fbg_9A.png);
    background-position: bottom left;
    background-repeat: repeat-x;
    position: relative;
    padding-left:20px;          ……… 追加
    padding-right:20px;         ……… 追加
}

#hpb-header {
 /* width: 900px;*/  ……… コメント化
    margin-left: auto;
    margin-right: auto;
    margin-bottom: 13px;
    height: 60px;
}

#hpb-inner {
 /* width: 900px;*/  ……… コメント化
    margin-left: auto;
    margin-right: auto;
    position: relative;
    clear: both;
}
                        .hpb-layoutset-02 をコメント化
/*.hpb-layoutset-02*/ #hpb-wrapper {
    width: 100%;      ……… 650pxを100%に変更
    padding-top: 23px;
    float: left;      ……… rightをleftに変更
}

.hpb-layoutset-01 #hpb-title {
    height: 260px;
    margin: 0px;
    padding: 0;
    background-color:#f3f3f3;   ……… 追加
}

.hpb-layoutset-02 #hpb-title {
    margin-left: 240px;         ……… 追加
    margin-right: 240px;        ……… 追加
}

#hpb-main {
    width: auto;      ……… 650pxをautoに変更
    margin-left: 240px;         ……… 追加
    margin-right: 240px;        ……… 追加
 /* float: right;*/  ……… コメント化
    padding-bottom: 50px;       ……… 0pxを50pxに変更
    text-align: left;
 /* min-height: 500px;*/  ……… コメント化
}

#hpb-aside {
    width: 220px;
    margin-left: -220px;        ……… 0pxを285pxに変更
    float: left;
    margin-top: 285px;
    padding-bottom: 50px;
}

.hpb-layoutset-02 #hpb-aside {
    margin-top: 10px;           ……… 0pxを10pxに変更
    float: left;
}

#hpb-footer {
 /* width: 900px;*/  ……… コメント化
    height: 128px;
    margin-left: auto;
    margin-right: auto;
 /* padding-top: 10px;*/  ……… コメント化
    clear: both;
}

.hpb-layoutset-01 #hpb-nav {  ……… コメント化
    width: 220px;
 /* margin-top: 20px; */
    height: 200px;              ……… 追加
    overflow: hidden;           ……… 追加
    position: absolute;         ……… 追加
    top: 300px;                 ……… 追加
    left: 0px;                  ……… 追加
}

.hpb-layoutset-02 #hpb-nav {
    width: 220px;               ……… 追加
    height: 200px;              ……… 追加
 /* padding-top: 23px;*/  ……… コメント化
    overflow: hidden;           ……… 追加
    position: absolute;         ……… 追加
    top: 23px;                  ……… 追加
    left: 0px;                  ……… 追加
}
```

MEMO ここで紹介するソースは、フルCSSテンプレートからサイトを作成し、スタイルシートには何も手を加えていない状態での修正場所となります。

MEMO ソースをコメント化する方法は スパテク015 を参照してください。

■「企業ーシックー2」の場合

```
/*-------------------------------------
レイアウト設定
-------------------------------------*/
#hpb-container {
    background-image:url(footerBg_1E.png);
    background-position: bottom left;
    background-repeat: repeat-x;
    position: relative;
    padding-left:20px;         ……… 追加
    padding-right:20px;        ……… 追加
}

#hpb-header {
  /* width: 900px;*/           ……… コメント化
    margin-left: auto;
    margin-right: auto;
    height: 135px;
    zoom: 1;
}

#hpb-inner {
  /*width: 900px;*/            ……… コメント化
    margin-top: 0;
    margin-left: auto;
    margin-right: auto;
    margin-bottom: 0;
    position: relative;
    padding-top: 0px;
}

#hpb-wrapper {
    width: 100%;               ……… 655pxを100%に変更
    float: left;               ……… rightをleftに変更
/*  position: relative;*/
}                              ……… コメント化

#hpb-title h2{                 …… #hpb-titleの後ろに h2を追加
    margin-top: 0;
    background-color:#e6e6e7;  ……… 追加
}
                               900pxを100%に変更
.hpb-layoutset-01 #hpb-title {
    width: 100%;
    height: 280px;             -245pxをautoに変更
    margin-left: auto;
    margin-right: auto;        ……… 追加
}

.hpb-layoutset-02 #hpb-title {
    margin-left: 240px;
    margin-right: 240px;       ……… 追加
}
```

```
#hpb-main {
    width: auto;               ……… 655pxをautoに変更
    margin-left: 240px;        ……… 追加
    margin-right: 240px;       ……… 追加
    padding-top: 10px;
    text-align: left;          ……… 追加
    min-height: 400px;
}

#hpb-aside {
    width: 225px;
    margin-left: -225px;       ……… 追加
    float: left;
 /* padding-top: 20px;*/       ……… コメント化
}

.hpb-layoutset-01 #hpb-aside {
    padding-top: 295px;        ……… 追加
}

#hpb-footer {
 /* width: 900px;*/            ……… コメント化
    height: 50px;
    margin-left: auto;
    margin-right: auto;
    padding-top: 50px;
    clear: both;
}

#hpb-nav {
    width: 225px;
    float: left;
    margin-left: -100%;        ……… 追加
}
```

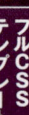

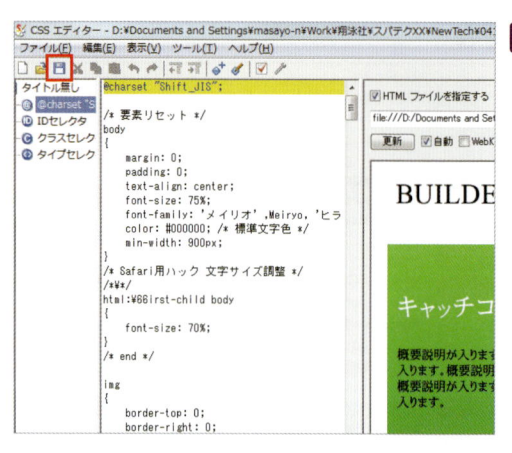

04 ソースの修正が完了したら［上書き保存］ボタンをクリックし、CSSエディターを閉じます。

> **MEMO** 書き換えたCSSソースに誤りがないかを調べるには、CSSエディターのメニューで［ツール］→［CSS文法チェック］を選択してください。

05 3段組みのリキッドレイアウトになりました。

06 いったんページを閉じます。

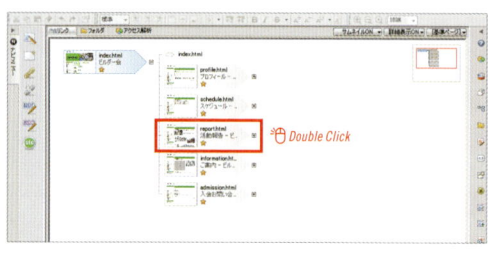

07 その他のサブページをダブルクリックして開きます。

08 ブラウザーでプレビューをします。ブラウザーの横幅を広げると、見出しが途中で切れています。

> **MEMO** 横幅が固定されていた見出しを、横幅が伸びでも断ち切られないように修正する必要があります。

3段組みのリキッドレイアウトにする << スパテク041 | ホームページ・ビルダー16

09 ブラウザーを閉じたら見出しへカーソルを置きます。

10 ［スタイルエクスプレスビュー］の［カーソル位置］パネルでh2をクリックします。

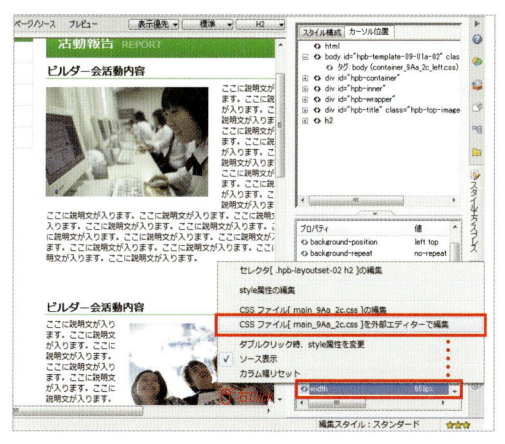

11 「width」属性を右クリック→［外部エディターで編集］を選択します。

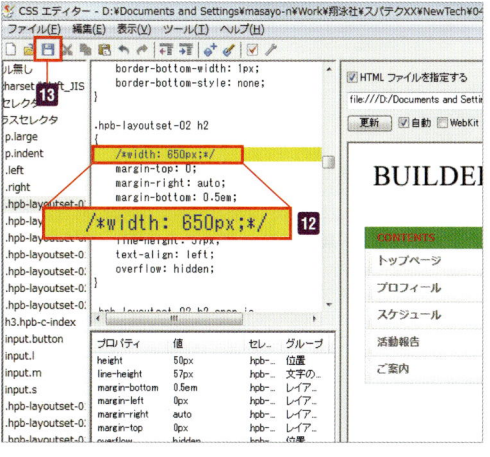

12 CSSエディターが起動し、定義へジャンプするので「width: 650px;」の属性値をコメント化します。

> **MEMO** 背景の表示幅を650pxに限定しないためにコメント化して無効にします。

13 上書き保存をしてCSSエディターを閉じます。

Next >>

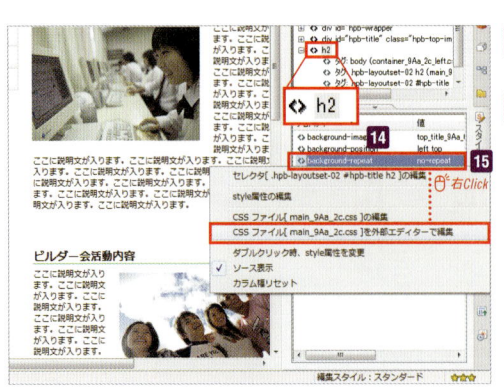

| ホームページ・ビルダー16 | スパテク041 >> 3段組みのリキッドレイアウトにする

14 h2をクリックします。

15 「backbround-repeat」属性を右クリック→［外部エディターで編集］を選択します。

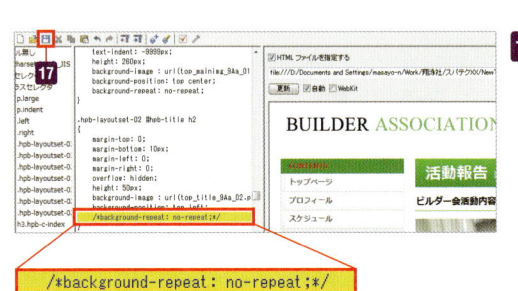

16 CSSエディターが起動し、定義へジャンプするので「background-repeat: no-repeat;」の属性値をコメント化します。

> **MEMO** 背景画像を繰り返し表示するため、この定義はコメント化して無効にします。

17 上書き保存をしてCSSエディターを閉じると、見出しの背景が横幅いっぱいに表示されます。

POINT 見出しの背景画像を調整する

「企業ーシック2」の見出し背景も、手順09〜13と同様属性値をコメント化することで横幅いっぱいに表示できます。ただし元々リキッドレイアウト用にデザインされた背景画像ではないため、繰り返し表示するとデザインに違和感が生じます。そこで、画像のデザインを変えるなどして対応しましょう。背景画像の編集方法は スパテク023 、 スパテク024 を参照してください。

背景デザインの四つ角を切り取って対応

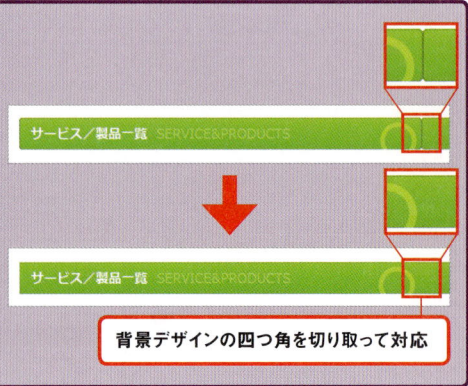

POINT IE6対策

今回改良を加えた2つのテンプレートは、旧ブラウザーのInternet Explorer 6では正しく表示されません。これを回避するためにはCSSハックなどの処理を行いましょう。CSSハックについては スパテク054 を参照してください。

スパテク 042 フルCSSテンプレートのサイトをスマートフォンページに変換する

フルCSSテンプレートから作成したサイトの各ページ（以下、PCページ）を、スマートフォン用のページ（以下、スマホページ）に変換できます。

完成作例

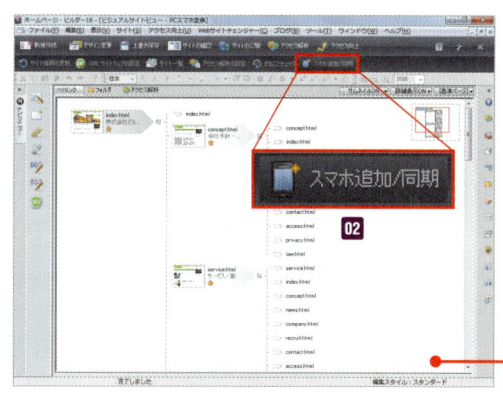

フルCSSテンプレートの各ページをスマホページに変換

01 フルCSSテンプレートからサイトを作成しておきます。ページが開いている場合は閉じて、ビジュアルサイトビューのみを開きます。　➡ スパテク 018

02 かんたんナビバーの［スマホ追加/同期］をクリックします。

MEMO フルCSSテンプレートから作られていないサイトを、スマホページに変換することはできません。

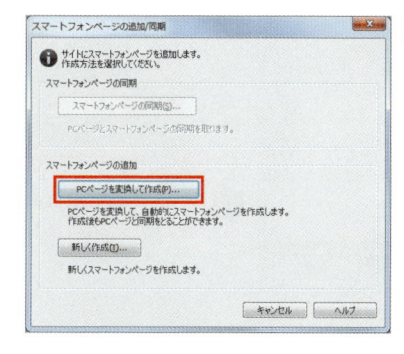

サイトのみを開いておく

03 ［スマートフォンページの追加/同期］ダイアログで［PCページを変換して作成］をクリックします。

Next ≫

197

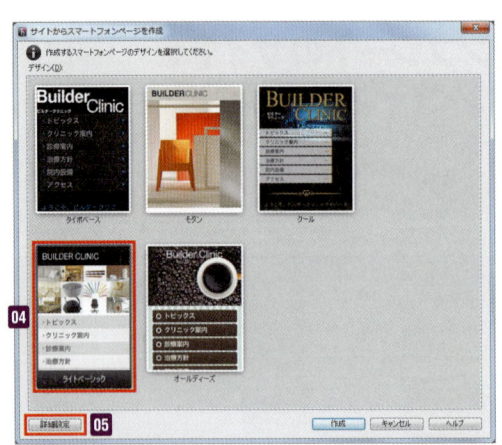

04 変換するスマホページのデザインをクリックします。ここでは［ライトベーシック］を選択しました。

05 ［詳細設定］をクリックします。

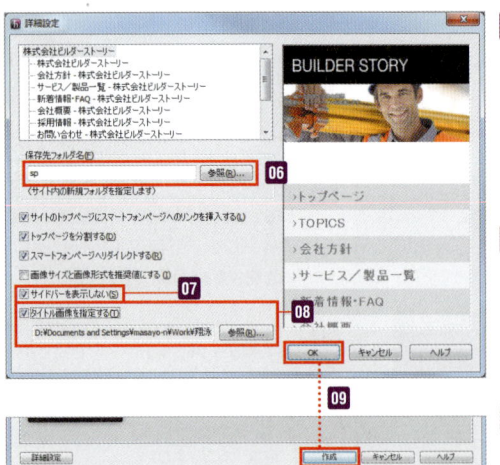

06 ［詳細設定］ダイアログで、変換するスマホページのデータを保存するフォルダー名を半角英数字で入力します。

> **MEMO** ここでのフォルダー名は、既定「sp」のままにしています。

07 必要に応じて、スマホページの詳細オプションを設定します。PCページのサイドバーの情報をスマホページに入れない場合は、［サイドバーを表示しない］チェックをオンにします。

08 タイトル画像をPCページと同じにするには、［タイトル画像を指定する］をオンにし、［参照］をクリックしてPCページのトップイメージに使われている画像を指定します。

09 ［OK］をクリックすると前の画面に戻るので［作成］をクリックします。

> **MEMO** オプションの詳細については［ヘルプ］をクリックすると確認できます。

10 スマホページに変換されます。変換が完了したら、［閉じる］をクリックします。

11 プレビュー画面が表示されてスマホページのトップページが表示されます。ナビゲーションの各ボタンをクリックすると内容が表示されます。

12 ［閉じる］をクリックしてスマホページを閉じます。

> **MEMO** トップイメージからナビゲーションまでの間隔を狭くするには、スタイルシートで#hpb-titleに定義されたheight属性を調整しましょう。

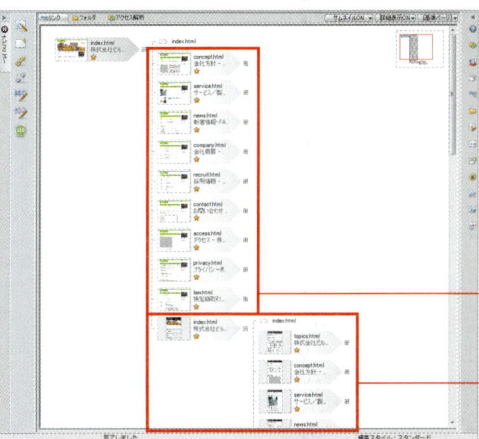

MEMO参照

13 ビジュアルサイトビューが表示されます。変換されたスマホページのツリー構造が確認できます。

> **MEMO** スマホページに変換すると、手順06で指定したフォルダーがサイト内に作成され、この中に関連データが保存されます。

フルCSSテンプレートによるPCページ

変換したスマホページ

POINT　横に傾けた状態でプレビューする

スマートフォンを横に傾けた状態でプレビューするには、ページ編集領域の［ターゲットブラウザーの切り替え］（ A1 参照）から［スマートフォン（横）］を選択してプレビューしてください。

POINT　リダイレクトの設定

iPhoneやAndroidを搭載したスマートフォンからPC用ページにアクセスしたときに、自動的にスマホページが表示されるように振り分けを設定することができます（リダイレクト）。ビジュアルサイトビューの［リンク］タブでリダイレクトをするPCページを右クリック→［リダイレクト設定］を選択します。［リダイレクトを設定する］をオンにして、リダイレクト先と対象エージェントを指定したら[OK]をクリックします。振り分け対象に他のエージェントを追加するには、［追加］をクリックしてエージェント名を入力します。たとえば、Windows Phone 7の場合は「Windows Phone OS」と入力し、［OK］をクリックしてください。次にこのダイアログを開いたときにエージェント名が「Windows」「Phone」「OS」の3つに分割登録されている場合は、［設定のリセット］をクリックして一旦削除し、もう一度「Windows Phone OS」を登録し直してください。登録後は、このダイアログは開かないようにしてください。分割登録のままでは、振り分けが正常に機能しません。

スパテク 043 フルCSSテンプレートのサイトをスマートフォンページと同期する

フルCSSテンプレートから作成したサイトのPCページを、スマホページに変換した場合、PCページの変更内容をスマホページに反映できます。

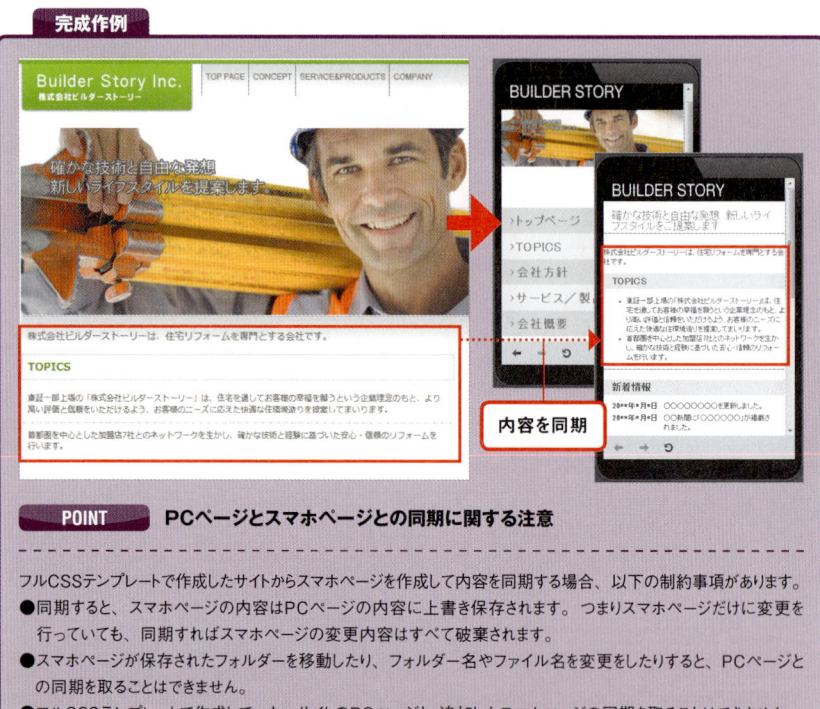

完成作例

内容を同期

POINT　PCページとスマホページとの同期に関する注意

フルCSSテンプレートで作成したサイトからスマホページを作成して内容を同期する場合、以下の制約事項があります。

- 同期すると、スマホページの内容はPCページの内容に上書き保存されます。つまりスマホページだけに変更を行っていても、同期すればスマホページの変更内容はすべて破棄されます。
- スマホページが保存されたフォルダーを移動したり、フォルダー名やファイル名を変更をしたりすると、PCページとの同期を取ることはできません。
- フルCSSテンプレートで作成していないサイトのPCページと、追加したスマホページの同期を取ることはできません。
- スマホページの変更内容を、PCページに反映することはできません。

01　フルCSSテンプレートから作成したサイトのPCページを開いておきます。
→ スパテク 018

02　ここでは、ナビゲーションを編集します。項目を減らす場合は、削除する項目にカーソルを置きます。

03　かんたんナビバーの［リスト項目の編集］→［リスト項目の削除］を選択します。

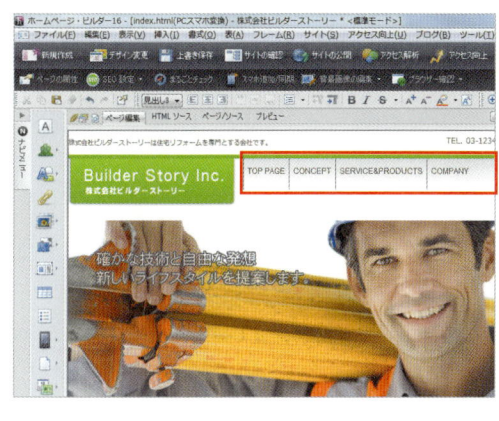

04 項目が削除されます。引き続き項目を減らしたり順序を入れ替えたりして、任意で調整します。
➡ スパテク 026
➡ スパテク 027

05 必要に応じて本文の内容を書き換えます。

06 ページの編集が完了したら、かんたんナビバーの［上書き保存］をクリックして保存します。

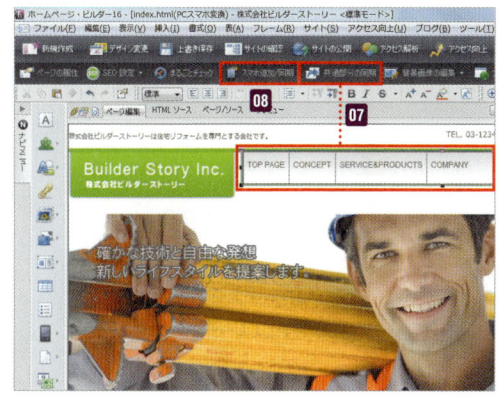

07 ナビゲーションなどの共通部分を変更した場合は、「共通部分の同期」を実行し、その他のページのナビゲーションにも編集内容を反映しておきます。
➡ スパテク 020

08 変更内容をスマホページに反映する場合は、かんたんナビバーの［スマホ追加/同期］をクリックします。

Next >>

09 ［スマートフォンページの追加/同期］ダイアログで［スマートフォンページの同期］をクリックします。

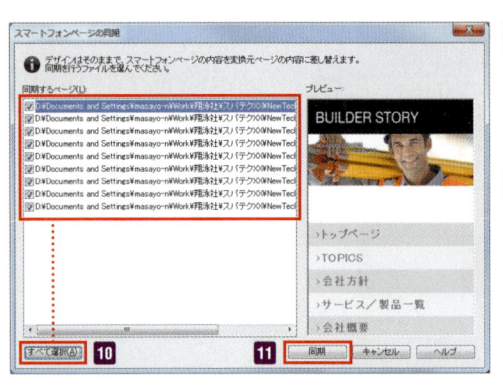

10 同期対象にするページのチェックマークをオンにします。ここでは［すべて選択］をクリックしてすべてのページを更新対象にしました。

11 ［同期］をクリックするとメッセージが表示されます。［はい］をクリックすると同期されるので［閉じる］をクリックします。

12 PCページを閉じて、ビジュアルサイトビューに戻ります。スマホページを開くと、内容が反映されています。

TOPICSの内容が反映されている

ナビゲーションの項目数が反映されている

フルCSSスマートフォンテンプレートからスマホ専用サイトを作成する << スパテク044 | ホームページ・ビルダー16

フルCSSスマートフォンテンプレートから スマホ専用サイトを作成する

スパテク 044

フルCSSテンプレートのPCサイトからスマホページに変換するのではなく、フルCSSスマートフォンテンプレートを利用して独自のスマホ専用サイトを作成することもできます。

完成作例

フルCSSスマートフォンテンプレートを利用して、トップページ、サブページ1、サブページ2、サブページ3の4ページで構成されたスマホ専用サイトを作成します

■ 4ページで構成されたスマホサイトを作成する

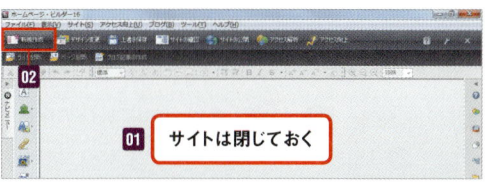

01 サイトが開いている場合は閉じておきます。
→ B3

02 かんたんナビバーの[新規作成]をクリックします。

03 [新規作成]ダイアログで[フルCSSスマートフォンテンプレート]をクリックします。

Next >>

203

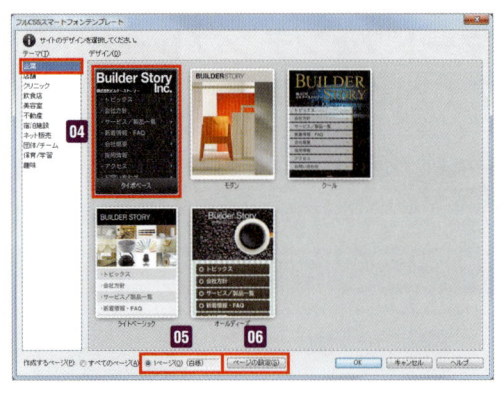

04 [フルCSSスマートフォンテンプレート] ダイアログで任意のテーマとデザインを指定します。ここでは「企業」「タイポベース」を指定しました。

05 [1ページ] をクリックします。

06 [ページの設定] をクリックします。

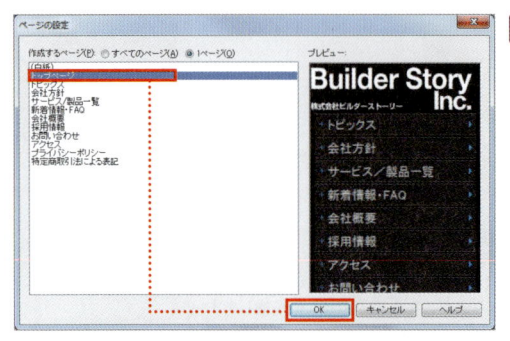

07 まずはトップページを作成するため、[ページの設定] ダイアログで「トップページ」を選択し、[OK] をクリックします。

08 前の画面に戻るので [OK] をクリックします。

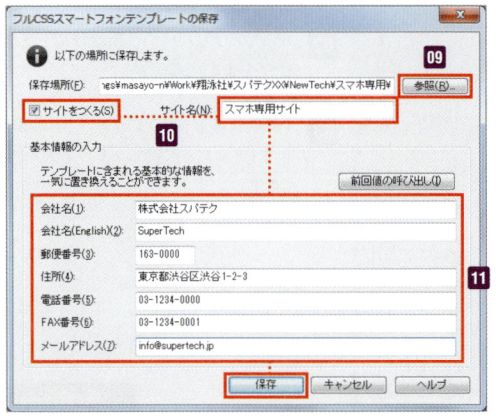

09 [参照] をクリックしてサイトの保存先を指定します。

10 [サイトをつくる] をチェックし、[サイト名] に任意サイト名を入力します。

11 テンプレートに表示されている情報を変更して [保存] をクリックします。

> **MEMO** 表示されている情報を書き換えない場合は、現在の情報が表示されます。

12 トップページが作成されます。ナビゲーションの上から3番目までの各項目を「サブページ1」「サブページ2」「サブページ3」に書き換えます。

> **MEMO** トップイメージに調整が必要な場合は、**スパテク023**の方法で背景画像を編集してください。

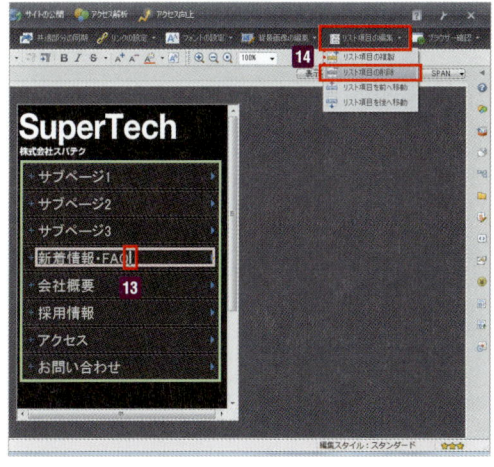

13 4番目の項目にカーソルを置きます。

14 かんたんナビバーの［リスト項目の編集］→［リスト項目の削除］を選択します。

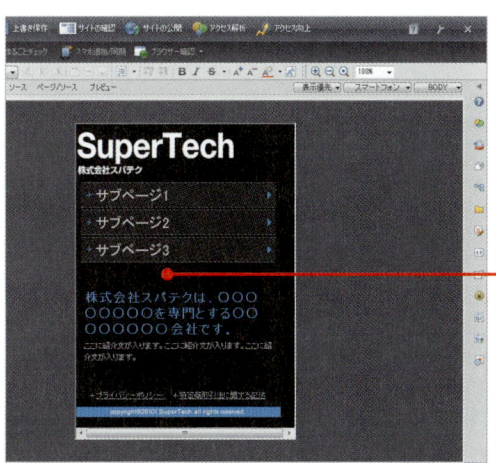

15 リスト項目が削除されるので、5番目以降の項目も手順**13**〜**14**を繰り返して削除しておきます。

> **MEMO** ナビゲーションの項目は「サブページ1」「サブページ2」「サブページ3」の3項目のみにしておきます。

その他の項目も削除する

Next >>

16 [URL]ツールバーを表示しておきます。
→ A6 POINT

17 ナビゲーションの1番目の項目「サブページ1」をクリックしてカーソルを置きます。

18 ヌルリンクを削除して、リンク先のHTMLファイルを入力します。ここでは「sub1.html」としました。

> **MEMO** [URL]ツールバーにはヌルリンク「#」が表示されます。

19 手順17〜18を繰り返し、「サブページ2」に「sub2.html」のリンクを設定します。

20 手順17〜18を繰り返し、「サブページ3」に「sub3.html」のリンクを設定します。

21 修正が完了したら[上書き保存]をクリックしてページを保存し、[閉じる]をクリックしてページを閉じます。

22 ビジュアルサイトビューの［リンク］タブでは、現段階では存在しないsub1.html～sub3.htmlのリンクに×印が付いてリンクエラーとなっています。

23 これからリンク先の各サブページを作成します。［新規作成］をクリックします。

現段階でサブページはリンクエラーとなる

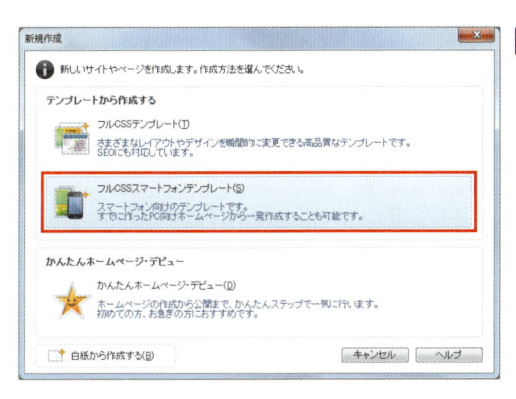

24 ［新規作成］ダイアログで［フルCSSスマートフォンテンプレート］をクリックします。

25 ［フルCSSスマートフォンテンプレート］で「［サイト］」と書かれている、トップページと同じデザインを指定します。

26 ［ページの設定］をクリックします。

タイポベース［サイト］

［サイト］と書かれた、トップページと同じデザインを指定

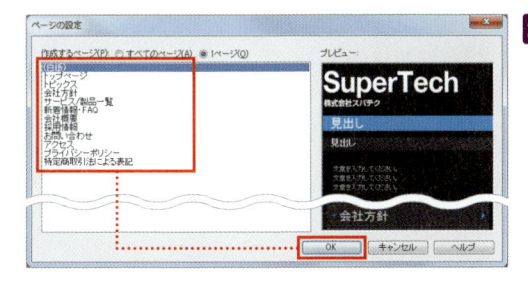

27 サブページを作成するため、［ページの設定］ダイアログで任意のページを選択し、［OK］をクリックします。

MEMO　ここでは「(白紙)」を選択しました。

Next >>

28 前の画面に戻るので［OK］をクリックします。

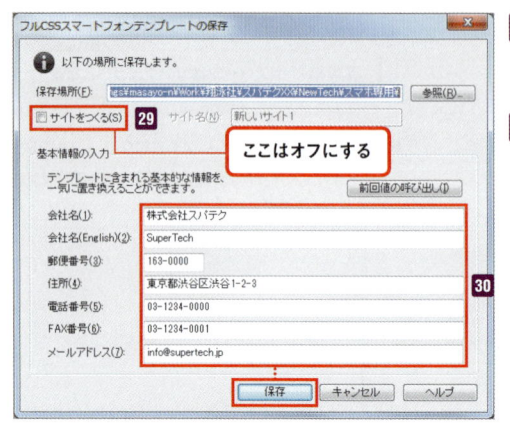

29 すでにサイトは作成されているので、［サイトをつくる］がオフであることを確認します。

30 基本情報も前と同じ状態であることを確認したら［保存］をクリックします。

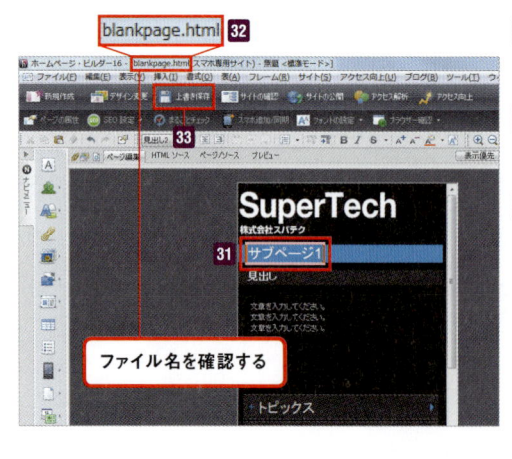

31 サブページが作成されるので、見出しを「サブページ1」に書き換えます。

32 タイトルバーにある、このページに付けられたファイル名を確認しておきます。

33 ［上書き保存］をクリックしてページを保存したら、[閉じる]をクリックしてページを閉じます。

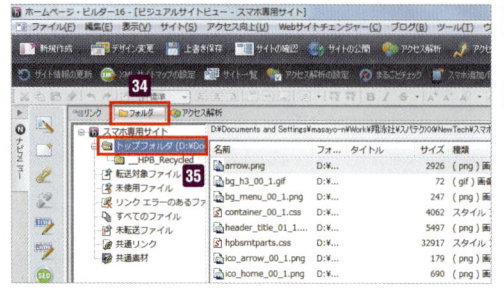

34 ビジュアルサイトビューの［フォルダ］タブをクリックします。

35 ［トップフォルダ］をクリックします。

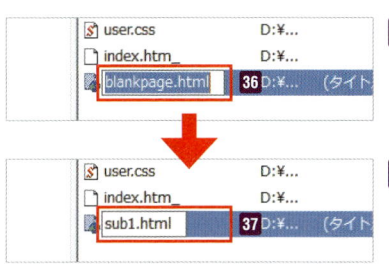

36 手順32で調べたサブページ1のファイルを選択し、[F2]キーを押します。

37 名前が変更できる状態となるので、手順18でサブページ1にリンクしたHTMLファイルと同じファイル名に書き換えます。

38 [リンク項目の自動更新] ダイアログで [OK] をクリックします。

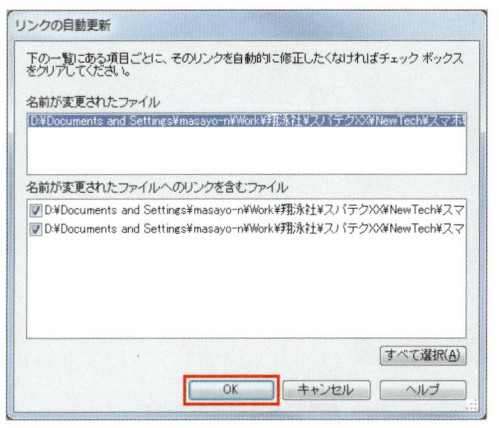

39 ビジュアルサイトビューの [リンク] タブをクリックすると、トップページからサブページへのリンクが張られていることが確認できます。

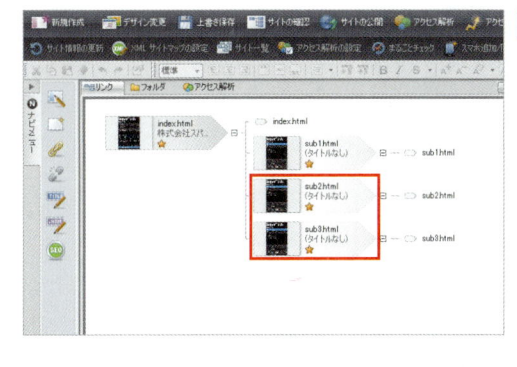

40 sub2.htmlとsub3.htmlも手順23～38を繰り返し、同じ要領で作成しましょう。そうすると、ビジュアルサイトビューではトップページからサブページまでのリンク構造が完成します。

> **MEMO** 手順36～37の名前の変更のところでは、サブページ2を「sub2.html」に、サブページ3を「sub3.html」に変更しましょう。

■ トップページのナビゲーションを他のサブページと同期する

01 トップページとサブページのナビゲーションを統一するため、これから共通部分の同期を行います。ビジュアルサイトビューでトップページ「index.html」を開きます。

02 ナビゲーション部分にカーソルを置いたら、かんたんナビバーの［共通部分の同期］をクリックします。

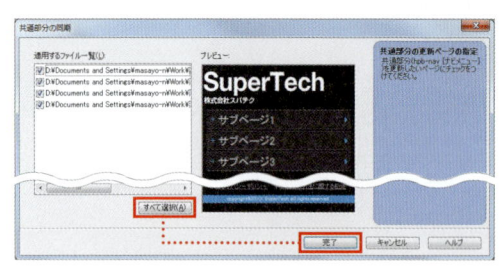

03 ［共通部分の同期］ダイアログで［すべて選択］をクリックしてすべてを対象にしたら［完了］→［はい］をクリックします。

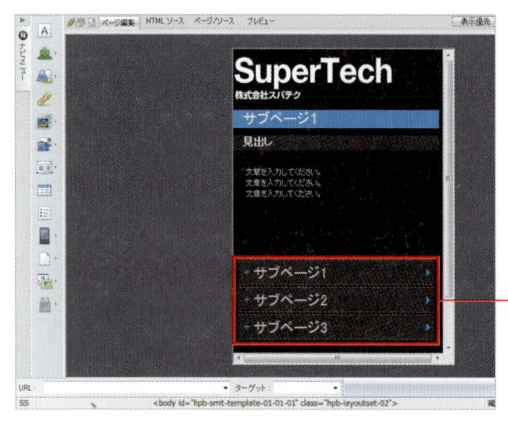

04 トップページを閉じて任意のサブページを開きます。サブページのナビゲーションが同期されて、トップページと同じ項目に変更されています。

> サブページのナビゲーションも変更された

■ サブページのフッターを他ページのフッターと同期する

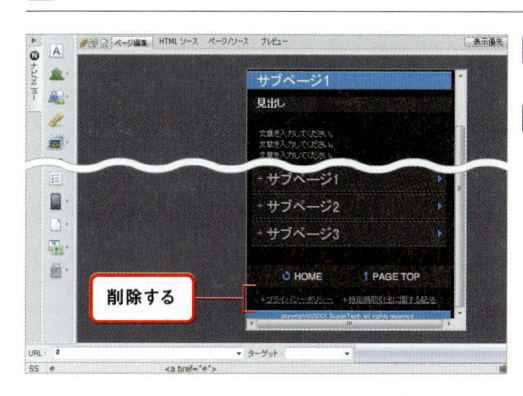

01 任意のサブページを開きます。

02 フッター部分にある「プライバシーポリシー」と「特定商取引法に関する記述」が必要なければ削除します。

> **MEMO** HTMLソースを表示し、該当場所の<ul>〜</ul>部分を削除しましょう。

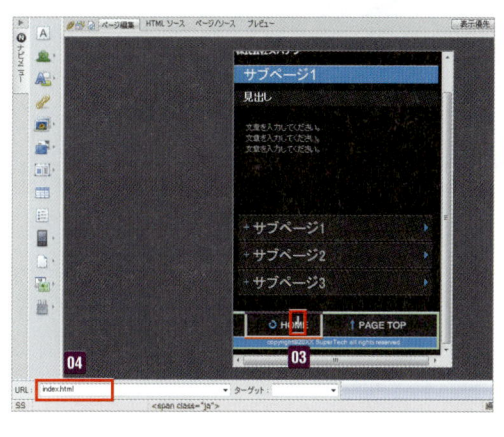

03 続いて「HOME」ボタンのリンク先を変更するため、「HOME」をクリックしてカーソルを置きます。

04 ［URL］ツールバーの「#」をトップページ「index.html」に書き換えて確定します。

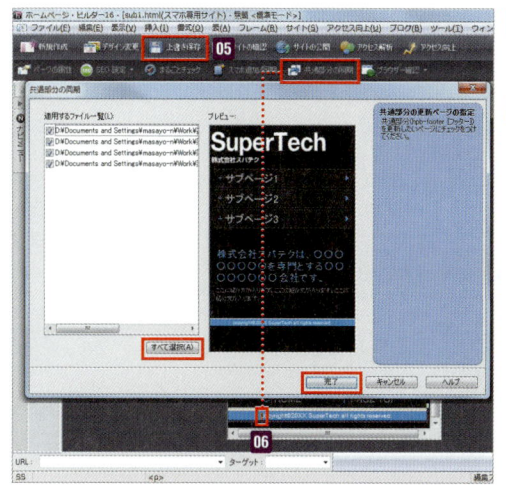

05 ［上書き保存］をクリックしてページを保存します。

06 フッター部分にカーソルを置いてかんたんナビバーの［共通部分の同期］をクリックして同期します。他のサブページを開くと、フッターが同期されて、編集内容が反映されます。

> **MEMO** これで、index.html、sub1.html、sub2.html、sub3.htmlの4ページで構成されたスマホサイトは完成です。必要に応じて、ページの内容を編集しましょう。

スパテク 045 折りたたみや展開をするアコーディオンを作成する

フルCSSスマートフォンテンプレートから作成したページのコンテンツは、タイトルをクリックすると、下に書かれた内容を折りたたんだり展開したりできます。このような動きを「アコーディオン」といいます。

完成作例

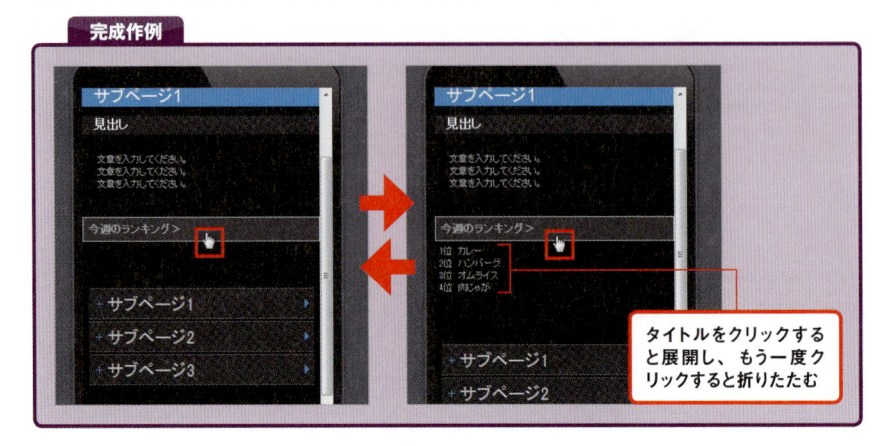

タイトルをクリックすると展開し、もう一度クリックすると折りたたむ

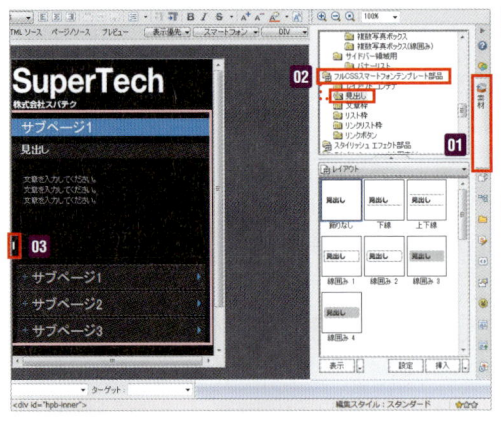

01 素材ビューをクリックします。

02 ［フルCSSスマートフォンテンプレート部品］→［見出し］フォルダーをクリックします。

03 アコーディオンを挿入する場所にカーソルを置きます。

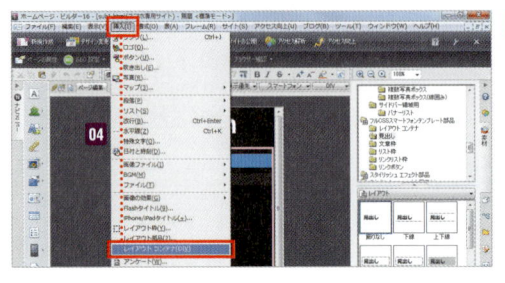

04 メニューの［挿入］→［レイアウトコンテナ］を選択します。

05 レイアウトコンテナが挿入されるので、任意の見出し部品をダブルクリックして挿入します。

カーソル位置に任意の見出しを挿入する

06 見出しが挿入されるので、見出しの最後にカーソルを置きます。

07 ［文章枠］フォルダーを選択して、任意の文章枠をダブルクリックします。

任意の文章枠を挿入する

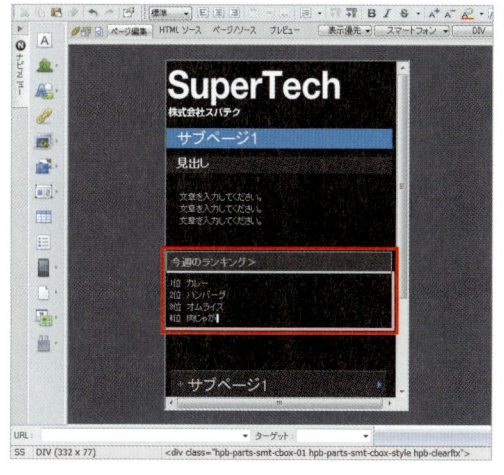

08 見出しと文章枠が挿入されるので、文字を任意で書き換えます。

MEMO アコーディオンが設定された領域は、内容が隠れていることを分かりやすくするため、見出し横に「＞」などの記号や画像を挿入しておきましょう。

Next >>

213

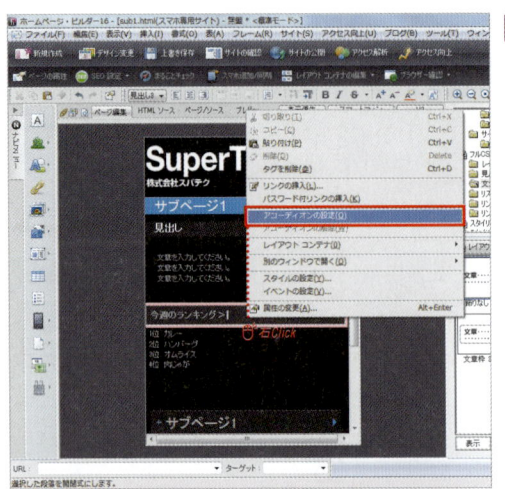

09 見出しを右クリック→［アコーディオンの設定］を選択するとアコーディオンが設定されます。

> **MEMO** アコーディオンを解除するには、見出しを右クリック→［アコーディオンの解除］を選択します。

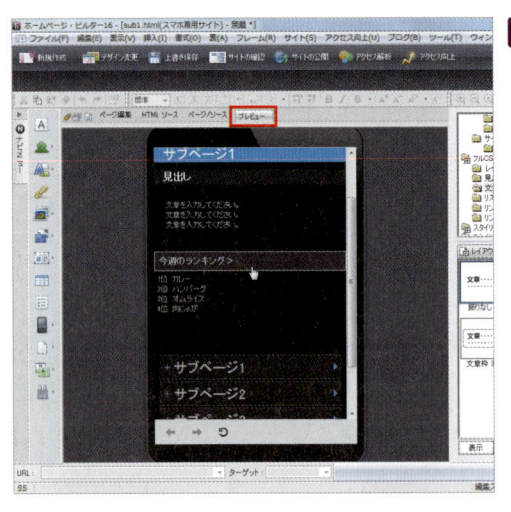

10 ［プレビュー］タブをクリックすると動作が確認できます。

> **MEMO** アコーディオンが設定されたページを保存すると、JavaScriptファイルが保存されます。アコーディオンの動作に必要な関連ファイルなので、インターネットの公開時には各ファイルもサーバーへ転送してください。

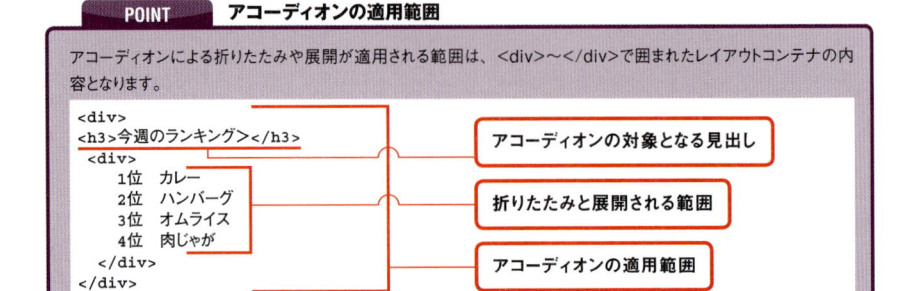

POINT　アコーディオンの適用範囲

アコーディオンによる折りたたみや展開が適用される範囲は、<div>〜</div>で囲まれたレイアウトコンテナの内容となります。

```
<div>
  <h3>今週のランキング></h3>
    <div>
       1位　カレー
       2位　ハンバーグ
       3位　オムライス
       4位　肉じゃが
    </div>
</div>
```

- アコーディオンの対象となる見出し
- 折りたたみと展開される範囲
- アコーディオンの適用範囲

3章

CSSデザイン&レイアウトの
テクニック

●パンくずリスト●Flash風の縦ナビゲーション●Flash風の横ナビゲーション●プルダウンメニューのナビゲーション●角がカーブしたコラムスペース●別窓にリンク先を表示するナビゲーション●写真を並べて表示するサムネイル●HTML＋CSSの素材をパーソナル部品として登録●Internet Explorer 6用のCSSハック●ブログテンプレートを参考にする●Amebaブログをオリジナルデザインに変更●FC2ブログをオリジナルデザインに変更

スパテク046 パンくずリストを作成する

ホームページの現在位置を示す「パンくずリスト」を作成します。<ol>タグ（番号付きリスト）でマークアップしたリストを横並びに配置し、リスト間は＞で区切ってツリー構造にします。

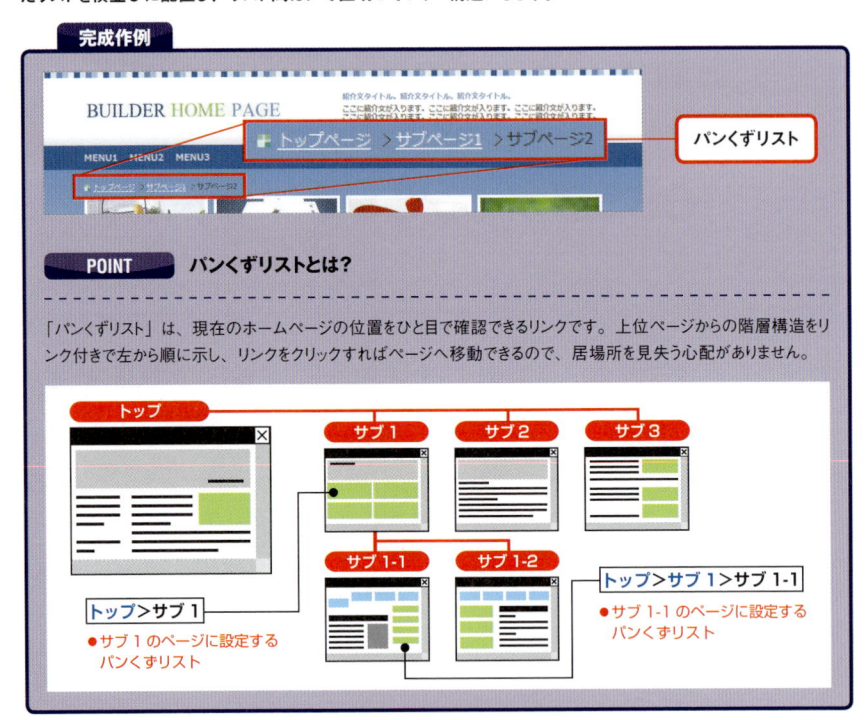

完成作例

パンくずリスト

POINT　パンくずリストとは？

「パンくずリスト」は、現在のホームページの位置をひと目で確認できるリンクです。上位ページからの階層構造をリンク付きで左から順に示し、リンクをクリックすればページへ移動できるので、居場所を見失う心配がありません。

- トップ＞サブ1
  ●サブ1のページに設定するパンくずリスト
- トップ＞サブ1＞サブ1-1
  ●サブ1-1のページに設定するパンくずリスト

■ パンくずリストに使うアイコンとパスマークを作成する

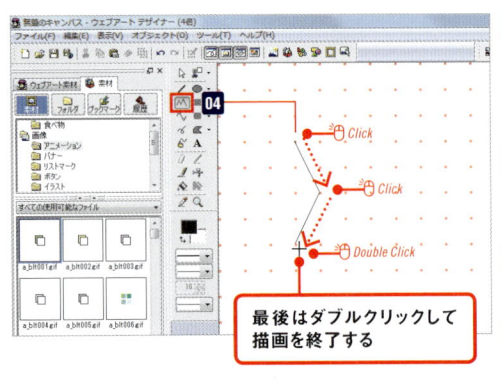

01 ウェブアートデザイナーを起動し、グリッドの幅と高さを10ピクセルに設定し、点線で表示します。
→ D6　→ D4

02 オブジェクトをグリッドに合わせる設定にします。
→ D5

03 キャンバスは4倍に拡大表示します。
→ D3

04 ［折れ線ツール］を使用し、図のような＞型の線を作成します。

最後はダブルクリックして描画を終了する

ダブルクリック 05

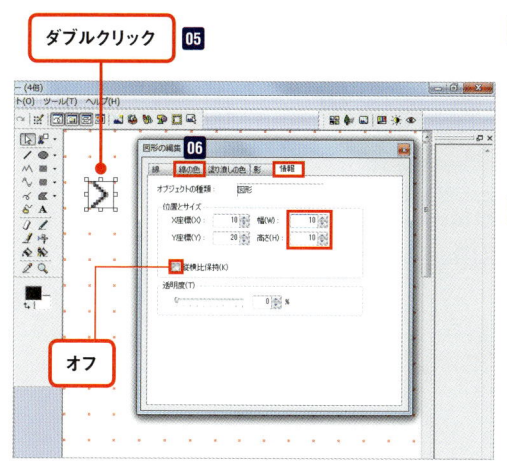

05 完成したオブジェクトをダブルクリックして［情報］タブで［縦横比保持］をオフにし、幅と高さをいずれも10ピクセルにしておきます。
→ D12

オフ

06 線の色は黒にしておきます。

MEMO これでパスマークは完成です。

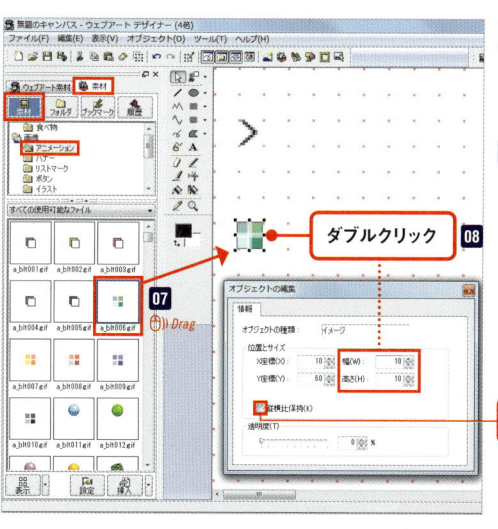

07 続いてアイコンを作成します。アイコンにしたい任意のイラストを素材集からキャンバスに追加します。

ダブルクリック 08

08 追加したアイコンをダブルクリックして［縦横比保持］をオフにし、幅と高さをいずれも10ピクセルにしておきます。
→ D12

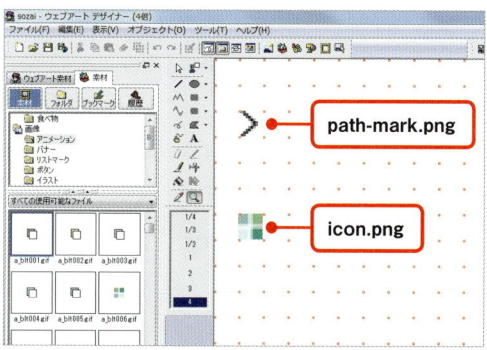

オフ

path-mark.png

09 各オブジェクトをWeb用保存ウィザードで保存しておきましょう。
→ D17

MEMO 保存のファイル形式はPNG形式です。

icon.png

217

■ パンくずリストのスタイル定義を作成する

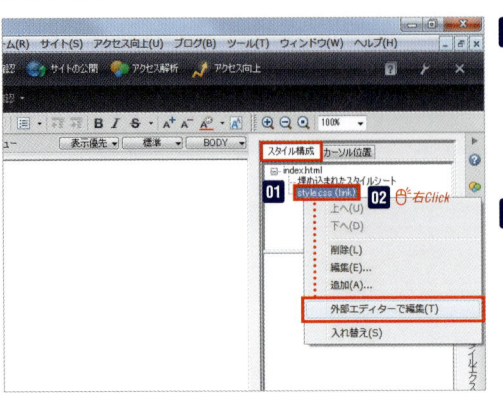

01 パンくずリストを作成するページを開いたら［スタイルエクスプレスビュー］の［スタイル構成］パネルで外部スタイルシートを作成しておきます。
→ C6

02 まずはパンくずリスト全体のスタイルを定義します。外部スタイルシートを右クリック→［外部エディターで編集］を選択します。

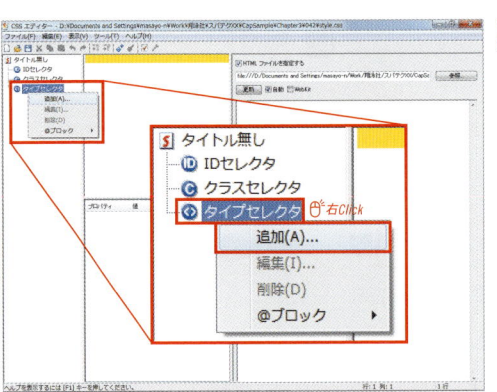

03 CSSエディターが起動します。［タイプセレクタ］を右クリック→［追加］を選択します。

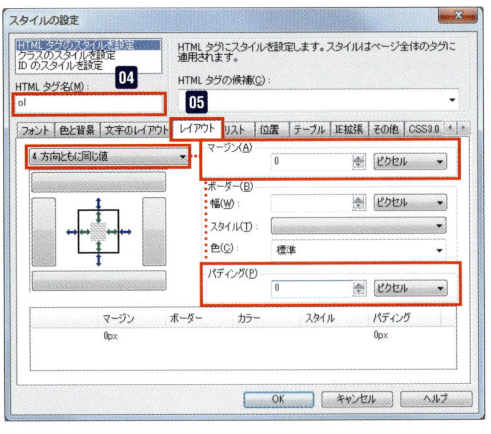

04 ［スタイルの設定］ダイアログで［HTMLタグ名］に「ol」と入力します。

05 ［レイアウト］タブのドロップダウンリストから「4方向ともに同じ値」を選択し、［マージン］と［パディング］でいずれも「0ピクセル」を指定します。

06 続いて、［リスト］タブの［リストマークのタイプ］で「なし」を指定したら［OK］をクリックします。

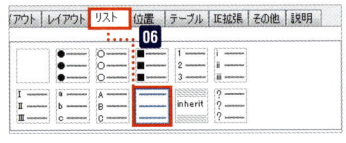

ソース

```
ol{
  padding-top: 0px;
  padding-left: 0px;
  padding-right: 0px;
  padding-bottom: 0px;
  margin-top: 0px;
  margin-left: 0px;
  margin-right: 0px;
  margin-bottom: 0px;
  list-style-type: none;
}
```

07 左図のようにスタイルが定義されます。

> **MEMO** 定義内容が誤っている場合は、CSSエディター上でソースを直接書き直してください。

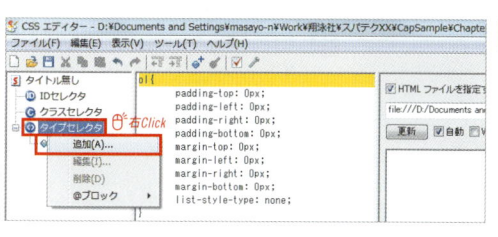

08 続いて、各リストのスタイルを定義します。[タイプセレクタ]を右クリック→[追加]を選択します。

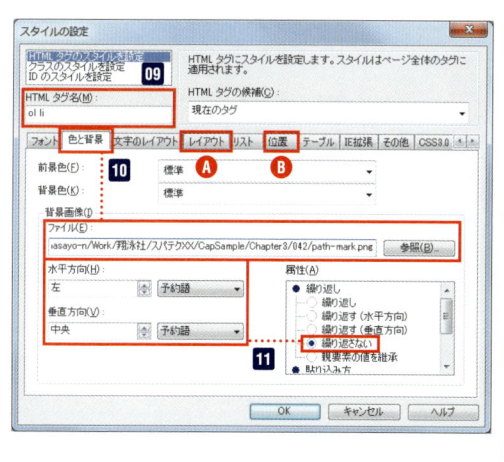

09 [HTMLタグ名]に「ol li」と入力します。

> **MEMO** olとliの間にスペースを入れて子孫セレクタにします。

10 [色と背景]タブの[参照]→[ファイルから]をクリックし、先ほど作成したパスマーク画像(path-mark.png)を指定します。

11 [水平方向]で「左」、[垂直方向]で「中央」、[属性]で「繰り返さない」を指定します。

12 以下の設定をして[OK]をクリックします。
　Ⓐ[レイアウト]タブ
　　[左方向]:[パディング]で「10ピクセル」
　　[右方向]:[パディング]で「5ピクセル」
　Ⓑ[位置]タブ
　　[属性]:[表示]「INLINE」

13 左図のようにスタイルが定義されます。

ソース

```
ol li{
  background-image: url(path-mark.png);
  background-repeat: no-repeat;
  background-position: left center;
  padding-left: 10px;
  padding-right: 5px;
  display: inline;
}
```

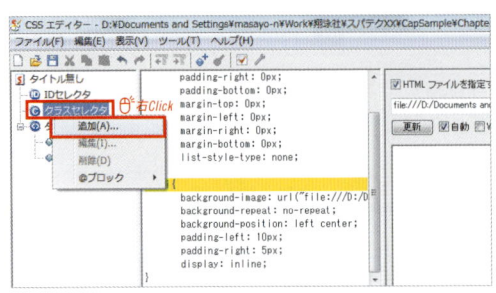

14 最後に、各リストのスタイルを定義します。[クラスセレクタ]を右クリック→[追加]を選択します。

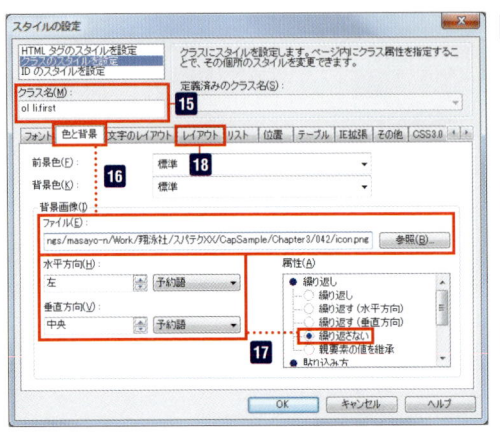

15 [クラス名]に「ol li.first」と入力します。

> **MEMO** olとli.firstの間にスペースを入れて子孫セレクタにします。

16 [色と背景]タブの[参照]→[ファイルから]をクリックし、先ほど作成したアイコン画像(icon.png)を指定します。

17 [水平方向]で「左」、[垂直方向]で「中央」、[属性]で「繰り返さない」を指定します。

18 [レイアウト]タブの[左方向]をクリックし、[パディング]で「15ピクセル」を指定したら[OK]をクリックします。

19 左図のようにスタイルが定義されます。これですべてのスタイルが作成されました。

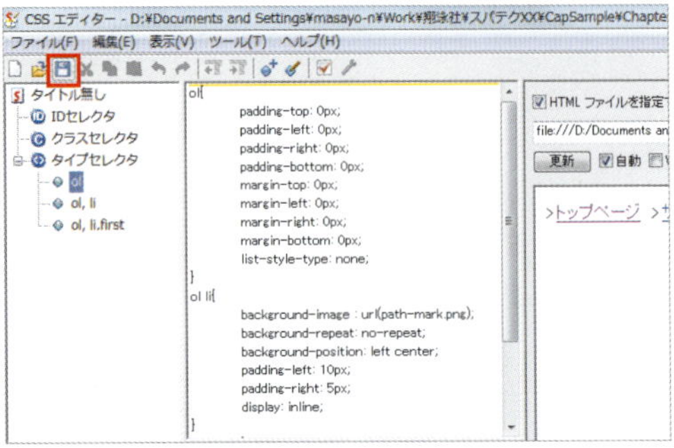

■ ソース

```
ol li.first{
  background-image: url("icon.png");
  background-repeat: no-repeat;
  background-position: left center;
  padding-left:15px;
}
```

20 ソースを上書き保存してCSSエディターを閉じます。

■ パンくずリストを作成する

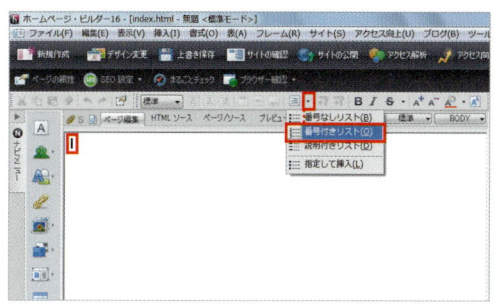

01 パンくずリストを作成する場所にカーソルを置き、[書式] ツールバーの [リストの挿入] の▼をクリックして [番号付きリスト] を選択します。

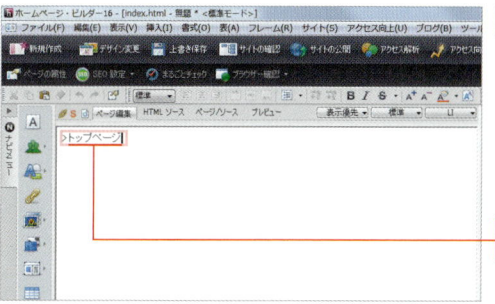

02 パスマークが挿入されるので、先頭の文字を入力して Enter キーを押します。

> **MEMO** リスト文字の後ろで Enter キーを押すとパスが追加されます。

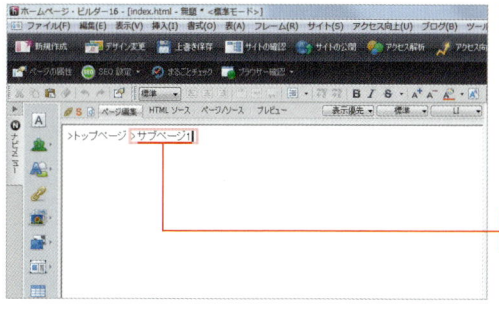

文字を入力して Enter キー

03 次のパスが挿入されるので、文字を入力します。

文字を入力して Enter キー

04 必要な分だけ操作を繰り返してパスマークとリストを追加します。

Next >>

05 パンくずリストが完成したら、各項目に該当ページへのリンクを設定します。

➡ A6

現ページの項目はそのまま

上位ページへリンクを張る

06 最初のリストをクリックします。

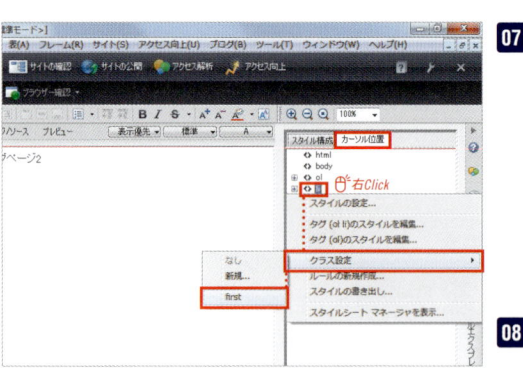

Click

07 ［スタイルエクスプレスビュー］の［カーソル位置］パネルでliを右クリック→［クラス設定］→「first」を選択すると先頭の項目にアイコンがつきます。

右Click

08 パンくずリストのHTMLソースは下図のようになります。

ソース

```
<ol>
    <li class="first"><a href="index.html">トップページ</a>
    <li><a href="sub1.html">サブページ1</a>
    <li>サブページ2
</ol>
```

POINT 簡易リンクに活用

パンくずリストはフッタなどに入れる簡易リンクとしても使えます。パスマークの画像を"|"のデザインに差し替えて、各項目には主要ページへのリンクを張れば出来上がりです。全ページに共通配置すれば、訪問者が目的のページへ素早くたどり着けます。

スパテク 047 背景が動くFlash風の縦ナビゲーションを作成する

マウスポインタをボタンに合わせると、背景が上から下にワイプするFlash風のナビゲーションを作成します。背景画像には、ウェブアニメーターで作成したアニメーションGIFを使用します。

完成作例

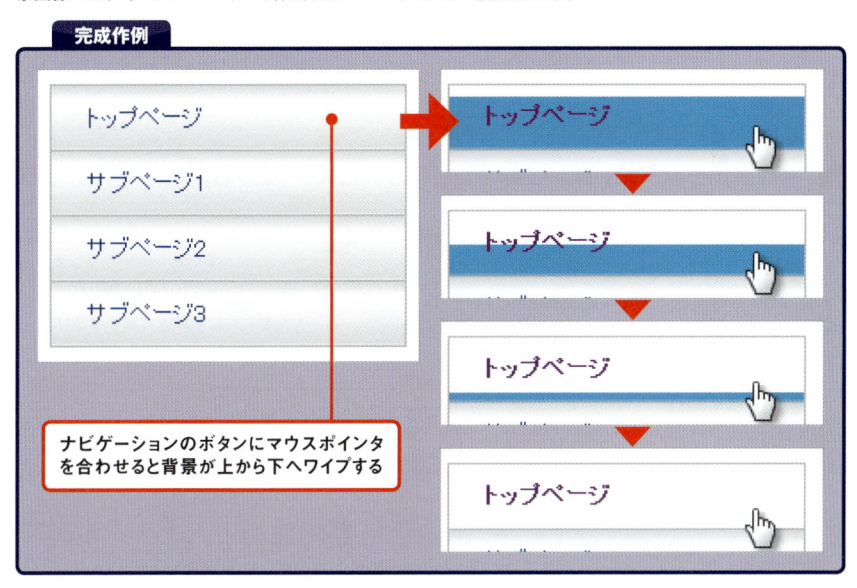

ナビゲーションのボタンにマウスポインタを合わせると背景が上から下へワイプする

■ ボタンに使用する画像を作成する

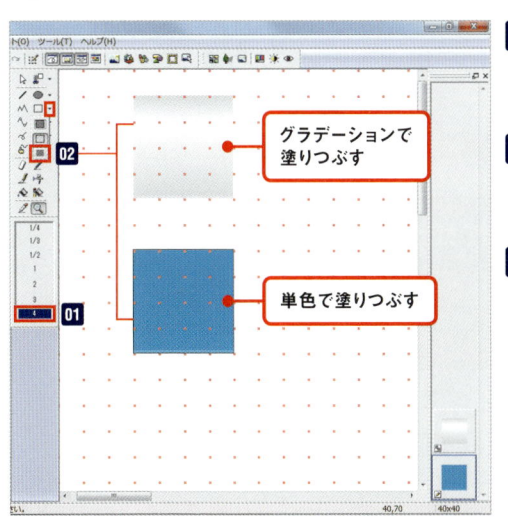

01 ウェブアートデザイナーを起動し、キャンバスは4倍に拡大表示します。 ➡ D3

02 ［四角形（塗り潰しのみ）］ツールを使用して任意サイズの四角形を2つ作成しておきます。

03 作成した各オブジェクトをダブルクリックして任意の色で塗りつぶします。

> **MEMO** 一方はボタン、もう一方はマウスポインタをボタンに乗せたときの画像に使います。それぞれ筒状グラデーションと単色（#31a6d8）で塗り潰します。 ➡ スパテク 059 ➡ D14

- 02 グラデーションで塗りつぶす
- 01 単色で塗りつぶす

Next >>

223

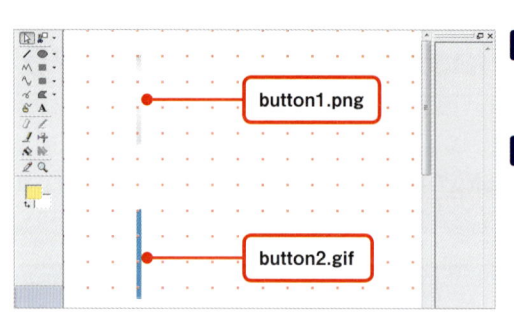

04 各オブジェクトのサイズを横2ピクセル、縦35ピクセルに変更します。
→ D12

05 各オブジェクトをWeb用保存ウィザードで保存しておきましょう。
→ D17

> **MEMO** ボタン画像はPNG形式、アニメーション化する画像はGIF形式で保存しましょう。

■ マウスポインタをボタンに乗せたときのアニメーションGIF画像を作成する

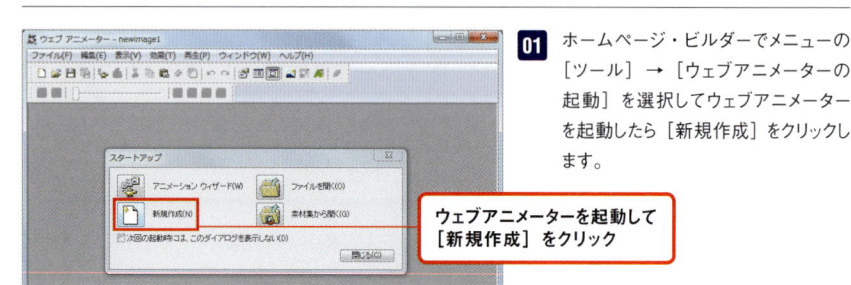

01 ホームページ・ビルダーでメニューの［ツール］→［ウェブアニメーターの起動］を選択してウェブアニメーターを起動したら［新規作成］をクリックします。

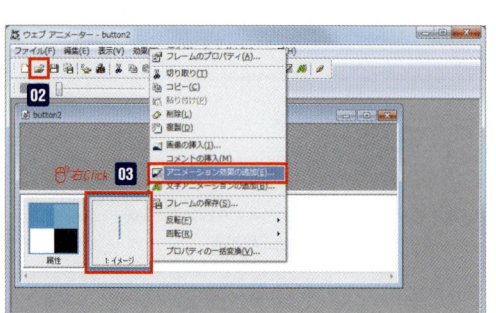

ウェブアニメーターを起動して［新規作成］をクリック

02 ［開く］ボタンをクリックして先ほど作成したアニメーション化するボタンの画像（button2.gif）を読み込みます。

> **MEMO** 画像の読み込みは、フォルダーから画像ファイルをドラッグ&ドロップしても可能です。

03 読み込んだ画像を右クリック→［アニメーション効果の追加］を選択します。

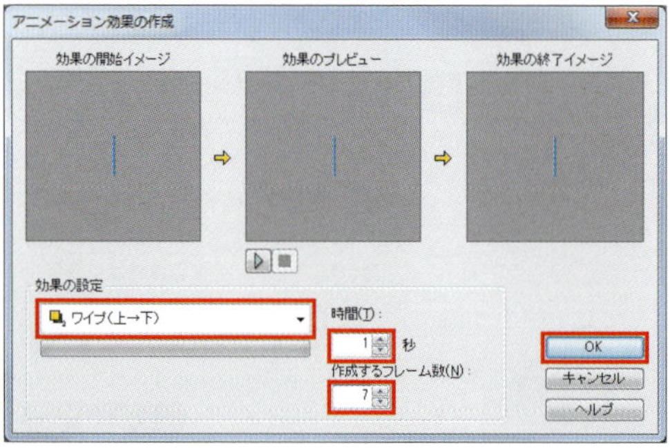

04 ［アニメーション効果の作成］ダイアログの［効果の設定］で「ワイプ（上→下）」を選択し、[時間]で「1」、[作成するフレーム数]で「7」を指定したら［OK］をクリックします。

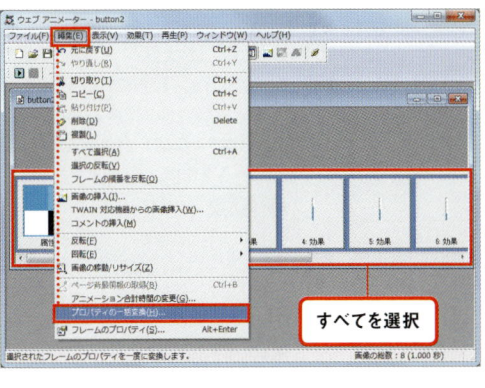

05 画像がフレーム化されます。`Ctrl`+`A`キーを押してすべてを選択した状態でメニューの[編集]→[プロパティの一括変換]を選択します。

06 [プロパティの一括変換]ダイアログの[表示時間]をオンにして「10」を指定したら[OK]をクリックします。

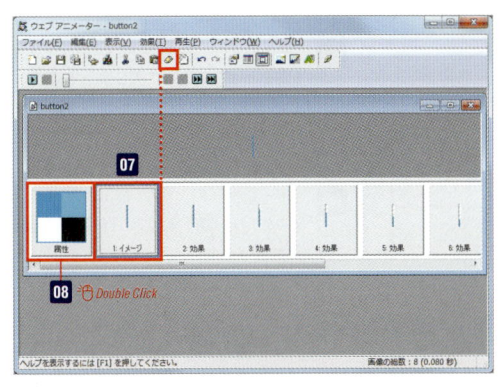

07 「1:イメージ」の画像を選択して[消去]ボタンをクリックして消去します。

08 [属性]をダブルクリックします。

09 [繰り返し]の「有限」をオンにして「1回」を指定したら[閉じる]をクリックして閉じます。

10 これでアニメーションの完成です。メニューの[ファイル]→[名前を付けて保存]を選択して「animation.gif」という名前で保存したら、ウェブアニメーターを終了します。

■ ナビゲーションのスタイル定義を作成する

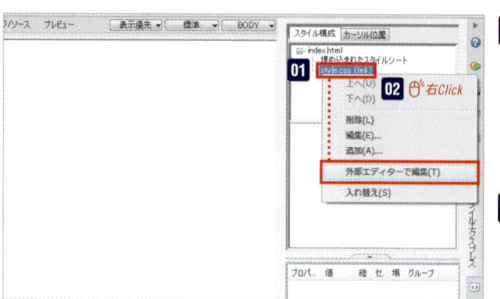

01 ナビゲーションを作成するページを開いたら［スタイルエクスプレスビュー］の［スタイル構成］パネルで外部スタイルシートを作成しておきます。
➡ C6

02 まずはナビゲーション全体のスタイルを定義します。外部スタイルシートを右クリック→［外部エディターで編集］を選択します。

03 CSSエディターが起動します。［タイプセレクタ］を右クリック→［追加］を選択します。

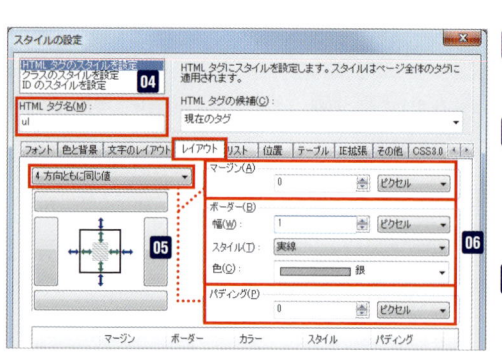

04 ［スタイルの設定］ダイアログで［HTMLタグ名］に「ul」と入力します。

05 ［レイアウト］タブのドロップダウンリストから「4方向ともに同じ値」を選択し、［マージン］と［パディング］でいずれも「0ピクセル」を指定します。

06 ［ボーダー］の［幅］で「1ピクセル」、［スタイル］で「実線」、［色］で「銀」を指定します。

07 続いて、［下方向］をクリックして［ボーダー］の［幅］の値を削除し、［スタイル］で空欄、［色］で「標準」を指定します。

08 以下の設定をして［OK］をクリックします。

　Ⓐ **[文字のレイアウト]タブ**
　　［水平方向の配置］:「左揃え」
　Ⓑ **[リスト]タブ**
　　［リストマークのタイプ］:「なし」
　Ⓒ **[位置]**
　　［幅］:「200ピクセル」

09 次のようにスタイルが定義されます。

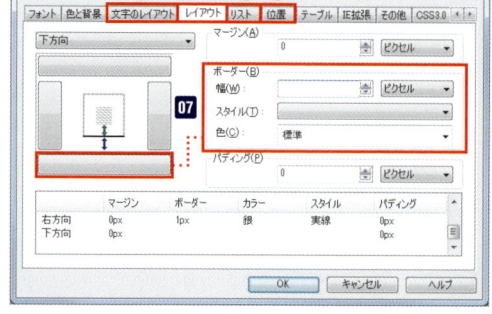

ソース

```
ul{
  text-align: left;
  padding-top: 0px;
  padding-left: 0px;
  padding-right: 0px;
  padding-bottom: 0px;
  margin-top: 0px;
  margin-left: 0px;
  margin-right: 0px;
  margin-bottom: 0px;
  border-top-width: 1px;
  border-left-width: 1px;
  border-right-width: 1px;
  border-top-style: solid;
  border-left-style: solid;
  border-right-style: solid;
  border-top-color: silver;
  border-left-color: silver;
  border-right-color: silver;
  width: 200px;
  list-style-type: none;
}
```

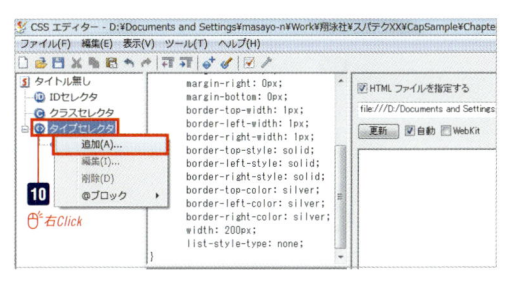

10 続いて、各ボタンのスタイルを定義します。[タイプセレクタ]を右クリック→[追加]を選択します。

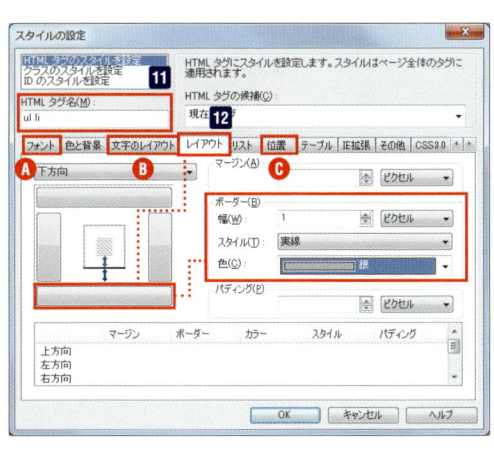

11 [HTMLタグ名]に「ul li」と入力します。

12 [レイアウト]タブの[下方向]をクリックし、[ボーダー]の[幅]で「1ピクセル」、[スタイル]で「実線」、[色]で「銀」を指定します。

13 以下の設定をして[OK]をクリックします。
- Ⓐ[フォント]タブ
  [サイズ]：「13ピクセル」
- Ⓑ[文字のレイアウト]タブ
  [行の高さ]：「35ピクセル」
- Ⓒ[位置]タブ
  [高さ]：「35ピクセル」
  [属性]：[はみ出した場合の処理]「不可視」

14 左図のようにスタイルが定義されます。

ソース

```
ul li{
  font-size: 13px;
  line-height: 35px;
  border-bottom-width: 1px;
  border-bottom-style: solid;
  border-bottom-color: silver;
  height: 35px;
  overflow: hidden;
}
```

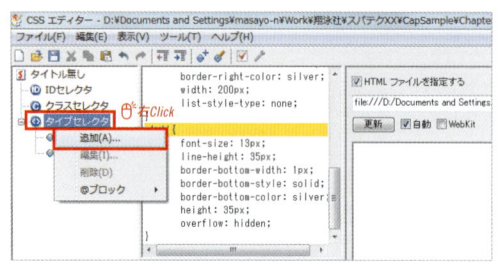

15 続いて、リンクのスタイルを定義します。[タイプセレクタ]を右クリック→[追加]を選択します。

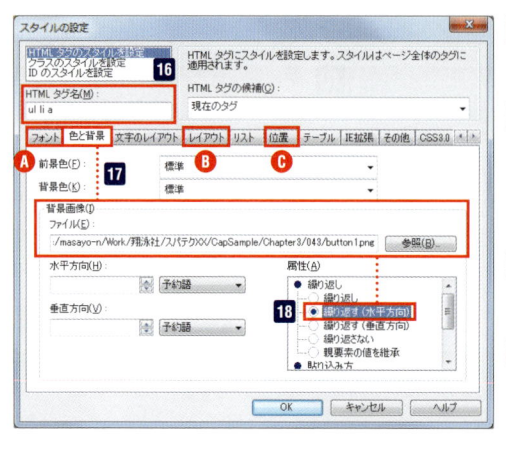

16 [HTMLタグ名]に「ul li a」と入力します。

17 [色と背景]タブの[参照]→[ファイルから]をクリックし、先ほど作成したボタン画像(button1.png)を指定します。

18 [属性]で「繰り返す(水平方法)」を指定します。

19 以下の設定をして[OK]をクリックします。
 Ⓐ[フォント]タブ
 　[文字飾り]:「なし」
 Ⓑ[レイアウト]タブ
 　[左方向]:[パディング]「20ピクセル」
 Ⓒ[位置]タブ
 　[属性]:[表示]「BLOCK」

20 左図のようにスタイルが定義されます。

ソース

```
ul li a{
  background-image: url("button1.jpg");
  background-repeat: repeat-x;
  text-decoration: none;
  padding-left: 20px;
  display: block;
}
```

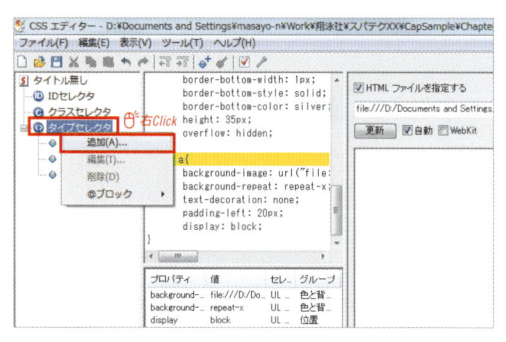

21 最後に、ボタンにマウスポインタを乗せたときのスタイルを定義します。[タイプセレクタ]を右クリック→[追加]を選択します。

22 ［HTMLタグ名］に「ul li a:hover」と入力します。

23 ［色と背景］タブの［参照］→［ファイルから］をクリックし、先ほど作成したアニメーション画像（animation.gif）を指定します。

24 ［属性］で「繰り返す（水平方法）」を指定します。

25 ［フォント］タブで［文字の属性］の「太い」を指定したら［OK］をクリックします。

26 左図のようにスタイルが定義されます。これですべてのスタイルが作成されました。ソースを上書き保存してCSSエディターを閉じます。

ソース

```
ul li a:hover{
  background-image: url("animation.gif");
  background-repeat: repeat-x;
  font-weight: bold;
}
```

■ ナビゲーションを作成する

01 ナビゲーションを作成する場所にカーソルを置いたら［書式］ツールバーの［リストの挿入］の▼をクリックして［番号なしリスト］を選択します。

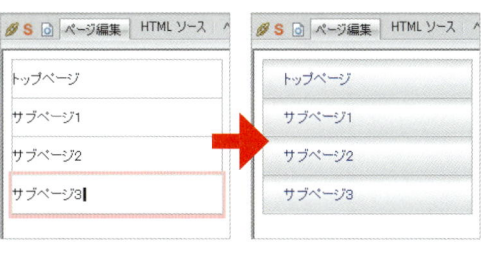

02 ナビゲーションの1項目が作成されるので項目名を入力して Enter キーを押します。

03 手順02を繰り返して必要な分だけ項目を追加します。

04 項目名にリンクを設定するとナビゲーションが完成します。

MEMO ナビゲーションのHTMLソースは左図のようになります。

ソース

```
<ul>
    <li><a href="index.html">トップページ</a>
    <li><a href="sub1.html">サブページ1</a>
    <li><a href="sub2.html">サブページ2</a>
    <li><a href="sub3.html">サブページ3</a>
    <li><a href="sub4.html">サブページ4</a>
</ul>
```

スパテク048 背景が動くFlash風の横ナビゲーションを作成する

スパテク047で作成した縦ナビゲーションを横型に改良します。ボタンの横幅や回り込みの設定を変えるだけなので簡単ですが、ボタン周囲の罫線の付け方が特殊です。

完成作例

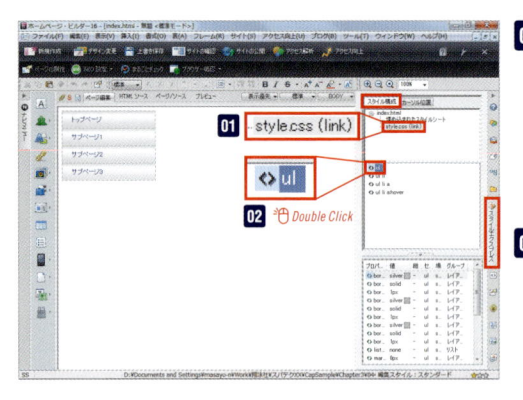

Before
- トップページ
- サブページ1
- サブページ2
- サブページ3

After
- トップページ | サブページ1 | サブページ2 | サブページ3

縦型ナビゲーションを横型に改良

01 **スパテク047**で作成した縦ナビゲーションのページを開いたら、[スタイルエクスプレスビュー]の[スタイル構成]パネルで縦ナビゲーションを定義した外部スタイルシートをクリックします。

02 まずはナビゲーション全体のスタイル定義を書き換えます。「ul」のタグセレクタをダブルクリックします。

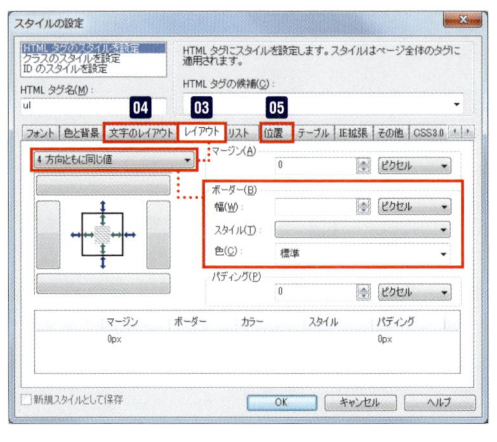

03 [スタイルの設定]ダイアログで[レイアウト]タブのドロップダウンリストから「4方向ともに同じ値」を選択し、[ボーダー]の[幅]の値を削除し、[スタイル]で空欄、[色]で「標準」を指定します。

04 [文字のレイアウト]タブでは[水平方向の配置]で「中央揃え」を指定します。

05 [位置]タブの[幅]では「200」を削除したら[OK]をクリックします。スタイル定義が書き換えられます。

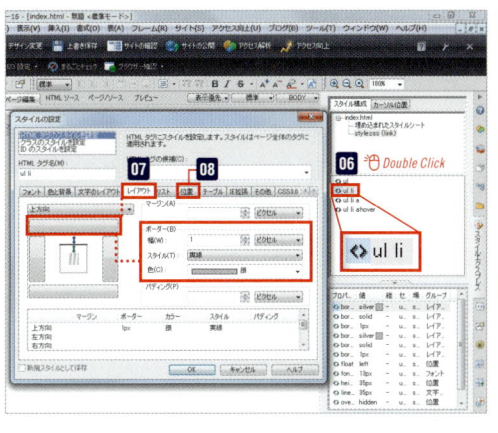

06 続いて、各ボタンのスタイルを定義します。「ul li」の子孫セレクタをダブルクリックします。

07 [レイアウト] タブの [上方向] をクリックし、[ボーダー] の [幅] で「1ピクセル」、[スタイル] で「実線」、[色] で「銀」を指定します。

08 [位置] タブの [幅] で「130ピクセル」を指定し、[属性] の [回り込み] で「左」を指定したら [OK] をクリックします。スタイル定義が書き換えられます。

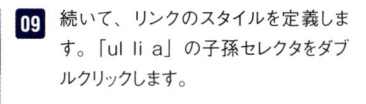

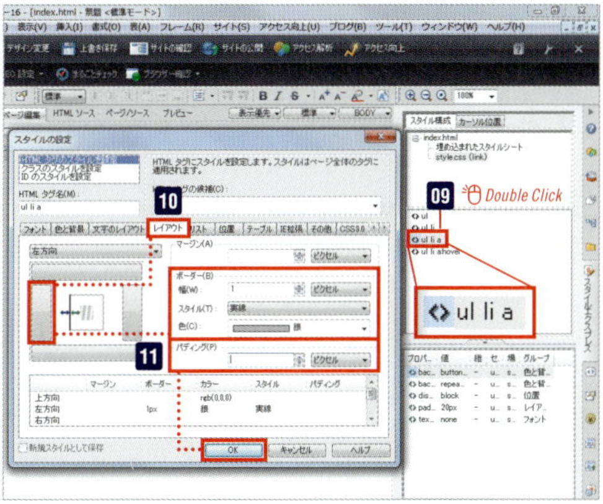

09 続いて、リンクのスタイルを定義します。「ul li a」の子孫セレクタをダブルクリックします。

10 [レイアウト] タブの [左方向] をクリックし、[ボーダー] の [幅] で「1ピクセル」、[スタイル] で「実線」、[色] で「銀」を指定します。

11 続いて、[パディング] の値を削除したら [OK] をクリックします。スタイル定義が書き換えられます。

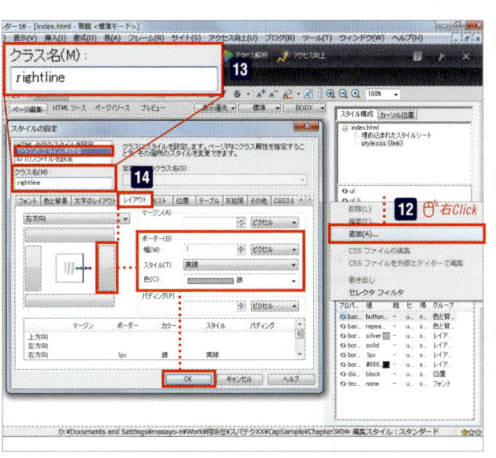

12 最後に、右端ボタンの右罫線のスタイルを定義します。[スタイル構成] パネルの中央の領域で右クリック→[追加] を選択します。

13 [スタイルの設定] ダイアログで [クラスのスタイルを設定] を選択し、[クラス名] に「.rightline」と任意名称を入力します。

14 [レイアウト] タブの [右方向] をクリックし、[ボーダー] の [幅] で「1ピクセル」、[スタイル] で「実線」、[色] で「銀」を指定したら [OK] をクリックします。

Next >>

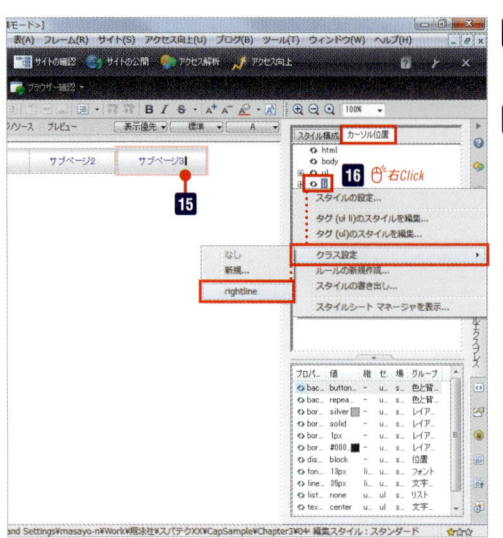

15 ナビゲーションの右端のボタンをクリックします。

16 [カーソル位置] パネルの「li」を右クリック→ [クラス設定] →手順**13**で作成したクラス名を選択します。右端に罫線が表示されてナビゲーションが完成します。

POINT **横型ナビゲーションのCSSソース**

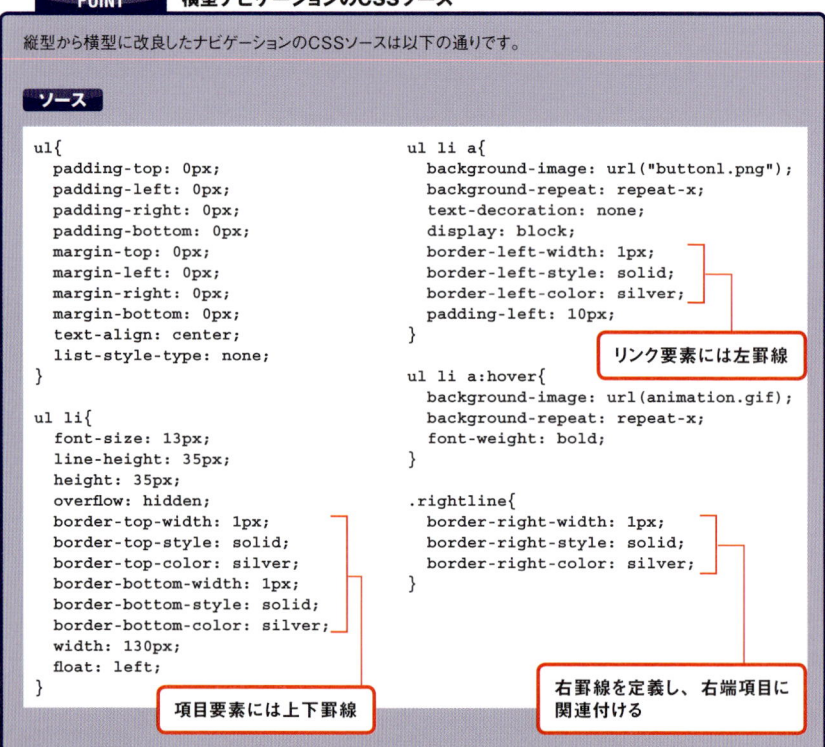

縦型から横型に改良したナビゲーションのCSSソースは以下の通りです。

ソース

```css
ul{
    padding-top: 0px;
    padding-left: 0px;
    padding-right: 0px;
    padding-bottom: 0px;
    margin-top: 0px;
    margin-left: 0px;
    margin-right: 0px;
    margin-bottom: 0px;
    text-align: center;
    list-style-type: none;
}
ul li{
    font-size: 13px;
    line-height: 35px;
    height: 35px;
    overflow: hidden;
    border-top-width: 1px;
    border-top-style: solid;
    border-top-color: silver;
    border-bottom-width: 1px;
    border-bottom-style: solid;
    border-bottom-color: silver;
    width: 130px;
    float: left;
}
```
項目要素には上下罫線

```css
ul li a{
    background-image: url("button1.png");
    background-repeat: repeat-x;
    text-decoration: none;
    display: block;
    border-left-width: 1px;
    border-left-style: solid;
    border-left-color: silver;
    padding-left: 10px;
}
```
リンク要素には左罫線

```css
ul li a:hover{
    background-image: url(animation.gif);
    background-repeat: repeat-x;
    font-weight: bold;
}

.rightline{
    border-right-width: 1px;
    border-right-style: solid;
    border-right-color: silver;
}
```
右罫線を定義し、右端項目に関連付ける

スパテク 049 プルダウンメニューのナビゲーションを作成する

スパテク048 で作成した横ナビゲーションのボタンにマウスポインタを合わせると、プルダウンメニューが表示されるように改良します。1つのボタンからリンク先を振り分ける場合に便利です。

完成作例

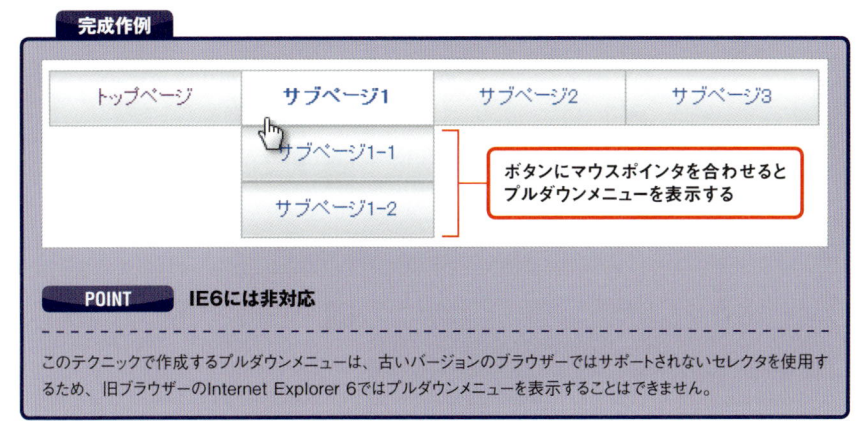

ボタンにマウスポインタを合わせるとプルダウンメニューを表示する

POINT　IE6には非対応

このテクニックで作成するプルダウンメニューは、古いバージョンのブラウザーではサポートされないセレクタを使用するため、旧ブラウザーのInternet Explorer 6ではプルダウンメニューを表示することはできません。

■ プルダウンメニューの項目を作成する

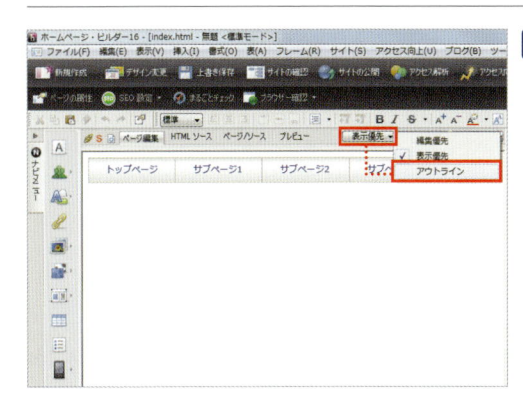

01 **スパテク048** で作成した横ナビゲーションのページを開いたら、表示モードを[アウトライン]に切り替えます。

02 スタイルが解除されて、ナビゲーションがリストの状態で表示されます。

03 1つめの項目の後ろにカーソルを置いたら Enter キーを押します。

Next >>

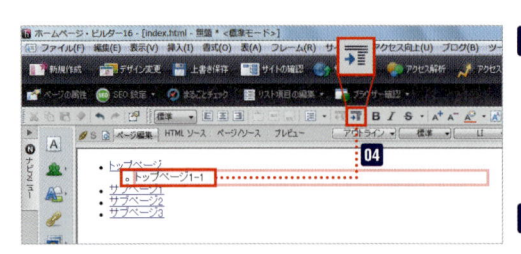

04 改行されてリストマークだけが表示されるので［書式］ツールバーの［インデント］ボタンをクリックするとリストがネストするので、プルダウンメニューの項目名を入力します。

05 引き続き改行しながら項目の数だけ追加します。

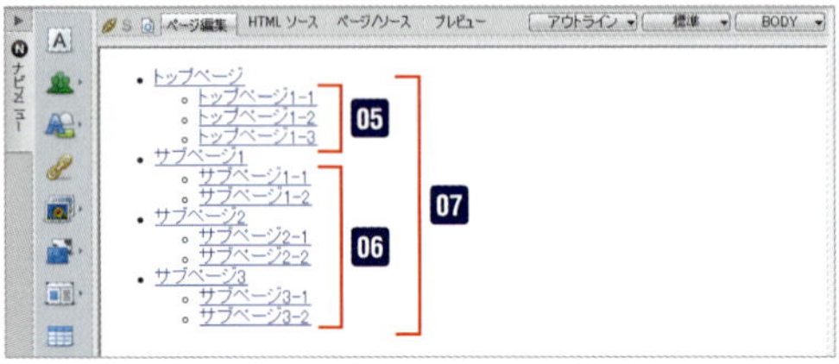

06 その他の項目にも追加する場合は手順**03**〜**05**を繰り返します。

07 項目にはリンクを設定しておきます。

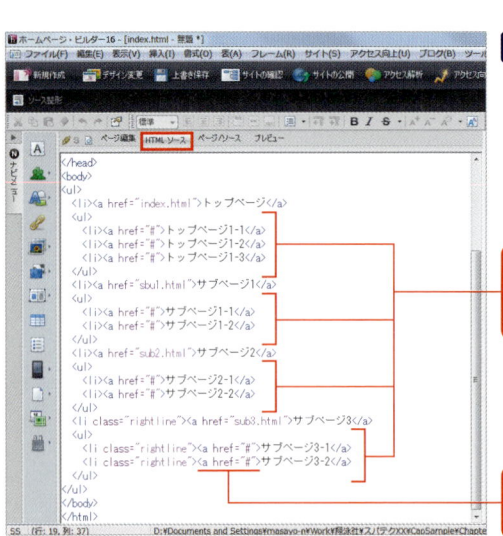

08 HTMLソースを確認すると、プルダウンメニューは、リストが左図のような入れ子構造になっています。

プルダウンメニューのリストは、メインメニューの項目の入れ子になっている

プルダウンメニューのリンク先は#のヌルリンクを設定している

09 リストが完成したら、表示モードを［表示優先］に戻します。

10 ページを上書き保存すればHTMLソースは完成です。

■ プルダウンメニューのスタイル定義を作成する

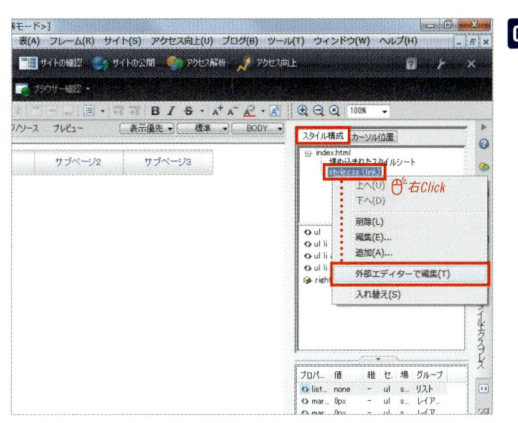

01 ［スタイルエクスプレスビュー］の［スタイル構成］パネルで外部スタイルシートを右クリック→［外部エディターで編集］を選択します。

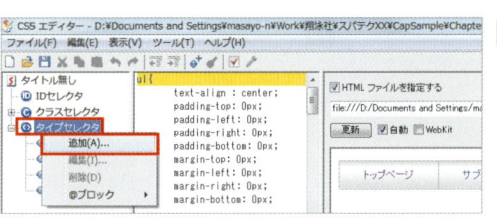

02 CSSエディターが起動します。［タイプセレクタ］を右クリック→［追加］を選択します。

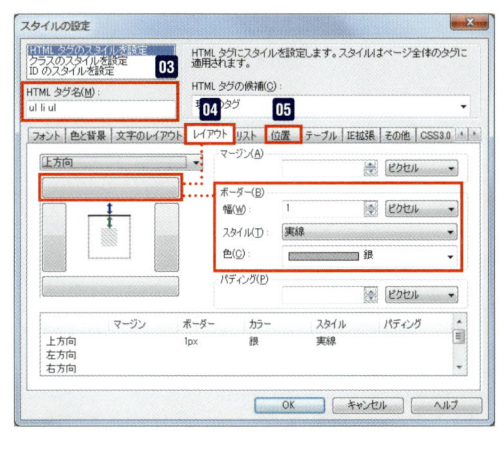

03 まずはプルダウンメニュー全体のスタイル定義を作成します。［スタイルの設定］ダイアログで［HTMLタグ名］に「ul li ul」と入力します。

04 ［レイアウト］タブの［上方向］をクリックし、［ボーダー］の［幅］で「1ピクセル」、［スタイル］で「実線」、［色］で「銀」を指定します。

05 ［位置］タブの［属性］で［表示］の「なし」を指定したら［OK］をクリックします。

> **MEMO** プルダウンメニューは通常時は表示しないためdispley属性を「なし」にしています。

06 左図のようにスタイルが定義されます。

ソース

```
ul li ul{
  border-top-width: 1px;
  border-top-style: solid;
  border-top-color: silver;
  display: none;
}
```

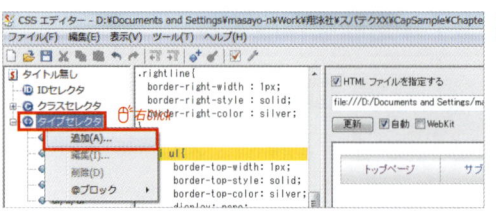

| ホームページ・ビルダー16 | スパテク049 >> プルダウンメニューのナビゲーションを作成する

07 続いてプルダウンメニューの項目のスタイル定義を作成します。[タイプセレクタ]を右クリック→[追加]を選択します。

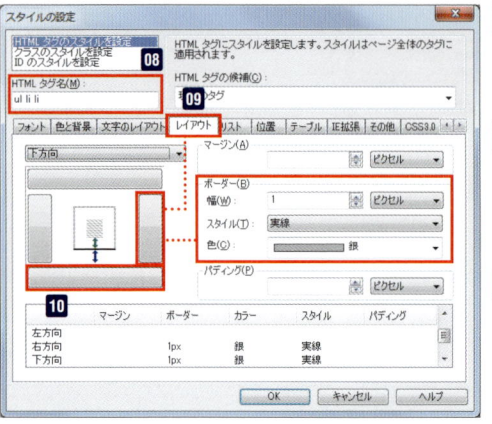

08 [スタイルの設定]ダイアログで[HTMLタグ名]に「ul li li」と入力します。

09 [レイアウト]タブで[右方向]をクリックし、[ボーダー]の[幅]で「1ピクセル」、[スタイル]で「実線」、[色]で「銀」を指定します。

10 同様に[下方向]も手順**09**と同様に指定します。

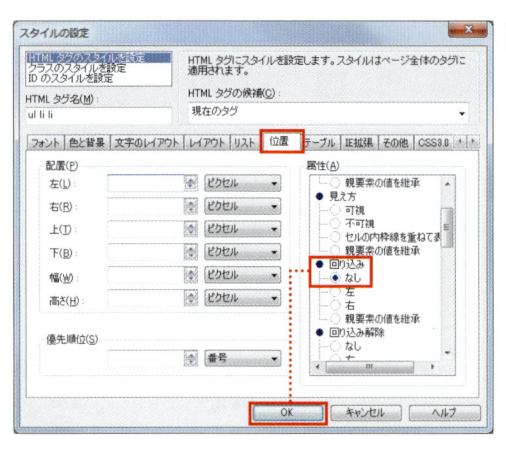

11 [位置]タブの[属性]で[回り込み]の「なし」を指定したら[OK]をクリックします。

12 左図のようにスタイルが定義されます。

ソース

```
ul li li{
  border-right-width : 1px;
  border-bottom-width : 1px;
  border-right-style : solid;
  border-bottom-style : solid;
  border-right-color : silver;
  border-bottom-color : silver;
  float : none;
}
```

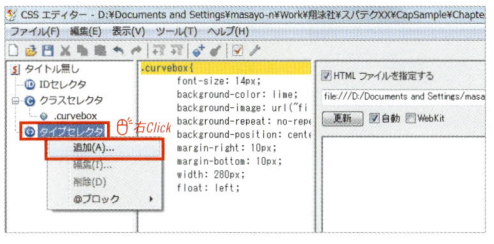

角がカーブしたコラムスペースを作成する << スパテク050 | ホームページ・ビルダー16

12 続いて、タイトルのスタイルを定義します。[タイプセレクタ]を右クリック→[追加]を選択します

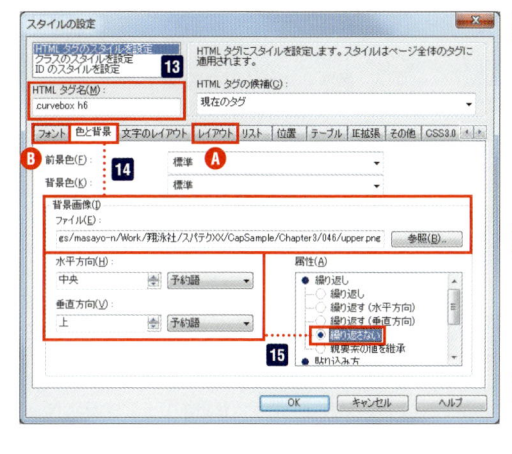

13 [スタイルの設定]ダイアログで[HTMLタグ名]に「.curvebox h6」と入力します

> **MEMO** 親セレクタの「.curvebox」は手順04と同じ名称を使います。

14 [色と背景]タブの[参照]→[ファイルから]をクリックし、先ほど作成した上側の画像(upper.png)を指定します。

15 [水平方向]で「中央」、[垂直方向]で「上」、[属性]で「繰り返さない」を指定します。

16 以下の設定をして[OK]をクリックします。
- Ⓐ[レイアウト]タブ
  [上方向][マージン]:「0 ピクセル」
  　　　　[パディング]:「15ピクセル」
  [右方向][マージン]:「0 ピクセル」
  　　　　[パディング]:「15ピクセル」
  [下方向][マージン]:「0 ピクセル」
  　　　　[パディング]:「15ピクセル」
  [左方向][マージン]:「0 ピクセル」
  　　　　[パディング]:「15ピクセル」
- Ⓑ[フォント]タブ
  [サイズ]:「15ピクセル」
  [文字の属性]:「太い」

17 左図のようにスタイルが定義されます。

ソース

```css
.curvebox h6{
  font-size: 15px;
  font-weight: bold;
  background-image: url("upper.png");
  background-repeat: no-repeat;
  background-position: center top;
  padding-top: 15px;
  padding-left: 15px;
  padding-right: 15px;
  padding-bottom: 15px;
  margin-top: 0px;
  margin-left: 0px;
  margin-right: 0px;
  margin-bottom: 0px;
}
```

Next >>

243

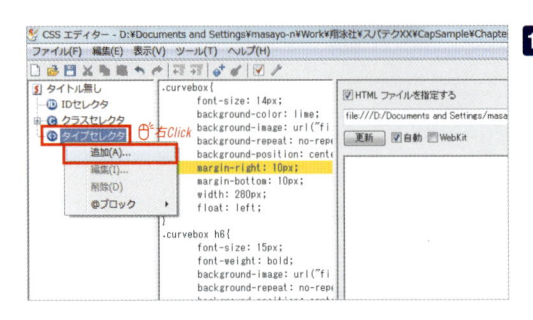

18 最後に本文のスタイルを定義します。[タイプセレクタ]を右クリック→[追加]を選択します。

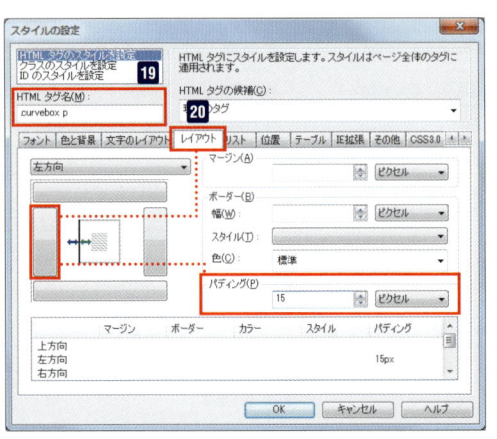

19 [スタイルの設定]ダイアログで[HTMLタグ名]に「.curvebox p」と入力します。

> **MEMO** 親セレクタの「.curvebox」は手順04と同じ名称を使います。

20 [レイアウト]タブの「左方向」をクリックして、[パディング]で「15ピクセル」を指定します。

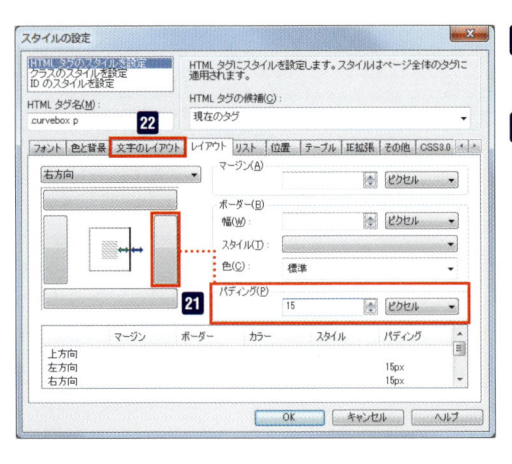

21 同様に[右方向]を選択し、[パディング]で「15ピクセル」を指定します。

22 [文字のレイアウト]タブの[行の高さ]で「1.6文字の高さ」を指定したら[OK]をクリックします。

23 左図のようにスタイルが定義されます。これですべてのスタイルが作成されました。ソースを上書き保存してCSSエディターを閉じます。

ソース

```
.curvebox p{
  line-height: 1.6em;
  padding-left: 15px;
  padding-right: 15px;
}
```

■ 角がカーブしたコラムスペースを作成する

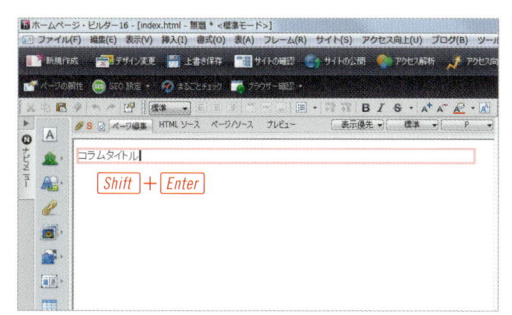

01 コラムスペースを作成する場所にカーソルを置いたら、タイトルの文字を入力して Shift + Enter キーを押します。

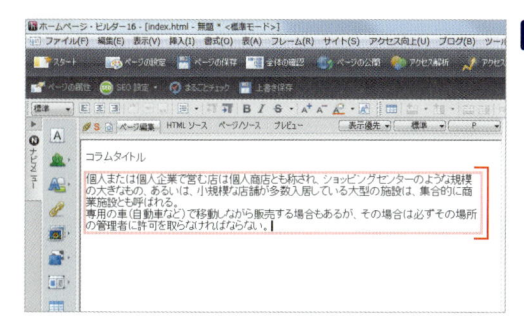

02 段落が挿入されるので、本文を入力します。

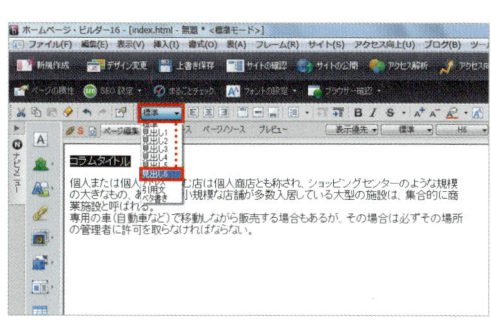

03 タイトルをドラッグして選択したら［書式］ツールバーの［段落の挿入/変更］から「見出し6」を選択します。

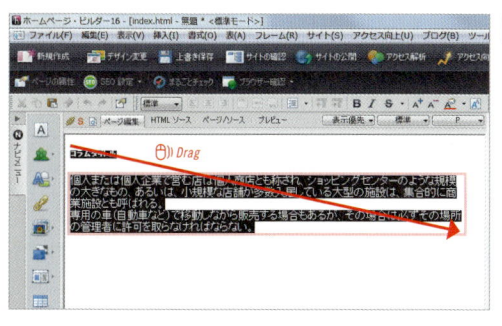

04 タイトルに見出し6が設定されるので、タイトルと本文をドラッグして選択します。

Next >>

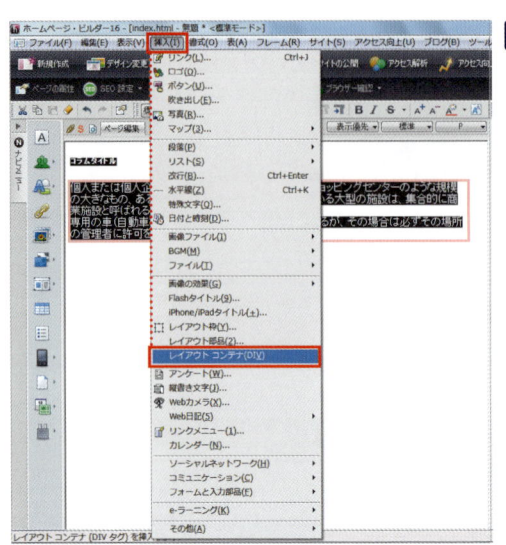

05 メニューの［挿入］→［レイアウトコンテナ］を選択すると、選択した領域がレイアウトコンテナに収まります。

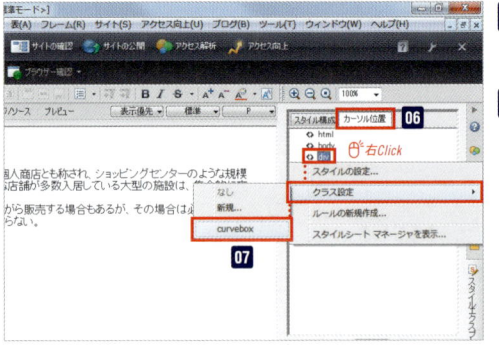

06 ［スタイルエクスプレスビュー］の［カーソル位置］パネルを表示しておきます。

07 コラムエリアにカーソルを置いたら、divを右クリック→［クラス設定］→「curvebox」を選択するとコラムスペースが作成されます。

> **MEMO** divタグに.curveboxスタイルクラスが関連付けられ、四つ角がカーブしたコラムスペースのスタイルが適用されます。

08 コラムスペースのHTMLソースは左図のようになります。

ソース

```
<div class="curvebox">
<h6>コラムタイトル</h6>
<p>
個人または個人企業で営む店は個人商店とも称され、ショッピングセンターのような規模の大きなもの、あるいは、小規模な店舗が多数入居している大型の施設は、集合的に商業施設とも呼ばれる。
<br>
専用の車（自動車など）で移動しながら販売する場合もあるが、その場合は必ずその場所の管理者に許可を取らなければならない。
</p>
</div>
```

POINT　コラムスペースのコピー

コラムスペースをコピーする方法は、スパテク030を参照してください。

別窓にリンク先を表示するナビゲーションを作成する << スパテク051 | ホームページ・ビルダー16

スパテク 051 別窓にリンク先を表示するナビゲーションを作成する

ページ内の別窓にリンク先を表示するナビゲーションを作成します。別窓の背景とボタンは、ウェブアートデザイナーで作成します。また別窓にはインラインフレームを使用します。

完成作例

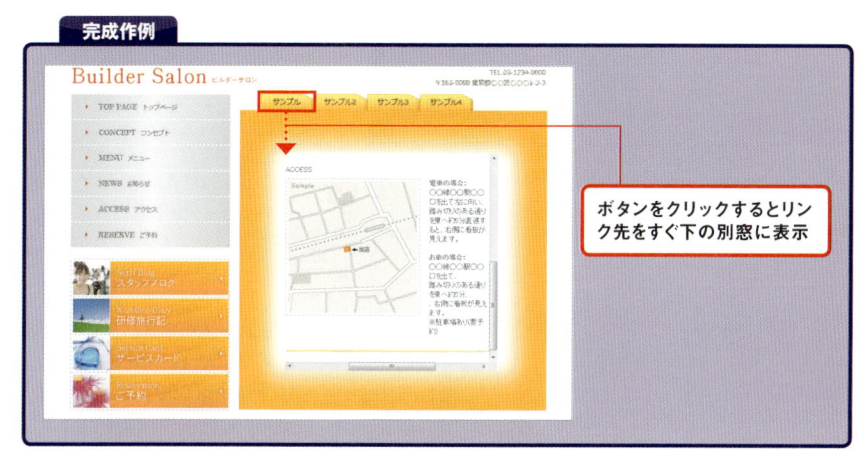

ボタンをクリックするとリンク先をすぐ下の別窓に表示

■ 別窓用の壁紙を作成する

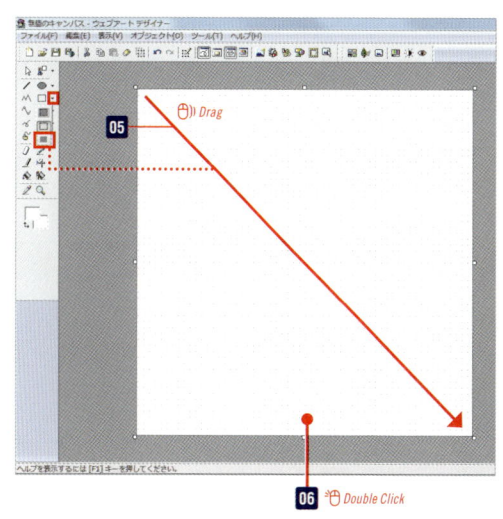

01 ウェブアートデザイナーを起動し、キャンバスは1倍に表示します。 → D3

02 メニューの[表示]→[テンプレートギャラリー]を選択してテンプレートギャラリーを非表示にしておきます。

03 キャンバスのサイズを幅580、高さ580ピクセルにします。 → D2

04 オブジェクトをグリッドに合わせる設定にします。 → D5

05 [四角形（塗り潰しのみ）]ツールを使用してキャンバスと同じサイズで四角形を作成します。

06 オブジェクトをダブルクリックして白色で塗りつぶします。 → D14

Next >>

247

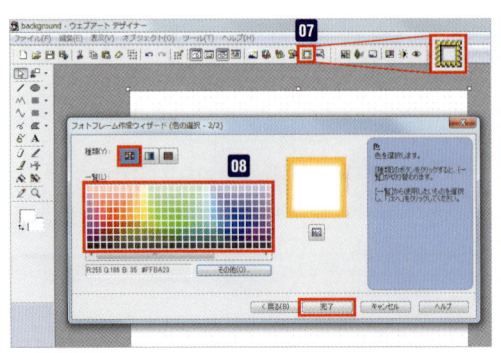

| ホームページ・ビルダー16 | スパテク051 >> 別窓にリンク先を表示するナビゲーションを作成する

07 オブジェクトを選択した状態で［フォトフレームの作成］ボタンをクリックします。

08 フォトフレーム作成ウィザードで任意のフレームを選択し、［次へ］をクリックして任意の色を指定したら［完了］をクリックします。

> **MEMO** この作例では#ff9900の色を設定しました。

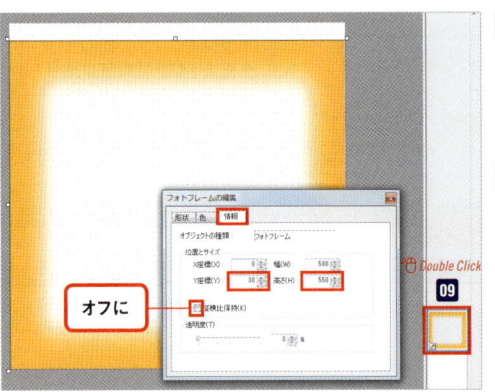

09 フォトフレームが作成されるのでオブジェクトスタックで上側に作成されたフォトフレームのみをダブルクリックします。

10 ［フォトフレームの編集］ダイアログの［情報］タブで［縦横比保持］をオフにし、［高さ］を「550」、Y座標を「30」に設定したらダイアログを閉じます。

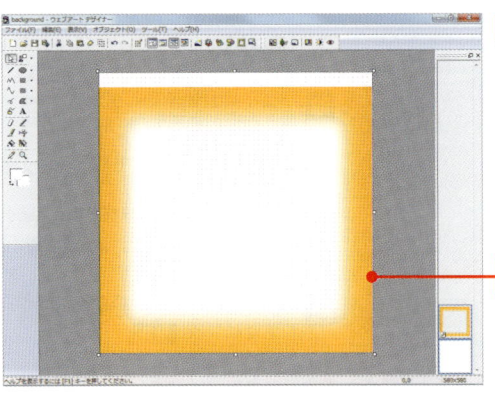

11 左図と同じ状態であることを確認したら、キャンバス上のすべてのオブジェクトを選択し、Web用保存ウィザードを使用してPNG形式で保存します。
→ **D17**

> **MEMO** これで壁紙は完成です。

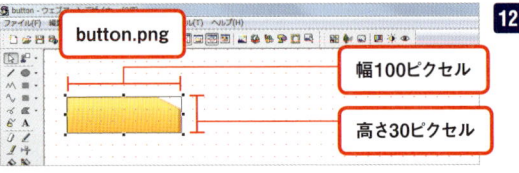

bg.png

12 引き続きナビゲーションに使うボタンも作成してPNG形式で保存しておきましょう。
→ **スパテク 060**

button.png
幅100ピクセル
高さ30ピクセル

■ 別窓とナビゲーションのスタイル定義を作成する

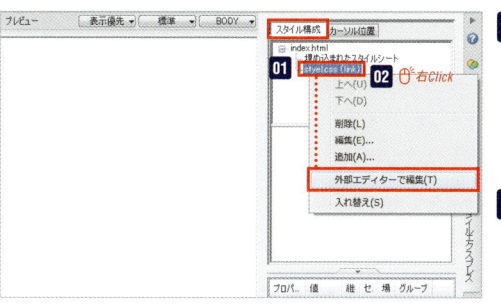

01 レイアウトコンテナを作成するページを開いたら、[スタイルエクスプレスビュー]の[スタイル構成]パネルで外部スタイルシートを作成しておきます。
→ C6

02 まずはレイアウトコンテナ全体のスタイルを定義します。外部スタイルシートを右クリック→[外部エディターで編集]を選択します。

03 CSSエディターが起動します。[IDセレクタ]を右クリック→[追加]を選択します。

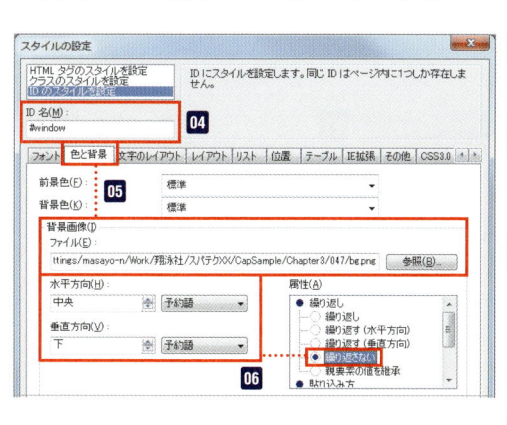

04 [スタイルの設定]ダイアログで[ID名]に「#window」と入力します。

05 [色と背景]タブで[参照]→[ファイルから]をクリックし、先ほど作成した壁紙の画像(bg.png)を指定します。

06 [水平方向]で「中央」、[垂直方向]で「下」、[属性]で「繰り返さない」を指定します。

07 [レイアウト]タブのドロップダウンリストから「4方向ともに同じ値」を選択し、[マージン]で「予約語」と「自動」を指定します。

08 以下の設定をして[OK]をクリックします。
  Ⓐ [文字のレイアウト]タブ
    [水平方向の配置]:「中央揃え」
  Ⓑ [位置]タブ
    [幅]:「580ピクセル」
    [高さ]:「580ピクセル」

Next >>

ソース

```
#window{
  background-image: url("bg.png");
  background-repeat: no-repeat;
  background-position: center bottom;
  text-align: center;
  margin-top: auto;
  margin-left: auto;
  margin-right: auto;
  margin-bottom: auto;
  width: 580px;
  height: 580px;
}
```

09 左図のようにスタイルが定義されます。

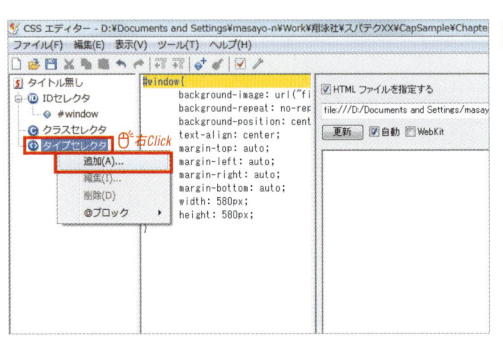

10 続いてナビゲーション全体のスタイルを定義します。［タイプセレクタ］を右クリック→［追加］を選択します。

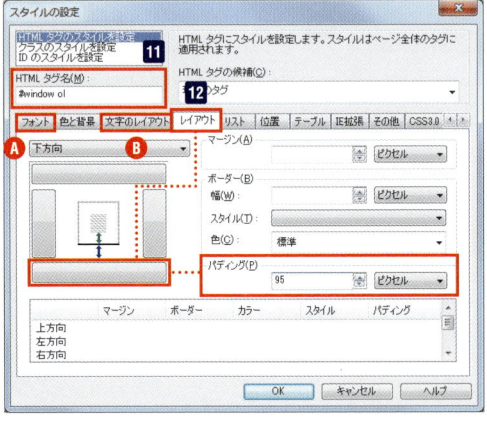

11 ［スタイルの設定］ダイアログで［HTMLタグ名］に「#window ol」と入力します。

> **MEMO** 親セレクタの「#window」は手順04と同じ名称を使います。

12 ［レイアウト］タブの「下方向」をクリックし、［パディング］で「95ピクセル」を指定します。

13 以下の設定をして［OK］をクリックします。
  Ⓐ［フォント］タブ
    ［サイズ］:「13ピクセル」
  Ⓑ［文字のレイアウト］タブ
    ［行の高さ］:「2.5文字の高さ」

ソース

```
#window ol{
  font-size: 13px;
  line-height: 2.5em;
  padding-bottom: 95px;
}
```

14 左図のようにスタイルが定義されます。

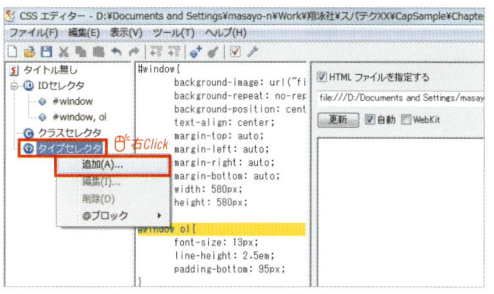

15 続いて、各ボタンのスタイルを定義します。[タイプセレクタ]を右クリック→[追加]を選択します。

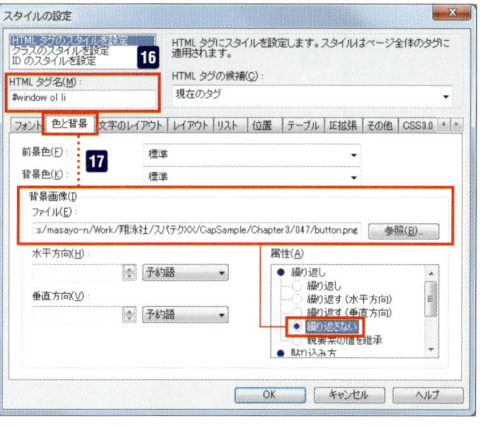

16 [HTMLタグ名]に「#window ol li」と入力します。

> **MEMO** 親セレクタの「#window」は手順04と同じ名称を使います。

17 [色と背景]タブで[参照]→[ファイルから]をクリックし、先ほど作成したボタンの画像(button.png)を指定し、「繰り返さない」を選択します。

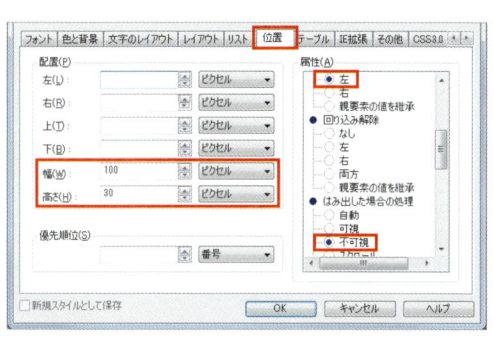

18 [位置]タブの[幅]で「100ピクセル」、[高さ]で「30ピクセル」、[属性]の[回り込み]で「左」、[属性]の[はみ出した場合の処理]で「不可視」を指定します。

19 [リスト]タブの[リストマークのタイプ]で「なし」を指定したら[OK]をクリックします。

20 左図のようにスタイルが定義されます。

ソース

```
#window ol li{
  background-image: url("button.png");
  background-repeat: no-repeat;
  width: 100px;
  height: 30px;
  float: left;
  list-style-type: none;
  overflow: hidden;
}
```

Next >>

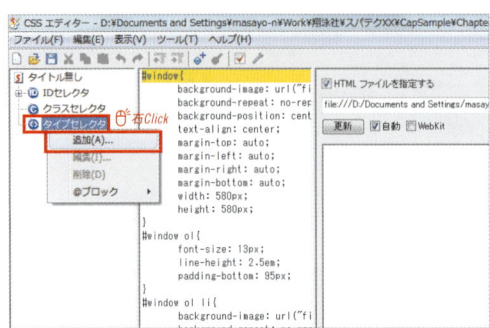

21 最後に、リンク文字のスタイルを定義します。[タイプセレクタ]を右クリック→[追加]を選択します。

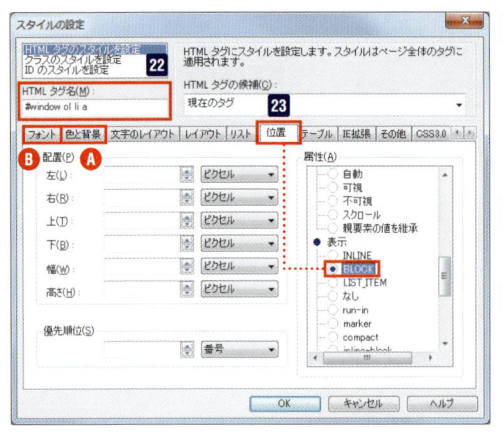

22 [HTMLタグ名]に「#window ol li a」と入力します。

> **MEMO** 親セレクタの「#window」は手順04と同じ名称を使います。

23 [位置]タブの[属性]にある[表示]で「BLOCK」を指定します。

24 以下の設定をして[OK]をクリックします。
- Ⓐ [色と背景]タブ
  - [前景色]:任意の色を指定
- Ⓑ [フォント]タブ
  - [文字飾り]:「なし」

ソース

```
#window ol li a{
  color: maroon;
  text-decoration: none;
  display: block;
}
```

25 左図のようにスタイルが定義されます。これですべてのスタイルが作成されました。

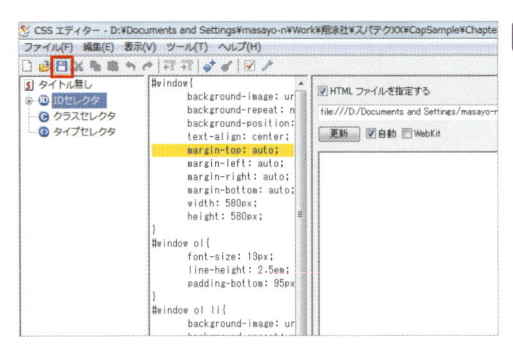

26 [上書き保存]ボタンをクリックしてソースを上書き保存してCSSエディターを閉じます。

別窓にリンク先を表示するナビゲーションを作成する << スパテク051 | ホームページ・ビルダー16

■ 別窓とナビゲーションを作成する

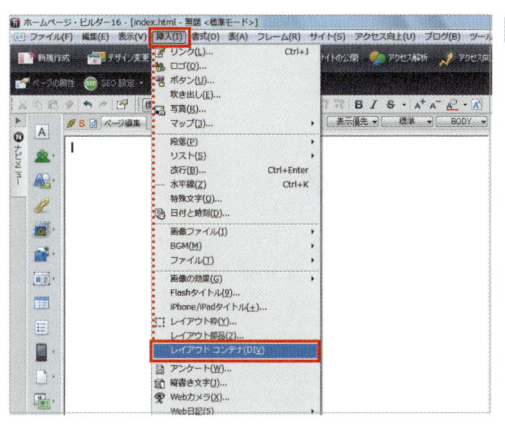

01 別窓を作成する場所にカーソルを置いたら、メニューの［挿入］→［レイアウトコンテナ］を選択します。

02 レイアウトコンテナが作成されるので［書式］ツールバーの［リストの挿入］の▼をクリックして［番号付きリスト］を選択します。

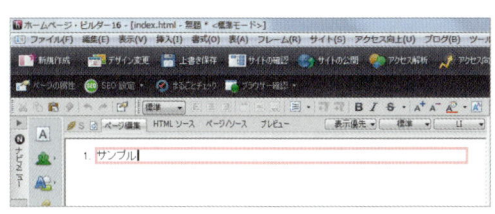

03 レイアウトコンテナ内に番号付きリストが作成されるのでボタンに使う文字を入力したら、リスト内にカーソルを置いておきます。

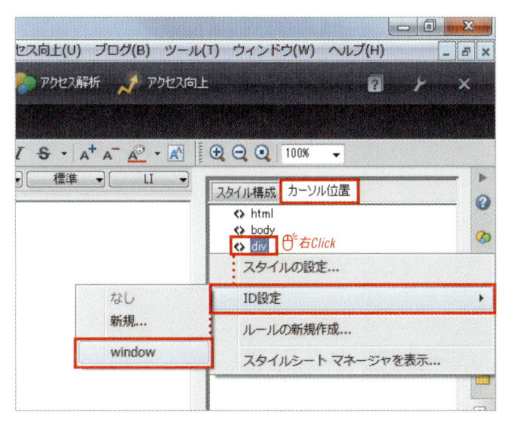

04 ［スタイルエクスプレスビュー］の［カーソル位置］パネルでdivを右クリック→［ID設定］→「window」を選択します。

Next >>

253

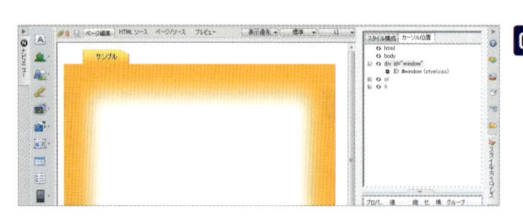

05 ナビゲーション付きのレイアウトコンテナが完成します。

■ 別窓にインラインフレームを埋め込む

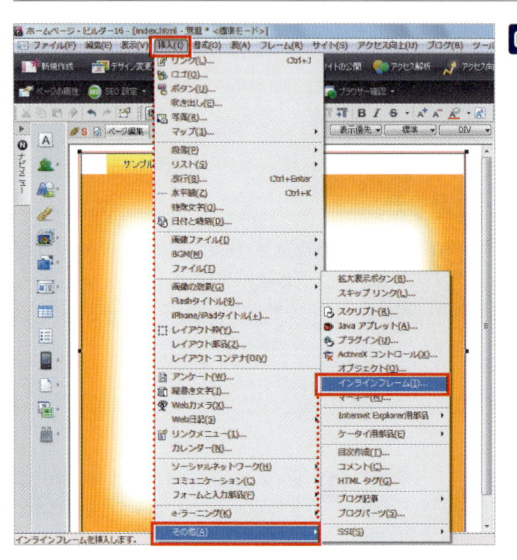

01 レイアウトコンテナをクリックして、メニューの［挿入］→［その他］→［インラインフレーム］を選択します。

02 ［属性］ダイアログで［フレーム名］に半角英数字で任意フレーム名を入力します。

03 ［幅］と［高さ］でいずれも「400ピクセル」を指定します。

04 ［枠表示］をオフにしたら［OK］をクリックします。インラインフレームが挿入されます。

別窓にリンク先を表示するナビゲーションを作成する << スパテク051　｜　ホームページ・ビルダー16

■ インラインフレームにリンク先を表示する

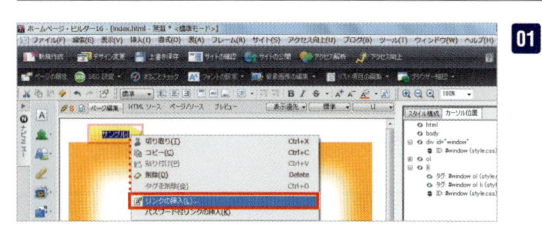

01 ボタンの文字を選択して、右クリック→［リンクの挿入］を選択します。

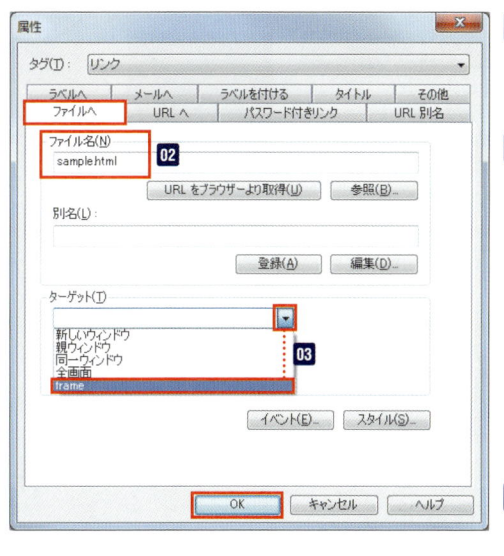

02 ［属性］ダイアログの任意のタブでリンク先を指定します。
→ A6

03 ［ターゲット］から先ほど設定したフレーム名を指定したら［OK］をクリックします。

> **MEMO** プレビューしてボタンをクリックするとインラインフレームに表示されます。

04 レイアウトコンテナのHTMLソースは下図のようになります。

ソース

```
<div id="window">
 <ol>
 <li><a href="sample.html" target="frame">サンプル</a>
 </ol>
 <iframe frameborder="0" width="400" height="400" scrolling="AUTO" name="frame">
 </iframe>
</div>
```

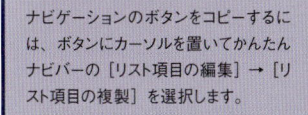

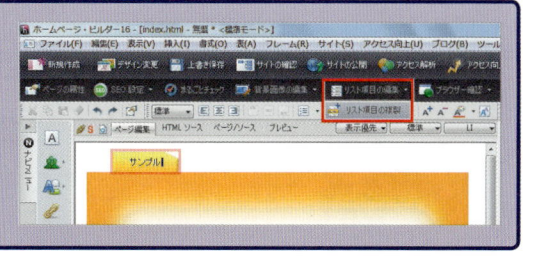

POINT　ボタンのコピー

ナビゲーションのボタンをコピーするには、ボタンにカーソルを置いてかんたんナビバーの［リスト項目の編集］→［リスト項目の複製］を選択します。

255

スパテク052 写真を並べて表示するサムネイルを作成する

たくさんの写真を並べてサムネイルのようにするコンテンツを作成します。コンテンツの周囲を罫線で囲み、写真の背景には、シャドー入りのフォトフレーム風画像を配置します。

完成作例

シャドー（影）入りの写真を並べてサムネイルを作成する

■ 写真の背景に置く壁紙を作成する

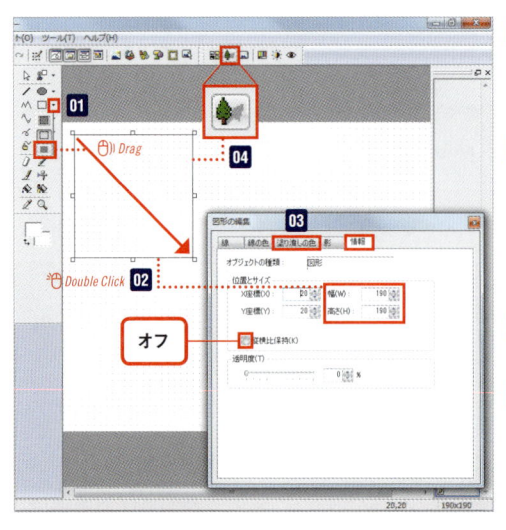

01 ウェブアートデザイナーを起動し、［四角形（塗り潰しのみ）］ツールを使用して任意の四角形を作成します。

02 オブジェクトをダブルクリックして［図形の編集］ダイアログの［情報］タブで［縦横比保持］をオフにし、幅と高さをいずれも190ピクセルの正方形にします。

03 塗り潰しの色は白色に設定します。

04 オブジェクトを選択して［影効果］ボタンをクリックしてオブジェクトを画像に変換します。

05 ［影効果］ダイアログで［X座標］［Y座標］をいずれも「0」にし、［透明度］で「5%」、［ぼかし］で「5」に指定したら［OK］をクリックします。

> **MEMO** ［色］では影に付ける任意の色を指定してください。

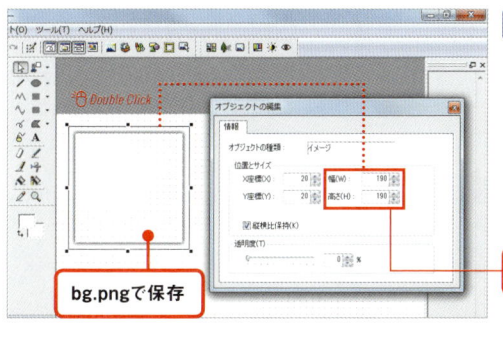

06 オブジェクトが少し大きくなるので、ダブルクリックして幅と高さをいずれも190ピクセルに戻したら、Web用保存ウィザードを使用してPNG形式で保存します。→ D17

> **MEMO** これで壁紙は完成です。

190ピクセルに戻す

bg.pngで保存

■ 写真ボックスのスタイル定義を作成する

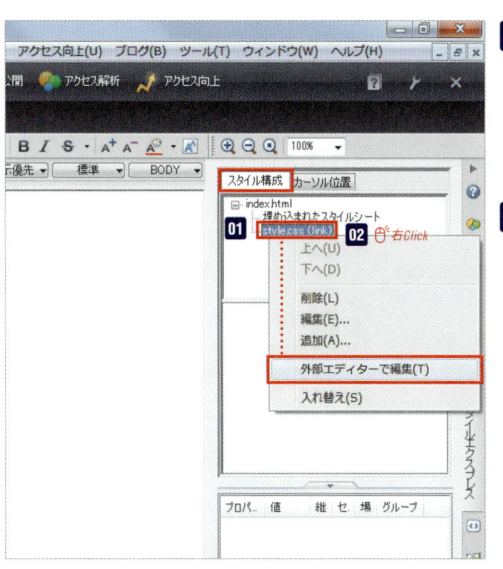

01 写真ボックスを作成するページを開いたら、［スタイルエクスプレスビュー］の［スタイル構成］パネルで外部スタイルシートを作成しておきます。
→ C6

02 まずは写真ボックス全体のスタイルを定義します。外部スタイルシートを右クリック→［外部エディターで編集］を選択します。

Next >>

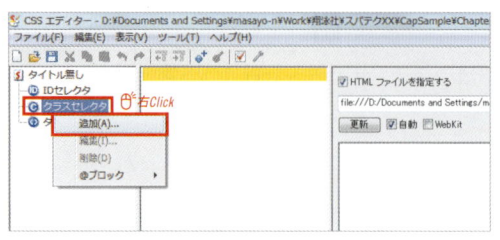

03 CSSエディターが起動します。[クラスセレクタ]を右クリック→[追加]を選択します。

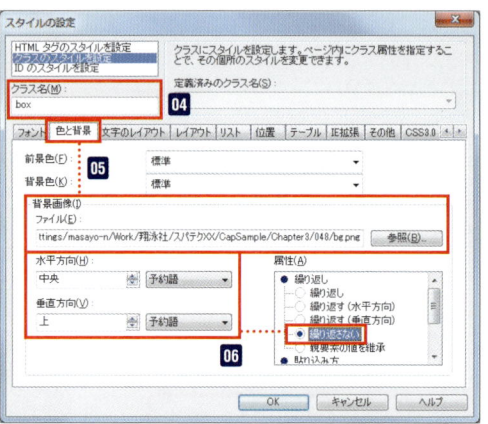

04 [スタイルの設定]ダイアログで[クラス名]に「.box」と入力します。

05 [色と背景]タブの[参照]→[ファイルから]をクリックし、先ほど作成した背景画像(bg.png)を指定します。

06 [水平方向]で「中央」、[垂直方向]で「上」、[属性]で「繰り返さない」を指定します。

07 [レイアウト]タブのドロップダウンリストから「4方向ともに同じ値」を選択し、[ボーダー]の[幅]で「1ピクセル」、[スタイル]で「実線」、[色]で「銀」を指定します。

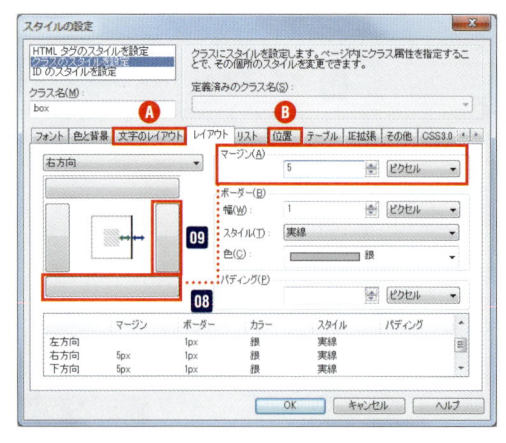

08 「下方向」をクリックして、[マージン]で「5ピクセル」を指定します。

09 同様に「右方向」をクリックして、[マージン]で「5ピクセル」を指定します。

10 以下の設定をして[OK]をクリックします。
　Ⓐ [文字のレイアウト]タブ
　　[水平方向の配置]:「中央揃え」
　Ⓑ [位置]タブ
　　[幅]:「180ピクセル」
　　[高さ]:「300ピクセル」
　　[属性]:[回り込み]「左」
　　[属性]:[はみ出した場合の処理]「不可視」

ソース

```
.box{
  background-image: url("bg.png");
  background-repeat: no-repeat;
  background-position: center top;
  text-align: center;
  margin-right: 5px;
  margin-bottom: 5px;
  border-width: 1px;
  border-style: solid;
  border-color: silver;
  width: 180px;
  height: 300px;
  float: left;
  overflow: hidden;
}
```

11 左図のようにスタイルが定義されます。

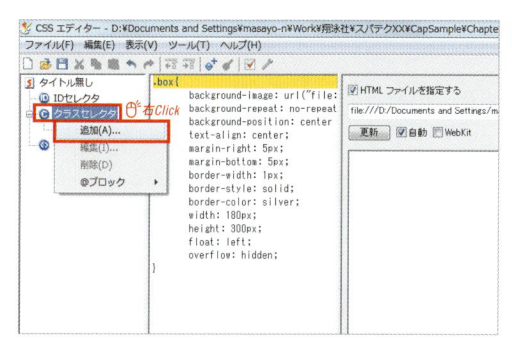

12 続いて、写真ボックスのスタイルを定義します。[クラスセレクタ]を右クリック→[追加]を選択します。

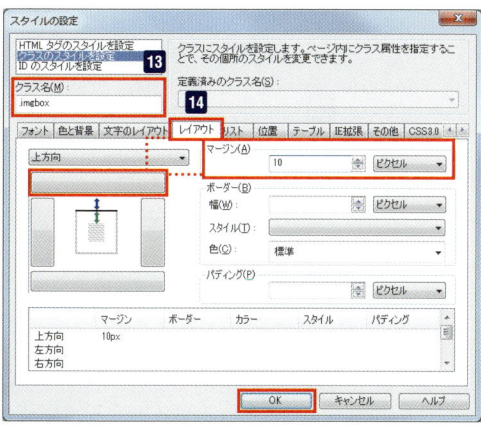

13 [スタイルの設定]ダイアログで[クラス名]に「.imgbox」と入力します。

14 [レイアウト]タブの「上方向」をクリックして、[マージン]で「10 ピクセル」を指定して[OK]をクリックします。

ソース

```
.imgbox{
  margin-top: 10px;
}
```

15 左図のようにスタイルが定義されます。

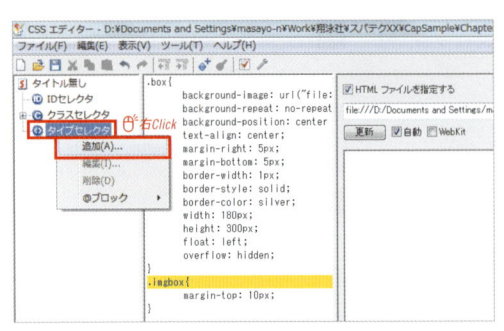

| ホームページ・ビルダー16 | スパテク052 >> 写真を並べて表示するサムネイルを作成する

16 続いて、写真のタイトルを定義します。[タイプセレクタ]を右クリック→[追加]を選択します。

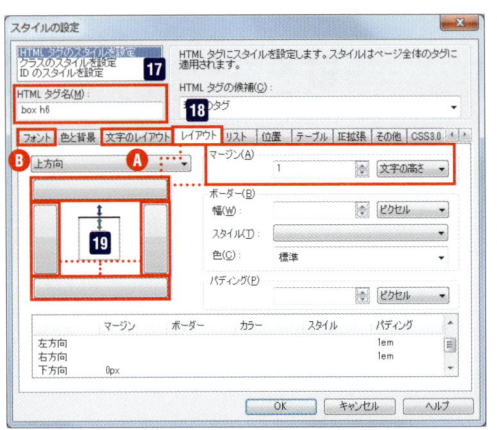

17 [スタイルの設定]ダイアログで[HTMLタグ名]に「.box h6」と入力します。

> **MEMO** 親セレクタの「.box」は手順04と同じ名称を使います。

18 [レイアウト]タブの「上方向」をクリックして、[マージン]で「1文字の高さ」を指定します。

19 その他の方向は、以下のように設定します。
[左方向]：[パディング]「1文字の高さ」
[右方向]：[パディング]「1文字の高さ」
[下方向]：[マージン]「0ピクセル」

20 以下の設定をして[OK]をクリックします。
Ⓐ **[文字のレイアウト]タブ**
　[水平方向の配置]:「左揃え」
Ⓑ **[フォント]タブ**
　[サイズ]:「15ピクセル」

21 左図のようにスタイルが定義されます。

ソース

```
.box h6{
    font-size: 15px;
    text-align: left;
    padding-left: 1em;
    padding-right: 1em;
    margin-top: 1em;
    margin-bottom: 0px;
}
```

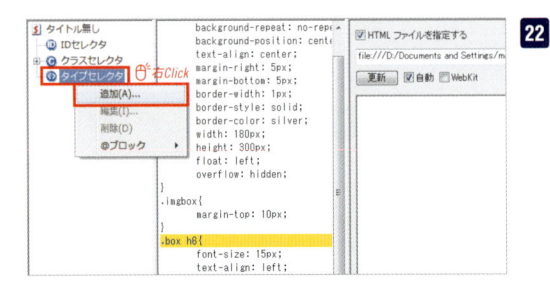

22 最後に写真の説明文のスタイルを定義します。[タイプセレクタ]を右クリック→[追加]を選択します。

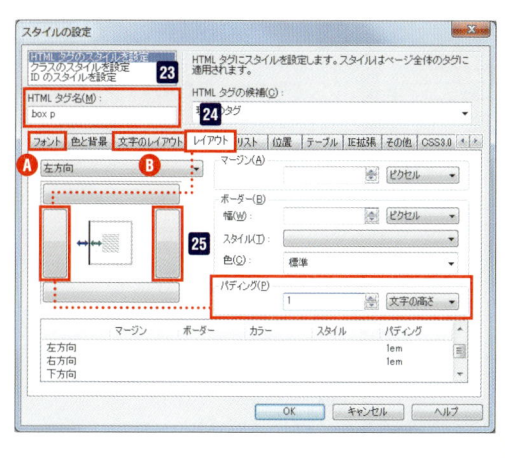

写真を並べて表示するサムネイルを作成する << スパテク052 | ホームページ・ビルダー16

23 [スタイルの設定] ダイアログで [HTMLタグ名] に「.box p」と入力します。

> **MEMO** 親セレクタの「.box」は手順**04**と同じ名称を使います。

24 [レイアウト] タブの「左方向」をクリックして、[パディング] で「1文字の高さ」を指定します。

25 同様に [右方向] を選択し、[パディング] で「1文字の高さ」を指定します。

26 以下の設定をして [OK] をクリックします。
- **A [フォント]タブ**
  [サイズ]:「12ピクセル」
- **B [文字のレイアウト]タブ**
  [行の高さ]:「1.5文字の高さ」
  [水平方向の配置]:「左揃え」

ソース

```
.box p{
  font-size: 12px;
  line-height: 1.5em;
  text-align: left;
  padding-left: 1em;
  padding-right: 1em;
}
```

27 左図のようにスタイルが定義されます。これですべてのスタイルが作成されました。ソースを上書き保存してCSSエディターを閉じます。

■ 写真ボックスを作成する

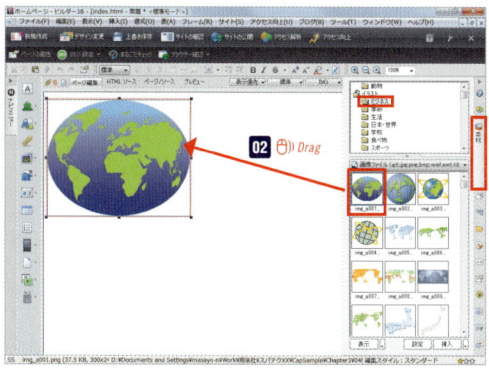

01 写真ボックスを作成する場所にカーソルを置きます。

02 [素材ビュー] の [イラスト] から任意のイラストをドラッグしてカーソル位置に挿入したら、クリックして選択しておきます。

Next >>

261

| スパテク052 >> 写真を並べて表示するサムネイルを作成する

03 ［属性ビュー］を表示したら［縦横比保持］をオフにして［幅］と［高さ］を両方とも「160ピクセル」に設定します。

04 ［ファイル］のテキストボックス内のファイルパスをすべて削除します。

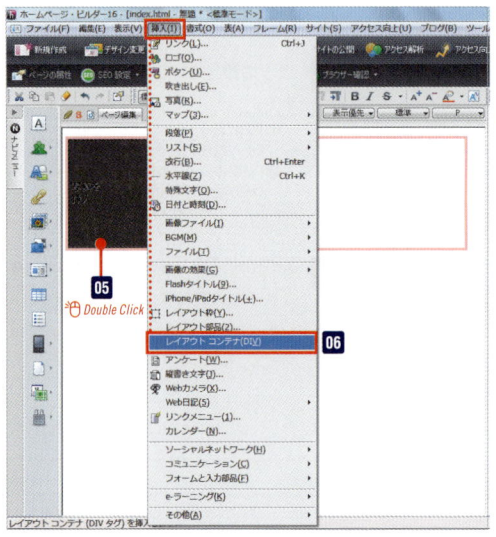

05 写真ボックスが作成されるのでダブルクリックします。

06 写真ボックスが点滅するのでメニューの［挿入］→［レイアウトコンテナ］を選択します。

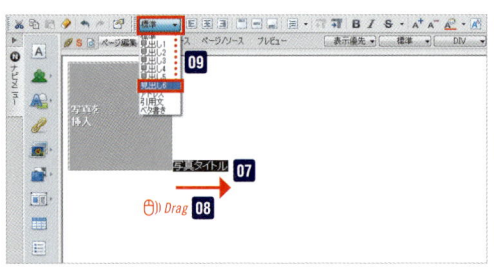

07 写真ボックスの右横をクリックしてカーソルを表示したら写真のタイトルを入力します。

08 入力したタイトルをドラッグして選択します。

09 ［書式］ツールバーの［段落の挿入/変更］から「見出し6」を選択します。

10 見出し6のスタイルが適用されて改行されるので、タイトルの横をクリックして Shift + Enter キーを押します。

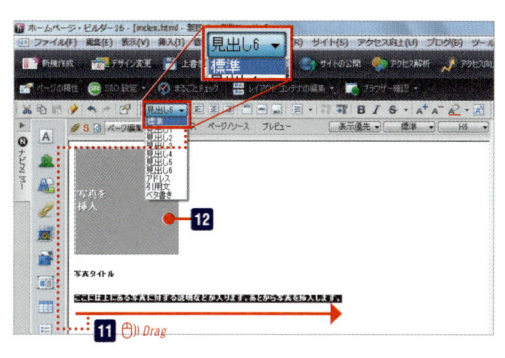

11 続いて写真の説明文を入力したら選択して[書式]ツールバーの[段落の挿入/変更]から「標準」を選択します。

12 写真ボックスをクリックします。

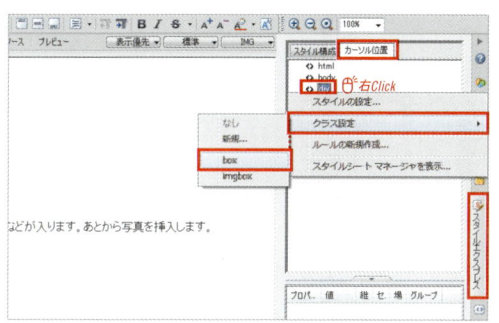

13 [スタイルエクスプレスビュー]の[カーソル位置]パネルでdivを右クリック→[クラス設定]→「box」を選択すると写真ボックスの周りに壁紙が表示されます。

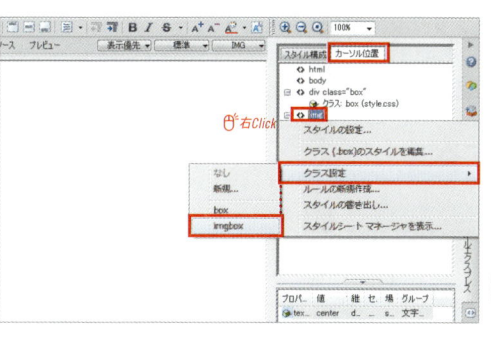

14 続いてimgを右クリック→[クラス設定]→「imgbox」を選択します。これで写真ボックスは完成です。

15 写真ボックスのHTMLソースは下図のようになります。

ソース

```
<div class="box"><img width="160" height="160" border="0" class="imgbox">
<h6>写真タイトル</h6>
<p>
ここには上にある写真に対する説明などが入ります。あとから写真を挿入します。
</p>
</div>
```

POINT 写真の挿入方法

写真ボックスへの写真の挿入方法は **スパテク 028** を参照してください。写真ボックスをコピーする方法は、**スパテク 030** を参照してください。

スパテク053 HTML+CSSの素材をパーソナル部品として登録する

HTMLとCSSの組み合わせで作成したオリジナルの部品や、インターネットで提供されている部品などをパーソナル部品として事前登録すると、次回から簡単に挿入することができます。

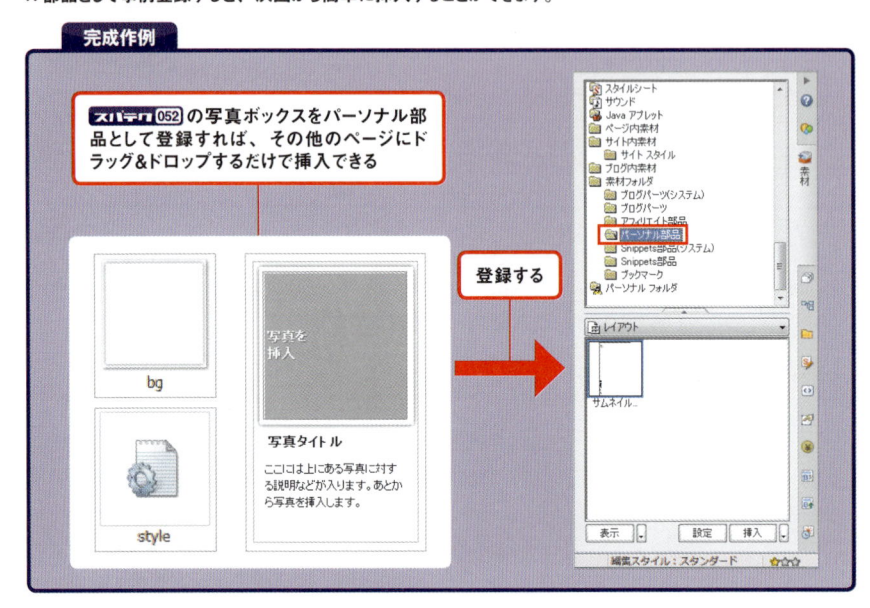

完成作例

スパテク052 の写真ボックスをパーソナル部品として登録すれば、その他のページにドラッグ&ドロップするだけで挿入できる

登録する

■ パーソナル部品に登録する

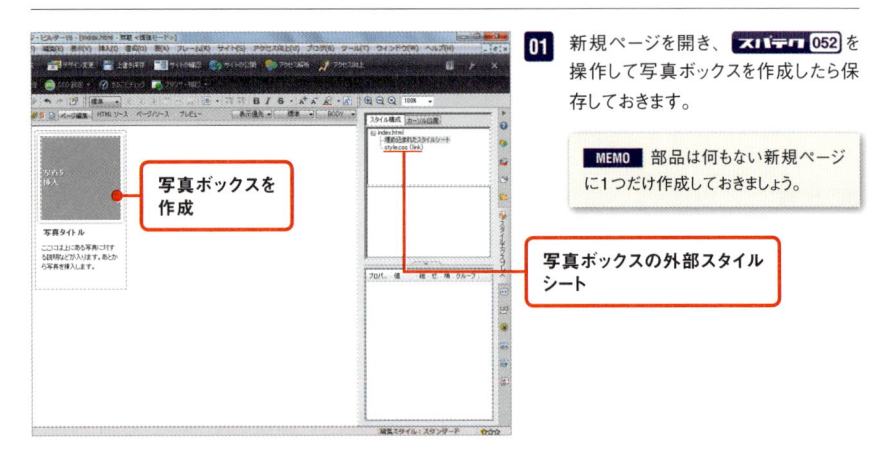

写真ボックスを作成

01 新規ページを開き、スパテク052 を操作して写真ボックスを作成したら保存しておきます。

MEMO 部品は何もない新規ページに1つだけ作成しておきましょう。

写真ボックスの外部スタイルシート

HTML＋CSSの素材をパーソナル部品として登録する << スパテク053　｜　ホームページ・ビルダー16

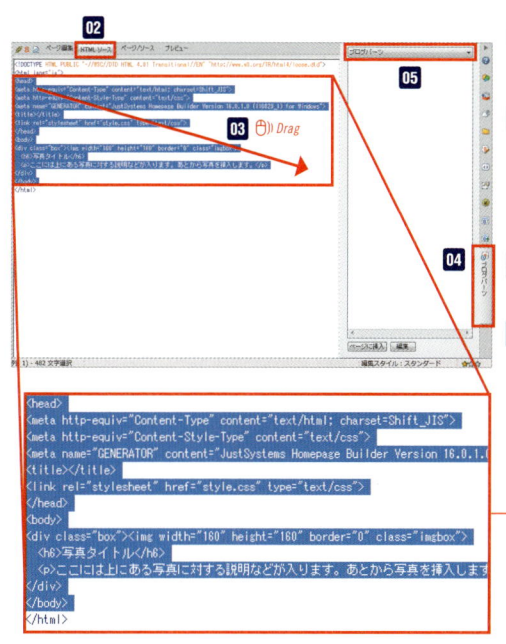

02 写真ボックスのHTMLソースを表示します。

03 パーソナル部品として登録する<head>から</body>までの範囲をドラッグして選択し、[Ctrl]＋[C]キーを押してコピーします。

04 [ブログパーツビュー] を表示します。

05 ドロップダウンリストから[ブログパーツ]を選択します。

コピーする

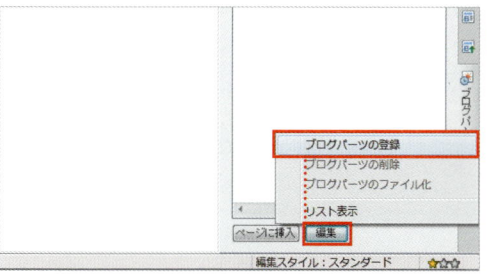

```
<head>
<meta http-equiv="Content-Type" content="text/html; charset=Shift_JIS">
<meta http-equiv="Content-Style-Type" content="text/css">
<meta name="GENERATOR" content="JustSystems Homepage Builder Version 16.0.1.0
<title></title>
<link rel="stylesheet" href="style.css" type="text/css">
</head>
<body>
<div class="box"><img width="160" height="160" border="0" class="imgbox">
  <h6>写真タイトル</h6>
  <p>ここには上にある写真に対する説明などが入ります。あとから写真を挿入します
</div>
</body>
</html>
```

06 [ブログパーツビュー]の[編集]をクリックして[ブログパーツの登録]を選択します。

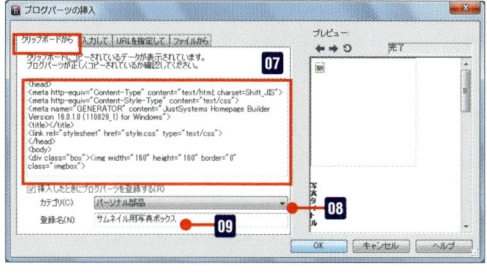

07 [ブログパーツの挿入]ダイアログの[クリップボードから]タブには、手順**03**でコピーしたソースが表示されます。

08 「パーソナル部品」を選択します。

09 任意の登録名を入力したら[OK]をクリックします。これでHTMLをパーソナル部品に登録することができました。

Next >>

265

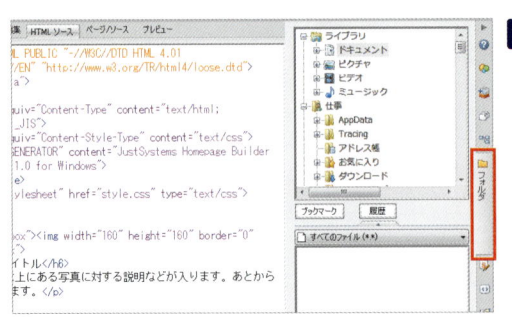

10 続いて、写真ボックスに関連する外部スタイルシートと素材ファイルを部品フォルダーへコピーします。[フォルダビュー]をクリックします。

> **MEMO** 登録する部品に外部スタイルシートや画像が使われている場合は、これらもパーソナル部品フォルダーへコピーする必要があります。

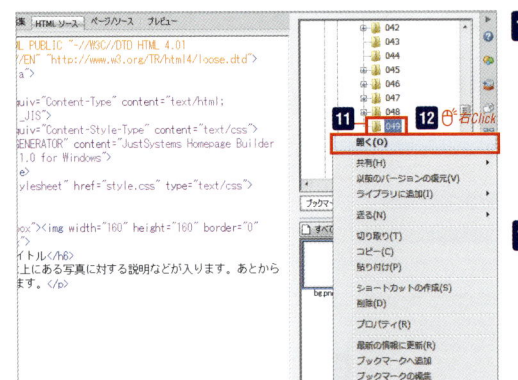

11 現在開いているページの保存先フォルダーを表示します。

> **MEMO** ここで指定するフォルダーは、写真ボックスのデータがあるフォルダーです。

12 フォルダーを右クリック→[開く]を選択します。

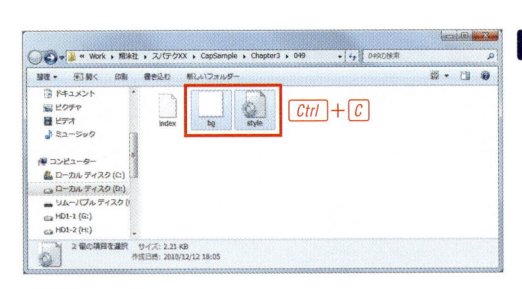

13 エクスプローラーが開いて、写真ボックスを作成・保存したフォルダーにアクセスするので写真ボックスで使用している外部スタイルシートと壁紙画像を選択したら Ctrl + C キーを押してコピーします。

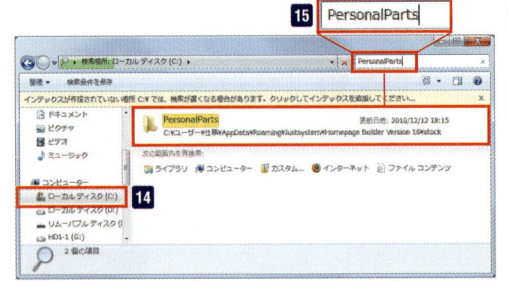

14 ホームページ・ビルダーがインストールされたドライブをクリックします。

15 検索ボックスに「PersonalParts」と入力して検索すると「PersonalParts」フォルダーが検索されるのでダブルクリックして開きます。検索されない場合は、次ページのPOINTを参照してください。

HTML＋CSSの素材をパーソナル部品として登録する ≪ スパテク053　｜　ホームページ・ビルダー16

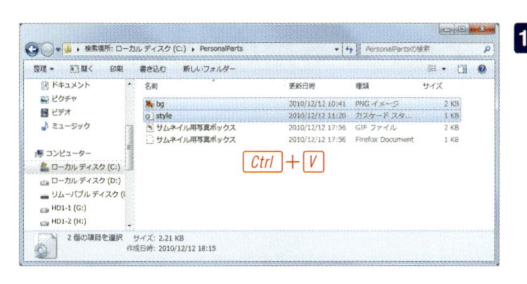

16　フォルダー内で Ctrl ＋ V キーを押して手順13でコピーしたファイルを貼り付けます。これでパーソナル部品への登録は完了しました。

> **MEMO**　HTMLのみをパーソナル部品に登録する場合は、手順10〜16の操作は必要ありません。

■ パーソナル部品を利用する

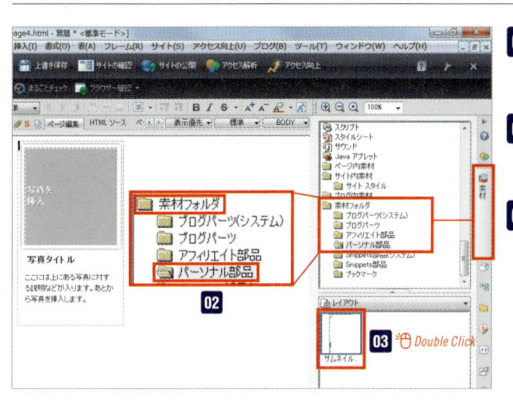

01　パーソナル部品を挿入するページを開きます。

02　［素材ビュー］の［素材フォルダ］→［パーソナル部品］をクリックします。

03　カーソルを置いて、部品をダブルクリックするとページ内に挿入されます。

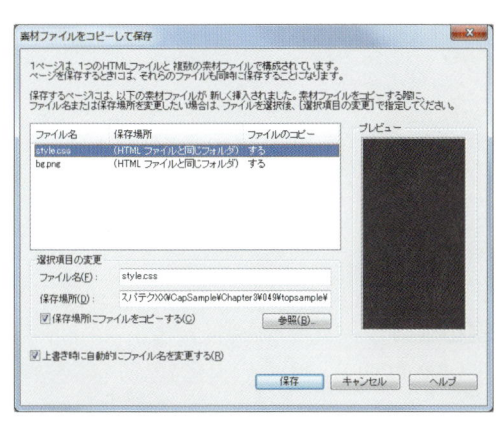

04　ページを上書き保存すると、外部スタイルシートと画像も保存できます。

> **MEMO**　登録する部品にリンクが含まれる場合は、リンク先が絶対パスに書き換えられます。登録時はヌルリンク（#）に書き換えるなどの対応をしましょう。

POINT　「PersonalParts」フォルダーが検索されない

「PersonalParts」フォルダーが検索されない場合、次の方法でフォルダーにアクセスできます。ホームページ・ビルダーで［素材ビュー］の［パーソナルフォルダ］をクリックしたら、下側の［設定］ボタンをクリックして［ステータスを表示］を選択します。［設定］ボタンの上にあるステータスにパスが表示されるので、「¥PersonalParts¥」までのパスをコピーしてエクスプローラーのアドレスバーに貼り付けます。

Internet Explorer 6用のCSSハック を作成する

ブラウザーごとに画像やスタイルシートのサポート状況は異なるため、特定のブラウザーではCSSレイアウトの表示が崩れることがあります。この対策には「CSSハック」を利用しましょう。

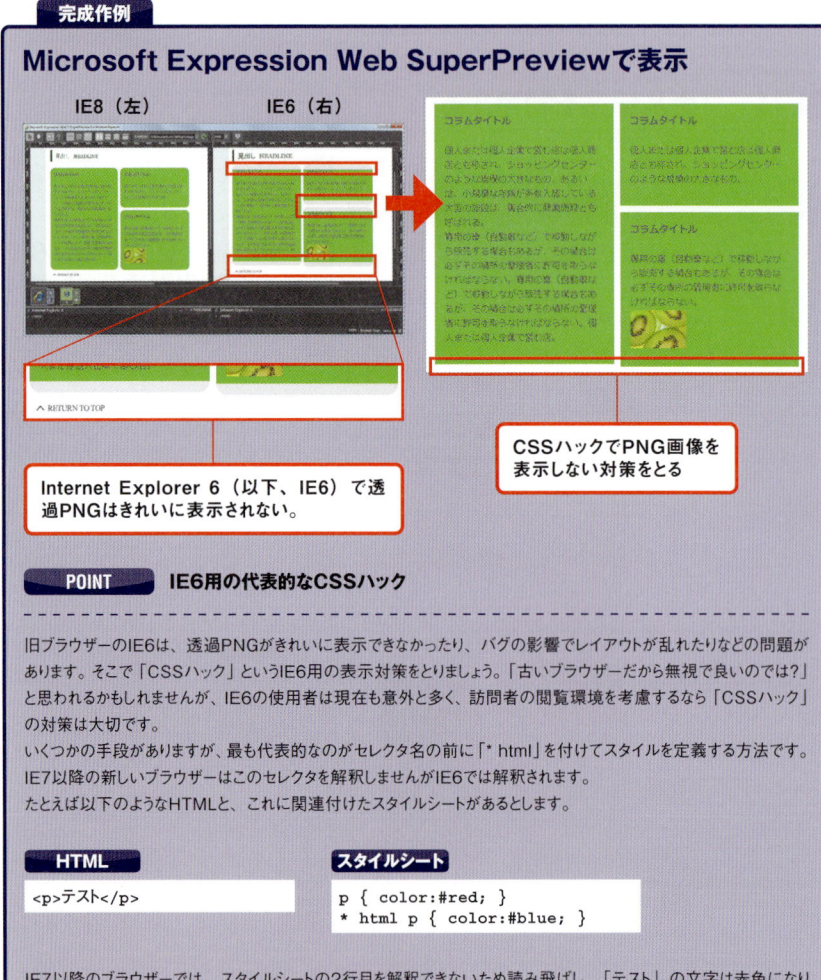

完成作例

Microsoft Expression Web SuperPreviewで表示

IE8（左）　IE6（右）

Internet Explorer 6（以下、IE6）で透過PNGはきれいに表示されない。

CSSハックでPNG画像を表示しない対策をとる

POINT　IE6用の代表的なCSSハック

旧ブラウザーのIE6は、透過PNGがきれいに表示できなかったり、バグの影響でレイアウトが乱れたりなどの問題があります。そこで「CSSハック」というIE6用の表示対策をとりましょう。「古いブラウザーだから無視で良いのでは?」と思われるかもしれませんが、IE6の使用者は現在も意外と多く、訪問者の閲覧環境を考慮するなら「CSSハック」の対策は大切です。

いくつかの手段がありますが、最も代表的なのがセレクタ名の前に「* html」を付けてスタイルを定義する方法です。IE7以降の新しいブラウザーはこのセレクタを解釈しませんがIE6では解釈されます。
たとえば以下のようなHTMLと、これに関連付けたスタイルシートがあるとします。

HTML
```
<p>テスト</p>
```

スタイルシート
```
p { color:#red; }
* html p { color:#blue; }
```

IE7以降のブラウザーでは、スタイルシートの2行目を解釈できないため読み飛ばし、「テスト」の文字は赤色になります。しかしIE6ではいったん1行目を解釈しますが、2行目も解釈できます。スタイルシートはあとから記述した方が優先されるので、IE6では「テスト」の文字色は青色になるわけです。このように、IE6だけが解釈できるスタイルを並べて書くことで、表示できない要素の代替スタイルにすることができます。なお、IEブラウザーの表示を試すにはマイクロソフト社から提供されている無料ツール「Microsoft Expression Web SuperPreview」を利用すると便利です。IE9、8、7、6の表示を試すことができます。

Internet Explorer 6用のCSSハックを作成する << スパテク054 | ホームページ・ビルダー16

01 スパテク050 で作成したコラムスペースのページを開いておきます。

02 ［スタイルエクスプレスビュー］の［スタイル構成］パネルを表示し、レイアウトコンテナのスタイル属性が含まれる外部スタイルシートを選択します。

03 スタイルクラスのcurveboxを右クリック→［CSSファイルを外部エディターで編集］を選択します。

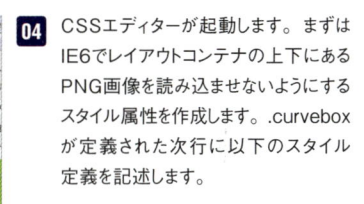

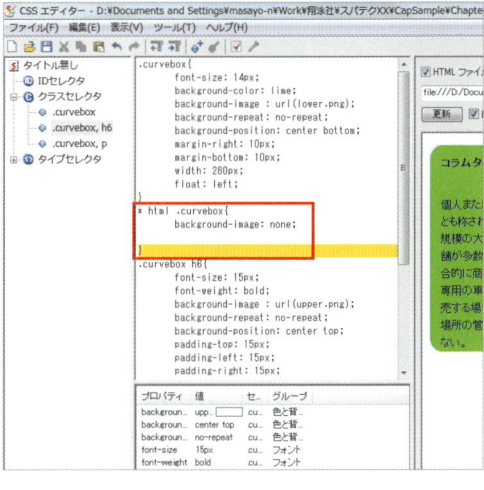

04 CSSエディターが起動します。まずはIE6でレイアウトコンテナの上下にあるPNG画像を読み込ませないようにするスタイル属性を作成します。.curveboxが定義された次行に以下のスタイル定義を記述します。

```
* html .curvebox{
  background-image: none;
}
```

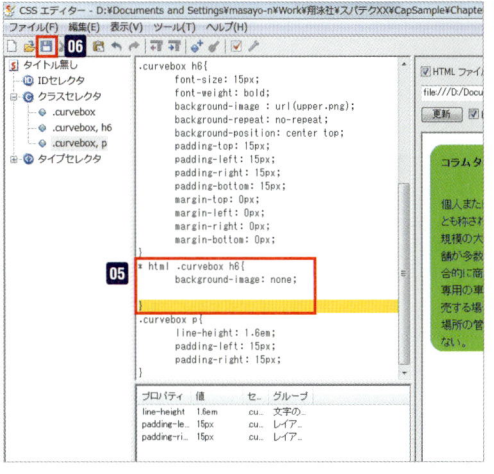

05 続いて、.curvebox h6の次行にも以下のスタイル定義を記述します。

```
* html .curvebox h6{
  background-image: none;
}
```

MEMO これでIE6では新しく追加したスタイル定義を優先解釈するので上下のPNG画像は読み込まれません。

06 上書き保存をしてCSSエディターを閉じます。

MEMO IE6でこのページを表示すると、レイアウトコンテナの上下のPNG画像は非表示となります。

269

スパテク055 ブログテンプレートを参考にしてホームページ用CSSレイアウトを作成する

ホームページ・ビルダーにインターネット上のホームページを読み込むことができます。お気に入りのCSSレイアウトを参考にしたり、再利用したりする場合に便利です。

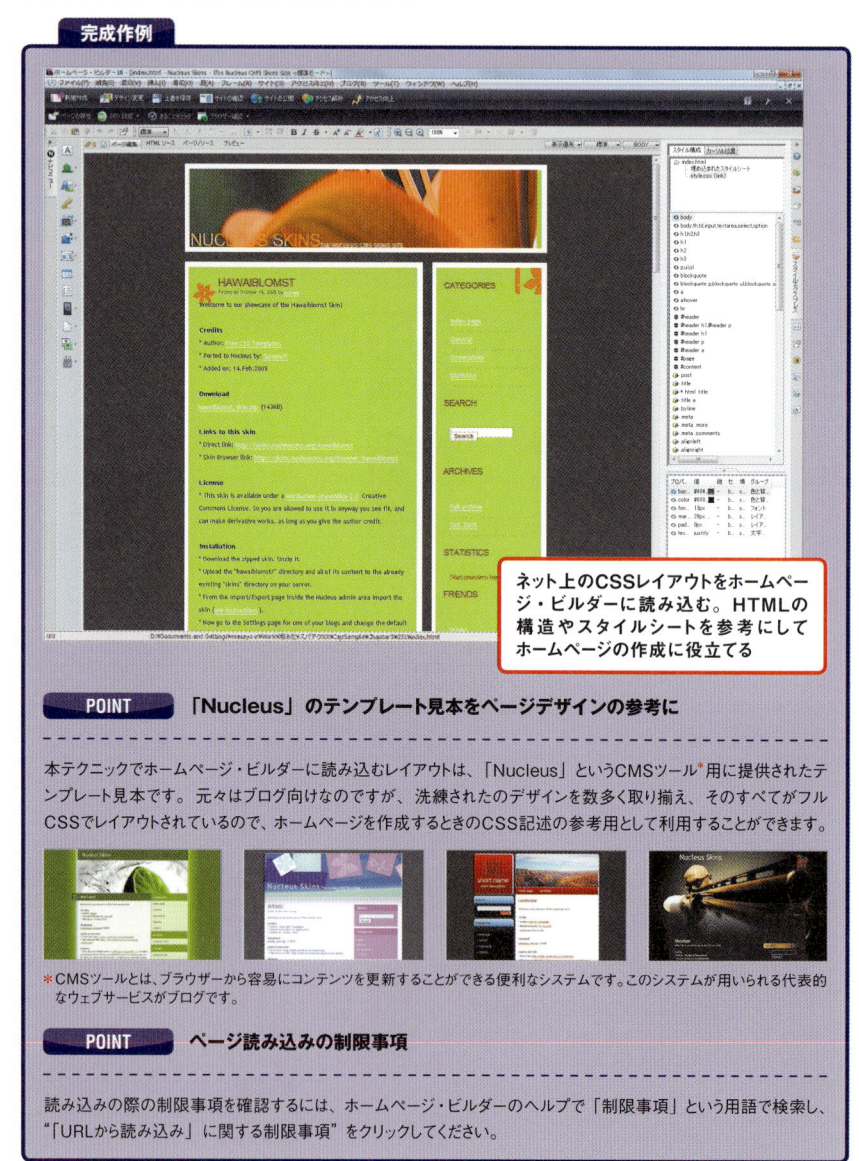

完成作例

ネット上のCSSレイアウトをホームページ・ビルダーに読み込む。HTMLの構造やスタイルシートを参考にしてホームページの作成に役立てる

POINT 「Nucleus」のテンプレート見本をページデザインの参考に

本テクニックでホームページ・ビルダーに読み込むレイアウトは、「Nucleus」というCMSツール※用に提供されたテンプレート見本です。元々はブログ向けなのですが、洗練されたデザインを数多く取り揃え、そのすべてがフルCSSでレイアウトされているので、ホームページを作成するときのCSS記述の参考用として利用することができます。

※CMSツールとは、ブラウザーから容易にコンテンツを更新することができる便利なシステムです。このシステムが用いられる代表的なウェブサービスがブログです。

POINT ページ読み込みの制限事項

読み込みの際の制限事項を確認するには、ホームページ・ビルダーのヘルプで「制限事項」という用語で検索し、"「URLから読み込み」に関する制限事項"をクリックしてください。

ブログテンプレートを参考にしてホームページ用CSSレイアウトを作成する << スパテク055　｜　ホームページ・ビルダー16

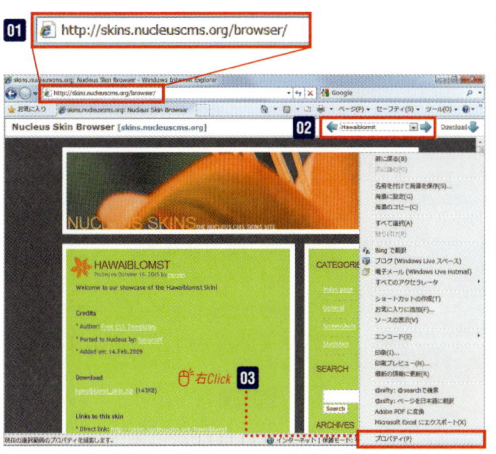

01　ブラウザーを起動してアドレスバーに「http://skins.nucleuscms.org/browser/」を入力してアクセスします。

02　右上のドロップダウンメニューからホームページ・ビルダーに読み込みたいレイアウトを選択します。

03　レイアウトが決まったら、Internet Explorerの場合はページ上で右クリック→［プロパティ］を選択します（Firefoxの場合は下記MEMOを操作してください）。

> **MEMO**　Firefoxを使用している場合は、右クリック→［このフレーム］→［このフレームだけを表示］を選択して手順05へ進んでください。

04　［プロパティ］ダイアログの［アドレス］にあるURLをコピーします。ダイアログを閉じて元のブラウザーのアドレスバーに貼り付けて、そのページへ移動します。

コピーしてブラウザーのアドレスバーに貼り付ける

05　ホームページ・ビルダーに画面を切り替えたら、メニューの［ファイル］→［URLから読み込み］を選択します。

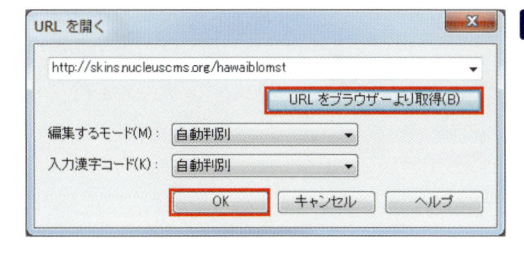

06　［URLを開く］ダイアログで［URLをブラウザーより取得］をクリックします。テキストボックスに手順04で表示したホームページのURLが表示されるので［OK］をクリックします。

> **MEMO**　テキストボックスに手順04でコピーしたURLを貼り付けても構いません。

Next >>

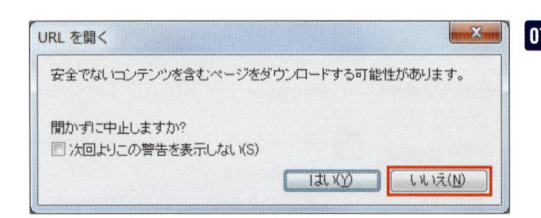

07 ホームページにスタイルシートやFlashなど外部参照ファイルが貼り付けれている場合は、メッセージが表示されます。ここでは中止しないで読み込むので［いいえ］をクリックします。

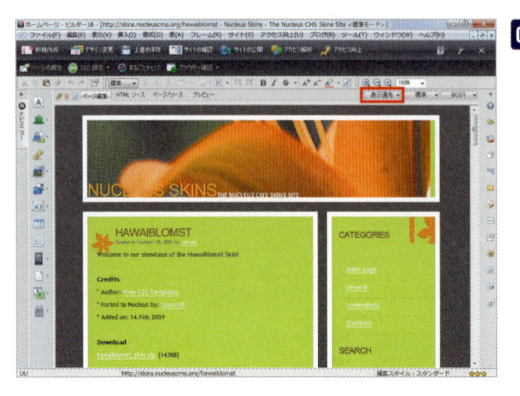

08 ページ編集領域にホームページが読み込まれます。読み込みには時間がかかる場合があります。［表示優先］を選択してきれいに表示します。

> **MEMO** ホームページ・ビルダーにレイアウトが完全に読み込まれるまで待ちましょう。

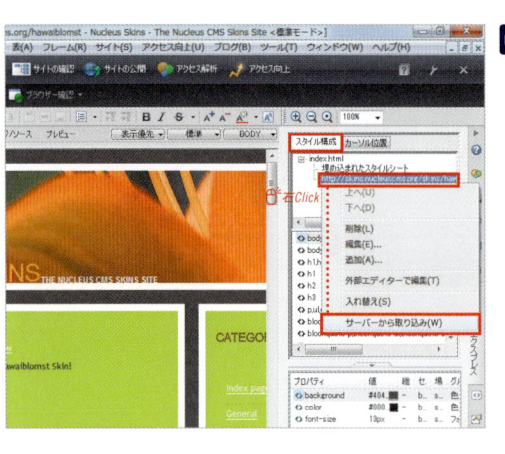

09 ［スタイルエクスプレスビュー］の［スタイル構成］パネルを表示すると、外部スタイルシートがインターネット上のファイルを参照しているため、右クリック→［サーバーから取り込み］を選択します。

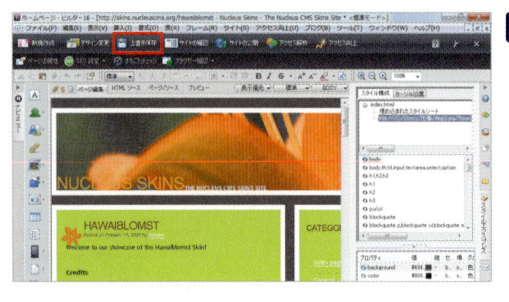

10 外部スタイルシートが取り込まれるので［上書き保存］をクリックします。

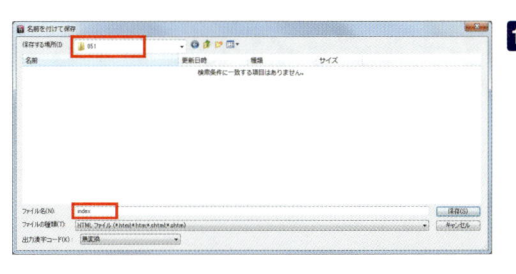

11 [名前を付けて保存] ダイアログが表示されるので任意のフォルダーを指定し、名前を付けて保存します。

MEMO ここでは、新規フォルダーを作成し、その中に保存しています。

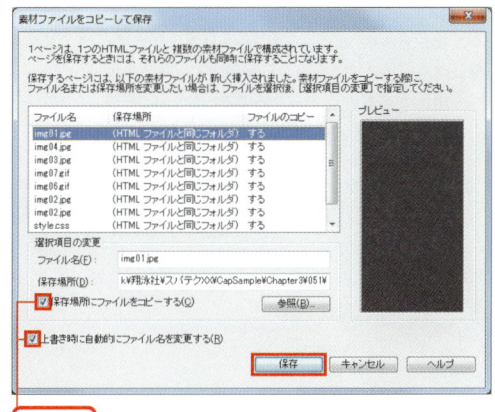

12 チェックボックスをいずれもオンにして [保存] をクリックします。

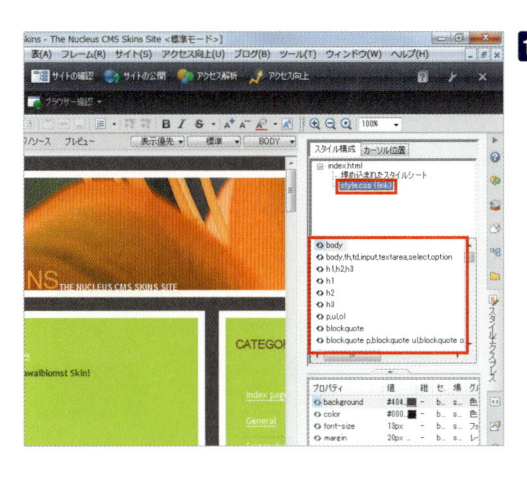

13 素材ファイルがすべてコピーされて、ページの読み込みが完了します。外部スタイルシートをクリックするとセレクタが表示され、セレクタをダブルクリックすると編集できます。

POINT　UTF-8からShift_JISに変更する

今回読み込んだページの大半は、文字コードにUTF-8が使用されています。Shift_JISに変更する場合は、ヘッダの文字コードの指定で「UTF-8」を「Shift_JIS」に書き換えましょう。これに伴い、外部スタイルシートの1行目で定義される@charsetの文字コードも変更しましょう。

スパテク 056 ブログをオリジナルデザインに変更する ～Amebaブログ～

ホームページ・ビルダーのスタイルシート機能を活用して、ブログのデザインをカスタマイズすることができます。ここではAmebaブログのカスタマイズ方法を解説します。

■ Amebaブログのデザインをホームページ・ビルダーでカスタマイズする手順

Amebaブログは、CSSを編集できるテンプレートが提供されています。これを使えばブログデザインをカスタマイズできますが、ブラウザー上でCSSを手書き修正する必要があるため少し面倒です。そこでホームページ・ビルダーにCSSを取り込みましょう。ダイアログを使用した編集が可能になるので、CSSに不慣れな方でも、ヘッダ画像、フォント、色彩などを効率的にカスタマイズできます。

A ブログに使いたいヘッダ画像を事前に作成する。

B 自分のブログにカスタマイズ用のテンプレートを適用したら、ホームページ・ビルダーに読み込んで保存する。

C ブログのスタイルシートを切り取り、ホームページ・ビルダーに取り込むと現在のブログデザインが擬似表示されるので、**A**の画像をアップロードしてスタイルシートを編集する。

D 編集したスタイルシートをWeb上のブログに貼り付け直すと、デザインが更新される。

> **MEMO** Amebaブログのデザインをカスタマイズする場合、記事が1つでも投稿されている必要があります。

■ ヘッダ画像などの素材を準備する

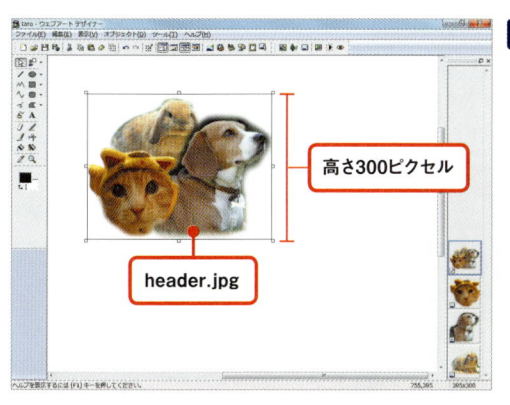

01 ウェブアートデザイナーを使用して、ブログに使うヘッダを作成します（第4章のテクニックを参考に作成してください）。Web用保存ウィザードを使用し、任意の名前を付けて保存しておきます。
→ D17

MEMO 画像の高さのみを把握しておきましょう。

■ カスタマイズのための準備をする

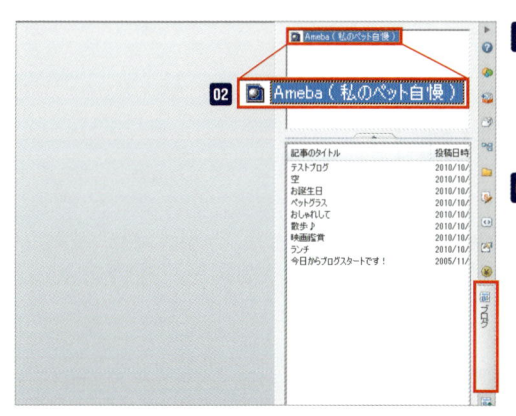

01 まずは最初の準備として、自分が利用しているAmebaブログの設定を済ませておきます。
→ E1

02 ブログの登録が済むと、［ブログビュー］にAmebaブログの登録名が表示されます。

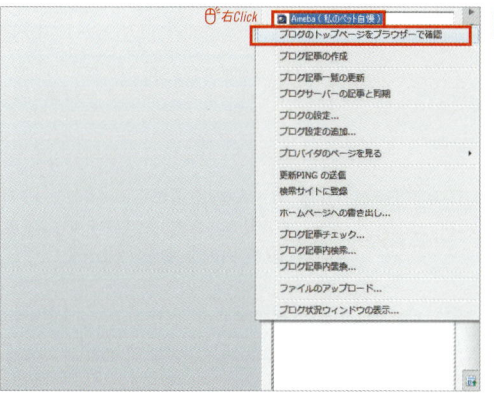

03 登録名を右クリック→［ブログのトップページをブラウザーで確認］を選択します。

Next >>

04 ブラウザーにAmebaブログのサイトが表示されるので、記事を書くためのマイページにログインしておきます。

05 ［ブログを書く］→［デザインの変更］→［カスタム可能］の順にクリックします。

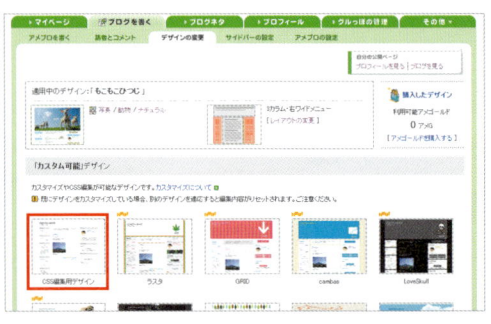

06 ［CSS編集用デザイン］を選択します。

07 任意のレイアウトを選択し、表示デザインを確認したら［適用する］をクリックします。

08 デザインの適用が完了するので「ブログを見る」をクリックしてデザインを変更したブログを表示しておきます。

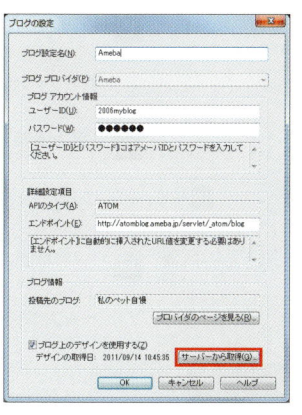

09 一旦ホームページ・ビルダーに画面を戻したら、ブログデザインを取得しておきます。
→ E2

10 メニューの［ファイル］→［URLから読み込み］を選択し、［URL を開く］ダイアログで［URLをブラウザーより取得］をクリックします。テキストボックスに手順08で表示したブログトップページのURLが表示されるので［OK］をクリックします。

MEMO URLが表示されない場合は、テキストボックスにブログトップページのURLを直接入力してください。

11 メッセージが表示されるので［いいえ］をクリックしてページを読み込みます。

12 ページ編集領域にブログが読み込まれます。読み込みには時間がかかる場合があります。

13 ブログの読み込みが完了したら、表示モードを［表示優先］に変更します。

14 ［上書き保存］をクリックします。

Next >>

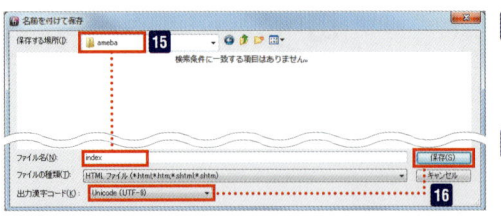

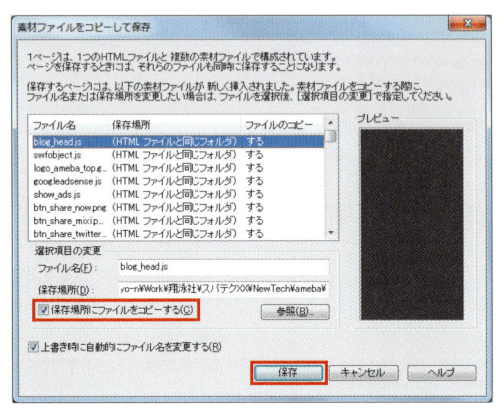

15 ［名前を付けて保存］ダイアログが開くので任意のフォルダーを指定し、任意のファイル名を入力します。

16 ［出力漢字コード］から「Unicode (UTF-8)」を選択したら［保存］をクリックします。

17 ［保存場所にファイルをコピーする］をオンにして［保存］をクリックすると、ページと関連ファイルが保存されます。

18 続いて、Flashセキュリティの警告ダイアログを表示しないようにするため、メニューの［編集］→［ページの属性］を選択します。

19 ［属性］ダイアログの［その他］タブで［スクリプトの編集］をクリックします。

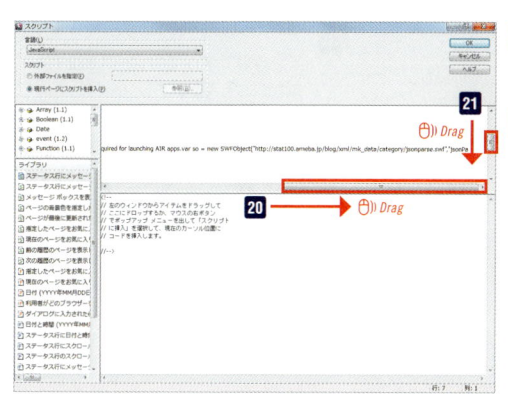

20 ［スクリプト］画面で横スクロールバーを右端までドラッグします。

21 縦スクロールバーを下方向にドラッグします。

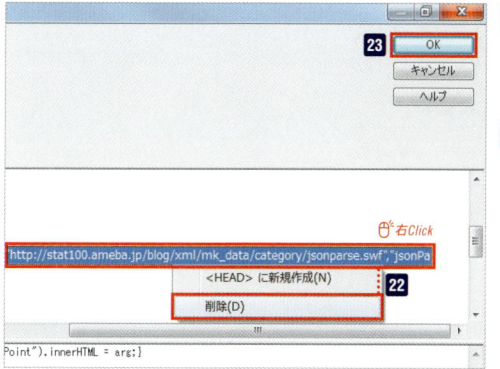

22 パスに「jsonparse.swf」を含む長いソースを右クリック→［削除］を選択して削除します。

23 ［OK］→［OK］の順にクリックしてダイアログを閉じます。

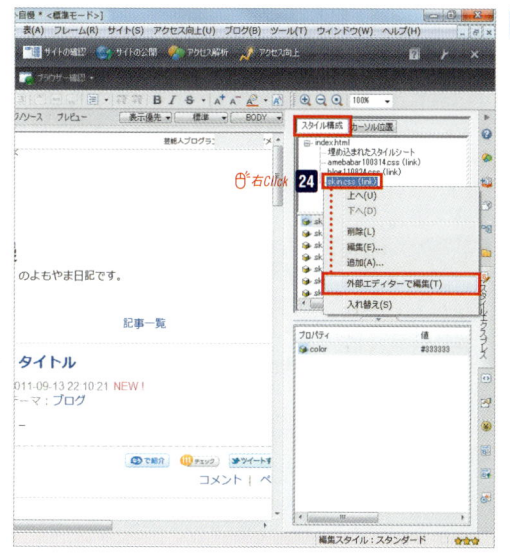

24 ホームページ・ビルダーに画面が戻るので、［スタイルエクスプレスビュー］の［スタイル構成］パネルで「skin.css」を右クリック→［外部エディターで編集］を選択します。

MEMO Amebaブログが編集できるスタイルシートは、「skin.css」のみです。

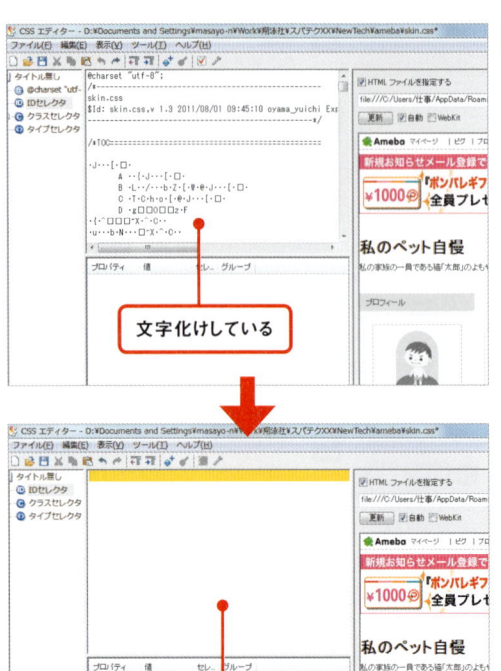

| ホームページ・ビルダー16 | スパテク056 >> ブログをオリジナルデザインに変更する～Amebaブログ～

25 ソースが表示されますが、文字化けしているのですべてのソースを選択して削除しておきます。

> **MEMO** [Ctrl]+[A]キーを押してソースを選択し、[Delete]キーで削除します。

文字化けしている

全ソースを削除しておく

26 CSSエディターは閉じないで、再びブラウザーに画面を切り替えたら、Amebaブログのマイページで［ブログを書く］→［デザインの変更］→［CSSの編集］の順にクリックします。

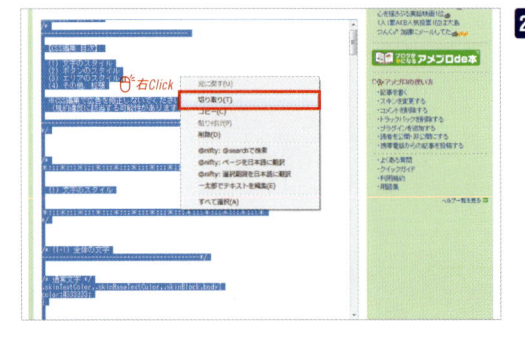

27 ブログのスタイルシートを編集する画面へ移動します。ソースを右クリック→［すべて選択］を選択するとすべてのソースが選択されるので右クリック→［切り取り］を選択します。

280

28 ブラウザーは閉じないで、手順**25**でソースを削除したCSSエディターに画面を切り替えたら［貼り付け］ボタンをクリックします。

29 ソースが貼り付けられるので上書き保存しましょう。続いて、ブログデザインのスタイルを編集します。

切り取ったソースを貼付ける

■ Amebaブログのスタイルシートをカスタマイズする

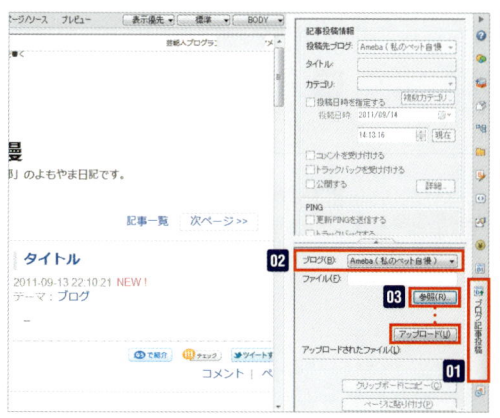

01 まずはヘッダに画像を貼り付けます。ホームページ・ビルダーに画面を切り替えたら、［ブログ記事投稿ビュー］をクリックします。

02 ［ブログ］から「Ameba」を選択します。

03 ［参照］をクリックして最初に作成したヘッダ画像ファイル「header.jpg」を選択して［アップロード］をクリックします。

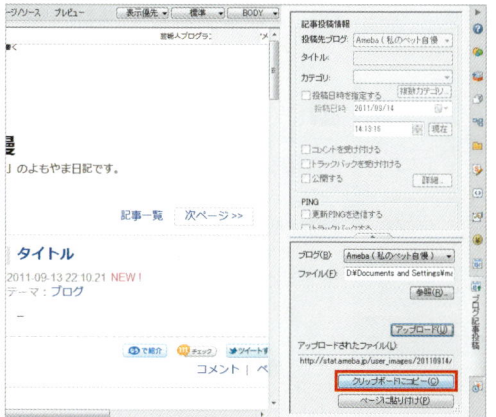

04 アップロードが完了すると［アップロードされたファイル］にURLが表示されるので［クリップボードにコピー］をクリックします。

> **MEMO** アップロードした画像のURLがコピーされます。

Next >>

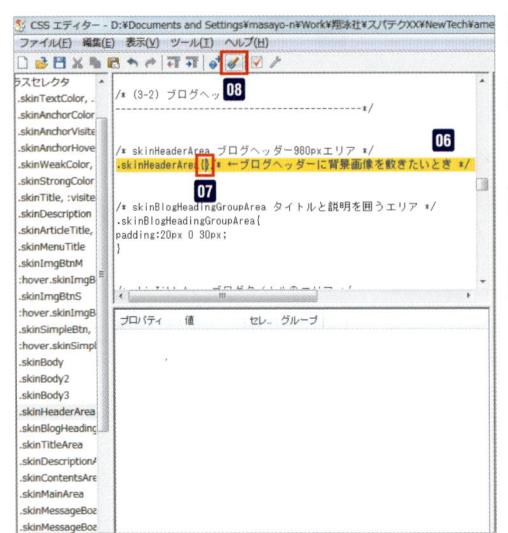

05 CSSエディターに画面を切り替えます。

06 コメントに「/* skinHeaderArea ブログヘッダー980pxエリア */」と書かれた場所に移動します。

07 「.skinHeaderArea{}」の{と}の間にカーソルを置きます。

08 [セレクタの編集]ボタンをクリックします。

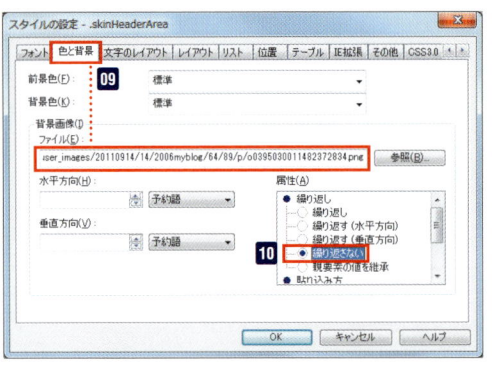

09 [色と背景]タブの[ファイル]のテキストボックスに手順**04**でコピーしたヘッダ画像のURLを貼り付けます。

10 [属性]から「繰り返さない」を選択します。

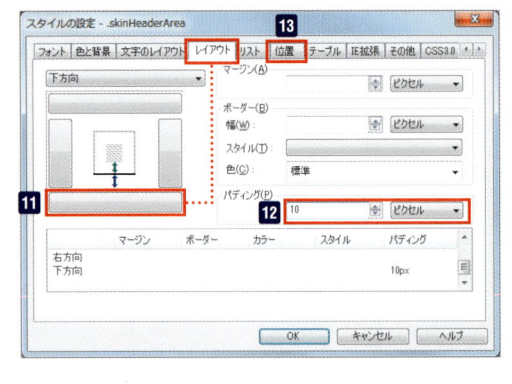

11 [レイアウト]タブの[下方向]をクリックします。

12 [パディング]で「10ピクセル」を指定し、ヘッダの下側に10ピクセルの余白を挿入します。

13 [位置]タブの[高さ]で「300ピクセル」を指定したら[OK]をクリックします。これでヘッダには画像が表示されます。

MEMO ヘッダ画像と同じ高さを入力しましょう。

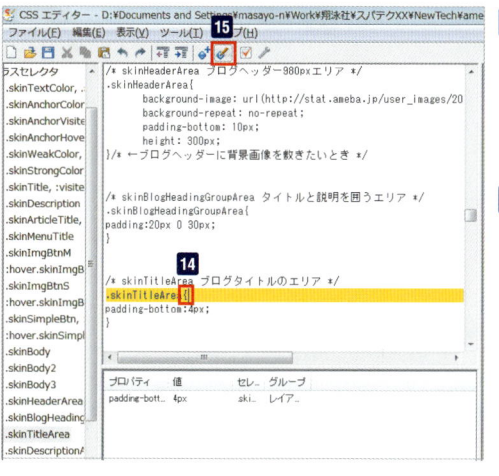

14 続いて、ヘッダのタイトルを編集します。コメントに「/* skinTitleArea ブログタイトルのエリア */」と書かれた「.skinTitleArea」の{と}の間にカーソルを置きます。

15 [セレクタの編集] ボタンをクリックします。

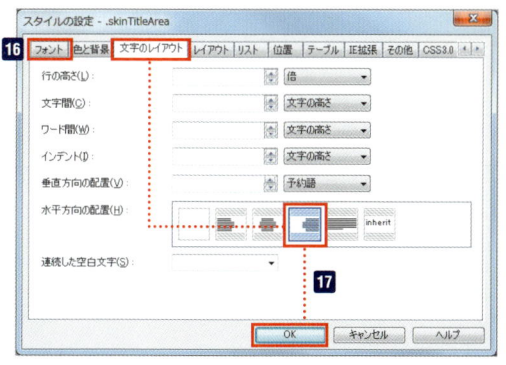

16 [フォント] タブの [サイズ] で任意サイズを指定します。

17 [文字のレイアウト] タブで [水平方向の配置] の「右揃え」を選択したら [OK] をクリックします。これでヘッダのタイトルが右揃えになります。

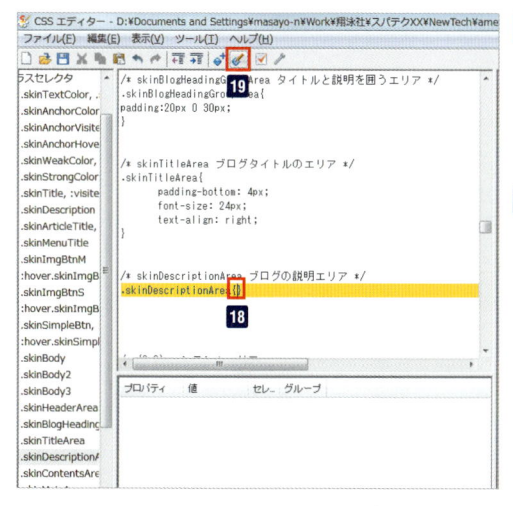

18 最後にヘッダの説明文を編集します。コメントに「/* skinDescriptionArea ブログの説明エリア */」と書かれた「.skinDescriptionArea」の{と}の間にカーソルを置きます。

19 [セレクタの編集] ボタンをクリックします。

Next >>

| ホームページ・ビルダー16 | スパテク056 >> ブログをオリジナルデザインに変更する～Amebaブログ～

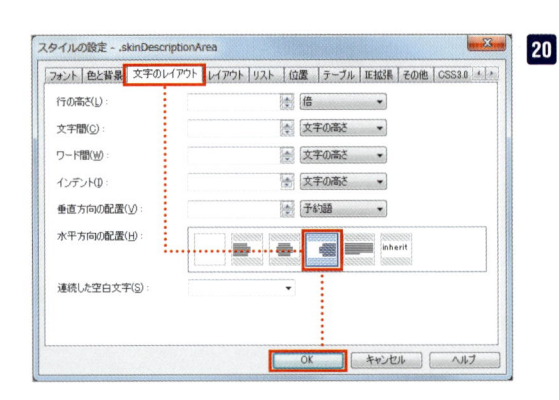

20 ［文字のレイアウト］タブで［水平方向の配置］の「右揃え」を選択したら［OK］をクリックします。これで説明文のタイトルが右揃えになります。

> **MEMO** 以上のようにしてビルダー上でスタイルシートをカスタマイズしていきます。

■ 編集したスタイルシートをAmebaの［CSSの編集］画面に貼り付ける

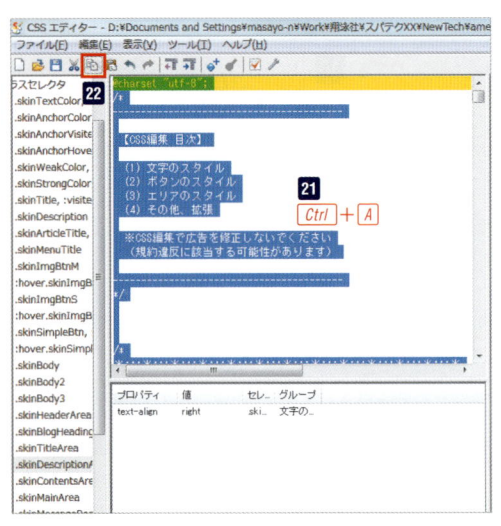

21 CSSエディターでのカスタマイズが終了したら、[Ctrl]+[A]キーを押してソースをすべて選択します。

22 ［コピー］ボタンをクリックしてコピーします。

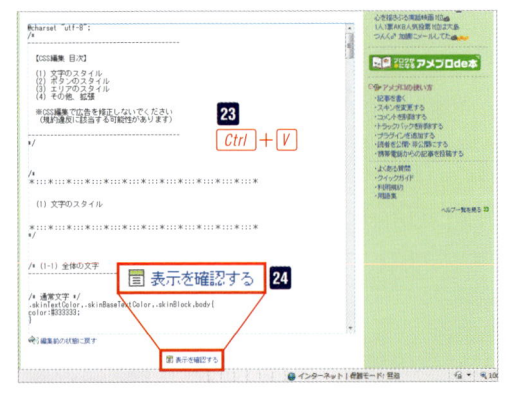

23 ブラウザーに画面を切り替え、先ほどAmebaブログでCSSソースを切り取った画面を表示します。テキストボックス上で[Ctrl]+[V]キーを押してソースを貼り付けます。

24 ［表示を確認する］をクリックします。

> **MEMO** テキストボックスにソースが残っている場合は、削除してから貼り付けてください。

25 ブラウザーが起動してデザインが確認できます。

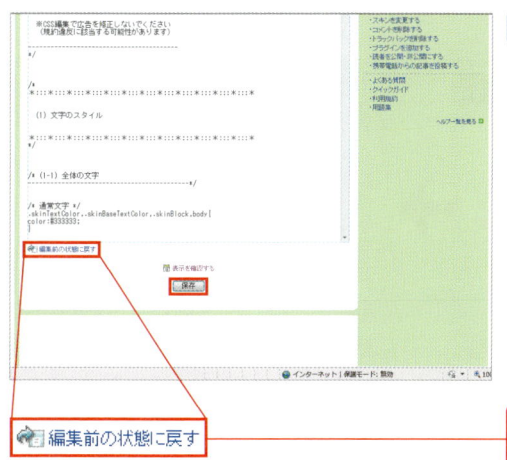

26 ソースを貼り付けたブラウザーに戻り、［保存］をクリックするとデザインの変更は完了します。

> **MEMO** デザイン変更が終了したら、ホームページ・ビルダーに取り込んだブログのファイルは破棄しましょう。

CSSソースを編集前の状態に戻すにはここをクリックする

POINT　ヘッダ画像の横幅について

ヘッダ領域の横幅いっぱいに画像を表示したい場合、AmebaブログのCSS編集用テンプレートでは、幅980ピクセルが最適のサイズとなります。ただし、ホームページ・ビルダーからこのサイズの画像をアップロードした場合は、自動的に横幅が800ピクセルに縮小されてしまいます。そのため、幅980ピクセルの画像を表示したい場合は、Amebaブログのマイページからアップロードし、アップロード先のURLを利用する必要があります。

POINT　サーバーにアップロードした画像を削除する

Amebaブログのサーバーにアップロードしたバナーやアイコン画像を削除するには、マイページで行います。「ブログを書く」→「アメブロを書く」の順にページを移動し、「画像フォルダ」のリンクをクリックします。アップロードした画像一覧にたどり着けるので、削除しましょう。

スパテク 057 ブログをオリジナルデザインに変更する ～FC2ブログ～

ホームページ・ビルダーのスタイルシート機能を活用して、ブログのデザインをカスタマイズできます。ここではFC2ブログのカスタマイズ方法を解説します。

■ FC2ブログのデザインをホームページ・ビルダーでカスタマイズする手順

FC2ブログのデザインもAmebaブログ同様、自由にカスタマイズできます。FC2ブログはほとんどのテンプレートでCSSソースの編集が可能なので、元のテンプレートの良さを残しつつ、ヘッダ画像とアイコンだけを入れ替えるというようなこともできます。

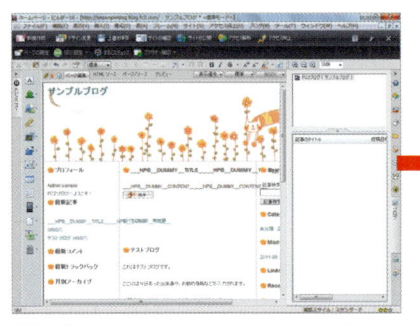

A ブログに任意の公式テンプレートを設定したら、ホームページ・ビルダーに読み込んで保存する。

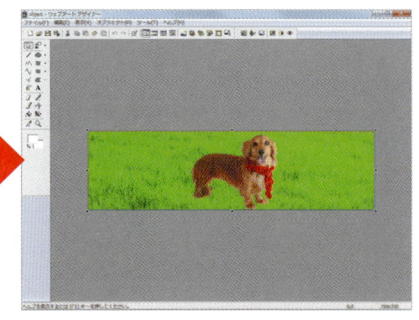

B 現在のブログデザインが擬似表示されるので、差し替えたいヘッダ画像を作成する。

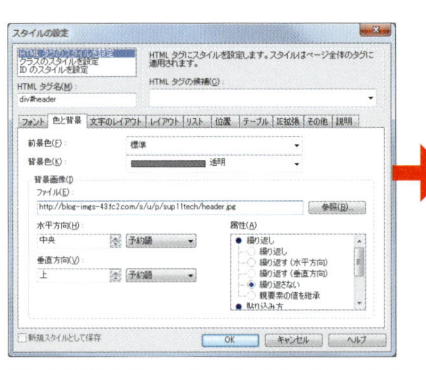

C **B**の画像をアップロードしてスタイルシートを編集する。

D 編集したスタイルシートをウェブ上のブログに貼り付け直すと、デザインが更新される。

> **MEMO** FC2ブログのデザインをカスタマイズする場合、記事が1つでも投稿されている必要があります。

■ カスタマイズのための準備をする

01 まずは最初の準備として、自分が利用しているFC2ブログの設定を済ませておきます。ブログの登録が済むと［ブログビュー］に登録名が表示されます。
→ E1

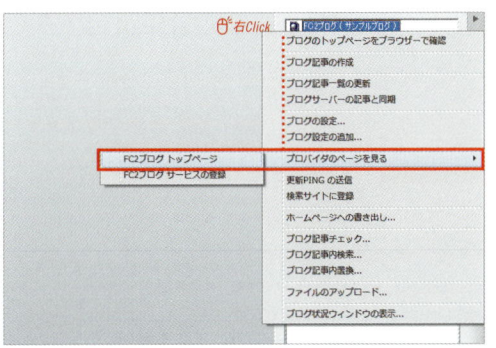

02 登録名を右クリック→［プロバイダのページを見る］→［FC2ブログトップページ］を選択します。

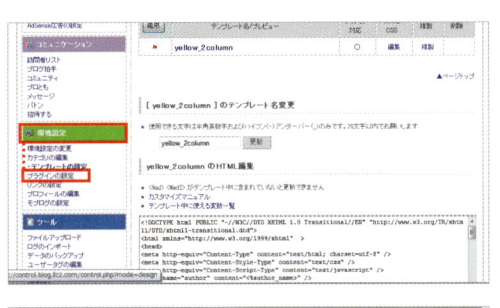

03 FC2ブログのトップページが表示されるのでブログ管理画面にログインしたら、「環境設定」→「テンプレートの設定」の順にクリックします。

04 PC用の「公式テンプレート追加」をクリックします。

Next >>

05 ［名前］に「hananeko」と入力して検索すると、テンプレートにhananekoのテンプレートが表示されます。

06 「詳細」をクリックします。

> **MEMO** 本書は今後hananekoのテンプレートを使用して解説します。

07 「ダウンロード」をクリックするとテンプレートがダウンロードされます。

08 ［テンプレートの設定］をクリックします。

09 ダウンロードしたテンプレートを適用するには、ラジオボタンを選択して「適用」をクリックします。

10 テンプレートを設定したら、［ブログの確認］をクリックします。

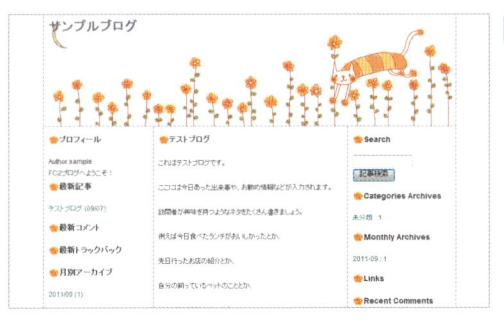

11 変更したテンプレートのブログが表示されます。

> **MEMO** ブログの環境設定によっては、テンプレートの最上部に検索バーが表示される場合があります。検索バーの表示を無効にするには、ブログ管理画面で［環境設定の変更］をクリックし、［ブログの設定］→［検索バーの設定］から［検索バーの利用］で「利用しない」を選択して、［更新］をクリックします。
> 本書では検索バーを表示しない設定で解説します。

12 表示したブログは閉じないで、いったんホームページ・ビルダーに画面を戻したら、ブログデザインを取得しておきます。
→ E2

13 メニューの［ファイル］→［URLから読み込み］を選択し、［URLを開く］ダイアログで［URLをブラウザーより取得］をクリックします。テキストボックスに手順**11**で表示したブログトップページのURLが表示されるので［OK］をクリックします。

> **MEMO** URLが表示されない場合は、テキストボックスにブログトップページのURLを直接入力してください。

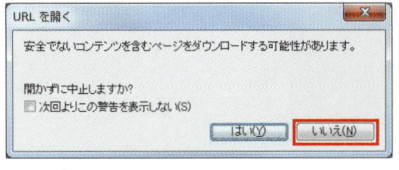

14 メッセージが表示されるので［いいえ］をクリックしてページを読み込みます。

> **MEMO** 「エラーが検出されました」というメッセージが表示されたら［OK］をクリックします。

Next >>

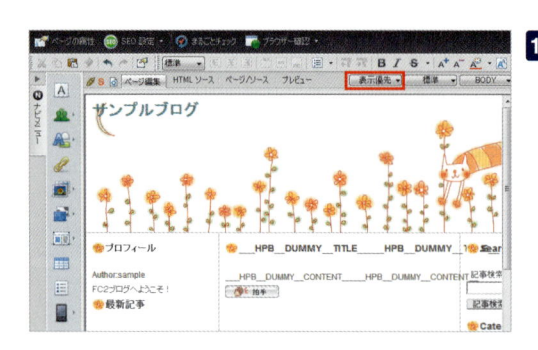

15 ページ編集領域にブログが読み込まれるので［表示優先モード］に変更します。

> **MEMO** デザインの読み込みには時間がかかる場合があります。完全に読み込まれるまで待ちましょう。

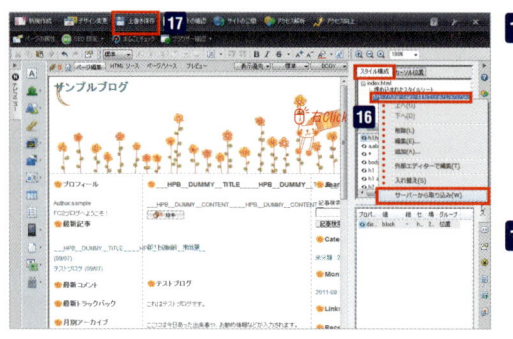

16 ［スタイルエクスプレスビュー］の［スタイル構成］パネルを表示すると、外部スタイルシートがインターネット上のファイルを参照しているため、右クリック→［サーバーから取り込み］を選択します。

17 外部スタイルシートが取り込まれるので［上書き保存］をクリックします。

18 ［名前を付けて保存］ダイアログが開くので任意のフォルダーを指定し、任意のファイル名を入力したら［保存］をクリックします。

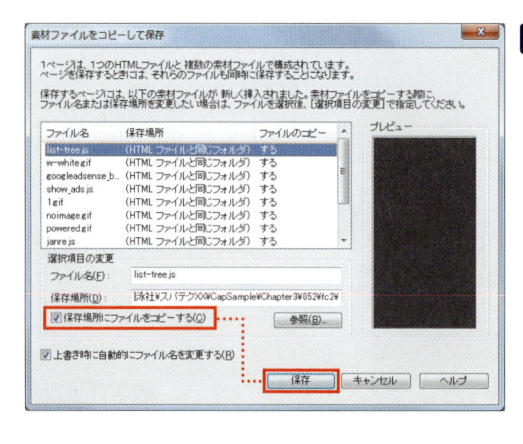

19 ［保存場所にファイルをコピーする］をオンにして［保存］をクリックすると、ページと関連ファイルが保存されます。

■ ヘッダ画像やアイコンなどの素材を準備する

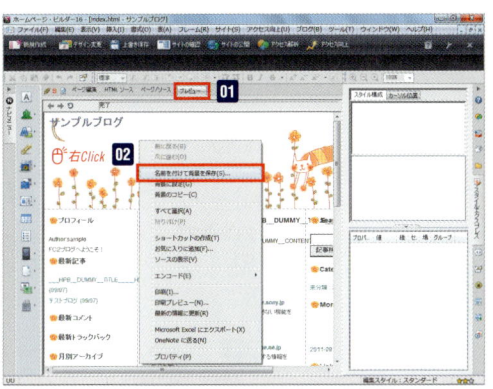

01 ホームページ・ビルダーにブログを読み込んだら、[プレビュー]タブをクリックします。

02 ヘッダ画像を右クリック→[名前を付けて背景を保存]を選択し、任意の場所へ保存します。

> **MEMO** 画像の保存方法は、使用しているブラウザーの種類やバージョンによって異なります。

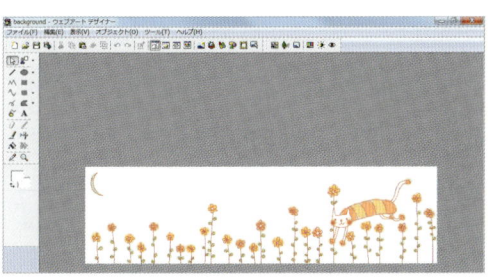

03 ウェブアートデザイナーを起動したら、メニューの[ファイル]→[キャンバスを開く]を選択して手順02で保存したヘッダ画像を開きます。キャンバスのサイズは画像のサイズに自動調整されています。

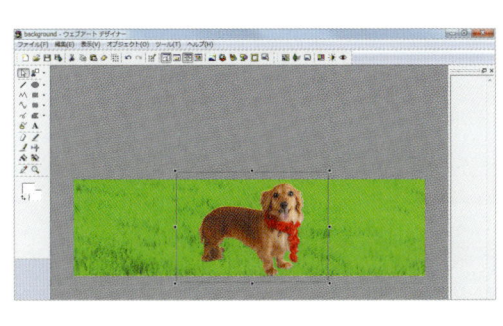

04 画像を削除し、写真、イラスト、ロゴなどを組み合わせてオリジナルのヘッダ画像に作り変えます(第4章のテクニックを参考に作成してください)。

05 キャンバスと同じサイズで切り抜いたらWeb用保存ウィザードを使用して任意の名前を付けて保存しましょう。
→ スパテク 058 → D17

header.jpg

■ FC2ブログのスタイルシートをカスタマイズする

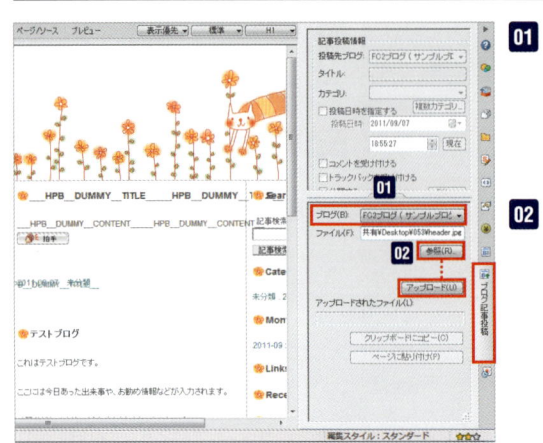

01 まずはヘッダに画像を貼り付けます。ホームページ・ビルダーに画面を切り替えて[ブログ記事投稿ビュー]をクリックしたら[ブログ]から「FC2ブログ」を選択します。

02 [参照]をクリックして先ほど作成したヘッダ画像ファイル「header.jpg」を選択して[アップロード]をクリックします。

> **MEMO** ホームページ・ビルダーはページ編集画面に戻してから操作しましょう。

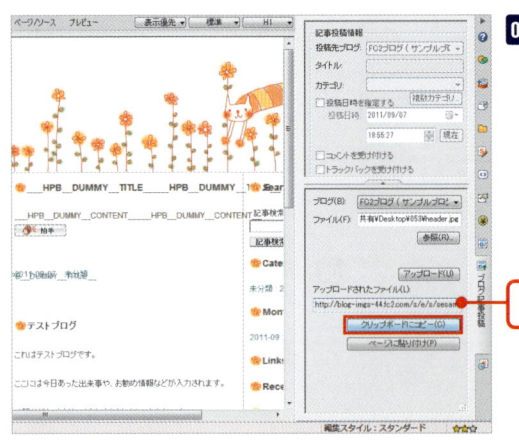

03 アップロードが完了すると[アップロードされたファイル]にURLが表示されるので[クリップボードにコピー]をクリックします。

> **MEMO** アップロードした画像のURLがコピーされます。

アップロード先のURL

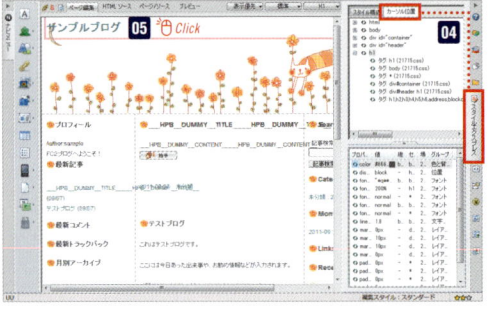

04 [スタイルエクスプレスビュー]の[カーソル位置]パネルをクリックします。

05 ヘッダ部分をクリックします。

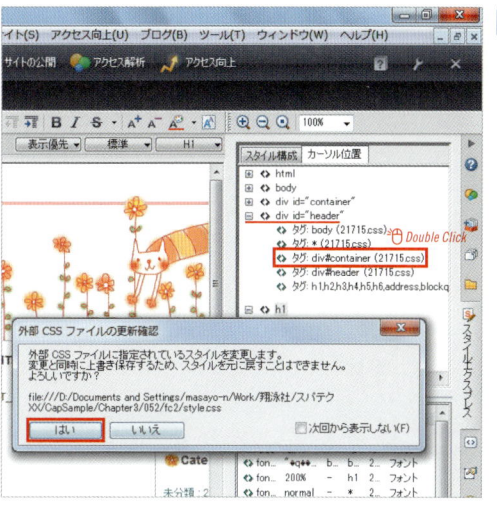

06 「div id="header"」にある「タグ：div#header 」をダブルクリックし、更新確認のダイアログで［はい］をクリックします。

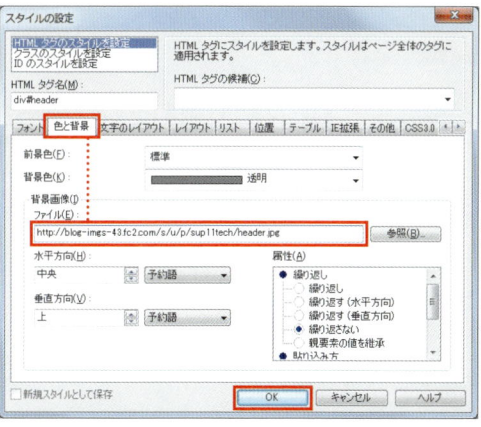

07 ［色と背景］タブの［ファイル］のテキストボックスに手順**03**でコピーしたヘッダ画像の転送先URLを貼り付けたら［OK］をクリックします。

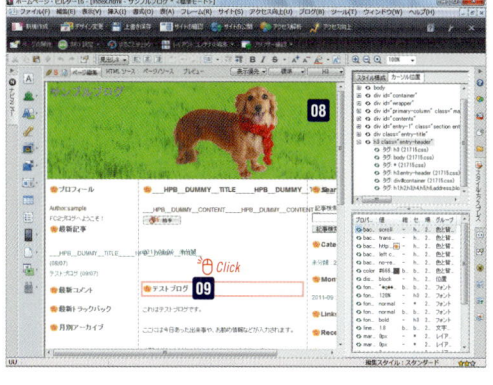

08 ヘッダ画像が変更されました。

09 続いて記事タイトルのスタイルを変更するためクリックします。

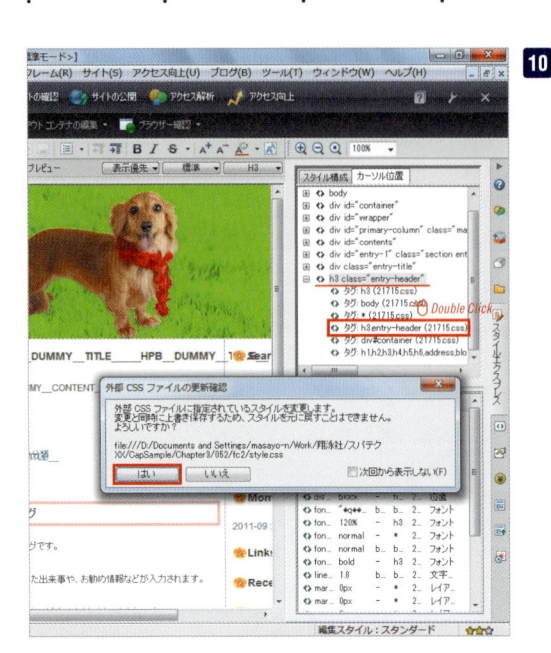

10 「h3 class="entry-header"」にある「タグ：h3.entry-header」をダブルクリックします。更新確認のダイアログで［はい］をクリックします。

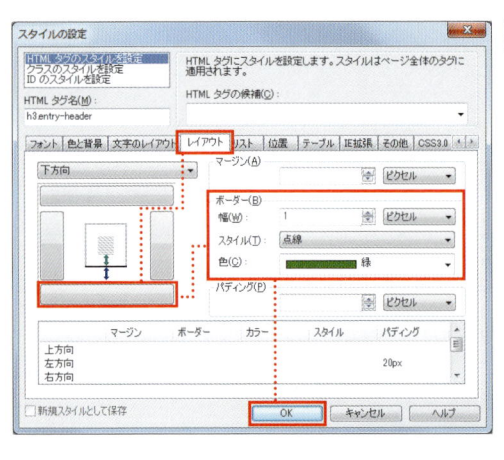

11 ［スタイルの設定］ダイアログが開くので、［レイアウト］タブで［下方向］をクリックし、［ボーダー］の［幅］で「1ピクセル」、［スタイル］で「点線」、［色］で任意の色を指定したら［OK］をクリックします。

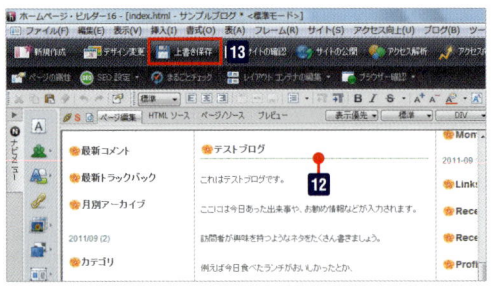

12 記事タイトルに下線が引かれました。

13 必要に応じて、その他のスタイルも編集しましょう。編集が完了したらページを上書き保存します。

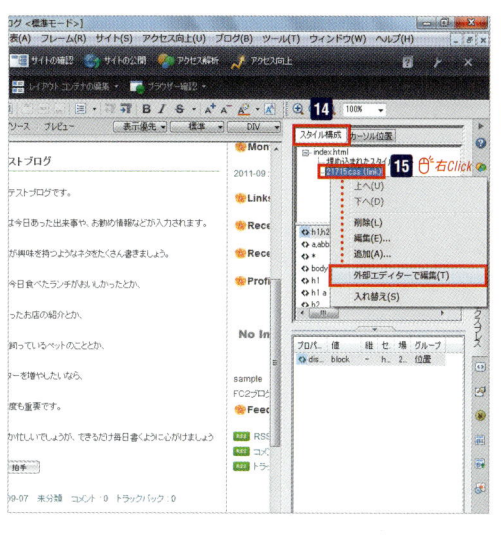

14 [スタイルエクスプレスビュー] の [スタイル構成] パネルをクリックします。

15 外部スタイルシートを右クリック→[外部エディターで編集] を選択します。

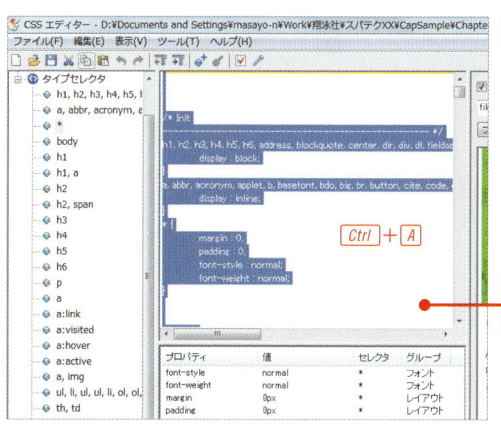

16 CSSエディターが起動するので `Ctrl`+`A`キーを押してソースをすべて選択し、メニューの [編集] → [コピー] でコピーします。

ソースをコピーする

17 ブラウザーに画面を切り替えてFC2のブログ管理画面で [テンプレートの設定] をクリックします。

18 現在適用しているテンプレートの「編集」をクリックします。

MEMO 旗のアイコンがあるテンプレートは現在適用中であることを意味します。ここの「編集」をクリックしましょう。

Next >>

19 下側の「スタイルシート編集」のテキストボックスをクリックし、Ctrl + A キーを押してすべてのソースを選択したら、Ctrl + V キーを押してソースを貼り付けます。

すべてのソースを選択して貼り付ける

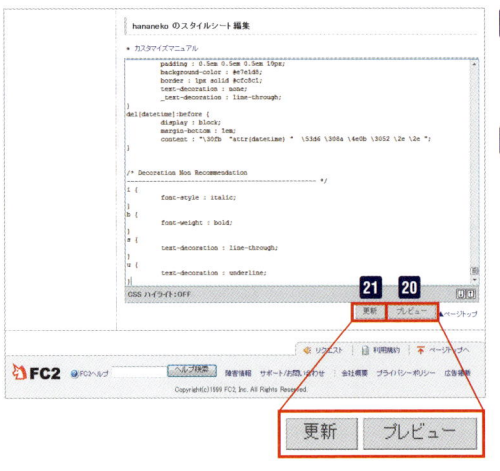

20 編集したスタイルシートが貼り付けられるので［プレビュー］をクリックしてデザインを確認します。

21 ［更新］をクリックするとデザインの変更は完了します。

MEMO デザイン変更が終了したら、ホームページ・ビルダーに取り込んだブログのファイルは破棄しましょう。

POINT　サーバーにアップロードした画像を削除する

FC2ブログのサーバーにアップロードしたバナーやアイコン画像を削除するには、ブログ管理画面で行います。「ツール」→「ファイルアップロード」の順にページを移動すると、たどり着けます。

4章

素材作成&デザインのテクニック

●画像を特定のサイズで切り抜き●ナビゲーションバー用のボタンを作成●ナビゲーションバー用のタブ型ボタンを作成●2枚がきれいに同化した画像の作成●2枚がきれいに合成された画像の作成●フレーム付き写真の作成●Twitter用のグラデーションの壁紙を作成●Twitter用の左側に固定した壁紙を作成●写真の一部分にモザイクをかける

スパテク058 画像を特定のサイズで切り抜く

素材作成で何かと重宝するのが、ウェブアートデザイナーを利用した画像の切り抜きです。キャンバスに画像を置いて表示される範囲を、そのまま切り抜くことができます。

完成作例

キャンバスと同じサイズで切り抜くことができる

01 ウェブアートデザイナーでキャンバスのサイズを画像の切り抜きサイズと同じ大きさにします。
→ D2

MEMO 本作例ではキャンバスの幅と高さをいずれも300ピクセルにしています。

02 キャンバスに画像を追加したら、画像のサイズと位置を切り抜く範囲に調整しておきます。
→ D7 → D12

MEMO 画像はキャンバスに表示される範囲が最終的な切り抜きサイズとなります。サイズと位置を調整する際は、キャンバスから画像がはみ出していても構いません。

画像を追加してサイズを調整

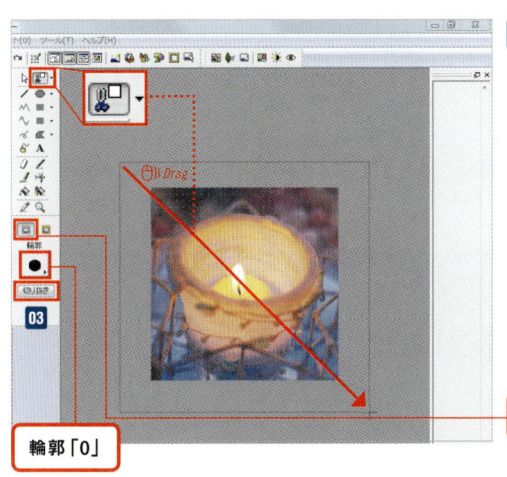

画像を特定のサイズで切り抜く << スパテク058 ホームページ・ビルダー16

03 ［四角形で切り抜き］ツールを使い、図のようにキャンバスよりも大きい範囲をドラッグします。「キャンバスを含まない」を選択し、輪郭「0」を指定して［切り抜き］をクリックします。

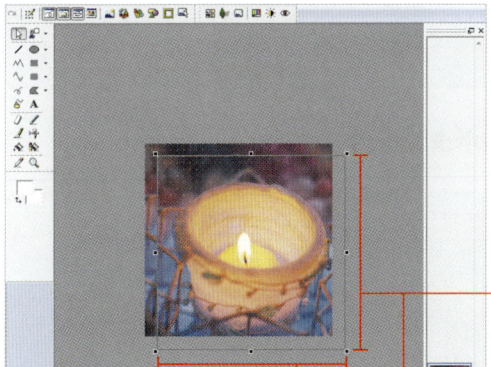

キャンバスを含まない

輪郭「0」

04 キャンバスに表示される範囲が切り抜かれます。Web用保存ウィザードで保存しましょう。

→ D17

MEMO ここでは、幅と高さが300ピクセルのサイズで切り抜かれます。

300ピクセル

POINT　同じサイズの画像をキャンバスに集める

切り抜いた画像をパーソナルフォルダに保存し、この操作を繰り返せば、同じサイズの画像をパーソナルフォルダに集めることができます。集めた素材をキャンバスに再び呼び出せば、同一サイズの画像による素材作りができます。パーソナルフォルダへの保存については D17 を参照してください。

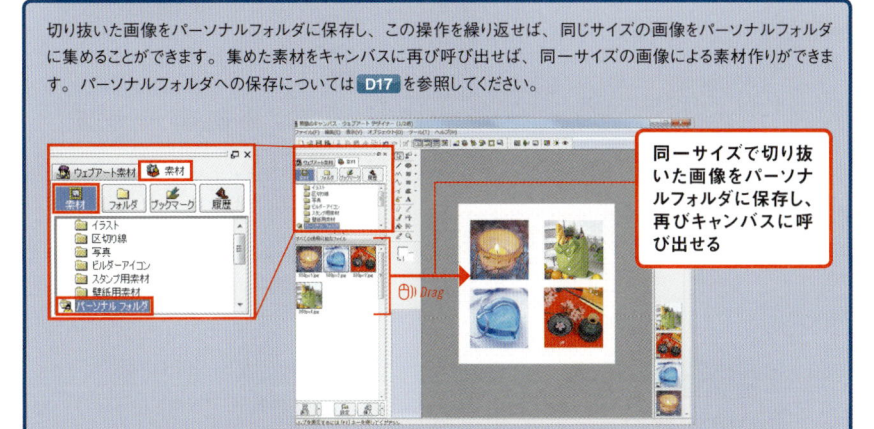

同一サイズで切り抜いた画像をパーソナルフォルダに保存し、再びキャンバスに呼び出せる

スパテク 059 ナビゲーションバー用のボタンを作成する

ホームページを少しでも上質な雰囲気にしたいなら、ボタンを工夫すると効果的です。ボタンの色にグラデーションを使うと、ゴージャスでクールな仕上がりになります。

完成作例

ゴールドのゴージャスなボタン

車のボディのような質感のクールなボタン

■ ゴージャスなゴールドのボタンを作成する

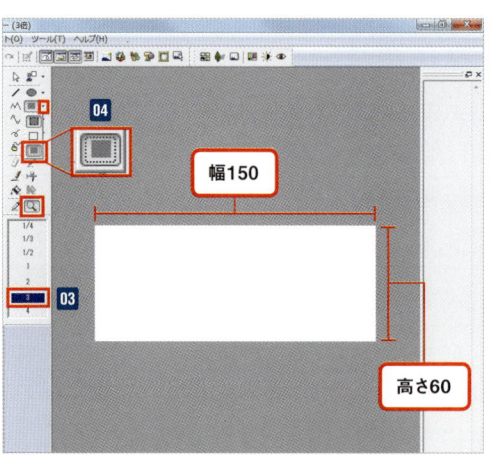

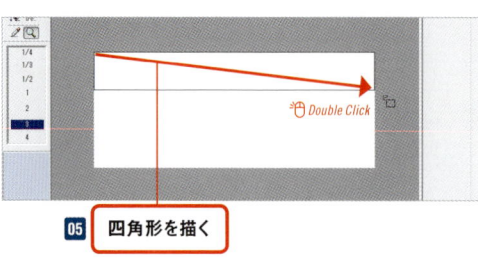

01 ウェブアートデザイナーでキャンバスのサイズを幅150、高さ60ピクセルにします。 ➡ D2

> **MEMO** キャンバスのサイズはボタンと同じサイズにしています。

02 グリッドの幅と高さをそれぞれ10ピクセルにします。 ➡ D6

03 キャンバスは3倍に拡大表示し、オブジェクトをグリッドに合わせる設定にします。 ➡ D3 ➡ D5

04 ［四角形（塗り潰しのみ）］ツールを選択します。

05 図のようにキャンバスの幅に合わせて上側に四角形を描いたらダブルクリックします。

> **MEMO** ここでは幅150ピクセル、高さ20ピクセルの四角形を描いています。

05 四角形を描く

06 [図形の編集] ダイアログの [塗り潰しの色] タブで [種類] の [グラデーション] を選択したら、[その他] をクリックします。

> **MEMO** 描いた図形に枠線が含まれる場合は、非表示にしてください。このダイアログの [線] タブで [枠と塗り潰し] にある [塗り潰しのみ] をオンにします。

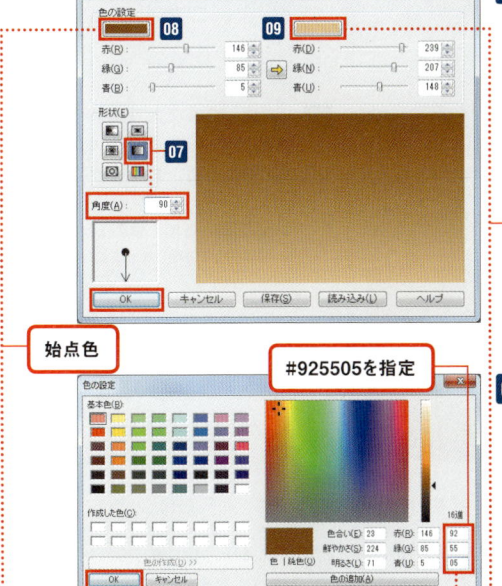

07 [形状] で「線形」、[角度] で「90」を指定します。

終点色
始点色
#925505を指定

08 [色の設定] の [始点色] をクリックして、[16進] のテキストボックスに「92」「55」「05」を入力して「#925505」の色を指定します。

#EFCF94を指定

09 続いて [終点色] をクリックして [16進] のテキストボックスに「EF」「CF」「94」を入力して「#EFCF94」の色を指定します。設定が完了したら [図形の編集] ダイアログを閉じます。

Next >>

301

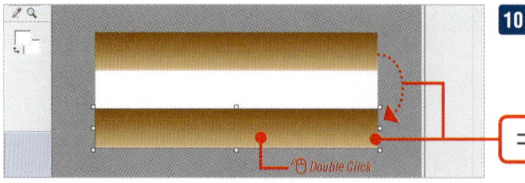

10 グラデーションで塗り潰されます。コピーして図のようにキャンバスの下側に配置したらダブルクリックします。

コピーする

11 ［図形の編集］ダイアログの［塗り潰しの色］タブで［その他］をクリックします。

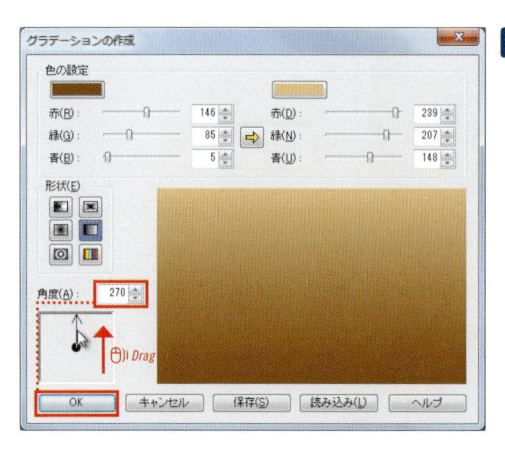

12 ［角度］の↓を上方向にドラッグして270度になったら［OK］をクリックして［図形の編集］ダイアログを閉じます。

MEMO ［角度］に270と数字を直接入力しても構いません。

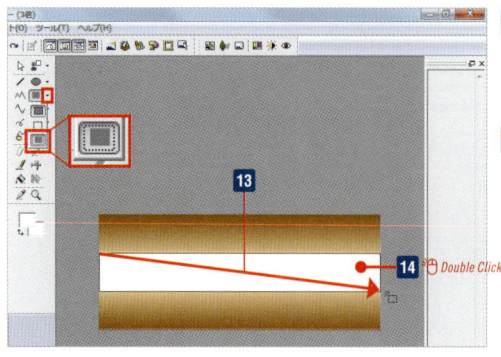

13 ［四角形（塗り潰しのみ）］ツールを使い、今度はキャンバスの幅に合わせて中央部分に四角形を描きます。

14 描いた図形をダブルクリックします。

15 ［図形の編集］ダイアログの［塗り潰しの色］タブで［種類］の［単色］を選択したら、［その他］をクリックします。

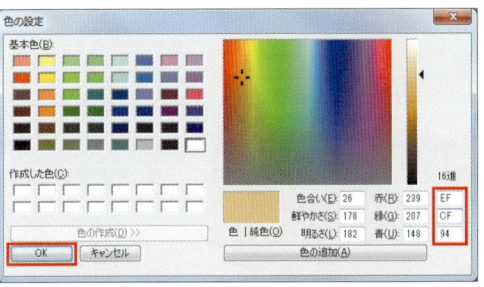

16 ［16進］のテキストボックスに「EF」「CF」「94」を入力して「#EFCF94」の色を指定したら［OK］をクリックして［図形の編集］ダイアログを閉じます。

> **MEMO** ここはグラデーションの終点色と同じ色（手順09の色）を指定します。

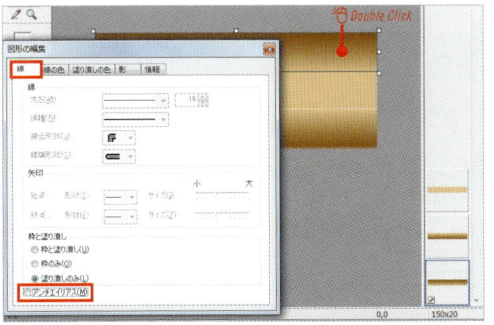

17 最初に作成した四角形をダブルクリックし、［図形の編集］ダイアログの［線］タブで［アンチエイリアス］をオフにします。

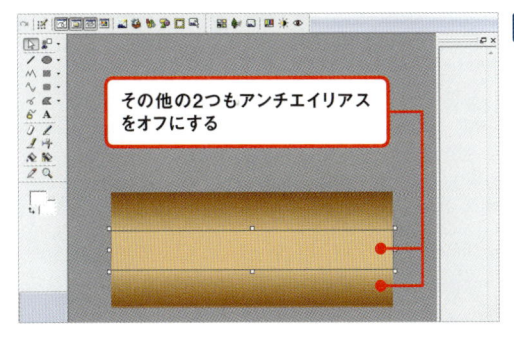

18 その他の2つの四角形に対しても手順17を繰り返し、アンチエイリアスをオフにします。

Next >>

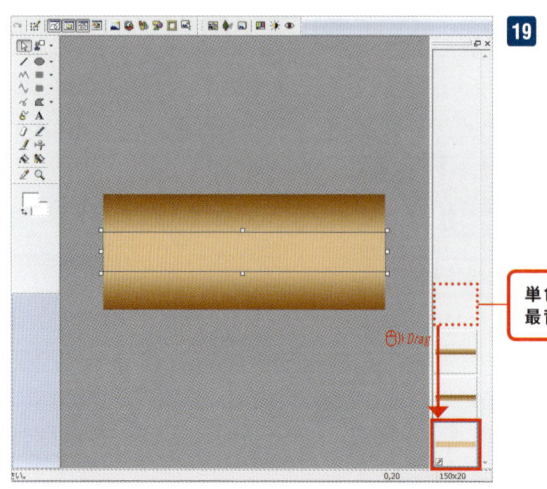

19 オブジェクトスタックで、最後に作成した単色の四角形の重なり順を最背面にします。

➡ D13

単色オブジェクトを最背面に移動

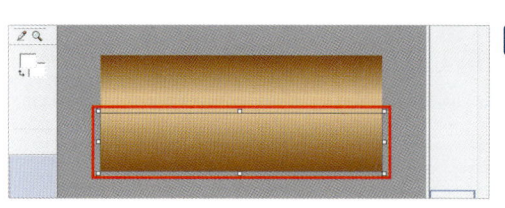

20 オブジェクトをグリッドに合わせる設定を解除したら、一番下の四角形をクリックして高さを調整します。

➡ D5

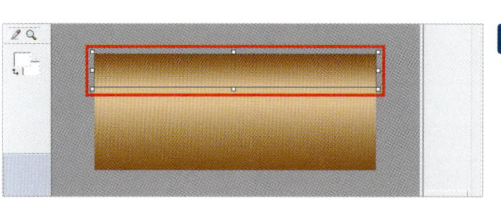

21 同様に上側の四角形も高さを調整すればゴールドボタンの完成です。

MEMO 切り抜いたオブジェクトはWeb用保存ウィザードで保存しましょう。

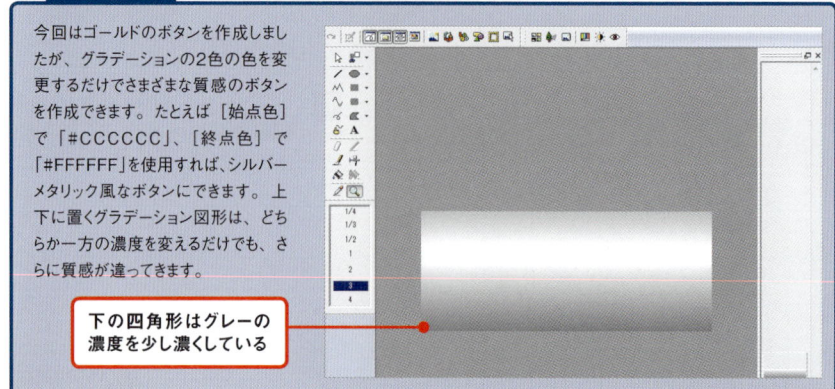

POINT　その他の色を使えば別の質感が出せる

今回はゴールドのボタンを作成しましたが、グラデーションの2色の色を変更するだけでさまざまな質感のボタンを作成できます。たとえば［始点色］で「#CCCCCC」、［終点色］で「#FFFFFF」を使用すれば、シルバーメタリック風なボタンにできます。上下に置くグラデーション図形は、どちらか一方の濃度を変えるだけでも、さらに質感が違ってきます。

下の四角形はグレーの濃度を少し濃くしている

■ 車のボディのような質感のクールなボタンを作成する

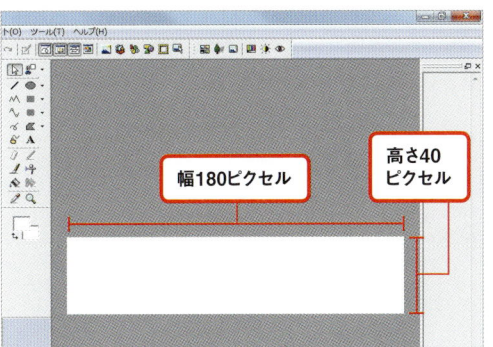

01 ウェブアートデザイナーでキャンバスのサイズを幅180、高さ40ピクセルにします。
→ D2

02 オブジェクトをグリッドに合わせる設定は解除しておきます。
→ D5

> **MEMO** グリッドの幅と高さ、キャンバスの表示倍率はゴールドのボタンを作成したときと同じです。

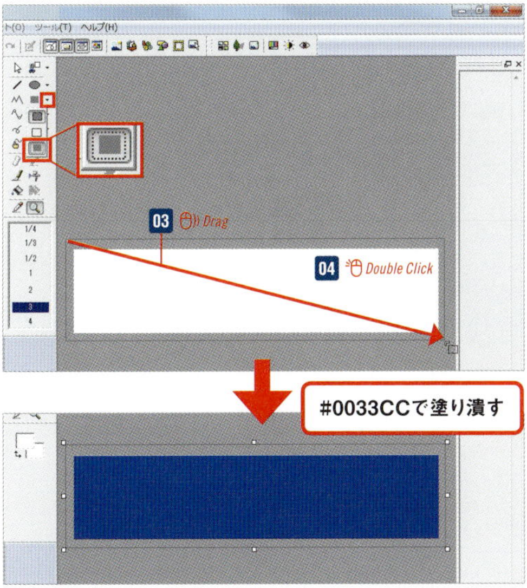

幅180ピクセル
高さ40ピクセル

03 ［四角形（塗り潰しのみ）］ツールを使い、図のように四角形を描きます。

> **MEMO** 描く四角形はキャンバスからはみ出していても構いません。

04 図形をダブルクリックして#0033CCの単色で塗り潰しておきます。

> **MEMO** 単色で塗り潰す方法は、ゴールドのボタンを作成したときの手順15〜16を参照してください。

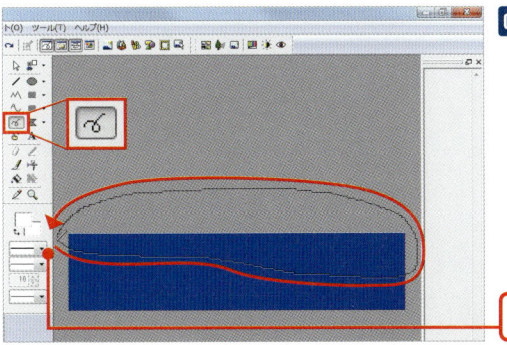

#0033CCで塗り潰す

05 ［曲線（スムーズ）］ツールを使い、図のようにスムーズな横長の楕円を描きます。描き終わりでは、必ず描き始めた場所でクリックして閉じましょう。

> **MEMO** 曲線はキャンバスの中央を左から右にかけて波打つように区切ります。

始点で閉じる

Next >>

| ホームページ・ビルダー16 | スパテク059 >> ナビゲーションバー用のボタンを作成する

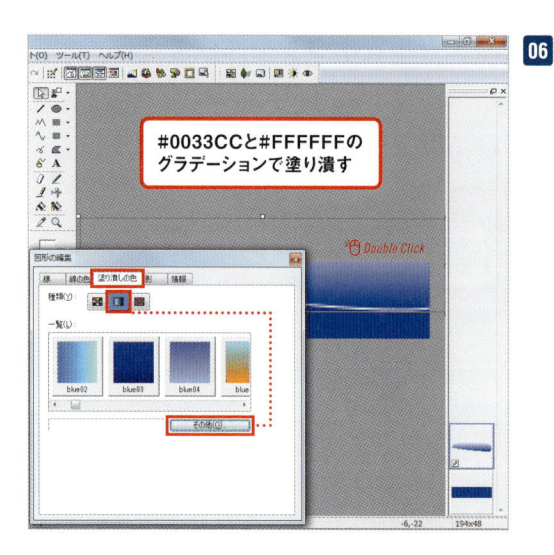

06 描いた図形をダブルクリックし、[塗り潰しの色] タブの [グラデーション] の [その他] をクリックしたら、[始点色]「#0033CC」、[終点色]「#FFFFFF」の2色を使用して角度270度、線形のグラデーションで塗り潰しておきます。

> **MEMO** グラデーションでの塗り潰し方は、ゴールドのボタンを作成したときの手順06～09を参照してください。

> **MEMO** グラデーションの質感は、手順05で描いた曲線の大きさに応じて異なります。

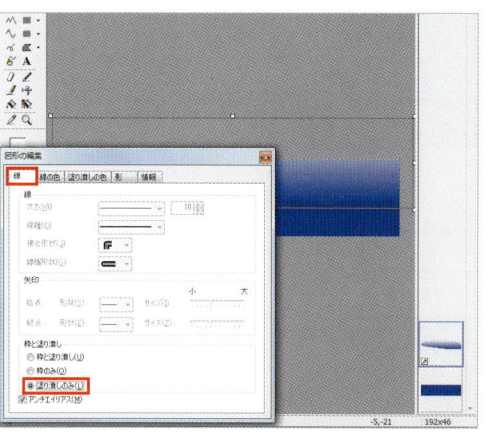

07 [線] タブの [塗り潰しのみ] をオンにしたらダイアログを閉じます。

> **MEMO** 曲線の枠線が非表示となります。

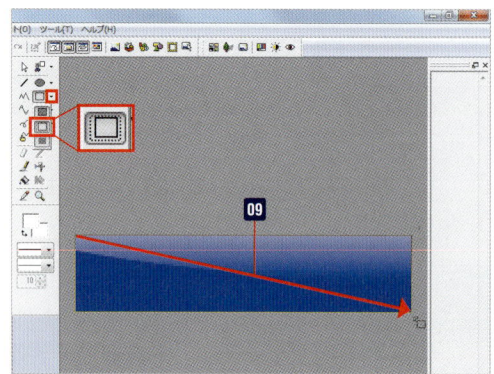

08 オブジェクトをグリッドに合わせる設定にします。
→ D5

09 [四角形（枠のみ）] ツールを使い、キャンバスと同じサイズの四角形を描きます。

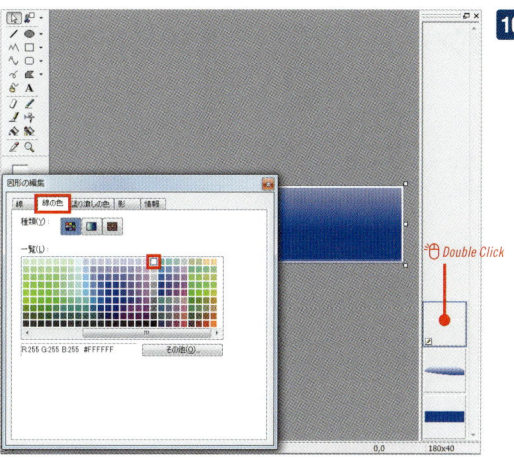

10 描いた枠線をダブルクリックし、[図形の編集] ダイアログの [線の色] で白を設定したらダイアログを閉じます。

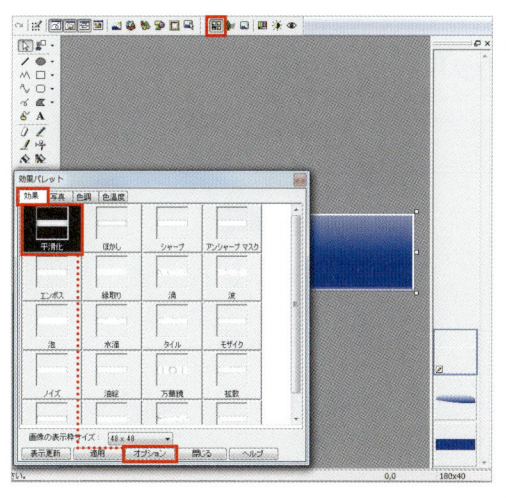

11 枠線を選択した状態で [効果パレットの表示/非表示] ボタンをクリックしたら [効果パレット] ダイアログの [効果] タブで [平滑化] → [オプション] をクリックします。

> **MEMO** 「イメージに変換する必要があります」のメッセージが表示されたら [はい] をクリックして変換します。

12 [効果-平滑化] ダイアログで [強度] を「5」にしたら [OK] → [閉じる] の順にクリックすると完成です。

> **MEMO** オブジェクトはキャンバスのサイズで切り抜き、Web用保存ウィザードで保存しましょう。
> → スパテク 058 → D17

スパテク 060 ナビゲーションバー用のタブ型ボタンを作成する

ナビゲーションのボタンをバインダーのようなタブ型にすると、一般的なボタンとは違い、印象が変わります。ここでは角を斜めにカットしたタブと、角がカーブした光沢のある影付きタブを作成します。

完成作例

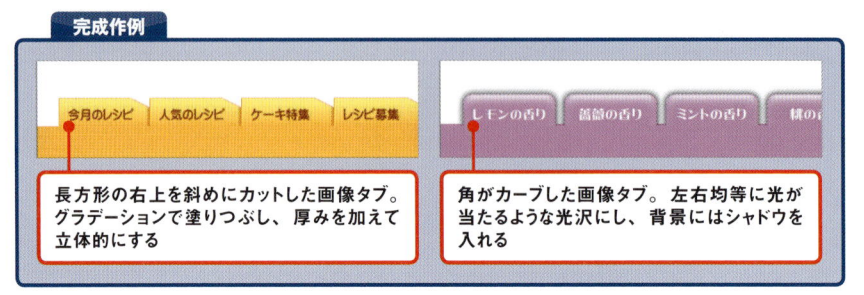

長方形の右上を斜めにカットした画像タブ。グラデーションで塗りつぶし、厚みを加えて立体的にする

角がカーブした画像タブ。左右均等に光が当たるような光沢にし、背景にはシャドウを入れる

■ 長方形の右上が斜めにカットされたタブを作成する

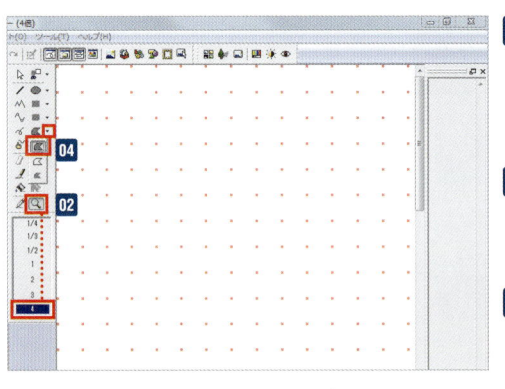

01 ウェブアートデザイナーでグリッドの幅と高さをそれぞれ10ピクセルにして点線で表示します。
→ D6

02 キャンバスは4倍に拡大表示しておきます。
→ D3

03 オブジェクトをグリッドに合わせる設定にします。
→ D5

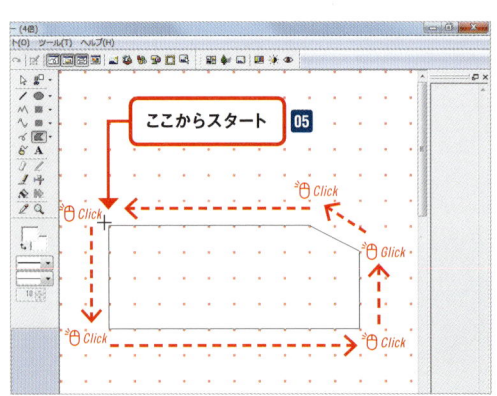

04 [多角形（枠と塗り潰し）]ツールを選択します。

05 クリックを繰り返して、幅100ピクセル、高さ40ピクセルのタブ図形を描きます。

> **MEMO** タブの右上がカットされたように描きます。

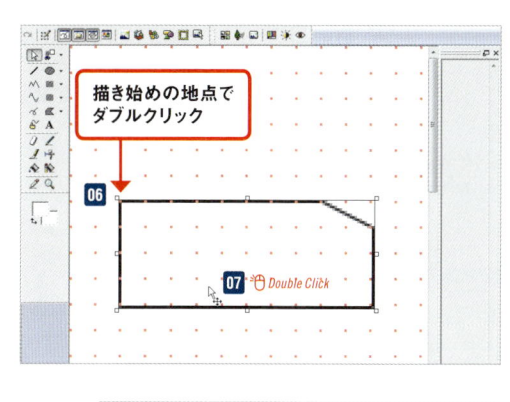

ナビゲーションバー用のタブ型ボタンを作成する << スパテク060 | ホームページ・ビルダー16

06 描き始めた地点でダブルクリックすると、描画が終了して塗り潰されます。

07 描いたオブジェクトをダブルクリックします。

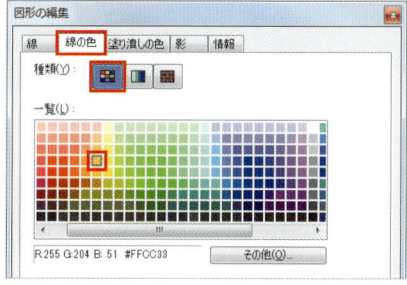

08 [図形の編集] ダイアログの [線の色] タブでタブの枠線に使いたい色を指定します。

> **MEMO** この作例では枠線を#FFCC33で塗り潰しています。

09 [塗り潰しの色] タブではタブに使いたい色を指定して [閉じる] をクリックします。

> **MEMO** この作例では、始点色で#FFBA23、終点色で#FFFF8B、角度270度、線形のグラデーションで塗り潰しています。
> → スパテク 059

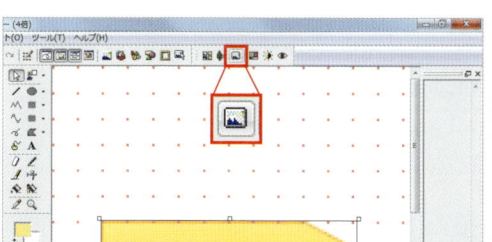

10 塗り潰されるので選択して [ボタン効果] ボタンをクリックします。

> **MEMO** 「イメージに変換する必要があります」のメッセージが表示されたら [はい] をクリックして変換します。

Next >>

309

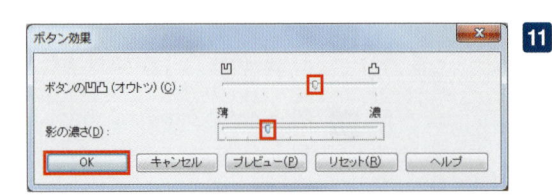

11 [ボタン効果] ダイアログが表示されたら、[ボタンの凹凸(オウトツ)] と [影の濃さ] で左図のように効果を設定し、[OK] をクリックします。

> **MEMO** 図形にボタン効果が設定されます。

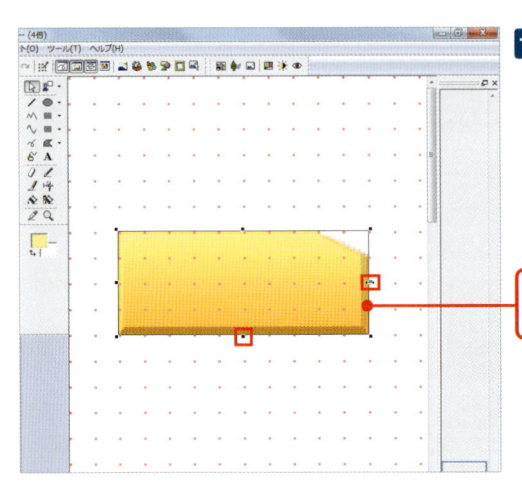

12 ボタン効果を設定したことで、ボタンサイズが少し拡大されるため、四辺の中央にあるハンドルをグリッドに合わせて幅100ピクセル、高さ40ピクセルのサイズに戻します。

高さを40ピクセル、幅を100 ピクセルに戻す

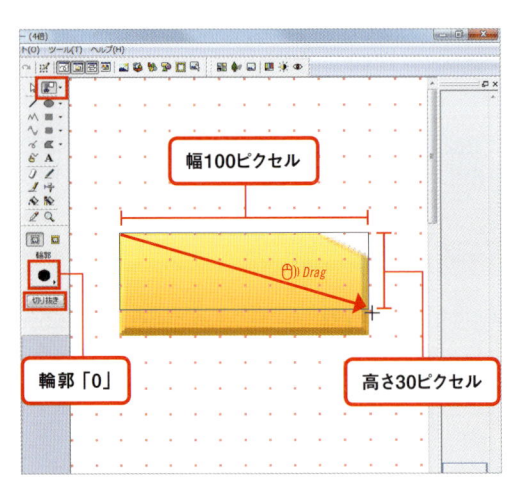

13 [四角形で切り抜き] ツールを使い、左上から高さ30ピクセル、幅100ピクセルの範囲を選択します。輪郭「0」を指定して [切り抜き] をクリックして切り抜くと完成です。

> **MEMO** 切り抜いたオブジェクトはWeb用保存ウィザードで保存しましょう。

幅100ピクセル
輪郭「0」
高さ30ピクセル

POINT ボタンを縦型にするには

ボタンを回転すれば縦型のタブとして使用することもできます。オブジェクトを右クリック→ [回転] → [左へ90度] を選択してください。さらに縦型タブの左右の方向を変更するには、右クリック→ [反転] → [左右反転] を選択してください。

■ 光沢とシャドウ付きの角がカーブした画像タブを作成する

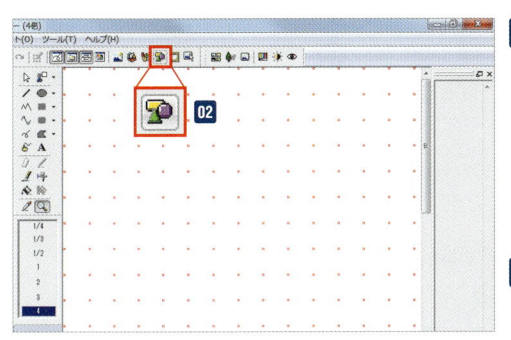

01 ウェブアートデザイナーでキャンバスを前解説の手順 01～03 と同じ設定にしておきます。

> **MEMO** キャンバスの設定は、右上を斜めにカットしたタブ型ボタンの作成時と同じです。

02 ［ボタンの作成］ボタンをクリックします。

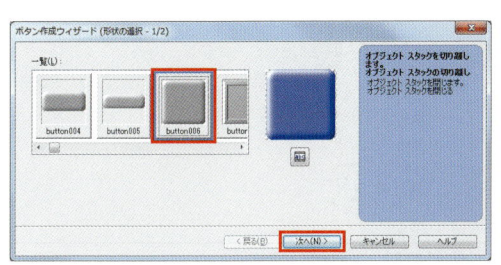

03 ［ボタン作成ウィザード］の［一覧］で「button006」を指定したら［次へ］をクリックします。

04 タブに使用する色を指定して［完了］をクリックします。

> **MEMO** この作例では#FF33CCで塗り潰しています。

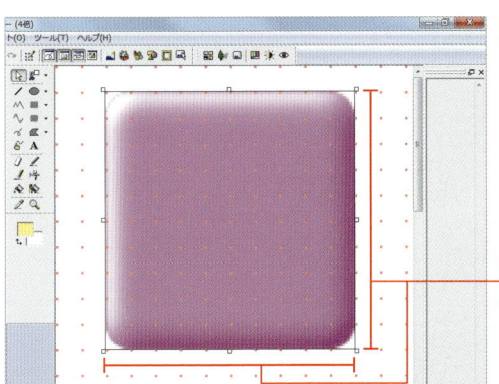

05 角がカーブしたボタンが作成されるので、任意のサイズに調整しておきます。

> **MEMO** ここでは幅と高さを100ピクセルにしています。

幅と高さ100ピクセル

Next >>

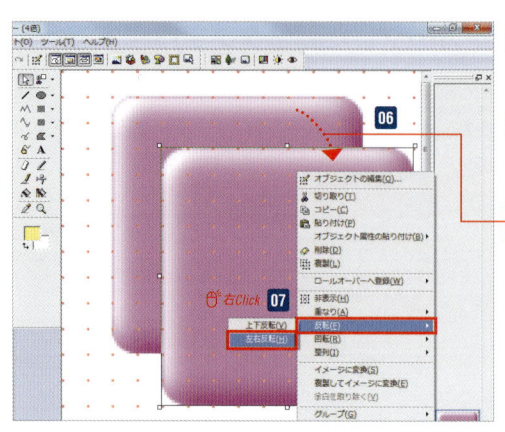

| **06** | 作成したオブジェクトを複製しておきます。 |

| **07** | 複製したオブジェクトを右クリック→［反転］→［左右反転］を選択します。 |

コピーする

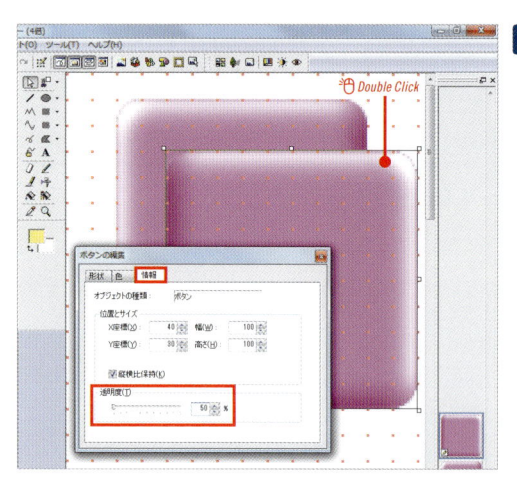

| **08** | 反転したオブジェクトをダブルクリックして［情報］タブで［透明度］を「50%」にします。 |

| **09** | 半透明にしたオブジェクトを、元のオブジェクトの上にピッタリと重ねます。 |

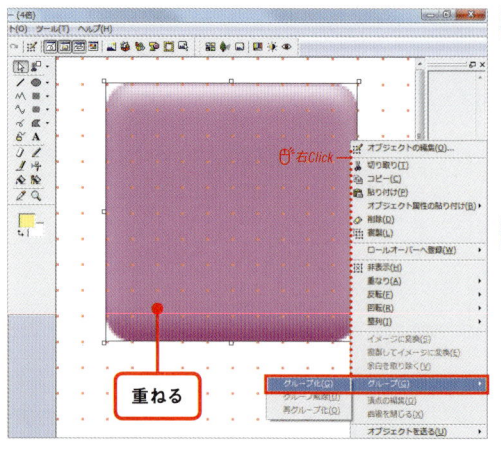

> **MEMO** 透明度が50%のオブジェクトを重ねることで光沢が左右均一になります。

| **10** | 2つのオブジェクトを選択したら、右クリック→［グループ］→［グループ化］を選択してグループ化します。 |

重ねる

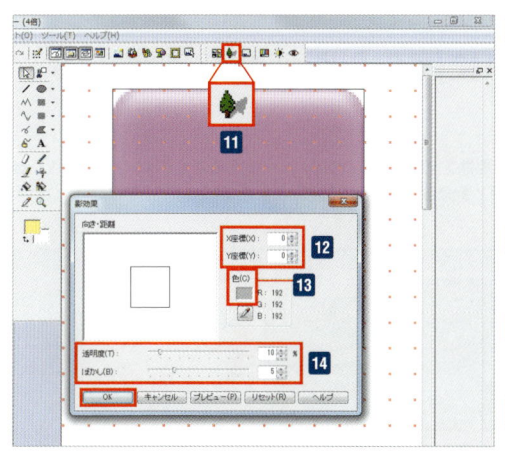

11 オブジェクトを選択して［影効果］ボタンをクリックします。

> **MEMO**　「イメージに変換する必要があります」のメッセージが表示されたら［はい］をクリックして変換します。

12 ［X座標］と［Y座標］でいずれも「0」を指定します。

13 ［色］のパレットをクリックして#C0C0C0を指定します。

14 ［透明度］で「10%」、［ぼかし］で「5」を指定して［OK］をクリックします。

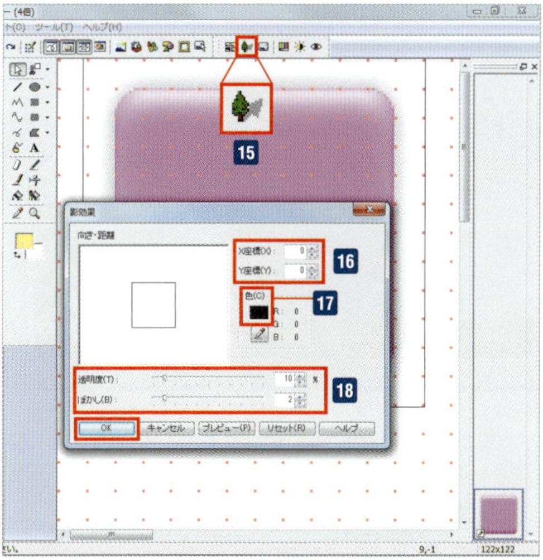

15 薄い影が設定されるので、続けてオブジェクトを選択して［影効果］ボタンをクリックします。

16 ［X座標］と［Y座標］でいずれも「0」を指定します。

17 ［色］のパレットをクリックして#000000を指定します。

18 ［透明度］で「10%」、［ぼかし］で「2」を指定して［OK］をクリックします。

> **MEMO**　手順 **11**～**14** で、ぼかし範囲の広いグレーのシャドウを設定した後に、手順 **15**～**18** で、ぼかし範囲の狭い黒いシャドウを設定すると、グラデーションがよりきれいに出ます。

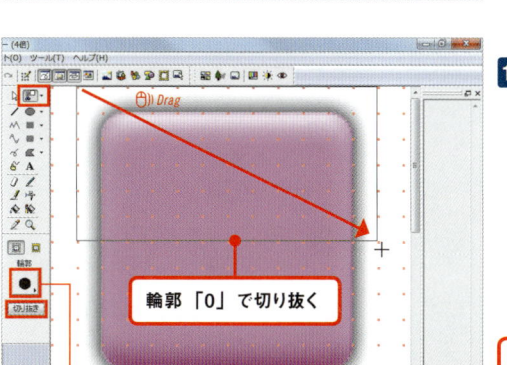

19 ［四角形で切り抜き］ツールを使い、タブとして使用したい範囲をドラッグしたら輪郭「0」を指定して［切り抜き］をクリックすると完成です。

> **MEMO**　切り抜いたオブジェクトはWeb用保存ウィザードで保存しましょう。

輪郭「0」で切り抜く

輪郭「0」

スパテク061 2枚がきれいに同化した画像を作成する

トップイメージには、訪問者の目を引くきれいな画像を使いたいものです。1枚の画像だけではシンプル過ぎて物足りないので、2枚が徐々に同化するような、ひと手間かけた画像に仕上げましょう。

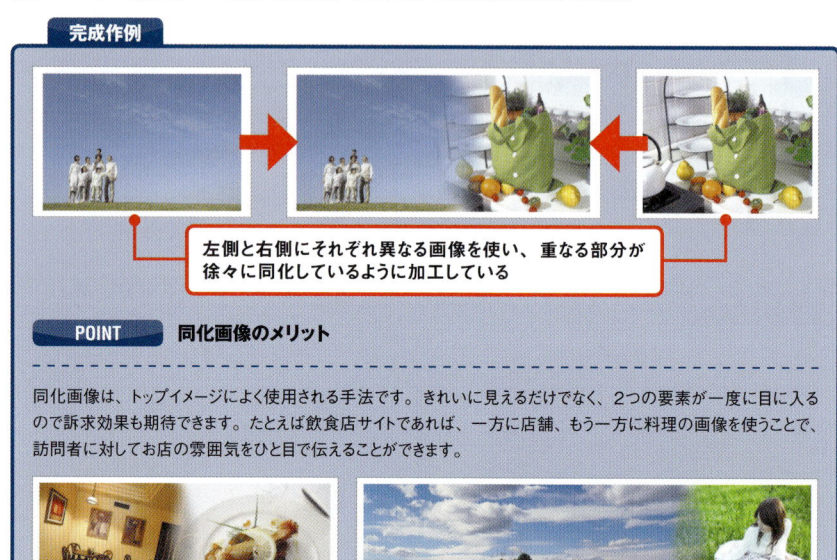

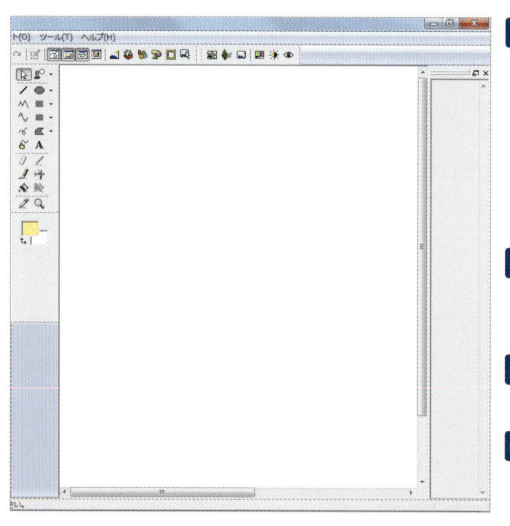

完成作例

左側と右側にそれぞれ異なる画像を使い、重なる部分が徐々に同化しているように加工している

POINT 同化画像のメリット

同化画像は、トップイメージによく使用される手法です。きれいに見えるだけでなく、2つの要素が一度に目に入るので訴求効果も期待できます。たとえば飲食店サイトであれば、一方に店舗、もう一方に料理の画像を使うことで、訪問者に対してお店の雰囲気をひと目で伝えることができます。

01 ウェブアートデザイナーでキャンバスを任意のサイズにしておきます。
→ D2

MEMO キャンバスのサイズはトップイメージが作れるよう、少し大きめにしましょう。

02 グリッドの幅と高さをそれぞれ10ピクセルにします。
→ D6

03 グリッドは非表示にします。
→ D4

04 オブジェクトをグリッドに合わせる設定にしておきます。
→ D5

2枚がきれいに同化した画像を作成する << スパテク061 | ホームページ・ビルダー16

05 同化したい2枚の画像をキャンバスに追加し、間隔を開けて配置します。

06 それぞれの画像は同じ高さにしておきます。

2枚は同じ高さにする

> **MEMO** 本書作例では、画像の高さを200ピクセルとしています。サイズが大きいと同化がきれいにならないので高さは200ピクセル以下が推奨されます。

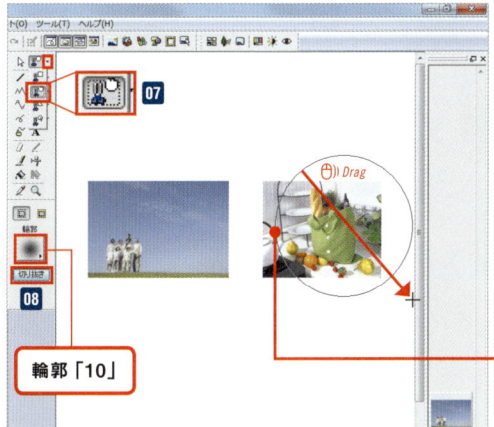

07 [楕円形で切り抜き]ツールを使用し、一方の画像を左図の範囲で囲みます。

> **MEMO** 切り抜き範囲は、楕円形の左側の円弧のみを重ねて、それ以外は重ならないように大きく囲みます。

08 輪郭「10」を指定して[切り抜き]をクリックします。

輪郭「10」

ここだけ切り抜き範囲を重ねる

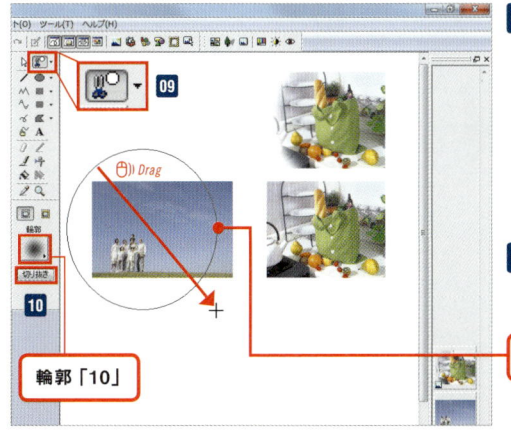

09 もう一方の画像も同じように[楕円形で切り抜き]ツールを使用し、左図の範囲を囲みます。

> **MEMO** 切り抜き範囲は、楕円形の右側の円弧のみを重ねて、それ以外は重ならないように大きく囲みます。

10 輪郭「10」を指定して[切り抜き]をクリックします。

輪郭「10」

ここだけ切り抜き範囲を重ねる

Next >>

11 2つの画像を切り抜いたら、元の画像は削除しておきます。

削除する

12 ［楕円形で切り抜き］ツールを使用し、今度は右側の画像を左図の範囲で囲みます。

> **MEMO** 切り抜き範囲は、周囲の□をドラッグするとサイズを変更できます。また円弧の線をドラッグすると移動できます。

13 輪郭「10」を指定して［切り抜き］をクリックします。

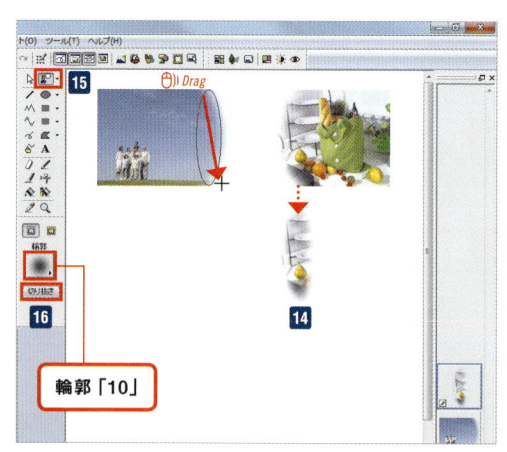

輪郭「10」

14 切り抜いた画像をいったん下側へ移動しておきます。

15 手順**12**と同様に左側の画像も［楕円形で切り抜き］ツールを使用し、左図の範囲で囲みます。

16 輪郭「10」を指定して［切り抜き］をクリックします。

輪郭「10」

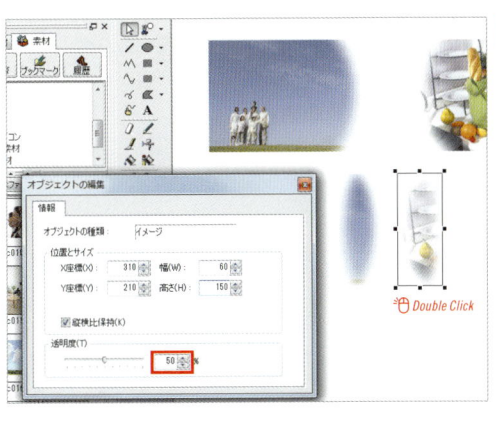

2枚がきれいに同化した画像を作成する << スパテク061 | ホームページ・ビルダー16

17 切り抜いた画像をダブルクリックして透明度を50%にします。

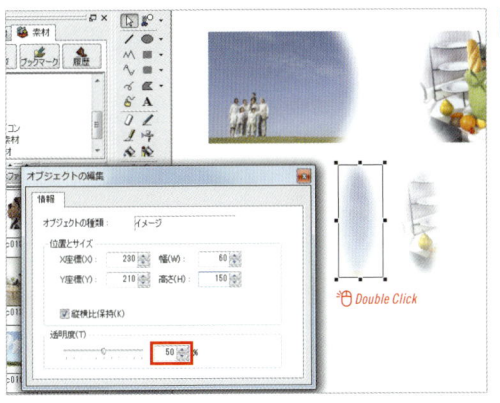

18 同様にもう一方の画像も透明度を50%にします。

19 透明度を設定した画像を元の画像の切り抜き範囲と同じ位置に重ねて戻します。

> **MEMO** グリッドに合わせるように移動すれば、元の位置にピッタリと戻せます。

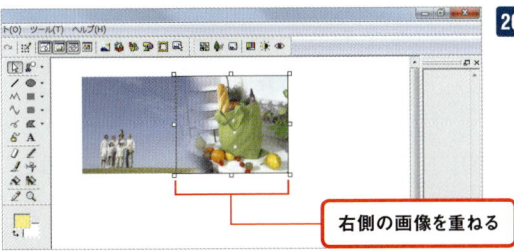

半透明の画像を戻す

20 右側の画像を囲むように選択したら、左側の画像と図のように重ねると同化画像の完成です。

> **MEMO** 透明化した画像の重なり順、または透明度に応じて、同化の度合いは違ってきます。任意で調整してください。

右側の画像を重ねる

スパテク 062
2枚がきれいに合成された画像を作成する

画像の背景を透明化して別の画像と合成する場合は、[消しゴム]ツールを使います。少し細かな作業ですが、輪郭を丁寧に消していけば、背景との違和感のない合成が実現できます。

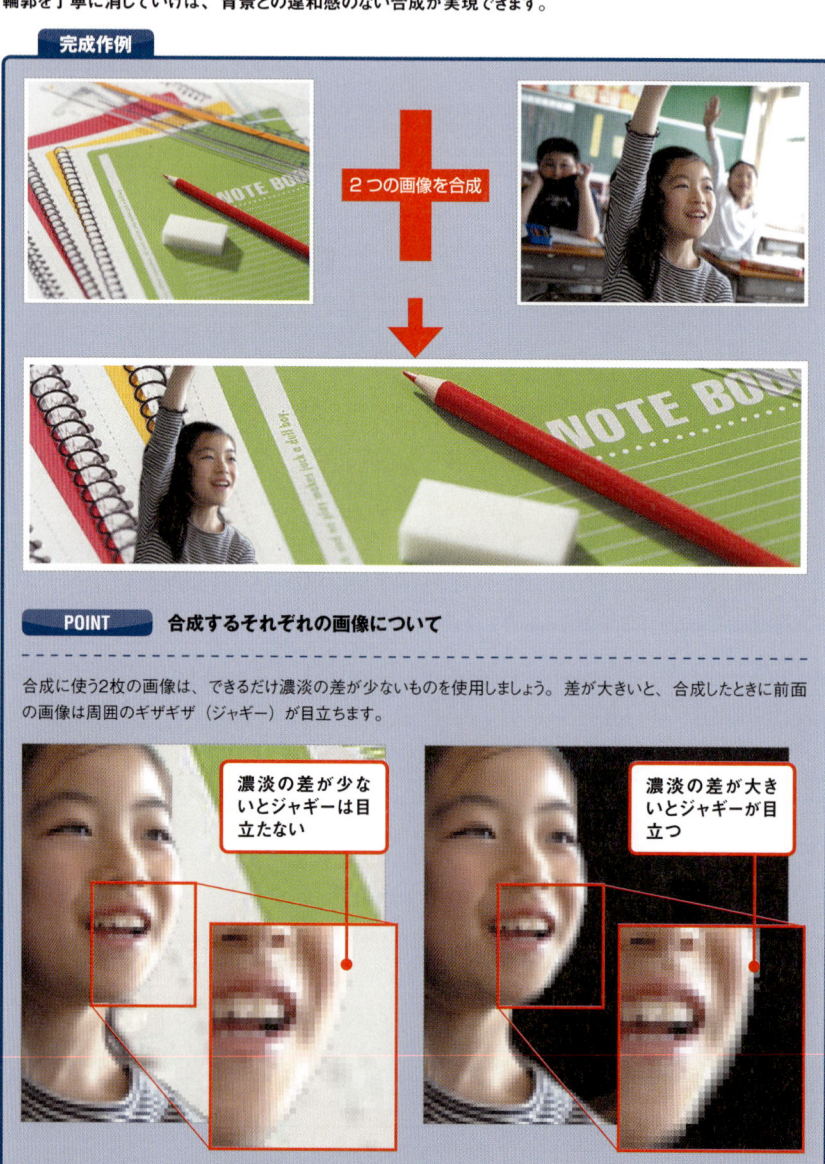

完成作例

2つの画像を合成

POINT 合成するそれぞれの画像について

合成に使う2枚の画像は、できるだけ濃淡の差が少ないものを使用しましょう。差が大きいと、合成したときに前面の画像は周囲のギザギザ（ジャギー）が目立ちます。

濃淡の差が少ないとジャギーは目立たない

濃淡の差が大きいとジャギーが目立つ

2枚がきれいに合成された画像を作成する << スパテク062 | ホームページ・ビルダー16

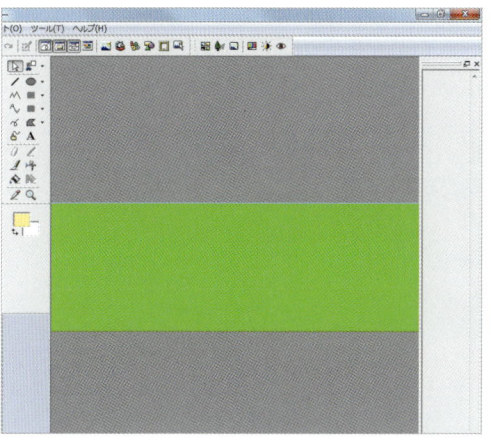

01 ウェブアートデザイナーでキャンバスのサイズと背景色を任意に設定します。
➡ D2

> **MEMO** キャンバスのサイズはトップイメージと同じサイズにしておきましょう。本作例では幅800ピクセル、高さ200ピクセルにし、背景色は#66FF00を設定しています。

02 オブジェクトをグリッドに合わせる設定は解除しておきます。
➡ D5

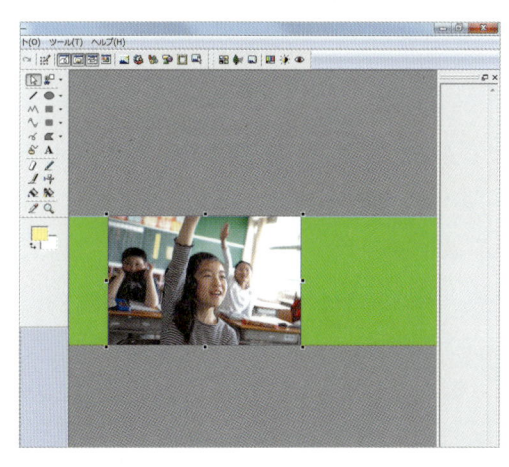

03 合成画像のうち、前面に置く画像をキャンバスに追加したら、任意のサイズに調整しておきます。

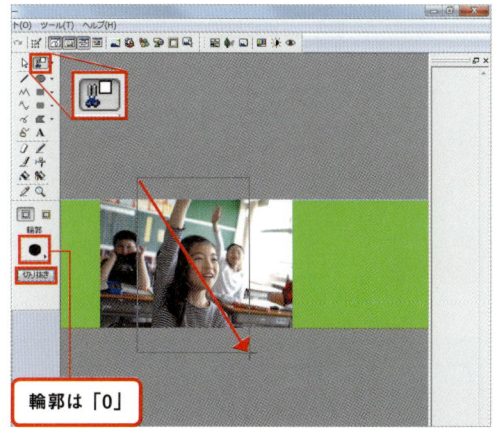

04 ［四角形で切り抜き］ツールを使い、合成画像に使う部分を囲み、輪郭「0」で切り抜きます。

> **MEMO** 人物を合成画像として使用します。

輪郭は「0」

Next >>

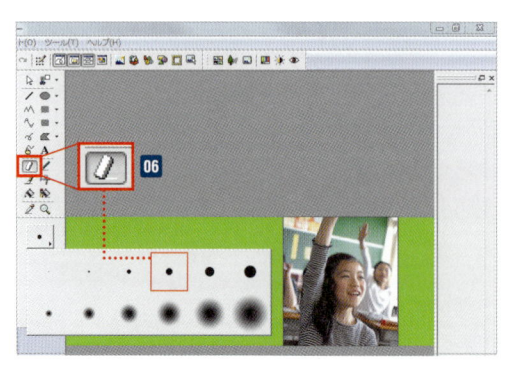

05 元の画像を削除したら、切り抜いたオブジェクトを選択した状態にしておきます。

06 ［消しゴム］ツールを選択し、［ペンサイズ］で中くらいのペンサイズを選択します。

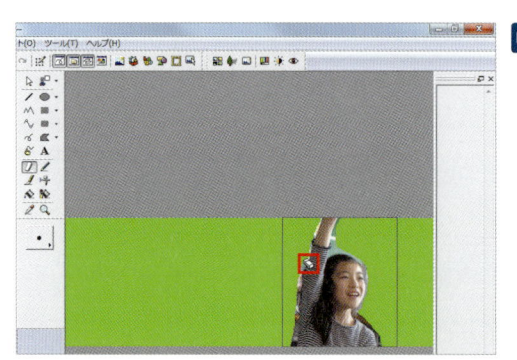

07 人物の輪郭から離れた部分をドラッグしながら透明化します。

> **MEMO** 透明化すると、キャンバスの背景色が出現します。消す場所に応じて、［消しゴム］ツールのサイズは変更しましょう。

08 キャンバスを任意で拡大表示します。
→ D3

09 ［消しゴム］ツールを選択し、［ペンサイズ］で小さめのペンサイズを選択します。

10 人物の輪郭付近は、クリックしながら丁寧に透明化していきます。

> **MEMO** うまく透明化できない場合は、オブジェクトをグリッドに合わせる設定が解除されているかを確認してください。
> → D5

小さいサイズを指定

POINT　操作を元に戻す

透明化の操作を誤った場合は、[Ctrl]+[Z]キーを押して直前の状態に戻しましょう。なお、戻せる回数を設定するには、メニューの［ファイル］→［環境設定］を選択し、［初期設定］タブの［操作履歴］に回数を入力します。

11 前面の透明化が完了したら、キャンバスに背面の画像を追加して任意のサイズに調整し、重なり順を変更すれば完成です。

➡ D7 ➡ D13

MEMO キャンバスと同じサイズで切り抜いたら、Web用保存ウィザードで保存しましょう。
➡ スパテク058 ➡ D17

背景画像を追加して人物の背面へ移動

POINT　定期保存の心がけ

［消しゴム］ツールを使用した透明化で、消す場所を誤ることは意外と多いと思います。そこで、ある程度のところまで作業が進んだら、定期的にキャンバスを別名で保存し、編集ファイルをいくつも作成しておきましょう。万が一致命的な編集ミスをしても、過去のファイルを開けばやり直すことができます。メニューの［ファイル］→［名前を付けてキャンバスを保存］を選択すると保存できます。

POINT　同系色を素早く透明化する

同系色の範囲を素早く透明化するには、［透明色で塗り潰し］ツールを使用すると便利です。画像を選択した状態でこのツールをクリックし、［許容範囲］で色の範囲を指定したら、透明化する場所をクリックします。なお［許容範囲］の値を大きくするほど広範囲が透明化されます。

POINT　合成画像の色調補正をする

前面画像の色調を、背面画像と似た色調にしたい場合は、色調補正を行いましょう。前面画像を選択した状態で［色調補正］ボタンをクリックします。［色調補正］ダイアログで［プレビュー］をオンにし、任意のサムネイルをクリックしながら色調を変えていきます。このとき、［リセット］をクリックすると補正をリセットできます。補正が完了したら［OK］をクリックします。なお明るさとコントラストを調整するには［明るさ・コントラスト補正］ボタンをクリックしてください。

［色調補正］ボタン　　　［明るさ・コントラスト補正］ボタン

スパテク063 フレーム付き写真を作成する

ギャラリーや商品紹介などに使う写真は、切り抜いただけのシンプルな形よりも、フレームを付けることでグッと引き立ちます。ここでは、さまざまなフレームテクニックを紹介します。

完成作例

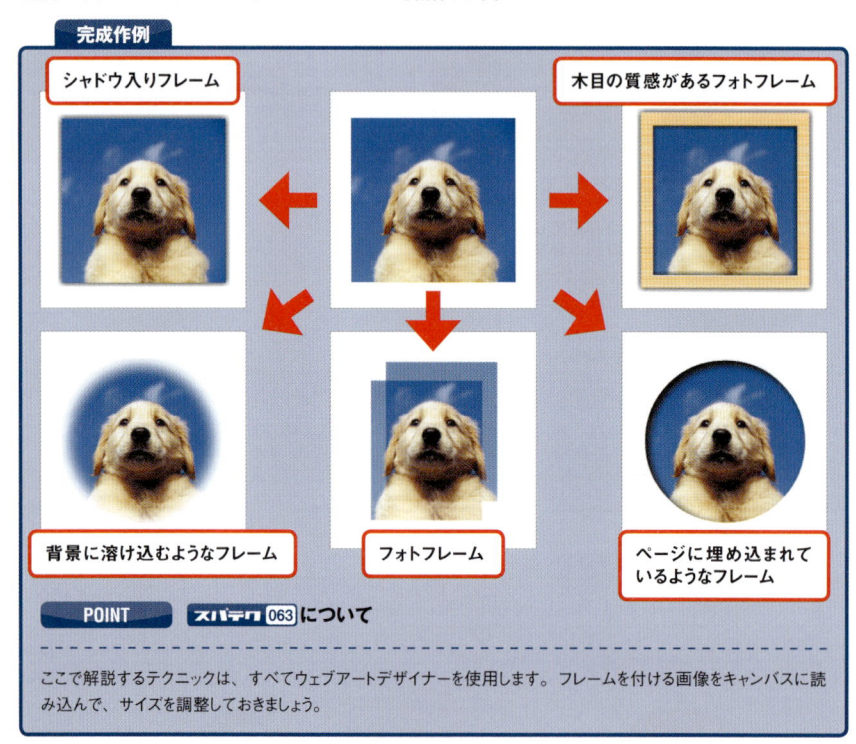

- シャドウ入りフレーム
- 木目の質感があるフォトフレーム
- 背景に溶け込むようなフレーム
- フォトフレーム
- ページに埋め込まれているようなフレーム

POINT スパテク063 について

ここで解説するテクニックは、すべてウェブアートデザイナーを使用します。フレームを付ける画像をキャンバスに読み込んで、サイズを調整しておきましょう。

■ シャドウ入りフレームを作成する

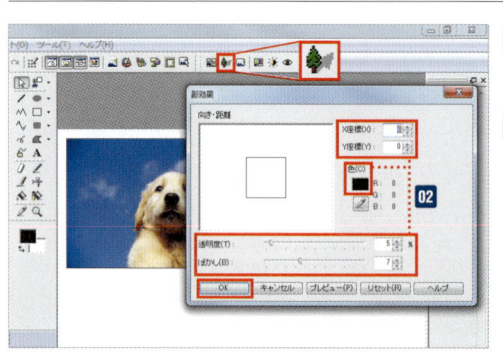

01 オブジェクトを選択して［影効果］ボタンをクリックします。

02 ［X座標］と［Y座標］でいずれも「0」、［色］のパレットをクリックしてシャドウに使う色を指定したら、［透明度］と［ぼかし］で任意の値を指定して［OK］をクリックします。

MEMO オブジェクトの周囲にシャドウが設定されます。

■ 背景に溶け込むようなフレームを作成する

01 オブジェクトを選択して［楕円形で切り抜き］ツールを選択します。

02 切り抜きたい部分をドラッグして選択します。

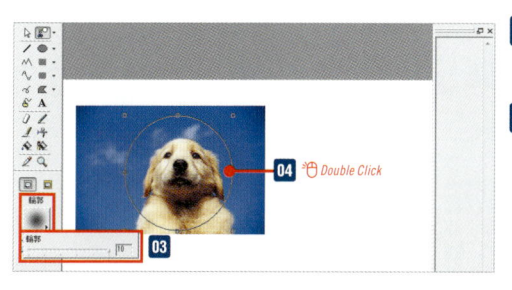

03 ［輪郭］をクリックして「10」を指定します。

04 画像の上でダブルクリックすると切り抜かれるので、元の画像を削除します。

> **MEMO** 輪郭にぼかしが入ったフレームが完成します。

■ フォトフレームを作成する

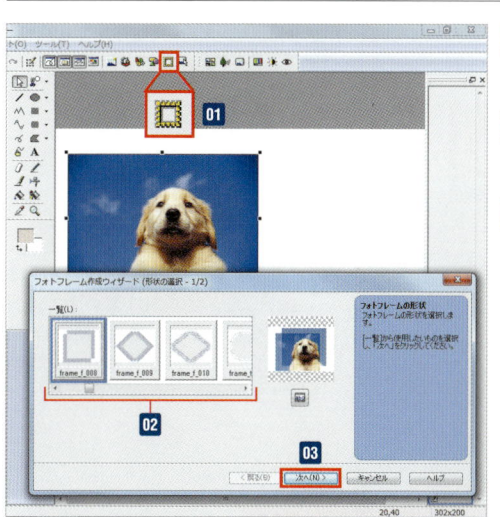

01 オブジェクトを選択して［フォトフレームの作成］ボタンをクリックします。

02 ［フォトフレーム作成ウィザード］の［一覧］で任意のフレームを選択します。

03 ［次へ］をクリックしたら、次の画面でフレームの色を指定して［完了］をクリックします。

> **MEMO** フォトフレームが設定されます。元のオブジェクトとは別画像として作成されます。

POINT　ホームページ・ビルダーでフォトフレームを付ける

ホームページ・ビルダー上でフォトフレームを付けることもできます。イラストのフォトフレームもあり、種類が豊富です。画像を右クリック→［フォトフレーム装飾］を選択してください。

■ ページに埋め込まれているようなフレームを作成する

01 ［文字］ツールを選択し、キャンバスに記号の「●」を入力します。

> **MEMO** Windowsの日本語入力にMS-IMEを使っている場合、ひらがなで「まる」と入力してを変換すると「●」が入力できます。

02 ［オブジェクト選択］ツールをクリックして「●」をダブルクリックします。

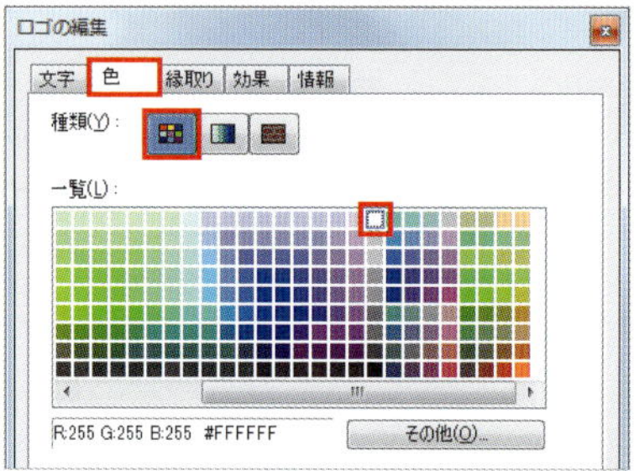

03 ［ロゴの編集］ダイアログの［色］タブで#FFFFFFの白を指定します。

> **MEMO** ここは、画像を貼り付けるページの背景色と同じ色を指定しましょう。

04 ［縁取り］タブの［種類］で「反転」を選択します。

05 ［効果］タブの［種類］で「影」を選択し、必要に応じて影のオプション設定を行います。設定が終了したら［閉じる］をクリックしてダイアログを閉じます。

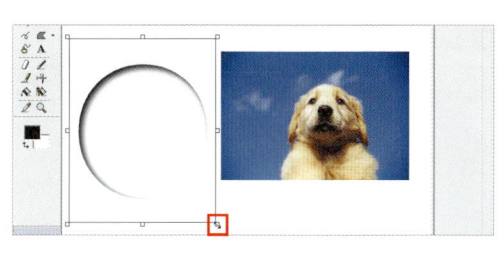

06 フレームが完成するので任意の大きさに調整します。

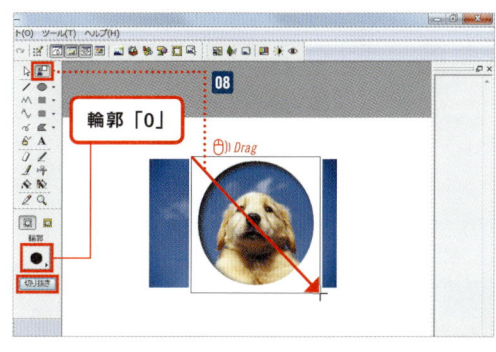

07 画像をフレームの背面に移動して重なり順を変更します。
→ D13

MEMO フレームの丸い部分から画像が表示されるように位置を調整します。

08 仕上げに［四角形で切り抜き］ツールで、必要な部分を輪郭「0」で切り抜けば完成です。

| POINT | 絵文字フォントでフレーム作成 |

「●」以外の記号を使用すれば、バリエーションに富んだフレームが作れます（◆▲★など）。また、Windowsに標準搭載のグラフィックフォント「Webdings」や「Wingdings」を使用すれば、個性的な形のフレームを作成することもできます。

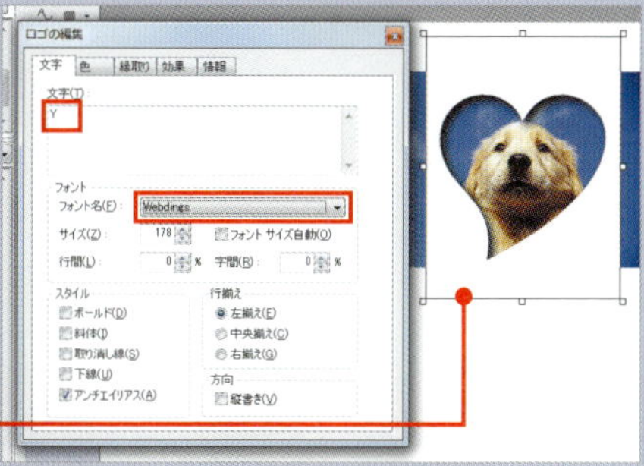

半角"Y"＋「Webdings」のグラフィックフォントを使用

A 半角 "[" ＋「Webdings」
B 半角 "¥" ＋「Webdings」
C 半角 "d" ＋「Webdings」 
D 半角 "S" ＋「Wingdings」 
E 半角 "M" ＋「Wingdings」 

325

■ 木目の質感があるフォトフレームを作成する

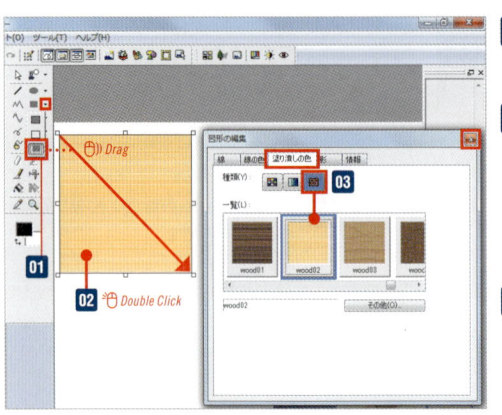

01 ［四角形（塗り潰しのみ）］ツールを使用して四角形を作成します。

02 作成したオブジェクトをダブルクリックします。

> **MEMO** 作成する四角形は、フォトフレームのサイズにします。

03 ［図形の編集］ダイアログの［塗り潰しの色］タブで［種類］の「テクスチャ」をクリックし、「wood02」を指定したらダイアログを閉じます。

04 テクスチャが貼り付けられるので、同じものをコピーしたらダブルクリックします。

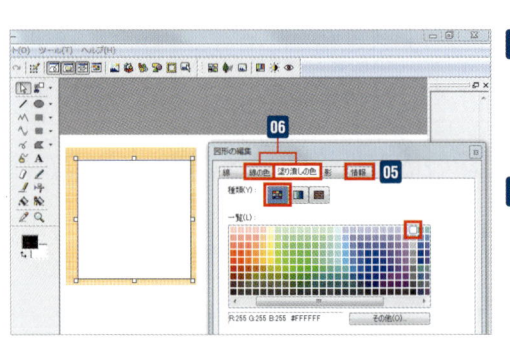

05 ［図形の編集］ダイアログの［情報］タブで［縦横比保持］をオンにしたら、［幅］で現在よりも30ピクセルほど小さくした値を入力します。

06 ［塗り潰しの色］タブと［線の色］タブでは、いずれも［種類］の「単色」をクリックし、「#FFFFFF」の白を指定してダイアログを閉じます。

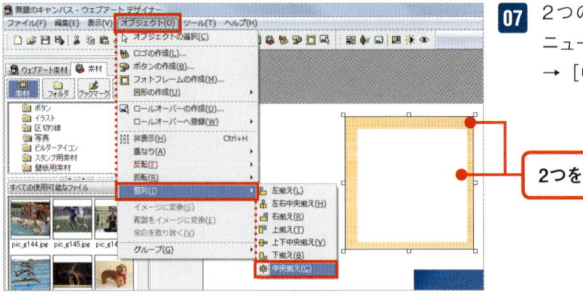

07 2つのオブジェクトを選択したら、メニューの［オブジェクト］→［整列］→［中央揃え］を選択します。

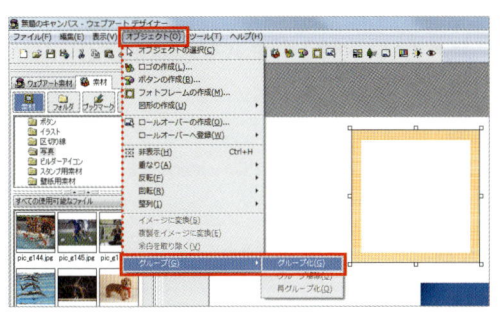

08 オブジェクトが中央に揃うので、[オブジェクト] → [グループ] → [グループ化] を選択してグループ化します。

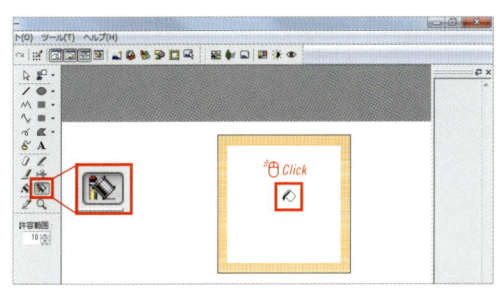

09 グループ化したオブジェクトを選択した状態で、[透明色で塗り潰し] ツールを使用して、フレームの白い部分をクリックして透明化します。

> **MEMO** 「イメージに変換する必要があります」のメッセージが表示されたら [はい] をクリックして変換します。

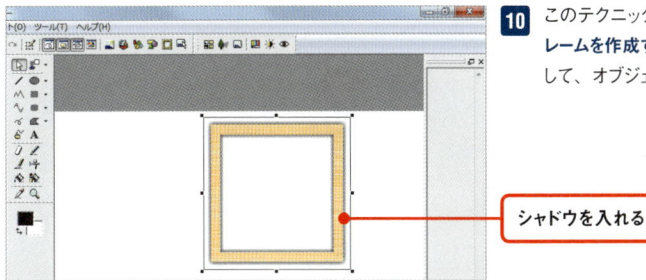

10 このテクニックにある ■シャドウ入りフレームを作成するの手順 01〜02 を操作して、オブジェクトにシャドウを入れます。

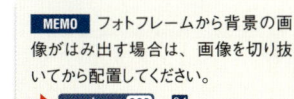

シャドウを入れる

11 仕上げにフォトフレームの背景に画像を配置すれば完成です。
→ D13

> **MEMO** フォトフレームから背景の画像がはみ出す場合は、画像を切り抜いてから配置してください。
> → スパテク 062 04

画像をフォトフレームの背景へ配置

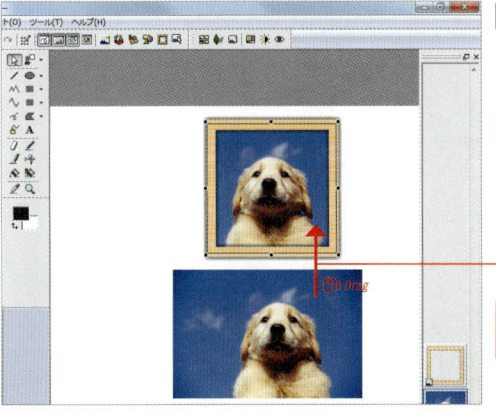

Twitter用のグラデーションの壁紙を作成する

ウェブアートデザイナーは、ウェブサービス用の素材作りにも役立ちます。ここではTwitterの壁紙を作成してみましょう。グラデーションにするための2通りの方法を解説します。

完成作例

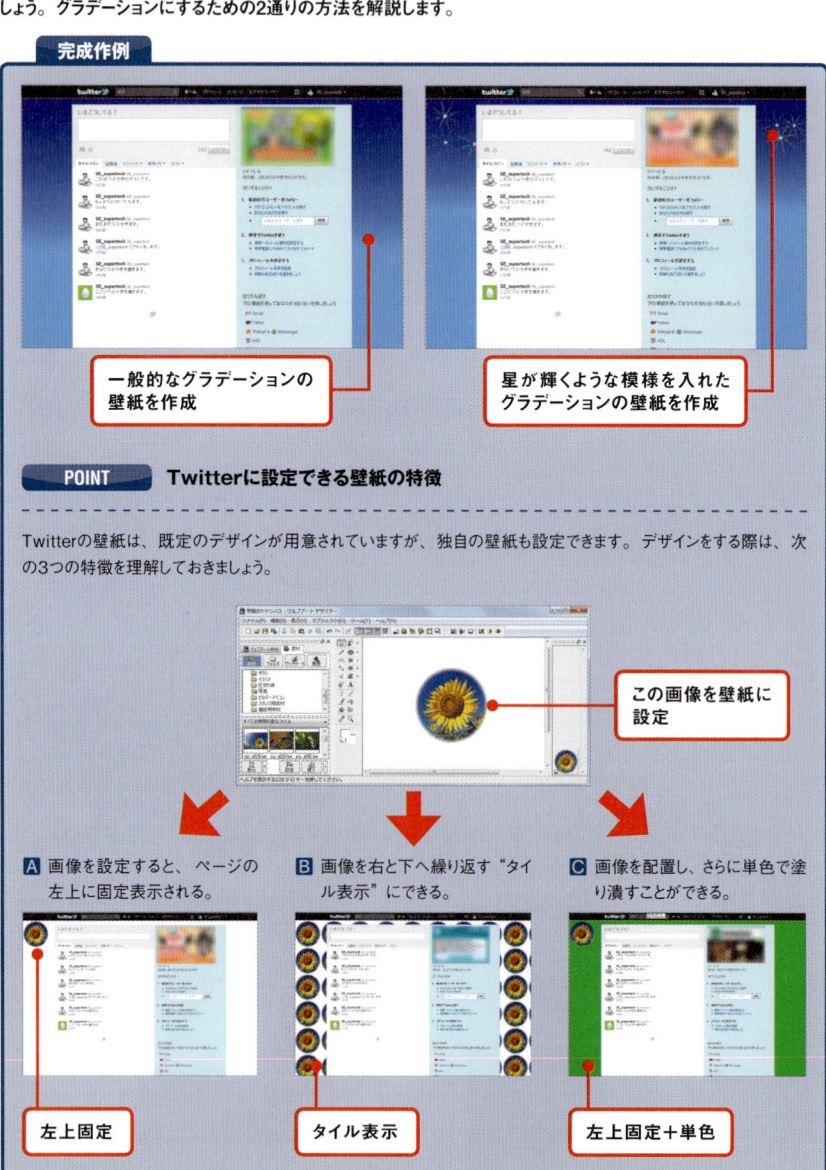

一般的なグラデーションの壁紙を作成

星が輝くような模様を入れたグラデーションの壁紙を作成

POINT　Twitterに設定できる壁紙の特徴

Twitterの壁紙は、既定のデザインが用意されていますが、独自の壁紙も設定できます。デザインをする際は、次の3つの特徴を理解しておきましょう。

この画像を壁紙に設定

A 画像を設定すると、ページの左上に固定表示される。

B 画像を右と下へ繰り返す"タイル表示"にできる。

C 画像を配置し、さらに単色で塗り潰すことができる。

左上固定　　　タイル表示　　　左上固定＋単色

■ グラデーションの壁紙を作成する

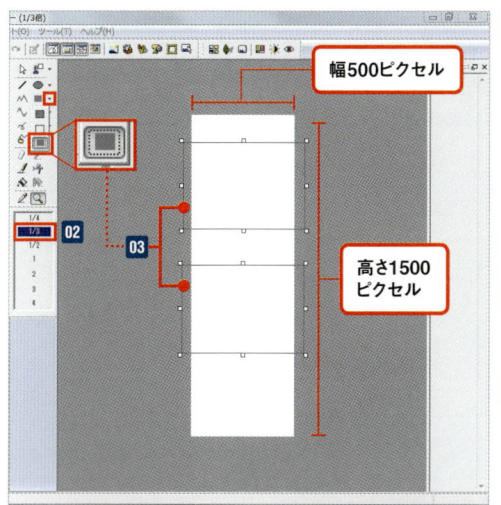

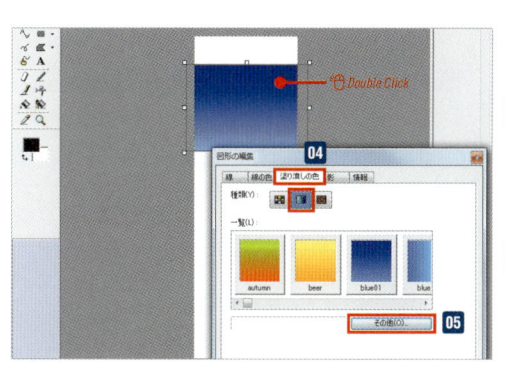

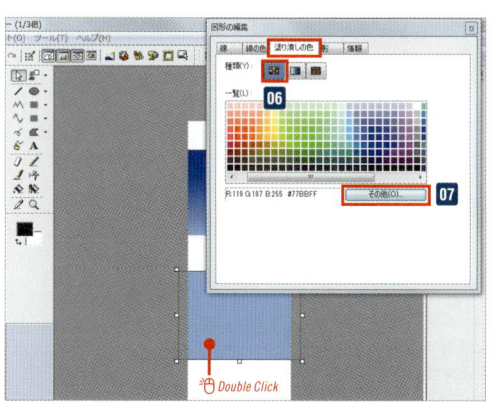

01 ウェブアートデザイナーでキャンバスのサイズを幅500、高さ1500ピクセルにします。 → D2

> **MEMO** 壁紙はタイル状に貼り付けるため、高さはモニターの解像度の最大値を想定したうえで大きめに設定してください。

02 キャンバスは1/3倍に縮小表示しておきます。 → D3

03 [四角形（塗り潰しのみ）]ツールを使い、図のようにキャンバス上で2つの四角形を描きます。

> **MEMO** オブジェクトはキャンバスからはみ出して構いません。また1つを作成してそれを複製しても構いません。

04 作成したオブジェクトの一方をダブルクリックし、[図形の編集]ダイアログの[塗り潰しの色]タブで[種類]の[グラデーション]を選択します。

05 [その他]をクリックして、[始点色]「#0000A0」、[終点色]「#77BBFF」の2色を使用して角度90度、線形のグラデーションで塗り潰しておきます。 → スパテク 059

06 もう一方のオブジェクトをダブルクリックし、[図形の編集]ダイアログの[塗り潰しの色]タブで[種類]の[単色]を選択します。

07 [その他]をクリックして手順05で設定したグラデーションの[終点色]と同じ色を設定します。

> **MEMO** 本作例では「#77BBFF」を指定しています。

Next >>

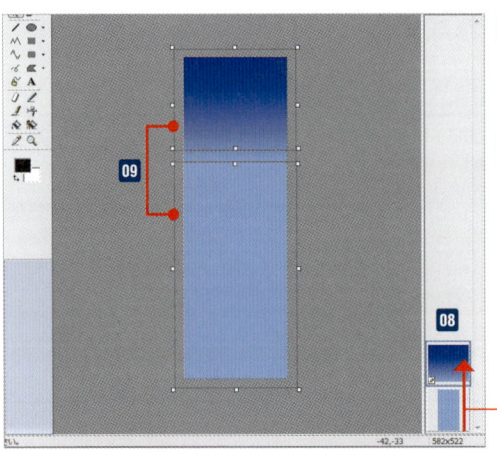

08 オブジェクトスタックで重なり順を変更してグラデーションを上側にします。
→ D13

09 各オブジェクトを図のように上下に配置し、各オブジェクトのサイズも任意で調整します。

> **MEMO** 上下のオブジェクトは少し重なっていても構いません。またグラデーションの深さも上下のオブジェクトのサイズに応じて変わってくるので、任意で調整してください。

グラデーションを上に

10 ［四角形で切り抜き］ツールを使い、図のようにキャンバスの上から下までの範囲をドラッグしたら、輪郭「0」で切り抜くと完成です。Web用保存ウィザードで保存しましょう。

> **MEMO** 切り抜き上下の範囲は、キャンバスよりも大きくて大丈夫です。また横幅は狭くても構いません。

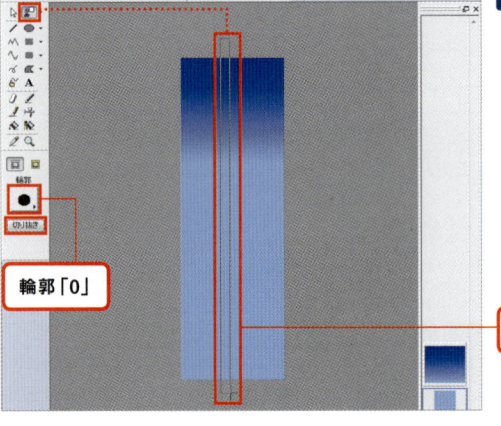

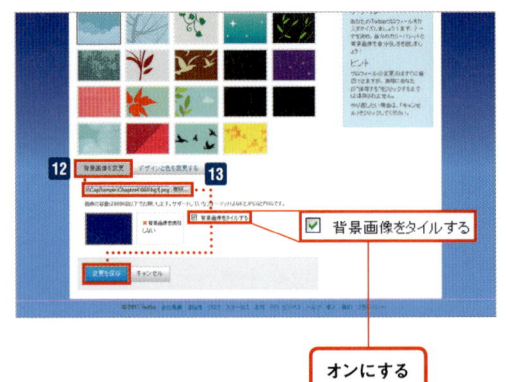

輪郭「0」
切り抜く

11 Twitterにログインしたら、［テーマを選択］画面へ移動します。

> **MEMO** ［テーマを選択］画面はトップページから［設定］→［デザイン］の順に移動して表示できます。詳細はTwitterのヘルプを参照してください。

オンにする

12 ［背景画像を変更］をクリックします。

13 ［参照］をクリックして先ほど作成した画像を選択したら、［背景画像をタイルする］をオンにして［変更を保存］をクリックすると背景が変わります。

■ 上側に星が輝くような模様のあるグラデーションの壁紙を作成する

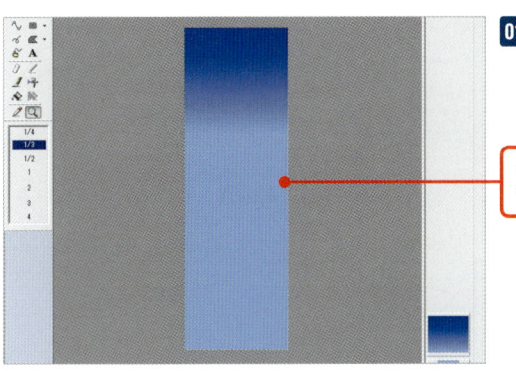

01 前解説の操作をして、キャンバスにグラデーションを作成しておきます。

グラデーションを作成しておく

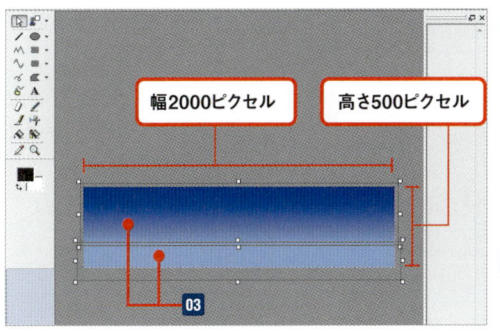

02 キャンバスのサイズを幅2000、高さ500ピクセルにします。 ➡ **D2**

幅2000ピクセル　高さ500ピクセル

MEMO 壁紙はタイル状にしないで1枚だけ貼り付けるため、幅はモニターの解像度の最大値を想定したうえで大きめに設定してください。

03 各オブジェクトのサイズと位置も、キャンバスに収まるように調整しておきます。

04 グラデーション側のオブジェクトを選択します。

前景色を白

05 前景色をクリックして白にします。

中くらいのサイズ

06 [ペンツール]をクリックして中くらいのサイズを選択します。

MEMO 「イメージに変換する必要があります」のメッセージが表示されたら[はい]をクリックして変換します。

前背景を白

07 オブジェクトの上をランダムにクリックして点を描きます。

MEMO ペンで描く点は、夜空の星をイメージしたものになります。

クリックして点を描く

Next >>

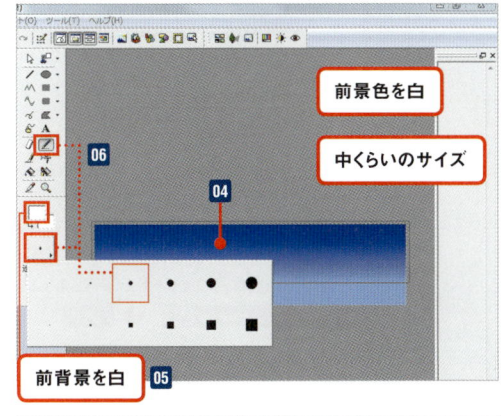

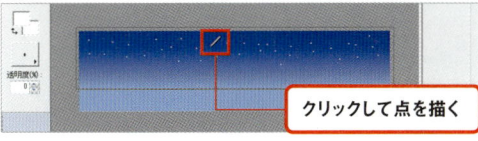

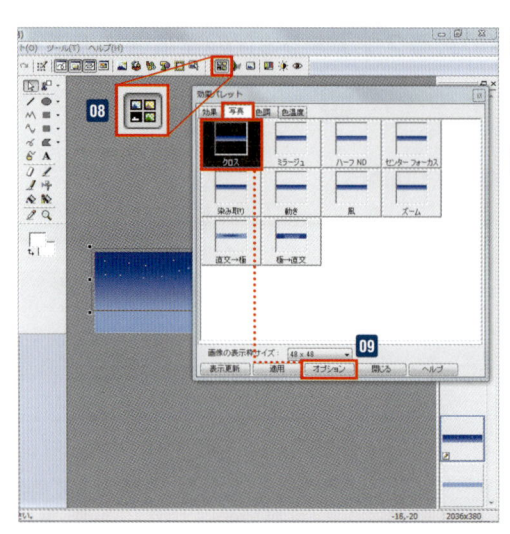

| ホームページ・ビルダー16 | スパテク064 >> Twitter用のグラデーションの壁紙を作成する

08 グラデーション側のオブジェクトを選択した状態で［効果パレットの表示／非表示］ボタンをクリックします。

09 ［効果パレット］ダイアログの［写真］タブで［クロス］を選択したら［オプション］をクリックします。

> **MEMO** ［表示更新］をクリックすると、サムネイルの表示が選択中のオブジェクトに切り替わります。

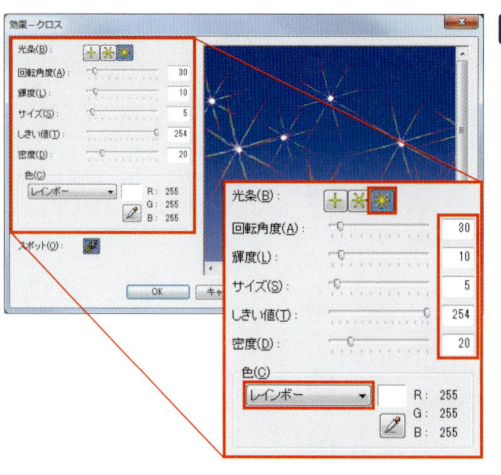

10 ［効果－クロス］ダイアログで、左図のように光条を設定したら［OK］→［閉じる］の順にクリックします。

> **MEMO** このダイアログの［プレビュー］をクリックするとプレビューできます。設定をやり直すには［リセット］をクリックしてください。

> **MEMO** 光条を追加するには、［スポット］をクリックして右側のプレビューで追加する場所をクリックします。

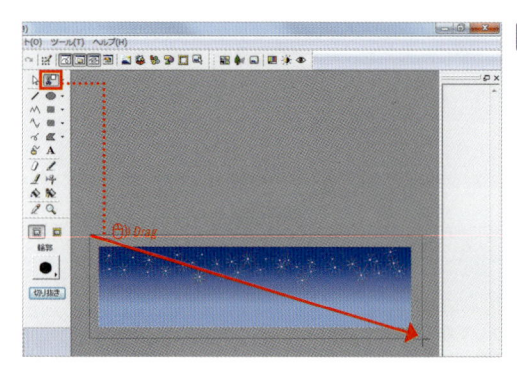

11 ［四角形で切り抜き］ツールを使用してキャンバスのサイズで切り抜いたら、Web用保存ウィザードで保存しましょう。
→ スパテク 058 → D17

12 Twitterにログインしたら、[テーマを選択]画面へ移動します。

> **MEMO** [テーマを選択]画面は[設定]→[デザイン]の順にクリックすると表示できます。詳細はTwitterのヘルプを参照してください。

13 [背景画像を変更]をクリックし、[参照]をクリックして先ほど作成した画像を選択したら、[背景画像をタイルする]をオフにして[保存する]をクリックすると背景が変わります。

14 さらに[デザインと色を変更する]→[背景]の順にクリックします。

15 カラーコードのところに、グラデーションの[終点色]と同じカラーコードを入力したら[完了]をクリックします。

> **MEMO** 本作例では「#77BBFF」を指定しています。

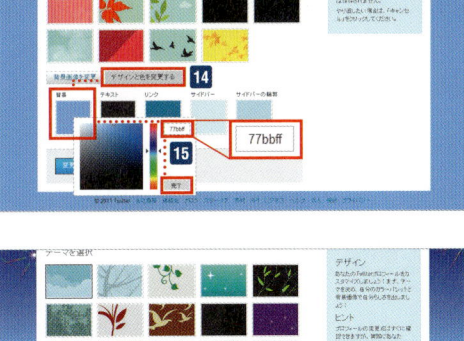

16 ページのグラデーションの背景が塗り潰されて壁紙が完成するので[変更を保存]をクリックすると完成です。

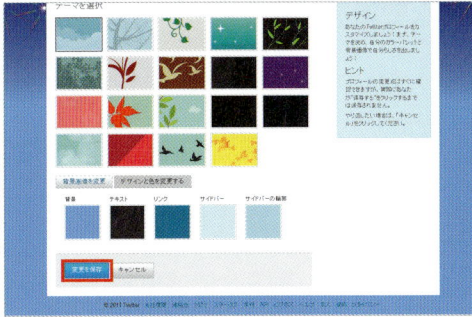

POINT　ファイル容量に注意

光条のある星を描いた今回の壁紙は、ほんの一例に過ぎません。星ではなく、イラストや写真をいくつも配置するなど、ご自身でオリジナルのデザインに応用してみましょう。たとえばショップサイトでTwitterを公開しているなら、自社製品画像をたくさん並べて宣伝に活用するということも考えられます。ただし、使用できるファイル容量には制限があります。800KBを超えないよう注意してください。

Twitter用の左側に固定した壁紙を作成する

スパテク064 に続いて、Twitter用の壁紙の作成方法を解説します。今度は写真素材を使い、訪問者がアクセスした瞬間にパッと目に入る印象的な壁紙にします。

完成作例

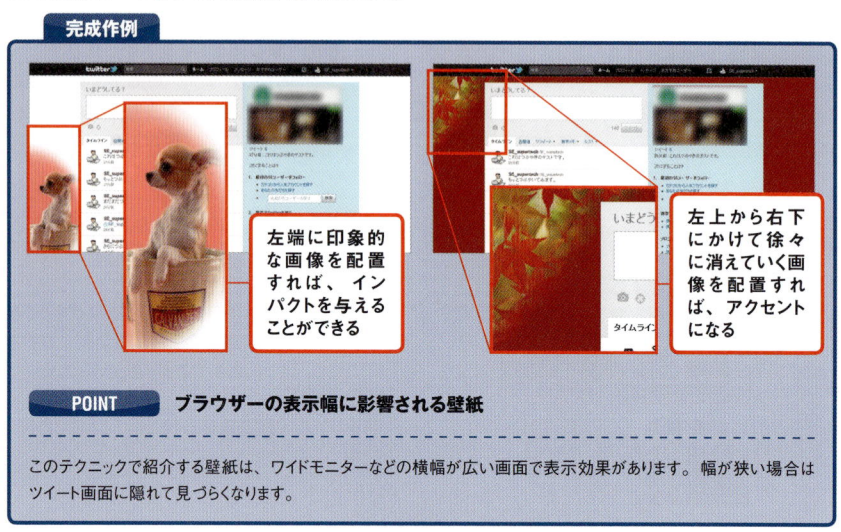

左端に印象的な画像を配置すれば、インパクトを与えることができる

左上から右下にかけて徐々に消えていく画像を配置すれば、アクセントになる

POINT　ブラウザーの表示幅に影響される壁紙

このテクニックで紹介する壁紙は、ワイドモニターなどの横幅が広い画面で表示効果があります。幅が狭い場合はツイート画面に隠れて見づらくなります。

■ 左端に固定表示する印象的な壁紙を作成する

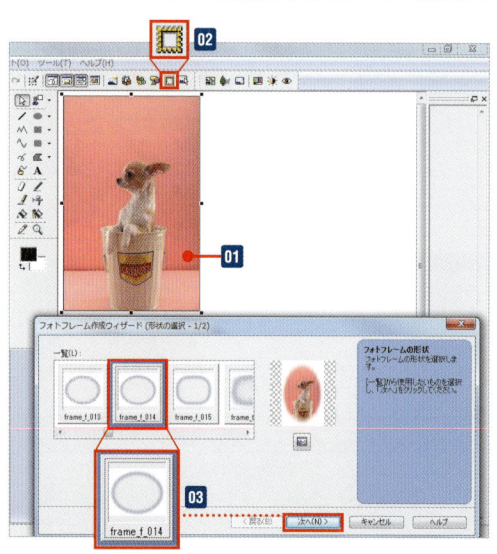

01 壁紙に使用する写真をキャンバスに追加したらサイズを調整します。

02 オブジェクトを選択して［フォトフレームの作成］ボタンをクリックします。

03 ［フォトフレーム作成ウィザード］の［一覧］で「frame_f_014」を選択して［次へ］をクリックします。

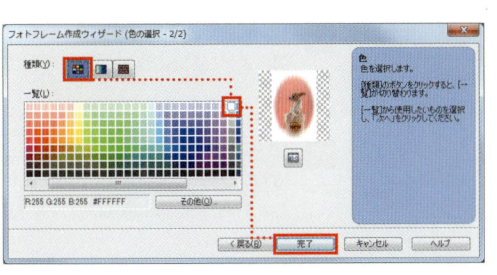

04 次の画面でフレームの色を指定して［完了］をクリックします。

> **MEMO** ここはページの背景色と同じ色を指定します。この作例では#FFFFFFの白を指定しています。

05 フレームが作成されるので、オブジェクトスタックでフレームのみをクリックします。

06 フレームのサイズや位置を調整して、写真の表示範囲を調整します。

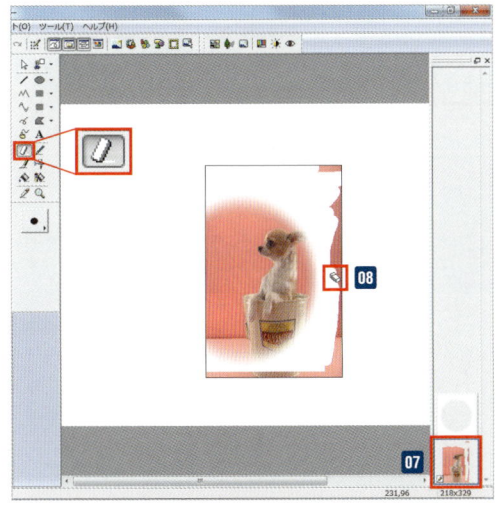

07 続いてオブジェクトスタックでオブジェクトの元の写真をクリックします。

08 ［消しゴム］ツールでフレームからはみ出している場所を消していきます。
→ スパテク 062

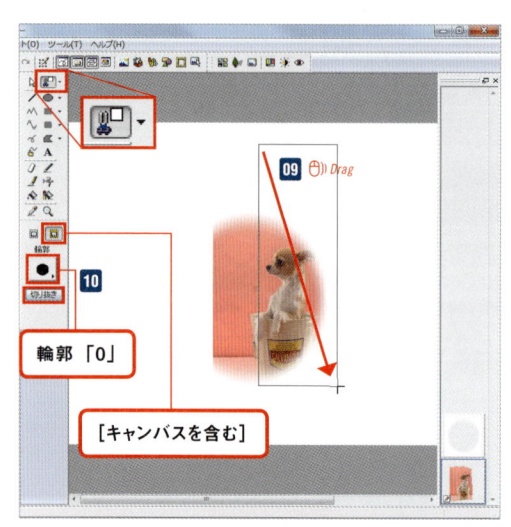

09 ［四角形で切り抜き］ツールを使い、図のように壁紙に使う範囲をドラッグします。

10 ［キャンバスを含む］をクリックしたら、輪郭「0」で切り抜きます。切り抜いたオブジェクトをWeb用保存ウィザードで保存しましょう。

➡ D17

MEMO ［キャンバスを含む］を選択すると、キャンバスの領域も含んだ状態で切り抜かれます。壁紙の上側にスペースを作りたい場合はこのように切り抜きましょう。

11 Twitterにログインしたら、［テーマを選択］画面へ移動します。

MEMO ［テーマを選択］画面は［設定］→［デザイン］の順にクリックすると表示できます。詳細はTwitterのヘルプを参照してください。

12 ［背景画像を変更］をクリックし、［参照］をクリックして先ほど作成した画像を選択したら、[背景画像をタイルする]をオフにして［保存する］をクリックすると背景が変わります。

13 さらに［デザインと色を変更する］→［背景］の順にクリックします。

14 カラーコードのところにフレームと同じカラーコードを入力したら［完了］をクリックします。ページの左側に固定した壁紙が完成するので［変更を保存］をクリックすると完成です。

MEMO 本作例では「#FFFFFF」を指定しています。

■ 左上から右下にかけて徐々に消えていく壁紙を作成する

01 ウェブアートデザイナーでキャンバスの幅と高さを同じサイズにします。
→ D2

> **MEMO** キャンバスは正方形の任意のサイズを指定しましょう。300〜500ピクセル程度がお勧めです。

02 壁紙に使用する写真をキャンバスに追加したら、サイズと位置を調整します。

> **MEMO** 画像はキャンバスと同じサイズに切り抜いたものを使用してください。
> → スパテク 058

03 オブジェクトを選択して［フォトフレームの作成］ボタンをクリックします。

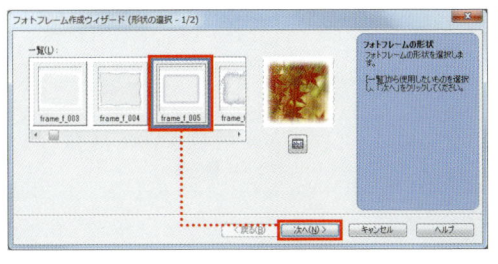

04 ［フォトフレーム作成ウィザード］の［一覧］で「frame_f_005」を選択して［次へ］をクリックします。

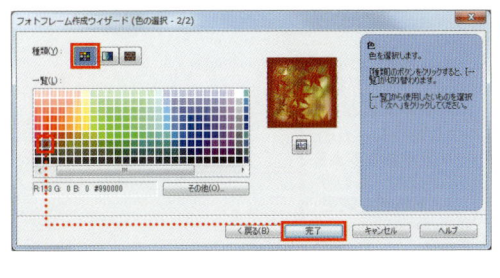

05 次の画面でフレームの色を指定して［完了］をクリックします。

> **MEMO** ここはページの背景色と同じ色を指定します。この作例では#990000を指定しています。

Next >>

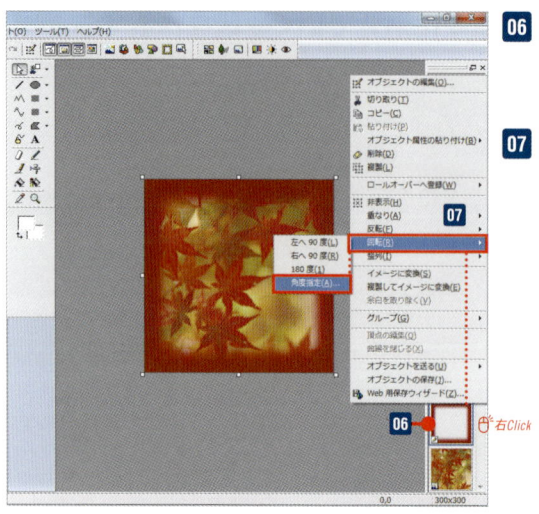

06 フレームが作成されるので、オブジェクトスタックでフレームのサムネイルをクリックします。

07 フレームのみが選択されるので、右クリック→［回転］→［角度指定］を選択します。

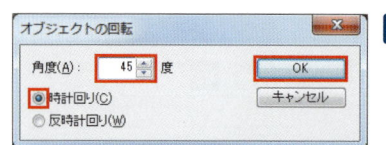

08 ［オブジェクトの回転］の［角度］で「45度」を、［時計回り］オプションを指定したら［OK］をクリックします。

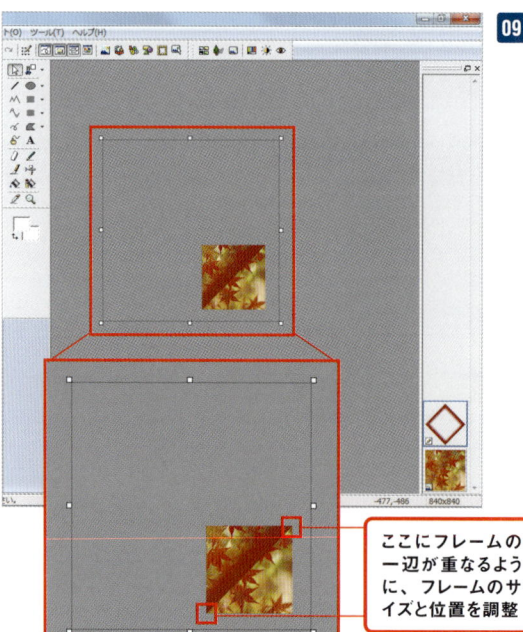

09 フォトフレームが回転するのでサイズを拡大しながら、左図のようにフレームを移動します。

MEMO 左上から右下にかけて徐々に消えかかるように見せるため、フレームの一辺が写真の右上から左下にかけて重なるように配置します。サイズ調整が難しいときは、キャンバスを縮小表示すると操作がやりやすくなります。→ D3

ここにフレームの一辺が重なるように、フレームのサイズと位置を調整

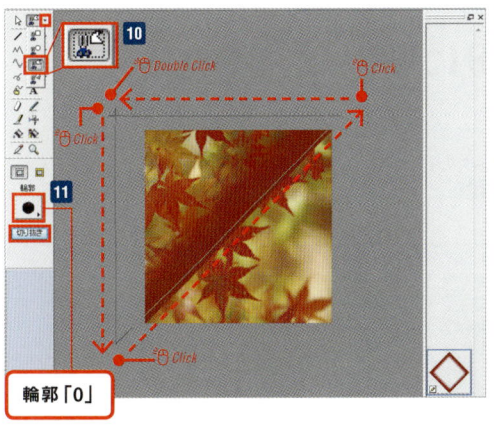

10 [多角形で切り抜き]ツールを選択し、左図のようにクリックをしながら切り抜き範囲を指定します。クリックを始めた場所でダブルクリックすると、切り抜き範囲が閉じられます。

11 [輪郭]で「0」を指定したら[切り抜き]をクリックして切り抜きます。

> **MEMO** 切り抜いたオブジェクトはWeb用保存ウィザードで保存しましょう。切り抜いた部分以外は透明化する必要があります。保存時のファイル形式はPNGにしましょう。

輪郭「0」

12 Twitterにログインしたら、前解説と同じ要領でTwitterのページに壁紙と背景色を設定しましょう。

> **MEMO** 背景色には#990000を設定してください。

画像を貼り付け

背景色を設定

POINT ホームページ用の壁紙としても使える

ここで作成した壁紙は、ホームページ用としてそのまま活かせます。壁紙の設定は、余白をゼロにしたページの背景として挿入しましょう。CSSソースは以下の通りです。

```
*{
    padding-top: 0;
    padding-left: 0;
    padding-right: 0;
    padding-bottom: 0;
    margin-top: 0;
    margin-left: 0;
    margin-right: 0;
    margin-bottom: 0;
}

body{
    background-image : url(background.png);
    background-position: left top;
    background-repeat: no-repeat;
}
```

ページの余白をリセットする

背景画像を指定する

背景画像を左上に表示

背景画像を繰り返さない

スパテク 066 写真の一部分にモザイクをかける

ウェブアートデザイナーを使い、写真の一部分にモザイク・ぼかしといった効果を入れるには、いったん切り抜いて、切り抜いた部分に対して効果を設定しましょう。

完成作例

通常の写真 → 一部分にモザイクをかける

01 ウェブアートデザイナーでモザイクをかけたい画像をキャンバスに読み込みます。

02 ［楕円形で切り抜き］ツールを選択します。モザイクをかけたい場所をドラッグしながら、タスクバーに表示される座標を記憶しておきましょう。

輪郭「0」
ドラッグを開始する場所の座標を記憶する (55,105)

03 輪郭「0」で切り抜きます。

04 切り抜かれたオブジェクトをダブルクリックし、［X座標］と［Y座標］に手順02で記憶した座標を入力します。

05 ダイアログを閉じたら、切り抜いたオブジェクトを選択した状態で［効果パレットの表示/非表示］ボタンをクリックし、［効果］タブの［モザイク］を選択したら［適用］をクリックします。モザイクがかけられます。

> **MEMO** 画像はグループ化しておきましょう。2つのオブジェクトを選択し、メニューの［オブジェクト］→［グループ］→［グループ化］を選択します。

5章

コンテンツ作成のテクニック

●ドロップダウンリストのリンクを作成●マウスオーバーで別の場所の画像が入れ替わるコンテンツ●JavaScriptの外部出力●パスワード付きリンク●ポップアップウィンドウを作成●スタイルシートの切り替えスクリプト●スクロールに合わせて上下するアフィリエイト●YouTube動画の一覧ページ●Twitterのツイート一覧ページ●ブラウザーにアイコンを表示●CGIプログラムを使用した問い合わせフォーム●オーバーレイギャラリーを作成●動画CMを作成●動画の一部をアニメGIF化してmixiのコミュニティ画像を作成●オープニングムービー風のFlashタイトル●FC2ブログのヘッダイメージをFlashタイトルに●AmebaブログのサイドバーにFlash広告を表示

スパテク067 ドロップダウンリストのリンクを作成する

メニューの項目が増えてきたら、ドロップダウンリストを使うと便利です。省スペースで多くのリンクを収納することができます。JavaScriptのサンプルプログラムを使用すると、簡単に挿入できます。

完成作例

ドロップダウンリストからリンク先を選んで移動

■ ドロップダウンリストを挿入する

01 [素材ビュー]の[スクリプト]フォルダーをクリックします。

> **MEMO** 下側にスクリプトのサムネイルが表示されます。

02 [表示]をクリックしてサムネイルから一覧表示に変更し、見やすくします。

03 「m_selectbox.js」ファイルを右クリック→[テキストエディターで開く]を選択します。

04 メモ帳が開いてスクリプトが表示されるのでリストのタイトル、見出し、移動先を書き換えます。

- タイトル
- 移動先URL
- 見出し
- リストを増やす場合はスクリプトの1行をコピーして書き換える

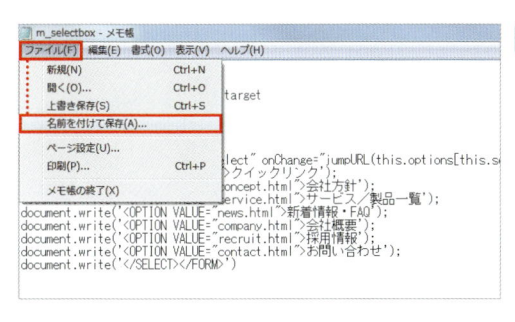

05 編集が完了したらメモ帳でメニューの[ファイル]→[名前を付けて保存]を選択します。

06 [名前を付けて保存]ダイアログで、このスクリプトを貼り付けるページが保存されたフォルダーを指定します。

07 [保存]をクリックします。

> **MEMO** スクリプトの保存先は、ドロップダウンリストを作成するページが保存されたフォルダーを指定します。リストを再編集したい場合は、このスクリプトを再びメモ帳で開いてください。

Next >>

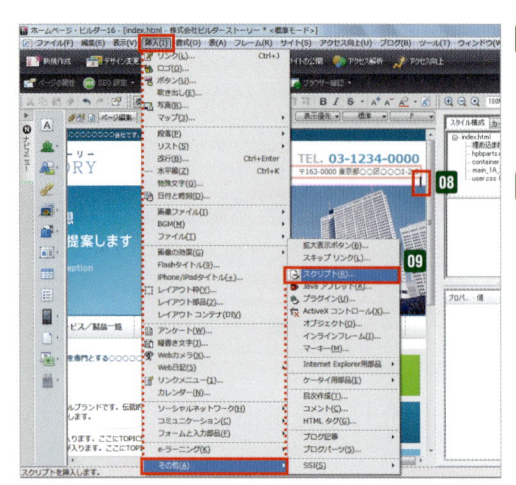

| スパテク067 >> ドロップダウンリストのリンクを作成する

08 メモ帳を閉じたら、ドロップダウンリストを作成するページを開いておきます。ドロップダウンリストを挿入する場所にカーソルを置きます。

09 メニューの［挿入］→［その他］→［スクリプト］を選択します。

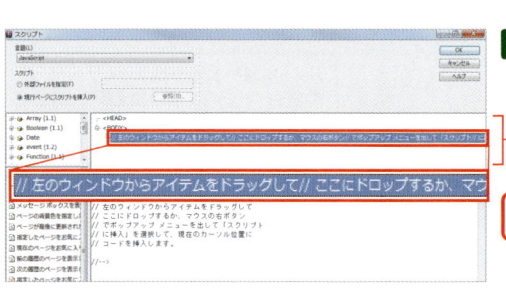

10 ［スクリプト］画面でコードヘッダにある「//左のウィンドウから…」と書かれたコメントスクリプトをクリックします。

コードヘッダ

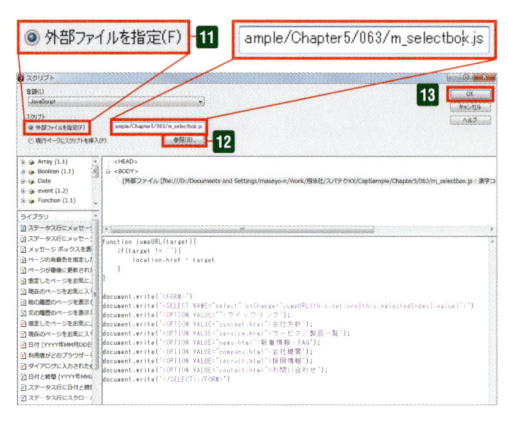

11 ［外部ファイルを指定］をクリックします。

12 ［参照］をクリックしたら、手順**07**で保存したJavaScriptファイルを指定します。

13 ［OK］をクリックします。

> **POINT　その他のページにも同じドロップダウンリストを作成する**
>
> その他のページに同じドロップダウンリストを挿入するには、対象のページを開いて手順**08**〜**13**を操作してください。なお第2章のフルCSSテンプレートの共通部分に挿入している場合は、「共通部分の同期」を実行すれば、その他のページにも反映されて便利です。 ➡ スパテク**020**

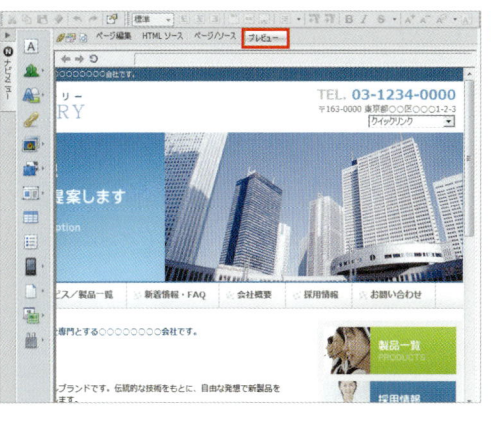

14 スクリプトが挿入されます。ページを上書き保存したら、[プレビュー]タブをクリックすると確認できます。

> **MEMO** ドロップダウンリストの挿入場所には以下のソースが記述されます。
> ```
> <script type="text/
> javascript" language="Java
> Script" src="m_selectbox.
> js" charset="Shift_JIS"></
> script>
> ```

■ ドロップダウンリストを削除する

01 画面を[編集優先]にするとページ内にスクリプトのマーク{S}が表示されます。

> **MEMO** スクリプトの挿入場所には{S}が表示されます。

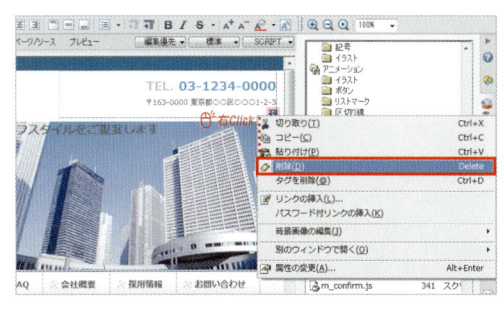

02 スクリプトのマークを右クリック→[削除]を選択すると削除されます。

> **MEMO** 削除が完了したら、ページの表示を[表示優先]に戻しましょう。

COLUMN　サンプルスクリプトを活用しよう

ここで作成したドロップダウンリストのコンテンツは、JavaScriptというプログラムによって作られています。ホームページ・ビルダーには、このようなJavaScriptのサンプルファイルが数多く搭載されています。全部で25種類あり、ページ上で右クリックを禁止したり画面上でブラウザーを上下左右に動かすボタンなど異色のスクリプトもあります(次ページの表を参照)。挿入方法はこのテクニックと同じようにメモ帳でスクリプトを開いて編集後、保存してスクリプトにリンクを張ります。

➡次ページ参照

サンプルスクリプト一覧

スクリプト名	作成されるコンテンツ	カスタマイズする場所
c_statusblink.js	ブラウザーのステータスバーに点滅するメッセージを表示	メッセージの変更は "Hello everyone, Welcome to my homepage." を書き換える
c_statusmsg.js	ブラウザーのステータスバーにメッセージを表示	
c_statusscroll.js	ブラウザーのステータスバーにスクロールするメッセージを表示	メッセージの変更は "Hello everyone, Welcome to my homepage............" を書き換える
c_statustype.js	ブラウザーのステータスバーに1文字ずつタイプされるメッセージを表示	
c_textblink.js	テキストボックスの中に点滅するメッセージを表示	メッセージの変更は "Hello everyone, Welcome to my homepage." を書き換える
c_textscroll.js	テキストボックスの中にスクロールするメッセージを表示	メッセージの変更は "Hello everyone, Welcome to my homepage............" を書き換える
c_textsize.js	テキストのサイズや色を変更するボタンを表示	ページ上の文字の変更は 'Welcome to Homepage Builder !' を書き換える。ボタンラベルを変更するには "Large"、"Medium"、"Small"、"Red"、"Black" を書き換える
c_texttype.js	テキストボックスの中に1文字ずつタイプされるメッセージを表示	メッセージの変更は "Hello everyone, Welcome to my homepage............" を書き換える
d_clock.js	テキストボックスの中に現在の日時をリアルタイムに表示	なし
d_date.js	ページ内に今日の日付を表示	なし
d_presenttime.js	テキストボックスの中に現在の時刻を表示	見出しを変更する場合は "Present time:" を書き換える
i_appname.js	使用されているブラウザーの名前を表示	見出しを変更する場合は "AppName:" を書き換える
i_browser.js	ブラウザーの種類、OSなど使用環境に関する情報を表示	見出しを変更する場合は「CodeName:」「Name:」「Version:」「Platform:」「UserAgent:」のそれぞれを書き換える
i_document.js	ページタイトル、更新日、URLといったページの情報を提供するボタンを表示	ボタンラベルを変更するには " ページ情報 " を、情報の見出しを変更するには "Title:"、"Last updated:"、"URL:"、"Referrer:" を書き換える
i_lastupdt.js	最終更新日時を表示	見出しを変更する場合は "Last updated:" を書き換える
i_platform.js	使用されているOSを表示	見出しを変更する場合は "Platform:" を書き換える
m_alert.js	メッセージボックスを表示	メッセージの変更は "Welcome to Homepage Builder !" を書き換える
m_click.js	右クリックで禁止メッセージを表示	禁止メッセージの変更は " 右クリック禁止 " を書き換える
m_confirm.js	確認メッセージを提供したあと、指定ページへ移動するボタンを表示	ボタンラベルの変更は "Confirm Button" を、メッセージの変更は "ConfirmMassage." を、移動先は "http://www-6～ " の URL を書き換える
m_selectbox.js	プルダウンメニューによるリンクを表示	プルダウンメニューの各見出しの変更は「セレクトボックス」「リンク1」「リンク2」「リンク3」を書き換える。移動先は "http://www-6～ " の各 URL を書き換える
w_bgchange.js	ページを更新するたびに背景色を変化させる	色の種類を変更するには、colors[0]～colors[9]に挿入されているカラーコードを書き換える
w_close.js	ブラウザーを閉じるためのボタンを表示	ボタンラベルを変更するには "Close Window" を書き換える
w_goback.js	ブラウザーの「戻る」「進む」「更新」ボタンと同じ働きを持つボタンを挿入	ボタンラベルを変更するには " 戻る "、" 進む "、" 更新 " を書き換える
w_move.js	画面上でブラウザーを上下左右に動かすボタンを挿入	ボタンラベルを変更するには "Up"、"Left"、"Right"、"Down" を書き換える
w_resize.js	ブラウザーサイズを変更するボタンを挿入	ボタンラベルを変更するには "Larger"、"Smaller" を書き換える

スパテク 068 マウスオーバーで別の場所の画像が入れ替わるコンテンツを作成する

サムネイル画像にマウスポインタを合わせると、別の場所（サムネイルの隣）に拡大画像を表示する「スワップイメージ」を作成します。

完成作例

サムネイル　拡大画像

サムネイルにマウスポインタを合わせると、別の場所が拡大画像に入れ替わる

■ スワップイメージ作成の準備をする

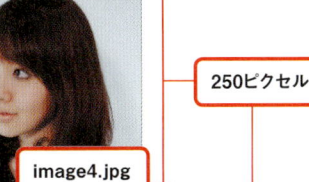

image1.jpg
image2.jpg
image3.jpg
image4.jpg

250ピクセル

01 この作例では4つの画像を使用します。幅と高さがいずれも250ピクセルの4枚の画像を準備し、保存しておきます。

■ レイアウトコンテナのスタイルを作成する

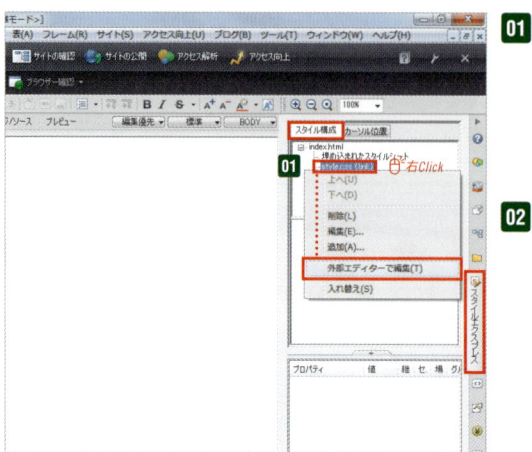

01 スワップイメージを作成するページを開いたら、[スタイルエクスプレスビュー]の[スタイル構成]パネルで外部スタイルシートを作成しておきます。
→ C6

02 外部スタイルシートを右クリック→[外部エディターで編集]を選択します。

> **MEMO** ここでは新規の白紙ページにスワップイメージを作成します。

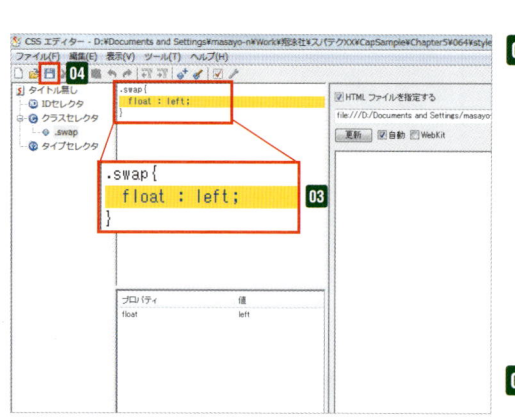

03 CSSエディターが起動するので、以下のクラスセレクタと属性値を定義しておきます。

```
.swap{
  float : left;
}
```

> **MEMO** ここでは、サムネイル画像と拡大画像に関連付けるレイアウトコンテナのスタイルクラスを作成します。

04 定義が記述できたら、ソースを上書き保存してCSSエディターを閉じます。

■ スワップイメージのための画像を挿入する

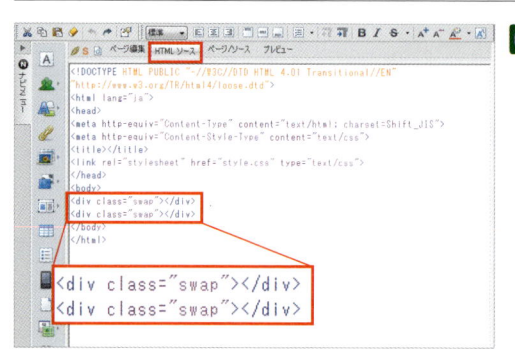

01 HTMLソースを表示し、スワップイメージの挿入場所に、以下の2行の同じソースを記述します。

```
<div class="swap"></div>
<div class="swap"></div>
```

> **MEMO** 各レイアウトコンテナには、先ほど作成したクラスセレクタを関連付けます。

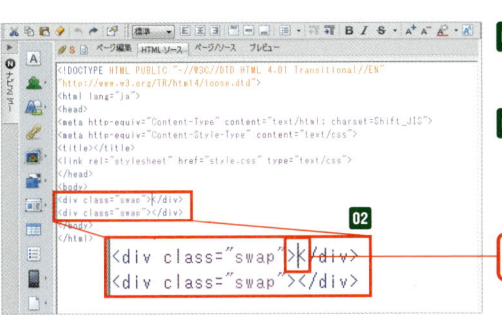

マウスオーバーで別の場所の画像が入れ替わるコンテンツを作成する << スパテク068 | ホームページ・ビルダー16

02 上側のレイアウトコンテナのタグ内にカーソルを置きます。

03 メニューから［挿入］→［画像ファイル］→［ファイルから］を選択します。

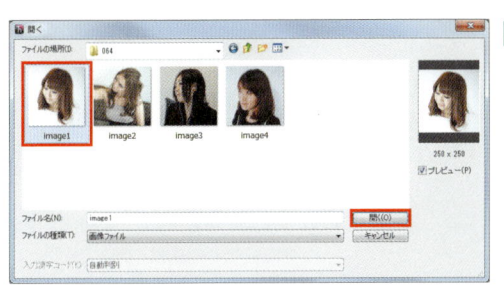

カーソルを置く

04 ［開く］ダイアログで1つ目の画像を指定したら［開く］をクリックします。

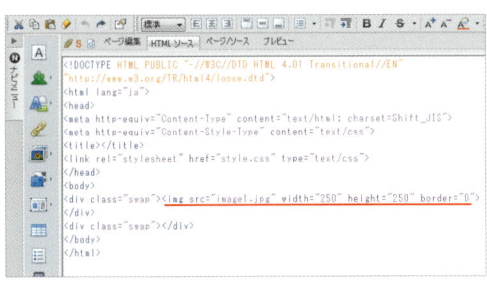

05 以下のように画像挿入のタグが記述されるのでページを上書き保存します。

```
<div class="swap">
<img src="image1.jpg"
width="250" height="250"
border="0">
</div>
```

image1.jpgの挿入タグ

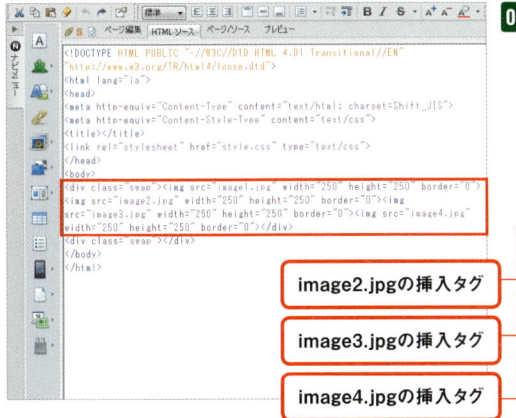

06 続けて手順03～05を繰り返し、残りの3つの画像も挿入すると、以下のようにソースが記述されます。

```
<div class="swap">
<img src="image1.jpg"
width="250" height="250"
border="0">
<img src="image2.jpg"
width="250" height="250"
border="0">
<img src="image3.jpg"
width="250" height="250"
border="0">
<img src="image4.jpg"
width="250" height="250"
border="0">
</div>
```

image2.jpgの挿入タグ

image3.jpgの挿入タグ

image4.jpgの挿入タグ

Next >>

349

```
<div class="swap"><img src="image1.jpg" width="250" height="250" border="0">
<img src="image2.jpg" width="250" height="250" border="0"><img
src="image3.jpg" width="250" height="250" border="0"><img src="image4.jpg"
width="250" height="250" border="0"></div>
<div class="swap"></div>
```

```
<div class="swap"><img src="image1.jpg" width="125" height="125" border="0">
<img src="image2.jpg" width="125" height="125" border="0"><img
src="image3.jpg" width="125" height="125" border="0"><img src="image4.jpg"
width="125" height="125" border="0"></div>
<div class="swap"></div>
```

元の画像サイズの半分の値「125」に書き換える

07 画像の幅と高さの値をすべて「250」から「125」に書き換えます。

MEMO "250"を"125"に一括置換しても構いません。メニューの［編集］→［置換］で置換できます。

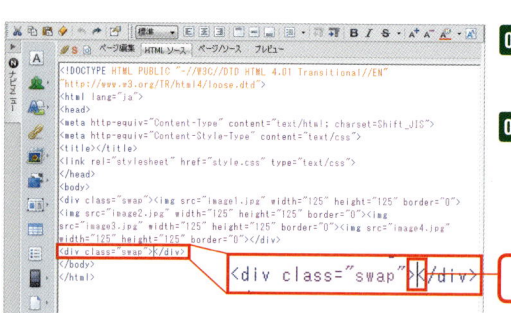

08 今度は下側のレイアウトコンテナのタグ内にカーソルを置きます。

09 メニューから［挿入］→［画像ファイル］→［ファイルから］を選択します。

`<div class="swap">` カーソルを置く

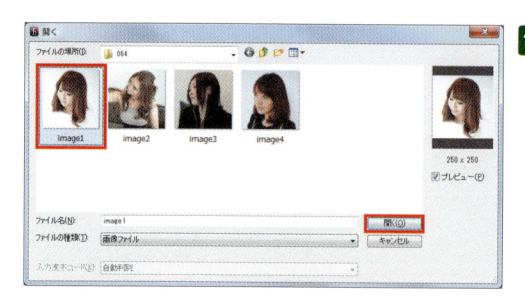

10 ［開く］ダイアログで1つ目の画像を指定したら［開く］をクリックします。以下のタグが記述されるので、ページを上書き保存します。

```
<div class="swap">
<img src="image1.jpg"
width="250" height="250"
border="0">
</div>
```

MEMO 幅と高さは変更しません

image1.jpgの挿入タグ

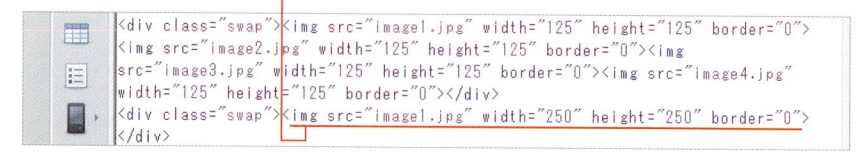

```
<div class="swap"><img src="image1.jpg" width="125" height="125" border="0">
<img src="image2.jpg" width="125" height="125" border="0"><img
src="image3.jpg" width="125" height="125" border="0"><img src="image4.jpg"
width="125" height="125" border="0"></div>
<div class="swap"><img src="image1.jpg" width="250" height="250" border="0">
</div>
```

■ スワップイメージを作成する

01 ページ編集画面に戻したら、2番目の画像をクリックしてキーボードの [Enter] キーを押して改行します。

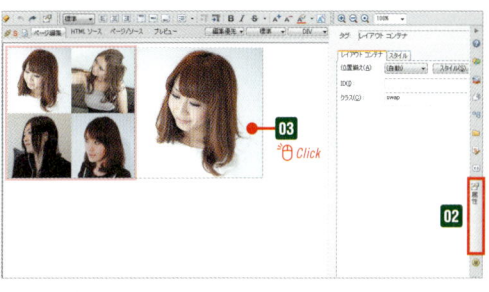

02 左図のようになるので、[属性ビュー] をクリックします。

> **MEMO** 左図のようにならない場合は、以下POINTを参照してソースを確認してください。

03 大きな画像をクリックします。

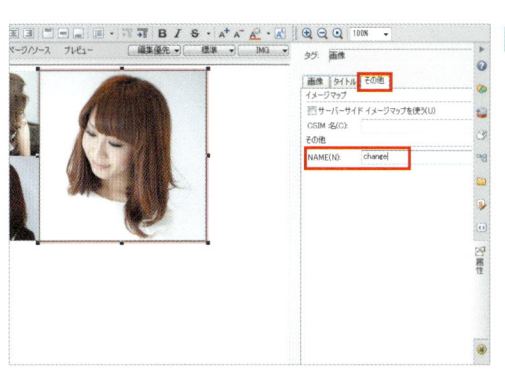

04 [その他] タブの [NAME] に任意の属性名を入力したら確定します。

> **MEMO** この作例では「change」と入力しました。

Next >>

POINT　スワップイメージのHTMLソース

画像のレイアウトが手順02のようにならない場合は、ソースを確認してください。

ソース

```
<div class="swap">
<img src="image1.jpg" width="125" height="125" border="0">
<img src="image2.jpg" width="125" height="125" border="0"><br>
<img src="image3.jpg" width="125" height="125" border="0">
<img src="image4.jpg" width="125" height="125" border="0">
</div>
<div class="swap"><img src="image1.jpg" width="250" height="250" border="0">
</div>
```

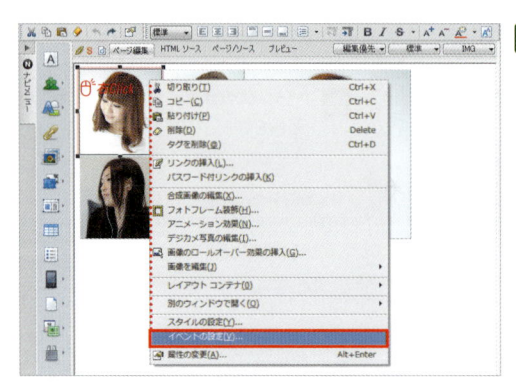

| ホームページ・ビルダー16 | スパテク068 >> マウスオーバーで別の場所の画像が入れ替わるコンテンツを作成する

05 1つ目のサムネイルを右クリック→［イベントの設定］を選択します。

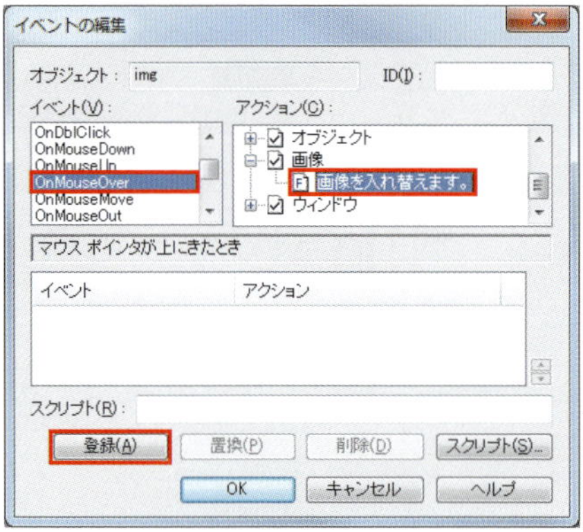

06 ［イベントの編集］ダイアログで［イベント］の「OnMouseOver」を選択し、［アクション］の「画像」にある「画像を入れ替えます。」を選択したら、［登録］をクリックします。

> **MEMO** ここは、サムネイルにマウスポインタを合わせたときのイベントを設定します。

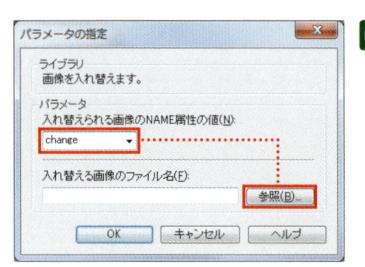

07 ［パラメータの指定］ダイアログのドロップダウンリストから「change」を選択したら、［参照］をクリックします。

> **MEMO** ここは手順**04**で入力したNAME属性を指定します。

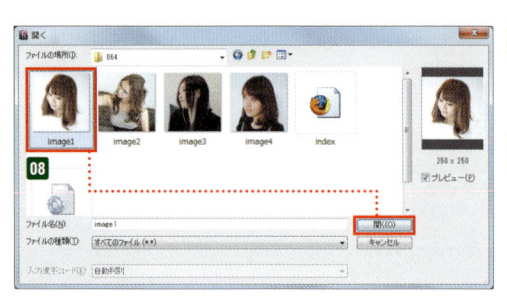

08 ［開く］ダイアログでマウスポインタを合わせたときに入れ替える画像ファイルを指定したら［開く］をクリックします。

09 ［パラメータの指定］ダイアログに戻るので［OK］→［OK］をクリックしてすべてのダイアログを閉じます。

> **MEMO** ここは、現在のサムネイル画像と同じ画像を指定します。

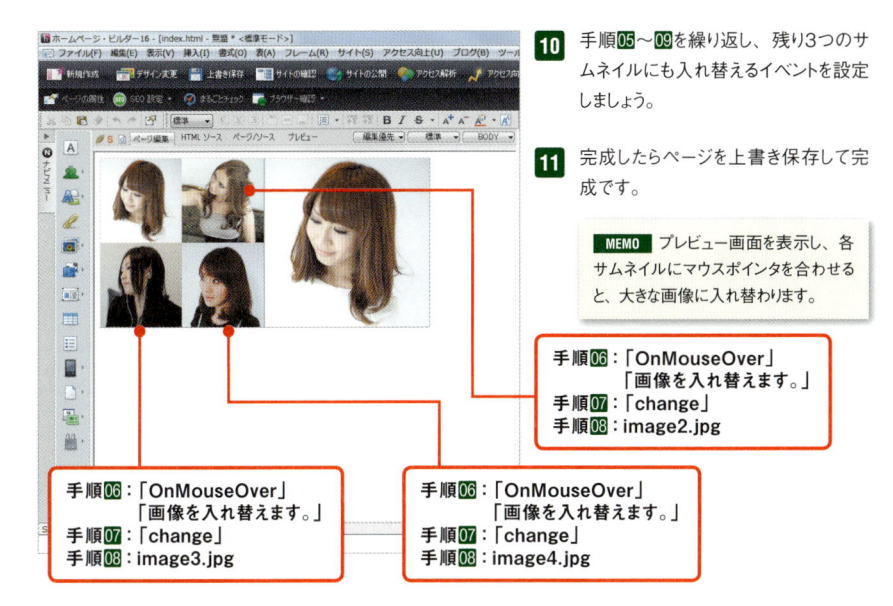

マウスオーバーで別の場所の画像が入れ替わるコンテンツを作成する << スパテク068 | ホームページ・ビルダー16

10 手順05～09を繰り返し、残り3つのサムネイルにも入れ替えるイベントを設定しましょう。

11 完成したらページを上書き保存して完成です。

> **MEMO** プレビュー画面を表示し、各サムネイルにマウスポインタを合わせると、大きな画像に入れ替わります。

手順06：「OnMouseOver」
「画像を入れ替えます。」
手順07：「change」
手順08：image2.jpg

手順06：「OnMouseOver」
「画像を入れ替えます。」
手順07：「change」
手順08：image3.jpg

手順06：「OnMouseOver」
「画像を入れ替えます。」
手順07：「change」
手順08：image4.jpg

POINT マウスポインタが離れたときの画像の入れ替え

マウスポインタが離れたときにも画像を入れ替えるイベントを設定するには、手順06～08を設定したあと、[イベントの編集] ダイアログの [イベント] で「OnMouseOut」を選択し、[アクション] の「画像を入れ替えます。」を選択したら、[登録] をクリックして画像ファイルを指定してください。

POINT スクリプトの外部出力

JavaScriptのコンテンツを作成すると、HTMLソース内にスクリプトが記述されます。HTMLソースを短くして容量負担を軽減するなら、スクリプトを外部ファイルへ出力しましょう
→ スパテク069

POINT 画像に説明文を表示する

画像にマウスポインタを合わせたときに説明文を表示するには、画像を右クリック→ [属性の変更] を選択し、[タイトル] タブの [タイトル] に説明文を入力します。

マウスポインタを合わせたときの説明文

スパテク 069　JavaScriptを外部出力する

JavaScriptのコンテンツを作成すると、HTMLソース内にスクリプトが記述されます。HTMLソースを短くして容量負担を軽減するなら、スクリプトを外部ファイルへ出力しましょう。

完成作例

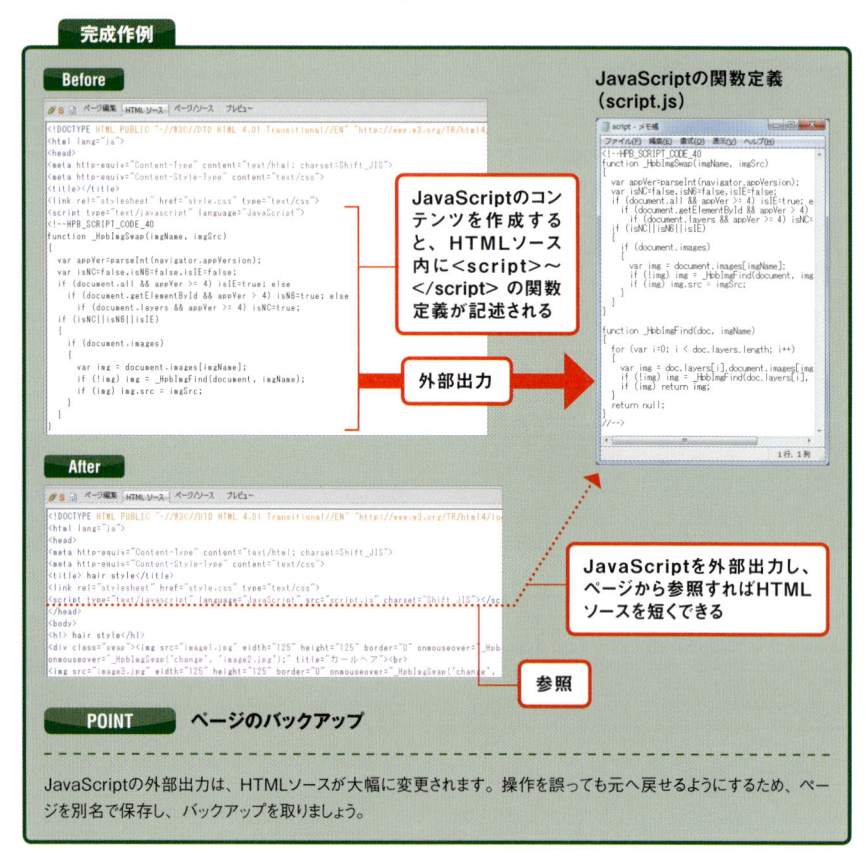

Before

JavaScriptのコンテンツを作成すると、HTMLソース内に＜script＞～＜/script＞の関数定義が記述される

外部出力

JavaScriptの関数定義（script.js）

After

JavaScriptを外部出力し、ページから参照すればHTMLソースを短くできる

参照

POINT　ページのバックアップ

JavaScriptの外部出力は、HTMLソースが大幅に変更されます。操作を誤っても元へ戻せるようにするため、ページを別名で保存し、バックアップを取りましょう。

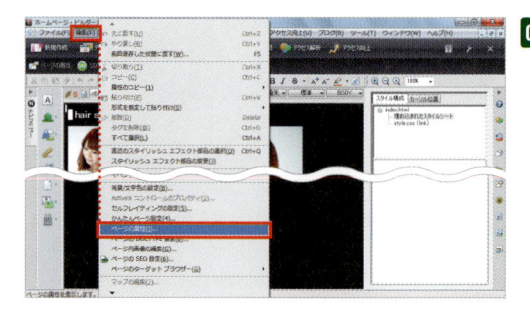

01 JavaScriptが使用されたページを開いたら、メニューの［編集］→［ページの属性］を選択します。

MEMO この作例では、スパテク068で作成した画像が入れ替わるコンテンツのJavaScriptを外部出力します。

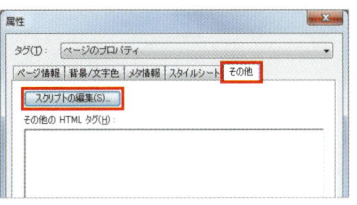

JavaScriptを外部出力する << スパテク069 | ホームページ・ビルダー16

02 [属性] ダイアログの [その他] タブで [スクリプトの編集] をクリックします。

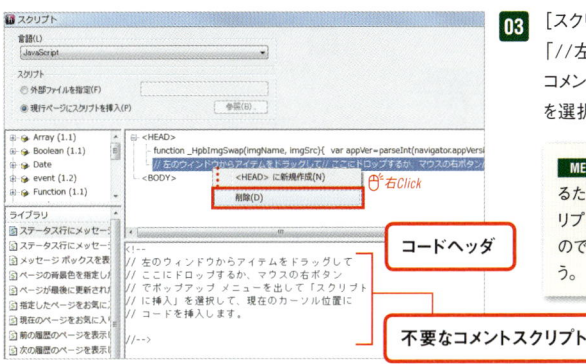

03 [スクリプト] 画面でコードヘッダにある「//左のウィンドウから…」と書かれたコメントスクリプトを右クリック→[削除]を選択します。

> **MEMO** [スクリプト] 画面を起動するたび、コードヘッダにはコメントスクリプトが追加されます。これは不要なので、手順03のように常時削除しましょう。

コードヘッダ

不要なコメントスクリプト

04 外部出力するスクリプトをクリックします。

05 下側の編集領域にスクリプトが表示されるので右クリック→[ファイルへの書き出し]を選択します。

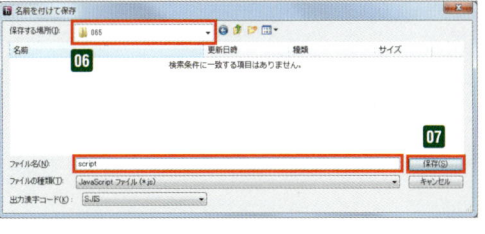

06 [名前を付けて保存] ダイアログで保存先のフォルダーを選択します。

> **MEMO** 現在開いているページと同じフォルダーを指定します。

07 [ファイル名] に任意ファイル名を入力して [保存] をクリックすると保存されます。

Next >>

355

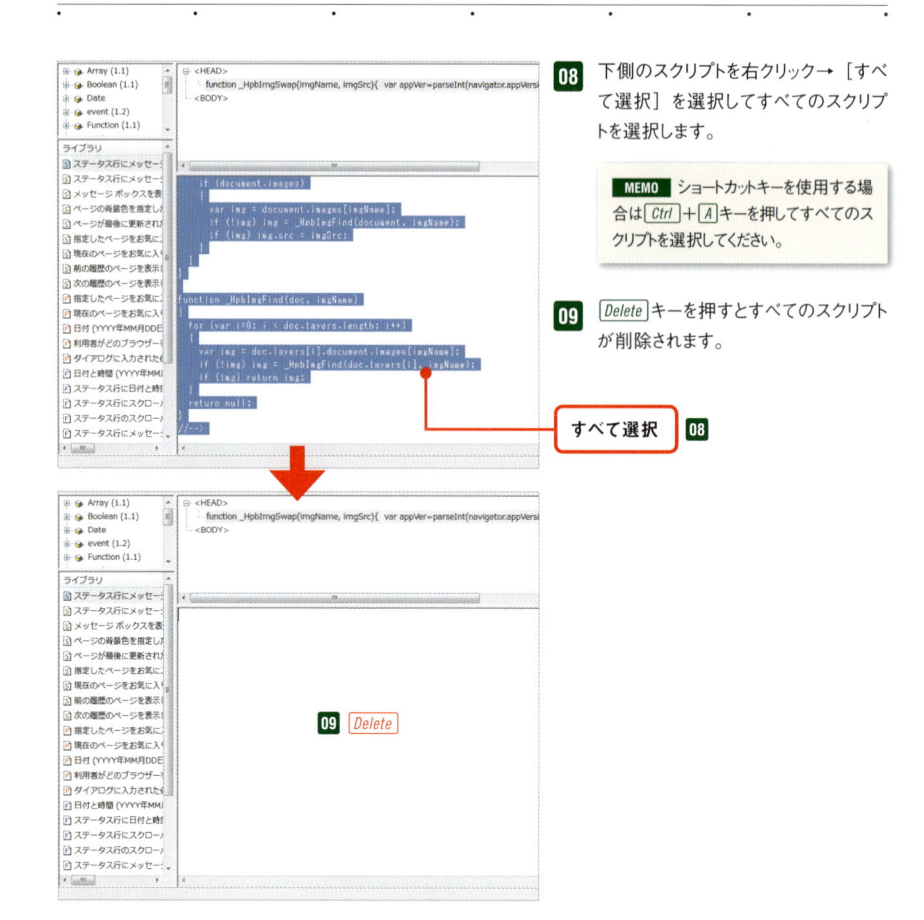

| ホームページ・ビルダー16 | スパテク069 >> JavaScriptを外部出力する

08 下側のスクリプトを右クリック→［すべて選択］を選択してすべてのスクリプトを選択します。

> **MEMO** ショートカットキーを使用する場合は Ctrl + A キーを押してすべてのスクリプトを選択してください。

09 Delete キーを押すとすべてのスクリプトが削除されます。

すべて選択 **08**

09 Delete

10 コードヘッダの<HEAD>をクリックすると「（コードがありません）」と表示されます。

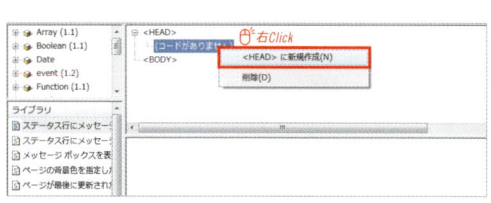

11 <HEAD>を右クリック→［<HEAD>に新規作成］を選択します。

右Click

356

JavaScriptを外部出力する << スパテク069 | ホームページ・ビルダー16

12 コメントスクリプトが追加されるのでクリックします。

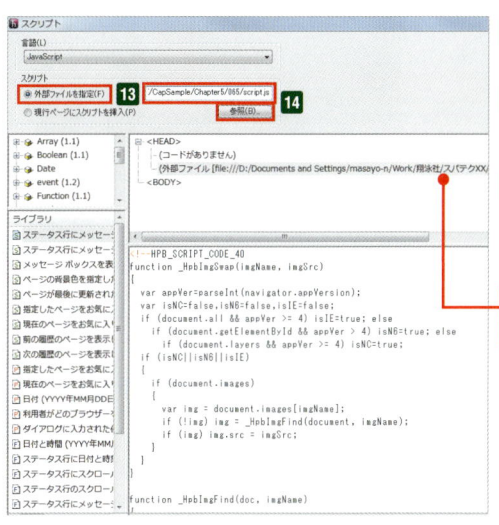

13 [外部ファイルを指定] をクリックします。

14 [参照] をクリックして先ほど出力したスクリプトファイルを指定します。

15 スクリプトが読み込まれるので [OK] → [OK] の順にクリックしてダイアログを閉じます。

外部出力したスクリプトを読み込む

16 ページを上書き保存し、HTMLソースを表示すると、ヘッダに出力前の不要なスクリプトが残っているので選択して削除すれば完了です。

空の宣言文は削除する

MEMO 削除するソースを誤らないよう注意してください。外部出力が完了したらページを上書き保存しましょう。

スパテク070 パスワード付きリンクを作成する

リンクをクリックするとパスワードを要求し、正誤に応じて移動先を変更する「パスワード付きリンク」を作成します。パスワード画面をカスタマイズするには、JavaScriptファイルを編集します。

完成作例

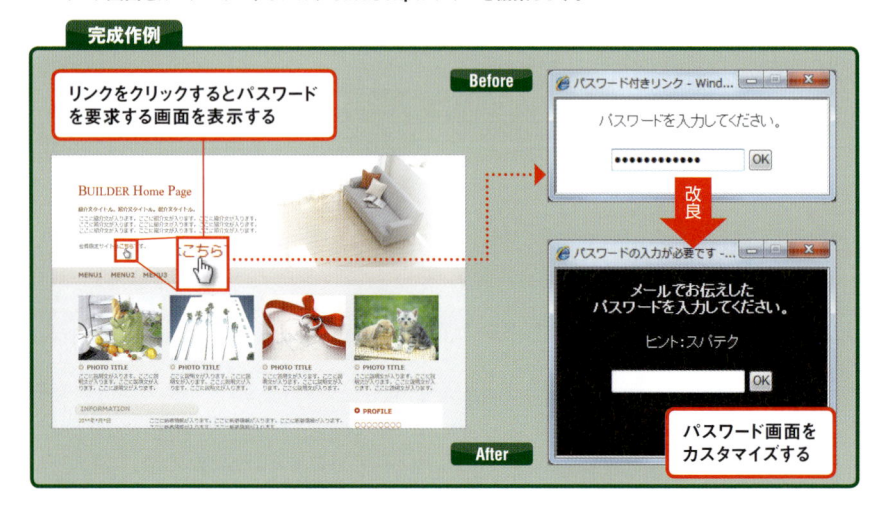

Before
リンクをクリックするとパスワードを要求する画面を表示する

改良

After
パスワード画面をカスタマイズする

■ パスワード付きリンクを作成する

01 パスワード付きリンクを作成する文字列（または画像）を右クリック→［パスワード付リンクの挿入］を選択します。

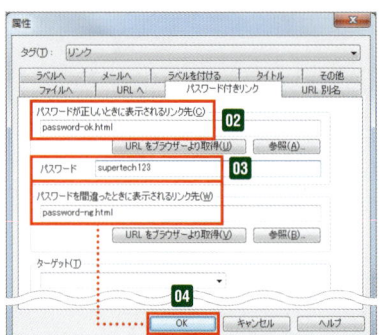

02 ［属性］ダイアログで［パスワードが正しいときに表示されるリンク先］に正しい場合のリンク先URLを入力します。

03 ［パスワード］にパスワードを入力します。

04 ［パスワードを間違ったときに表示されるリンク先］に誤った場合のリンク先URLを入力して［OK］をクリックします。

MEMO パスワード付きリンクが作成されます。

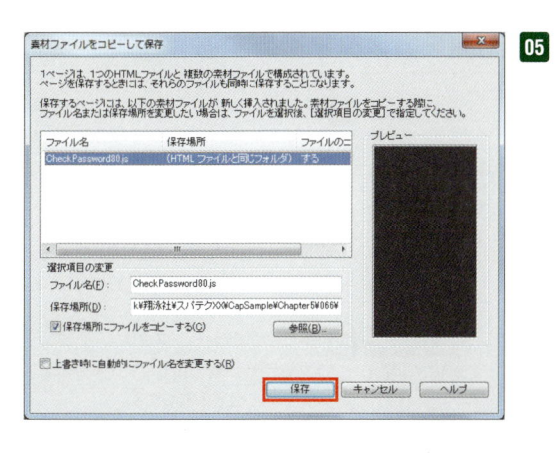

05 ページを上書き保存すると、[素材ファイルをコピーして保存]ダイアログが開くので[保存]をクリックし、同時に生成されるJavaScriptファイル（下記POINT参照）をコピーして保存します。

■ パスワード付きリンクを再編集する

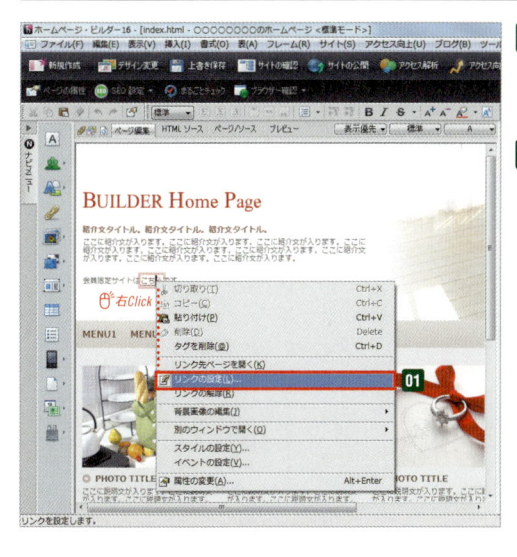

01 パスワード付きリンクを設定した要素を右クリック→[リンクの設定]を選択します。

02 [属性]ダイアログが開くので、必要に応じてパスワードやリンク先を再編集しましょう。

POINT　CheckPassword80.js

パスワード付きリンクのページを保存すると、同一フォルダーに「CheckPassword80.js」というJavaScriptファイルが保存されます。これは、パスワードの正誤を判断するためのスクリプトなので、インターネットでページを公開する際は、このファイルも転送しましょう。

POINT　パスワード付きリンクをやり直す

パスワード付きリンクが正常に動作しなくなったり、パスワードを忘れてしまった場合は、一度リンクを解除してからやり直しましょう。パスワード付きリンクを右クリック→[リンクの解除]を選択すると解除できます。

■ パスワード付きリンクの画面をカスタマイズする

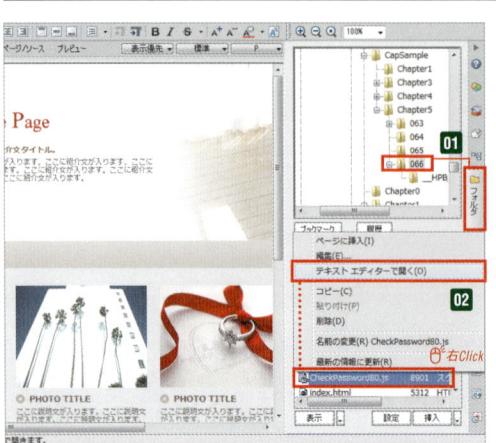

01 ［フォルダビュー］でパスワード付きリンクを設定したページの保存先フォルダーを指定します。

02 フォルダー内にある「CheckPassword80.js」のファイルを右クリック→［テキストエディターで開く］を選択します。

03 メモ帳が起動し、スクリプトが表示されるので必要に応じてソースを修正したら、上書き保存します。

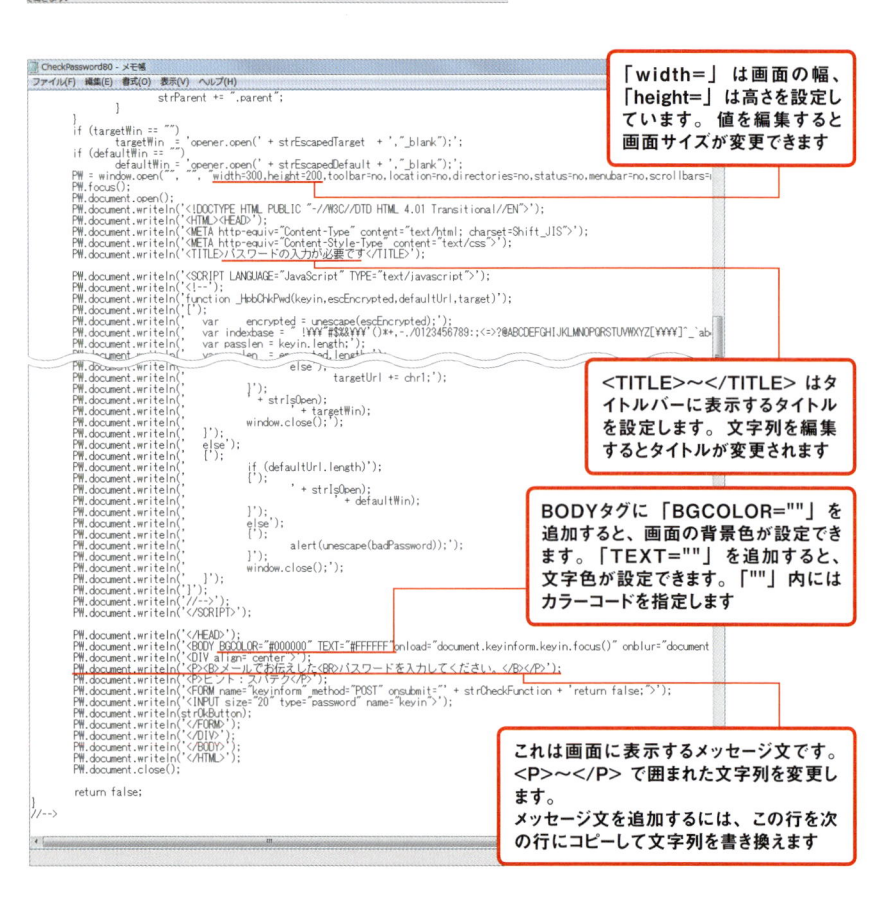

「width=」は画面の幅、「height=」は高さを設定しています。値を編集すると画面サイズが変更できます

<TITLE>〜</TITLE>はタイトルバーに表示するタイトルを設定します。文字列を編集するとタイトルが変更されます

BODYタグに「BGCOLOR=""」を追加すると、画面の背景色が設定できます。「TEXT=""」を追加すると、文字色が設定できます。「""」内にはカラーコードを指定します

これは画面に表示するメッセージ文です。<P>〜</P>で囲まれた文字列を変更します。
メッセージ文を追加するには、この行を次の行にコピーして文字列を書き換えます

360

ポップアップウィンドウを作成する

画像や文字をクリックすると、ポップアップウィンドウでページが表示されるコンテンツを作成します。ポップアップウィンドウには、閉じるためのリンクを付けます。

完成作例

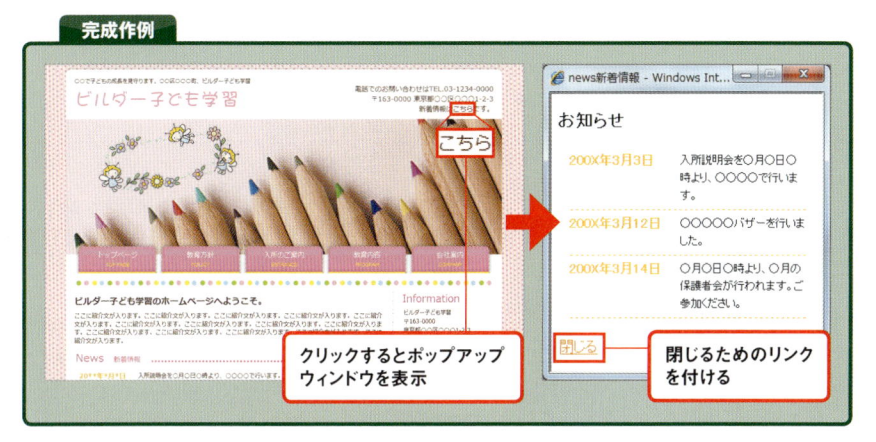

- クリックするとポップアップウィンドウを表示
- 閉じるためのリンクを付ける

■ ポップアップウィンドウを開くリンクを作成する

01 ポップアップウィンドウを表示させたい文字（または画像）を右クリック→［イベントの設定］を選択します。

> **MEMO** 対象にリンクがすでに設定されている場合は、右クリック→［リンクの解除］を選択してリンクを解除してから操作してください。

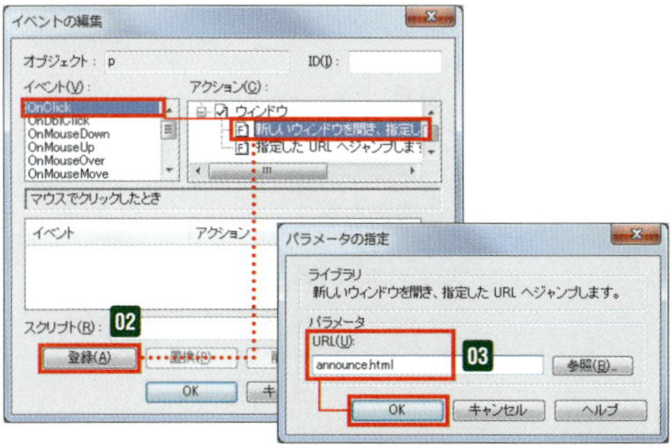

02 ［イベント］で「OnClick」を、［アクション］で「ウィンドウ」の「新しいウィンドウを開き、指定したURLへジャンプします。」を選択したら［登録］をクリックします。

03 ［パラメータの指定］ダイアログの［パラメータ］でポップアップウィンドウのHTMLファイル名を入力したら［OK］をクリックします。

Next >>

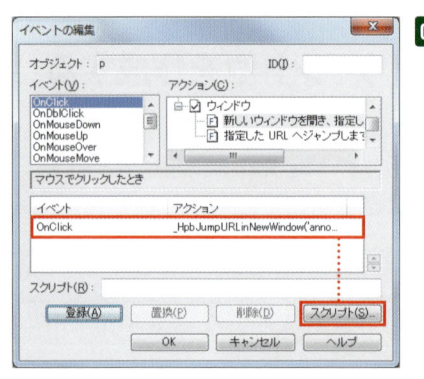

| ホームページ・ビルダー16 | スパテク071 >> ポップアップウィンドウを作成する

04 スクリプトが追加されるので選択した状態で［スクリプト］をクリックします。

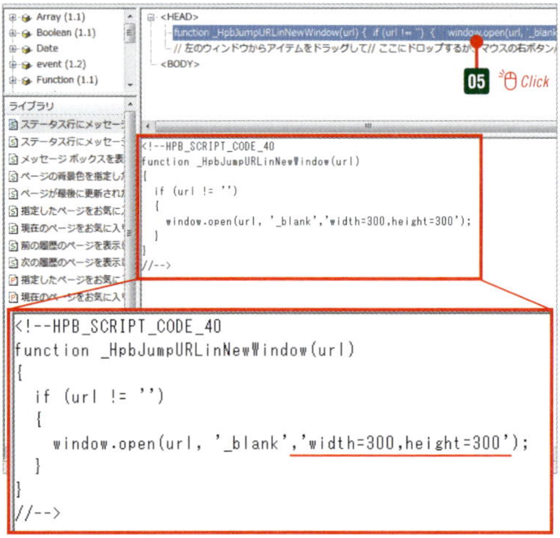

05 ［スクリプト］画面が表示されるので、コードヘッダに追加されたスクリプトをクリックします。

06 下側の編集画面にスクリプトが表示されるので、左図の場所に以下のソースを追加します。

```
,'width=300, height=300'
```

MEMO 「width=」と「height=」で指定する値は、それぞれポップアップウィンドウの横幅と高さです。

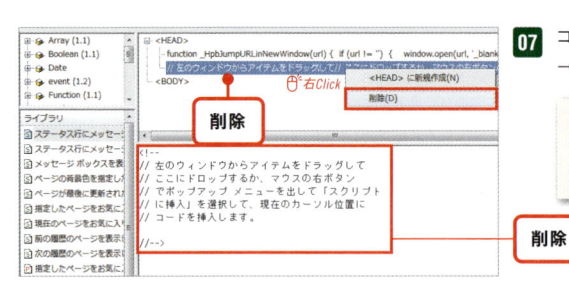

```
<!--HPB_SCRIPT_CODE_40
function _HpbJumpURLinNewWindow(url)
{
   if (url != '')
   {
      window.open(url, '_blank','width=300,height=300');
   }
}
//-->
```

07 コメントスクリプトを削除したら、［OK］→［OK］をクリックすると完成です。

MEMO コメントスクリプトの削除、スクリプトを外部出力する方法については スパテク069 を参照してください。

POINT　ポップアップウィンドウにスクロールバーを表示する

ポップアップウィンドウにスクロールバーを表示するには、手順06のスクリプトの中に「,scrollbars=yes」とオプションを指定します。

```
window.open(url, '_blank','width=300,height=300,scrollbars=yes');
```

■ ポップアップウィンドウを閉じるリンクを作成する

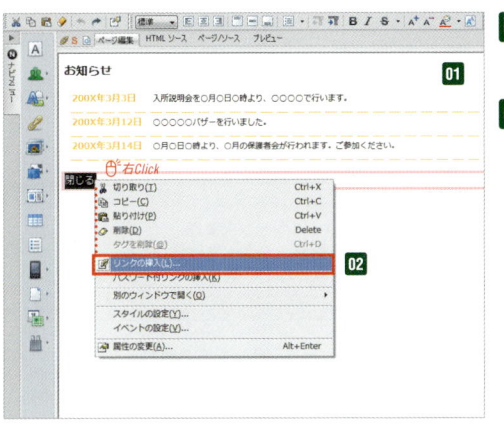

01 ポップアップウィンドウのHTMLファイルを開いておきます。

02 「閉じる」などの文字列を入力して選択し、右クリック→［リンクの挿入］を選択します。

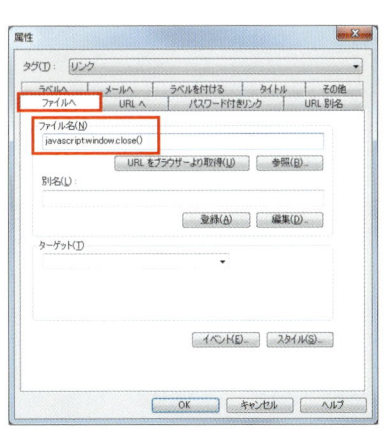

03 ［属性］ダイアログの［ファイルへ］タブで［ファイル名］テキストボックスに以下のソースを入力して［OK］をクリックします。

```
javascript:window.close()
```

MEMO Firefoxでこのスクリプトを試す場合、リンクからポップアップウィンドウを一度開かなければ機能しません。

POINT リンクに下線を引いて手の形にする

閉じるリンクに下線を引き、さらにマウスポインタを合わせたときに手の形に変えるには、スタイルシートで設定します。外部スタイルシートに以下のスタイルを定義し、ポップアップウィンドウを表示する文字をspanタグでマークアップして関連付けてください。

CSSソース （カーソルを変えるスタイルクラスを定義）

```css
.mouse{
  text-decoration: underline;
  cursor: pointer;
}
```

HTMLソース （文字をspanでマークアップしてスタイルクラスを関連付ける）

```html
<span class="mouse">こちら</span>
```

| ホームページ・ビルダー16 | スパテク072 >> スタイルシートの切り替えスクリプトを作成する |

スタイルシートの切り替えスクリプトを作成する

スパテク072

サンプルスクリプトだけでなく、独自のJavaScriptを記述してコンテンツを作成することもできます。ここでは、2つの外部スタイルシートを切り替えるJavaScriptコンテンツを作成します。

完成作例

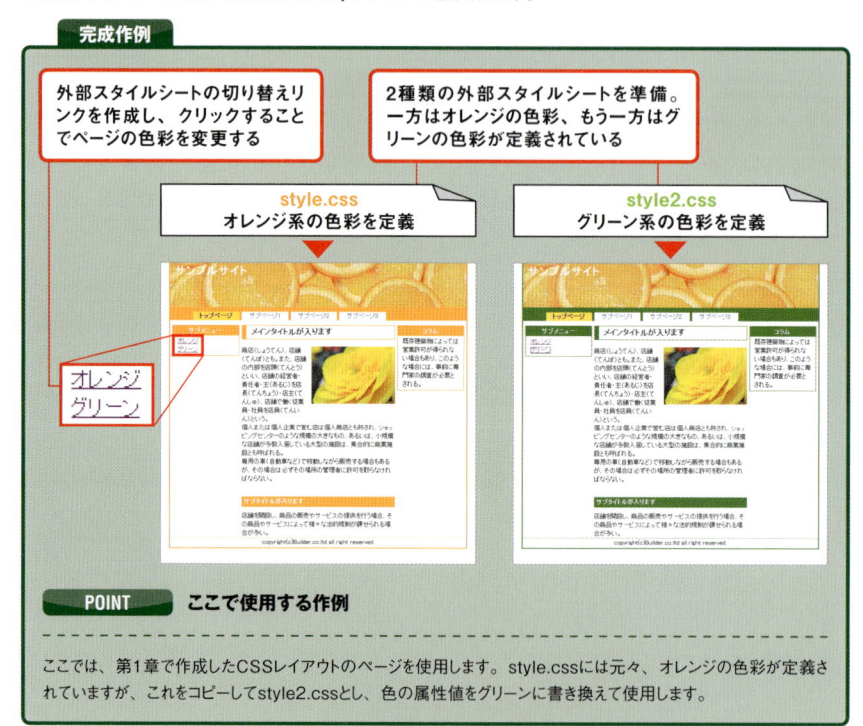

外部スタイルシートの切り替えリンクを作成し、クリックすることでページの色彩を変更する

2種類の外部スタイルシートを準備。一方はオレンジの色彩、もう一方はグリーンの色彩が定義されている

style.css
オレンジ系の色彩を定義

style2.css
グリーン系の色彩を定義

POINT ここで使用する作例

ここでは、第1章で作成したCSSレイアウトのページを使用します。style.cssには元々、オレンジの色彩が定義されていますが、これをコピーしてstyle2.cssとし、色の属性値をグリーンに書き換えて使用します。

■ 外部スタイルシートを複製して色の設定値を変更する

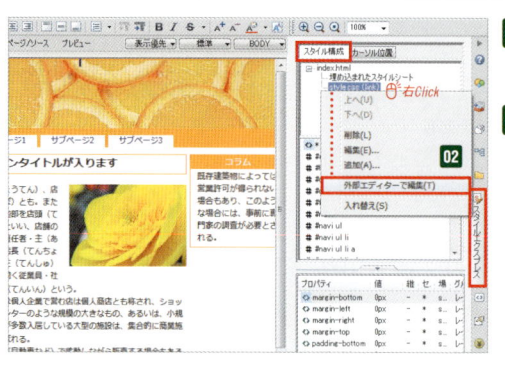

01 第1章で作成したCSSレイアウトのトップページを開いておきます。

02 ［スタイルエクスプレスビュー］の［スタイル構成］パネルで既存の外部スタイルシート「style.css」を右クリック→［外部エディターで編集］を選択します。

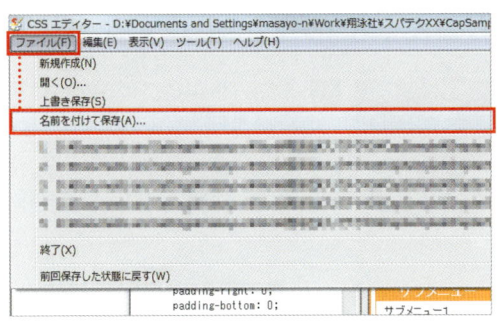

03 CSSエディターが起動するので、メニューの［ファイル］→［名前を付けて保存］を選択します。

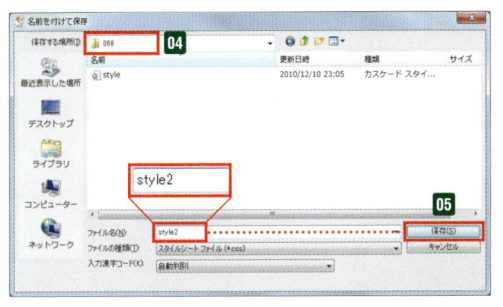

04 ［名前を付けて保存］ダイアログで、現外部スタイルシートの保存先と同じフォルダーを指定します。

05 ［ファイル名］に「style2」と入力して［保存］をクリックし別名で保存します。

> **MEMO** 外部スタイルシートがstyle2.cssで保存されます。

06 CSSエディターでメニューの［編集］→［置換］を選択し、［検索する文字列］に「orange」、［置換する文字列］に「green」と入力して［すべて置換］をクリックして置換します。ソース上で値を直接書き換えても構いません。

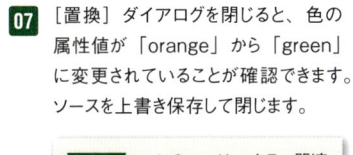

07 ［置換］ダイアログを閉じると、色の属性値が「orange」から「green」に変更されていることが確認できます。ソースを上書き保存して閉じます。

> **MEMO** style2.cssは、カラー関連の属性値がすべてグリーンに変更されました。

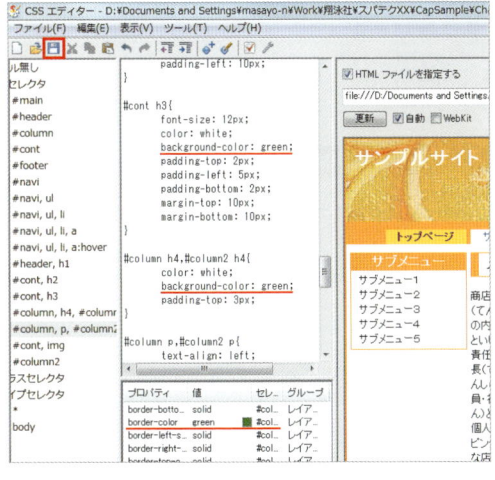

■ 外部スタイルシートを切り替えるスクリプトを作成する

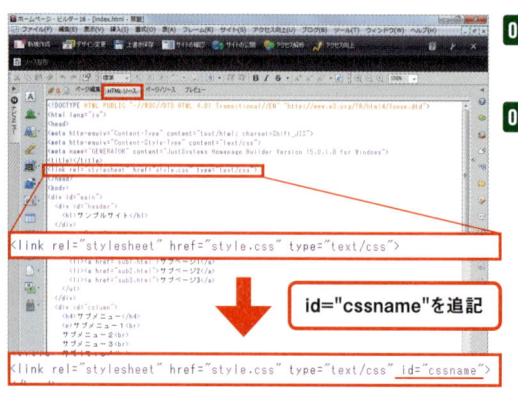

01 第1章で作成したページのソースを表示しておきます。

02 ヘッダの外部スタイルシートの読み込みタグに「 id="cssname"」を追記します。

> **MEMO** 外部スタイルシートの読み込みタグ（linkタグ）に関連付けるid名は、外部スタイルシートの切り替えスクリプトを実行するために必要な定義です。

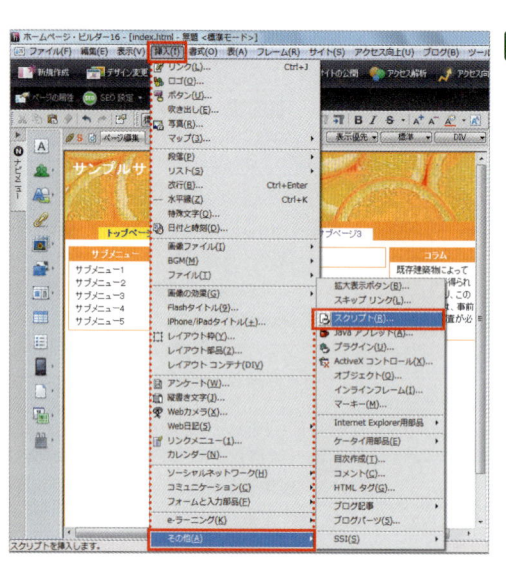

`id="cssname"を追記`

03 ページ編集画面に戻したら、メニューの［挿入］→［その他］→［スクリプト］を選択します。

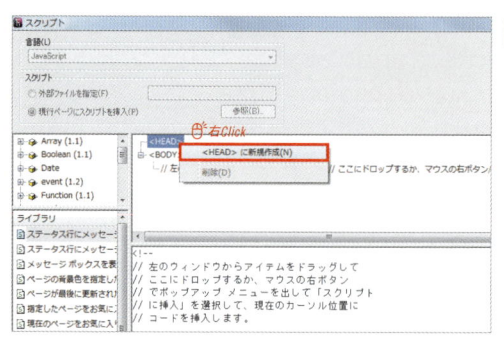

04 ［スクリプト］画面でコードヘッダの<HEAD>を右クリック→［<HEAD>に新規作成］を選択します。

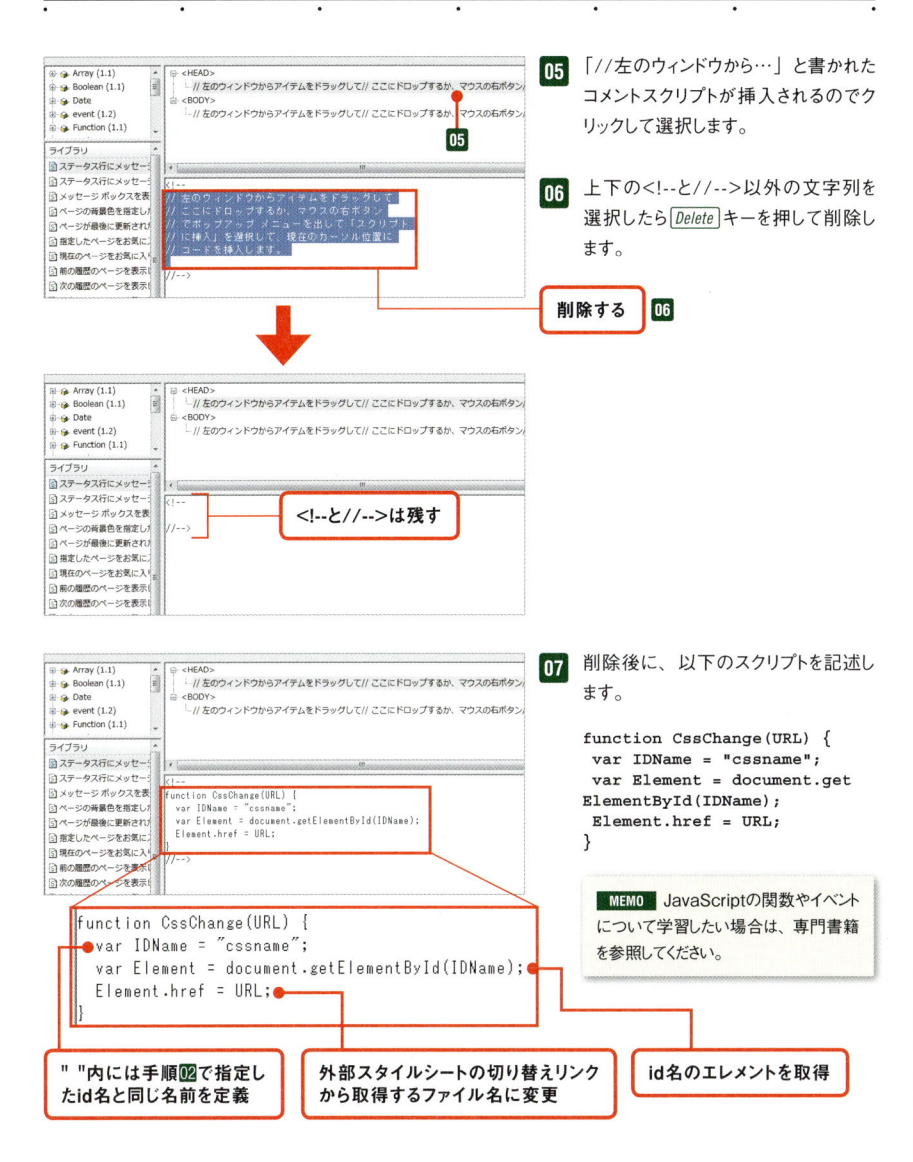

スタイルシートの切り替えスクリプトを作成する << スパテク072 | ホームページ・ビルダー16

05 「//左のウィンドウから…」と書かれたコメントスクリプトが挿入されるのでクリックして選択します。

06 上下の<!--と//-->以外の文字列を選択したら[Delete]キーを押して削除します。

削除する

<!--と//-->は残す

07 削除後に、以下のスクリプトを記述します。

```
function CssChange(URL) {
 var IDName = "cssname";
 var Element = document.getElementById(IDName);
 Element.href = URL;
}
```

MEMO JavaScriptの関数やイベントについて学習したい場合は、専門書籍を参照してください。

```
function CssChange(URL) {
 var IDName = "cssname";
 var Element = document.getElementById(IDName);
 Element.href = URL;
}
```

" "内には手順02で指定したid名と同じ名前を定義

外部スタイルシートの切り替えリンクから取得するファイル名に変更

id名のエレメントを取得

08 コメントスクリプトを削除したら、[OK]をクリックすると完成です。ページを上書き保存してください。

MEMO コメントスクリプトの削除、スクリプトを外部出力する方法については スパテク069 を参照してください。

削除

削除

367

■ 外部スタイルシートを切り替えるリンクを作成する

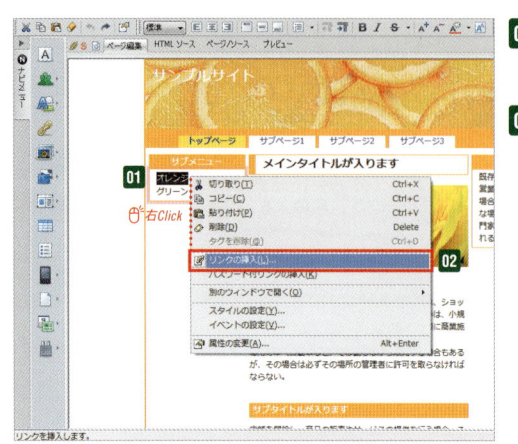

01 コラムスペースに「オレンジ」と「グリーン」の文字を入力しておきます。

02 「オレンジ」の文字を選択して右クリック→［リンクの挿入］を選択します。

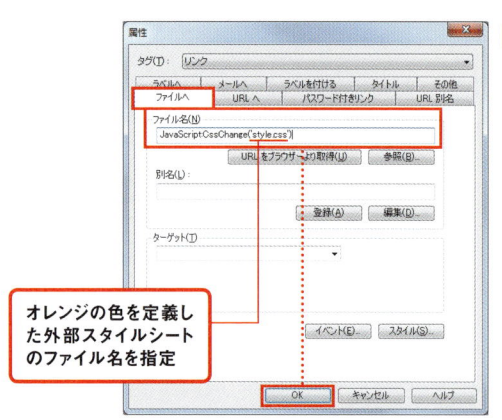

03 ［属性］ダイアログの［ファイルへ］タブで［ファイル名］に以下のソースを記述したら［OK］をクリックします。

```
JavaScript:CssChange('style.css')
```

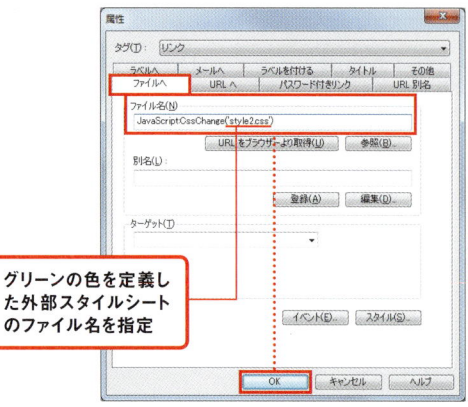

オレンジの色を定義した外部スタイルシートのファイル名を指定

04 同様に「グリーン」の文字を選択して右クリック→［リンクの挿入］を選択し、［属性］ダイアログの［ファイルへ］タブで［ファイル名］に以下のソースを記述したら［OK］をクリックします。

```
JavaScript:CssChange('style2.css')
```

グリーンの色を定義した外部スタイルシートのファイル名を指定

> **MEMO** 外部スタイルシートを切り替えるコンテンツが完成します。ページを上書き保存し、プレビューでリンクをクリックすると色彩が変更されます。

スパテク 073 スクロールに合わせて上下するアフィリエイトを作成する

エレベーターのように、ページのスクロールに合わせて上下するアフィリエイトを作成します。アフィリエイトが常に訪問者の目に入るので、クリック課金の可能性がアップします。

完成作例

縦長のページをスクロールすると、アフィリエイトも一緒に付いてくる

POINT ページレイアウトは左寄せに

アフィリエイトは右端の絶対位置に固定して表示します。そのため、ページのレイアウトが中央揃えであると、ブラウザーの幅に応じてアフィリエイトの表示場所がズレるので必ず左寄せにしてください。なお、フルCSSテンプレートでページを作成している場合は、スパテク 039〜040 の方法で左寄せにすることができます。

■ Amazonアソシエイトをアフィリエイト部品として登録する

01 この作例では、挿入するアフィリエイトに「Amazonアソシエイト」を使用します。まずはインターネットのAmazonアソシエイトのサイトにアクセスします。

02 アカウントを入力してサービスにサインインしてください。

> **MEMO** アカウントが無い場合は、新規登録を済ませてからサインインしてください。サービスの詳細についてはヘルプを確認してください。

01 http://affiliate.amazon.co.jp/

Next >>

03 ［リンク&バナー］から「商品リンク」を選択し、商品リンクのページへアクセスします。

04 アフィリエイトとして表示したい商品を検索します。

05 アフィリエイトに使いたい商品が検索されたら［リンクを作成］をクリックします。

06 選択した商品リンクのカスタマイズページが表示されるので、任意のカスタマイズをします。

> **MEMO** 「ライブプレビュー」の状態が、アフィリエイトとしてそのままページに表示されます。

07 カスタマイズが済んだら、［HTMLをハイライトする］をクリックしてハイライトにし、右クリック→［コピー］を選択してソースをコピーします。

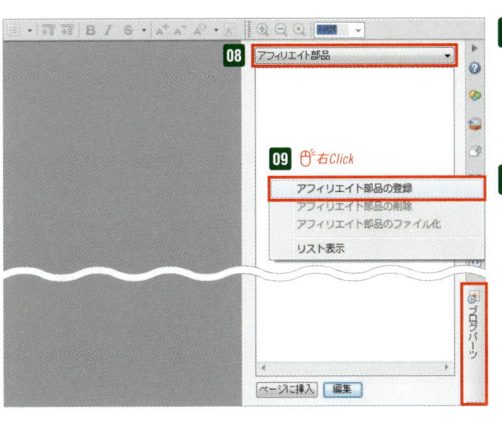

スクロールに合わせて上下するアフィリエイトを作成する << スパテク073 | ホームページ・ビルダー16

08 ホームページ・ビルダーに画面を切り替えたら、［ブログパーツビュー］を表示し、ドロップダウンメニューから［アフィリエイト部品］を選択します。

09 ［ブログパーツビュー］上で右クリック→［アフィリエイト部品の登録］を選択します。

10 ［アフィリエイト部品の登録］ダイアログで［クリップボードから］タブをクリックします。

MEMO 先ほどコピーしたアフィリエイトのHTMLタグが表示されます。この内容がブログパーツに登録されます。

11 ［カテゴリ］で「アフィリエイト部品」が選択されていることを確認したら、［登録名］に任意の登録名を入力して［OK］をクリックします。

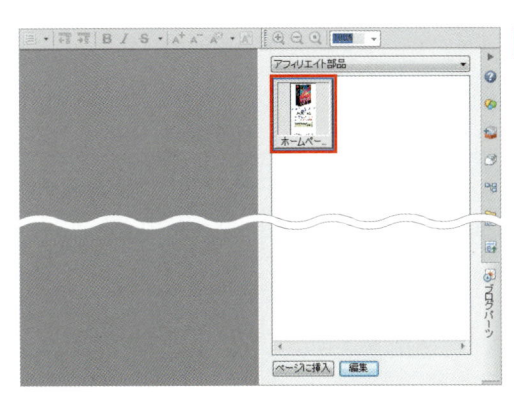

12 アフィリエイト部品が［ブログパーツビュー］に登録されます。

MEMO ［ブログパーツビュー］に登録されたアフィリエイト部品を削除するには、サムネイルを右クリック→［アフィリエイト部品の削除］を選択してください。

POINT アフィリエイト登録作業の注意事項

手順07でアフィリエイトのHTMLタグをコピーしたあとに別の要素をコピーすると、クリップボードの内容が書き換えられるので注意してください。HTMLタグをコピーしたあとは、余計な操作をしないで迅速にアフィリエイト部品へ登録してください。

■ スクロールに合わせて付いてくるアフィリエイトをページに挿入する

01 アフィリエイトを挿入する左寄せレイアウトのページを開いておきます。

02 ページ編集画面を［編集優先］にしておきます。

03 メニューから［挿入］→［レイアウト枠］を選択します。

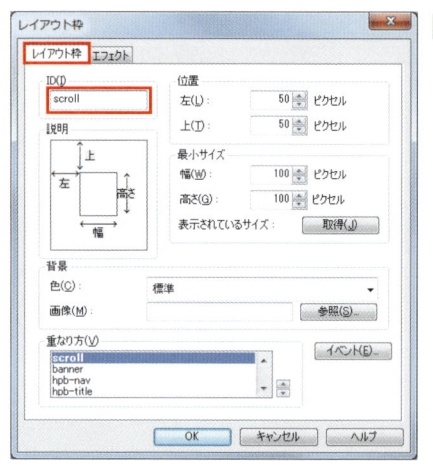

04 ［レイアウト枠］ダイアログの［レイアウト枠］タブで［ID］に任意のID名を入力します。ここでは「scroll」と入力しました。

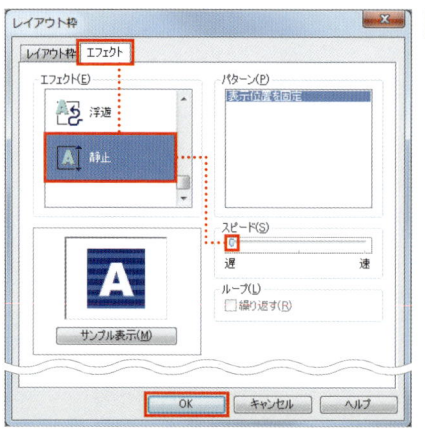

05 ［エフェクト］タブの［エフェクト］で「静止」を選択し、［スピード］で任意スピードを設定したら［OK］をクリックします。

06 レイアウト枠が挿入されるので、外枠をドラッグしてページの右端に移動し、位置を調整します。

07 必要に応じてレイアウト枠をクリックし、ハンドルをドラッグしてサイズを調整します。

> **MEMO** レイアウト枠を削除するには、右クリック→［タグの削除］を選択してください。なおスクリプトは削除されないので、ソースを表示して該当部分を直接削除してください。

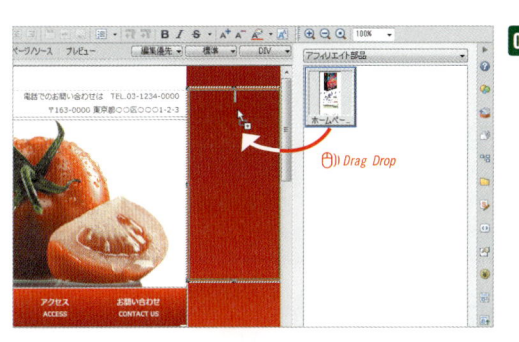

08 ［ブログパーツビュー］から先ほど登録したアフィリエイト部品をレイアウト枠内にドラッグ&ドロップして挿入します。

> **MEMO** アフィリエイト部品を削除するには、右クリック→［タグの削除］を選択してください。なおスクリプトは削除されないので、ソースを表示して該当部分を直接削除してください。

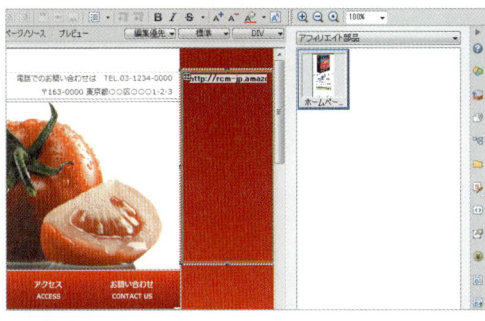

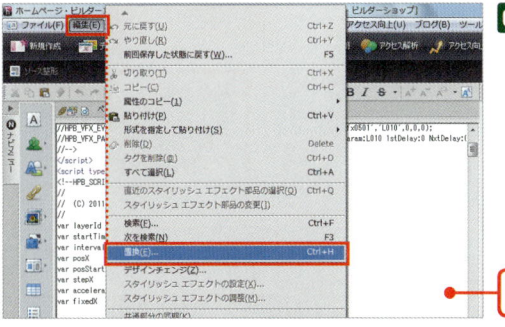

09 ページをいったん上書き保存したら、HTMLソースを表示し、［編集］→［置換］を選択して［置換］ダイアログを表示します。

> **MEMO** ここからはコードを編集します。編集ミスをしてもやり直せるよう、編集前にページを上書き保存しておきましょう。

HTMLソースを表示

Next >>

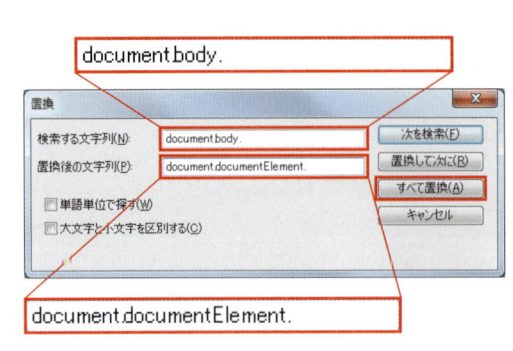

10 [検索する文字列] に「document.body.」と入力します。

11 [置換後の文字列] に「document.documentElement.」と入力したら [すべて置換] をクリックしてすべて置換します。

> **MEMO** いずれも2カ所の「.」(ピリオド) の付け忘れには注意してください。置換が完了したらページを上書き保存すると、プレビューで動作を確認できます。位置が正しくない場合は、レイアウト枠の外枠をドラッグして随時調整してください。

POINT document.body.の置換

Internet Explorerでは、ブラウザの表示領域を取得してスクロールする.scrollLefとscrollTopプロパティを、bodyからではなく、documentから取得しなければ動作しません。そのため、手順09～11を操作して置換しましょう。ただし、GoogleChromeのように、このコンテンツが動作しないブラウザーもあります。

POINT スクリプトの外部出力について

このコンテンツはJavaScriptを使用して作成され、膨大な量のスクリプトがページ内に記述されます。ページの容量に負担をかけないためにも、スクリプトは外部出力することをおすすめします。スパテク069の方法で出力できますが、その前にソースの一部を編集する必要があります。まずは以下の箇所を削除してから外部出力してください。

ヘッダ部分に記述された、スクリプト開始から最初の6行分 (<script>～</script>) を削除

HPB_SCRIPT_VFX_40を削除

スパテク 074

YouTube動画の一覧ページを作成する

スパテク052で作成したサムネイル写真を利用して、YouTubeの動画一覧を作成します。自分で公開中の動画や、楽しい動画を集めてページで公開すれば、注目を集めることができます。

完成作例

スパテク052で作成したサムネイルのコンテンツを活用。写真部分をYouTube動画に差し替える

■ YouTube動画を登録する

01 YouTubeのサイトにアクセスし、使用する動画を表示したら、[共有]→[埋め込みコード]をクリックして[以前の埋め込みコードを使用する]をチェックします。

02 埋め込みコードが表示されたらクリックして選択し、右クリック→[コピー]を選択してソースをコピーします。

Next >>

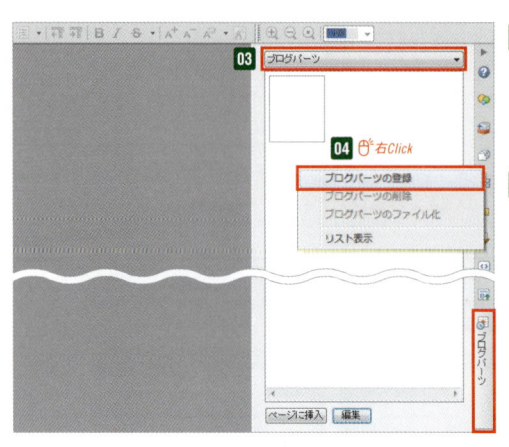

03 ホームページ・ビルダーに画面を切り替えたら、［ブログパーツビュー］を表示し、ドロップダウンメニューから［ブログパーツ］を選択します。

04 ［ブログパーツビュー］上で右クリック→［ブログパーツの登録］を選択します。

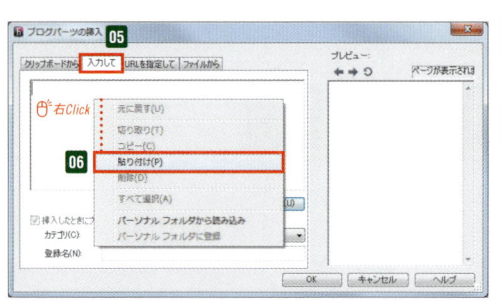

05 ［ブログパーツの挿入］ダイアログで［入力して］タブをクリックします。

06 下のテキストボックスで右クリック→［貼り付け］を選択し、先ほどコピーしたソースを貼り付けます。

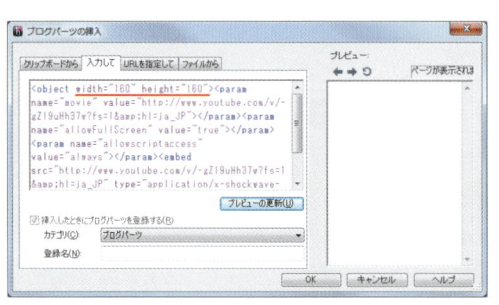

07 貼り付けたソースの1行目にあるwidthとheightの属性値をいずれも160に書き換えます。

> **MEMO** ここは、YouTube動画の表示サイズを設定します。本作例では、スパテク052 で作成したサムネイルの写真ボックスと同じサイズにするため、いずれも160ピクセルとしています。

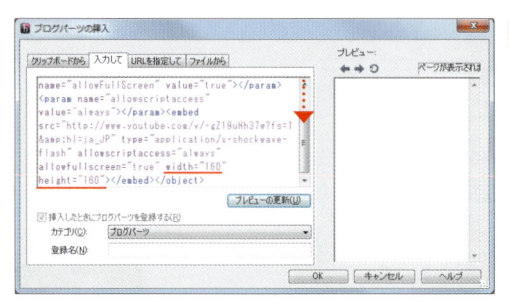

08 スクロールバーをドラッグして最終行にあるwidthとheightの属性値も同様に160に書き換えます。

09 [プレビューの更新]をクリックし、動画の幅と高さを確認します。

> **MEMO** 動画サイズが縮小されていない場合は、手順**07**と**08**の値をもう一度見直してください。

10 [登録名]に任意の登録名を入力して[OK]をクリックします。

11 動画が登録されます。その他の動画も登録する場合は、手順**01**〜**10**を繰り返します。

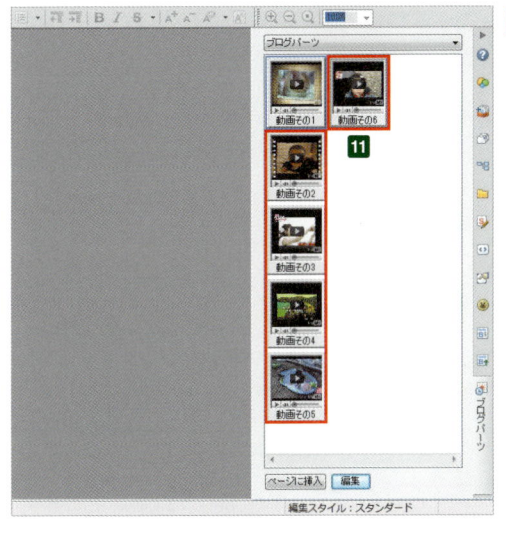

■ YouTube動画をサムネイルに挿入する

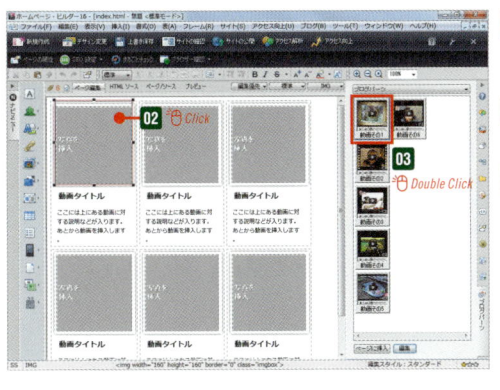

01 スパテク052のサムネイル写真を作成しておきます。

02 写真ボックスをクリックします。

03 [ブログパーツビュー]から挿入したい動画をダブルクリックします。

> **MEMO** 掲載する動画の数に応じて、サムネイル写真のレイアウトコンテナをコピーしておきましょう。

Next >>

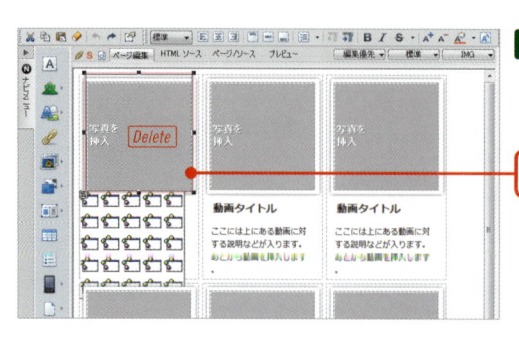

04 写真ボックスの下側に動画が挿入されるので、写真ボックスを選択して[Delete]キーを押して削除します。

削除する

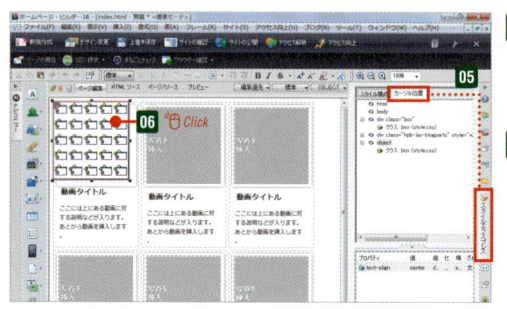

05 写真ボックスが削除されたら、[スタイルエクスプレスビュー]の[カーソル位置]パネルを表示します。

06 挿入した動画をクリックします。

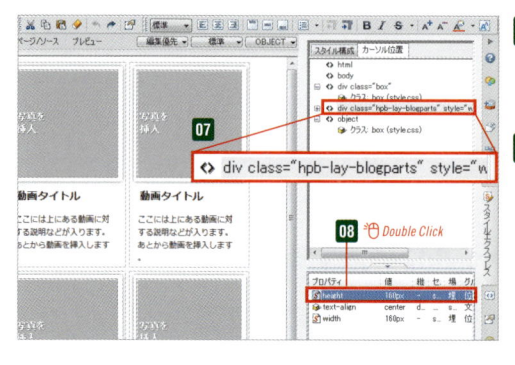

07 タグの状況が表示されるので「div class="hpb-lay-blogparts"」をクリックします。

08 下側のプロパティに属性値が表示されるのでheightまたはwidthの属性をダブルクリックします。

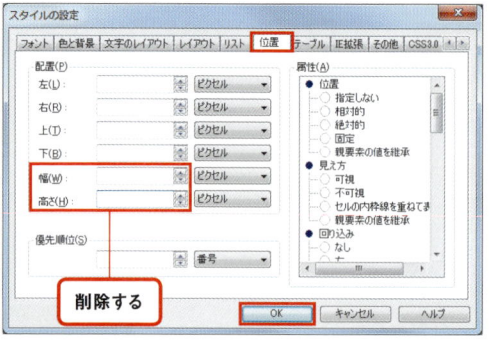

09 [スタイルの設定]ダイアログで[位置]タブが選択されるので、[幅]と[高さ]に設定された160の値を両方削除して[OK]をクリックします。

削除する

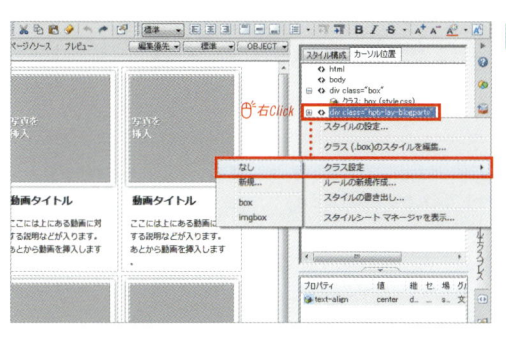

10 再び動画を選択したら、スタイルエクスプレスビューの「div class="hpb-lay-blogparts"」のタグを右クリック→[クラス設定]→「なし」を選択します。

> **MEMO** ここは、動画に関連付けられたスタイルクラス「hpb-lay-blogparts」を解除しています。

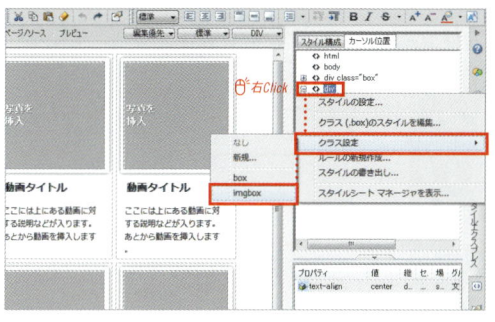

11 スタイルクラスの関連付けが解除されてdivのみになるので、今度はそのdivを右クリック→[クラス設定]→「imgbox」を選択します。

> **MEMO** ここは、元々写真ボックスに関連付けられていた「imgbox」のスタイルクラスを動画に関連付けています。上側に10ピクセルの余白が挿入されます。

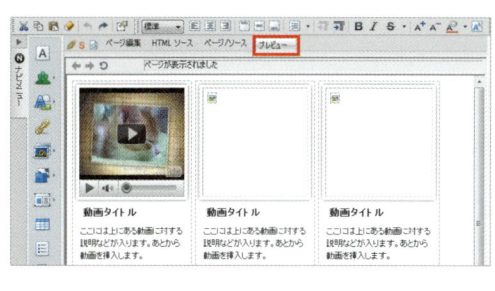

12 サムネイルに動画が貼り付けられました。プレビューをして動画をクリックすると再生されます。

13 その他のサムネイルにも同様に挿入するには手順02～12を繰り返します。

スパテク 075 Twitterのツイート一覧ページを作成する

スパテク 050 で作成したコラムスペースを利用して、Twitterの最新ツイート一覧を作成します。訪問者がこのコンテンツをきっかけにTwitterへ移動し、ツイートしてくれるかもしれません。

完成作例

スパテク 050 で作成したコラムスペースにTwitterのツイート一覧を挿入する

■ ツイート画面を登録する

01 Twitterにアクセスしてログインしたら、サイドバーにある「素材」のリンクをクリックします。

MEMO Twitterのメニューが英語表記の場合は、「Resources」のリンクをクリックします。

02 「ウィジェット」をクリックします。

03 「自分のサイト」→「プロフィールウィジェット」の順にリンクをたどります。

04 [設定]をクリックします。

05 コラムスペースに挿入したいツイートのユーザー名を入力して[プレビューで確認]をクリックすると、右側にツイート画面がプレビュー表示されます。

> **MEMO** Twitterにログインしている場合、ここには自分のユーザー名が表示されます。

06 [カスタマイズ]をクリックして[スクロールバーを表示]の「はい」をチェックします。その他、ここでは必要に応じてツイート画面の表示設定をカスタマイズしましょう。

> **MEMO** 表示しきれないツイートはスクロールバーを表示して対処します。

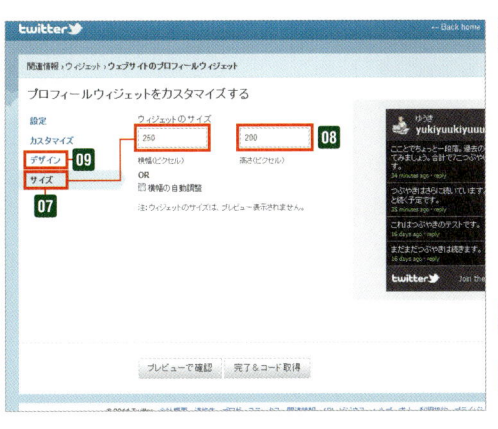

07 [サイズ]をクリックして[横幅]で「250」を指定します。

> **MEMO** スパテク050で作成したコラムスペースは横幅が280ピクセルで左右に15ピクセルの余白があります。そのため、ツイート画面の最適な横幅は250ピクセルとなります。なおサイズはあとからソース上で変更することもできます。

08 [高さ]で「200」を指定します。

09 必要に応じて「デザイン」をクリックし、画面の色などを設定します。

10 設定が完了したら[完了&コード取得]をクリックします。

11 埋め込みコードが表示されたらクリックして選択し、右クリック→[コピー]を選択してソースをコピーします。

Next >>

12 ホームページ・ビルダーに画面を切り替えたら、[ブログパーツビュー]を表示し、ドロップダウンメニューから[ブログパーツ]を選択します。

13 [ブログパーツビュー]上で右クリック→[ブログパーツの登録]を選択します。

14 [ブログパーツの挿入]ダイアログで[クリップボードから]タブには先ほどコピーしたソースが表示されるので[登録名]に任意の登録名を入力して[OK]をクリックします。

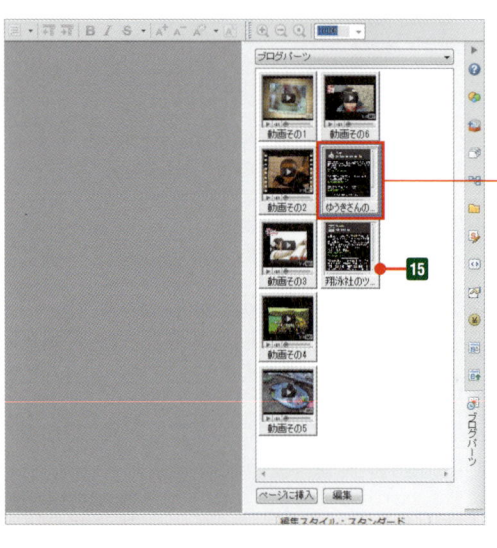

15 ツイート画面が登録されます。その他の画面も登録する場合は、手順**05**〜**14**を繰り返します。

ツイート画面が登録される

■ ツイート画面をコラムスペースに挿入する

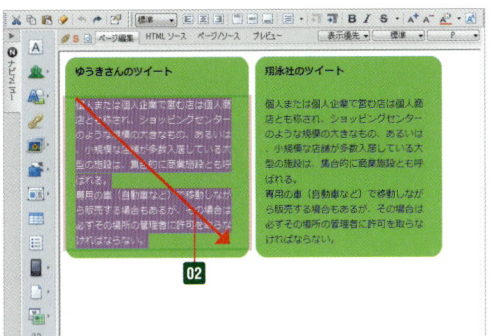

01 **スパテク 050** のコラムスペースを作成しておきます。

> **MEMO** 掲載するツイート画面の数に応じて、コラムスペースのレイアウトコンテナをコピーしておきましょう。

02 コラムスペース内の文章を選択します。

> **MEMO** タイトル以外の文章のみを選択します。

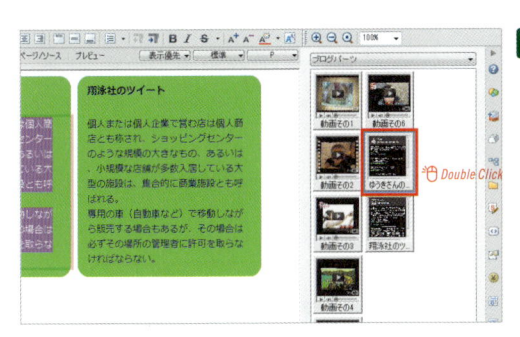

03 ［ブログパーツビュー］から挿入したいツイート画面をダブルクリックします。

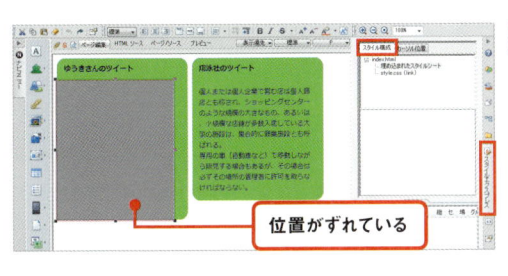

04 ツイート画面が挿入されますが、位置とコラムスペースの高さが合っていないので修正するため、［スタイルエクスプレスビュー］の［スタイル構成］パネルを表示します。

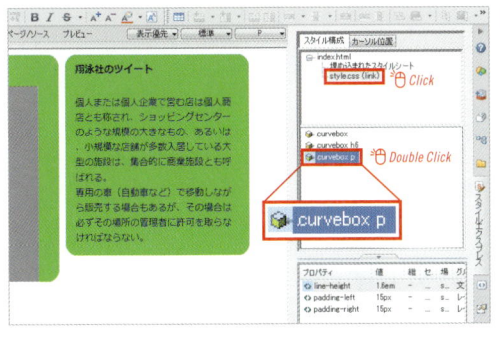

位置がずれている

05 外部スタイルシートをクリックしたら、「.curvebox p」をダブルクリックします。

> **MEMO** 更新確認メッセージが表示されたら［はい］をクリックします。

Next >>

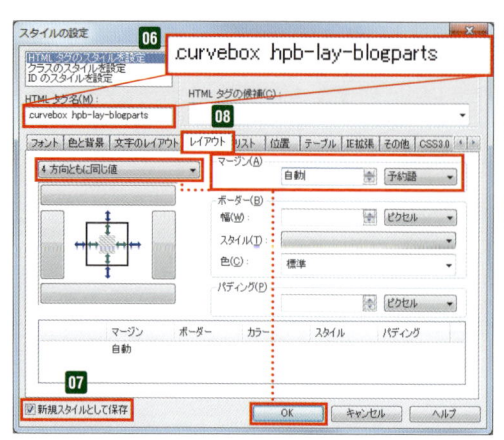

06 [HTMLタグ名]のところを「.curvebox .hpb-lay-blogparts」に書き換えます。

07 [新規スタイルとして保存]をオンにします。

08 [レイアウト]タブのドロップダウンリストから「4方向ともに同じ値」を選択し、[マージン]で「予約語」「自動」を指定したら[OK]をクリックします。

> **MEMO** 新しくブログパーツ用の子孫セレクタが作成され、これが適用されてツイート画面がコラムスペースの中央にレイアウトされます。

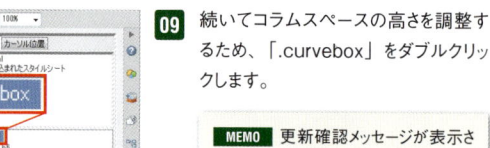

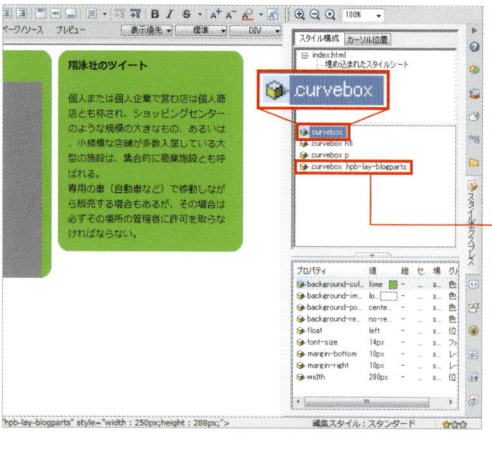

09 続いてコラムスペースの高さを調整するため、「.curvebox」をダブルクリックします。

> **MEMO** 更新確認メッセージが表示されたら[はい]をクリックします。

ブログパーツを中央に寄せる子孫セレクタが作成される

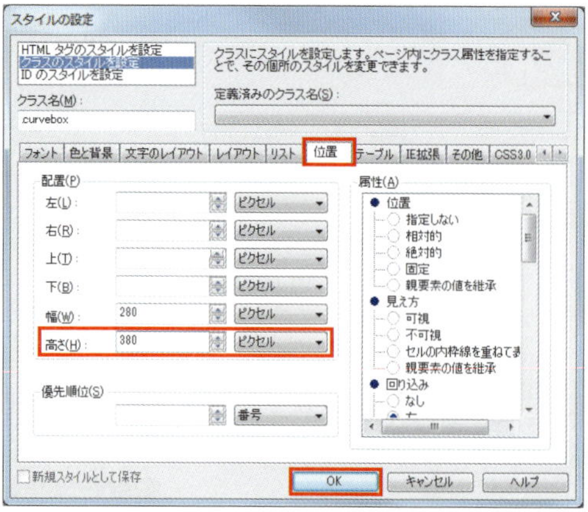

10 [位置]タブの[高さ]に「380」と入力したら[OK]をクリックします。

> **MEMO** コラムスペースにツイート画面が挿入されました。

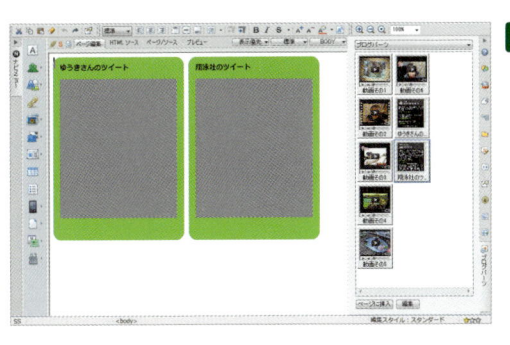

Twitterのツイート一覧ページを作成する << スパテク075 | ホームページ・ビルダー16

11 その他のコラムスペースにも同様に挿入するには手順02〜10を繰り返します。

> **MEMO** 操作が完了したらページを上書き保存すると、プレビューで挿入イメージを確認できます。

POINT　ツイート画面の横幅と高さを変更する

ツイート画面の横幅と高さを変更するには、ソースを表示してJavaScript内で定義されている「width:」「height:」プロパティの値を書き換えてください。

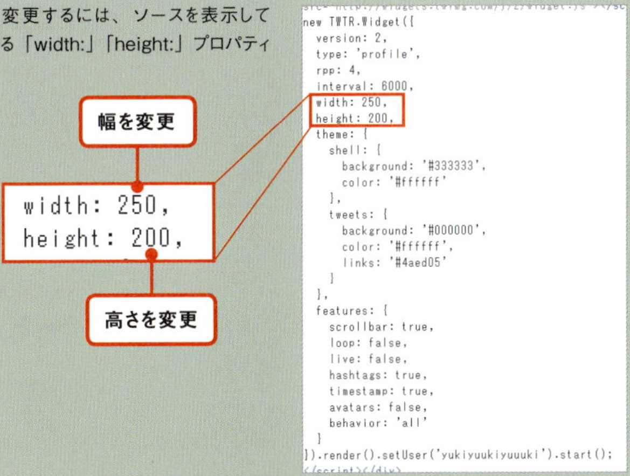

幅を変更

```
width: 250,
height: 200,
```

高さを変更

```
new TWTR.Widget({
  version: 2,
  type: 'profile',
  rpp: 4,
  interval: 6000,
  width: 250,
  height: 200,
  theme: {
    shell: {
      background: '#333333',
      color: '#ffffff'
    },
    tweets: {
      background: '#000000',
      color: '#ffffff',
      links: '#4aed05'
    }
  },
  features: {
    scrollbar: true,
    loop: false,
    live: false,
    hashtags: true,
    timestamp: true,
    avatars: false,
    behavior: 'all'
  }
}).render().setUser('yukiyuukiyuuuki').start();
```

POINT　ツイートボタンを挿入する

サイトの知名度を上げてアクセスアップを目指すなら、SNSボタンを挿入し、クチコミをしてもらうと効果的です。ホームページ・ビルダーでは、Twitterの「ツイートボタン」、Facebookの「いいね!ボタン」、ミクシィの「mixiチェックボタン」「mixiイイネ!ボタン」、Hatenaの「はてなブックマークボタン」、Evernoteの「Evernoteサイトメモリーボタン」が挿入できます。これらをまとめて挿入するには、ナビメニューの[ソーシャルネットワークの挿入]から[まとめて挿入]を選択してください。なお、「mixiチェック」ボタンの挿入方法については、スパテク108を参照してください。

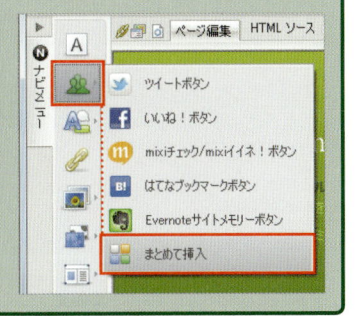

| ホームページ・ビルダー16 | スパテク076 >> ブラウザーにアイコンを表示する

ブラウザーにアイコンを表示する

自分のウェブページをブラウザーで表示すると、アドレスバー、タブ、お気に入りの横にアイコンが表示されるようにします。アイコン画像の作成には、変換サイトを使用します。

完成作例

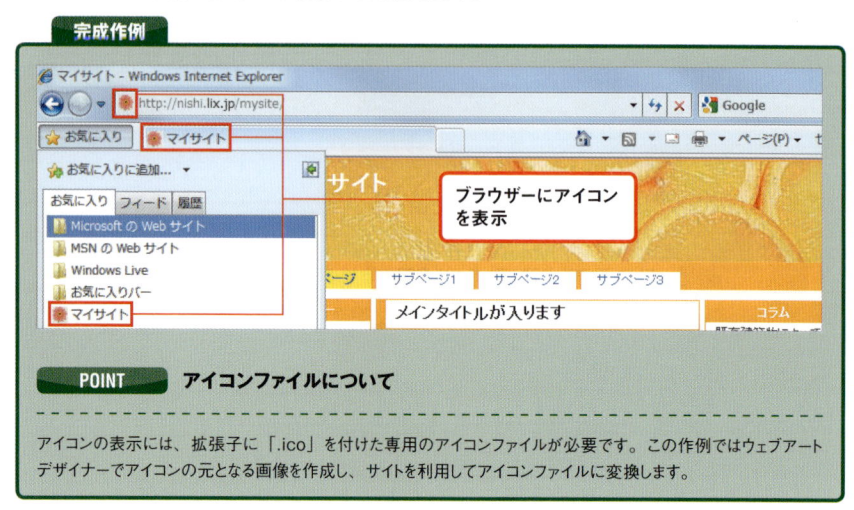

ブラウザーにアイコンを表示

POINT　アイコンファイルについて

アイコンの表示には、拡張子に「.ico」を付けた専用のアイコンファイルが必要です。この作例ではウェブアートデザイナーでアイコンの元となる画像を作成し、サイトを利用してアイコンファイルに変換します。

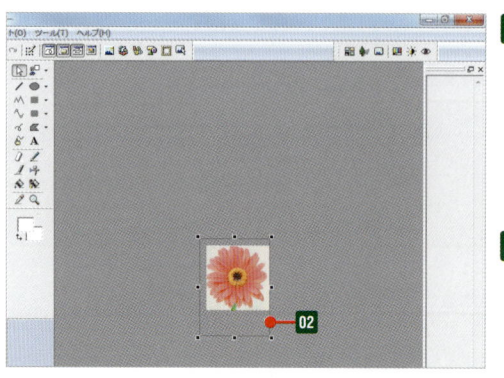

01 ウェブアートデザイナーで、キャンバスの幅と高さを同じサイズで設定します。
→ D2

MEMO 本作例では、幅と高さをいずれも100ピクセルにしています。

02 アイコンにしたい画像をキャンバスに追加し、サイズを調整します。

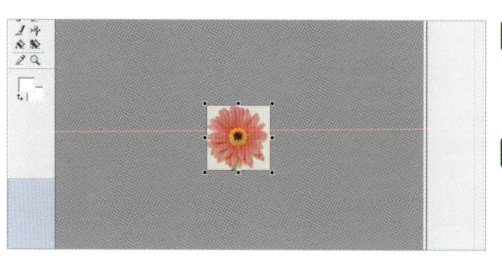

03 画像をキャンバスと同じサイズで切り抜きます。
→ スパテク058

04 切り抜いた画像はWeb用保存ウィザードを使用して任意ファイル形式で保存しておきます。

05 ブラウザーを起動して、アイコン変換サービスのサイト「FavIcon from Pics」（http://www.chami.com/html-kit/services/favicon）へアクセスします。

06 ［Sourece Image］にある［参照］をクリックして手順04で保存した画像を指定したら、［GenerateFavIcon.ico］をクリックします。

07 ［Your favicon preview］に変換イメージが表示されるので、下にある［DownloadFavIcon Package］をクリックしてファイルをダウンロードします。

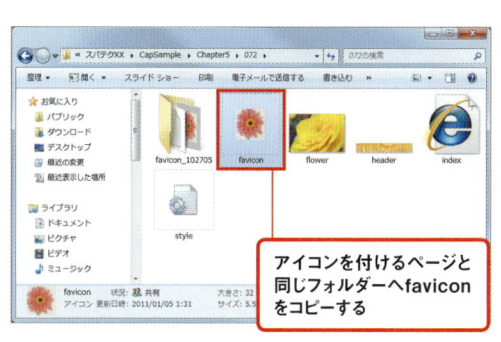

08 ダウンロードした圧縮ファイルを解凍し、フォルダー内の「favicon」ファイルをアイコンを付けたいページのあるフォルダーへコピーしておきます。

> **MEMO** ZIP形式の圧縮ファイルを解凍するには、右クリック→［すべて展開］を選択してください。

アイコンを付けるページと同じフォルダーへfaviconをコピーする

09 ホームページ・ビルダーでアイコンを付けたいページを開いたら、ソースを表示し、<head>〜</head>タグ内に左図のタグを記述すれば完成です。

> **MEMO** このページと「favicon.ico」をサーバーに転送すれば、ページを表示したときにアイコンが表示されます。

`<link rel="shortcut icon" href="favicon.ico">`

スパテク 077
CGIプログラムを使用して問い合わせフォームを作成する

ホームページ・ビルダーのサンプルCGIプログラムを利用して、問い合わせフォームを作成します。設置先のサーバーは、CGIとsendmailに対応している必要があります。

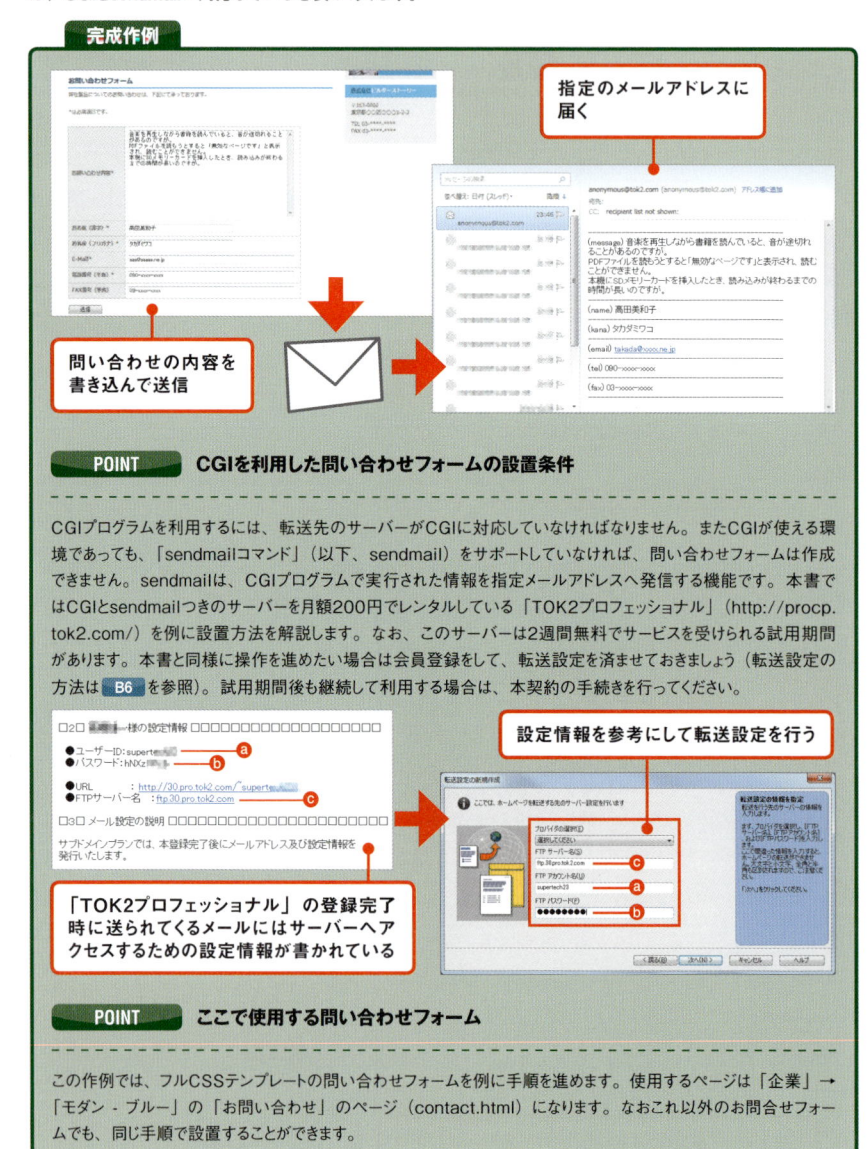

完成作例

指定のメールアドレスに届く

問い合わせの内容を書き込んで送信

POINT　CGIを利用した問い合わせフォームの設置条件

CGIプログラムを利用するには、転送先のサーバーがCGIに対応していなければなりません。またCGIが使える環境であっても、「sendmailコマンド」（以下、sendmail）をサポートしていなければ、問い合わせフォームは作成できません。sendmailは、CGIプログラムで実行された情報を指定メールアドレスへ発信する機能です。本書ではCGIとsendmailつきのサーバーを月額200円でレンタルしている「TOK2プロフェッショナル」（http://procp.tok2.com/）を例に設置方法を解説します。なお、このサーバーは2週間無料でサービスを受けられる試用期間があります。本書と同様に操作を進めたい場合は会員登録をして、転送設定を済ませておきましょう（転送設定の方法は B6 を参照）。試用期間後も継続して利用する場合は、本契約の手続きを行ってください。

□2つ ■■■■■様の設定情報 □□□□□□□□□□□□□□□□□□□
●ユーザーID：super■■　ⓐ
●パスワード：hNX■■■■　ⓑ
●URL　　　：http://30.pro.tok2.com/~supert■■■
●FTPサーバー名：ftp30.pro.tok2.com　ⓒ
□3つ メール設定の説明 □□□□□□□□□□□□□□□□□□□□□
サブドメインプランでは、本登録完了後にメールアドレス及び設定情報を発行いたします。

「TOK2プロフェッショナル」の登録完了時に送られてくるメールにはサーバーへアクセスするための設定情報が書かれている

設定情報を参考にして転送設定を行う

POINT　ここで使用する問い合わせフォーム

この作例では、フルCSSテンプレートの問い合わせフォームを例に手順を進めます。使用するページは「企業」→「モダン・ブルー」の「お問い合わせ」のページ（contact.html）になります。なおこれ以外のお問合せフォームでも、同じ手順で設置することができます。

■ CGIプログラムをサーバーの環境に合わせて編集する

01 CGIプログラムは、ホームページ・ビルダーに付属のファイルを使用します。[フォルダビュー]を表示し、ホームページ・ビルダーがインストールされているフォルダーの¥sample¥cgi¥kansouフォルダーへアクセスします。バージョンによってフォルダーの場所は異なります（下記MEMO参照）。

> **MEMO**
> このフォルダーのパス：
> ¥Program Files¥JustSystems¥HOMEPAGEBUILDER16¥sample¥cgi¥

02 [kansou]フォルダー内にある「kansou.cgi」ファイルを右クリック→[テキストエディターで開く]を選択します。

Next >>

POINT　kansou.cgiの検索

kansou.cgiの保存先フォルダーへたどり着けない場合は、Windowsのエクスプローラーで検索すると効率的です。エクスプローラーの検索ボックスに「kansou.cgi」と入力して検索すれば、素早く探し出せます。

03 CGIスクリプトがメモ帳で開くので、転送先サーバーの環境に応じて書き換えます。

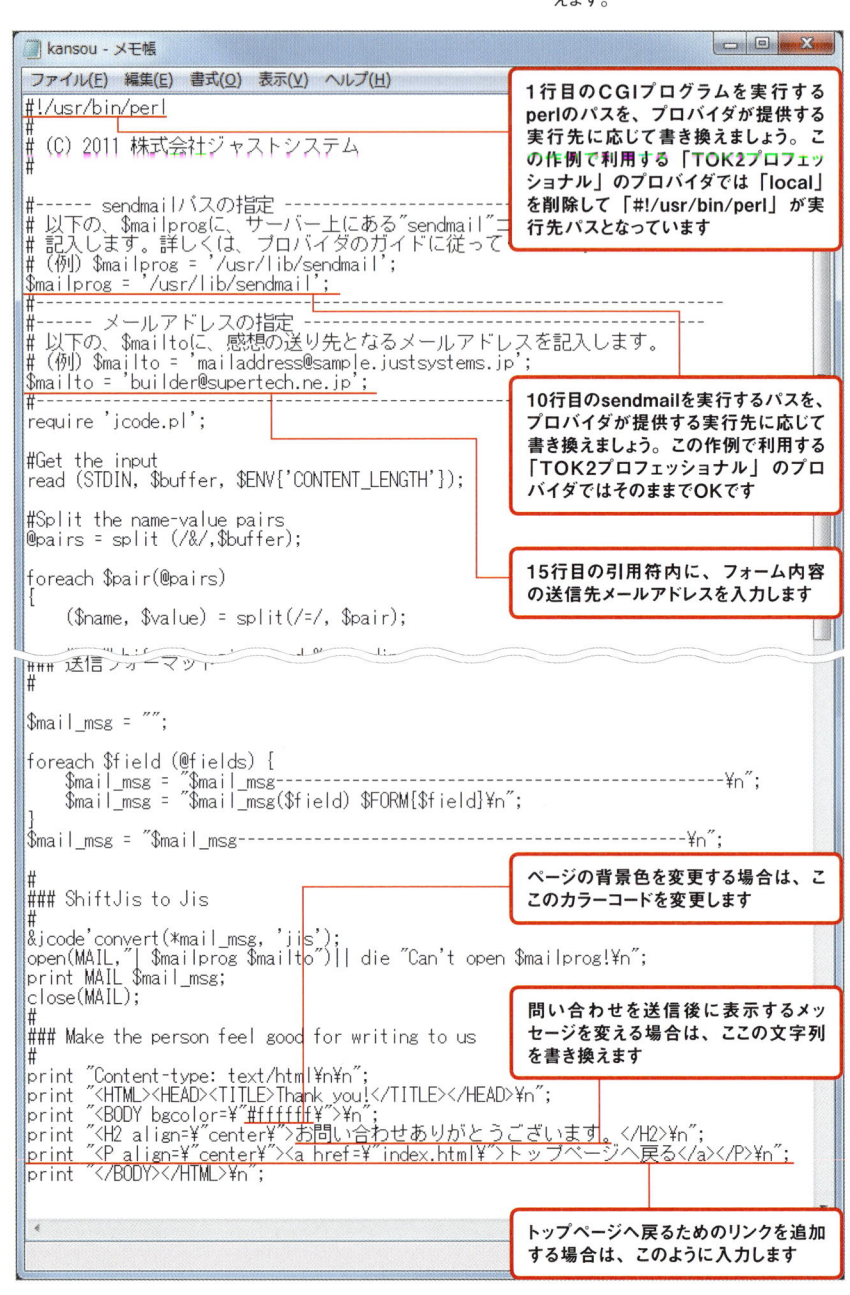

```perl
#!/usr/bin/perl
#
# (C) 2011 株式会社ジャストシステム
#
#------ sendmailパスの指定 ------------------------
# 以下の、$mailprogに、サーバー上にある"sendmail"コ
# 記入します。詳しくは、プロバイダのガイドに従って
# (例) $mailprog = '/usr/lib/sendmail';
$mailprog = '/usr/lib/sendmail';
#-------------------------------------------------
#------ メールアドレスの指定 ----------------------
# 以下の、$mailtoに、感想の送り先となるメールアドレスを記入します。
# (例) $mailto = 'mailaddress@sample.justsystems.jp';
$mailto = 'builder@supertech.ne.jp';
#-------------------------------------------------
require 'jcode.pl';

#Get the input
read (STDIN, $buffer, $ENV{'CONTENT_LENGTH'});

#Split the name-value pairs
@pairs = split (/&/,$buffer);

foreach $pair(@pairs)
{
    ($name, $value) = split(/=/, $pair);

### 送信フォーマット
#
$mail_msg = "";

foreach $field (@fields) {
    $mail_msg = "$mail_msg---------------------------------------------¥n";
    $mail_msg = "$mail_msg($field) $FORM[$field]¥n";
}
$mail_msg = "$mail_msg---------------------------------------------¥n";
#
### ShiftJis to Jis
#
&jcode'convert(*mail_msg, 'jis');
open(MAIL, "| $mailprog $mailto") || die "Can't open $mailprog!¥n";
print MAIL $mail_msg;
close(MAIL);
#
### Make the person feel good for writing to us
#
print "Content-type: text/html¥n¥n";
print "<HTML><HEAD><TITLE>Thank you!</TITLE></HEAD>¥n";
print "<BODY bgcolor=¥"#ffffff¥">¥n";
print "<H2 align=¥"center¥">お問い合わせありがとうございます。</H2>¥n";
print "<P align=¥"center¥"><a href=¥"index.html¥">トップページへ戻る</a></P>¥n";
print "</BODY></HTML>¥n";
```

- 1行目のCGIプログラムを実行するperlのパスを、プロバイダが提供する実行先に応じて書き換えましょう。この作例で利用する「TOK2プロフェッショナル」のプロバイダでは「local」を削除して「#!/usr/bin/perl」が実行先パスとなっています

- 10行目のsendmailを実行するパスを、プロバイダが提供する実行先に応じて書き換えましょう。この作例で利用する「TOK2プロフェッショナル」のプロバイダではそのままOKです

- 15行目の引用符内に、フォーム内容の送信先メールアドレスを入力します

- ページの背景色を変更する場合は、ここのカラーコードを変更します

- 問い合わせを送信後に表示するメッセージを変える場合は、ここの文字列を書き換えます

- トップページへ戻るためのリンクを追加する場合は、このように入力します

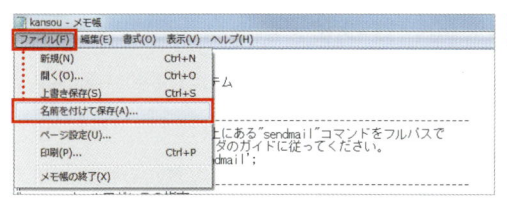

04 書き換えが完了したら、メモ帳でメニューの[ファイル]→[名前を付けて保存]を選択し、[名前を付けて保存]ダイアログを表示します。

05 問い合わせフォームのページが保存されたフォルダーを指定します。

06 [ファイルの種類]から「すべてのファイル」を選択します。

07 ファイル名に任意のファイル名を入力したら[保存]をクリックして保存します。

> **MEMO** 拡張子.cgiの付け忘れに注意してください。

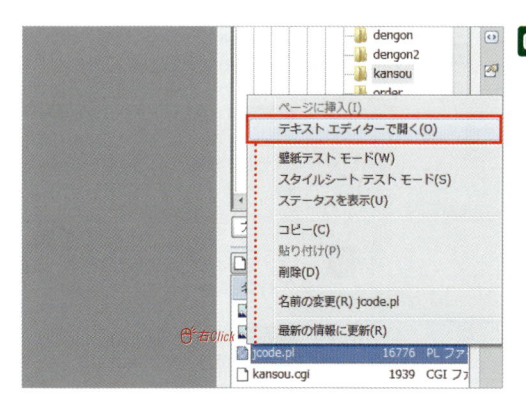

08 続いて[kansou]フォルダー内にある「jcode.pl」ファイルを右クリック→[テキストエディターで開く]を選択します。

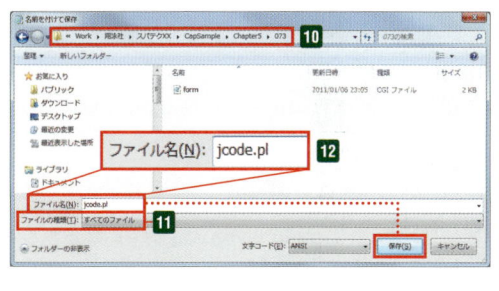

09 Perlスクリプトがメモ帳で開くので、何も編集しないでメニューの[ファイル]→[名前を付けて保存]を選択し、[名前を付けて保存]ダイアログを表示します。

10 問い合わせフォームのページが保存されたフォルダーを指定します。

11 [ファイルの種類]から「すべてのファイル」を選択します。

12 ファイル名は「jcode.pl」のままで[保存]をクリックして保存します。

■ CGIプログラムを転送して問い合わせフォームを動かす

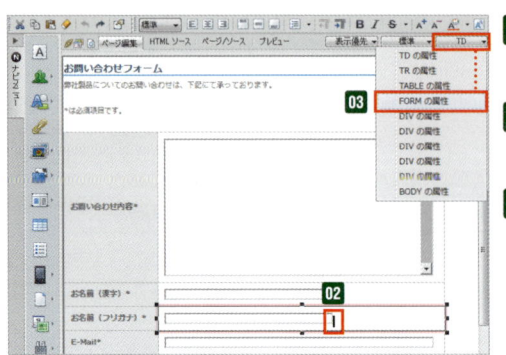

01 ホームページ・ビルダーで問い合わせフォームのページを開いておきます。

02 フォーム内の任意の場所にカーソルを置きます。

03 [属性の変更]から[FORMの属性]を選択します。

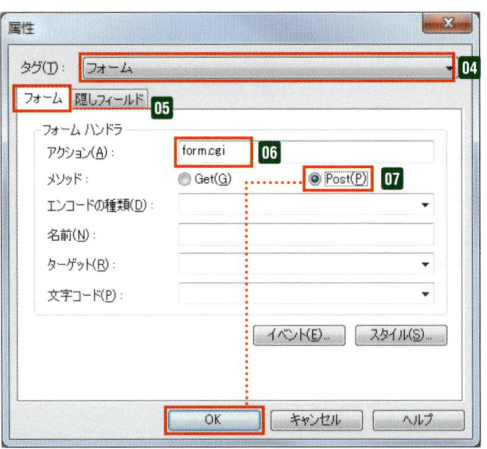

04 [属性]ダイアログの[タグ]から「フォーム」を選択します。

05 [フォーム]タブをクリックします。

06 [アクション]に前ページで保存したCGIプログラムのファイル名を入力します。

> **MEMO** CGIプログラムの設置場所が定められている場合は、ファイル名の前にフォルダーまでのパスを入力してください。

07 [メソッド]で「post」を指定したら[OK]をクリックしてダイアログを閉じます。

> **MEMO** フォームの設定が完了したら、ページを上書き保存しましょう。

08 ファイル転送ツールを起動します。
→ B8

09 問い合わせページが保存されたフォルダーの中身を左側に表示しておきます。

> **MEMO** メニューの[表示]→[フォルダツリー]を選択すると、ツリー状に表示されてフォルダーが探しやすくなります。

10 ドロップダウンリストから転送設定を選択し、[接続]をクリックします。

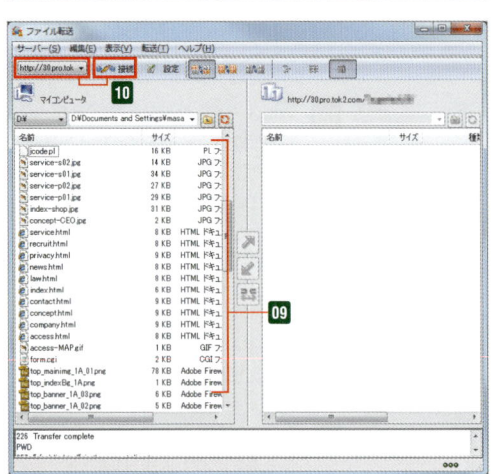

CGIプログラムを使用して問い合わせフォームを作成する << スパテク077　　ホームページ・ビルダー16

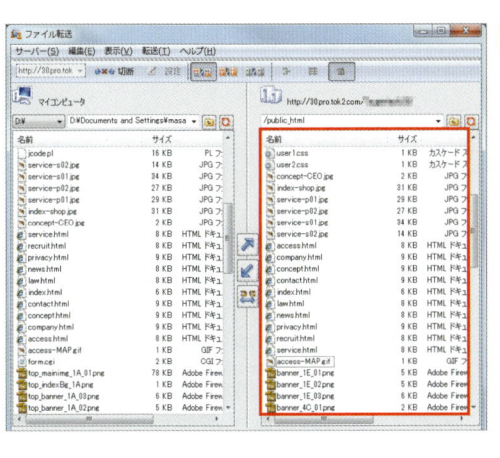

11 転送先サーバーに接続するので、右側ではサーバー側の転送先フォルダーを表示しておきます。

> **MEMO** 「TOK2プロフェッショナル」の場合はルートフォルダー［public_html］に転送します。CGIプログラムの転送先はサーバーによって異なるため、ご自身の利用しているプロバイダで確認しておきましょう。

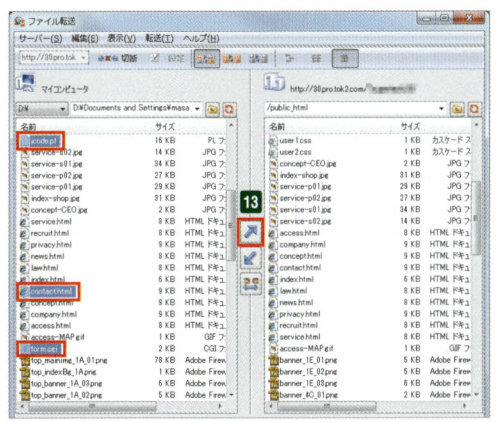

12 先ほど編集したform.cgi、jcode.pl、contact.htmlのファイルを選択します。

> **MEMO** CGIプログラム、Perlプログラム、問い合わせのページは必ず転送してください。その他、CSSファイルや画像ファイルなどサイトの表示に必要なファイルはすべて転送します。

13 ［PC上のファイルをサーバーへ転送します。］をクリックします。

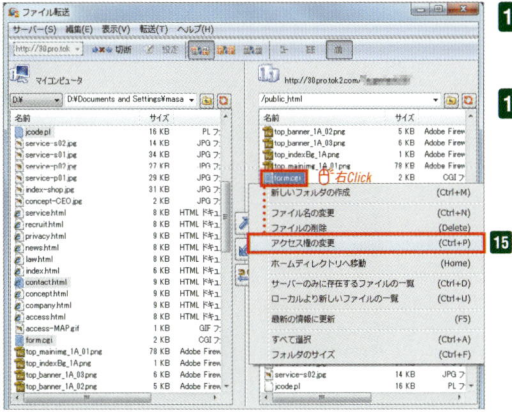

14 選択したファイルがサーバー上のフォルダー内へ転送されました。

15 転送先のCGIプログラム「form.cgi」を右クリック→［アクセス権の変更］を選択します。

Next >>

393

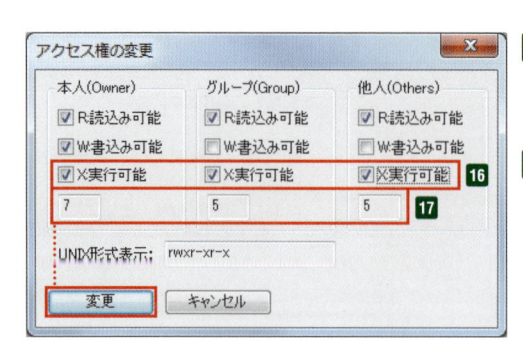

16 [アクセス権の変更]ダイアログで「X:実行可能」のチェックボックスをすべてオンにします。

17 左図のように「７５５」であることを確認したら[変更]をクリックします。

> **MEMO** 「kansou.cgi」のアクセス権が変更されました（アクセス権については下記POINT参照）。これで設置は完了です。インターネットで転送先の問い合わせページ「contact.html」にアクセスするとページが表示されて動作が確認できます。

POINT　アクセス権

アクセス権とはファイルに設定する権限です。ファイルの持ち主（本人）、ファイルの共有者（グループ）、第三者（他人）に対し、ファイルの読み書きや実行の権限を与える設定を行います。ホームページ・ビルダー転送ツールを使用すれば、[アクセス権の変更]ダイアログを表示して設定できます。転送したすべてのファイルは自動的に「６４４」のアクセス権が設定されますが、今回利用した「form.cgi」には「７５５」を設定する必要があるため、手順17を操作して変更しましょう。

POINT　ブログパーツの問い合わせフォームを使用する

問い合わせフォームをブログパーツとして提供しているサービスがあります。これを利用すれば、CGI環境がなくてもページに貼り付けるだけで簡単に利用できます。ブログパーツのポータルサイト（http://www.blog-parts.com/）などから「フォーム」という用語で検索すると発見できます。ブログパーツの登録方法やページへの貼り付け方法は スパテク 073〜075 を参照してください。カスタマイズ方法は提供サービスのヘルプを参照してください。

メールフォームのブログパーツ

オーバーレイギャラリーを作成する << スパテク078 | ホームページ・ビルダー16

スパテク 078 オーバーレイギャラリーを作成する

サムネイル画像をクリックすると、ページ上に重なって拡大表示するようなギャラリーを作成しましょう。ネットで配布されている「LightBox2」のCSSとJavaスクリプトを利用すると簡単に作成できます。

完成作例

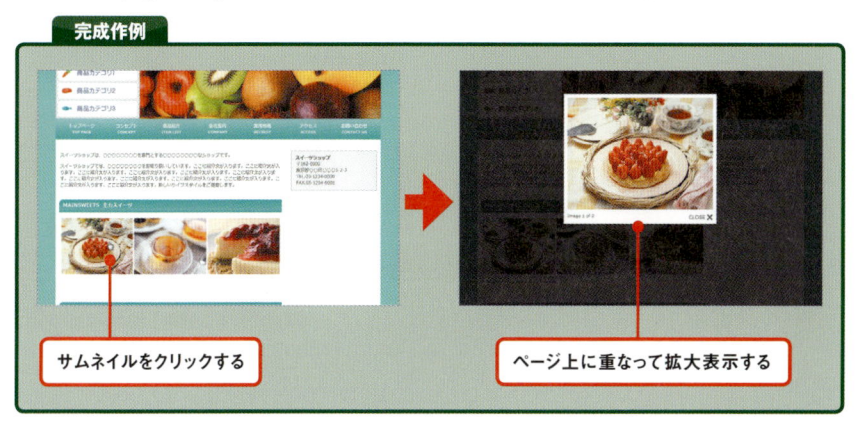

サムネイルをクリックする → ページ上に重なって拡大表示する

■ Lightbox2をダウンロードしてオーバーレイギャラリーを作成する

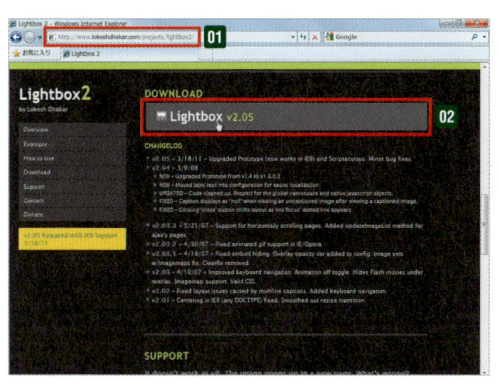

01 「Lightbox2」のスクリプトを配布しているサイトにアクセスします。
http://www.lokeshdhakar.com/projects/lightbox2/

02 「DOWNLOAD」にあるダウンロードアイコンをクリックしてデータをダウンロードします。

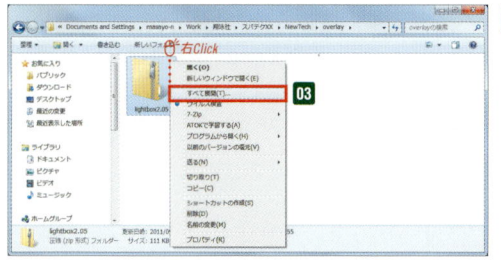

03 ダウンロードされた圧縮ファイルを右クリック→［すべて展開］を選択します。

Next >>

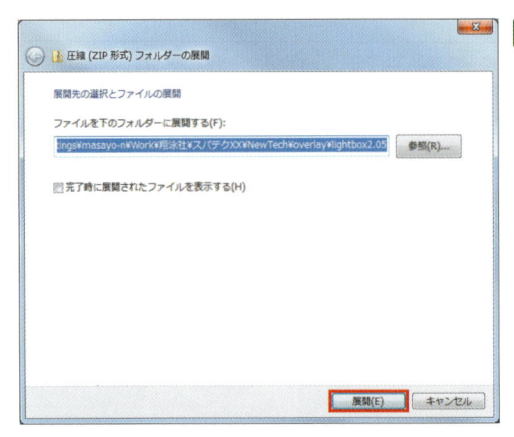

04 ［圧縮（ZIP形式）フォルダーの展開］画面で［展開］をクリックします。

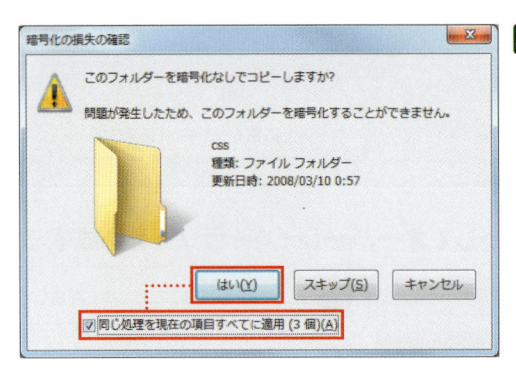

05 ［暗号化の損失の確認］ダイアログが表示されたら、［同じ処理を現在の項目すべてに適用］をオンにして［はい］をクリックします。

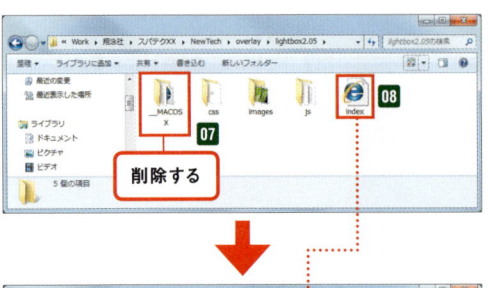

06 展開したフォルダーを開くと、4つのフォルダーと1つのHTMLファイルが表示されます。

07 ［__MACOSX］のフォルダーは必要ないので削除します。

削除する

08 「index」のHTMLファイルは、任意の名前に変更しておきます。ここでは「sample」に変更しました。

ファイル名を変更する

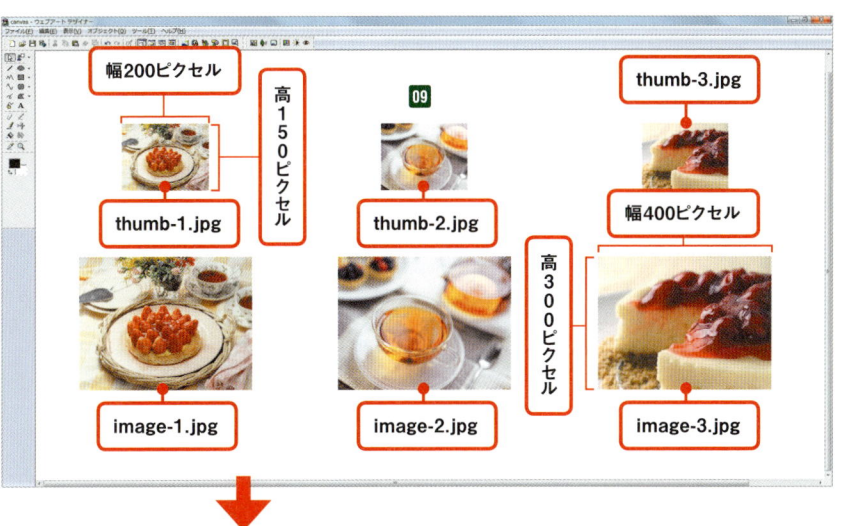

オーバーレイギャラリーを作成する << スパテク078 | ホームページ・ビルダー16

幅200ピクセル
高150ピクセル
thumb-1.jpg
thumb-2.jpg
thumb-3.jpg
幅400ピクセル
高300ピクセル
image-1.jpg
image-2.jpg
image-3.jpg

[images] フォルダーに保存する

09 ウェブアートデザイナーを起動し、サムネイルにする画像とサムネイルをクリックしたときに表示する拡大画像をセットで作成しておきます。サムネイル画像は幅200ピクセル、高さ150ピクセル、拡大画像は幅400ピクセル、高さ300ピクセルにします。 → D12

10 作成した各画像は、それぞれ上図のファイル名で保存してください。保存先は手順06で解凍したときに出現した[images] フォルダー内です。
→ D17

このように保存される

Next >>

MEMO 保存先の [images] フォルダー内には、既定でサンプル画像の「image-1.jpg」と「tumb-1.jpg」が存在します。これらは削除するか、ファイル名を上書き保存してください。

image-1   thumb-1

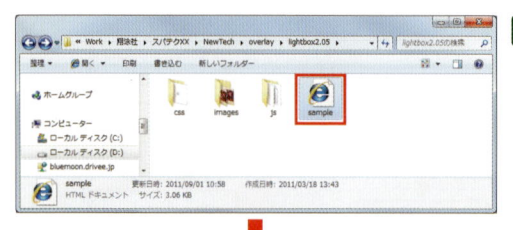

11 ホームページ・ビルダーを起動し、手順08で名前を変更したsample.htmlを開きます。

12 「Example」の下にある画像のみを残して、それ以外の文字はすべて削除します。

削除

削除

画像のみを残す

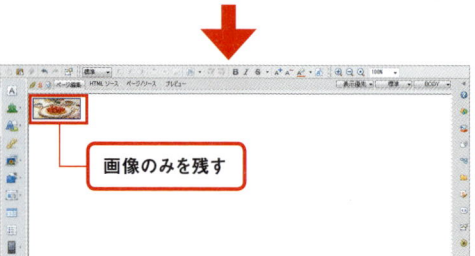

13 画像を選択した状態で[HTMLソース]タブをクリックしてソースを表示します。

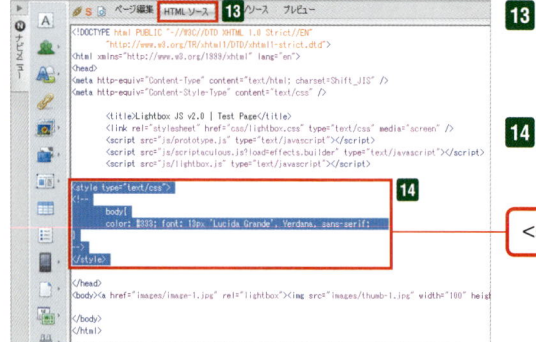

14 ヘッダーにある<style>〜</style>タグは必要ないので削除します。

<style>〜</style>タグは削除

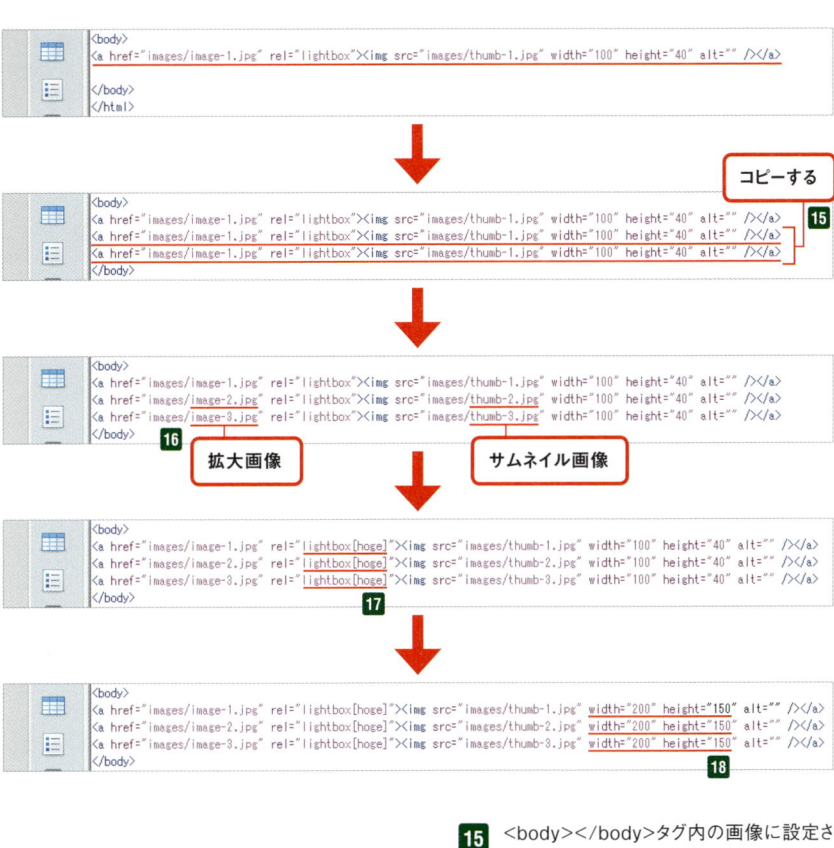

オーバーレイギャラリーを作成する << スパテク078 | ホームページ・ビルダー16

```
<body>
<a href="images/image-1.jpg" rel="lightbox"><img src="images/thumb-1.jpg" width="100" height="40" alt="" /></a>

</body>
</html>
```

↓

コピーする

```
<body>
<a href="images/image-1.jpg" rel="lightbox"><img src="images/thumb-1.jpg" width="100" height="40" alt="" /></a>
<a href="images/image-1.jpg" rel="lightbox"><img src="images/thumb-1.jpg" width="100" height="40" alt="" /></a>
<a href="images/image-1.jpg" rel="lightbox"><img src="images/thumb-1.jpg" width="100" height="40" alt="" /></a>
</body>
```
15

↓

```
<body>
<a href="images/image-1.jpg" rel="lightbox"><img src="images/thumb-1.jpg" width="100" height="40" alt="" /></a>
<a href="images/image-2.jpg" rel="lightbox"><img src="images/thumb-2.jpg" width="100" height="40" alt="" /></a>
<a href="images/image-3.jpg" rel="lightbox"><img src="images/thumb-3.jpg" width="100" height="40" alt="" /></a>
</body>
```
16　**拡大画像**　　　　　　　　**サムネイル画像**

↓

```
<body>
<a href="images/image-1.jpg" rel="lightbox[hoge]"><img src="images/thumb-1.jpg" width="100" height="40" alt="" /></a>
<a href="images/image-2.jpg" rel="lightbox[hoge]"><img src="images/thumb-2.jpg" width="100" height="40" alt="" /></a>
<a href="images/image-3.jpg" rel="lightbox[hoge]"><img src="images/thumb-3.jpg" width="100" height="40" alt="" /></a>
</body>
```
17

↓

```
<body>
<a href="images/image-1.jpg" rel="lightbox[hoge]"><img src="images/thumb-1.jpg" width="200" height="150" alt="" /></a>
<a href="images/image-2.jpg" rel="lightbox[hoge]"><img src="images/thumb-2.jpg" width="200" height="150" alt="" /></a>
<a href="images/image-3.jpg" rel="lightbox[hoge]"><img src="images/thumb-3.jpg" width="200" height="150" alt="" /></a>
</body>
```
18

15 <body></body>タグ内の画像に設定された<a>〜</a>までのソースをコピーし、下側に2つ貼り付けます。

16 貼り付けた2行目以降のソースにある画像ファイル名の数字を、手順⑩で保存したサムネイル画像と拡大画像のファイル名に書き換えます。

17 aタグに設定されたrel属性の"lightbox"に"[xxxx]"のような任意の共通名を追記します（すべて同じ共通名にする）。ここでは"lightbox[hoge]"としています。

18 画像のwidthとheight属性を、手順⑨でサムネイル画像に設定した幅と高さと同じ数値にします。

Next >>

| ホームページ・ビルダー16 | スパテク078 >> オーバーレイギャラリーを作成する

19 ページ編集画面に戻り、上書き保存します。図のようにサムネイル画像が3つ表示されます。

20 ［プレビュー］タブをクリックして画像をクリックします。

21 拡大画像がページ上に重なるように表示されます。

22 ［NEXT］をクリックすると次の画像が表示されます。画像の上をクリックしても次の画像が表示されます。

23 ［PREV］をクリックすると前の画像が表示されます。

24 ［CLOSE］をクリックすると拡大画像が閉じます。

POINT　拡大画像にコメントを表示する

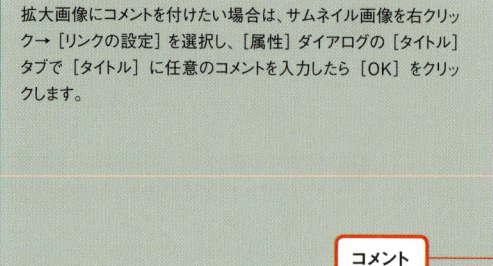

拡大画像にコメントを付けたい場合は、サムネイル画像を右クリック→［リンクの設定］を選択し、［属性］ダイアログの［タイトル］タブで［タイトル］に任意のコメントを入力したら［OK］をクリックします。

コメント

■ オーバーレイギャラリーをページに挿入する

01 Windowsのエクスプローラーを起動し、先ほど作成したオーバーレイギャラリーの関連ファイルがあるフォルダーにアクセスしておきます。

02 すべてのファイルとフォルダーを選択したら、右クリック→［切り取り］を選択します。

> 全ファイルとフォルダーを選択して切り取る

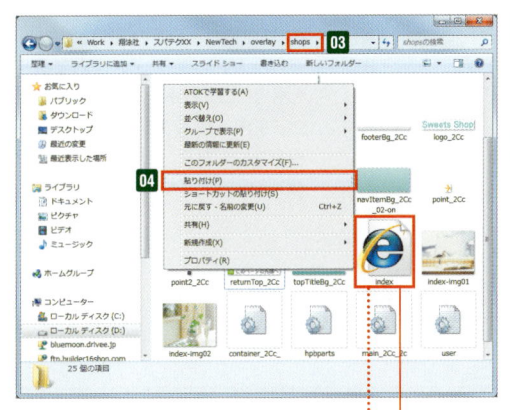

03 オーバーレイギャラリーを挿入するHTMLドキュメントがあるフォルダーへアクセスします。

04 右クリック→［貼り付け］を選択してファイルとフォルダーを移動しておきます。

> **MEMO** オーバーレイギャラリーを挿入するHTMLドキュメントと、オーバーレイギャラリーの関連ファイル（フォルダー）は同じフォルダー内に存在する必要があります。

> オーバーレイギャラリーを、このHTMLドキュメントに挿入する場合、手順02で切り取ったファイルとフォルダーは、ここに移動する

05 ホームページ・ビルダーで、オーバーレイギャラリーを貼り付けるHTMLドキュメントを開きます。

06 ［フォルダビュー］をクリックします。

Next >>

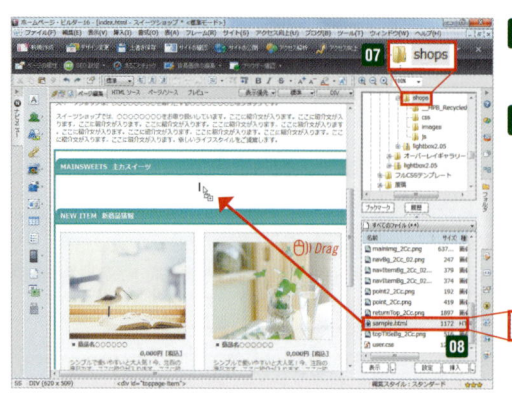

07 現在開いているHTMLドキュメントが保存されたフォルダーを指定します。

08 下側には、先ほど移動したオーバーレイギャラリーのHTMLドキュメント「sample.html」があるので、これを挿入したい場所へドラッグ&ドロップします。

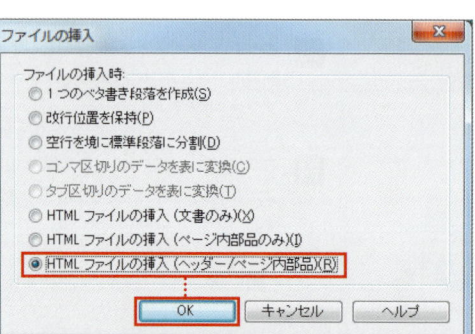

09 ［ファイルの挿入］ダイアログが表示されるので、一番下の［HTMLファイルの挿入（ヘッダー／ページ内部品）］を指定したら［OK］をクリックします。ページ内に挿入されるので、上書き保存をしてプレビューすると動作が確認できます。

POINT　素材画像の参照パスに注意

手順04のファイルとフォルダーの移動先は、オーバーレイギャラリーを挿入するHTMLドキュメントがあるフォルダーと同じ場所にしてください。別の場所に移動した場合は、オーバーレイギャラリーの挿入後に素材画像の参照先のパスを修正する必要があります。パスを変更しなければ、NEXTボタン、PREVボタン、読み込み画像、閉じるボタンのリンクが壊れてしまい、正しく表示されません。[css]フォルダー内にある「lightbox.css」に記述された「prev.gif」と「next.gif」の参照パス、[js]フォルダー内の「lightbox.js」に記述された「loading.gif」と「close.gif」の参照パスを正しい位置に書き換えてください。cssファイルはCSSエディターを使用して編集できます。jsファイルは［スクリプト］ダイアログを使用して編集できます（ホームページ・ビルダー16で、ファイルを何も開いていない状態のページ編集領域にスクリプトをドラッグ&ドロップすると開けます）。

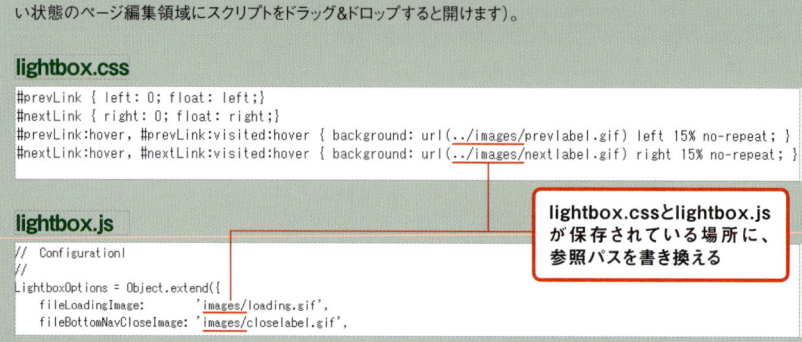

lightbox.css

```
#prevLink { left: 0; float: left;}
#nextLink { right: 0; float: right;}
#prevLink:hover, #prevLink:visited:hover { background: url(../images/prevlabel.gif) left 15% no-repeat; }
#nextLink:hover, #nextLink:visited:hover { background: url(../images/nextlabel.gif) right 15% no-repeat; }
```

lightbox.js

```
// Configuration!
//
LightboxOptions = Object.extend({
    fileLoadingImage:        'images/loading.gif',
    fileBottomNavCloseImage: 'images/closelabel.gif',
```

lightbox.cssとlightbox.jsが保存されている場所に、参照パスを書き換える

動画CMを作成する << スパテク079 | ホームページ・ビルダー16

スパテク 079 動画CMを作成する

動画編集ツールの「ウェブビデオスタジオ」なら、プロモーションビデオ風の動画やCMが作れます。動画をつなげたり、字幕を入れたり、BGMを付けたりなど、**本格的な動画編集が可能**です。

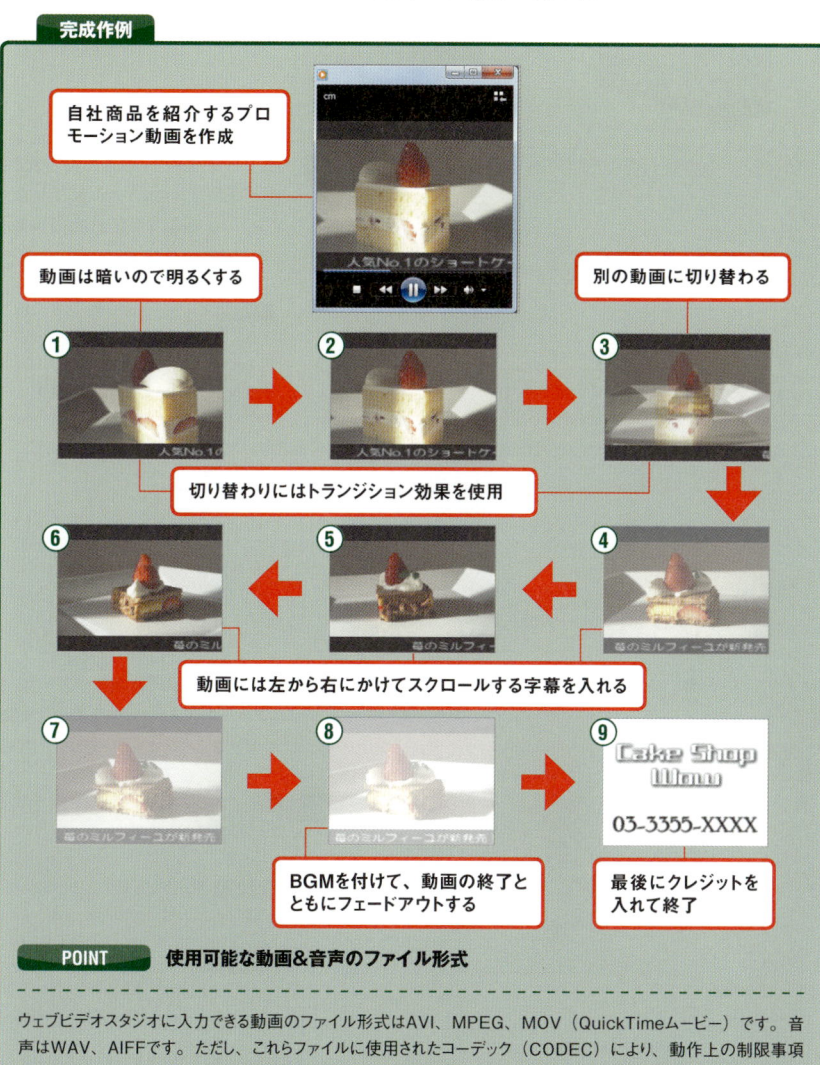

完成作例

- 自社商品を紹介するプロモーション動画を作成
- 動画は暗いので明るくする
- 別の動画に切り替わる
- ① → ② → ③
- 切り替わりにはトランジション効果を使用
- ⑥ ← ⑤ ← ④
- 動画には左から右にかけてスクロールする字幕を入れる
- ⑦ → ⑧ → ⑨
- BGMを付けて、動画の終了とともにフェードアウトする
- 最後にクレジットを入れて終了

POINT 使用可能な動画&音声のファイル形式

ウェブビデオスタジオに入力できる動画のファイル形式はAVI、MPEG、MOV（QuickTimeムービー）です。音声はWAV、AIFFです。ただし、これらファイルに使用されたコーデック（CODEC）により、動作上の制限事項がある場合があります。また、利用環境やコーデック（CODEC）の組み合わせによっては、正しく動作しない場合があります。詳細はウェブビデオスタジオのヘルプ「圧縮形式（CODEC）についての制限事項」を参照してください。

■ 動画作成用の素材をプロジェクトに追加する

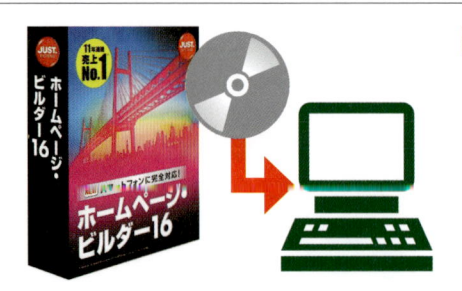

01 ホームページ・ビルダーのインストールディスクをパソコンにセットします。

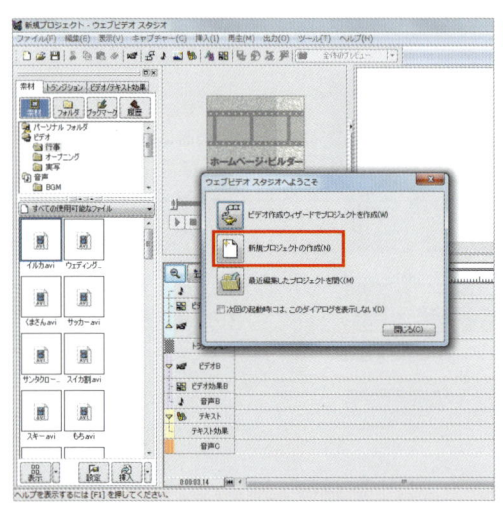

02 ウェブビデオスタジオを起動します。［ウェブビデオスタジオへようこそ］ダイアログで［新規プロジェクトの作成］ボタンをクリックします。

> **MEMO** ウェブビデオスタジオを起動するには、ホームページ・ビルダーのメニューから［ツール］→［ウェブビデオスタジオの起動］を選択します。

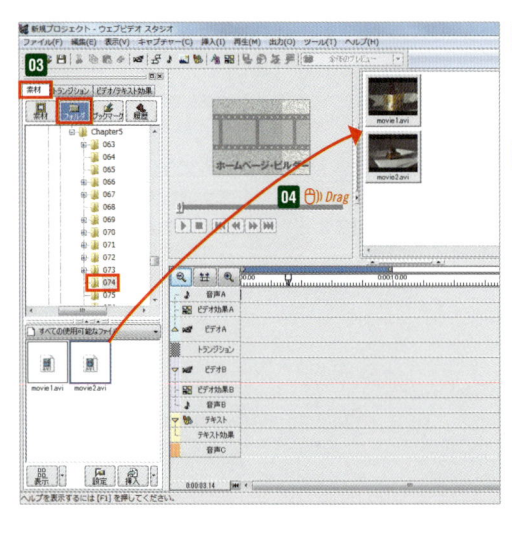

03 ［素材ビュー］の［素材］タブ→［フォルダー］ボタンをクリックしたら、動画ファイルがあるフォルダーを指定します。

04 動画ファイルをプロジェクト領域にドラッグして追加します。

> **MEMO** 動画ファイルは、Windowsのエクスプローラーからドラッグ&ドロップしても追加できます。このファイルは著者のサイトから入手できます（巻頭の「はじめに」参照）。

動画CMを作成する << **スパテク079** | ホームページ・ビルダー16

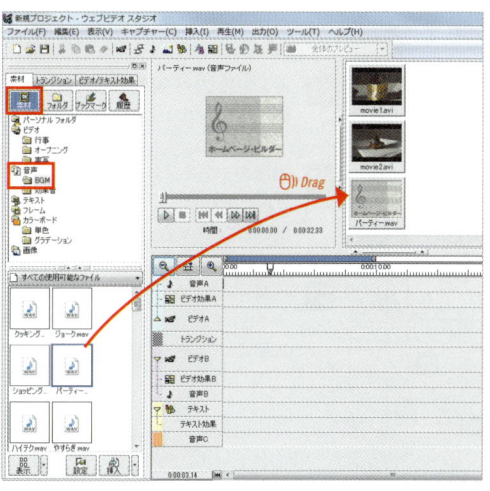

05 続いて音声を追加するので、[素材ビュー]の[素材]ボタンをクリックしたら、[音声]をダブルクリックして[BGM]にある「パーティ.wav」をプロジェクト領域にドラッグして追加します。

> **MEMO** 自作の音声ファイルを使用する場合は、手順03と同様に[フォルダ]ボタンから保存先フォルダーを指定して追加してください。

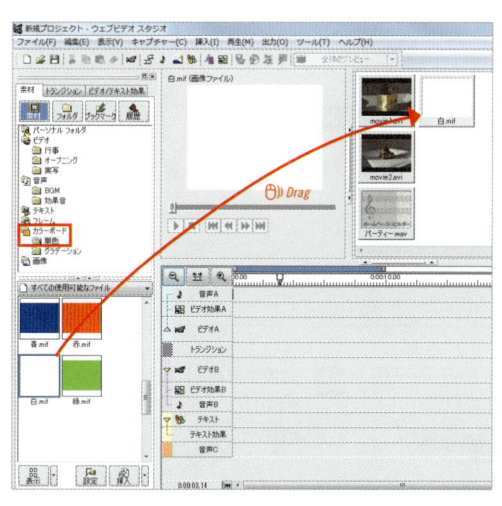

06 最後にカラーボードを追加するので、[カラーボード]をダブルクリックして[単色]から「白.mif」をプロジェクト領域にドラッグして追加します。

> **MEMO** 自作の画像ファイルを使用する場合は、手順03と同様に[フォルダ]ボタンから画像の保存先フォルダーを指定して追加してください。対応ファイル形式はGIF、JPEG、PNG、MIF、DCM、WMFです。

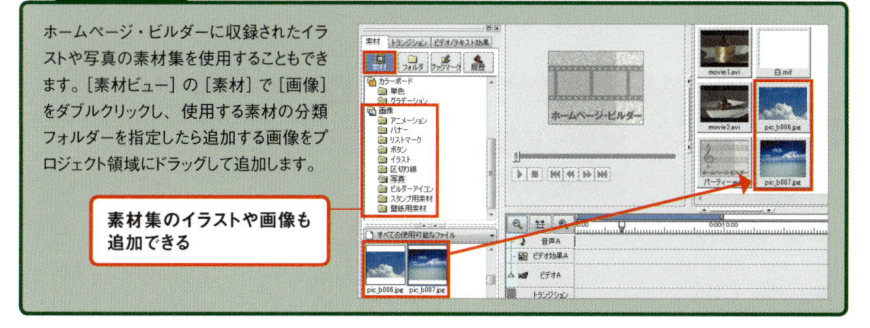

POINT　素材集の画像を使用する

ホームページ・ビルダーに収録されたイラストや写真の素材集を使用することもできます。[素材ビュー]の[素材]で[画像]をダブルクリックし、使用する素材の分類フォルダーを指定したら追加する画像をプロジェクト領域にドラッグして追加します。

素材集のイラストや画像も追加できる

■ 動画から音声を分離・削除する

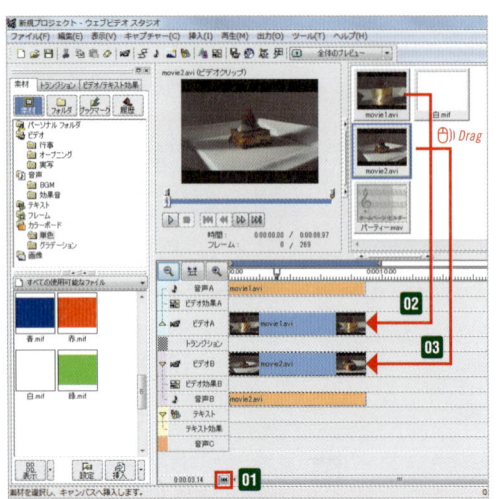

01 ⏮をクリックして編集領域の最左端を表示しておきます。

02 動画の一方をプロジェクトから「ビデオA」トラックにドラッグして最左端に配置しておきます。

03 同様にもう一方をプロジェクトから「ビデオB」トラックにドラッグして最左端に配置しておきます。

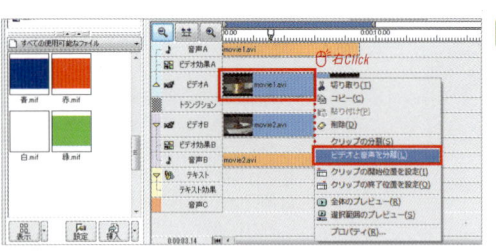

04 ビデオAに付いた音声を削除するため、ビデオAのクリップを右クリック→［ビデオと音声を分離］を選択します。

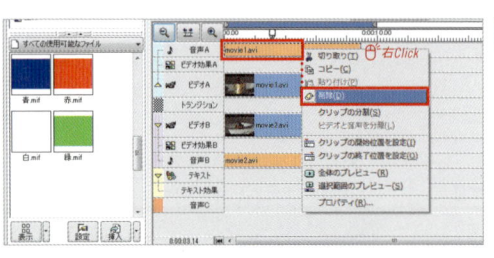

05 音声が分離されるので、音声クリップを右クリック→［削除］を選択すると削除されます。

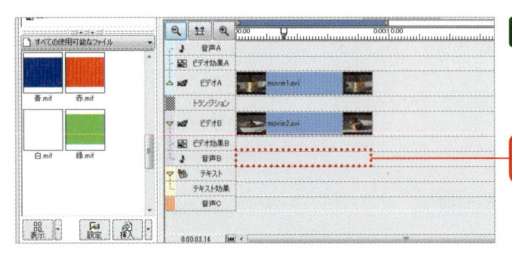

06 同様に手順04～05を操作してビデオBの音声も分離し、削除しましょう。

ビデオBの音声も削除

■ 2つの動画が徐々に切り替わるようにする

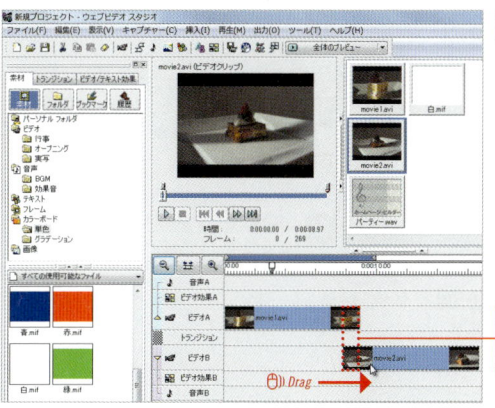

01 ビデオBのクリップを右側にドラッグします。このとき、ビデオAの終了位置と少しだけ重なるように配置します。

> **MEMO** この作例では、ビデオAの終了からビデオBの冒頭にかけて、徐々に切り替わるようにします。

この部分が重なるように
ビデオBの位置を調整

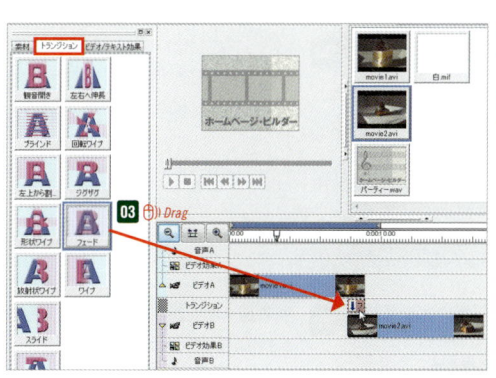

02 [トランジション] タブをクリックします。

03 ビデオAとBのクリップが重なっている部分の [トランジション] トラックに、任意のトランジションをドラッグして配置します。

> **MEMO** ここでは、「フェード」のトランジションを使用しています。

■ 選択範囲をプレビューする

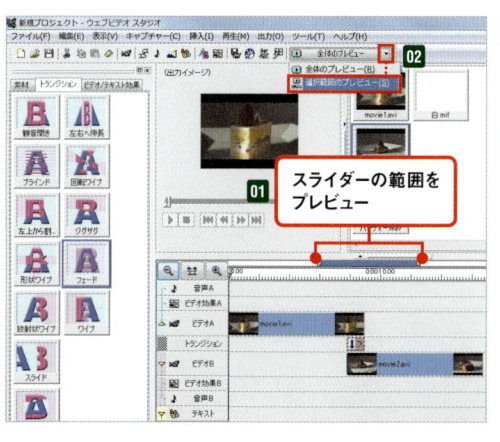

01 編集の状態をプレビューするには、スライダーにある開始位置と終了位置をドラッグしてプレビュー範囲を決めます。

02 ツールバーの▼から [選択範囲のプレビュー] を選択すると、スライダーの青い範囲がプレビューされます。

> **MEMO** [全体のプレビュー] を選択するとすべての範囲がプレビューされます。

■ 動画の明るさを調整する

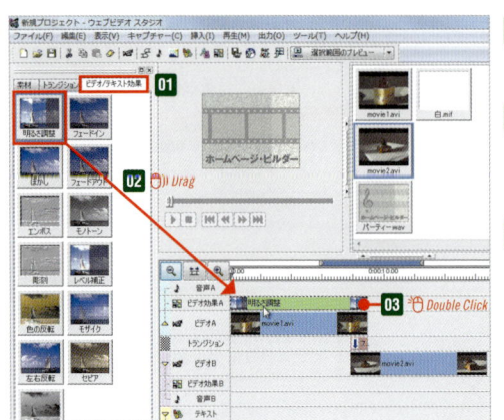

01 ［ビデオ/テキスト効果］タブをクリックします。

02 ［明るさ調整］を、ビデオAの上側にある［ビデオ効果A］トラックにドラッグして配置します。

03 追加したビデオ効果をダブルクリックします。

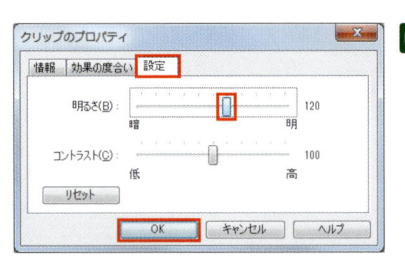

04 ［クリップのプロパティ］ダイアログで［設定］タブの［明るさ］をドラッグして調整したら［OK］をクリックします。

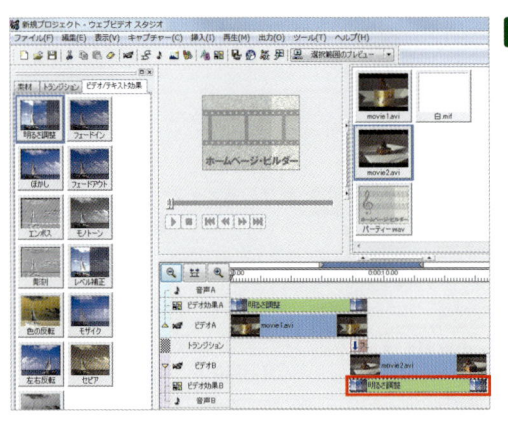

05 手順**02**〜**04**を繰り返し、ビデオBも明るさを調整しましょう。

> **POINT　プロジェクトの保存**
>
> ウェブビデオスタジオは、ホームページ・ビルダーやウェブアートデザイナーのように Ctrl + Z キーによる操作のやり直しはできません。こまめに保存し、操作を誤った場合は、再びファイルを開き直してやり直しましょう。メニューの［ファイル］→［プロジェクトに名前を付けて保存］を選択して保存できます。

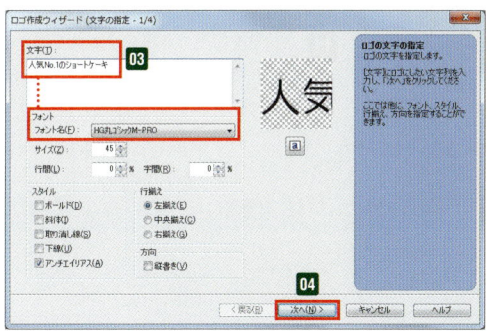

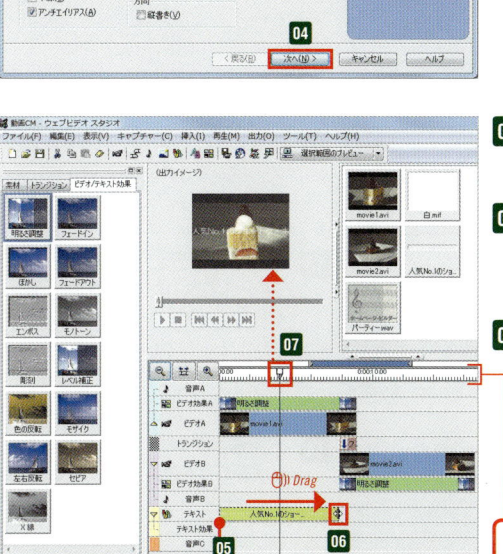

■ 字幕を挿入する

01 [テキスト] トラックをクリックします。

02 [テキストを挿入] ボタンをクリックします。

03 ロゴ作成ウィザードが起動するので、[文字] に字幕として表示する文字を入力し、[フォント] でフォントを指定します。

> **MEMO** 字幕のサイズはあとで調整するので、ここでは文字とフォントだけを設定しましょう。

04 [次へ] をクリックして引き続きウィザードを進めて、字幕の色、縁取り、文字効果を決めたら [完了] をクリックします。

> **MEMO** 黒い地色の上に文字を挿入するため、文字の色は白を設定しましょう。

05 テキストクリップが挿入されるので最左端へ配置します。

06 クリップの右端をドラッグしてビデオAからビデオBに切り替わるあたりまで拡張します。

07 [時間軸の目盛り] をクリックすると、プレビュー画面で動画と字幕が合成された状態を確認できます。

> **MEMO** 文字を修正するには、テキストクリップをダブルクリックします。

時間軸の目盛り

Next >>

08 手順02～07を繰り返して、ビデオBにも別の字幕を挿入し、位置と大きさを調整しておきます。

09 最初に追加したテキストクリップをダブルクリックします。

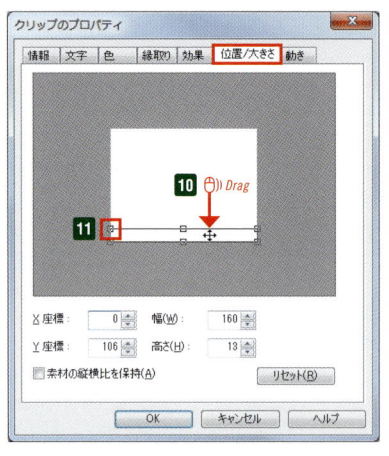

10 ［クリップのプロパティ］ダイアログの［位置/大きさ］タブで文字をドラッグして位置を調整します。

11 サイズを調整する場合は周囲のハンドルをドラッグします。

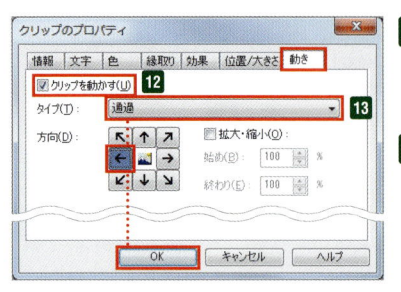

12 字幕を動かす場合は、［動き］タブをクリックして［クリップを動かす］をオンにします。

13 電光掲示板のように右から左側にスクロールするには、［タイプ］で「通過」を、［方向］で［←］をクリックしたら［OK］をクリックします。

14 手順09～13を繰り返して、ビデオBでも字幕のサイズ、位置、動きを調整しましょう。

■ クレジットを入れる

01 動画の最後に店舗名などのクレジットを入れます。まずはプロジェクトからビデオAに「白.mif」をドラッグします。このとき、ビデオBの終了位置と少しだけ重なるように配置します。

クリップBと少しだけ重ねる

02 クリップボードクリップの右端をドラッグしてクレジットのサイズを調整します。

サイズ調整

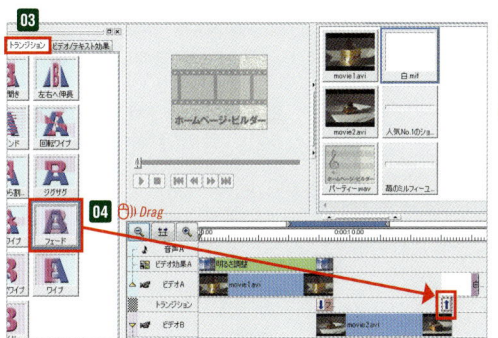

03 [トランジション] タブをクリックします。

04 ビデオBとAのカラーボードが重なっている部分の [トランジション] トラックに、任意のトランジションをドラッグして配置します。

➡ ■2つの動画が徐々に切り替わるようにする

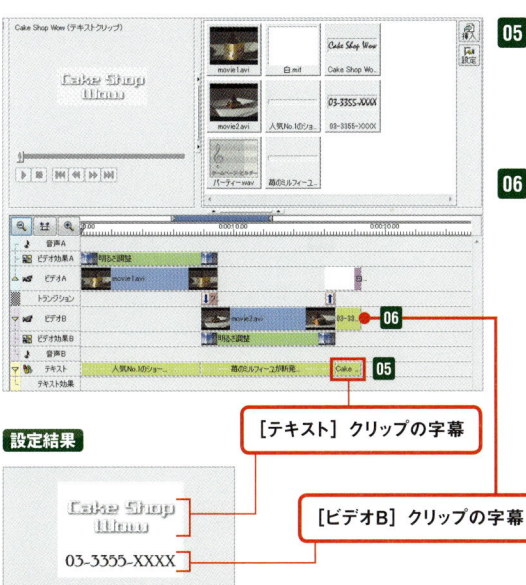

05 [テキスト] トラックに、クレジットとして表示したい1つ目のテキストを挿入したら、位置とサイズを調整しておきます。

➡ ■字幕を挿入する 01〜11

06 同様に [ビデオB] トラックには、クレジットとして表示したい2つ目のテキストを挿入し、位置とサイズを調整しておきます。

➡ ■字幕を挿入する 01〜11

[テキスト] クリップの字幕

[ビデオB] クリップの字幕

設定結果

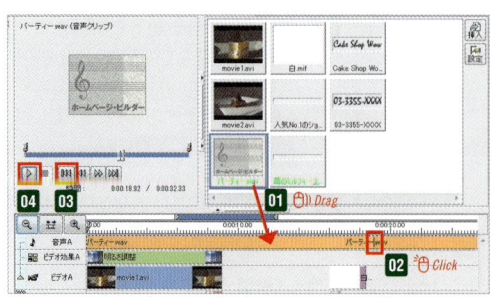

■ 音声を合成する

01 音声をプロジェクトから「音声A」にドラッグして最左端に配置しておきます。

02 追加した音声Aをクリックします。

03 プレビュー画面の [Ⅲ] をクリックします。

04 再生ボタンをクリックすると、音声を最初から再生することができます。

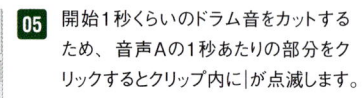

05 開始1秒くらいのドラム音をカットするため、音声Aの1秒あたりの部分をクリックするとクリップ内に|が点滅します。

> **MEMO** プレビュー画面の［時間：］にクリック箇所の時間が表示されるので、これを確認しながら分割位置を決めましょう。

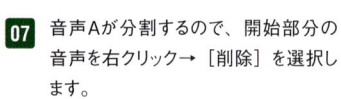

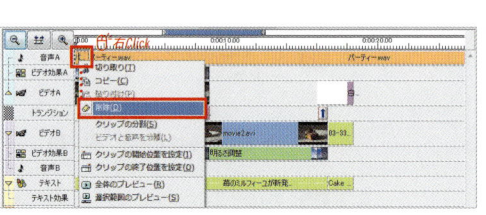

06 1秒あたりで点滅した|を右クリック→［クリップの分割］を選択します。

07 音声Aが分割するので、開始部分の音声を右クリック→［削除］を選択します。

08 開始部分の音声が削除されるので、音声クリップを最左端へドラッグして配置し直します。

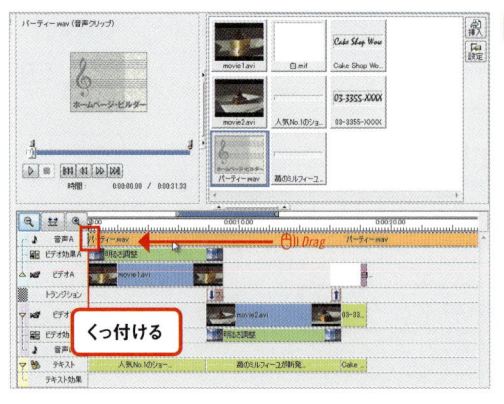

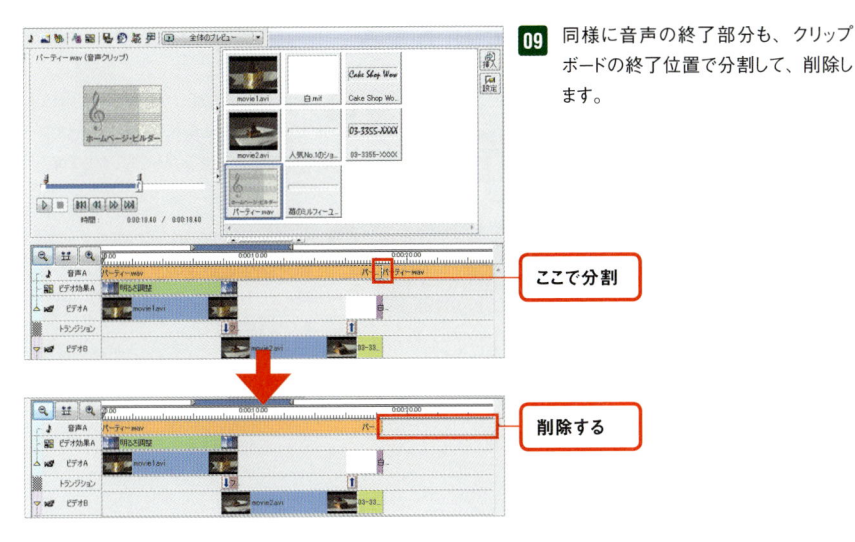

動画CMを作成する << スパテク079 | ホームページ・ビルダー16

09 同様に音声の終了部分も、クリップボードの終了位置で分割して、削除します。

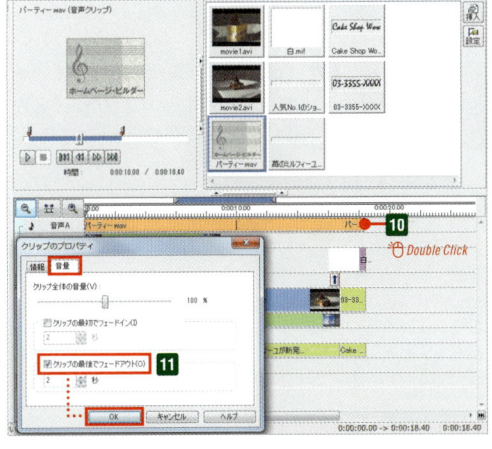

ここで分割

削除する

10 音声をフェードアウトして終了させるには、音声クリップをダブルクリックします。

11 [クリップのプロパティ] ダイアログで [音量] タブをクリックしたら [クリップの最後でフェードアウト] をオンにし、[OK] をクリックするとBGMが挿入されます。

MEMO 動画が完成したらツールバーの [全体のプレビュー] を選択するとプレビューできます。

POINT　クリップの不要な部分を削除してつなぎ合わせる

クリップの分割は、音声だけでなく動画にも利用できます。この機能を活用すれば、たとえばクリップを2カ所分割して間を削除し、左右のクリップを結合することができます。

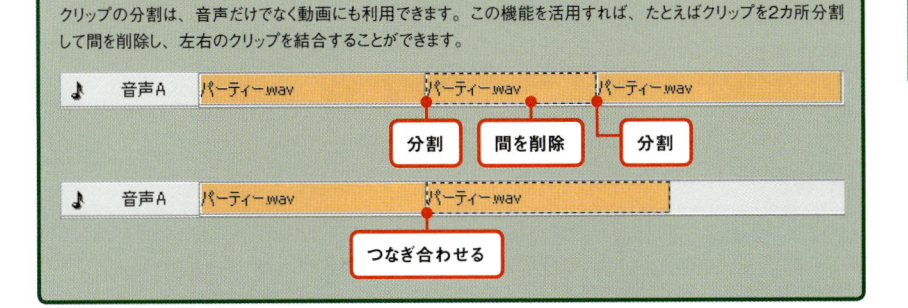

| ♪ 音声A | パーティー.wav | パーティー.wav | パーティー.wav |

分割　　間を削除　　分割

| ♪ 音声A | パーティー.wav | パーティー.wav |

つなぎ合わせる

■ 動画をウェブ用ファイルに出力する

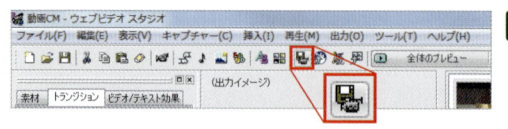

01 動画CMが完成したら、ウェブ用に出力します。ツールーバーの［ビデオファイルを出力］ボタンをクリックします。

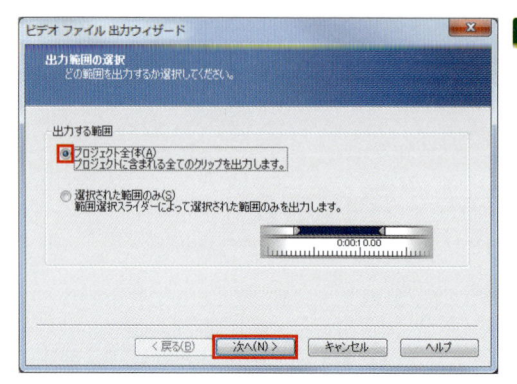

02 ［ビデオファイル出力ウィザード］が起動するので、［出力する範囲］で「プロジェクト全体」を選択したら［次へ］をクリックします。

03 ［出力ファイル形式］で動画のファイル形式を指定したら［次へ］をクリックします。ここでは「AVIファイル」を指定します。

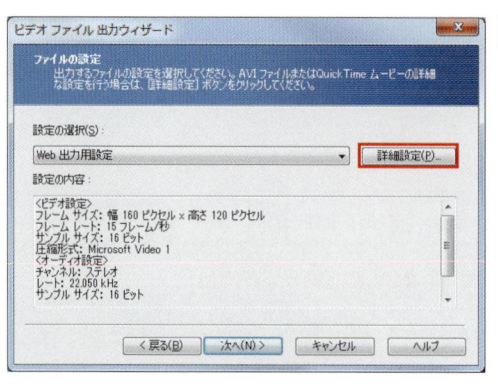

04 続いて出力するファイルの設定を行うので［詳細設定］をクリックします。

動画CMを作成する << スパテク079 | ホームページ・ビルダー16

05 ［出力設定］ダイアログの［ビデオ設定］タブで出力するビデオの設定を行い、［OK］→［次へ］をクリックします。

MEMO ［フレームレート］と［サンプルサイズ］でいずれも最大値、［圧縮形式］で「なし」を指定すると高画質で保存されますがファイルサイズは大きくなります。各設定項目の詳細についてはヘルプを参照してください。

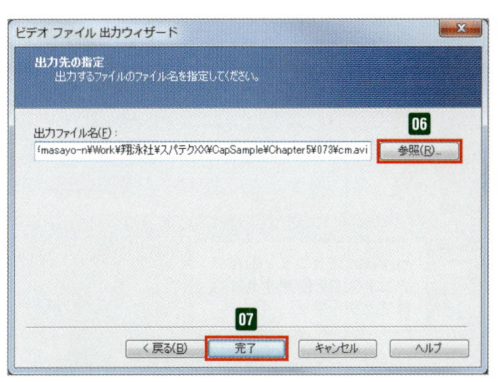

06 ［参照］をクリックすると［名前を付けて保存］ダイアログが表示されるので、保存先と保存ファイル名を指定し、［保存］をクリックします。

07 ［完了］をクリックすると出力処理が開始されて動画が保存されます。

POINT　動画の利用方法

完成した動画は、YouTubeやニコニコ動画などの動画サイトに投稿できます。ホームページ・ビルダーで編集中のページに貼り付けるには、メニューの［挿入］→［ファイル］→［ビデオファイル］を選択して動画ファイルを指定します。

POINT　ビデオをフェードイン／フェードアウトするには

ビデオをフェードインで開始、フェードアウトで終了するには、［素材ビュー］の［ビデオ/テキスト効果］タブをクリックし、「フェードイン」と「フェードアウト」のそれぞれを［ビデオ効果］トラックにドラッグして範囲と位置を調整してください。効果の度合いを調整するには、ダブルクリックしてください。

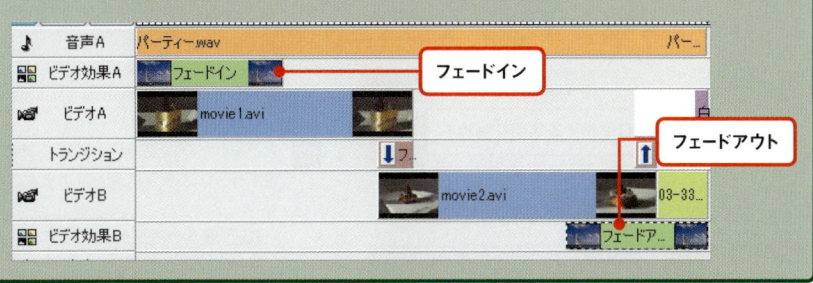

スパテク080 動画の一部をアニメGIF化してmixiのコミュニティ画像を作成する

自分が運営するmixiコミュニティの注目を集めたいなら、トップページのコミュニティ画像にアニメGIFを使用すると効果的です。ウェブビデオスタジオなら、動画からアニメGIFが作成できます。

完成作例

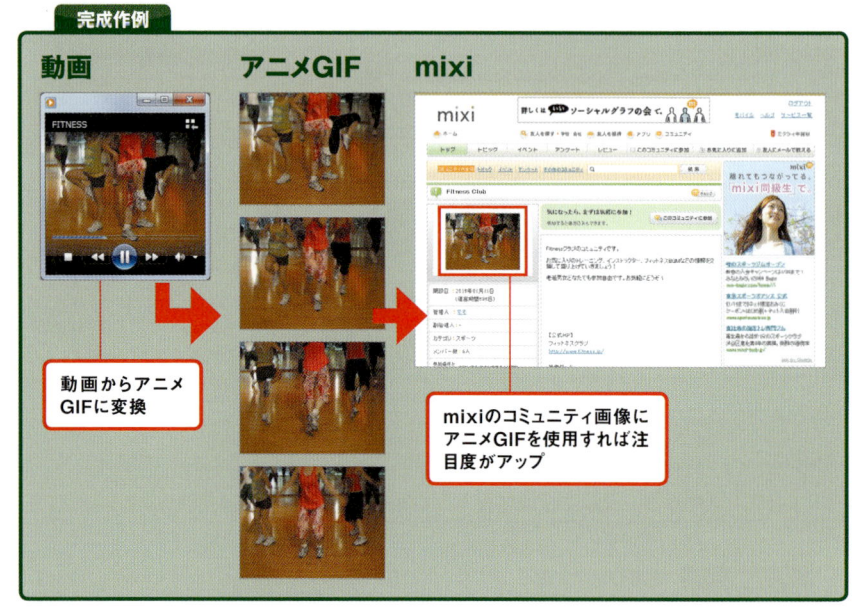

動画 → アニメGIF → mixi

動画からアニメGIFに変換

mixiのコミュニティ画像にアニメGIFを使用すれば注目度がアップ

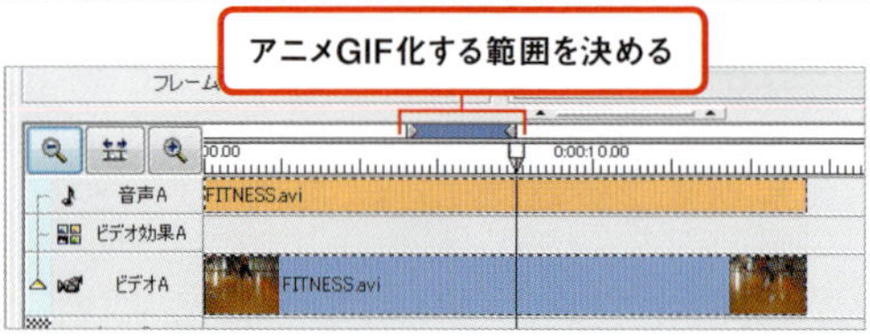

01 ウェブビデオスタジオのプロジェクトにアニメGIF化したい動画を追加し、それをビデオAに配置しておきます。

→ スパテク079 ■動画作成用の素材をプロジェクトに追加する

動画を配置

アニメGIF化する範囲を決める

02 スライダーの左右をドラッグしてアニメGIF化したい出力範囲を決めます。

MEMO 出力範囲が広いほどファイル容量も大きくなります。

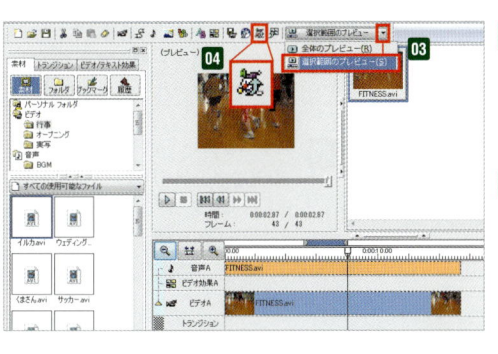

動画の一部をアニメGIF化してmixiのコミュニティ画像を作成する << スパテク080

03 スライダーの範囲をプレビューして確認します。

→ **スパテク 079** ■選択範囲をプレビューする

04 出力範囲が決まったら、ツールバーの［アニメーションGIFを送る］ボタンをクリックします。

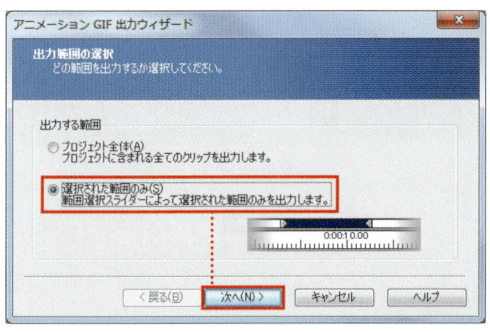

05 ［アニメーションGIF 出力］ウィザードが起動するので［出力する範囲］で「選択された範囲のみ」を指定したら［次へ］をクリックします。

MEMO 「選択された範囲のみ」を指定すると、スライダーで決めた範囲が出力されます。

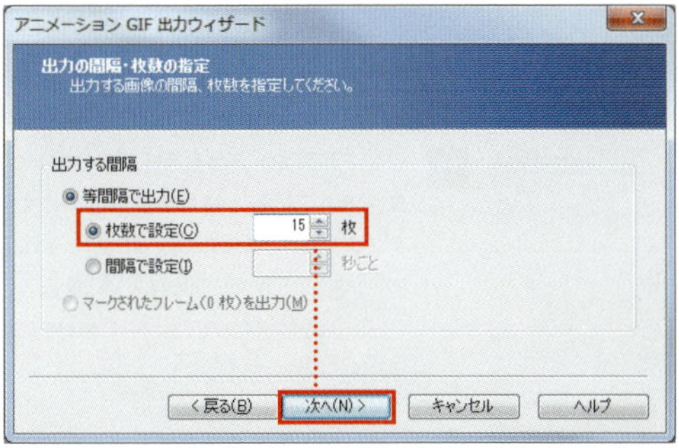

06 「枚数で設定」を指定したら、アニメGIFとして切り出す画像の枚数を指定して［次へ］をクリックします。

MEMO 枚数が多くなるとスムーズに動きますが、ファイル容量は大きくなります。

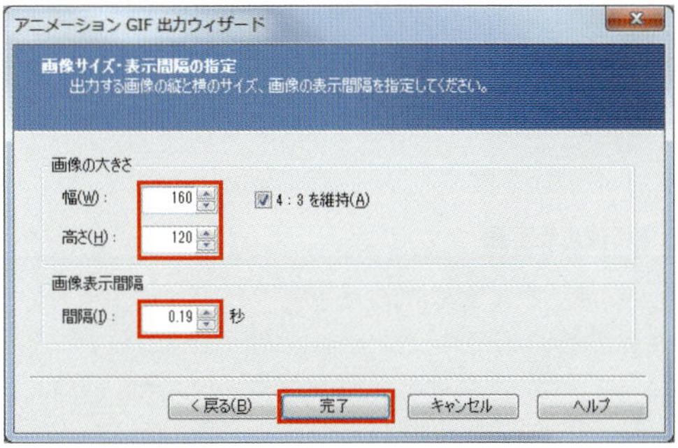

07 アニメGIFのサイズと表示間隔を指定したら［完了］をクリックします。

MEMO 画像を大きくするほど、ファイル容量は大きくなります。

Next >>

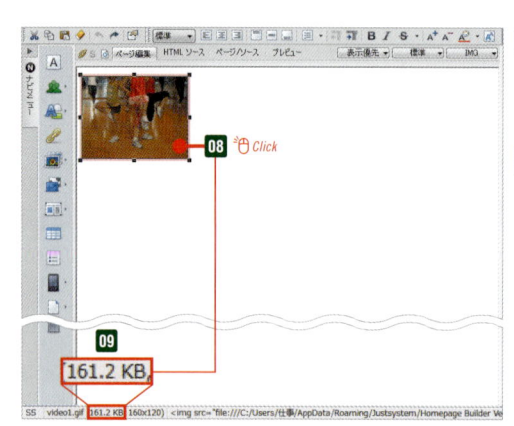

08 動画がアニメGIFに変換され、ホームページ・ビルダーの編集画面に貼り付けられるのでクリックします。

09 ステータスバーのファイル容量が300KB以上であれば、この画像を削除し、再度アニメGIFを作り直しましょう（下記POINTを参照）。

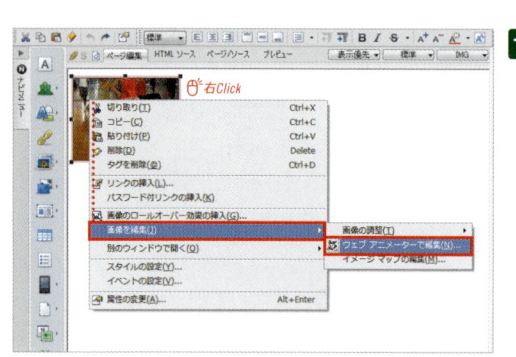

10 アニメGIFを右クリック→［画像を編集］→［ウェブアニメーターで編集］を選択します。

> **MEMO** プレビューするとアニメGIFの動作を確認できます。

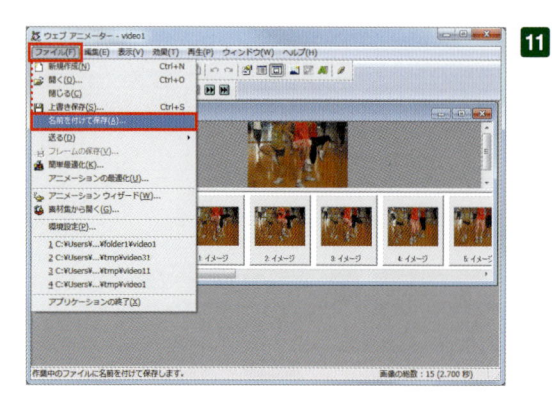

11 ウェブアニメータが起動してメッセージダイアログが表示されるので［いいえ］をクリックしたら、メニューの［ファイル］→［名前を付けて保存］を選択し、任意の名前を付けて保存すればアニメGIFの完成です。

> **MEMO** 保存したファイルはmixiのコミュニティ画像として利用できます。

POINT　mixiのコミュニティ画像に使える容量

mixiのコミュニティ画像に使用可能な容量は500KB以内です。500KBを超える場合は、アップロードできないので注意してください。ファイル容量を調整するには、手順**02**の出力範囲を短くするか、手順**06**の枚数を少なくするか、手順**07**の画像サイズを小さくして調整してください。また手順**11**のウェブアニメーターでメニューの［ファイル］→［アニメーションの最適化］で色数を減らしても調整できます。

スパテク 081 オープニングムービー風のFlashタイトルを作成する

訪問者がまず目にするトップページには、Flashなどの動くコンテンツを置いてインパクトを与えましょう。複数の画像を指定するだけで、簡単にFlash形式のアニメーションが作成できます。

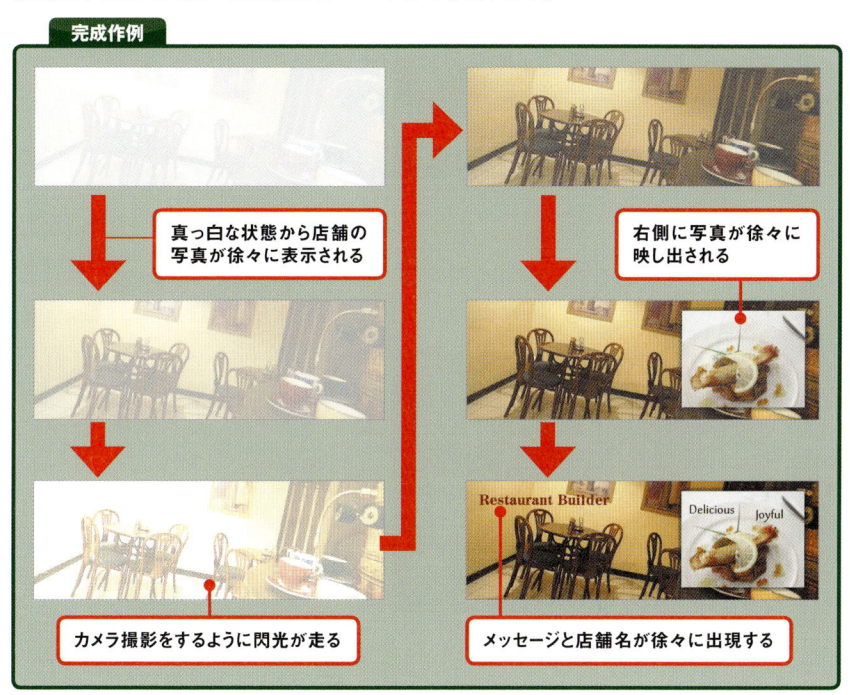

完成作例

- 真っ白な状態から店舗の写真が徐々に表示される
- 右側に写真が徐々に映し出される
- カメラ撮影をするように閃光が走る
- メッセージと店舗名が徐々に出現する

■ Flashタイトル用の素材を作成する

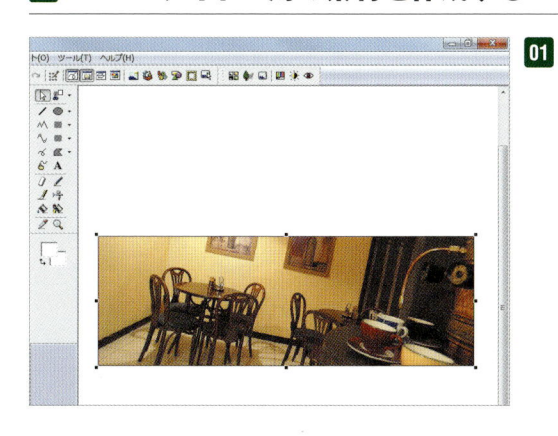

01 ウェブアートデザイナーを起動して画像を読み込んだら、Flashタイトルとして使う大きさに切り抜いておきます。
→ スパテク 058

Next >>

02 画像をコピーします。
→ D10

03 シャドウ付きの画像を作成し、コピーした画像の右側に配置したらグループ化します。
→ スパテク 063 → D16

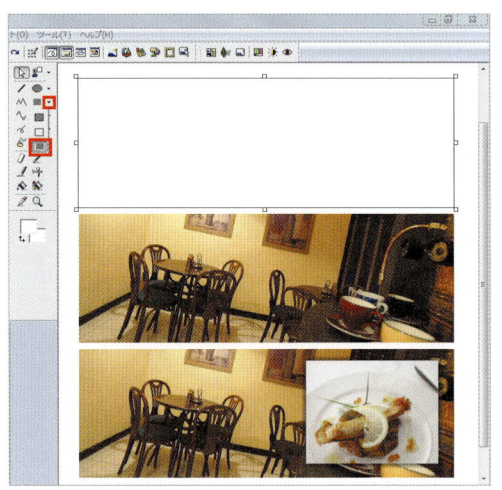

04 ［四角形（塗り潰しのみ）］ツールを使用して任意の四角形を作成したら、背景色を白、サイズを画像と同じサイズにしておきます。
→ D12 → D14
→ スパテク 052

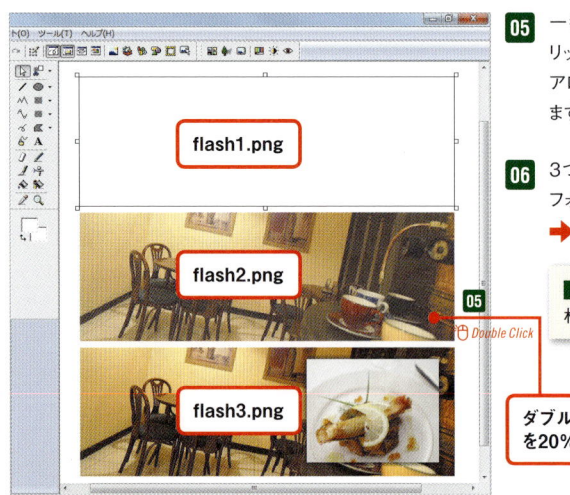

05 一番最初に作成した画像をダブルクリックし、［オブジェクトの編集］ダイアログで「透明度」を「20％」にします。

06 3つの画像をPNG形式でパーソナルフォルダへ保存しましょう。
→ D17

MEMO これでFlashタイトル用の素材作りは終了です。

ダブルクリックして透明度を20％にする

■ Flashタイトルを作成する

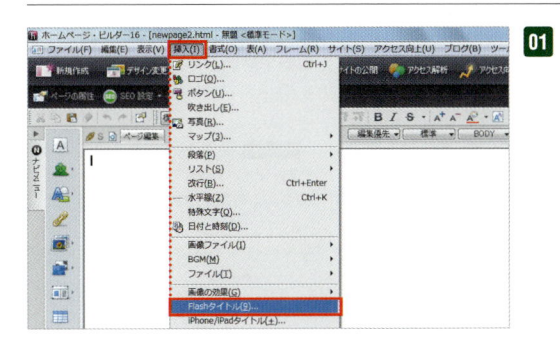

01 ホームページ・ビルダーを起動し、Flashタイトルを挿入するページを開いたら、挿入場所にカーソルを置いてメニューの［挿入］→［Flashタイトル］を選択します。

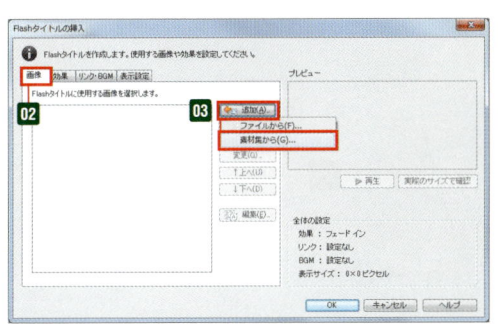

02 ［Flashタイトルの挿入］ダイアログが開くので、［画像］タブをクリックします。

03 ［追加］→［素材集から］を選択します。

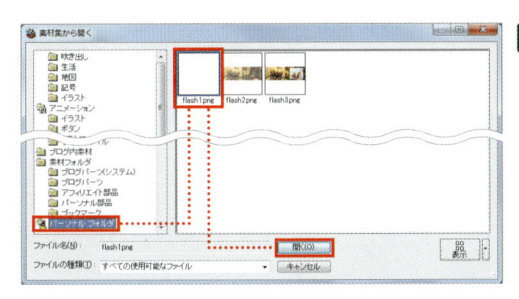

04 ［素材から開く］ダイアログで［パーソナルフォルダ］をクリックして、「flash1.png」の画像を指定したら［開く］をクリックします。

> **MEMO** ここは背景が白い画像を指定します。

05 画像が追加されます。手順03～04を繰り返し、残りの「flash2.png」と「flash3.png」も同様に追加しておきます。

06 最初に追加した「flash1.png」を指定して［編集］をクリックします。

Next >>

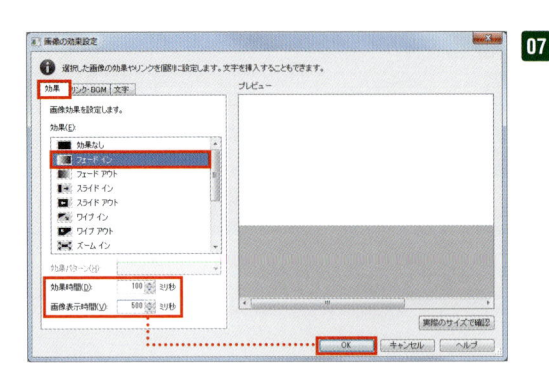

07　［画像の効果設定］ダイアログの［効果］タブで［効果］の「フェードイン」を指定し、［効果時間］で「100」、［画像表示時間］で「500」を指定したら［OK］をクリックします。

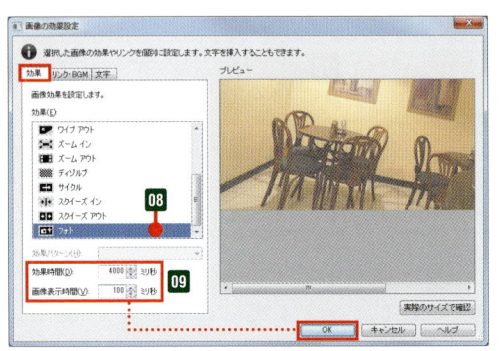

> **MEMO** 画像が徐々に表示されるフェードイン、徐々に消えるフェードアウトといった効果を13種類の中から設定できます。

08　続いて手順06と同様に「flash2.png」を指定して［編集］をクリックし、［画像の効果設定］ダイアログの［効果］タブで［効果］の「フォト」を指定します。

09　［効果時間］で「4000」、［画像表示時間］で「100」を指定したら［OK］をクリックします。

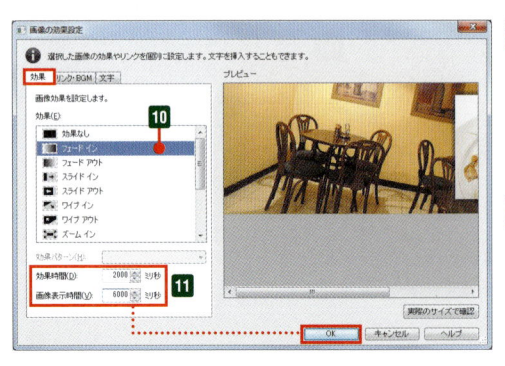

10　最後も手順06と同様に「flash3.png」を指定して［編集］をクリックし、［画像の効果設定］ダイアログの［効果］タブで［効果］の「フェードイン」を指定します。

11　［効果時間］で「2000」、［画像表示時間］で「6000」を指定したら［OK］をクリックします。

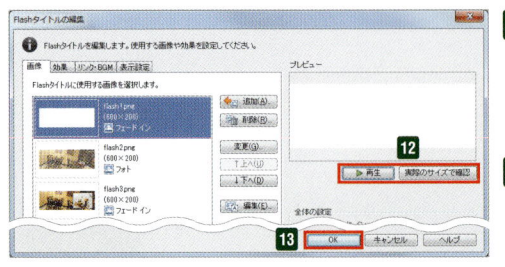

12　［Flashタイトルの挿入］ダイアログに戻ります。［再生］または［実際のサイズで確認］をクリックすると動作をプレビューできます。

13　［OK］をクリックするとページにFlashタイトルが挿入されます。

■ Flashタイトルに文字を追加する

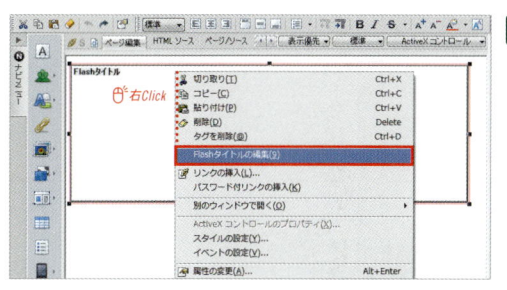

01 挿入したFlashタイトルを右クリック→[Flashタイトルの編集]を選択します。

02 「flash3.png」を指定して[編集]をクリックします。

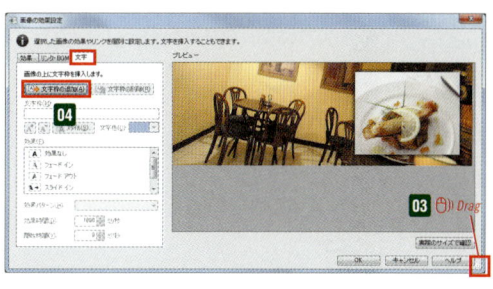

03 [画像の効果設定]ダイアログで右下をドラッグしすべての画像がプレビューに表示されるようダイアログを拡大しておきます。

04 [文字]タブで[文字枠の追加]をクリックします。

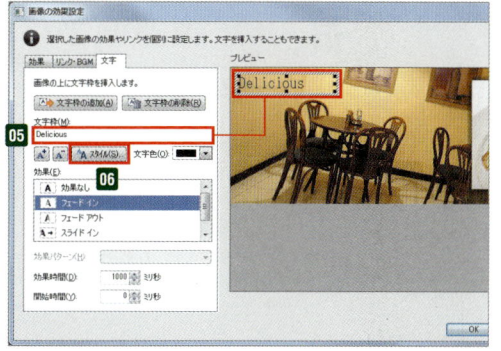

05 プレビューに文字枠が表示されるので[文字枠]に文字を入力します。

06 [スタイル]をクリックします。

Next >>

07 [文字スタイル] ダイアログでフォント、サイズ、文字色を指定して [OK] をクリックします。

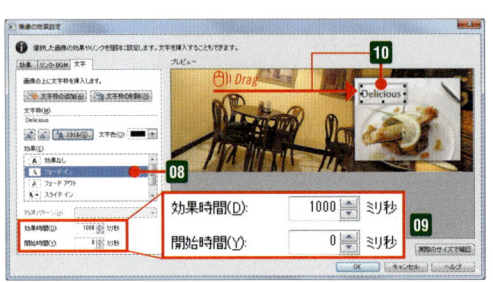

08 [効果] で「フェードイン」を指定します。

09 [効果時間]で「1000」、[開始時間]で「0」を指定します。

10 プレビューで文字枠の内部をドラッグして位置を調整します。

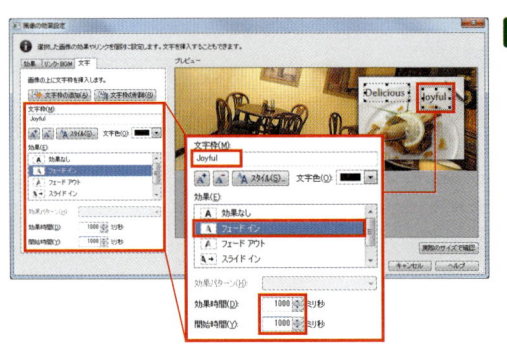

11 引き続き手順**04**～**10**を繰り返して2つ目の文字を作成し、スタイル、効果時間、開始時間を設定します。

> **MEMO** [スタイル] は「フェードイン」、[効果時間] は「1000」、[開始時間]で「1000」を指定します。

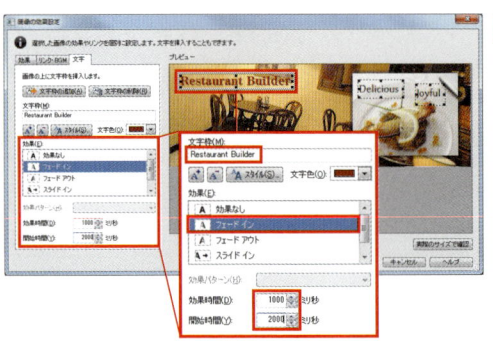

12 引き続き手順**04**～**10**を繰り返して3つ目の文字を作成し、スタイル、効果時間、開始時間を設定します。

> **MEMO** [スタイル]は「フェードイン」、[効果時間]で「1000」、[開始時間]で「2000」を指定します。1つの画像に複数の文字が挿入されている場合、[開始時間] の値が小さい順に表示されます。

13 [実際のサイズで確認]をクリックすると文字の動作が確認できます。

> **MEMO** 文字を修正するには、プレビューの文字枠をクリックしてダイアログの左側にある設定項目を変更します。

14 すべての文字が完成したら[OK]→[OK]をクリックしてすべてのダイアログを閉じます。

> **MEMO** 文字が挿入されたFlashタイトルが完成します。

POINT　Flashタイトルがあるページの保存

Flashタイトルを挿入したページを保存すると、Flashファイルの「flashcontents.swf」、XMLファイルの「flashcontents.xml」、Flashタイトルに使う画像が自動保存されます。すべてFlashタイトルの再生に必要な関連ファイルなので、インターネットに公開するときは、各ファイルをサーバーへ転送してください。

POINT　[Flashタイトルの編集]ダイアログ

Flashタイトルを右クリック→[Flashタイトルの編集]で表示される[Flashタイトルの編集]ダイアログは、[効果]タブで挿入した画像に同じ効果を一括適用できます。また[リンク・BGM]タブでは、Flashタイトルにリンクや BGMを設定できます。リンクを設定する場合、ブラウザーによるプレビューで動作は確認できません。[プレビュー]タブかファイルをサーバーへ転送して動作を確認してください。

POINT　Flashタイトルを繰り返し再生しないよう設定する

Flashタイトルを繰り返し再生しないようにするには、Flashタイトルを右クリック→[Flashタイトルの編集]を選択し、[Flashタイトルの編集]ダイアログの[表示設定]タブで「繰り返し再生する」をオフにしてください。

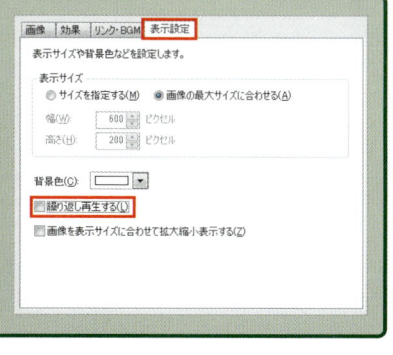

スパテク082 ブログのヘッダイメージをFlashタイトルにする〜FC2ブログ〜

FlashファイルとXMLファイルのアップロードが可能であり、かつHTMLの編集が可能なFC2ブログは、ホームページ・ビルダーで作成したFlashタイトルをブログのヘッダイメージとして使用できます。

完成作例

ホームページ・ビルダーで作成したFlashタイトルをFC2ブログのヘッダイメージとして使う

01 FC2ブログの管理画面にログインして、任意のテンプレートを設定しておきます。

→ スパテク057 ■カスタマイズのための準備をする 01〜09

MEMO ここではスパテク057と同じようにhananekoのテンプレートを使用しています。

テンプレートを設定

02 [編集]をクリックしてテンプレートのHTMLの編集画面を表示しておきます。

MEMO 旗のアイコンがあるテンプレートは現在適用中であることを意味します。ここの[編集]をクリックしましょう。

HTMLの編集画面を表示

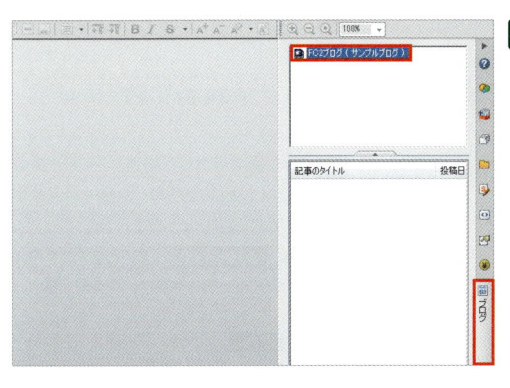

ブログのヘッダイメージをFlashタイトルにする～FC2ブログ～ << スパテク082 | ホームページ・ビルダー16

03 いったんホームページ・ビルダーに画面を切り替え、FC2ブログを登録しておきます。ブログの登録が済むと［ブログビュー］に登録名が表示されます。
→ **E1**

> **MEMO** FC2ブログがすでに登録済みの場合は、デザインのみを取得しておきましょう。
> → **E2**

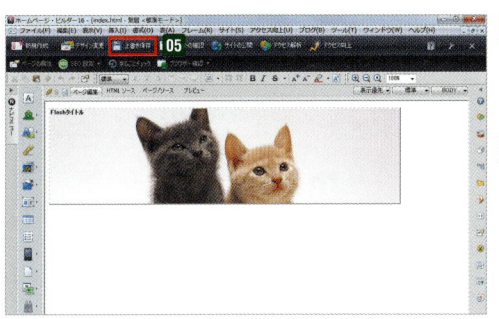

04 新規ページを開きFC2ブログに使用するFlashタイトルを作成しておきます。
→ **スパテク 081**

05 ［上書き保存］ボタンをクリックしします。

> **MEMO** この作例では、2つの画像がフェード効果で切り替わるFlashタイトルを作成しています。

06 ［名前を付けて保存］ダイアログでページに名前を付けて保存します。

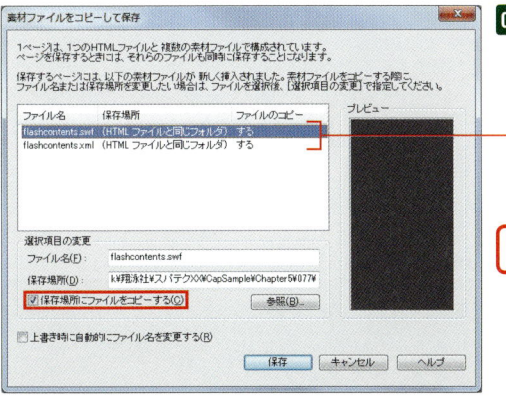

07 Flashタイトルの関連ファイルも同一フォルダーに保存しておきます。

> **MEMO** Flashタイトル作成時の関連ファイルについては、**スパテク 081** のPOINTを参照してください。

関連ファイルをすべて保存する

Next >>

427

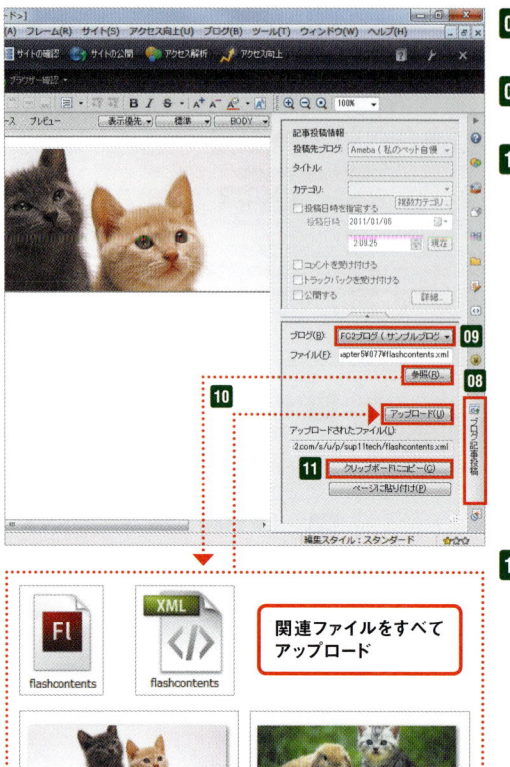

| ホームページ・ビルダー16 | スパテク082 >> ブログのヘッダイメージをFlashタイトルにする〜FC2ブログ〜

08 [ブログ記事投稿ビュー] を表示します。

09 FC2ブログを選択します。

10 手順**07**で保存した関連ファイルと画像ファイルをFC2ブログのサーバーへすべてアップロードします。
➡ スパテク 057 ■FC2ブログのスタイルシートをカスタマイズする **02**

MEMO ここでは、Flashタイトルの再生に必要な関連ファイル「flashcontents.swf」、「flashcontents.xml」、Flashタイトルに使用した画像ファイルのすべてをアップロードしてください。HTMLファイルはアップロードしなくても構いません。

11 すべてのアップロードが完了すると [アップロードされたファイル] にURLが表示されるので [クリップボードにコピー] をクリックします。

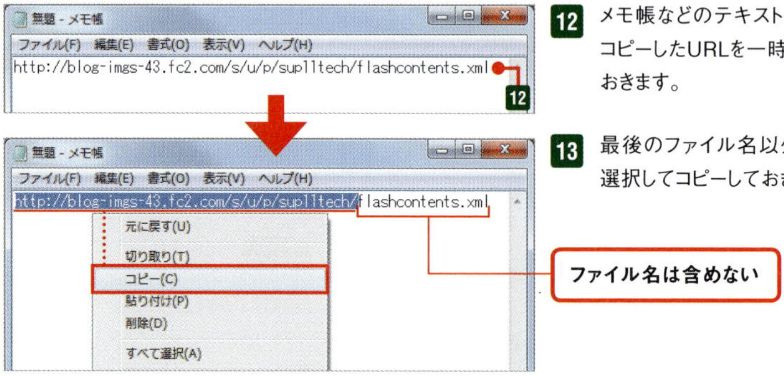

12 メモ帳などのテキストエディタを開き、コピーしたURLを一時的に貼り付けておきます。

13 最後のファイル名以外のURLパスを選択してコピーしておきましょう。

関連ファイルをすべてアップロード

ファイル名は含めない

POINT　アップロードファイルの削除

アップロードしたファイルの更新には時間がかかる場合があります。ファイルを再度アップロードする場合は、いったんサーバー上のファイルを削除してから行ってください。ファイルの削除は、FC2ブログのブログ管理画面にある [ファイルアップロード] からできます。

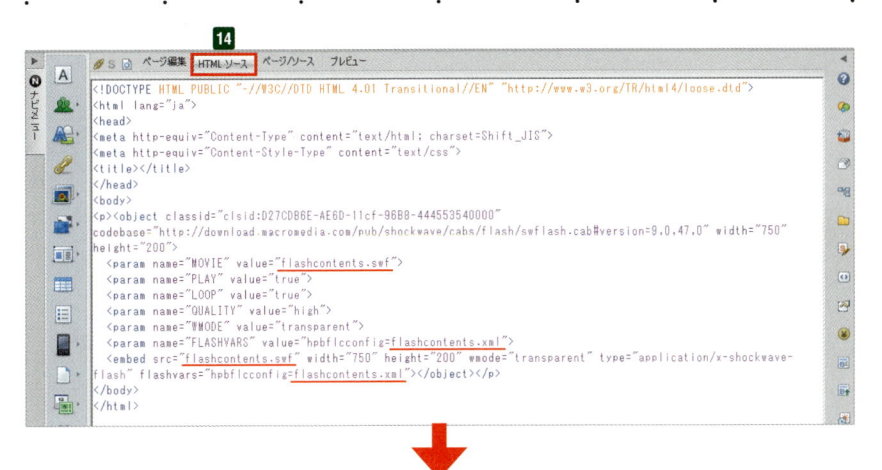

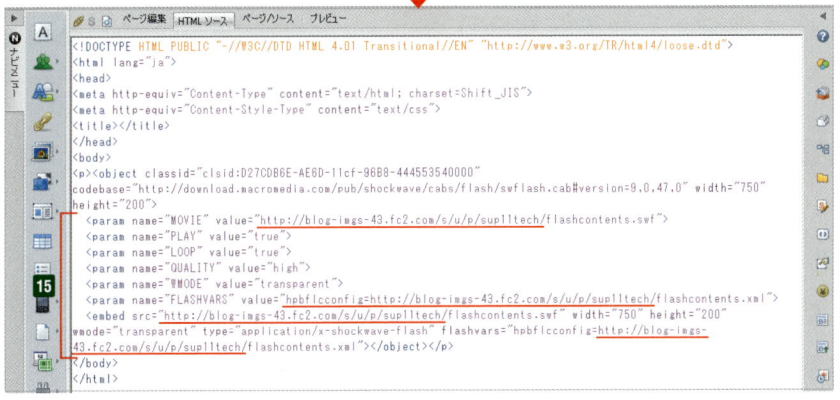

ブログのヘッダイメージをFlashタイトルにする〜FC2ブログ〜 << スパテク082

14 ホームページ・ビルダーに戻り、先ほどFlashタイトルを挿入したページのHTMLソースを表示しておきます。

> **MEMO** Flashタイトルを挿入した場所には<object>〜</object>のタグが挿入されています。

15 <object>タグ内で「flashcontents.swf」と「flashcontents.xml」が記述されている4カ所のファイル名の前に、先ほどコピーしたURLパスを貼り付けます。

> **MEMO** ファイルの参照先を絶対パスに変更するため、ここではファイル名の前にURLパスを追加します。

Next >>

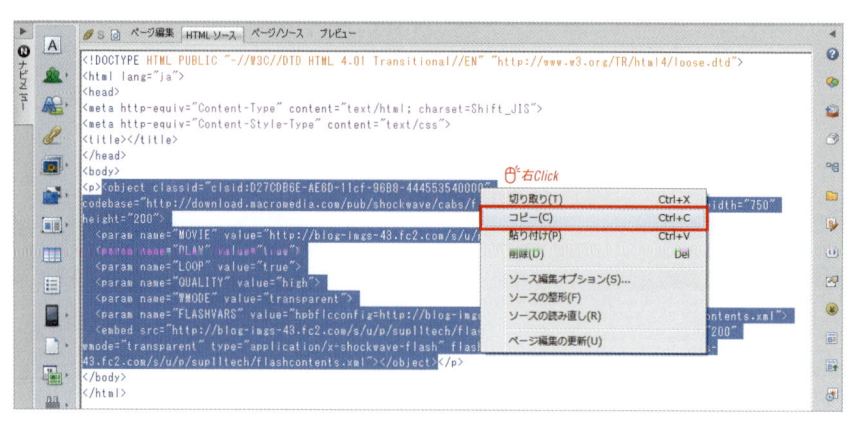

16 HTMLソースの書き換えが完了したら、<object>〜</object>までを選択し、コピーしておきます。

ブラウザーに戻り、テンプレートのHTMLソースを表示する

17 ブラウザーに画面を切り替えます。手順**02**で表示したテンプレートのHTMLソースを表示しておきます。

削除

貼り付ける

18 `<div id="header"><!-- /header -->`の次行から`</div><!-- /header -->`前までの2行を範囲選択し、[Delete]キーを押して削除したら、先ほどコピーしたソースを貼り付けます。

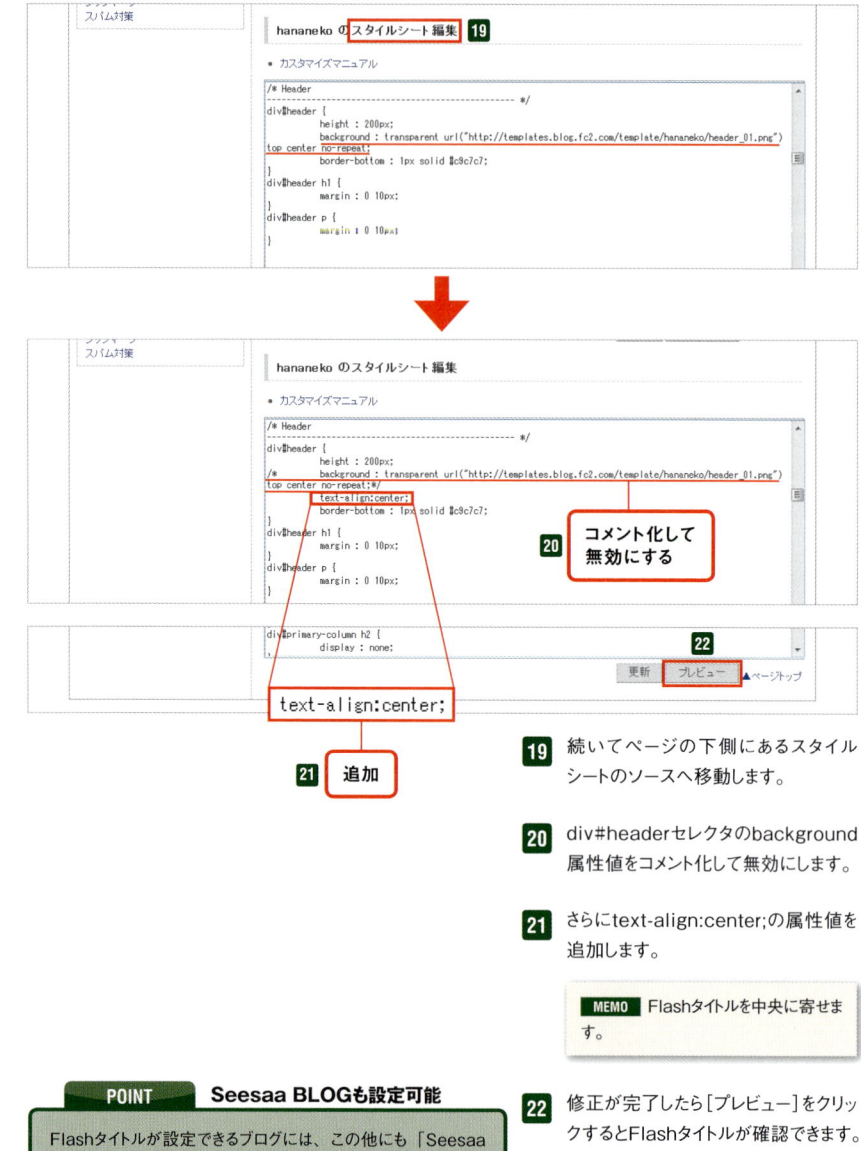

| ホームページ・ビルダー16 | スパテク082 >> ブログのヘッダイメージをFlashタイトルにする～FC2ブログ～

19 続いてページの下側にあるスタイルシートのソースへ移動します。

20 div#headerセレクタのbackground属性値をコメント化して無効にします。

21 さらにtext-align:center;の属性値を追加します。

> **MEMO** Flashタイトルを中央に寄せます。

22 修正が完了したら[プレビュー]をクリックするとFlashタイトルが確認できます。

> **MEMO** ヘッダイメージがFlashタイトルに差し替わっていれば完了です。[更新]をクリックして更新しましょう。

POINT Seesaa BLOGも設定可能

Flashタイトルが設定できるブログには、この他にも「Seesaa BLOG」があります。FC2ブログと同様、Flashタイトルの関連ファイルをアップロードしたら、URLパスを書き換えてソースをコピーします。ブログ管理画面（マイ・ブログ）にログインしたら、[デザイン]の「HTMLの追加」をクリックしてヘッダイメージ部分にソースを貼り付け、HTMLに名前を付けて保存したらブログに適用してください。必要に応じてスタイルシートも編集してください。

スパテク 083 Amebaブログのサイドバーに Flash広告を表示する

ホームページ・ビルダーで作成したFlashタイトルを、Amebaブログのサイドバーに表示できます。ブログからサイトに誘導したい場合など、Flashでアピールすれば効果的です。

完成作例

Amebaブログのサイドバーに Flashを表示する

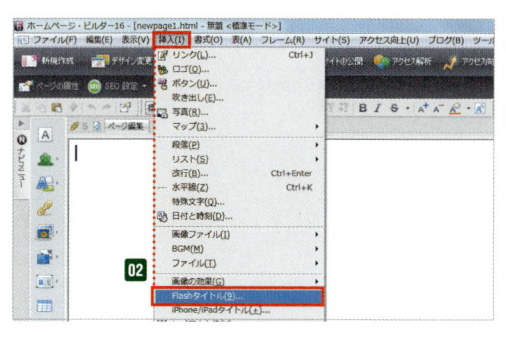

01 新規ページを開きます。
→ A3

02 メニューから［挿入］→［Flashタイトル］を選択します。

03 ［追加］をクリックして複数の画像を追加し、Flashタイトルを作成します。
→ スパテク 081

Next >>

POINT　画像のサイズ

この作例では、2つの画像がフェード効果で切り替わるFlashタイトルを作成しています。Amebaブログのサイドバーの横幅に応じて、Flashタイトルに使用する画像のサイズは任意で調整してください。ここでは、幅と高さともに152ピクセルの2枚の画像からFlashタイトルを作成しました。

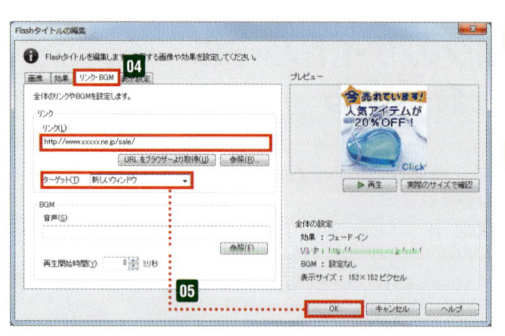

| ホームページ・ビルダー16 | スパテク083 >> AmebaブログのサイドバーにFlash広告を表示する

04 [リンク・BGM] タブをクリックします。
[リンク] にこのFlashタイトルをクリックしたときの移動先URLを入力します。

05 [ターゲット] から「新しいウィンドウ」を選択したら [OK] をクリックします。

> **MEMO** ターゲットは必ず「新しいウィンドウ」を選択してください。そうしなければ、リンク先へ移動できません。

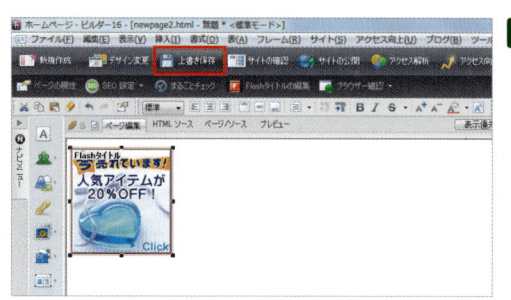

06 Flashタイトルが作成されるので、[上書き保存] ボタンをクリックします。

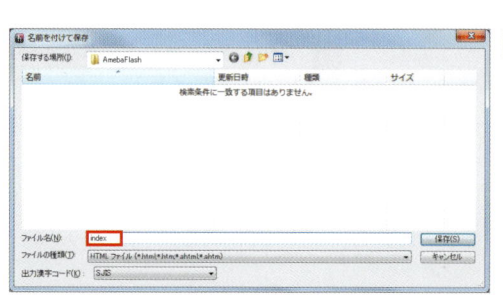

07 [名前を付けて保存]ダイアログでページに名前を付けて保存します。

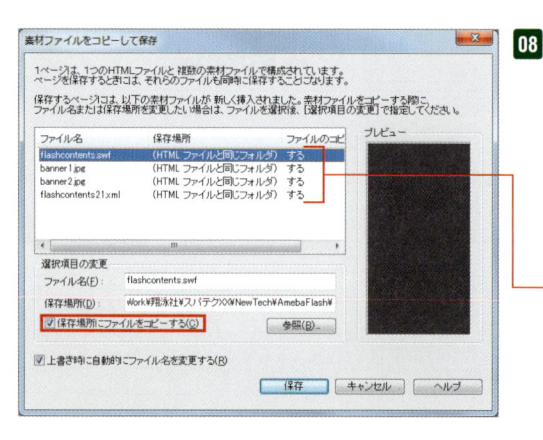

08 Flashタイトルの関連ファイルも同一フォルダに保存しておきます。

> **MEMO** Flashタイトル作成時の関連ファイルについては、スパテク081 のPOINTを参照してください。

関連ファイルをすべて保存する

434

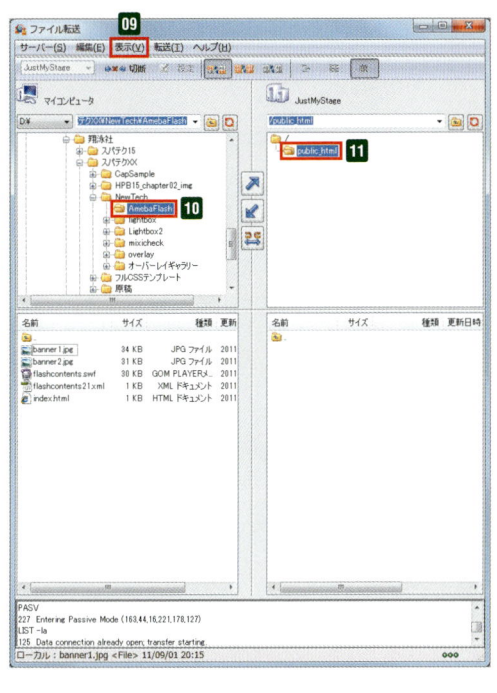

09 ファイル転送ツールを起動したら、メニューの［表示］→［フォルダツリー］を選択してフォルダツリー表示にします。

10 ファイル転送ツールの左側では、手順 06〜08 で Flash タイトルを保存したフォルダーを表示しておきます。

11 右側では Flash タイトルを転送する任意サーバーを表示しておきます。

➡ **B8**

> **MEMO** Flash タイトルで使う swf や xml ファイルは、Ameba ブログのサーバーにアップロードできません。そのため、これらをアップロードする別のサーバーが必要となります。アップロード先の URL はあとで必要になるので、事前に場所を把握しておきましょう。

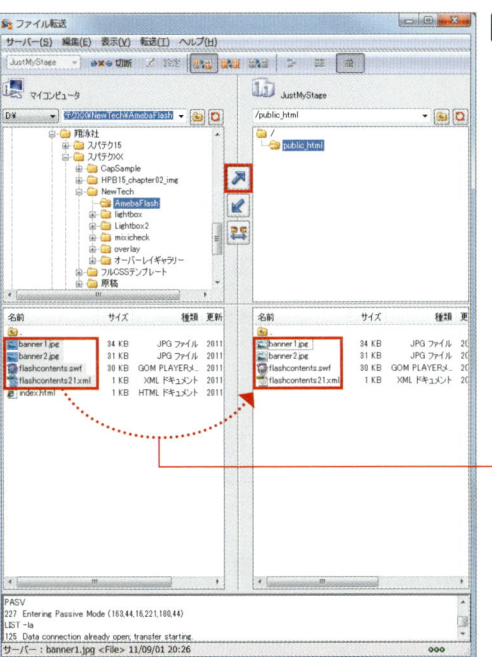

12 手順 06〜08 で保存した関連ファイルと画像ファイルをサーバーへアップロードします。

> **MEMO** ここでは、Flash タイトルの再生に必要な関連ファイル「flashcontents.swf」、「flashcontents.xml」、Flash タイトルに使用した画像ファイルのすべてをアップロードしてください。HTML ファイルはアップロードしなくても構いません。

サーバーに転送する

Next >>

435

13 ホームページ・ビルダーに戻ります。先ほどFlashタイトルを挿入したページのHTMLソースを表示します。

> **MEMO** Flashタイトルを挿入した場所には<object>〜</object>のタグが挿入されています。

Flashタイトル関連ファイルを転送したサーバーのURLパスを、4カ所に追記する

14 <object>タグ内で「flashcontents.swf」と「flashcontents.xml」が記述されている4カ所のファイル名の前に、先ほど手順**12**でファイルを転送したサーバーのURLパスを追記します。

> **MEMO** ファイルの参照先を絶対パスに変更するため、ここではファイル名の前にURLパスを追加します。

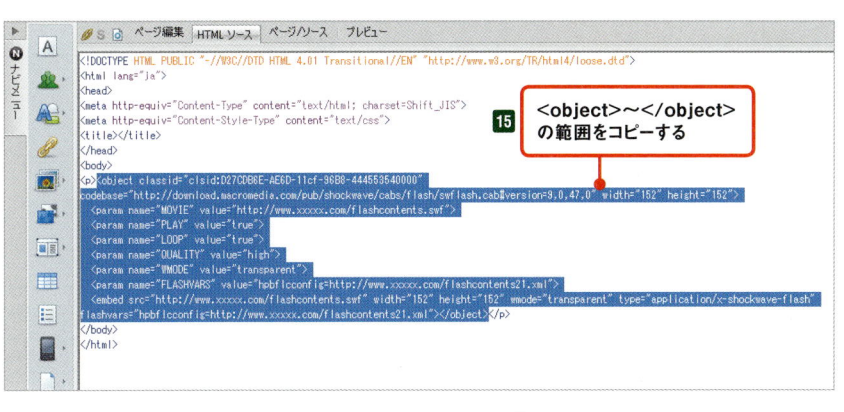

Amebaブログのサイドバーに Flash広告を表示する << スパテク083 | ホームページ・ビルダー16

15 `<object>`～`</object>` の範囲をコピーする

15 HTMLソースを書き換えたら、`<object>`～`</object>`までを選択し、コピーしておきます。

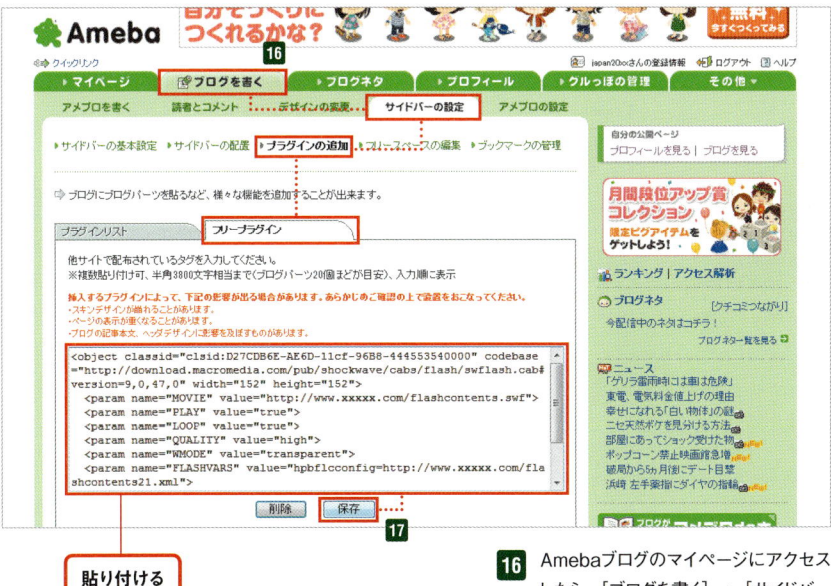

16 Amebaブログのマイページにアクセスしたら、[ブログを書く]→[サイドバーの設定]→[プラグインの追加]→[フリープラグイン]の順にクリックします。

貼り付ける

17 テキストボックスに先ほどコピーしたソースを貼り付けたら[保存]をクリックします。

Next >>

| ホームページ・ビルダー16 | スパテク083 >> AmebaブログのサイドバーにFlash広告を表示する

18 続いて［サイドバーの配置］をクリックします。

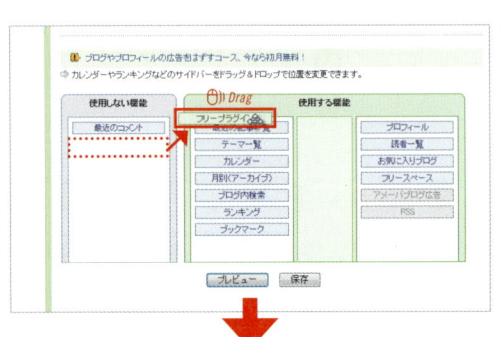

19 ［使用しない機能］にある「フリープラグイン」を、［使用する機能］内の配置したいサイドバーにドラッグして移動します。

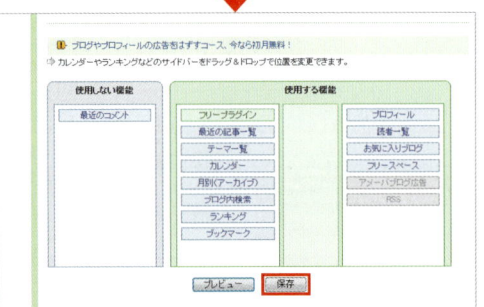

20 ［保存］をクリックします。

21 ブログを確認すると、サイドバーに作成したFlashタイトルが表示されます。

6章

ショップサイト作成のテクニック

●Yahoo!ロコ地図とGoogleマップについて●Yahoo!ロコ地図を挿入●Yahoo!ロコ地図にアイコンを付ける●Googleマップの挿入●Googleマップにマーカーを付ける●マイマップを使用して道順を付けた地図にする●SEOとは?●ページのSEOを設定●画像に代替テキストを設定●隠れ文字を設定●SEOの設定をチェックする●ブログを設置してアクセス効果を上げる●XMLサイトマップについて●XMLサイトマップの作成●XMLサイトマップの登録●XMLサイトマップの更新●検索ロボットに情報を収集させない●買い物カゴの挿入●アクセス解析の利用●アクセス解析をFC2ブログで利用●携帯用ページの作成●PCサイトを携帯サイトに変換●携帯ページに地図を挿入●Googleモバイルサイトマップの作成●口コミ用のSNSボタンを挿入～mixiチェック～●QRコードの挿入●ホームページ・ビルダーの歴史

スパテク 084 Yahoo!ロコ地図とGoogleマップについて

会社やお店サイトに案内図は付きものです。Yahoo!ロコ地図、Googleマップとの連携機能を利用すれば、目的地付きの地図を簡単に挿入することができます。

Yahoo!ロコ地図、Googleマップと連携し、地図を貼り付けることができます。操作方法はとても簡単で、住所から目的の場所を検索して大きさと縮尺を決めるだけです。地図を航空写真にしたり、目的地に目印や吹き出しのコメントを表示したりもできます。自分のお店や会社の案内図はもちろん、おすすめ観光スポット、グルメスポットを紹介するサイトなどに重宝するでしょう。もう地図を一から描く手間はかかりません。

●Yahoo!ロコ地図

●Googleマップ

- 地図のサイズや縮尺を決めることができる
- 拡大・縮小するためのズームボタンを付けることができる
- 表示方法は地図と航空写真が選べる
  ▲航空写真
- 目的地に目印や吹き出しを付けることができる
- 地図をドラッグ&ドロップして自由に動かせる

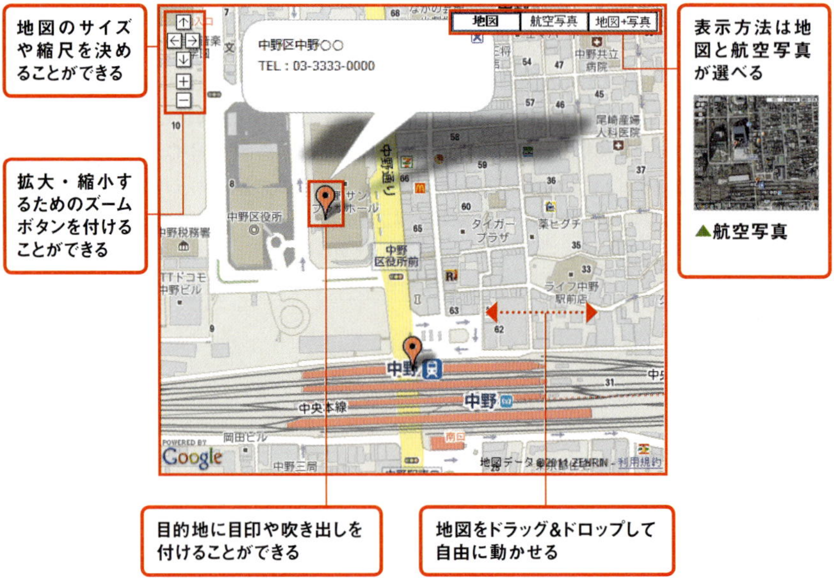

POINT 地図サービスの利用に必要なこと

地図サービスを利用するには、Yahoo!ロコ地図では「アプリケーションID」が、Googleマップでは「APIキー」が必要です。これらを取得するには、さらに各サービスのアカウントを持っている必要があります。Yahoo!の場合はオークションやショッピングのときに使用しているIDとパスワードが使えます。Googleの場合はGmailやアドセンスに使用しているメールアドレスとパスワードが使えます。いずれかのアカウントを所有している人は、以下の方法ですぐにでもアプリケーションIDあるいはAPIキーを取得しましょう。アカウントを所有していない人は、まずはアカウントの新規登録から行いましょう。

●Yahoo!ロコ地図でアプリケーションIDを取得

01 メニューの［挿入］→［マップ］→［Yahoo!ロコ地図］を選択します。

02 ［登録ページをブラウザーで開く］をクリックします。

03 サイトへアクセスするので「ログイン」をクリックしてIDとパスワードを入力してログインします（アカウント未取得の場合は「新規取得」から取得しましょう）。

04 手順に従い、アプリケーションIDを取得したらコピーしておきます（スパテク085へ進む）。

●GoogleマップでAPIキーを取得

01 メニューの［挿入］→［マップ］→［Googleマップ］を選択します。

02 ［登録ページをブラウザーで開く］をクリックします。

03 サイトへアクセスするので右上の「ログイン」をクリックし、メールアドレスとパスワードを入力してログインします（アカウント未取得の場合は「アカウントを作成」から取得しましょう）。

04 ログイン後は、下の方にある規約のチェックボックスをオンにし、自分のサイトのURLを入力して［APIキーを生成］をクリックします（下記POINT参照）。

05 APIキーが生成されるのでコピーしておきます（スパテク087へ進む）。

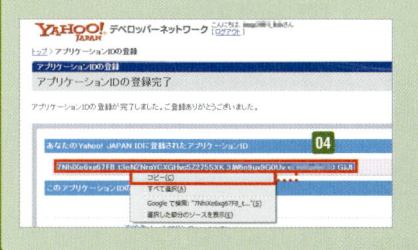

POINT GoogleマップでAPIキーを取得するときの注意

Googleマップの手順04で指定するURLには、地図データを公開するサーバー上のURLを正確に指定する必要があります。たとえば「http://xyz.ne.jp/」サーバーの「map」フォルダーに地図ページを置く場合は、http://xyz.ne.jp/map/ と指定します。指定したURL以外の場所でGoogleマップを使うと無効となり、地図は表示されないので注意しましょう。

スパテク 085 Yahoo!ロコ地図を挿入する

スパテク084 の方法で「アプリケーションID」を取得したら、Yahoo!ロコ地図を挿入することができます。地名や住所を入力して検索し、縮尺と地図の大きさを決めるだけで簡単に挿入できます。

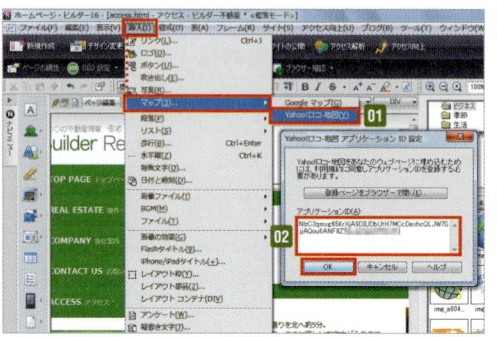

01 地図を挿入する場所にカーソルを置いたら、メニューの［挿入］→［マップ］→［Yahoo!ロコ-地図］を選択して［アプリケーションID設定］ダイアログを表示します。

02 アプリケーションIDを貼り付けたら［OK］をクリックします。

> **MEMO** Yahoo!ロコ地図の「アプリケーションID」を取得するには、スパテク084 のPOINTを参照してください。

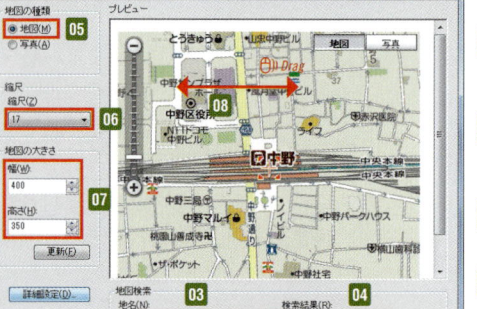

03 地図に表示する地名もしくは住所を入力して［検索］をクリックします。

04 検索結果に候補が表示されるので目的地を選択します。

05 地図の種類を指定します。

06 縮尺を指定します。

07 大きさを指定します。

08 表示範囲を変更する場合は、地図内をドラッグして調整します。

09 ［OK］をクリックすると地図が挿入されます。プレビューすると表示イメージが確認できます。

Yahoo!ロコ地図にアイコンを付ける

スパテク 086

好みのスポットや目的地にアイコンを付けて、マウスポインタを合わせるとコメントが表示されるようにできます。アイコンは複数の場所に付けることもできます。

完成作例

地図上にアイコンを入れる

アイコンにマウスポインタを合わせるとコメントを表示する

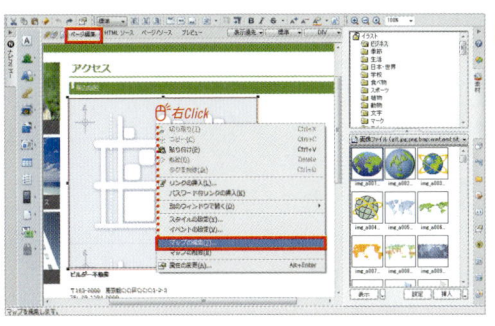

01 スパテク085の方法でYahoo!地図を挿入したら、［ページ編集］タブをクリックして地図を右クリック→［マップの編集］を選択します。

> **MEMO** 地図を削除するには右クリック→［マップの削除］を選択します。

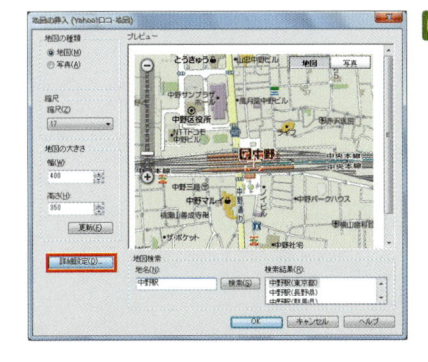

02 編集画面が開くので［詳細設定］をクリックします。

Next >>

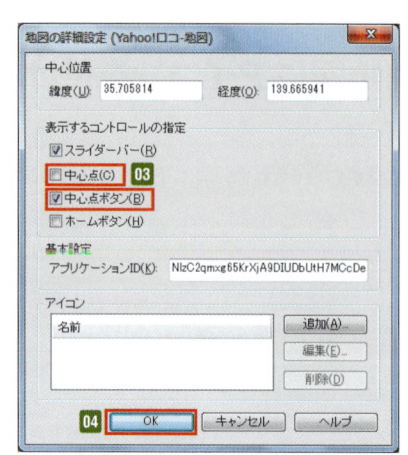

03 ［中心点ボタン］をオン、［中心点］をオフにします。

04 地図上の表示要素をいったん確定するために［OK］をクリックします。

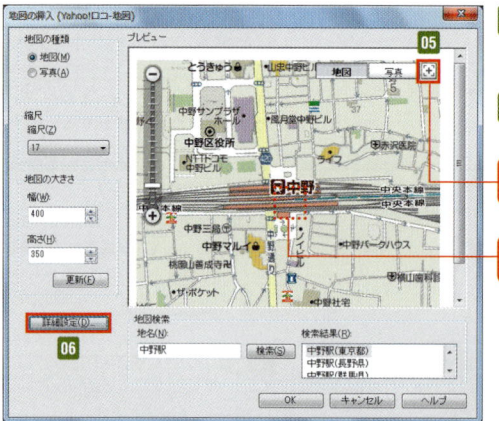

05 中心点が非表示となり、中心点ボタンが表示されます。

06 もう一度［詳細設定］をクリックします。

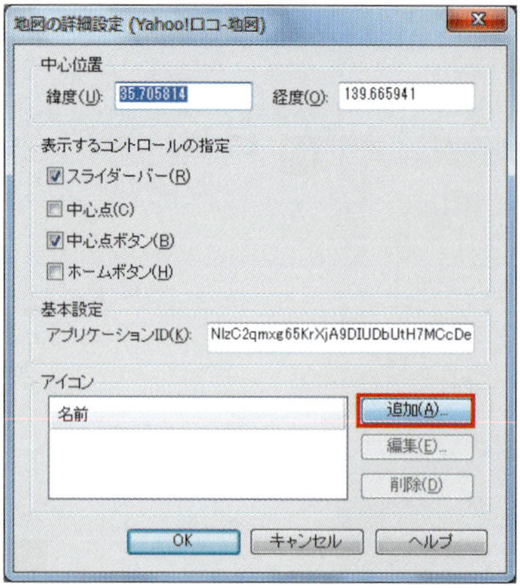

中心点ボタン

中心点が非表示となる

07 ［追加］をクリックします。

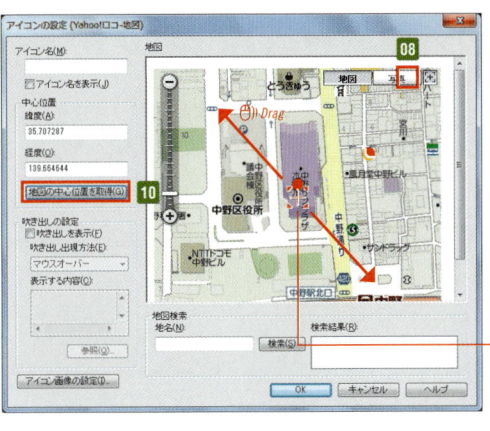

08 中心点ボタンをクリックして中心点を表示します。

09 地図上をドラッグしてアイコンを付ける場所に中心点のマークが表示されるように調整します。

10 アイコンを付ける位置が決まったら[地図の中心位置を取得]をクリックします。

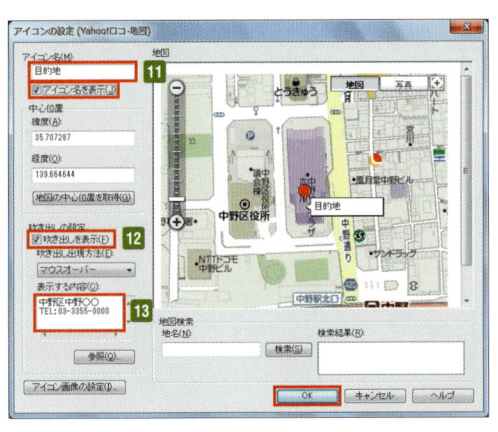

アイコンを付ける場所に中心点を定める

11 [アイコン名]に任意のアイコン名を入力し、[アイコン名を表示]をオンにします。

12 [吹き出しを表示]をオンにします。

13 [表示する内容]に吹き出しに表示する文字を入力します。

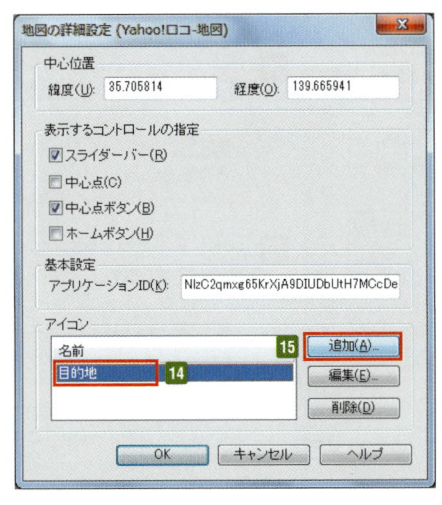

14 アイコンが登録され、一覧にアイコン名が表示されます。

15 さらに追加する場合は[追加]をクリックします。

Next >>

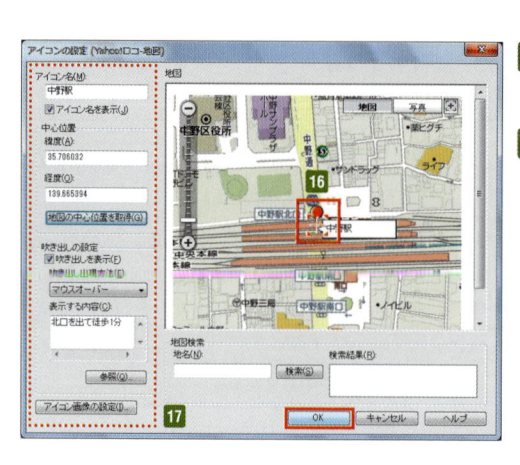

16 2つ目のアイコンを付ける場所に中心点を移動します。

17 手順 **10**〜**13** を操作してアイコンの設定をしたら［OK］をクリックします。

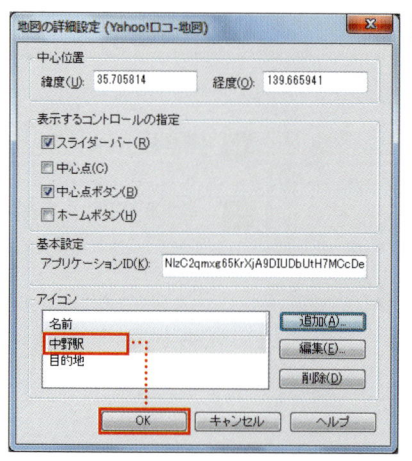

18 アイコンがさらに登録され、一覧にアイコン名が表示されるので［OK］をクリックします。

> **MEMO** アイコンを削除する場合は、この画面でアイコン名を選択して［削除］をクリックします。

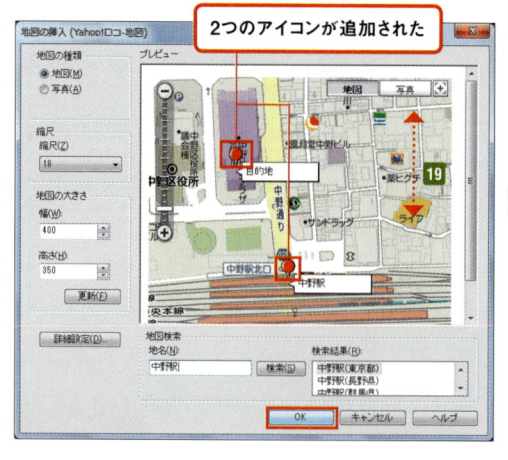

19 地図上をドラッグしてアイコンが正しく見えるように表示位置を調整します。

> **MEMO** 必要に応じて縮尺や大きさも再調整しましょう。

20 ［OK］をクリックするとアイコン入りの地図が完成します。

> **MEMO** 地図を挿入したホームページを保存すると、同一フォルダーには地図の表示に必要なスクリプトファイル「hpbmapscript.js」が作成されます。サーバーへ公開する際は、このスクリプトファイルも転送しましょう。

スパテク 087

Googleマップを挿入する

スパテク084 の方法で「APIキー」を取得したら、Googleマップを挿入することができます。地名や住所を入力して検索し、縮尺と地図の大きさを決めるだけで簡単に挿入できます。

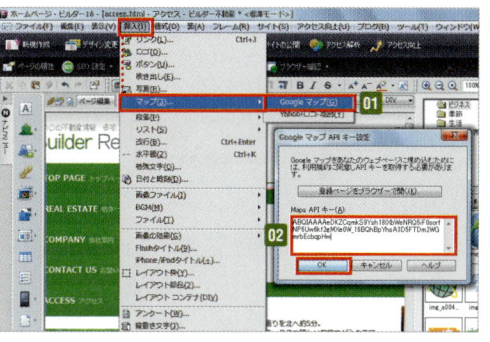

01 地図を挿入する場所にカーソルを置いたら、メニューの[挿入]→[マップ]→[Googleマップ]を選択して[APIキー設定]ダイアログを表示します。

02 APIキーを貼り付けたら[OK]をクリックします。

> **MEMO** Googleの「APIキー」を取得するには、**スパテク084** のPOINTを参照してください。

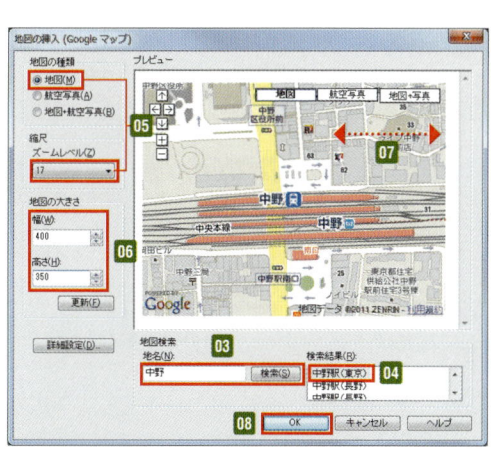

03 地図に表示する地名もしくは住所を入力して[検索]をクリックします。

04 検索結果に候補が表示されるので目的地を選択します。

05 地図の種類と縮尺を指定します。

06 大きさを指定します。

07 表示範囲を変更する場合は、地図内をドラッグして調整します。

08 [OK]をクリックします。

> **MEMO** 地図内にマーカーを付ける方法は **スパテク088** を参照してください。

09 地図が挿入されます。プレビューすると表示イメージが確認できます。

スパテク 088 Googleマップにマーカーを付ける

好みのスポットや目的地にマーカーを付けて、マウスポインタを合わせるとコメントが表示されるようにできます。マーカーは複数の場所に付けることもできます。

完成作例

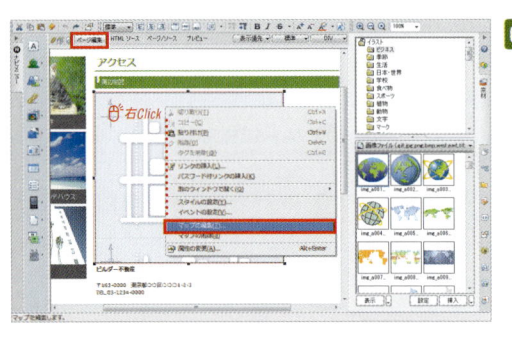

マーカーにマウスポインタを合わせるとコメントを表示する

地図上にマーカーを入れる

01 スパテク087の方法でGoogleマップを挿入したら、［ページ編集］タブをクリックして地図を右クリック→［マップの編集］を選択します。

MEMO 地図を削除するには右クリック→［マップの削除］を選択します。

POINT　Googleマップの表示要素を指定する

地図上の表示要素を指定するには、手順04のダイアログにある［表示するコントロールの指定］で、表示する要素をチェックします。マウスドラッグによる地図の表示範囲の変更を禁止する場合は［オプション］の［マウスでのドラッグを禁止］をオンにします。

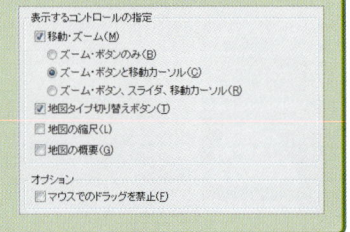

表示するコントロールの指定
- 移動・ズーム(M)
  - ズーム・ボタンのみ(B)
  - ズーム・ボタンと移動カーソル(C)
  - ズーム・ボタン、スライダ、移動カーソル(R)
- 地図タイプ切り替えボタン(T)
- 地図の縮尺(L)
- 地図の概要(G)

オプション
- マウスでのドラッグを禁止(F)

Googleマップにマーカーを付ける << スパテク088　｜　ホームページ・ビルダー16

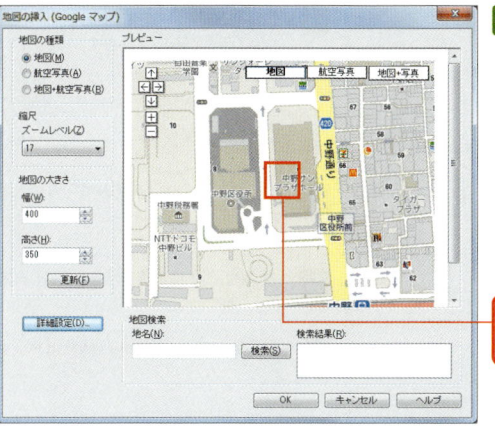

02 地図上をドラッグし、マーカーを付ける場所が中心に定まるように位置を調整します。

> **MEMO** マーカーはこのダイアログに表示される地図上の中心に付きます。目視で調整しましょう。マーカー位置がズレていても、この画面に戻ればやり直すことができます。

マーカーを付ける場所を中心に定める

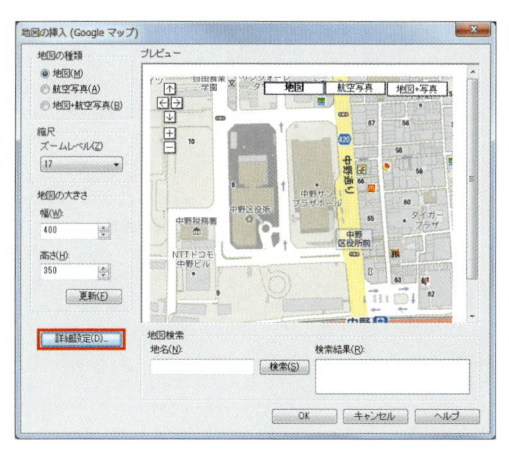

03 [詳細設定]をクリックします。

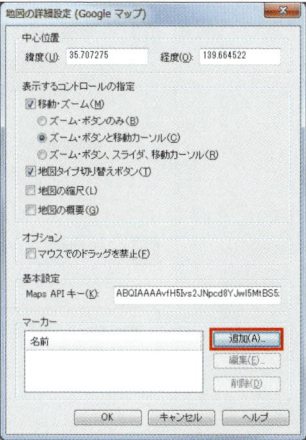

04 [追加]をクリックします。

Next >>

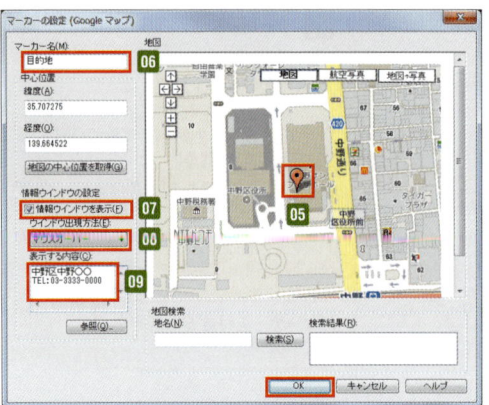

05 マーカーの位置を確認します。問題なければ手順06へ進みます。ズレている場合は［キャンセル］をクリックして手順02のダイアログに戻り、中央の位置を再調整します。

06 ［マーカー名］に任意のマーカー名を入力します。

07 ［情報ウィンドウを表示］をオンにします。

08 情報ウィンドウの表示方法を選択します。

09 ［表示する内容］に情報ウィンドウに表示する文字を入力したら［OK］をクリックします。

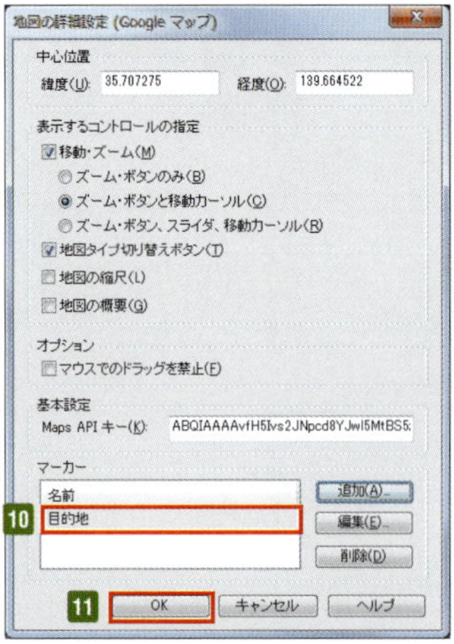

10 マーカーが登録され、一覧にマーカー名が表示されます。

11 さらに追加する場合は［OK］をクリックして元の画面に戻ります。

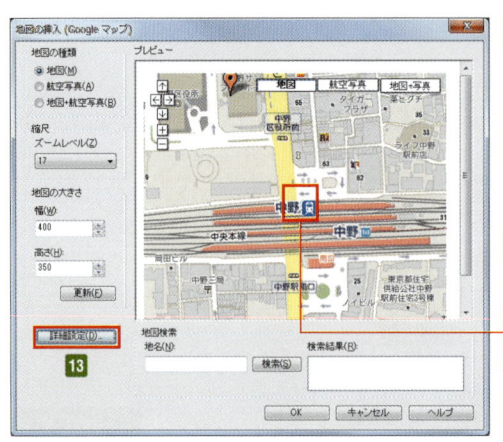

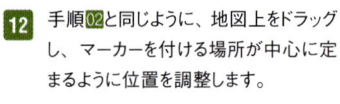

12 手順02と同じように、地図上をドラッグし、マーカーを付ける場所が中心に定まるように位置を調整します。

MEMO マーカーの作成を終了する場合は［OK］をクリックしましょう。

13 ［詳細設定］をクリックします。

マーカーを付ける場所を中心に定める

14 [追加] をクリックします。

> **MEMO** マーカーを削除する場合は、この画面でマーカー名を選択して[削除]をクリックします。

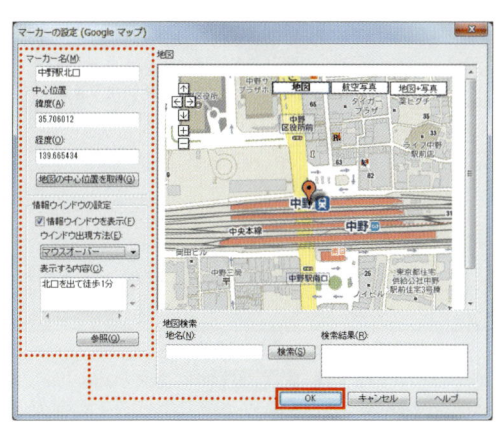

15 手順05〜09を操作して、もう1つのマーカーの設定を済ませたら[OK]をクリックします。次の画面で一覧にマーカー名が登録されるので[OK]をクリックします。

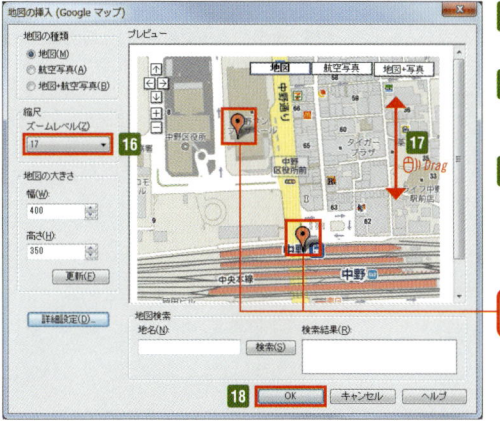

16 縮尺を調整します。

17 地図上をドラッグして表示位置を調整します。

18 [OK]をクリックするとマーカー入りの地図が完成します。

2つのマーカーが追加された

スパテク089
Googleマップのマイマップを使用して道順を付けた地図に変える

Googleマップに道順やさまざまな形のマーカーを使いたい場合は、Googleのマイマップがおすすめです。バリエーションの富んだ地図にアレンジできます。

完成作例

Before

After

道順を挿入している

さまざまなデザインのマーカーが利用できる

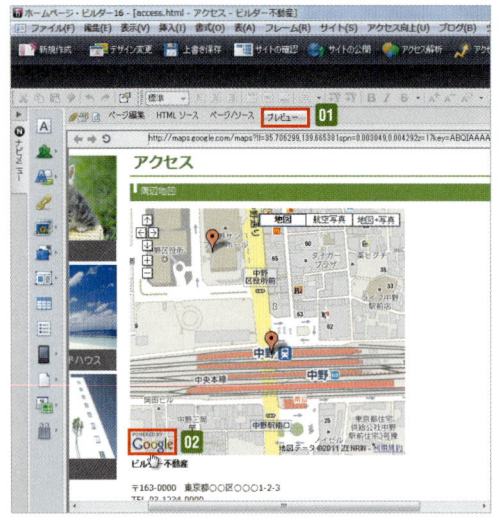

01 スパテク087 の方法でGoogleマップを挿入したら、[プレビュー]タブをクリックして地図をプレビューします。

02 地図の左下にあるGoogleのロゴをクリックします。

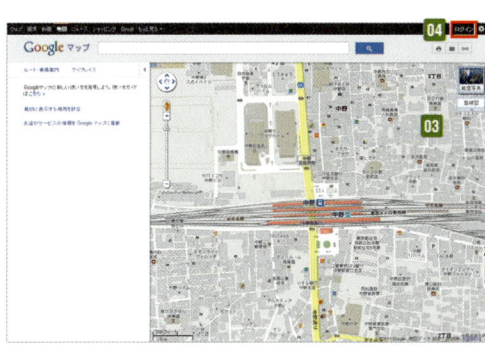

03 ブラウザーが起動してGoogleマップのサイトに移動します。サイト上にはホームページ・ビルダーに貼り付けている地域の地図が表示されます。

04 ［ログイン］をクリックします。

> **MEMO** すでにログインしている場合は、手順06へ進んでください。

05 ログイン画面が表示されるので、メールアドレスとパスワードを入力してログインします。

06 Googleマップにログインするので、［マイプレイス］をクリックします。

07 ［新しい地図を作成］をクリックします。

08 ［タイトル］と［説明］を入力して［一般公開］オプションを指定したら［完了］をクリックします。

Next >>

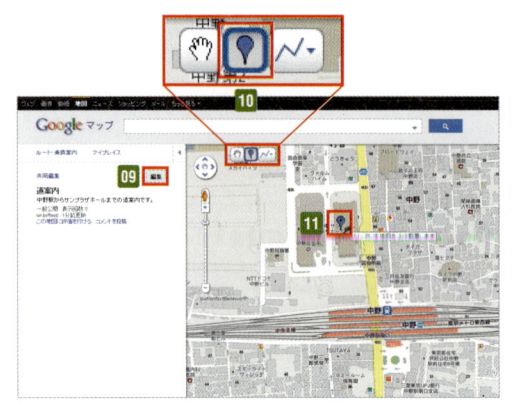

| ホームページ・ビルダー16 | スパテク089 >> Googleマップのマイマップを使用して道順を付けた地図に変える

09 ［編集］をクリックするとツールが表示されます。

10 ［目印を追加］をクリックします。

11 マーカーを追加する場所をクリックします。

> **MEMO** 追加したマーカーはドラッグすると動かせます。

12 マーカーが追加されて吹き出しが表示されます。［タイトル］にこのマーカーのタイトルを入力します。

13 ［説明］にマーカーの説明を入力します。

14 マーカーをクリックして気に入ったデザインを選択します。

15 ［OK］をクリックするとマーカーが確定します。

> **MEMO** 必要に応じて、その他の場所にもマーカーを追加しましょう。

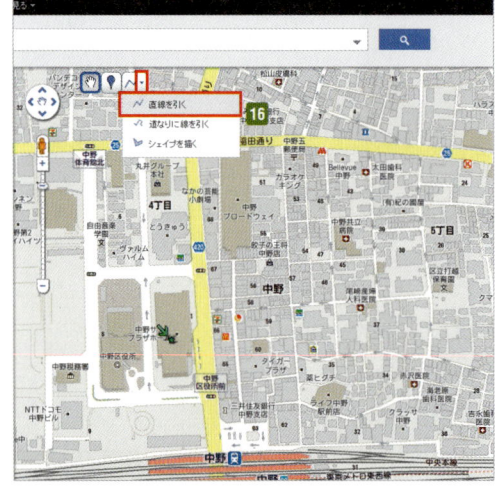

16 道順を付けたい場合は▼をクリックして［直線を引く］を選択します。

> **MEMO** マーカーや道順を削除するには、右クリック→［削除］を選択します。

Googleマップのマイマップを使用して道順を付けた地図に変える << スパテク089 | ホームページ・ビルダー16

17 地図上をクリックしながら直線で道順を付けます。

18 道順を終了したい場所でダブルクリックします。

19 マーカーと同じようにタイトル、説明、直線の書式を設定したら[OK]をクリックします。

20 [完了]をクリックします。

21 マーカーと道順の挿入された地図が完成します。

> **MEMO** 地図のマーカーや道順を再編集するには[編集]をクリックします。

22 右上の[リンク]ボタンをクリックすると、この地図を挿入するためのHTMLタグが表示されます。

23 「HTMLを貼り付けて…」にあるタグをクリックして選択し、右クリック→[コピー]を選択します。「この地図は埋め込めません」と表示される場合は、[マイプレイス]をクリックして、作成した地図を選択してから再度[リンク]ボタンをクリックします。

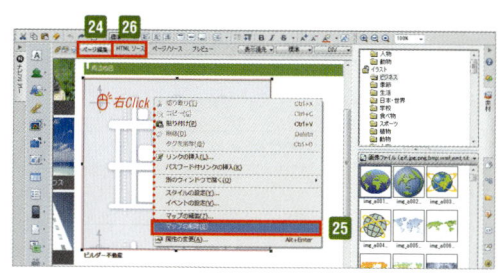

24 ホームページ・ビルダーに画面を戻したら、[ページ編集]をクリックします。

25 既存の地図を右クリック→[マップの削除]を選択して削除します。

26 [HTMLソース]タブをクリックします。

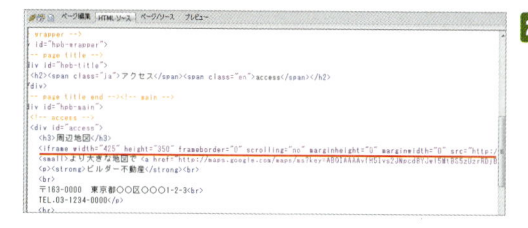

27 HTMLソースが表示されます。手順23でコピーしたタグを貼り付け先にペーストすれば地図が挿入されます。

> **MEMO** 地図のサイズを変更するには、貼り付けたiframeタグのwidthとheight属性の値を書き換えます。

455

スパテク090 SEOとは?

Googleなどの検索エンジンを経由して、少しでも人を自分のホームページへ連れてくるには、SEOのテクニックが効果的です。具体的な操作の前に、まずはSEOとは何かを解説します。

■ SEOとは

　SEO（検索エンジン最適化）は、ホームページを検索エンジンで上位表示させるために、ホームページに工夫を加えることです。検索エンジンはロボット型とディレクトリ型に大別できますが、本誌はGoogleに代表されるロボット型検索サービスのSEO対策テクニックを紹介します。

Seach　Engine Optimization
SEO
＝
検索エンジン最適化

■ 上位表示させるためには

　ロボット型検索エンジンは、ロボットというプログラムがインターネットのリンクをたどりながらホームページの情報を収集し、データベースに蓄えておきます。検索者が検索エンジンを利用すると、データベースの情報を独自のシステムで評価・順位付けし、検索結果として表示する仕組みになっています。サイトの運営者が少しでも上位に表示させたいと思うなら、評価が高く出るようなページ作りを心がけましょう。「このテクニックさえあれば確実に上位表示される」と断定できるものはありませんが、ロボット型のSEO対策として、一般的に押さえるべきポイントはいくつかあります。本章はホームページ・ビルダーを使ってできる、これらのテクニックを紹介します。

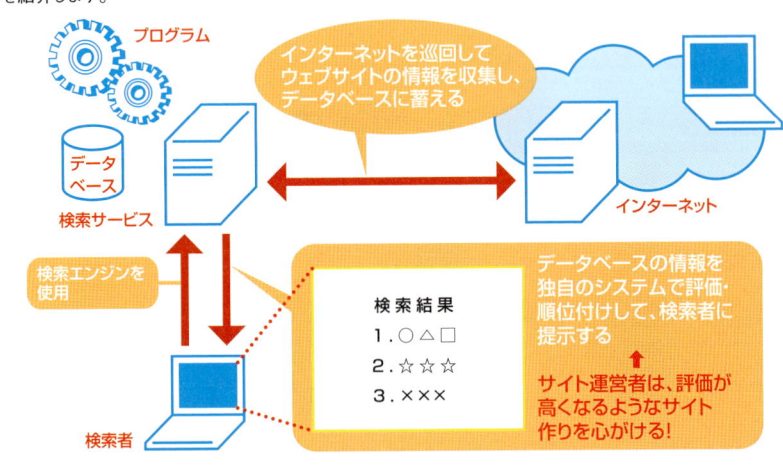

プログラム
データベース
検索サービス
インターネットを巡回してウェブサイトの情報を収集し、データベースに蓄える
インターネット
検索エンジンを使用
検索結果
1. ○△□
2. ☆☆☆
3. ×××
データベースの情報を独自のシステムで評価・順位付けして、検索者に提示する
サイト運営者は、評価が高くなるようなサイト作りを心がける！
検索者

> **POINT　クロールとインデックス**
>
> 検索ロボットがインターネットを巡回してウェブサイトの情報を収集することを「クロール」と言います。また、クロールした情報をデータベースに蓄えて分析・順位付けすることを「インデックス」と言います。

■ SEOの基本対策

SEOの基本的な対策は、「ページタイトル」「ページの説明文」「ページのキーワード」を設定することです。設定方法はホームページのソースを表示し、ヘッダにHTMLタグを記述します。ホームページ・ビルダーには「ページのSEO設定」という機能があり、これを利用すればHTMLタグの知識がなくても簡単に設定できます。実際の設定方法は次の **スパテク 091** を参照してください。

ページのキーワード
ホームページに関連した短いキーワードを設定します。それぞれのキーワードはカンマで区切ります。キーワード数に制限はありませんが、多くなるほど各キーワードの密度は低下するので3個〜多くても10個程度にしましょう

ページの説明文
どのようなホームページであるのかを簡単に言い表した説明文を設定します。重要なキーワードを盛り込んだ短い説明文を設定しましょう。なお、この文章はホームページには表示されません

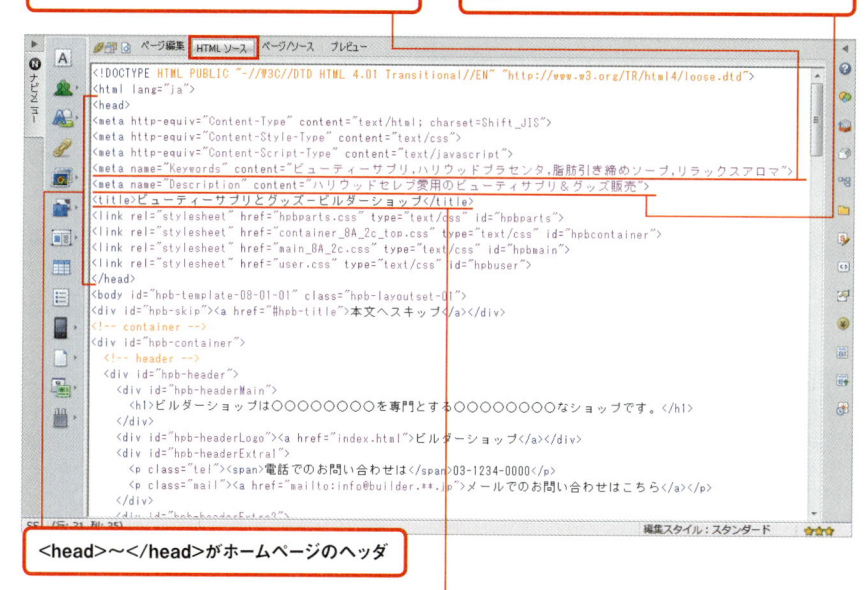

`<head>〜</head>`がホームページのヘッダ

ページタイトル
ブラウザーのタイトルバーに表示されるページタイトルは、ロボット検索が最も重視します。上位表示を意識した適切なページタイトルを付けましょう。やたらと長い文章を入れたり、無意味なキーワードをいくつも並べると評価が低下するので注意しましょう。最長でも全角で20文字以内に収めます。ページタイトルを付ける際のポイントは以下の通りです。

- 最初に出てくるフレーズほど重要度が増すので、注目してほしいキーワードは前に記述する
- ページタイトルは検索結果の最初の行にも表示されるため、それを見てクリックしたくなるようなフレーズにする

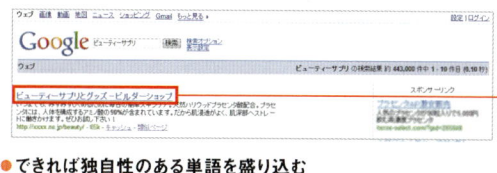

ページタイトルは検索結果のタイトルにもなる

- できれば独自性のある単語を盛り込む

スパテク091 ページのSEOを設定する

ページのSEOを設定する

「ページのSEO設定」機能を使用して、SEOの基本対策であるページタイトル、キーワード、説明文をまとめて設定することができます。

01 SEOを設定するページを開き、かんたんナビバーの［SEO設定］→［ページのSEO設定］を選択します。

MEMO この機能をメニューから起動するには、［編集］→［ページのSEO設定］を選択します。

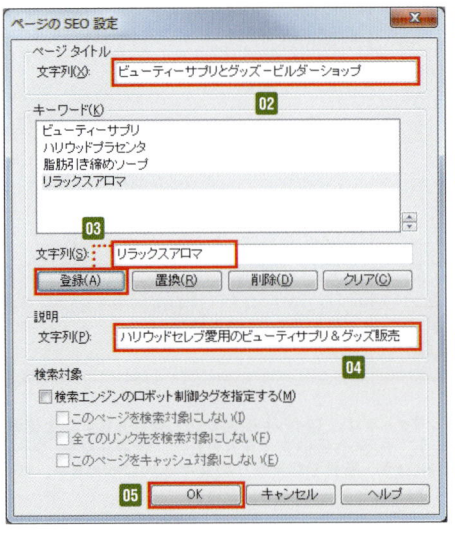

02 ［ページのSEO設定］ダイアログが表示されます。ページタイトルを設定するには、［ページタイトル］のテキストボックスに入力します。

03 キーワードを設定するには、［キーワード］のテキストボックスにキーワードの1つめを入力して［登録］をクリックします。複数のキーワードを登録するにはさらに操作を繰り返します。

04 ページの説明文を設定するには、［説明］のテキストボックスに説明文を入力します。

05 設定が完了したら［OK］をクリックします。

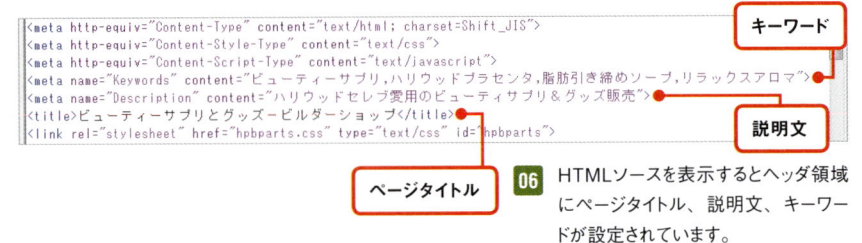

06 HTMLソースを表示するとヘッダ領域にページタイトル、説明文、キーワードが設定されています。

スパテク 092 画像に代替テキストを設定する

画像表示のためのimgタグには、画像の意味を示す「代替テキスト」が設定できます。検索ロボットが収集するキーワードの密度を上げたいなら、代替テキストの設定も忘れずに設定しましょう。

完成作例

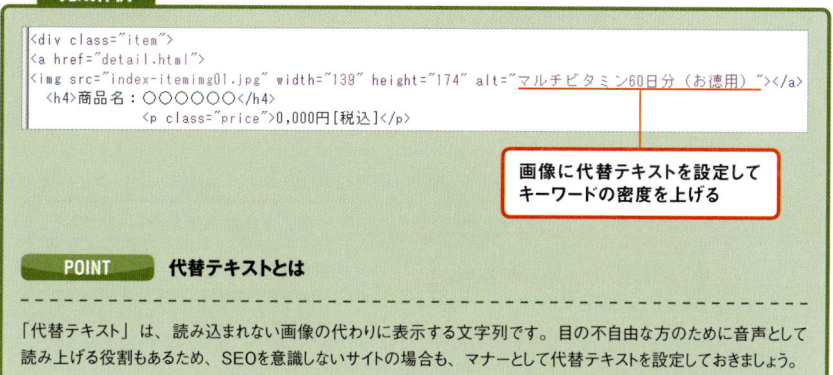

```
<div class="item">
<a href="detail.html">
<img src="index-itemimg01.jpg" width="139" height="174" alt="マルチビタミン60日分（お徳用）"></a>
  <h4>商品名：○○○○○○○</h4>
       <p class="price">0,000円[税込]</p>
```

画像に代替テキストを設定して
キーワードの密度を上げる

POINT 代替テキストとは

「代替テキスト」は、読み込まれない画像の代わりに表示する文字列です。目の不自由な方のために音声として読み上げる役割もあるため、SEOを意識しないサイトの場合も、マナーとして代替テキストを設定しておきましょう。

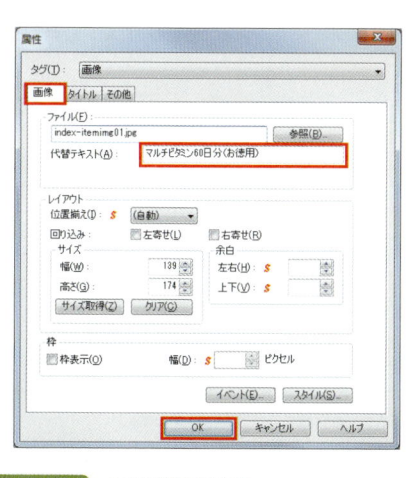

01 代替テキストを設定したい画像を右クリック→［属性の変更］を選択すると［属性］ダイアログが表示されます。［画像］タブの［代替テキスト］にキーワードを入力したら［OK］をクリックします。

MEMO SEOチェック機能を利用すれば、ページ内のすべての画像へ効率的に代替テキストを設定できます。機能の詳細はスパテク094を参照してください。

POINT スパム行為に注意

代替テキストに画像とは関係ないキーワードを指定したり、同じキーワードを繰り返したり、単語を並べて記述したりする行為はスパムと判断される場合があるので注意しましょう。スパムとは、サイトが上位表示に有利に働くよう、節度のないSEOを設定することです。たとえば、小さな文字列でたくさんのキーワードを埋め込んだり、背景色と同じ色の隠し文字列を入力したりなどもスパムと見なされます。スパムと判断されると、ペナルティとして評価が下がったり、最悪の場合はロボット検索の収集対象から除外されるので注意しましょう。
なお、Googleのサイトでは、スパムに関するガイドラインを以下のURLに掲載しているので参考にしてください。
http://www.google.co.jp/webmasters/guidelines.html

スパテク093 隠れ文字を設定する

CSSの背景画像として挿入したロゴ入り画像は、HTML上では文字を必要としません。しかしSEO的なことを考慮するなら、文字は残し、非表示の状態でキーワードとして埋め込んでおきましょう。

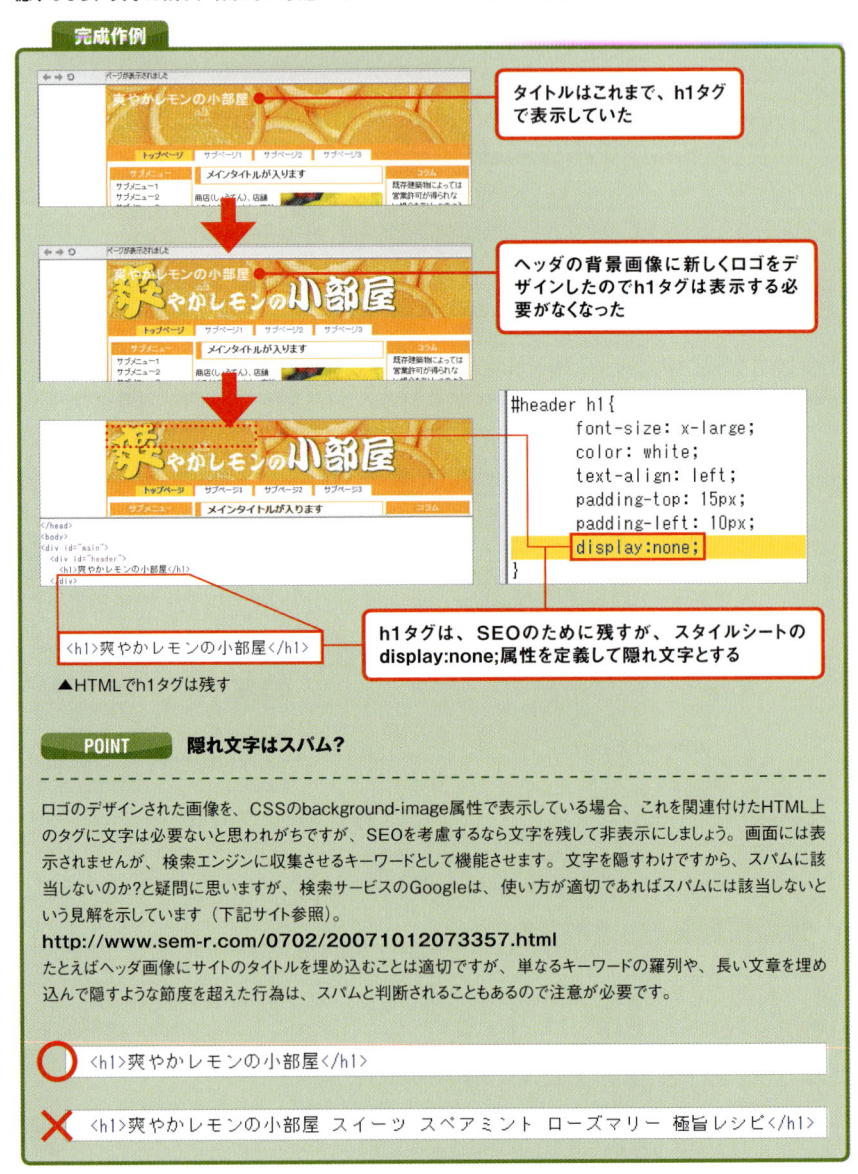

完成作例

- タイトルはこれまで、h1タグで表示していた
- ヘッダの背景画像に新しくロゴをデザインしたのでh1タグは表示する必要がなくなった

```
#header h1{
    font-size: x-large;
    color: white;
    text-align: left;
    padding-top: 15px;
    padding-left: 10px;
    display:none;
}
```

`<h1>爽やかレモンの小部屋</h1>`

h1タグは、SEOのために残すが、スタイルシートのdisplay:none;属性を定義して隠れ文字とする

▲HTMLでh1タグは残す

POINT 隠れ文字はスパム？

ロゴのデザインされた画像を、CSSのbackground-image属性で表示している場合、これを関連付けたHTML上のタグに文字は必要ないと思われがちですが、SEOを考慮するなら文字を残して非表示にしましょう。画面には表示されませんが、検索エンジンに収集させるキーワードとして機能させます。文字を隠すわけですから、スパムに該当しないのか？と疑問に思いますが、検索サービスのGoogleは、使い方が適切であればスパムには該当しないという見解を示しています（下記サイト参照）。
http://www.sem-r.com/0702/20071012073357.html
たとえばヘッダ画像にサイトのタイトルを埋め込むことは適切ですが、単なるキーワードの羅列や、長い文章を埋め込んで隠すような節度を超えた行為は、スパムと判断されることもあるので注意が必要です。

○ `<h1>爽やかレモンの小部屋</h1>`

× `<h1>爽やかレモンの小部屋 スイーツ スペアミント ローズマリー 極旨レシピ</h1>`

隠れ文字を設定する << **スパテク093** | ホームページ・ビルダー16

01 ここでは、第1章で作成したページを例に操作を進めます。まずはウェブアートデザイナーでバナー画像を開きます。バナー画像の上には任意のロゴをデザインしておきます。
→ D7 → D15

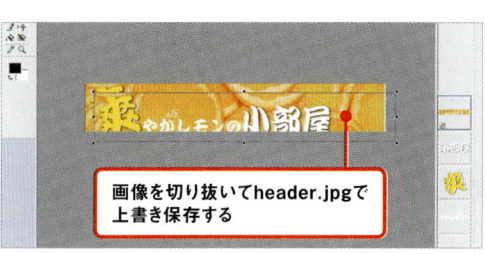

画像の上にロゴをデザイン

02 ロゴが完成したら、現在のヘッダ画像と同じサイズで切り抜きます。
→ スパテク058

03 Web用保存ウィザードで元のファイル名と同じ名称（header.jpg）で上書き保存します。
→ D17

画像を切り抜いてheader.jpgで上書き保存する

04 ホームページ・ビルダーでページを開き F5 キーを押して更新します。ヘッダ画像が差し替わりますが、タイトルとヘッダ画像のロゴは被っています。

タイトルが被っている

05 ［スタイルエクスプレスビュー］の［スタイル構成］パネルで外部スタイルシートをクリックします。

06 #header h1の子孫セレクタを右クリック→［CSSファイルを外部エディターで編集］を選択します。

MEMO すでに挿入されたh1タグのタイトルがヘッダ画像のロゴと被ってしまっているので、これから非表示にするための属性値を追加します。

Next >>

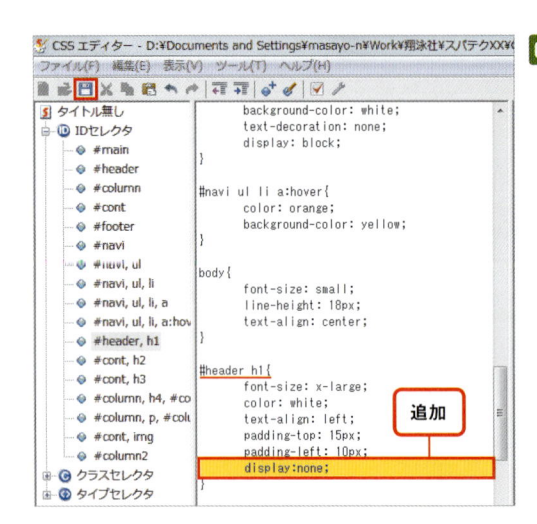

07 CSSエディターで#header h1の定義内に以下の属性値を追加したら上書き保存してCSSエディターを閉じます。

`display:none;`

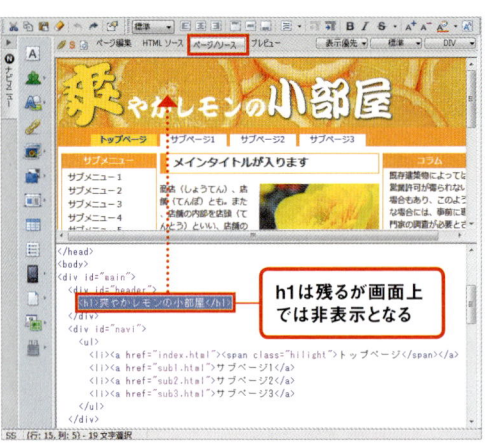

08 h1によるタイトルが非表示となります。

09 HTMLソースを表示すると、h1タグのタイトルそのものは残っていることが確認できます。

> **MEMO** h1タグのタイトルは、display: none;により隠れ文字となります。

h1は残るが画面上では非表示となる

POINT　ページの表示不能な領域へ飛ばして非表示にする方法

display:none;で文字を隠す以外にも、text-indent属性を使用して非表示にする方法もあります。-9999pxという極端な値を指定し、ページ内の表示しきれない場所に文字を飛ばすことで非表示にできます。

```
text-indent: -9999px;
```

```
#header h1{
    font-size: x-large;
    color: white;
    text-align: left;
    padding-top: 15px;
    padding-left: 10px;
    text-indent:-9999px;
}
```

なお、この用法は第2章のフルCSSテンプレートで作成されたページ内の要素に使われています。

スパテク 094 SEOの設定をチェックする

サイトが拡張すると、SEOの行き届かないページが出てくる恐れもありますが、「SEOチェック」機能を使用すれば、設定漏れを防ぐことができます。

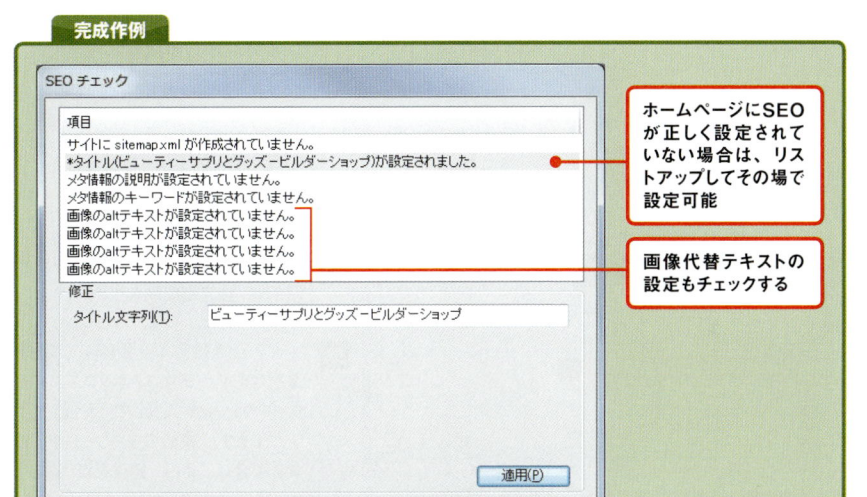

完成作例

ホームページにSEOが正しく設定されていない場合は、リストアップしてその場で設定可能

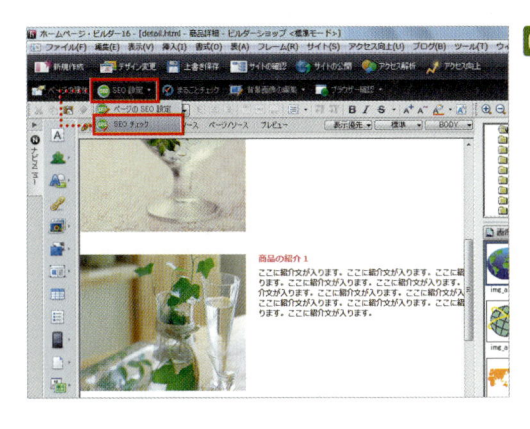

画像代替テキストの設定もチェックする

01 ページを開き、かんたんナビバーの［SEO設定］→［SEOチェック］を選択します。

MEMO SEOチェックをしたときに「修正する必要のある項目が見つかりませんでした。」というダイアログが表示された場合は、ページにSEOが正しく設定されていることを示します。

Next ≫

POINT サイトを開いているときのSEOチェック

サイトを開いてSEOチェックをすると、項目には「サイトにsitemap.xml が作成されていません。」と表示されます。これは、サイト内にXMLサイトマップ（sitemap.xml）が存在しない場合に警告されますが、XMLサイトマップを作成すれば表示されなくなります。XMLサイトマップについてはスパテク 096 以降を参照してください。

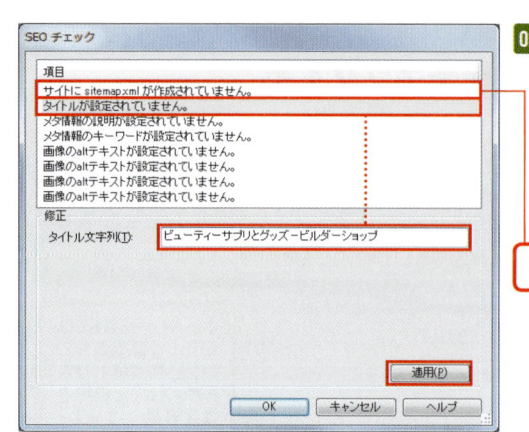

02 [SEOチェック] ダイアログが表示されます。未設定のSEOがある場合は、一覧に列挙されます。タイトルまたは説明文を設定する場合は、項目を選択してテキストボックスに入力します。設定が完了したら [適用] をクリックします。

前ページのPOINT参照

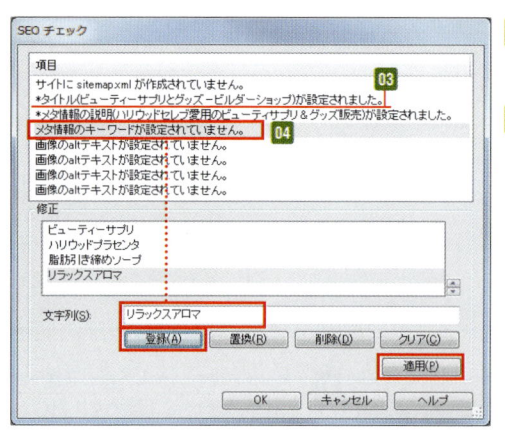

03 「設定されました。」とメッセージが表示され、設定が反映されます。

04 キーワードを設定する場合は、項目を選択します。テキストボックスにキーワードの1つめを入力して [登録] をクリックします。複数のキーワードを登録する場合は、さらに操作を繰り返します。設定が完了したら [適用] をクリックします。

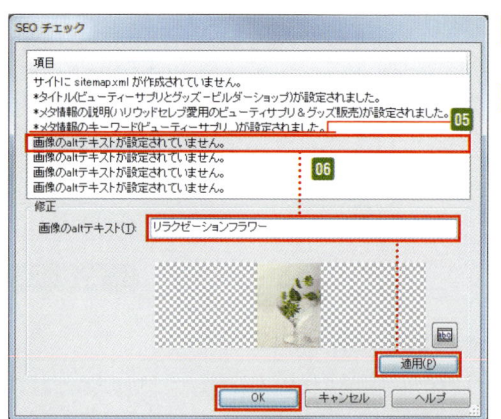

05 設定が反映されます。

06 画像の代替テキストを設定するには、項目を選択してテキストボックスに入力します。設定が完了したら [適用] をクリックします。すべての設定が完了したら [OK] をクリックします。

MEMO リストマークのような意味を持たない画像には、代替テキストは設定しません。

スパテク 095 ブログを設置してアクセス効果を上げる

ホームページをアクセスアップするには、ブログの設置が効果的といわれています。ブログを使うとなぜ人が集まりやすくなるのかを見ていきましょう。

■ ブログがなぜSEOに効果的か

「とあるキーワードで検索すると、検索結果の上位に表示されたページがブログサイトだった」という経験をされた方は意外に多いと思います。ブログは日々の出来事などを書き込んで公開する、いわばウェブ日記のようなもので、インターネットの接続環境さえあれば、ブラウザーからいつでも手軽に更新できるという非常に便利なツールです。では一体なぜブログがSEO対策に効果的なのかというと、第一に「リンクが多い」ということが挙げられます。

多くのページからリンクを集めたサイトは検索ロボットの評価が高くなります。ブログは過去に記述した日記のタイトルにリンクを張り、これらをまとめたものを「カテゴリ」欄に一覧表示します。また、来訪者が残したコメントのタイトルにもリンクを張り、「コメント」欄に一覧表示します。さらにトラックバック※により、外部リンクが作られやすいというのも有利です。

さらに検索ロボットはh1～h6でマークアップされた「見出し」を、そのサイトのキーワードとして重要視します。ブログには記事のタイトルに見出しが多用されているので、これもSEO効果を上げる要因の1つと言えるかもしれません。

スパテク 096 で紹介する「XMLサイトマップ」を採用しているブログサービスもあります。ブログのサイトマップを自動生成し、常に最新の記事を検索ロボットに通知してくれます。

もしアクセス数の多い人気ブログを運営しているなら、記事からお店のウェブサイトへリンクを張れば、ウェブサイトのアクセスアップにつながるかもしれません。

- 記事タイトルに見出しタグが使用されている
- 過去の記事タイトルにリンクが設定されている
- トラックバックにより外部リンクが生成される
- 記事の中にも積極的にリンクを張ると効果的。たとえば、自分のホームページの話題に触れる機会があれば、その内容やキーワード部分にはサイトへ誘導するためのリンクを設定。キーワードの重要度が高くなり、上位表示には有利

※トラックバック：自分の記事内で相手のブログをリンクすると、相手の「トラックバック」欄で自分のブログが逆リンクされる。つまり、自動的に相互リンクされる。無関係のサイトにトラックバックを不必要に設定すると、スパム行為とみなされるので注意が必要。

スパテク096 XMLサイトマップについて

Googleの検索ロボットに対して、「このサイトを巡回して欲しい」というURLを具体的に伝えることができます。これにより、検索ロボットの巡回漏れを防ぐことができます。

■ XMLサイトマップ登録の概要

　Googleの検索ロボットは、トップページのリンクをたどりながらウェブサイトの情報を収集しますが、すべてのサイトに巡回が行き届かない場合もあります。このような「巡回漏れ」を防ぐには、巡回して欲しいサイトの一覧を「XMLサイトマップ」（sitemap.xml）に記述して、Googleに登録します。このようにユーザーに見て欲しいサイトを自ら情報提供することで、さらなるSEOの効果が期待できます。スパテク 096～099 では、このXMLサイトマップの作成方法と検索サービスへの登録・更新方法を解説します。

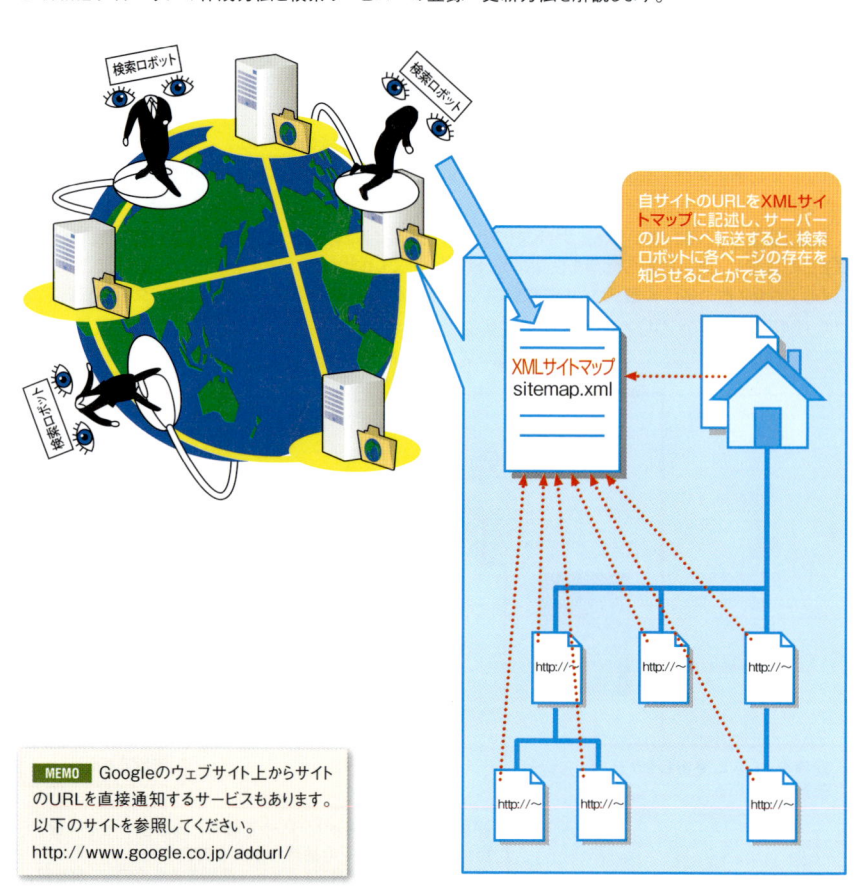

自サイトのURLをXMLサイトマップに記述し、サーバーのルートへ転送すると、検索ロボットに各ページの存在を知らせることができる

MEMO Googleのウェブサイト上からサイトのURLを直接通知するサービスもあります。以下のサイトを参照してください。
http://www.google.co.jp/addurl/

■「Googleアカウント」の取得

XMLサイトマップをGoogleに登録するには、まずGoogleアカウントを取得する必要があります。以下へアクセスし、メールアドレスとパスワードを登録しておきます。なお、スパテク084のGoogleマップですでにアカウントを取得している場合や、Gmailなどその他のGoogleサービスを利用している場合は、同じアカウントが使えます。

http://www.google.com/accounts/NewAccountへアクセスしてアカウントを取得しておく

■ XMLサイトマップ「sitemap.xml」の作成

　検索ロボットにサイトを通知するには、巡回希望のサイト情報を記述したXMLサイトマップ「sitemap.xml」が必要です。XML言語のプログラミング知識が必要となりますが、ホームページ・ビルダーには、このファイルを簡単に作成するためのツールが搭載されています。　➡　スパテク097

POINT　XMLサイトマップの効果

　検索サービスにXMLサイトマップを登録したからといって、上位表示が約束されるわけではありません。あくまでこのサービスは、検索ロボットに対して「自サイトの正確な構造と情報を伝える」という目的のもとにあります。とはいうものの、近頃ではSEO対策の一環としてXMLサイトマップの活用が注目されるようになり、また検索精度をより高めるために提供されたサービスであることを考慮しても、何かしらの効果は期待できるのかもしれません。なお、GoogleのXMLサイトマップ登録サービスは、本書の発行後にサービス内容が変更になる場合もあります。あらかじめご了承ください。

スパテク 097 XMLサイトマップを作成する

ここでは、XMLサイトマップ「sitemap.xml」を作成します。すでに公開しているサイトのトップページからリンクをたどりながらサイトの情報を自動収集して作成します。

完成作例

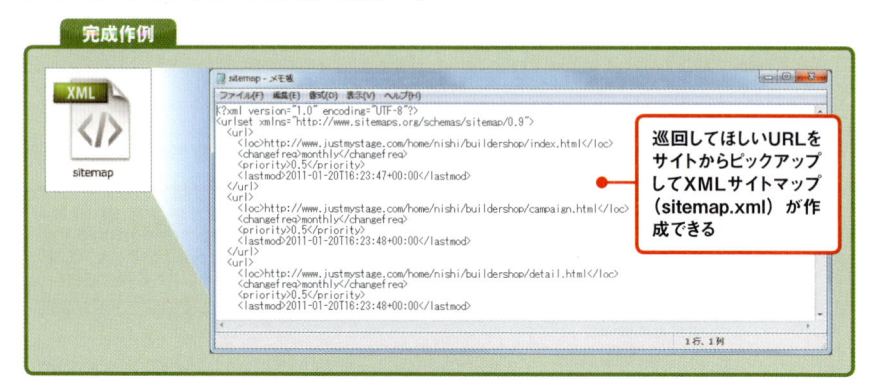

巡回してほしいURLをサイトからピックアップしてXMLサイトマップ（sitemap.xml）が作成できる

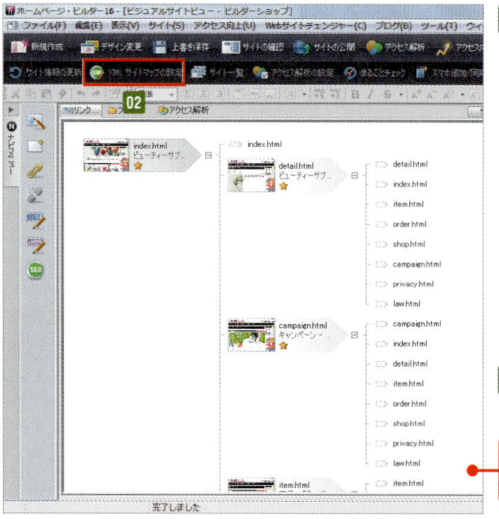

01 インターネットに公開中のサイトをホームページ・ビルダーに開いておきます。ページが開いている場合は、閉じてビジュアルサイトビューのみを表示しておきます。

→ B4

MEMO サイトが公開されていない場合は、サーバーに転送して公開しておきましょう。
→ B6 〜 B7

02 かんたんナビバーの［XMLサイトマップの設定］をクリックします。

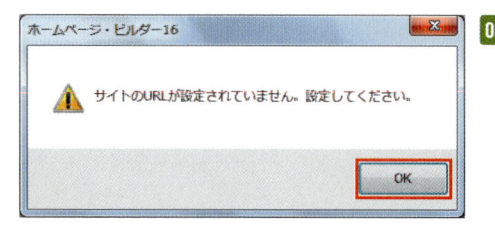

ビジュアルサイトビューのみを表示 **01**

03 「サイトのURLが設定されていません。設定してください。」というメッセージが表示されるので［OK］をクリックします。

04 このサイトが公開されているURLを入力したら［OK］をクリックします。

> **MEMO** トップページのindex.htmlは含めないルートのURLを入力します。

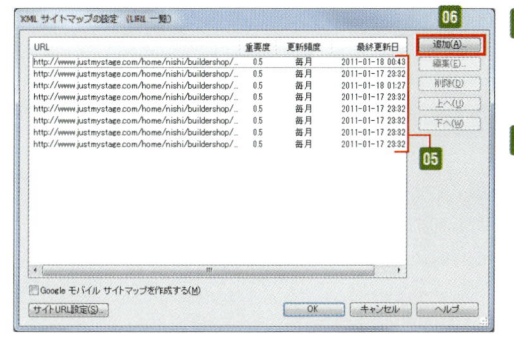

05 手順04で指定したURLを元に、トップページからリンクをたどりながら関連するURLが自動でピックアップされます。

06 URLを追加したい場合は［追加］をクリックします。

> **MEMO** モバイルサイトマップの作成・登録方法については、スパテク107を参照してください。

07 巡回希望のページのURLを入力します。

08 重要度を0.0～1.0の間から指定します。

> **MEMO** 数値が高ければ検索ロボットに収集されやすいというわけではありません。検索者に対して検索結果を提供する際に、ここで指定した数値の高いサイトを優先的に表示します。

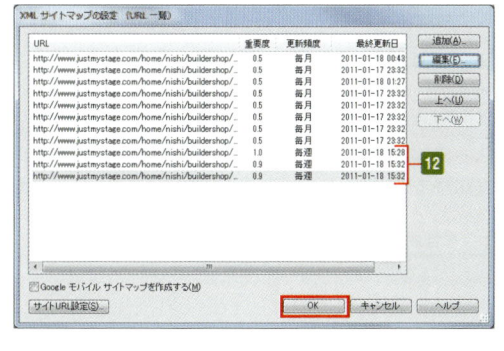

09 このページの更新頻度を指定します。

10 指定したページの最終更新日時を指定します。

11 ［OK］をクリックします。

12 URLが追加されます。その他も追加ページがある場合は、手順06～11を繰り返し、完了したら［OK］をクリックします。

Next »

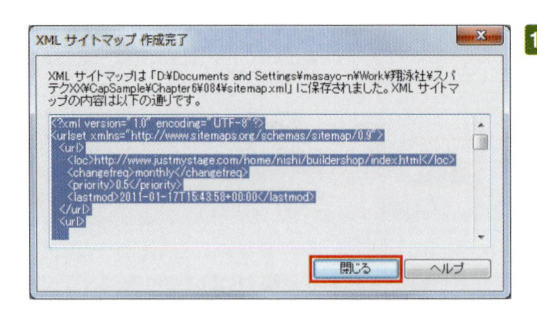

ホームページ・ビルダー16　スパテク097 >> XMLサイトマップを作成する

13 XMLサイトマップが作成されます。[閉じる]をクリックします。

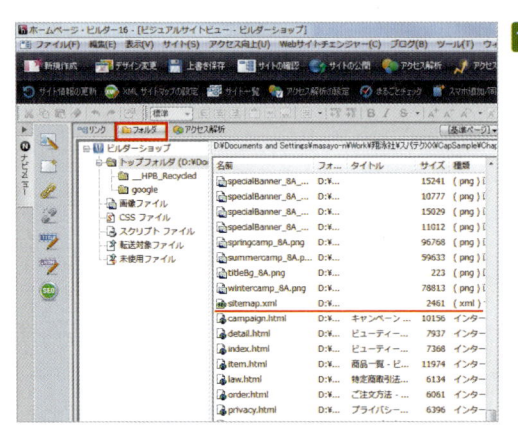

14 ビジュアルサイトビューの[フォルダ]タブをクリックします。作成されたXMLサイトマップが確認できます。

> **MEMO** XMLサイトマップが確認できない場合はメニューの[サイト]→[サイト情報を更新]を選択してサイトを更新してください。

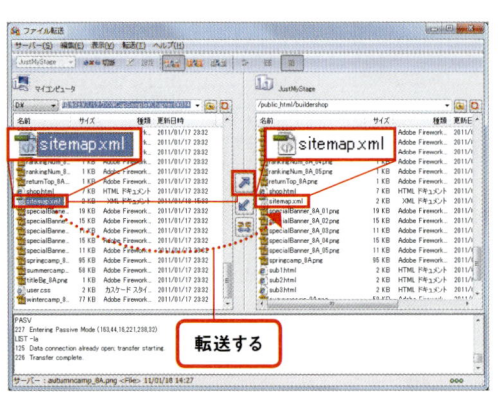

15 ファイル転送ツールを起動し、サイトのルートフォルダへXMLサイトマップを転送しておきます。

→ B8

> **MEMO** 次の スパテク098 へ進み、XMLサイトマップを検索サービスへ登録しましょう。

POINT　手動でXMLサイトマップを作成する

サイトを使用しないでXMLサイトマップを作成することもできます。メニューの[アクセス向上]→[XMLサイトマップの作成]を選択します。[XMLサイトマップの作成]ダイアログで[サイトを使用せずに作成する]を選択して[OK]をクリックすると、[XMLサイトマップの作成]ダイアログが開くので、[参照]をクリックして保存先フォルダーを指定します。あとはこのテクニックの手順06〜11と同じようにURLを追加します。

XMLサイトマップを登録する

スパテク097の方法でXMLサイトマップが作成できたら、Googleにこのファイルを登録します。

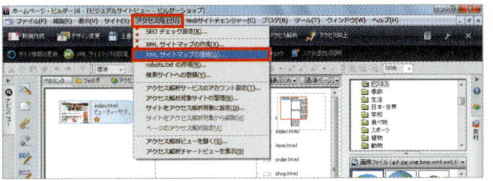

01 メニューの[アクセス向上]→[XMLサイトマップの登録]を選択します。

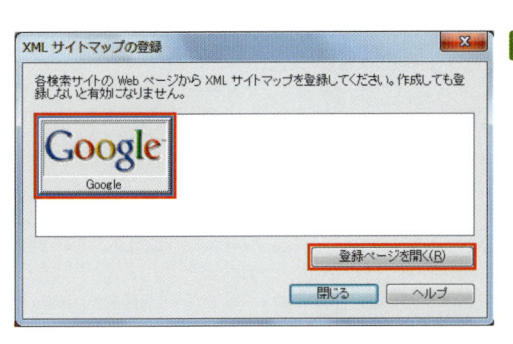

02 [XMLサイトマップの登録]ダイアログが開くので「Google」を選択して[登録ページを開く]をクリックします。

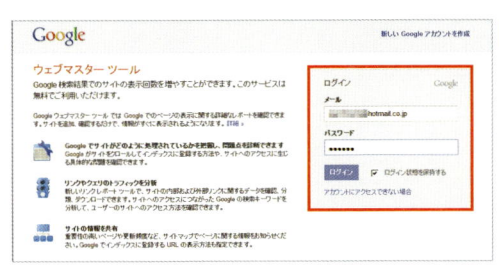

03 「Googleウェブマスターツール」へアクセスするのでGoogleアカウントのメールアドレスとパスワードを入力してログインします。

> **MEMO** Googleアカウントについてはスパテク096を参照してください。

04 Googleウェブマスターツールのトップページが表示されるので、[サイトを追加]をクリックし、自分のサイトのURL（トップページがあるルート）を入力して[続行]をクリックします。

> **MEMO** ここは、スパテク097の手順15でXMLサイトマップを転送したサーバーのルートURLを入力します。

Next >>

05 サイトの所有権を証明するページが表示されるので任意の方法を選択します。ここでは「HTMLファイルをサーバーにアップロード」を選択しました。

> **MEMO** 所有権の確認は、最もやりやすい方法を選択してください。2番目の「メタタグをサイトのホームページに追加」の方法は、トップページに指定のメタタグを貼り付けてサーバーに転送するだけなので、こちらの方法もおすすめです。

06 ［このHTML確認ファイル］をクリックします。

07 認証に必要なHTMLファイルをダウンロードする画面が表示されるので［保存］をクリックして保存します。

> **MEMO** ［名前を付けて保存］ダイアログが表示されるので、任意のフォルダーを選択して保存しましょう。

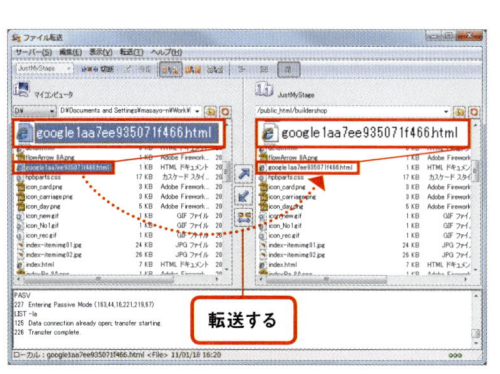

08 ファイル転送ツールを起動し、XMLサイトマップを転送したサーバーと同じ場所へ転送しておきましょう。

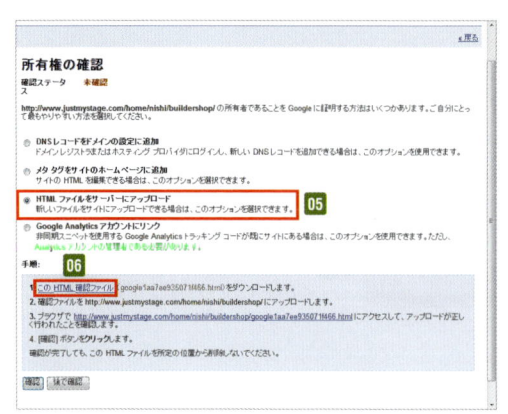

> **MEMO** 転送するファイルは、最初に「google」が付いているHTMLファイルです。

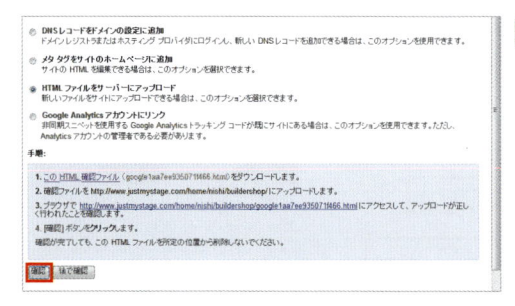

09 ブラウザーに画面を切り替え、［確認］をクリックします。

XMLサイトマップを登録する << スパテク098　｜　ホームページ・ビルダー16

10 ダッシュボードのページが表示されたら、所有権証明は成功です。

11 続いて、サーバー上のXMLサイトマップをGoogleへ通知する作業を行います。[サイトマップ]にある[サイトマップを送信する]をクリックします。

12 「サイトマップを送信する」をクリックします。

13 サイトのルートURLに続けてXMLサイトマップのファイル名（sitemap.xml）を入力します。

14 [サイトマップを送信]をクリックします。

15 「サイトマップとして追加しました。」と表示されれば、Googleサイトマップへの登録は成功です。

16 しばらくして[サイトマップ]をクリックします。[ステータス]が✓になっていれば完了です。

> **MEMO** 登録が終了すれば、検索ロボットがXMLサイトマップ内で設定したURLを巡回するようになります。

POINT　サイトの所有権証明を削除する

サイトの所有権証明を削除し、もう一度手順05の画面を表示して証明をやり直したい場合は、Googleウェブマスターツールのホームで追加したサイトの右側にある「サイト所有者を追加/削除」をクリックして削除してください。

XMLサイトマップを更新する

XMLサイトマップを更新したら、登録済みのGoogleにも再送信しましょう。そうすれば、次に検索ロボットが巡回するときに更新情報を伝えることができます。

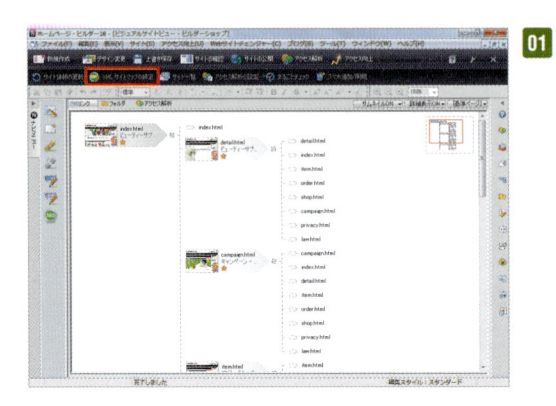

01 すでにXMLサイトマップを作成しているサイトを開いておきます。かんたんナビバーの［XMLサイトマップの設定］をクリックします。

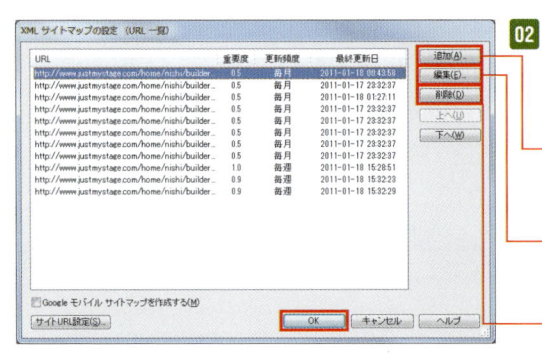

02 ［XMLサイトマップの設定］ダイアログが表示されるので任意の編集を行い［OK］をクリックします。

- URLを追加する場合は［追加］をクリックして追加
- 情報を編集する場合はURLを選択して［編集］をクリック
- 削除する場合はURLを選択して［削除］をクリック

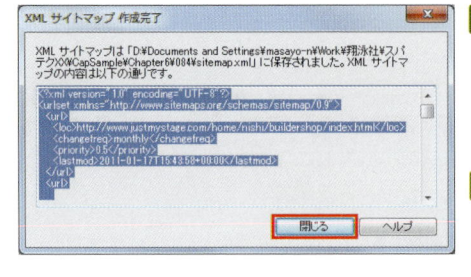

03 XMLサイトマップが作成されます。［閉じる］をクリックします。

04 ファイル転送ツールを起動し、サイトのルートフォルダーへXMLサイトマップを転送しておきます。 → B8

転送する

05 スパテク098の手順01〜02を操作してGoogleウェブマスターツールへアクセスしたら、Googleアカウントでログインしておきます。

06 Googleウェブマスターツールのトップページ（ホーム）が表示されたら、［サイト］にある登録済みのURLをクリックします。

07 ［サイト設定］→［サイトマップ］の順にクリックします。

08 登録済みのXMLサイトマップのチェックボックスをオンにして［再送信］をクリックすると更新されます。

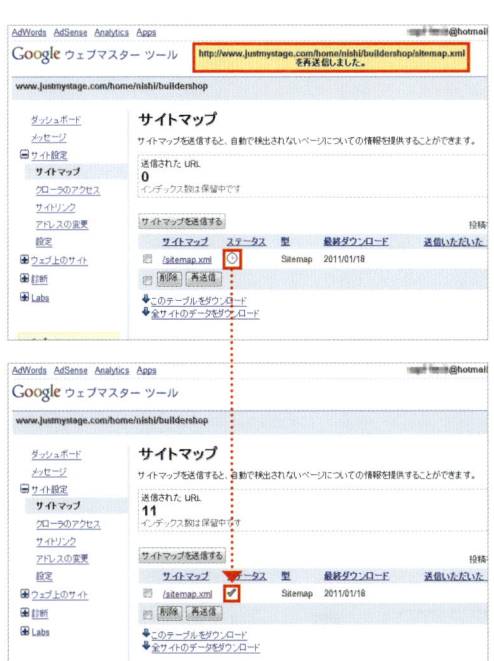

09 「再送信しました。」と表示されます。しばらくして［ステータス］が✓になれば更新は完了です。

スパテク100 検索ロボットに情報を収集させないようにする

検索ロボットに情報を収集させたくない場合は、自動収集拒否のための設定をします。ページ単位で設定する方法とrobots.txtを作成する方法の2通りがあります。

■ ホームページ上で収集拒否を設定する

01 巡回拒否を設定したいページを開き、かんたんナビバーの［SEO設定］→［ページのSEO設定］を選択します。

02 ［検索エンジンのロボット制御タグを指定する］をオンにします。

03 ［このページを検索対象にしない］をオンにすると、このページを検索対象にしません。

04 ［全てのリンク先を検索対象にしない］をオンにすると、このページにあるすべてのリンク先を検索対象にしません。

05 ［このページをキャッシュ対象にしない］をオンにすると、クロールに対してホームページから収集する情報を保管させません。

06 設定が完了したら［OK］をクリックします。

07 ヘッダ領域に巡回拒否のためのタグが記述されます。

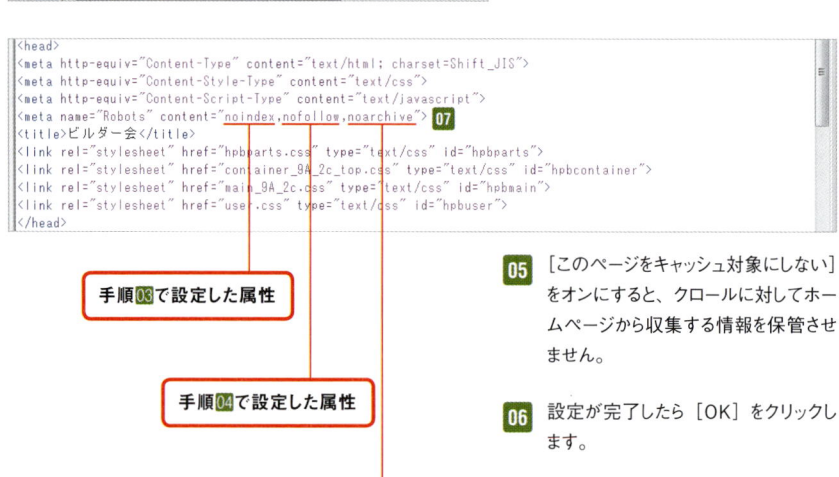

手順03で設定した属性
手順04で設定した属性
手順05で設定した属性

■ robots.txtを作成してディレクトリ単位に収集拒否を設定する

robots.txtは検索ロボットを制御するためのテキストファイルです。ここにアクセスしてほしくないディレクトリの情報を記述すれば、収集を拒否することができます。

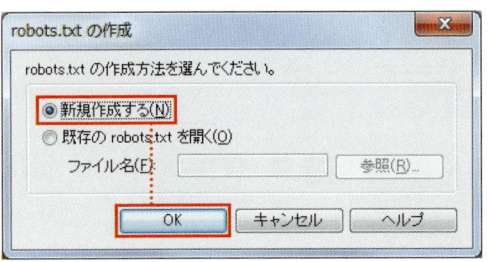

01 メニューの[アクセス向上]→[robots.txtの作成]を選択します。[robots.txtの作成]ダイアログが表示されるので[新規作成する]を選択して[OK]をクリックします。

02 [参照]をクリックしてrobots.txtのファイルを作成するフォルダーを指定したら[OK]をクリックします。

03 [robots.txtの設定]ダイアログが表示されるので[追加]をクリックします。

04 まず最初に拒否する検索ロボットを設定するため、[対象の検索ロボット]にある[追加]をクリックします。

Next >>

| ホームページ・ビルダー16 | **スパテク100** >> 検索ロボットに情報を収集させないようにする

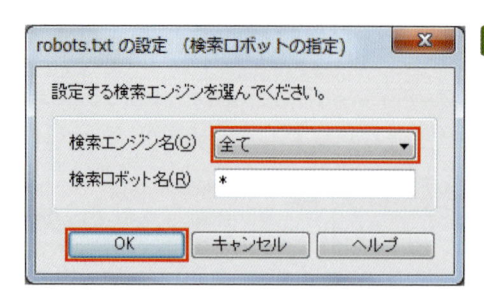

05 ［検索エンジン名］から拒否する検索エンジンを選択したら［OK］をクリックします。ここではすべてを拒否するので「全て」を選択しました。

06 続いて巡回拒否のディレクトリを指定します。［制御項目］から「アクセス拒否ディレクトリ」を選択します。

07 ディレクトリ名に拒否するディレクトリのパスを入力して［追加］をクリックします。ここではルートディレクトリ以下すべてを拒否するので「/」と入力しました。

> **MEMO** 特定のディレクトリのみを巡回拒否したい場合は「/フォルダー名/」と入力して追加します。

08 robots.txtの設定が完了したら［OK］をクリックします。

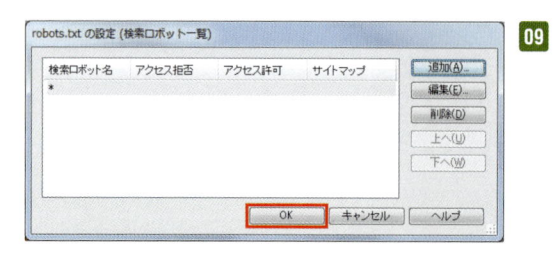

09 元の画面に戻るので［OK］をクリックします。robots.txtが作成されるので［閉じる］をクリックします。あとは、サーバーのルートフォルダー（下記POINT参照）へrobots.txtを転送すれば完了です。robots.txtの情報を見た検索ロボットは、対象のディレクトリにアクセスしなくなります。

POINT　robots.txtの設置先

robots.txtにアクセス拒否のディレクトリ情報を記述したら、サーバーの「ルートフォルダー」へ転送しましょう。「ルートフォルダー」とは、トップページが保存されたディレクトリではなく、そのさらに上のサーバーのルートを指します。たとえばhttp://www.aaa.co.jp/page/がトップページのアドレスの場合、robot.txtはhttp://www.aaa.co.jp/に設置する必要があります（ルートにアクセス不能な、いわゆるレンタルサーバーでは設置は困難）。なお、robots.txtの命令は強制的なものではないので検索エンジンによってはアクセスを禁止しても検索される場合があります。

スパテク 101 買い物カゴを挿入する

オンラインショッピングを開始したいなら、e-shopsカート2の「買い物カゴ挿入プラグイン」が便利です。有料のサービスですが、14日間の無料試用ができるので、まずはそちらを体験してみましょう。

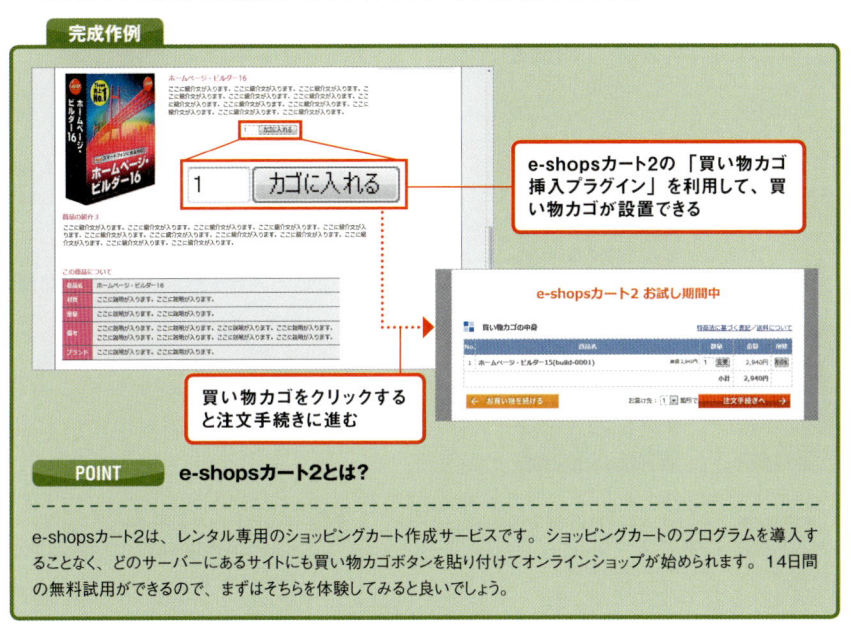

完成作例

e-shopsカート2の「買い物カゴ挿入プラグイン」を利用して、買い物カゴが設置できる

買い物カゴをクリックすると注文手続きに進む

POINT　e-shopsカート2とは？

e-shopsカート2は、レンタル専用のショッピングカート作成サービスです。ショッピングカートのプログラムを導入することなく、どのサーバーにあるサイトにも買い物カゴボタンを貼り付けてオンラインショップが始められます。14日間の無料試用ができるので、まずはそちらを体験してみると良いでしょう。

■ e-shopsカート2に申し込む

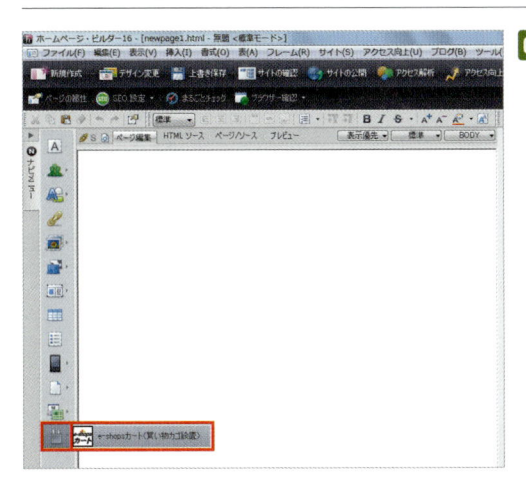

01 まずはe-shopsカート2の体験版に申し込みます。新規ページを開いた状態でナビメニューの[e-shopカート（買い物カゴ設置）]をクリックします。

MEMO e-shopsカート2は有料のサービスですが、14日間の無料試用ができます。

Next >>

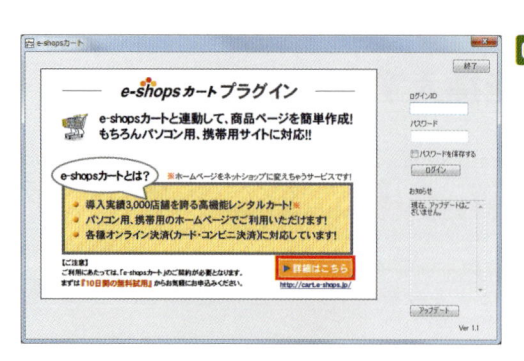

02 ［e-shopカート］ダイアログが開くので［詳細はこちら］をクリックします。

03 e-shopカート2のサイトへアクセスするので［お申し込み］をクリックします。

04 申込み画面が表示されるので、フォームに必要事項を記入して申し込みます。

> **MEMO** 以降の申し込み手順の解説は省略します。画面に従って手続きを進めましょう。

必要事項を記入して手続きを進める

05 申込みが完了して数日すると、利用設定完了のメールが届きます。ここには管理画面へアクセスするための必要な情報が記述されています。

> **MEMO** 引き続き買い物カゴを設置するための設定をしましょう。

■ 買い物カゴ利用のための初期設定をする

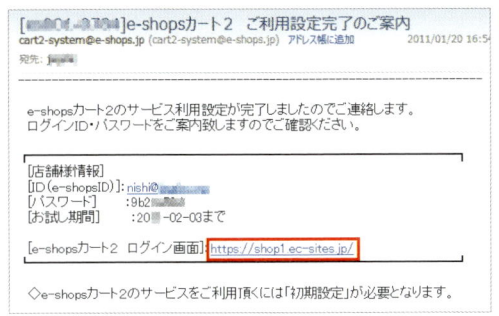

01 利用設定完了のメールにある [e-shopsカート2 ログイン画面] のURLをクリックします。

02 メールに記述されていたログインIDとパスワードを入力してログインします。

03 管理画面にアクセスし、初期設定のページが表示されるので「基本情報設定」のリンクをクリックします。

> **MEMO** 初期設定をすべて済ませた後に商品の登録や買い物カゴの設定が行えるようになります。

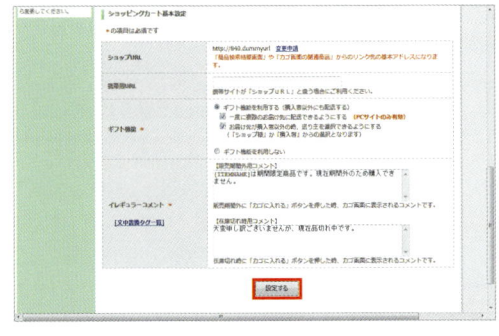

04 必要事項を記入して [設定する] をクリックします。

> **MEMO** 体験版の時点で入力情報が未確定の場合は、仮データで登録を済ませておきましょう。情報は本契約後にも変更できます。

Next >>

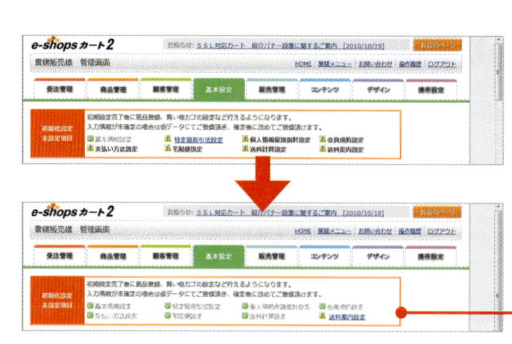

05 基本情報設定が完了します。同じ要領で残りの設定も済ませましょう。

> **MEMO** 基本設定を編集するには、[基本設定]タブをクリックし、左側の各設定項目のリンクをクリックして再設定します。

各リンクをクリックしながら、すべての基本設定を済ませる

■ 商品を登録する

01 基本設定が完了したら、続いて販売する商品を登録します。[商品管理]タブをクリックします。

02 [商品登録]をクリックします。

03 商品に関する情報を入力したら[次へ]をクリックします。

商品の詳細な設定を行う場合は、ここをオンにするとページが拡張されるので情報を入力する

04 確認画面が表示されるので[設定する]をクリックすると登録されます。

> **MEMO** これでページに買い物カゴが挿入できるようになります。

ページに買い物カゴを挿入する

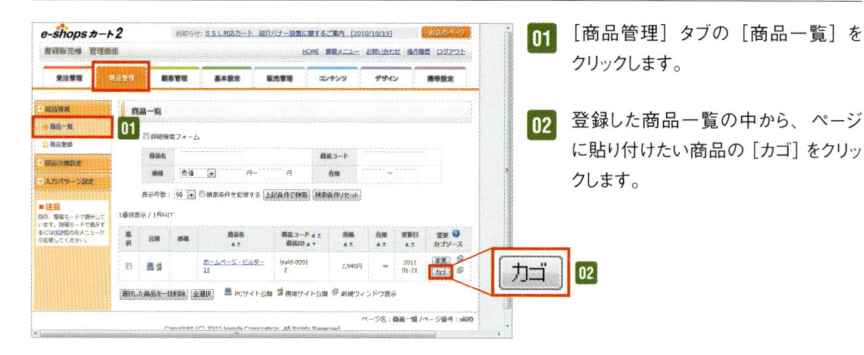

01 ［商品管理］タブの［商品一覧］をクリックします。

02 登録した商品一覧の中から、ページに貼り付けたい商品の［カゴ］をクリックします。

03 ログインIDとパスワードが表示されているので、メモをとります。

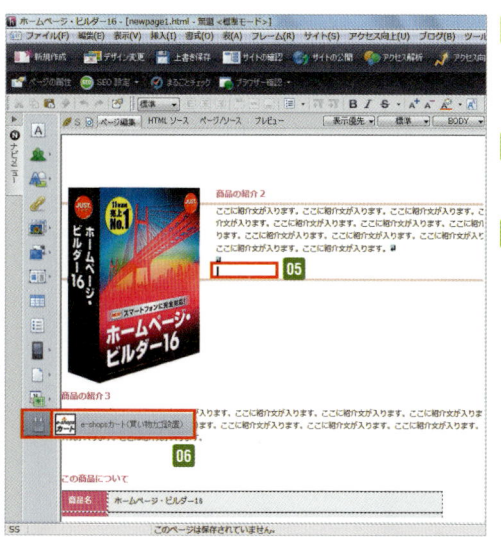

04 ホームページ・ビルダーに画面を切り替えたら、買い物カゴを挿入するページを開いておきます。

05 買い物カゴの挿入場所にカーソルを置きます。

06 ナビメニューの［e-shopカート（買い物カゴ設置）］をクリックします。

Next >>

| ホームページ・ビルダー16 | スパテク101 >> 買い物カゴを挿入する

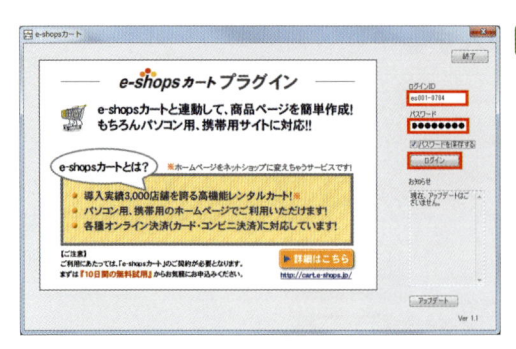

07 先ほどメモをとった[ログインID]と[パスワード]を入力してログインします。

08 挿入する商品を選択したら[PC用ソースを挿入]をクリックすると、対象商品の買い物カゴが挿入されます。

POINT 試用期間後も継続して使うには

e-shopsカート2を試用期間が過ぎても使うには、本契約が必要です。再び管理画面にログインし、「お問い合わせ」のリンクをクリックしたら本契約の希望を伝えるメッセージを送信してください。折り返し、本契約手続きに関する案内が届きます。なお試用期間を過ぎると、登録した基本情報や商品情報は引き継がれず、削除されてしまうので注意が必要です。
e-shopsカート2に関する不明点は下記のサイトを参照してください。

◆ e-shopsカート2
FAQとよくある質問

http://cart.e-shops.jp/faq/cart2/

◆ e-shopsカート2
スタートアップマニュアル(PDFファイル)

http://cart.e-shops.jp/guide2/startup.pdf

スパテク 102　アクセス解析を利用する

「かんたんアクセス解析」は、アクセス数、リンク元、検索キーワードなど、訪問者の行動分析が確認できるアクセス解析機能です。解析結果を参考にして、ページの改善に役立てることができます。

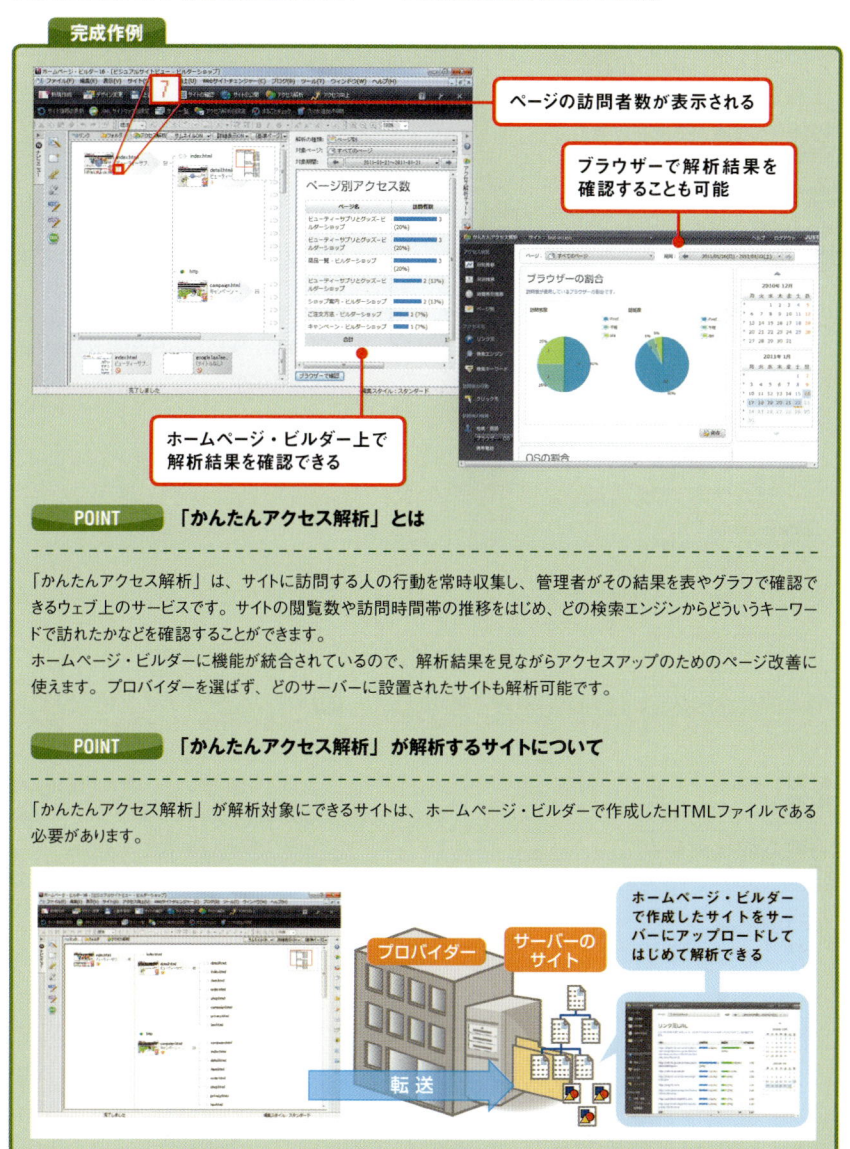

完成作例

- ページの訪問者数が表示される
- ブラウザーで解析結果を確認することも可能
- ホームページ・ビルダー上で解析結果を確認できる

POINT 「かんたんアクセス解析」とは

「かんたんアクセス解析」は、サイトに訪問する人の行動を常時収集し、管理者がその結果を表やグラフで確認できるウェブ上のサービスです。サイトの閲覧数や訪問時間帯の推移をはじめ、どの検索エンジンからどういうキーワードで訪れたかなどを確認することができます。
ホームページ・ビルダーに機能が統合されているので、解析結果を見ながらアクセスアップのためのページ改善に使えます。プロバイダーを選ばず、どのサーバーに設置されたサイトも解析可能です。

POINT 「かんたんアクセス解析」が解析するサイトについて

「かんたんアクセス解析」が解析対象にできるサイトは、ホームページ・ビルダーで作成したHTMLファイルである必要があります。

- ホームページ・ビルダーで作成したサイトをサーバーにアップロードしてはじめて解析できる

■ ジャストシステムのユーザー登録をする

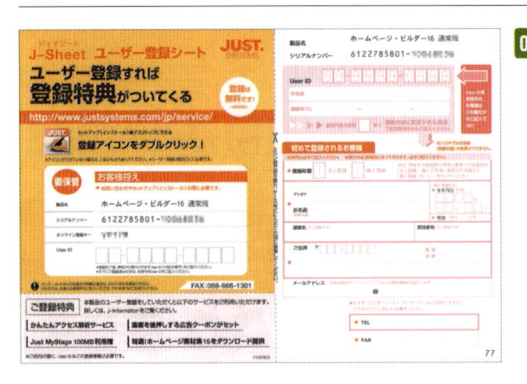

01 かんたんアクセス解析を利用する前に、ジャストシステムのオンラインユーザーに登録する必要があります。まずはホームページ・ビルダーの製品に同梱された「J-Sheetユーザー登録シート」（以下、J-Sheet）を準備してください。

02 ブラウザーを起動して以下のサイトにアクセスして登録を済ませましょう。

http://www.justsystems.com/jp/service/

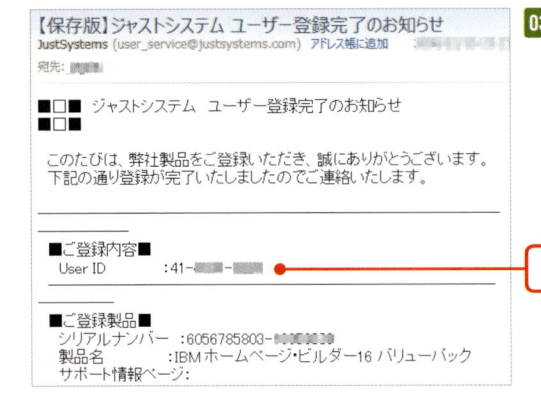

03 ユーザー登録が完了すると、User IDが発行されます。メモをとり、次ページのアクセス解析サービスの利用手続きを行いましょう。なお登録時に利用したメールアドレスとパスワードも必要です。

User ID

■「かんたんアクセス解析」の利用手続きをする

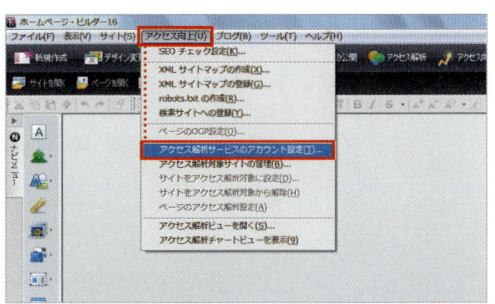

01 まずは「かんたんアクセス解析」の利用手続きを行いましょう。サイトが開かれている場合は、閉じておきます。

02 メニューから［アクセス向上］→［アクセス解析サービスのアカウント設定］を選択します。

> **MEMO** 引き続き、J-Sheetを準備しておきましょう。

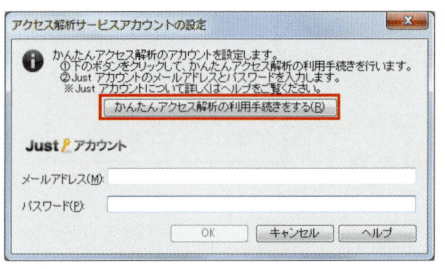

03 ［アクセス解析サービスのアカウントの設定］ダイアログで［かんたんアクセス解析の利用手続きをする］をクリックします。

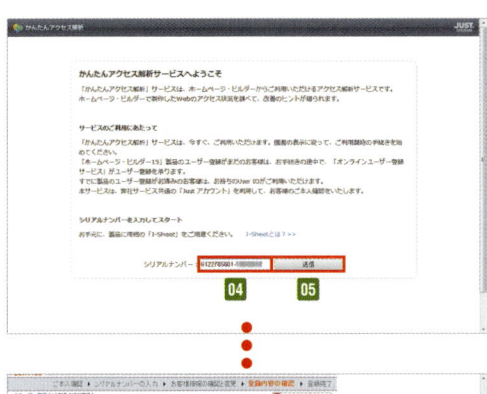

04 「かんたんアクセス解析サービスへようこそ」の画面が表示されるので、J-Sheetに書かれたシリアルナンバーを入力します。

> **MEMO** ホームページ・ビルダー16のJ-Sheetに書かれたシリアルナンバーです。

05 ［送信］をクリックした後は、画面の手順に従い登録が完了するまで操作を進めましょう。

06 最後の画面で［登録する］をクリックすると登録は完了です。

> **MEMO** 登録が完了したらブラウザーを閉じて手順03の［アクセス解析サービスアカウントの設定］ダイアログもいったん閉じておきましょう。

■「かんたんアクセス解析」を利用する

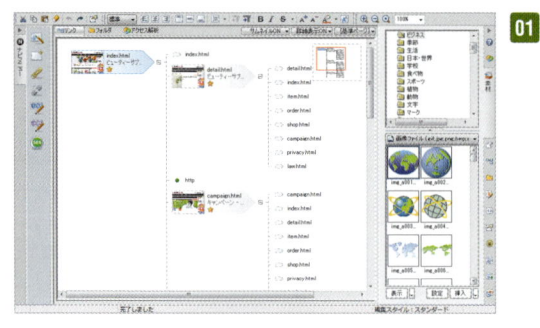

01 ホームページ・ビルダーでアクセス解析の対象となるサイトを開いたら、このサイトはサーバーへアップロードして公開しておきます。

➡ B2 ➡ B4 ➡ B7

> **MEMO**「かんたんアクセス解析」を利用するには、ホームページ・ビルダーで作成したサイトをサーバーへアップロードしておく必要があります。また公開先のURLも必要です。

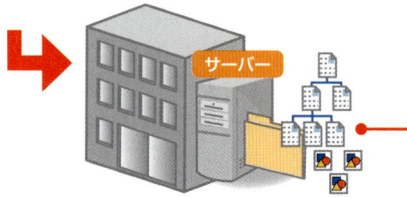

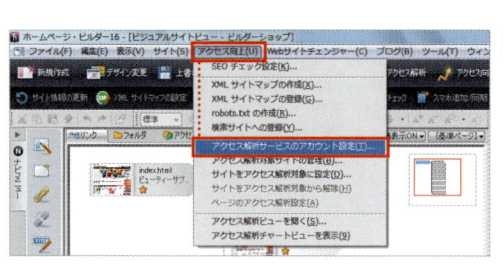

サイトを公開先サーバーへアップロードしておく

02 メニューから［アクセス向上］→［アクセス解析サービスのアカウント設定］を選択します。

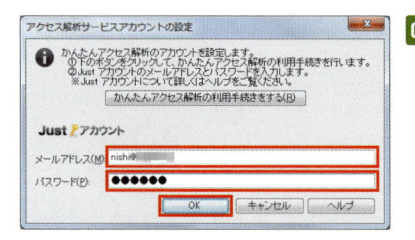

03 ［メールアドレス］と［パスワード］にUser IDの登録時に使用したメールアドレスとパスワードを入力して［OK］をクリックします。

> **MEMO** アクセス解析を開始するための準備ができました。

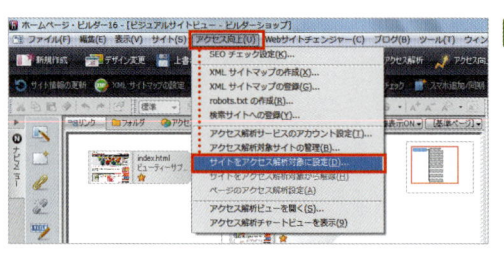

04 メニューから［アクセス向上］→［サイトをアクセス解析対象に設定］を選択します。

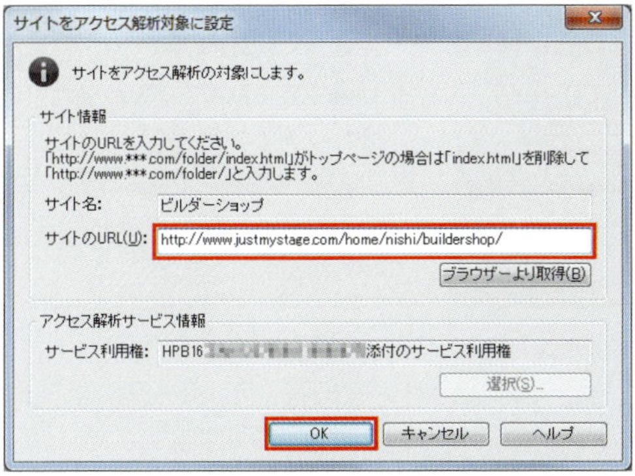

アクセス解析を利用する << **スパテク102** | ホームページ・ビルダー16

05 ［サイトをアクセス解析対象に設定］ダイアログで［サイトのURL］に、このサイトが公開されているトップページの「index.html」を除いたURLを入力したら［OK］をクリックします。

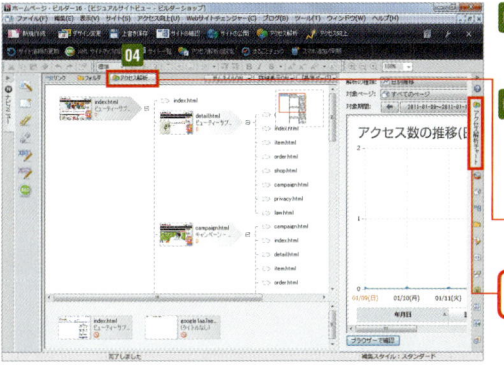

06 ［アクセス解析］タブと［アクセス解析チャートビュー］が表示されます。

07 再びサイトのすべてをサーバーへ転送すると、アクセス解析がスタートします。
→ **B7**

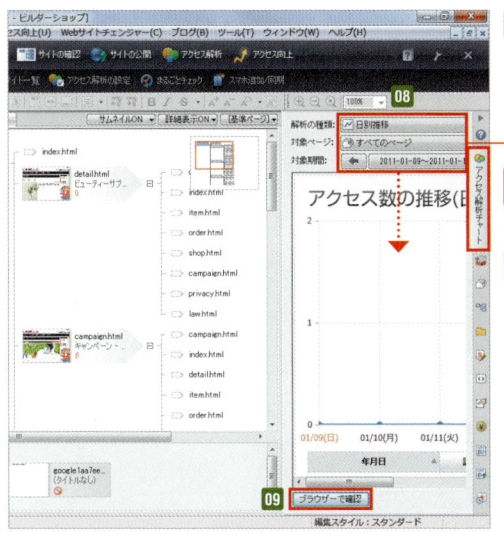

［アクセス解析］タブ

［アクセス解析チャートビュー］

08 ［アクセス解析チャートビュー］には、［解析の種類］［対象ページ］［対象期間］で指定した解析結果が表示されます。

ここで指定する解析結果が表示される

09 アクセス解析をブラウザーで確認するには、［ブラウザーで確認］をクリックします。

Next >>

10 ブラウザーが起動するので、登録時に設定したメールアドレス（またはUser ID）とパスワードを入力して［ログイン］をクリックします。

11 アクセス解析のページが表示されます。ホームページ・ビルダーを起動していなくても、下記URLからログインすればいつでも確認できます。

http://kantan-access.com/

> **MEMO** ページの右上にある［ヘルプ］をクリックすると、解析内容の詳細が確認できます。

POINT　解析されない

アクセス解析の対象を設定した後は、一度サイトをサーバーに転送する必要があります。未転送の場合は転送を済ませましょう。また解析の結果が確認できるまでに、約1時間程度かかります。アクセス状況や時間帯によっては、それ以上に時間がかかる場合もあるので、しばらく時間をおいて確認しましょう。

POINT　複数の解析対象を設定

アクセス解析は、サイトを変えれば別の解析対象を設定することができます。複数の解析対象がある場合は、メニューの［アクセス向上］→［アクセス解析対象サイトの管理］を選択して確認できます。削除する場合は一覧から登録サイトを指定して［削除］をクリックしてください。

POINT　解析対象のページを除外する

アクセス解析の対象ページは、トップページからつながりのあるリンク先ページをすべて解析対象とします。一部のページを解析対象から除外するには、メニューから［アクセス向上］→［ページのアクセス解析設定］を選択し、除外するページのチェックボックスをオフにします。

スパテク 103 アクセス解析をFC2ブログで利用する

ホームページ・ビルダーで作成していないサイトにアクセス解析を設置するなら、「Webビーコン」というJavaScriptコードを貼り付けましょう。

完成作例

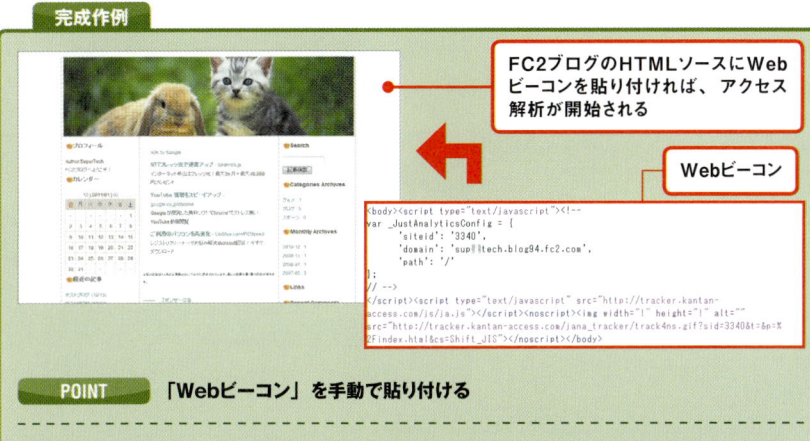

FC2ブログのHTMLソースにWebビーコンを貼り付ければ、アクセス解析が開始される

Webビーコン

```
<body><script type="text/javascript"><!--
var _JustAnalyticsConfig = {
    'siteid': '3340',
    'domain': 'sup@ltech.blog94.fc2.com',
    'path': '/'
};
// --></script><script type="text/javascript" src="http://tracker.kantan-access.com/js/ja.js"></script><noscript><img width="1" height="1" alt=""
src="http://tracker.kantan-access.com/jana_tracker/track4ns.gif?sid=3340&t=&p=%
2Findex.html&cs=Shift_JIS"></noscript></body>
```

POINT 「Webビーコン」を手動で貼り付ける

「かんたんアクセス解析」は、サイトの各ページに「Webビーコン」というJavaScriptを貼り付けます。Webビーコンとは、訪問者のアクセス情報を解析サーバーに送信する仕組みで、送られた情報を元に解析結果は表示されます。
この仕組みを踏まえるなら、Webビーコンさえ貼れば、どのようなページもアクセス解析の対象にできることになります。たとえばホームページ・ビルダーでは作れないブログなども対象にできます。
しかし「かんたんアクセス解析」は、スパテク102で解説した通り、サイトを作らなければ利用できません。そこで、まずは仮のサイトを作成し、Webビーコンを一度ページに書き出します。続いて書き出したソースをコピーし、ブログのHTMLファイルに貼り付ければ解析が開始されます。
なお、解析先のブログはWebビーコンを貼り付けるわけですから、HTMLが編集可能なブログである必要があります。そこで、本作例ではHTML編集に対応したFC2ブログを例に、アクセス解析の設定方法を解説します。

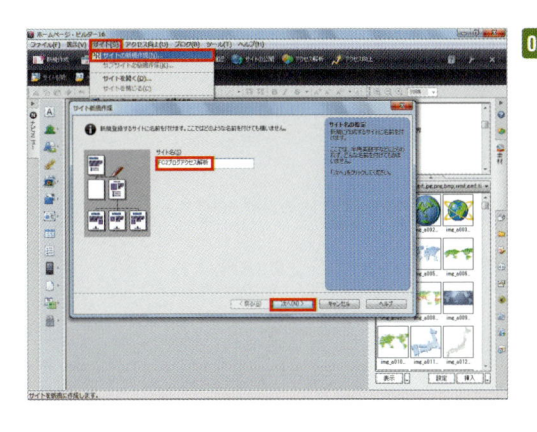

01 まずは仮のサイトを作成するため、メニューの［サイト］→［サイトの新規作成］を選択して任意のサイト名を入力したら［次へ］をクリックします。

Next >>

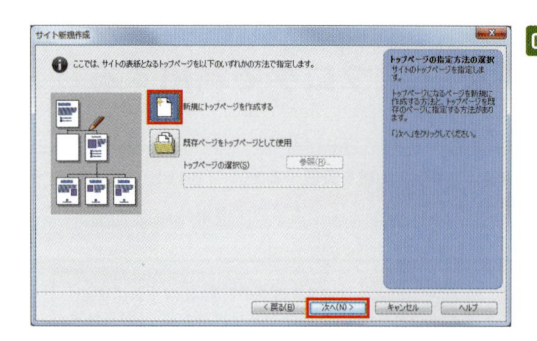

02 ［新規にトップページを作成する］をクリックして［次へ］をクリックします。

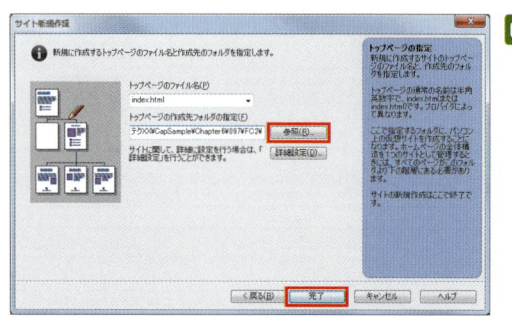

03 ［参照］をクリックし、トップページの保存先フォルダーを指定したら［完了］をクリックします。

> **MEMO** トップページのファイル名は「index.html」のままでOKです。

04 ［白紙ページ］をクリックします。

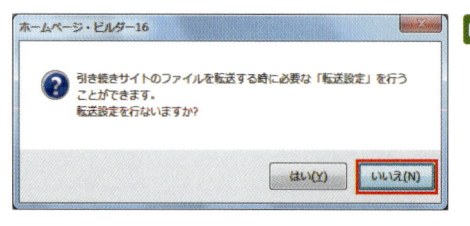

05 次のダイアログでは、転送設定は行わないので［いいえ］をクリックしてダイアログを閉じます。

アクセス解析をFC2ブログで利用する << スパテク103 | ホームページ・ビルダー16

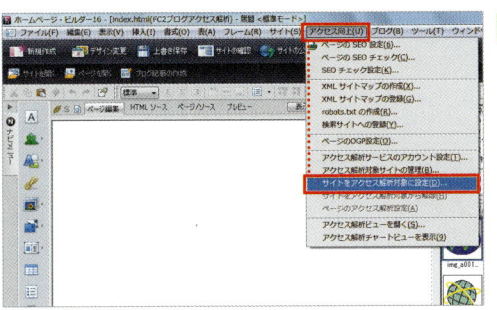

06 サイトが作成され、トップページが開くのでメニューの[アクセス向上]→[サイトをアクセス解析対象に設定]を選択します。

> **MEMO** 「かんたんアクセス解析」をはじめて使う場合は、利用手続きを事前に済ませておきましょう。
> → スパテク102

07 自身が運営しているFC2ブログのトップページのURLを入力して[OK]をクリックします。

> **MEMO** URLの最後にHTMLファイルが含まれる場合は、それを削除したルートのURLを入力してください。

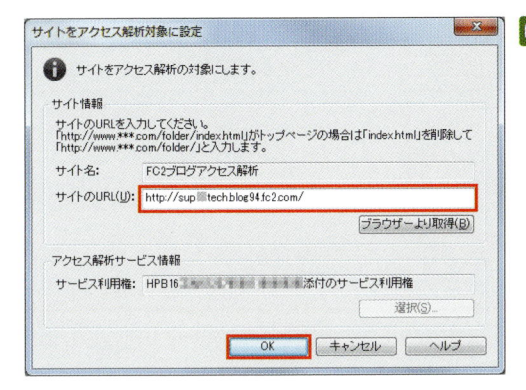

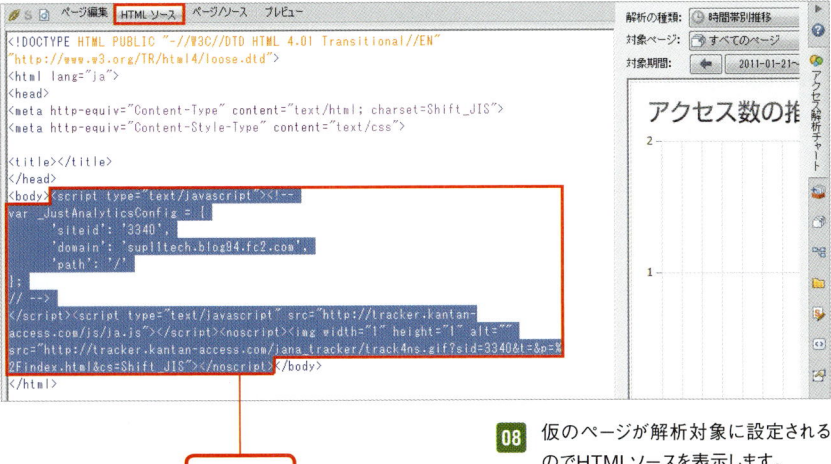

コピーする

08 仮のページが解析対象に設定されるのでHTMLソースを表示します。

09 <body>〜</body>の間にあるWebビーコンとして貼り付けられたJavaScriptを選択したらコピーします。

Next >>

10 FC2ブログの管理画面にアクセスしたら、現在適用されているテンプレートのHTMLソースを表示します。
→ スパテク 082

11 `<body>`タグの直後に手順09でコピーしたソースを貼り付けたら［更新］をクリックします。

MEMO これでブログのトップページがアクセス解析の対象となります。ブラウザーで解析結果が確認できるようになります。
→ スパテク 102

`<body>`タグの直後に貼り付け

```
<body>

<div id="container"><!-- container -->

<div id="header"><!-- header -->
<object classid="clsid:D27CDB6E-AE6D-11cf-96B8-444553540000" codebase="http://download.macromedia.com/pub/shockwave/cabs/flash/swflash.cab#version=9,0,47,0" width="750" height="200">
    <param name="MOVIE" value="http://blog-imgs-43.fc2.com/s/u/p/sup11tech/flashcontents.swf">
    <param name="PLAY" value="true">
    <param name="LOOP" value="true">
```

```
<body>

<script type="text/javascript"><!--
var _JustAnalyticsConfig = [
        'siteid': '3340',
        'domain': 'sup11tech.blog34.fc2.com',
        'path': '/'
];
// -->
</script><script type="text/javascript" src="http://tracker.kantan-access.com/js/ja.js"></script><noscript><img width="1" height="1" alt="" src="http://tracker.kantan-access.com/jana_tracker/track4ns.gif?sid=3340&t=&p=%2Findex.html&cs=Shift_JIS"></noscript>

<div id="container"><!-- container -->

<div id="header"><!-- header -->
<object classid="clsid:D27CDB6E-AE6D-11cf-96B8-444553540000" codebase="http://download.macromedia.com/pub/shockwave/cabs/flash/swflash.cab#version=9,0,47,0" width="750" height="200">
    <param name="MOVIE" value="http://blog-imgs-43.fc2.com/s/u/p/sup11tech/flashcontents.swf">
    <param name="PLAY" value="true">
    <param name="LOOP" value="true">
```

POINT 複数のサイトを解析対象にできる「かんたんアクセス解析」

ホームページ・ビルダーは、複数のサイトをアクセス解析の対象に登録できます。スパテク102 の通常サイトに続いてブログサイトも登録すれば、1画面に解析結果を集約できて便利です。ブラウザーで確認するときは、効率的に切り替えられます。

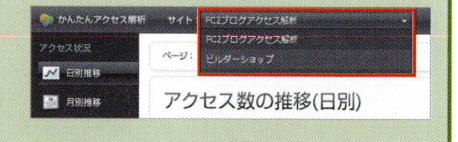

携帯用ページを作成する

iモード、EzWeb、Yahoo!モバイルなどの「モバイルインターネットサービス」を利用した訪問者のために、携帯向けのページを作成しましょう。

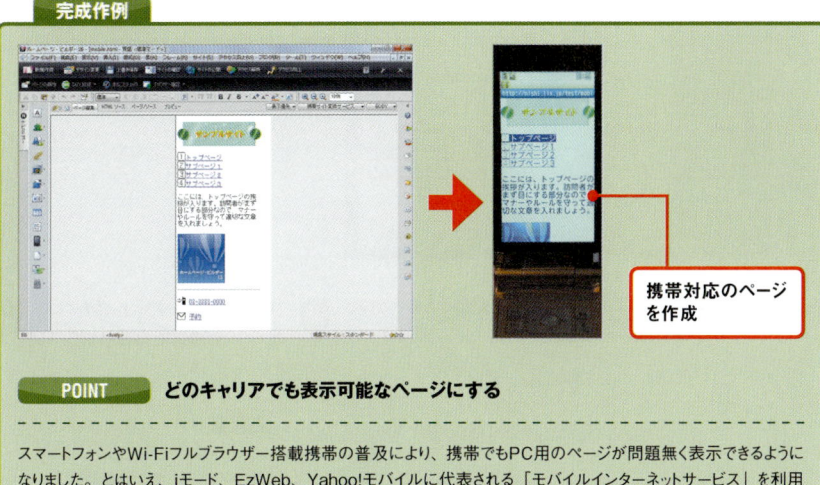

完成作例

携帯対応のページを作成

POINT　どのキャリアでも表示可能なページにする

スマートフォンやWi-Fiフルブラウザー搭載携帯の普及により、携帯でもPC用のページが問題無く表示できるようになりました。とはいえ、iモード、EzWeb、Yahoo!モバイルに代表される「モバイルインターネットサービス」を利用した閲覧者は未だに多いため、これに対応した携帯用のページも準備する必要があります。ホームページ・ビルダーは、さまざまなキャリア対応のページを作成できますが、キャリアごとにページを準備することは、更新する上でも非常に手間がかかるため、どのキャリアでも表示できるようなページづくりを心がけましょう。

■ 携帯用ページを新規作成する

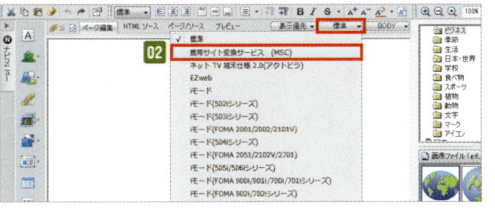

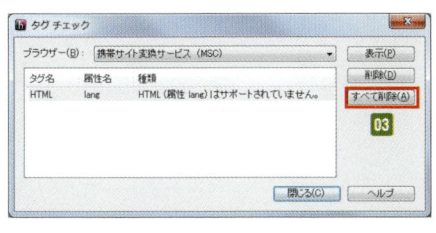

01 標準モードで新規ページを開いたら任意の名前を付けて保存しておきます。
→ A3

02 ［ターゲットブラウザーの切り替え］の［標準］をクリックして「携帯サイト変換サービス」を選択します

03 ［タグチェック］ダイアログが表示されるので［すべて削除］をクリックすると、携帯ページに変換されます。

MEMO 選択したブラウザーに未対応のタグ一覧が表示されます。タグを残しても正しく表示されないため、すべて削除しておきましょう。

■ タイトル画像を挿入する

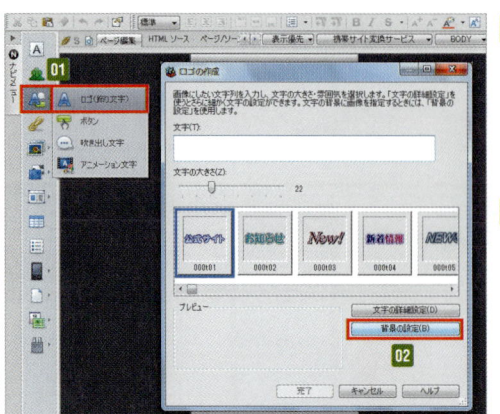

01 ナビメニューから［ロゴ（飾り文字）］を選択します。

> **MEMO** メニューの［挿入］→［ロゴ］を選択しても挿入できます。

02 ［ロゴの作成］ダイアログで［背景の設定］をクリックします。

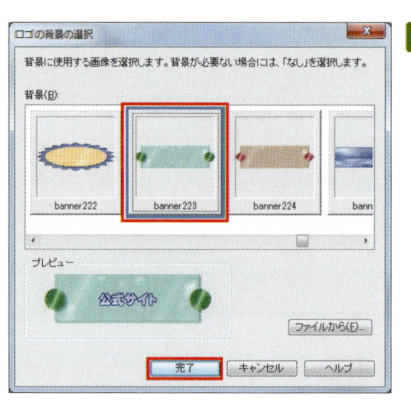

03 ［ロゴの背景の選択］ダイアログで任意の背景画像を指定したら［完了］をクリックします。

> **MEMO** 自分で作成した画像を背景に使用する場合は［ファイルから］をクリックしてファイルを指定します。

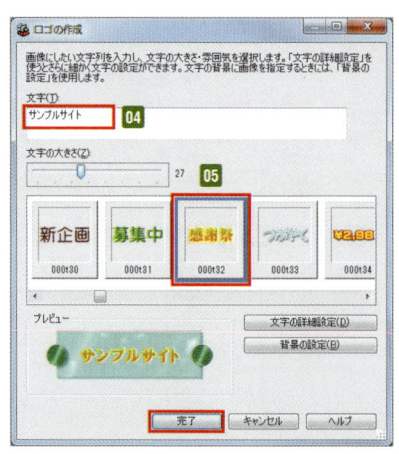

04 元のダイアログに戻るので［文字］にタイトルに使う文字を入力します。

05 文字の大きさとデザインを指定したら［完了］をクリックするとタイトル画像が挿入されます。

> **MEMO** ［文字の詳細設定］をクリックすると文字の詳細な書式設定ができます。

携帯用ページを作成する << **スパテク104** ｜ ホームページ・ビルダー16

■ ナビゲーションを作成する

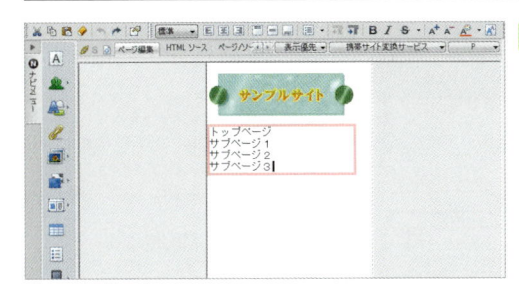

01 ナビゲーションに使用する項目を入力しておきます。
→ A4

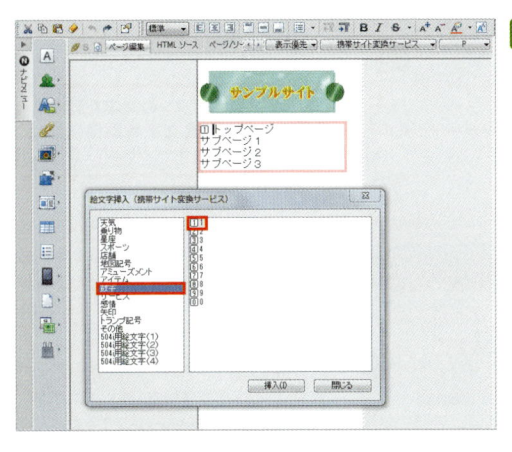

02 ナビゲーションの前に数字ボタンの絵文字を挿入するには、カーソルを置いてメニューの［挿入］→［その他］→［ケータイ用部品］→［携帯絵文字］を選択します。［絵文字挿入］ダイアログの［数字］で挿入する数字をダブルクリックするとカーソル位置に絵文字が挿入されます。

MEMO 絵文字の文字化けを回避するなら、絵文字風画像で対応しましょう。下記POINTを参照してください。

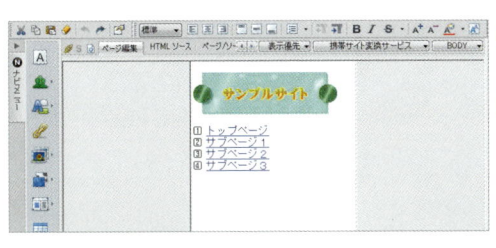

03 その他の項目にも絵文字を挿入します。

04 各項目にはページを移動するためのリンクを設定します。
→ A6

POINT　キャリア共通で表示可能な絵文字風画像を使う

絵文字は機種依存文字であるため、キャリアが異なると文字化けします。これを解消するには、ファイル容量の小さな絵文字風のGIF画像を作成して貼り付け、対応すると良いでしょう。画像なら機種関係なく表示できます。作成方法は、ウェブアートデザイナーで21×21ピクセルのサイズにしたキャンバスを開き、四角形ツールや鉛筆ツールなどを使用して描いたら、Web用保存ウィザードでGIF形式で保存します。なお、この絵文字風画像は以下のサイトから入手できます。

http://nishi.lix.jp/

絵文字風GIF画像

■ アクセスキーを設定する

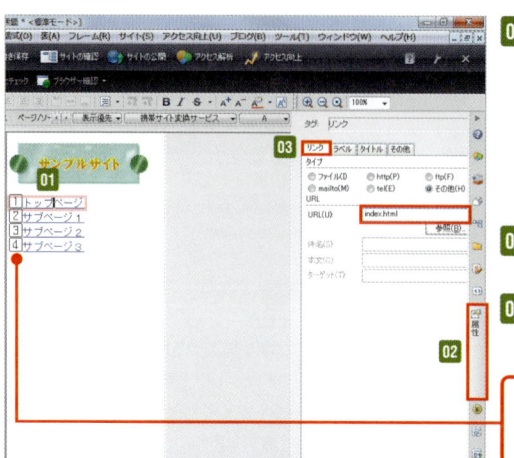

01 アクセスキーを設定したいリンクにカーソルを置きます。

> **MEMO** アクセスキーを設定したリンクは、携帯端末で該当キーを押すとリンク先へ直接ジャンプできます。

02 ［属性ビュー］を選択します。

03 まずは［リンク］タブで［URL］にリンク先を設定します。

ここでは、数字ボタンの文字化けを回避するために、絵文字風画像に差し替えています（前ページPOINT参照）

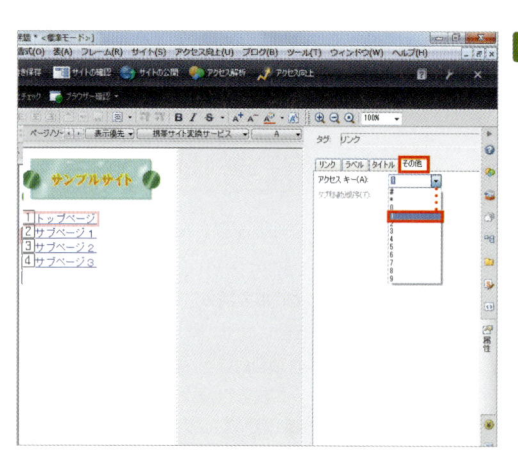

04 ［その他］タブにある［アクセスキー］から割り当てるキーを選択します。必要に応じて、その他のリンクにも設定します。

> **MEMO** アクセスキーに1を設定したことで、携帯電話の［1］ボタンを押すと、リンク先へジャンプするようになります。

POINT　携帯ページの編集

携帯ページの編集は、PC用のページと同じようにツールバーやメニューから操作できます。ただし、携帯HTMLに未対応の機能は選択できません。

使用可能なツールの例

位置揃え　　リストマーク　　文字の色

マーキー（流れ文字）を挿入するには、メニューの［挿入］→［その他］→［マーキー］を選択します。背景やリンクの色を変更するにはメニューの［編集］→［背景/文字色の設定］を選択します。

■ 電話リンクを挿入する

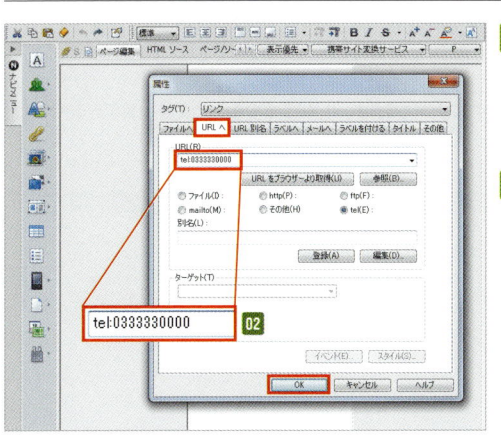

01 リンクを設定する文字を選択したら、メニューの [挿入] → [リンク] を選択して [属性] ダイアログを表示します。
→ A6

02 [URLへ] タブで「tel:」の後ろに電話番号を入力したら [OK] をクリックします。

> **MEMO** リンクをクリックすると指定した番号に電話がかけられます。

■ メールリンクを挿入する

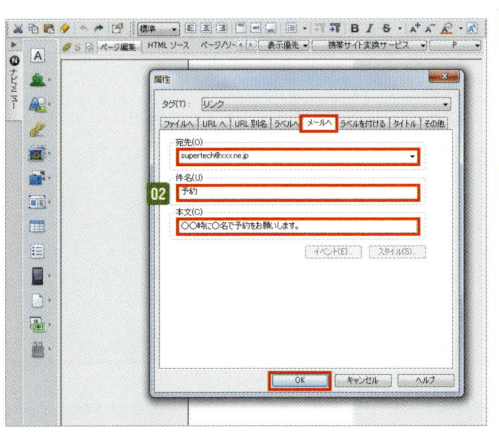

01 リンクを設定する文字を選択したら、メニューの [挿入] → [リンク] を選択して [属性] ダイアログを表示します。
→ A6

02 [メールへ] タブで [宛先] にメールアドレスを入力し、必要に応じて既定で表示する件名と本文を入力したら [OK] をクリックします。

> **MEMO** リンクをクリックすると指定したアドレスにメールが送れるようになります。

POINT　迷惑メールに注意

メールリンクは、インターネットにメールアドレスを公開するため、迷惑メールを受け取る可能性があります。使用するメールアドレスは、迷惑メールを受けても問題のないフリーアドレスを使用しましょう。メールアドレスを公開したくない場合は、携帯ページ対応のCGIメールフォームを設置するか、無料のメールフォームサービスを利用して対応しましょう。

http://www.form-mailer.jp/
携帯ページ対応のメールフォームが無料で設置できるフォームメーラー

スパテク 105 PCサイトを携帯サイトに変換する

PC用に作成されたサイトを携帯用に一括変換することができます。1ページずつ開いて変換作業を行う手間はかかりませんが変換後に手直しが必要となります。

完成作例

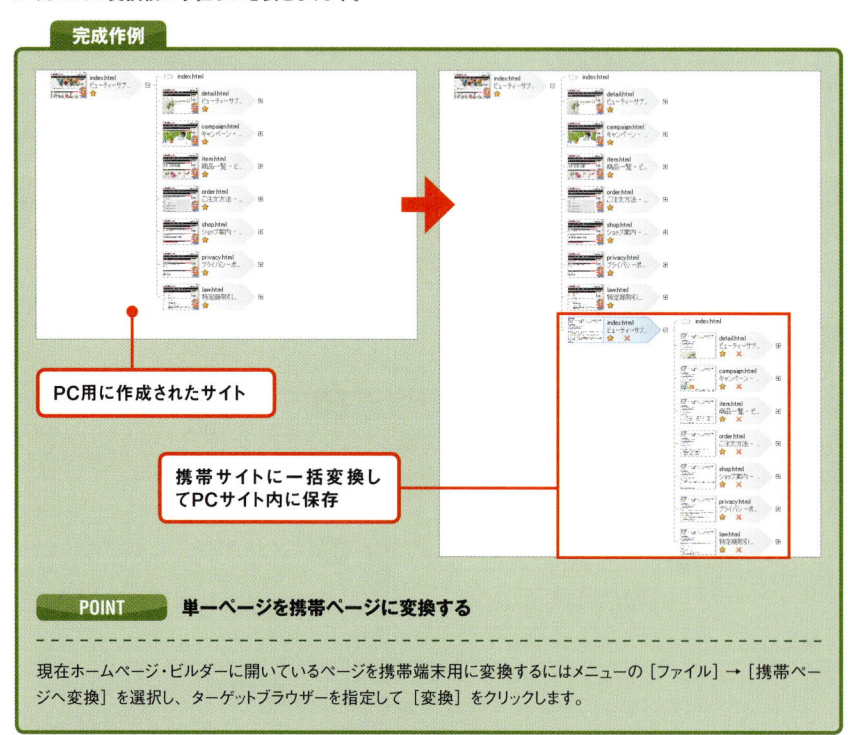

PC用に作成されたサイト

携帯サイトに一括変換してPCサイト内に保存

POINT 単一ページを携帯ページに変換する

現在ホームページ・ビルダーに開いているページを携帯端末用に変換するにはメニューの［ファイル］→［携帯ページへ変換］を選択し、ターゲットブラウザーを指定して［変換］をクリックします。

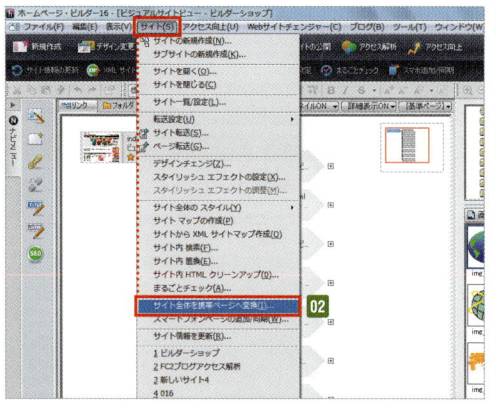

01 携帯用に変換するサイトを開いておきます。
→ B4

02 メニューの［サイト］→［サイト全体を携帯ページへ変換］を選択します。

PCサイトを携帯サイトに変換する << スパテク105 | ホームページ・ビルダー16

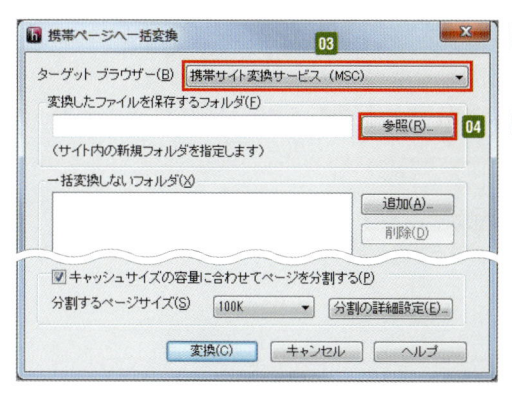

03 [ターゲットブラウザー]から[携帯サイト変換サービス]を選択します。

04 [参照]をクリックします。

05 [フォルダーの参照]ダイアログが開き、このサイトのデータが保存されたフォルダーが自動選択されるので[新しいフォルダーの作成]をクリックします。

> **MEMO** 携帯端末用サイトは、PC用サイトがあるフォルダー内に作成する必要があります。

06 任意のフォルダー名を入力したら[OK]をクリックします。

> **MEMO** フォルダーの削除と名前の変更は、右クリックから可能です。

07 チェックボックスをオンにします。

08 チェックボックスをオフにします。

> **MEMO** [キャッシュサイズの容量に合わせてページを分割する]をオンにすると、変換されるページが指定容量を超えた場合に分割変換されます。1ページをそのまま携帯端末ページに変換する場合はオフにします。

09 [変換]をクリックすると変換が実行されるので[閉じる]をクリックします。

Next >>

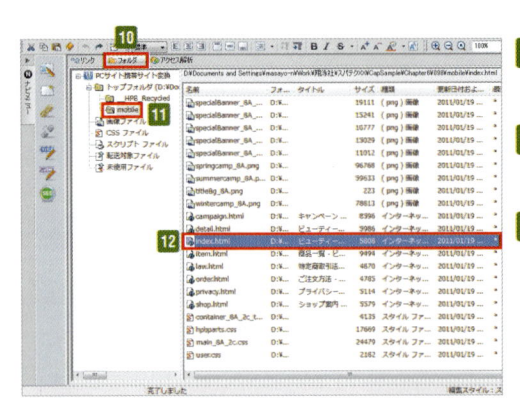

| | ホームページ・ビルダー16 | スパテク105 >> PCサイトを携帯サイトに変換する |

10 ビジュアルサイトビューの［フォルダ］タブをクリックします。

11 携帯サイト用に作成したフォルダーをクリックします。

12 編集するページをダブルクリックします。

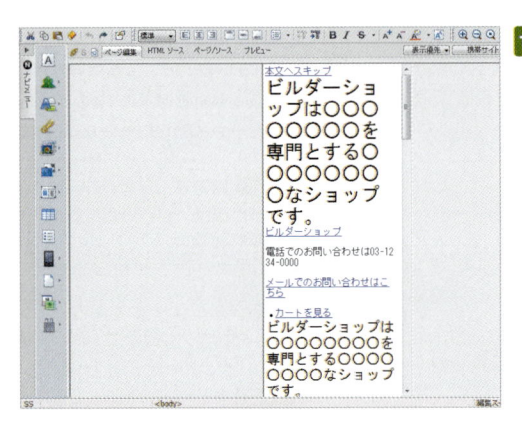

13 変換された携帯ページが開くので、必要に応じて編集します。

> **MEMO** 携帯ページに未対応のタグは削除されます。外部スタイルシートのリンクも解除されるので、背景画像はすべて削除されます。

POINT　携帯サイト自動変換サービス

インターネットには、PC用サイトを携帯用に見やすく変換するサービスもあります。PC用サイトを更新すれば、同時に携帯サイトも置き換わるので、更新の手間がかかりません。ただしページのレイアウトやコンテンツの内容によっては、正確に表示できないページもあるので注意が必要です。変換後はページのURLをコピーし、PC用サイトからこのページへ誘導すると良いでしょう。

◆Googleの変換サイト（無料）
http://www.google.com/gwt/n

さらに、ホームページ・ビルダーと連携したMSCの「携帯サイト変換サービス」もあります。1種類の携帯ページを作成するだけで、その他のキャリアに最適化して表示するサービスです。

◆MSCの携帯サイト変換サービス（利用月無料）
http://msc.ms2.jp/

スパテク 106 携帯ページに地図を挿入する

スパテク085やスパテク087で挿入したPC用の地図は、携帯ページでは表示できません。そこで、携帯ページに対応したGoogleの地図サービスを利用して貼り付けましょう。

完成作例

携帯ページに地図へのリンクを作成

リンクをクリックすると携帯用の地図が表示される

01 携帯電話で以下のアドレスを入力してGoogleにアクセスします。

http://www.google.co.jp/m/

MEMO URLの入力方法は、携帯端末のマニュアルを参照してください。

02 携帯にGoogleのページが表示されたら、「地図検索」にアクセスします。

Next >>

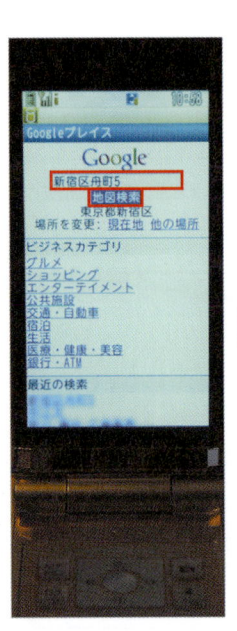

03 テキストボックスに目的地の住所を入力したら［地図検索］をクリックします。

> **MEMO** 目的地にアイコンを付けた状態の地図が表示されます。

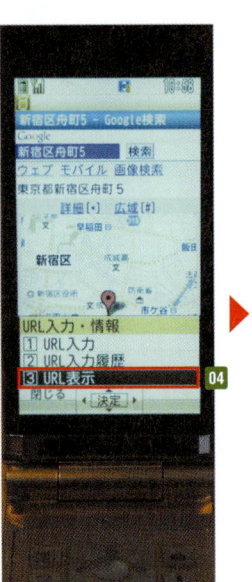

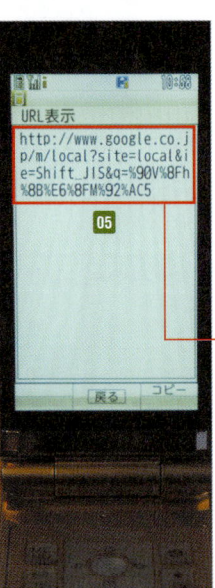

04 携帯の機能を使い、地図のURLを表示します。

05 URLをコピーしておきます。

> **MEMO** 表示したページのURLをコピーする方法は携帯端末のマニュアルを参照してください。

コピーする

POINT　携帯用のYahoo!地図サービス

Yahoo!Japanにも携帯地図サービスがあります。携帯でhttp://www.yahoo.co.jp/にアクセスし、「Yahoo!サービス」にある「地図」へ移動したら、あとは住所を検索してGoogleと同じ要領でURLをPCに転送しましょう。

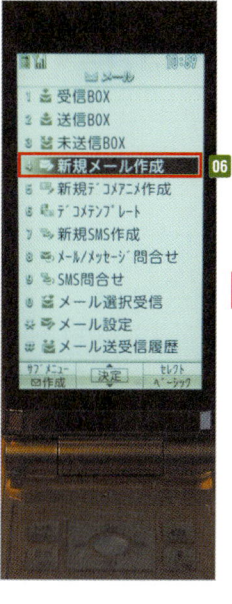

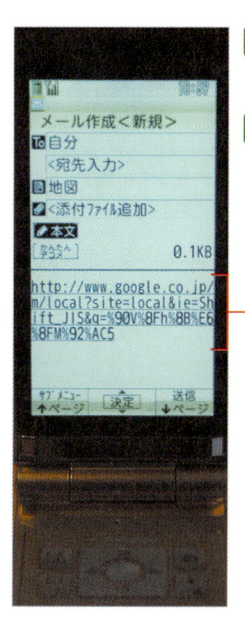

06 地図を終了したら、メールの新規作成を起動します。

07 先ほどコピーしたURLをPC用メールアドレスに送信します。

URLをPC用メールアドレスに送信 **07**

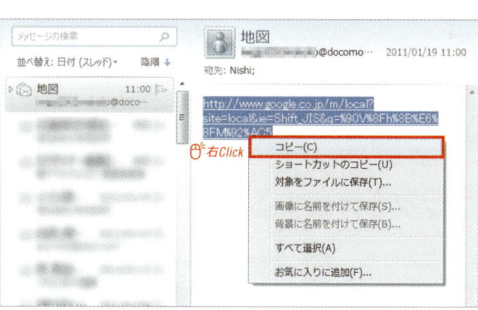

08 PCにメールが届くので、URLをコピーします。

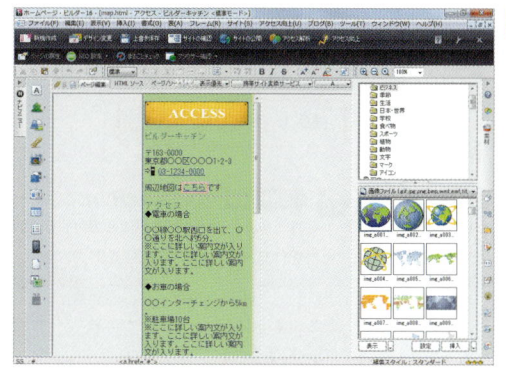

09 ホームページ・ビルダーで携帯ページを開き、地図を表示するためのリンクを張れば完成です。

➡ A6

スパテク 107 Googleモバイルサイトマップを作成する

GoogleはPCサイトとは別に携帯サイト用の検索サービスもあります。この検索ロボットに携帯サイトの巡回通知をするには、携帯用のGoogleモバイルサイトマップを作成し、登録する必要があります

完成作例

http://www.google.co.jp/m/

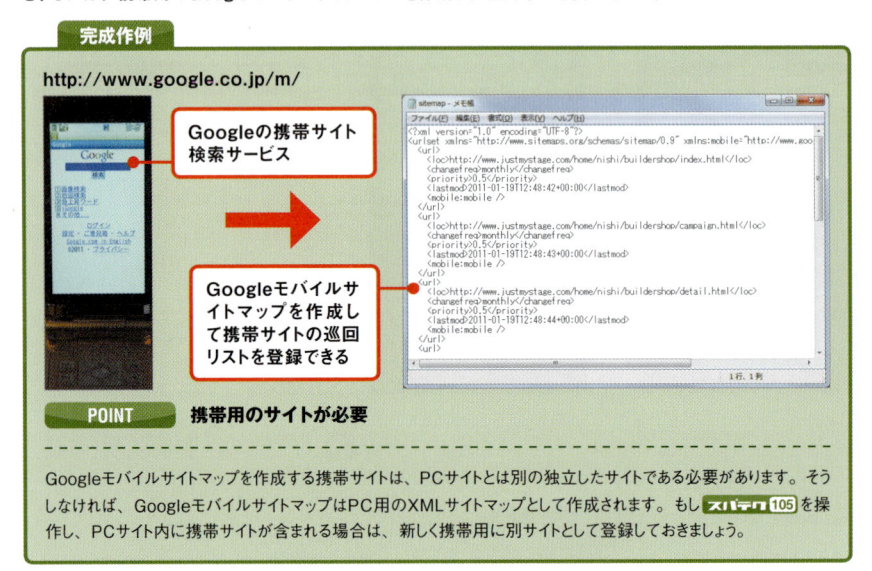

- Googleの携帯サイト検索サービス
- Googleモバイルサイトマップを作成して携帯サイトの巡回リストを登録できる

POINT　携帯用のサイトが必要

Googleモバイルサイトマップを作成する携帯サイトは、PCサイトとは別の独立したサイトである必要があります。そうしなければ、GoogleモバイルサイトマップはPC用のXMLサイトマップとして作成されます。もしスパテク105を操作し、PCサイト内に携帯サイトが含まれる場合は、新しく携帯用に別サイトとして登録しておきましょう。

■ Googleモバイルサイトマップを作成する

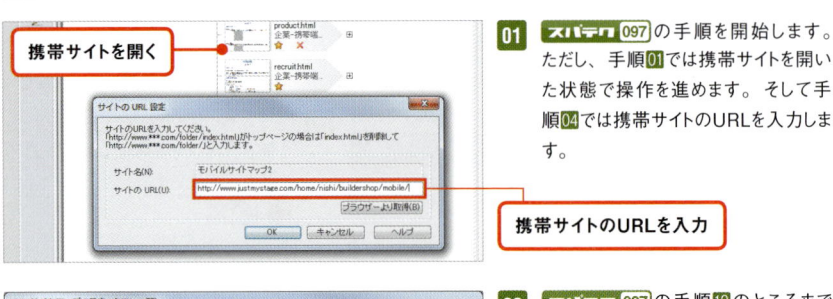

01 スパテク097の手順を開始します。ただし、手順01では携帯サイトを開いた状態で操作を進めます。そして手順04では携帯サイトのURLを入力します。

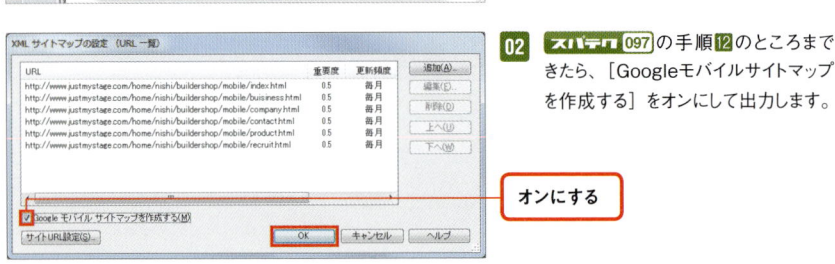

- 携帯サイトを開く
- 携帯サイトのURLを入力

02 スパテク097の手順12のところまできたら、[Googleモバイルサイトマップを作成する]をオンにして出力します。

- オンにする

03 Googleモバイルサイトマップが作成されます。ソースでは<mobile:mobilen />タグが指定されています。

<mobile:mobile />タグ

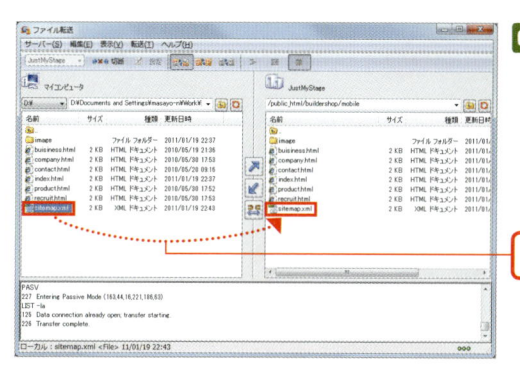

04 スパテク097の手順15では携帯サイトが公開されているサーバー上のルートフォルダーにGoogleモバイルサイトマップを転送しておきます。

転送する

■ モバイルサイトマップを登録する

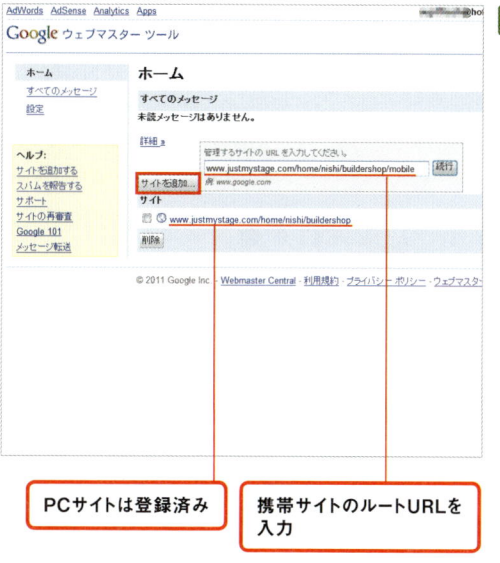

01 Googleモバイルサイトマップの登録は、PCサイトのXMLサイトマップの登録方法と同じです。スパテク098の操作を開始し、手順04のところで[サイトを追加]をクリックしたら、携帯サイトのURLを入力して登録作業を進めます。

> **MEMO** PCサイトのXMLサイトマップをすでに登録している場合は、所有権の証明は必要ありません。

> **MEMO** Googleモバイルサイトマップの更新は、PCサイトのXMLサイトマップの更新方法と同じです。
> → スパテク099

PCサイトは登録済み　　携帯サイトのルートURLを入力

507

スパテク 108 口コミ用のSNSボタンを挿入する ～mixiチェック～

サイトを口コミで広げるには、SNSボタンが効果的です。クリックすると、訪問者のSNSサイトで紹介され、それを見た他のユーザーがサイトに訪れる可能性が出てきます。ここではmixiチェックの挿入方法を解説します。

完成作例

訪問者がmixiチェックボタンをクリック

コメントを残す

クリックした人のmixi上のチェックページに表示される

POINT mixiチェックボタン

「mixiチェック」ボタンは、これをクリックした人のmixi上の「チェックページ」にサイトの情報が表示されます。「チェックページ」はマイミクのページにも表示されるので、これを見たマイミクがさらにサイトに訪問してくれる可能性がでてきます。なお、「mixiチェック」ボタンを挿入するには、mixiにログインして識別キー（mixiチェックキー）を発行する必要があります（「mixiイイネ！」ボタンの挿入にも識別キーが必要）。

■ 識別キー（mixiチェックキー）を発行する

01 mixiにログインしてホームの［設定変更］ボタンをクリックします。

02 ［個人パートナー登録／変更］をクリックします。

MEMO 識別キーを発行する前に、個人パートナー登録をする必要があります。

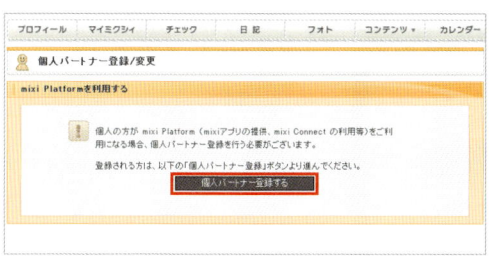

03 個人パートナーの登録が済んでいない場合は、[個人パートナー登録する] をクリックします。

> **MEMO** 個人パートナーが登録済みの場合は、手順09へ進んでください。

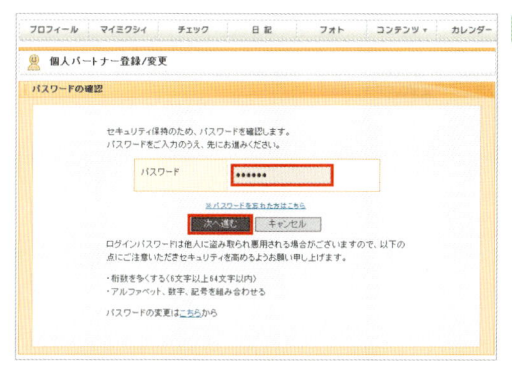

04 mixiログイン時のパスワードを入力して [次へ進む] をクリックします。

05 住所、氏名、電話番号などの情報を入力して [入力内容を確認する] をクリックします。次の画面で内容を確認し、[登録する] をクリックして登録します。

06 携帯メールアドレスの情報を入力して [入力内容を確認する] をクリックします。次の画面で内容を確認し、[登録する] をクリックして登録します。

Next >>

07 手順06で登録した携帯アドレスにURLが通知されるのでクリックします。

08 携帯電話からmixiにログインすると、個人パートナー登録が完了します。

09 パソコンのブラウザーに戻り、https://sap.mixi.jp/へアクセスしたら、mixiのログインメールアドレスとパスワードを入力してログインします。

10 再びパスワードを入力したら［ログイン］をクリックしてログインします。

11 [mixi Plugin]→[新規サービス追加]の順にクリックします。

12 「mixiチェック」ボタンを挿入するサイトの名称を入力します。

13 「mixiチェック」ボタンを挿入するサイトのURLを入力します。

14 「mixiチェック」ボタンの挿入を許可するサイトのドメイン名（許可ドメイン）を入力します。たとえば挿入先URLがhttp://www.buildershop.com/index.htmlの場合は、「www.buildershop.com」という具合にドメイン名のみを入力します。

15 規約を読んで［同意する］をオンにしたら［入力内容を確認する］をクリックし、次のページで内容を確認したら［作成する］をクリックします。

16 「こちら」のリンクをクリックすると識別キーが確認できるのでコピーしておきましょう。

識別キー（mixiチェックキー）をコピーする

■「mixiチェック」ボタンを挿入する

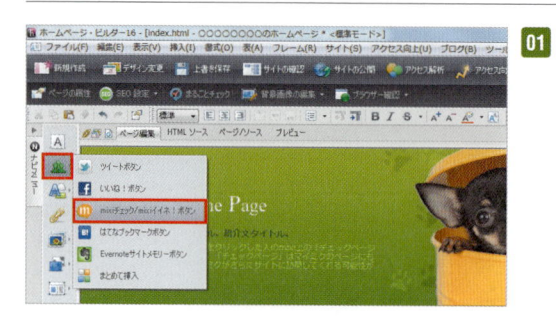

01 「mixiチェック」ボタンを挿入したい場所にカーソルを置いたら、ナビメニューの［ソーシャルネットワークの挿入］から「mixiチェック/mixiイイネ！ボタン」を選択します。

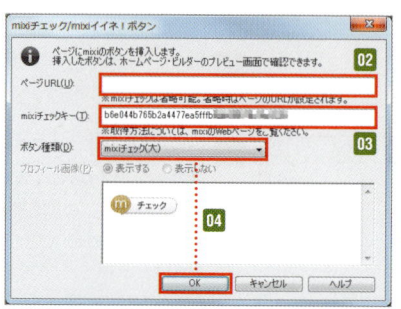

02 チェック対象にするページのURLを正確に入力します。省略しても構いません（下記POINT参照）。

03 先ほど発行した識別キーを入力します。

04 ボタンの種類を指定したら［OK］をクリックすると挿入されます。

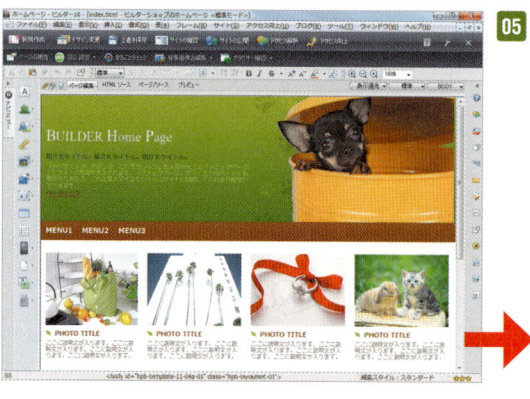

05 ページを上書き保存して、識別キーを発行したときに登録した許可ドメインのサーバー（前ページの手順14）へページを転送します。転送後は転送先URLにブラウザーでアクセスしてボタンをクリックすると、動作を確認できます。

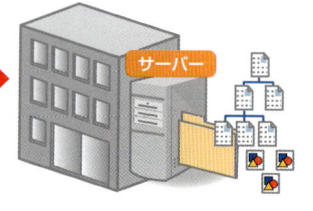

POINT 登録するURL

手順02では、識別キーを発行したときに登録した許可ドメイン内にあるページのURLを正確に入力しましょう。URLを省略した場合は、識別キーを発行したときに登録したサイトのURLがチェック対象となります。なお、ボタンを挿入したページは、許可ドメイン上のサーバーに転送しましょう。そうしなければボタンをクリックしても「不正な投稿内容のため、チェックできません。」と表示されて正常に機能しません。

スパテク 109 QRコードを挿入する

携帯のバーコードリーダーから撮影し、携帯サイトへ誘導するためのQRコードをPC用のページに挿入しましょう。

完成作例

QRコードがあれば、携帯サイトへの誘導やメールの送信が簡単にできる

POINT　QRコード

QRコードは、URLやメールアドレスなどの情報を埋め込むことができるバーコードです。携帯のバーコードリーダーで撮影すると、情報が読み込まれ、メール送信や携帯サイトへのアクセスが簡単にできます。

01 QRコードを挿入する場所へカーソルを置き、メニューの［挿入］→［その他］→［ケータイ用部品］→［QRコード］を選択します。［文字］にQRコードに変換したい文字列を入力します。

MEMO QRコードの上下左右の余白を調整するには［詳細設定］をクリックします。

02 ［画像の大きさ］で大きさを指定し、［OK］をクリックするとQRコードが挿入されます。

POINT　QRコードのサイズを変更する

ページにQRコードを挿入したあと、サイズを変更するには、QRコードを右クリック→［属性の変更］を選択し、［幅］と［高さ］のいずれかに数値を入力します。

ホームページ・ビルダーの歴史

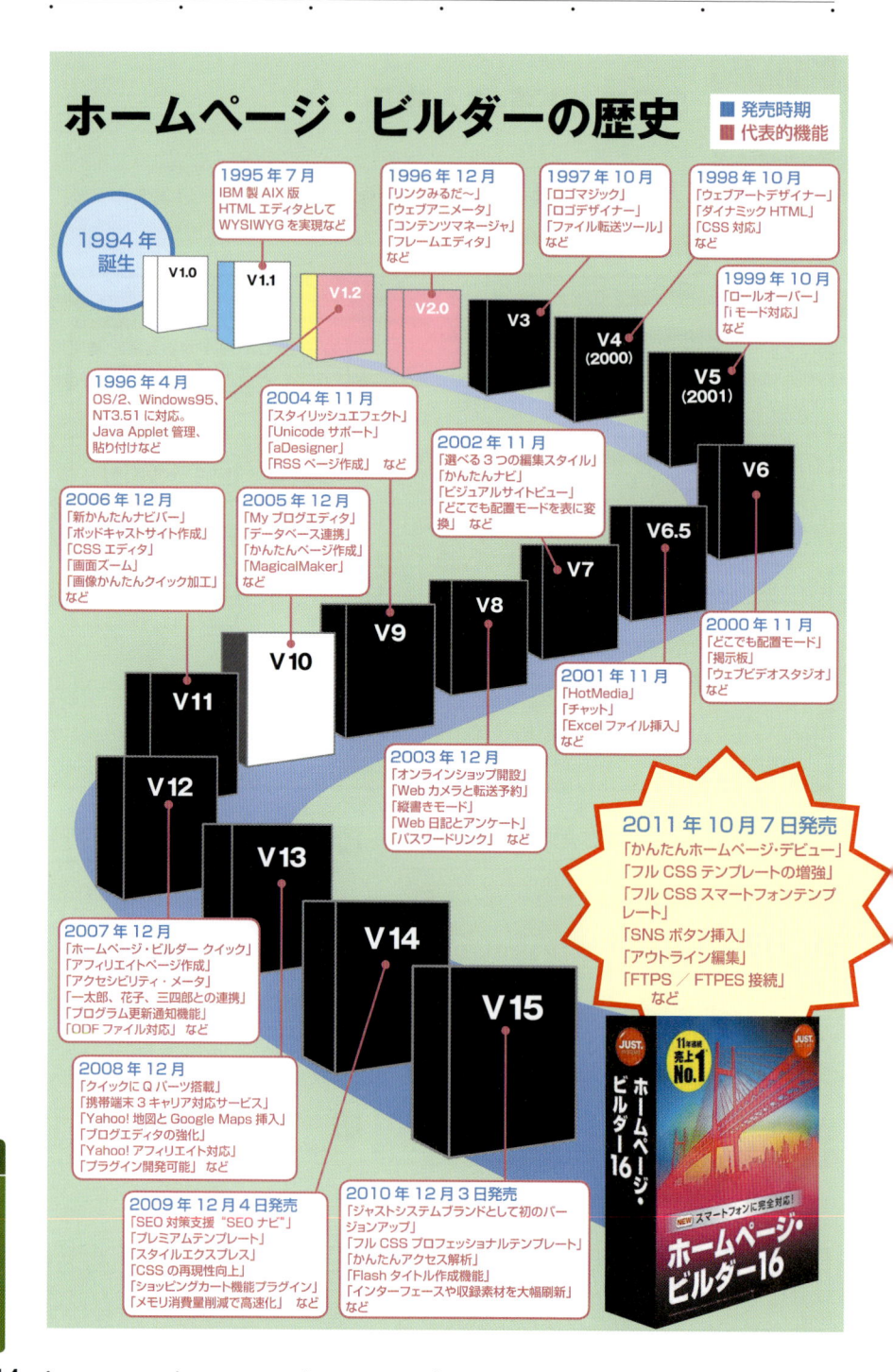

■ 発売時期
■ 代表的機能

1994年 誕生 — V1.0

1995年7月
「IBM製 AIX版 HTMLエディタとして WYSIWYGを実現」など
— V1.1

1996年4月
OS/2、Windows95、NT3.51に対応。Java Applet管理、貼り付けなど
— V1.2

1996年12月
「リンクみるだー」
「ウェブアニメータ」
「コンテンツマネージャ」
「フレームエディタ」など
— V2.0

1997年10月
「ロゴマジック」
「ロゴデザイナー」
「ファイル転送ツール」など
— V3

1998年10月
「ウェブアートデザイナー」
「ダイナミックHTML」
「CSS対応」など
— V4 (2000)

1999年10月
「ロールオーバー」
「iモード対応」など
— V5 (2001)

2000年11月
「どこでも配置モード」
「掲示板」
「ウェブビデオスタジオ」など
— V6

2001年11月
「HotMedia」
「チャット」
「Excelファイル挿入」など
— V6.5

2002年11月
「選べる3つの編集スタイル」
「かんたんナビ」
「ビジュアルサイトビュー」
「どこでも配置モードを表に変換」など
— V7

2003年12月
「オンラインショップ開設」
「Webカメラと転送予約」
「縦書きモード」
「Web日記とアンケート」
「パスワードリンク」など
— V8

2004年11月
「スタイリッシュエフェクト」
「Unicodeサポート」
「aDesigner」
「RSSページ作成」など
— V9

2005年12月
「Myブログエディタ」
「データベース連携」
「かんたんページ作成」
「MagicalMaker」など
— V10

2006年12月
「新かんたんナビバー」
「ポッドキャストサイト作成」
「CSSエディタ」
「画面ズーム」
「画像かんたんクイック加工」など
— V11

2007年12月
「ホームページ・ビルダー クイック」
「アフィリエイトページ作成」
「アクセシビリティ・メータ」
「一太郎、花子、三四郎との連携」
「プログラム更新通知機能」
「ODFファイル対応」など
— V12

2008年12月
「クイックにQパーツ搭載」
「携帯端末3キャリア対応サービス」
「Yahoo! 地図とGoogle Maps 挿入」
「ブログエディタの強化」
「Yahoo! アフィリエイト対応」
「プラグイン開発可能」など
— V13

2009年12月4日発売
「SEO対策支援"SEOナビ"」
「プレミアムテンプレート」
「スタイルエクスプレス」
「CSSの再現性向上」
「ショッピングカート機能プラグイン」
「メモリ消費量削減で高速化」など
— V14

2010年12月3日発売
「ジャストシステムブランドとして初のバージョンアップ」
「フルCSSプロフェッショナルテンプレート」
「かんたんアクセス解析」
「Flashタイトル作成機能」
「インターフェースや収録素材を大幅刷新」など
— V15

2011年10月7日発売
「かんたんホームページ・デビュー」
「フルCSSテンプレートの増強」
「フルCSSスマートフォンテンプレート」
「SNSボタン挿入」
「アウトライン編集」
「FTPS／FTPES接続」など
— ホームページ・ビルダー16

Index

記号・英数字

#（IDセレクタ）	24
#（ヌルリンク）	69
%	33
,（グループセレクタ）	22
.（クラスセレクタ）	23
.css	27
.ico	386
:（擬似クラス）	25
<!-- -->	27
a:active	25
a:hover	25,71,229
a:link	25
a:visited	25
AIFF	403
Amazonアソシエイト	369
Amebaブログ	274,433
Android	199
APIキー	441
AVI	403
BLOCK	70
body	54
CGI	388
CheckPassword80.js	359
Chrome	374
class	23
clear	66
cm	33
CSSエディター	91
CSSハック	268
CSSファイルを外部エディターで編集	91
CSSレイアウト	52
CSS文法チェック	93,194
cursor	363
DCM	405
dd	146
div	53,54
dl	146
dt	146
em	33
e-shopカート2	479
Evernoteサイトメモリーボタン	385
ex	33
EzWeb	495
Facebook	385
Favicon from Pics	387
favicon.ico	387
FC2ブログ	48,286,496,491
Firefox	363
Flash	131,223,230,419,426,433
flashcontents.swf	425,429,435
flashcontents.xml	425,429,435
Flash広告	433
Flash風のナビゲーション	223
Flashタイトルの編集	131,419,426
float属性	53
FTP/FTPS/FTPES	15,16
GIF	223,416,497
Googleマップ	447,448,452
Googleモバイルサイトマップ	506
h1～h4	77,78
head	33,383,457
HTML	20
HTMLソースタブ	2,8
HTMLタグ情報	30,146
IDスタイル	24
ID設定	29
IDセレクタ	24
IE6	196,233,268
iframe	255
in	33
iPhone	199
iモード	495
JavaScript	342,346,354,358,364
jcode.pl	389
J-Sheet	486
li	73,146
LightBox2	395
Microsoft Expression Web SuperPreview	268
MIF	405
mixiイイネ!ボタン	385,508
mixiコミュニティ	416
mixiチェックキー	508
mixiチェックボタン	385,508
mm	33
MOV	403
MPEG	403
Nucleus	270
object	429,436
ol	146,216
OnClick	361
OnMouseOut	353
OnMouseOver	352
p	21,83
pc	33
PCページ	197,200
Perl	389
Personal Data	47
PNG	45
pt	33
px	33
QRコード	513
robots.txt	476
scrollbars	362
Seesaa BLOG	432
sendmail	388
SEO	456
SEO設定	458
SEOチェック	463
Shift_JIS	273
sitemap.xml	466
SNSボタン	508
span	100
style	26
title	360
TOK2プロフェッショナル	388
Twitter	328,334,380
ul	68,146
URLから読み込み	271
URLツールバー	6
UTF-8	273,278
WAV	403
Web標準	52
Webビーコン	491
Web用保存ウィザード	45
window.close()	363
Windows Phone	199
WMF	405
XMLサイトマップ	466,468,471,474
Yahoo!モバイル	495
Yahoo!ロコ地図	440,442,443
YouTube	375,415

あ～わ

あ

アイコン	386,443
アイコンファイル	387
アウトライン	3,233
アクセシビリティメータ	3
アクセスキー	498
アクセス解析	485,491
アクセス解析チャートビュー	489
アクセス解析ビュー	3
アクセス権	393,394
アコーディオン	212
値	21
アットホーム	185
アニメGIF	416
アニメーション効果	224
アフィリエイト	3,369
アフィリエイトビュー	3
アプリケーションID	441
いいね!ボタン	385

515

イタリアン	168,172,177,182	
位置属性パネル	95	
飲食店	168,172,177,182	
インテリア雑貨	168,172,177,185	
インデント	149	
インフォメーション	105	
インラインスタイル	26	
インラインフレーム	247	
ウェブアート素材タブ	34	
ウェブアートデザイナー	34,127	
ウェブアニメーター	223,418	
ウェブビデオスタジオ	403	
埋め込まれたスタイルシート	28	
英語項目を非表示にする	163	
絵文字風画像	497	
絵文字フォント	325	
オーバーレイギャラリー	395	
オブジェクト		
〜の編集	42	
〜をコピー	41	
〜を削除	40	
〜を選択	40	
〜を保存	45	
オブジェクトスタック	34	
オブジェクト一覧	123	
折りたたみ	212	
オンラインショッピング	479	

か

カーソル位置パネル	29
外部エディターで編集	28
外部スタイルシート	27,31,32
買い物カゴ	479
隠れ文字	127,130,460
箇条書き	68
画像の切り取り	125
画像の編集	142
画像を挿入	5
カラー選択	106,109,120
カラフル	182
簡易リンク	222
かんたんアクセス解析	485
かんたんナビバー	2
キッズスクール	172,182
擬似クラス	25
基本セレクタ	22
キャンバス	34
共通部分の登録	114
共通部分の同期	105,170
クラスセレクタ	23
クラスのスタイルを設定	85,97
クラス名	23
グラデーション	300

グリッド	34,36,37
クリニック	168,172,177,185
グループセレクタ	22
グループ化	45
携帯サイト自動変換サービス	502
携帯サイト変換サービス	495
携帯用ページ	495
検索エンジン最適化	456
合成画像	318
コラム	53,62
コラムスペース	238
コンテンツ	53,64,142

さ

財団	185,190
サイト	
〜の確認	12
〜の基本操作	10
〜のレイアウト	108
〜を作成	10
〜を転送	15
〜を閉じる	13
〜を開く・削除する	13
〜を複製	14
サイト一覧/設定	13
サイトビュー	3
サイドバー	105,110
サブページ	96
サブメニューの上余白を調整する	163
サブメニューを作成する	160,164
サンプルスクリプト	346
サンプル部品	154,157
色調補正	321
子孫セレクタ	23
シック	185,190
ジャストシステム	486,514
宿泊施設	168,172,182,185
出力漢字コード	278
趣味	168
巡回拒否	476
ショッピングカート	479
新規ブログの開設	48
シンプルモダン	168,177,185
診療所	172,185
スタイルエクスプレスビュー	3,28,51
スタイルクラス	23
スタイルシート	20
スタイルシートの書き出し	90
スタイルシートレイアウト	52
スタイルシートを編集	91
スタイル構成パネル	28
スタイルの設定	26,78

スタンダードスタイル	4
ステータス表示領域	30,146
ステータスバー	2,30,34,146
スパム行為	459
スポーティ	172,185
スマートフォン	197,200
スマートフォンページの追加/同期	197,202
スマホページ	197,200
スマホ追加/同期	197,201
スワップイメージ	347
生鮮食品	172,182
説明付きリスト	146
セレクタ	21
セレクタの編集	91,282
ソーシャルネットワークの挿入	385
ソース編集タブ	8
属性の変更	3
属性ビュー	3
素材タブ	34
素材ビュー	3
素材ファイルをコピーして保存	7

た

ターゲット	255,434
ターゲットブラウザーの切り替え	3
代替テキスト	142,459
タイトルバー	2,34
タイポベース	203
タグスタイル	22
タグ一覧ビュー	3
タグ階層	53
タブ型ボタン	308
段組み	52
団体／チーム	168,177,185
置換/半角カナ置換	151
地図	440
仲介物件	168,185
ツイート一覧	380
ツイートボタン	385
ツールバー	2,34
テーブルレイアウト	52
テーマ	104
デザイン	104
デザインチェンジ	105,106
デザインを取得	50
デジカメ写真の編集	142
転送設定を新規作成	15
店舗	168,172,177,182,185
電話リンク	499
問い合わせフォーム	388
同化画像	314
動画	375,403,416

どこでも配置モード ……… 4	プルダウンメニュー ……… 233	メインメニュー …… 105,110,136,140
トップイメージ ……… 105,122,131	プレビュータブ ……… 2	メールリンク ……… 499
ドロップダウンリストのリンク ……… 342	ブログ ……… 48,270,274,286,	メニューバー ……… 2,34
	426,433,465,491	モザイク ……… 340
な	ブログ記事投稿ビュー ……… 3	文字コード ……… 273
ナビゲーション … 53,63,70,223,300	ブログテンプレート ……… 270	文字下げ ……… 149
ナビメニュー ……… 2	ブログの設定 ……… 50	文字の挿入 ……… 4
ニコニコ動画 ……… 415	ブログパーツの登録 ……… 265,376	文字列を入力 ……… 4
ヌルリンク ……… 69	ブログパーツビュー ……… 3	モダン ……… 106,185
ネット販売 ……… 182	ブログビュー ……… 3,275,287,427	
	ブロック ……… 53	**や**
は	プロバイダ ……… 15	やり直す ……… 41
パーソナル部品 ……… 264	プロパティ ……… 21	ユーザー共通部分 ……… 114
パーソナルフォルダ ……… 47	ページ/ソースタブ ……… 2	ユーザー登録 ……… 486
背景画像の入れ替え ……… 126	ページ一覧ビュー ……… 3	ユニバーサルセレクタ ……… 57
背景画像の編集 ……… 105,122	ページタイトルの設定 ……… 139	横型サブメニュー ……… 164
ハイライト ……… 96	ページ編集タブ ……… 2	横型メインメニュー ……… 168,172
白紙ページ ……… 120	ページ編集領域 ……… 2	予約語 ……… 59
パスワード付きリンク ……… 358	ページをプレビュー ……… 9	
パディング ……… 56	ページを新規作成 ……… 4	**ら**
はてなブックマークボタン ……… 385	ページを保存 ……… 7	ラベル ……… 161
バナー ……… 105,122	ヘッダ ……… 53,60,105,110	リキッドレイアウト ……… 190
パンくずリスト ……… 216	ヘッダロゴ ……… 105,122	リスト ……… 68
番号リスト ……… 146	ヘルプビュー ……… 3	リスト項目
ビジュアルサイトビュー ……… 12,104	編集スタイルを選択 ……… 4	〜の削除 ……… 169
左寄せ ……… 182,185	編集モード ……… 4	〜の複製 ……… 146
ビデオファイル出力ウィザード ……… 414	編集優先 ……… 3	〜の編集 ……… 141
ビュー ……… 3	保育／学習 ……… 172,182	リダイレクト ……… 199
ビューティ ……… 172,182	ボーダー ……… 59	リンクの自動更新 ……… 139
病院／医院 …… 168,172,177,185	ホームページ・ビルダーの基本操作	リンクを作成 ……… 6
美容室 ……… 172,182,185	……… 2	レイアウト ……… 104
表示モード ……… 3	ホームページ・ビルダーの歴史	レイアウトコンテナ ……… 53,54
表示優先 ……… 3,30	……… 514	レイアウトの選択 …… 106,109,120
標準モード ……… 4	ボタン作成ウィザード ……… 311	レンタルサーバー ……… 478
ファイルのダウンロード ……… 19	ボタンのコピー ……… 255	ローカル ……… 10
ファイルの並べ替え ……… 19	ポップ ……… 182	ロゴ作成ウィザード …… 123,409
ファイル転送ツール ……… 18	ポップアップウィンドウ ……… 361	
フェードアウト ……… 415	ホテル ……… 182	**わ**
フェードイン ……… 415		ワイプ ……… 223
フォトフレーム ……… 248,322	**ま**	
フォルダビュー ……… 3	マーカー ……… 448	
フォントサイズ ……… 21	マージン ……… 56	
フォントスタイルの設定 ……… 100	マイプレイス ……… 453	
フォントの色 ……… 21	マイマップ ……… 452	
ブックマークに追加 ……… 5	マウスオーバー ……… 347	
フッタ ……… 53,66,105,110	まとめて挿入 ……… 385	
不動産 ……… 168,185	マルチカラム ……… 52	
ブラウザー確認 ……… 9	回り込み ……… 53,84	
フルCSSスマートフォンテンプレート	回り込み解除 ……… 66	
……… 203	道順 ……… 452	
フルCSSテンプレート ……… 52,104	民宿 ……… 168,172,185	
フルCSSテンプレート部品	メイン ……… 53	
………156,162,165	メインコンテンツ ……… 105	

■著者紹介
西 真由（にしまさよし）
出版局の編集者を経て1998年にフリーのテクニカルライターとなる。
Office関連書籍、Webページ関連書籍など、幅広いジャンルの書籍執筆で活動中。
http://nishi.lix.jp/

■カバー／本文デザイン　　Kuwa Design
■DTP　　　　　　　　　　BUCH⁺

ホームページ・ビルダー16
スパテク109

2011年10月18日 初版第1刷発行

著者	西 真由
発行人	佐々木 幹夫
発行所	株式会社 翔泳社（http://www.shoeisha.co.jp/）
印刷・製本	株式会社 廣済堂

©2011 NISHI Masayoshi

※本書は著作権上の保護を受けています。本書の一部または全部について(ソフトウェアおよびプログラムを含む)、株式会社翔泳社からの文書による許諾を得ずに、いかなる方法においても無断で複写、複製することは禁じられています。
※落丁・乱丁はお取替えいたします。03-5362-3705までご連絡ください。
※本書へのお問い合わせについては、iiページに記載の内容をお読みください。

ISBN 978-4-7981-2524-4　　　　　　Printed in Japan